# L.E. Seidel

# Das Pflanzenleben

Salzwasser

# L.E. Seidel

# Das Pflanzenleben

1. Auflage | ISBN: 978-3-84609-807-3

Erscheinungsort: Paderborn, Deutschland

Erscheinungsjahr: 2014

Salzwasser Verlag GmbH, Paderborn.

Nachdruck des Originals von 1889.

L.E. Seidel

# Das Pflanzenleben
## in Charakterbildern und abgerundeten Gemäldern

Salzwasser

# Das Pflanzenleben

in

## Charakterbildern und abgerundeten Gemälden.

Nebst einem Anhang:

## Biographieen und Bilder aus dem Mineralreiche.

———◦———

Ein naturhistorisches Lesebuch für Schule und Haus, sowie reichhaltiges
Material zur Ergänzung und Belebung des naturgeschichtlichen
Unterrichts.

Zusammengestellt und herausgegeben

## für Lehrer und Lernende

von

# L. E. Seidel.

Motto: Wem Gott will rechte Gunst erweisen,
Den schickt er in die weite Welt,
Dem will er seine Wunder weisen
In Berg und Thal und Strom und Feld.
Freiherr v. Eichendorff.

Langensalza,
Schulbuchhandlung
von F. G. L. Greßler.
1889.

# Vorwort.

Das vorliegende „**Pflanzenleben**" ist in ähnlicher Weise bearbeitet worden wie das „**Leben der Tiere**". Letzteres hat in kurzer Zeit eine außerordentlich weite Verbreitung und viele Freunde unter den Herren Lehrern und dem gebildeten Publikum gefunden. Allgemein war daher auch das Verlangen nach dem „Pflanzenleben". Den zahlreichen Wünschen, dasselbe möglichst bald erscheinen zu lassen, konnten wir erst jetzt gerecht werden.

Im übrigen verweisen wir auf das ausführliche Vorwort im „Tierleben".*)

So möge denn das Wort eines berühmten Schulmannes: „Das Leben der Tiere von Seidel müßten alle Lehrer besitzen!" auch auf das vorliegende Buch („Pflanzenleben") seine Anwendung finden!

---

*) **Das Leben der Tiere** in Charakterbildern und abgerundeten Gemälden. Von L. E. Seidel. Mit zahlreichen Abbildungen. 472 S. Preis 3 ℳ 30 ₰. Elegant (mit Goldpressung) gebunden 4 ℳ 30 ₰. Schulbuchhandlung von F. G. L. Greßler in Langensalza.

**Der Verfasser.**

# Inhaltsverzeichnis.

## Biographieen und Bilder aus dem Mineralreiche.

# Nutzanwendung der Pflanzen.

## I. Holzgewächse.

1. **Laubholzbäume.**

    Die Roßkastanie. — Der Walnußbaum. — Die Esche. — Der Ahorn. — Die Birke. — Die Buche. — Die Eiche. — Die Linde. — Der Kirschbaum. — Die Weide. — Die Pappel. — Die Erle. — Der Apfelbaum. — Der Birnbaum.

2. **Laubholzsträucher und Halbsträucher.**

    Der Haselstrauch. — Der Epheu. — Die Weinrebe. — Die Rose.

3. **Nadelhölzer.**

    Die Edeltanne. — Die Fichte. — Die Kiefer (Föhre). — Der Lärchenbaum.

## II. Getreide.

1. **Getreidegräser.**

    Der Mais. — Der Reis. — Der Hafer. — Der Weizen. — Der Roggen.

2. **Getreidekräuter und Bäume ꝛc., welche Mehl in ihren Früchten, Knollen oder in ihrem Marke haben.**

    Der Buchweizen. — Die Palmen. — Die Kartoffel. — Der Brotbaum. — Das isländische Moos.

## III. Getränke liefern:

Weizen und Gerste (Bier). — Roggen und Kartoffeln (Branntwein). — Zuckerrohr (Rum). — Reis (Arrak). — Der Weinstock (Wein). — Kaffeebaum und Roggen (Kaffee). — Kakaobaum (Schokolade). — Theestrauch (Thee). — Kamille (Thee).

## IV. Küchengewächse.

Kartoffeln. — Citronen. — Ananas. — Pfeffer. — Pisang. — Zucker. — Gewürznelken. — Muskatnüsse und -Blüte. — Zimmet. — Schwämme und Pilze.

## V. Obst.

1. **Kernobst.**

    Apfel= und Birnarten.

2. **Steinobst.**

    Pflaumen. — Kirschen.

3. **Schalobst.**

    Walnüsse. — Kastanien. — Haselnüsse.

4. **Beerenobst.**

    Weintrauben. — Ananas. — Erdbeere.

## VI. Futter= und Weidepflanzen.

Hafer. — Gerste. — Mais. — Kartoffeln. — Roßkastanien. — Löwenzahn. — Taubnessel. — Wegerich. — Brennessel. — Glockenblume.

## VII. Fabrikgewächse.

1. Ölpflanzen.
   Haselstrauch. — Buche. — Ölbaum. — Hanf. — Mohn. — Lein.

2. Gerbepflanzen.
   Eiche. — Buche. — Birke. — Erle. — Ulme. — Weide. — Roßkastanie. — Lärche. — Föhre.

3. Geflecht= und Gespinstpflanzen.
   Baumwolle. — Lein. — Flachs. — Hanf. — Roggen= und Weizenstroh. — Weide. — Pisang.

4. Chemische Produkte liefernde Pflanzen.
   Buchen. — Eichen. — (Pottasche.)

5. Gemischte Fabrikpflanzen.
   Zuckerrohr (Zucker). — Weizen und Kartoffeln (Stärkemehl). — Tabakspflanze (Tabak).

## VIII. Giftgewächse.

Mohn. — Hahnenfuß. — Sumpfdotterblume. — Eisenhut. — Sturmhut. — Epheu. — Tollkirsche. — Veilchen. — Stechapfel. — Tabak. — Hanf. — Hopfen. — Haselwurz. — Herbstzeitlose. — Narcisse. — Tulpen. — Fliegenschwamm. — Hausschwamm. — Bovist.

## IX. Zierpflanzen.

Rosen. — Nelken. — Veilchen. — Narcissen. — Hyacinthen. — Lilien.

## X. Arzeneipflanzen.

Chinabaum. — Eichenrinde. — Grüne Walnußschale. — Löwenzahn. — Isländisches Moos. — Zimmetrinde. — Kamillen. — Gewürznelken. — Muskatnußbaum. — Holunder. — Wein. — Tollkirsche. — Opium. — Mohn. Hopfen. — Eisenhut. — Veilchenwurzel. — Maiblume.

# 1. Der deutsche Wald.

Der deutsche Wald! Wen mutet nicht das Wort schon an, wen über-
kommt nicht schon beim bloßen Namen die Sehnsucht nach grüner Einsamkeit, nach der märchenduftigen Welt und den romantischen Schauern aller
Jugendträume!

Waldmeister und frühlingsheiterer Drosselschlag im lichtgrünen Hag,
schattiges Mooslager und duftige Beeren unter sommerlichem Blätterdach,
und dann über dem weiten Forst, vom Schuß des Jägers und Hundegebell durchhallt, herbstliche Farbenpracht, — das sind schöne, verlockende
Bilder! Nicht minder einsames Wandern im frischen, grünen Wald, bis
dahin, wo der Rauch des Kohlenmeilers langsam über den Bäumen auf-
steigt und uns an so manche Kindergeschichten erinnert, bis die plötzlich
aus dem Dickicht tretende Gestalt eines Köhlers, eines Schützen uns an
die Erscheinung Rübezahls oder des wilden Jägers gemahnt; wandern,
bis der Mond seinen Silberglanz durch die Blätter und Zweige auf das
gluckernde Wasser des Waldbachs wirft, daß wir im leisen Wellengemurmel
den Sang der tanzenden Elfen zu vernehmen glauben, — oder wandern
bis in das dichteste Laub- und Nadelgeheg, wo die Waldfee ungesehen ihre
Fäden spinnt und schaurig-süße Sagen und Märchen in den Hag hinein-
flüstert, daß aus Farn- und Heidekraut, aus Moos und allen Stauden die
sagenhaften kleinen Leute des Waldes, die Moosjungfern, Heidefrauen und
Waldweibchen die Häupter recken, um dem geheimnisvollen Singen und
Sagen zu lauschen. Ja, es ist schön im Walde!

Der Wald ist der Erde treuestes Kind! Wo der Wald ihr geblieben,
fehlt es ihr nicht an Frische, Blüte und nährender Kraft. Er ist nicht
nur der Schmuck und Stolz der guten Mutter, deren Schoß er entstammt,
sondern ihr Schirm und Schutz, ihr freundlicher Ernährer. Mit seinem
starken Körper wehrt er am Meere dem Vordringen des verzehrenden
Dünensandes, mit seinen kräftigen Gliedern stemmt er sich im Hochgebirge
dem zerstörenden Bergrutsch entgegen und fängt mit tausend Armen die
Lawinen auf, um sie mitten in ihrem verheerenden Lauf zu hemmen, zu

bannen. Mit seinen Fingern zieht er den tränkenden Schatz der eilenden Wolke herab, pocht an die vollen Wasserschläuche, bis sie reißen, sammelt ihren Inhalt und sendet ihn durch hundert Quellen und Bäche zur Labung der Lande hinaus; und unsere herrlichen Ströme, der Stolz unseres Vaterlandes, preisen vielleicht, im Wogenschwall des Meeres sich verlierend, noch den heimatlichen Wald, wo sie als kleine Bergquellen, mit den Blumen spielend, jene Kraft sammelten, mit der sie, groß geworden, durch die Lande rauschen: Segen bringend, Schiffe tragend und die Schönheit der Landschaft und das Leben des Volkes in ihren Fluten spiegelnd. Wenn die hohen Masten und Schiffsplanken auf dem Weltmeere empfinden könnten, wie oft möchten sie in der Welle, von der sie umschwebt werden, einen Freund aus der Heimat ahnen, der ihnen von den Wundern des Waldes zuflüstert, welchem sie gemeinsam entstammten.

Unsere Vorfahren wußten, was sie an ihren Wäldern hatten, unter deren Schatten sie wohnten. In heiligen Hainen empfanden sie die Nähe ihrer wohlthätigen Gottheit, die sie im Säuseln des Laubes und in dem Toben einer Sturmnacht vernahmen. Immer noch waltet dort die schirmende, erhaltende Naturkraft in ihrem schöpferischen Segen am sichtbarsten. Als eine Schutzmauer des Landes steht der Bergwald, daß die zerstörende Wut der Stürme sich an ihm breche. Aber die trocknen, versengenden Winde durchtränkt er mit seinem feuchten Atem. Und in den vorübersausenden Luftstrom haucht er aus seinen frischen Gründen, aus seinen Millionen grüner Blätter und Nadeln heilsamen, stärkenden Lebensstoff, der draußen so manches unfruchtbare Gebild erfrischt, die Dünste der Ebene verdrängt, luftreinigend und segenträufelnd über die Häusermasse der Städte wogt und noch die bleichen Wangen ihrer Bewohner erquickend anweht. So wirkt der Bergwald noch in weite Ferne. Wehe aber dem Volke, das seine Wälder nicht ehrt! Wehe dem Lande, das sich seiner Forste beraubt! Der Fluch der Verödung ruht auf ihnen.

Noch grünen und rauschen in Deutschland die Forste, in der Ebene und auf den Höhen, — man hat gelernt sie zu ehren und zu schätzen. Stolz sieht das Vaterland auf seine herrlichen Bergwälder, die unsere reizenden Mittelgebirge schmücken, — und selbst wo unser Auge sich nicht an ihrer Frische zu weiden vermag, singen wir noch begeistert in unsern Konzertsälen:

„Wer hat dich, du schöner Wald,
aufgebaut so hoch da droben?
Wohl den Meister will ich loben."

Wohl gedenken wir dabei der erhabenen Ruhe, der feierlichen Stille auf der grünen Höhe, wo wir einmal zwischen Eichen und Tannen hoch am Felsenrand hin gewandert, wo weithin vor unseren trunkenen Augen

das Waldgebirge sich breitete, Rücken an Rücken, Kuppe an Kuppe, ein
grünes, wogendes Meer, dessen Wellen erstarrt scheinen, dessen Rauschen
aber wie Musik des Weltgeistes heraufrauscht. Fernab, in blauer Weite
verdämmernd, verschollen, wie ein vergessenes Kindermärchen, liegt das
ebene, bewohnte Land. Nur da und dort aus verborgenen Thalgründen
drängen sich Laute, die an das Menschentreiben in der Tiefe erinnern, —
ein fernes Wagenrasseln, ein pochender Hammer, eine rauschende Mühle,
ein einzelner Ruf, oder Hundegebell, aber alles wirr und dumpf.

> „Tief die Welt verworren schallt,
> oben einsam Rehe grasen."

Oben einsam Rehe grasen, — dort, wo der Sauerklee, die Kreuzblume
oder der Waldmangold am duftigsten blühen, — auf der Bergwiese, die
unter dem Kuß der Morgensonne am lieblichsten erglüht, und auf welche
die Sterne am freundlichsten blicken, wenn die Vögel in den Zweigen
schlummern und träumend zwischen dem Laube sitzen, wenn alles zur Ruhe
geht, bis die Einsamkeit des Gebirges gleich einer Ahnung der Ewigkeit
unser Gemüt beschleicht und ein leiser Sehnsuchtston unsere Seele anklingt:

> „Über allen Wipfeln ist Ruh'!"

Kein anderes Volk wie das deutsche empfindet so die Poesie des
Waldlebens, sagt und singt so viel von Jagd und Wald. Kein anderes
fühlt sich so innig hingezogen, findet in seinem innersten Wesen so viel der
Natur des Waldes Verwandtes. Im Schoße der Urwälder wuchs das
Volk der Germanen heran, hier holte es sich die unbezwingliche Kraft, mit
welcher es in Jugendfrische plötzlich aus dem Waldesdunkel auf den Schau=
platz der Geschichte hervortrat, um seinen weltgestaltenden Beruf zu erfüllen.
Heute noch umschattet unser Bergwald die geheimnisvollen Denkmale der
dunkeln Vorzeit. In seinem grünen Schoße spielten sich aber auch die
bedeutsamsten Momente unserer älteren Geschichte ab, seit die Waldgründe
der westfälischen Berge heißes Römerblut tranken und die Schluchten des
Thüringer Waldes und die Moore der Rhön vom Franken= und Sachsen=
blute dampften, bis zu jenem gesegneten Tage, wo ein Jäger im Harz=
walde die deutsche Königskrone gewann, die er so siegreich zu tragen
wußte. Kein Wunder, wenn des Volkes Seele wie der Vogel am liebsten
um Wald und Hain schwebt, wenn Dichtung und Sage ihre schönsten
Blüten um den deutschen Bergwald rankt. Das Nibelungenlied singt vom
wildreichen Spessart, und wie Siegfried auf der Jagd am Brunnen im
dunkeln Odenwald erschlagen ward, daß des Waldes „Blumen allenthalben
vom Blute waren naß". Wie lieblich tönen später die Lieder Herrn
Walthers von der Vogelweide vom Walde, seinen Vögeln und Blumen!
Und seitdem klingt das Volkslied in hundert Weisen von Wald und Jagd

1*

durch die deutschen Gaue, und die Dichter singen ihm nach und haben die Poesie des Waldes noch lange nicht ausgesungen. Als ein Meister der Töne die deutsche Volksoper schaffen wollte, wovon sang er? Von den Freuden und Schauern des Waldes und der Jägerei, — er sang den „Freischütz".

Vorzüglich sind es die Wälder des deutschen Mittelgebirges, um welche Lied und Sage des Volkes sich schlingen und durch die der volle Strom der Dichtung braust. Dort grünt noch allenthalben der Bergwald, so mannigfach in seiner Erscheinung wie das Wesen des Volkes selbst. Noch rauschen die dunkeln Hage des Soonwaldes und auch des Spessarts als der Schauplatz unserer Robin Hoods.*) Noch umschatten die Tannen des Schwarzwaldes die heimlichen Gründe, von welchen alte und neue Geschichten gehen. Der urwüchsige Böhmer Wald birgt die tiefen, stillen Waldseeen, in denen das Märchen seinen Wohnsitz aufgeschlagen, und durch den Thüringer Wald wallen die Schatten der Minnesänger zur Wartburg und der edle Tannhäuser, magisch angezogen vom Zauber der Göttin im Hörselberg. In den Forsten des Riesengebirges schreitet Rübezahl neckend einher, und in den Wäldern des Harzes waltet Prinzessin Ilse oder tobt der greuliche Hexenspuk der Walpurgisnacht. Den Odenwald durchjohlt der Rodensteiner, und die Waldschluchten und Felsenklüfte des Wasgau durchzieht der Lindenschmidt als Kriegs- und Friedenskünder. Und allenthalben, wo wir wandern im deutschen Bergwald, werden wir heute noch an Donars oder Wuotans Eichen erinnert, die Raben umfliegen noch den wettergezeichneten Baum, und der vom Thron gestürzte Gott ist noch immer nicht aus unseren Forsten gewichen. Als wilder Jäger durchstreift er einsam den Hag, im Sturm führt er die wütende Jagd durch den Bergwald, daß die Riesenbäume ächzen, und der Forst erbraust und schwankt und wallt wie ein aufgeregtes Meer, wenn die Moosjungfern, Wald- und Heidefrauen der Sage durch das Gebüsch fliehen und auf die mit Kreuzhieben gezeichneten Wurzelblöcke flüchten. Der verwegene Jäger oder Wildschütz schleicht sich aber dann in das Grauen des Waldes, verschreibt sich dem wilden Geist der Wälder und bringt ihm frevle Opfer dar, um zu den geheimen Künsten zu gelangen, nach denen der Jägerglaube sich sehnt.

Wenn dann aber der Winterschauer über den Wald kommt, die starre Frostnacht alles überreist, die Gründe und Schluchten in Schnee begraben liegen, vor Kälte der Fuchs heult, und die Rinde der Eichen berstet: dann ist der Wald nicht tot für uns, das Füllhorn seines Segens nicht geleert. Wir durchstreifen dann allerdings nicht mehr seine stillen Hallen; daheim

---

*) Ein englischer Volksheld, Beschützer der Unterdrückten. D. H.

jedoch im traulichen Zimmer erinnert uns jede Diele, jeder Schemel an sein wohlthätiges Eingreifen in unsere Kultur und unser Leben von der Wiege bis zum Sarge. Wie mild weht uns noch sein Atem an, wenn im Kamin die Scheite prasseln, die Flamme leuchtet und die Glut knistert. Mag die Steinkohle mehr heizen, — nur die Spende des Waldes wärmt zugleich Körper und Gemüt. Wie gern blicken wir mit den Kleinen des Hauses, die sich an unsere Kniee schmiegen und Waldmärchen hören wollen, in die lichte Glut. Mit märchenhaftem Karfunkelglanz leuchtet uns die Kohle an, und die rosige Glut auf dem eigenen Herde wird uns dann zu jenem glückbringendem Karfunkel, von dem die Wundersage zu erzählen weiß.

Für den Weihnachtsabend schenkt uns dann der Wald noch das Tannenbäumchen, und all die süßen Schauer, die ihn bewegten, ziehen nun vereint durch ein wonnevolles Kinderherz. Wie in einem Märchen= traum blicken die Kleinen in all den Glanz, und sehen das Hollenbäumchen erstanden, unter das Aschenbrödel mit seinen Wünschen tritt und in strah= lender Pracht von ihm wegschreitet. Auf uns selbst aber fallen goldene Träume und Erinnerungen nieder, das Glück der Kindheit und alle Wonnen der Jugendzeit schauern uns an; der grüne Tannenzweig wird zum frühlings= frischen Wald, den wir mit leichtem Schritt durchwandert, als die Blumen noch so duftig blühten, die Vögel noch so hell jubelten, die Blätter uns tausend Grüße zuflüsterten, die Welt so reich vor uns lag und die Ideale noch unverblichen uns im Herzen lebten.

Ja, der Wald ist so frisch und wurzelkräftig, so bewegt und still= sinnig, so nutzbringend und dichterisch durchweht, so mitteilsam und wirkungs= reich, so belebend, stärkend, erhebend, — wie der echte Mensch, dessen Herz nicht an der Selbstsucht krankt, unter deren Wirkung die besten Triebe ab= sterben und ein Menschenherz zur kahlen Steppe wird.

## 2. Deutschlands Nadelhölzer, Tanne und Fichte.
### (Abies pectinata — A. excelsa.)

Wenn die Nadelhölzer auch ganze Flächen von mehreren Geviert= meilen in unseren Gebirgszügen mit Wald bedecken, ohne andere Bäume zwischen sich zu dulden, so sind es doch nur wenige Arten, etwa sechs oder sieben. So mächtig ist der Unterschied zwischen einem Laub= und einem Nadelwalde, daß sie einen ganz verschiedenen Eindruck auf unser Gemüt und unsere Phantasie hervorbringen. Im Laubwalde, sei es ein reiner Buchen= oder Eichenbestand, oder sei er aus Eichen, Hornbäumen, Erlen, Ulmen, Birken und anderen Laubhölzern bunt zusammengesetzt — immer ist der Eindruck auf uns ein mehr wohlthuender, traulicher. Die breiten,

weit ausgreifenden Kronen erlauben nicht, daß die Stämme sehr dicht bei=
sammen stehen, und immer finden wir zwischen ihnen eine üppige Busch=
und Kräutervegetation, über die hinweg das Auge meist weit hinein in die
Säulenhallen schweifen kann. In den Wipfeln schallen die Lieder der
Vögel, welche zwischen den gabeligen Zweigen oder in den Astlöchern ihre
Nester bauen, und der Wind rauscht dazu seine kräftigen Accorde durch
die Blättermassen. Jede Wendung unseres Pfades verändert das schöne
Waldbild; immer neue Baumgruppen, immer kühner und abenteuerlicher
geschwungene Äste wechseln unaufhörlich vor unserem Auge und geben
unserer Phantasie immer neue Nahrung. Wir treten gestärkt und doch auch
erheitert aus einem Laubwalde auf die sonnenbeleuchtete Ebene hinaus.

Aus einem Nadelwalde — die Volkssprache nennt ihn ja auch be=
zeichnend Schwarzwald — treten wir in feierlicher, ernster Stimmung.
Uns umfing in ihm das ewige Einerlei der dichtgedrängt stehenden, schnur=
geraden Stämme, von denen hoch oben — denn unten haben sie sich des
dichten Schlusses wegen, wie der Forstmann sagt, gereinigt — die herab=
geneigten Äste sich zu dem grünen Teppich verschränken, dessen einzelne
Fäden in der Höhe verschwinden; denn Ästchen und Nadeln sind zu fein,
um sie gleich den Blättern der Laubhölzer von unten erkennen zu können.
Hoch oben auf dem letzten Triebe der immer und immer nach oben stre=
benden Bäume sitzt die Amsel und Drossel und singt ihr weithin schallen=
des Solo über den stillen Wald, während unter ihnen die Goldhähnchen
und Meisen und kleinen Silvien ihre feinen Stimmchen probieren. Der
Wind fährt wie über eine Äolsharfe in lang gehaltenen Schwingungen
über die Millionen seiner Nadeln hin, daß es kein kräftiges Rauschen giebt,
sondern ein ersterbendes, feines, fast pfeifendes Singen. Im Düster des
Tannenwaldes grünt kein Busch zu den Füßen der ragenden Stämme;
nur Moose und Flechten untermischt mit einigen feinen Gräsern und schatten=
liebenden Kräutern, überziehen den ebenen Boden, auf dem nichts den Fuß
des Wanderers hindert, seine Schritte immer tiefer in das verlockende
Waldesdunkel auf dem weichen Moospolster unhörbar zu lenken. Seine
Phantasie schläft. Ein behagliches Schauern zieht ihn gedankenlos anfangs
immer tiefer hinein, bis es sich allmählich in ein leichtes unheimliches
Grausen verkehrt, ob er auch den Rückweg aus diesem großartigen Einerlei
finden werde, wo kein abenteuerlich gestalteter Stamm, kein absonderlich
kühn geschwungener Ast ihm als Wegzeichen dienen könnte. Die Sprache
des Laubwaldes ist kühne Rede, die des Nadelwaldes melancholischer Ge=
sang. In innigem Zusammenhange damit steht ihr Einfluß auf uns.

Der häufigste Baum in unsern deutschen Schwarzwäldern ist die
F i c h t e. Der Harz und das sächsisch=böhmische Grenzgebirge tragen fast

nur Fichtenwald. Im Schwarzwalde herrscht die stolze Tanne, auch
Weiß= oder Edeltanne genannt, während man die Fichte auch Rottanne
nennt. Im allgemeinen Ansehen sind sich beide sehr ähnlich, obgleich ein
geübter Blick schon von weitem Tanne und Fichte unterscheidet. Der Stamm
der Tanne ist vollholziger, d. h. er fällt nach der Spitze hin nicht so schnell
ab und kommt daher der Walzenform etwas näher. Vier Tannenstämme
haben daher denselben Massengehalt an Holz, wie fünf Fichtenstämme von
gleicher Länge und von gleichem Durchmesser auf dem Stockabschnitt. Die
Zweige der Tanne stehen wagerechter, die oberen sogar etwas aufwärts
gerichtet; die Rinde ist immer grauweiß, was ihr eben den Namen Weiß=
tanne zum Unterschiede von der Fichte oder Rottanne verschafft hat, welche
an einer wenigstens an der oberen Stammhälfte mehr rotbraunen Rinde
kenntlich macht. Das Grün der Tanne ist ein satteres, an der unteren
Seite der mehr buschigen Zweige ein deutliches Blaugrün, hervorgebracht
durch die blaugrüne Unterseite der breiteren Nadeln. Es genügt, einmal
die unterscheidenden Kennzeichen von Tanne und Fichte genau gegeneinander
erwogen zu haben, um diese Unterschiede auch im ganzen und großen wirk=
sam zu finden. Beide erhalten dadurch einen ganz verschiedenen Charakter,
den sie auch den Waldungen aufdrücken, welche sie bilden. Die Tanne ist
ein kühner Baum; der bis oben hinaus nur sehr langsam abfallende Stamm
reckt fast trotzig und gebieterisch seine kürzeren, straffen Zweige horizontal
hinaus, während der nach oben schnell schmächtig zulaufende Fichtenstamm
seine langen schwächeren Äste demütig hangen läßt. Der Saum eines
fernen Fichtenwaldes gleicht einem grünen Zeltlager; der eines Tannen=
waldes sieht wilder und struppig aus. Zwei so nahe verwandte Bäume
malen für das aufmerksam vergleichende Auge doch zwei verschiedene Wald=
landschaften. Der Schwarzwald, der Thron der edeln Tannen, hat einen
ganz andern Charakter, als der Harz, wo die Fichte herrscht.

### 3. Die Tanne.
#### (Abies pectinata.)

Ein Vater, der viele Kinder hat, giebt diesen an den langen Winter=
abenden mancherlei Beschäftigung. Wenn alle bei dem Scheine des Lichts
vertraulich im warmen Stübchen sitzen, erhält jedes seine Arbeit. Ein
Knabe schreibt, der andere liest, ein Mädchen strickt, das andere näht.
Der große Vater über alles macht es ähnlich. Jedem Menschen giebt er
seine Arbeit, jedem stellt er seine Aufgabe, die er erfüllen soll. Der eine
muß das Feld bebauen, der andere muß das Eisen schmieden, dieser muß
sägen und hobeln, jener Kleider oder Schuhe machen, dieser muß musizieren,

jener predigen, und der König muß das Land regieren. Doch nicht nur
die Menschen sind des lieben Gottes Kinder, auch die Tiere, die Pflanzen
und die Sterne sind es. Auch von diesen erhielt ein jedes seine Arbeit,
die es vollenden muß. Es muß die Rose schöne Blüten treiben und der
Apfelbaum die süßen Früchte reifen, das Getreide muß die Körner bilden
und die Buche das schöne Laub ausbreiten zum kühlen Schatten am heißen
Sommertage. Was ist es nun, das der Tannenbaum besorgen muß im
großen Haushalte des lieben Gottes? Was ist seine Arbeit? — In seiner
Kindheit ist der Tannenbaum ein kleines, kleines Körnchen — viel kleiner
als selbst der kleinste Finger des kleinsten Kindes, und in seinem Alter ist
er viel größer als der größte Mann. Er hat auch viel mehr zu wachsen
als ein Mensch. Von dem Samenkörnlein strecken sich die Wurzeln aus,
sie kriechen emsig in der Erde weiter und suchen Nahrung. Die Wolke
sendet ihnen frischen Trank, die Sonne spendet ihnen warme Strahlen, die
Erde ist das weiche Bett und auch zugleich der Tisch, auf dem die Speise
ihnen vorgelegt ist. Bald wächst von solcher Pflege das Stämmchen höher
und höher. Eine bescheidene, braune Rinde umgiebt es, ein grünes Unterkleid ist unter dieser, und innen ist weißes, schönes Holz, so weiß wie
frisches Linnen. Doch seine Blätter sind nicht so schön wie Eichen- oder
Buchenblätter; schmal und dünn wie Nadeln starren sie nach allen Seiten
und stechen den, der sich unvorsichtig ihnen naht. Auch die Früchte sind
unansehnlich. Ungenießbar sind sie für uns, hart und holzig sind die
Schuppen, welche die Tannenzapfen bilden, und höchstens dienen sie uns
zum Brennen. Auch die Samenkörnchen, die zwischen jenen Schuppen sich
befinden, sind für uns ohne Vorteil, nur Eichhörnchen und Kreuzschnäbel
mögen von ihnen zehren. Trotzdem ziehen fleißige Männer täglich hinaus
in die Tannenwälder, die meilenweit sich ausbreiten, und kehren schwer be-
packt mit reichen Schätzen wieder heim. Was holen sie im düstern Walde?
Schon an dem Zweiglein merkst du den eigentümlichen Geruch nach Harz
und Kien, und wenn du einmal beim lustigen Spiele durchs Fichtendickicht
gesprungen bist, so war an deinen Kleidern wohl mancher Fleck vom klebrigen,
stark riechenden Harze des Tannenbaumes, der nimmer durch Bürsten oder
Wasserwaschen sich entfernen lassen wollte. Jene Männer suchen nun die
größten Bäume des Waldes und hauen in ihren Stamm ein Loch. Wie
aus der Wunde, welche dir der Dorn geritzt, rotes Blut hervorquillt, so
träufeln aus des Baumes Wunden goldene Tropfen und gerinnen zu dicken,
weißlichen Massen Harz. Nach einiger Zeit sammeln die Männer das aus-
gequollene Harz und bringen es zu kleinen Häuschen, in denen unter großen
Kesseln ein schwaches Feuer brennt. In solche Kessel werfen sie das Harz.
Von der Glut zerschmilzt es bald, und durch eine kleine Rinne fließt es

aus und wird in Gefäßen sorgsam aufgefangen. Das Ausgeflossene ist Teer, obenauf schwimmt weißer Teer, und am Boden sammelt sich der schwarze; und aus ihm bereiten jene Männer das weiße und das schwarze Pech.

Sobald der Böttcher ein neues Faß gefertigt hat, legt er Pech in seinen Tiegel und schmelzt es. Es brennt mit roter Flamme, und ein dicker, schwarzer Rauch steigt auf. Rundum stehen dann die kleinen Kinder und sehen dem Manne mit dem Feuerkessel zu. Jetzt gießt er das geschmolzene Pech ins neue Faß, dreht dies hin und her, daß alle Lücken, die noch darin sind, sich füllen, damit von dem Bier, das in ihm aufbewahrt werden soll, kein Tröpfchen verloren geht. Schon der Mann Gottes, Noah, kannte dieses Pech, als er sein großes Schiff, die Arche, baute; er verpichte es innen und außen, und als das Gewässer sich mehrte auf Erden, blieb er mit den Seinen samt dem Vieh geborgen. Noch heutigen Tages benutzen die Schiffer Teer und Pech und bestreichen damit ihre Kähne und Schiffe, die dann vom Wasser nicht beschädigt werden.

Hörtest du schon einmal ein Schubkarrenrad, das kläglich schrie? In jämmerlichen Tönen klagt es aller Welt sein Leid, doch alle Welt hält sich bei seinem Liede die Ohren zu. Die armen Räder an den Kutschen und an den Lastwagen stimmen mit ein in seine Klage, und weithin erschallt der Jammerruf. Warum schreien denn die Räder aber so kläglich, und warum stöhnen und seufzen sie also? Ist niemand, der sich ihrer annimmt und ihren Jammer stillt? — O ja, die Tanne thut's! Sie sendet durch jene Männer den kranken Rädern Teer, und sie sind genesen! Alle Klagen sind verstummt! Die Wagen, welche kaum von der Stelle konnten, rollen nun in schnellem Laufe; denn wer gut schmiert, der fährt auch gut! Ohne Teer entzünden sich bei schwerbeladenen Wagen, die schnell fahren, sogar die Achsen, und der Wagen verbrennt mit allem, was darauf ist. Doch der Teer beseitigt die Gefahr und macht zugleich den Pferden die schwere Arbeit leicht.

Ein Violinspieler kommt mit seinem Instrumente. Die Kinder freuen sich aufs lustige Liedchen, das er spielen wird. „Spiel uns ein Stückchen: Hänselein, willst du tanzen! oder: Ich hatt' einen Kameraden — oder sonst eins!" — Der Mann ist gern bereit, den Kindern eine Freude zu machen. Sie reichen sich die Hände zum Tanze; er setzt die Violine an und nimmt den neuen Bogen, der mit weißen Pferdehaaren bespannt ist. Er streicht. O weh! — Kein Ton erklingt! Der Bogen gleitet über alle Saiten hinweg wie ein Schlitten übers Eis, kein Liedchen kommt zum Vorscheine. Verdrießlich stehen die Kleinen und fragen: „Woran liegt es, kann da niemand helfen?" — Da ist der Tannenbaum, der sich ihrer annimmt! Er giebt sein Harz, gereinigt heißt es Kolophonium. Mit ihm bestreicht der Geigenspieler seinen Bogen. Nun greift er auf den Saiten, sie summen und klingen, wie er's haben will; die lustige Musik geht los, die muntere Schar der Kinder dreht sich im Ringeltanze.

Aus dem Tannenharze macht man auch Kienöl, eine helle Flüssigkeit, die schnell verdunstet und eigentümlich stark riecht. Es hat schon manchem Kinde großen Dienst erwiesen und sich ihm als guter Freund gefällig gezeigt. Die Wohnung wird zum Feste schön ausgeputzt. Der Tapezierer legt neue, schöne Tapeten auf die Wände, der Anstreicher streicht Thüren und Fenster weiß und glänzend an. Vorhänge werden aufgesteckt und neue Bilder an den Wänden aufgehängt. Da kommt das Kind vergnügt herbei, die Stube und ihre neue Kleidung zu besehen; es hat auch sein neues Röckchen an und freut sich über all das Schöne. Aber, o weh! In seiner Freude hat es unvorsichtig die Thür gestreift und wird den Schaden erst gewahr, nachdem es zu spät ist. Das neue Kleid ist nun verdorben, ein breiter, weißer Streifen Ölfarbe geht quer über Ärmel und Rücken. Das Kind hatte mit den Händen die Thür angefaßt, an der die Farbe noch nicht trocken war, und sieht nun die Finger, alle zehn, an seinem Röckchen vorn abgedrückt. Die Freude verkehrt sich in Weinen. Keine Bürste, kein Wasser bringt die widerspenstige Farbe wieder weg; das arme Kind ist zum Festtage ohne neue Kleidung und muß die alten Sachen anziehen, während alle Welt sich putzt. Da wird die Tanne sein guter Freund, sie sendet ihm das Kienöl; dies löst die garstige Farbe auf, und schnell wird sie entfernt. Das Kienöl macht keinen Fleck. Es verfliegt sehr bald. Das Kleid ist wieder rein, und alle Not ist nun zu Ende.

Es liefert die gute Tanne Pech zum Fackelzuge und zum Bestreichen des Schuhdrahts. Sie giebt dem Apotheker Terpentin zum Pflaster und dem Maler Ruß zur schwarzen Farbe. Auch die schwarze Farbe, mit welcher der Buchdrucker die Bücher druckt, sowie die Wichse, die den Schuhen ihren Glanz verleiht, wird aus dem Ruße gemacht.

Früher gab es eine Art von Tannenbaum, den Bernsteinbaum, der große Mengen schönes Harz zurückließ, das man heutigestags noch aus dem Meere fischt oder aus dem Sande am Meeresufer gräbt. Aus diesem hellen, goldfarbigen Bernstein bereitet man gar mannigfachen Schmuck, und die kleinen Stückchen, die bei der Anfertigung desselben abfallen, nimmt man zum Räucherpulver. Sie sind es hauptsächlich, die den angenehmen Duft verbreiten, wenn man es auf den heißen Ofen streut.

Soll ich nun noch erzählen, wie die Tanne selbst, wenn sie das Beil des Holzhauers dahinstreckt, ihr Holz giebt zu Haus und Möbeln, und um die Stube uns zu heizen und die Speise gar zu kochen? Wir sehen schon genugsam, daß sie viel Arbeit vom lieben Gott erhielt, und daß sie dieselbe treu erfüllt. Sie zeigt sich als ein fleißiges, folgsames Kind des großen Vaters, darum ist sie auch ein Liebling aller Kinder, besonders wenn sie zur Weihnachtszeit vom Christkindlein aus dem beschneiten Walde fortgeschickt wird zur warmen Stube, um auf ihren Zweigen Äpfel und Nüsse und viele Lichtlein zu tragen als Belohnung für gute Kinder.

## 4. Die gemeine Kiefer oder Föhre.
### (Pinus sylvestris.)

Die gemeine Kiefer unterscheidet sich dadurch von den übrigen Nadel=bäumen, daß je zwei Nadeln in einer Scheide stecken. Diese sind lang, spitz, gerippt, fein gezähnt, auf der innern Seite ausgehöhlt und stehen rings um die Zweige herum. Im Mai erscheinen die Blüten. Die Staub=blüten sitzen in länglichen aufrecht stehenden Kätzchen auf den äußersten Spitzen der Zweige, unter jeder Schuppe zwei Staubgefäße, deren Fäden schuppenförmig ausgebreitet sind. Die Staubfäden enthalten eine große Menge gelben Blütenstaubes, welcher, vom Regen fortgespült, vielleicht zu dem Aberglauben des Schwefelregens Veranlassung gegeben hat. In manchen Gegenden wird er unter dem Namen H e x e n = oder D r u d e n = m e h l *) in den Apotheken verkauft. Zu gleicher Zeit und auf denselben Bäumen erscheinen auf den Spitzen der jungen Triebe die Fruchtblüten einzeln oder mehrere beisammen. Sie stehen auf einem hakenförmigen Stiele von der Länge des Zapfens anfangs aufwärts, später zurückgekrümmt. Die reifen Zapfen, welche bis zur völligen Ausbildung 18 Monate brauchen, sind kegelförmig, 5 bis 6 cm lang und 2 bis 2¹/₂ cm dick. Jede Deck=schuppe trägt an ihrem Grunde zwei geflügelte Samen.

Die Kiefer ist für die sandigen Gegenden Norddeutschlands der mäch=tigste Baum und macht den hauptsächlichsten Reichtum derselben aus. Sie wächst anfangs weit schneller als die meisten ihrer Verwandten aus dieser Familie; im späteren Alter aber nur langsam und bedarf 100 bis 200 Jahre, um ihre größte Höhe (30 bis 36 m) zu erreichen. Die Erhaltung der Kieferwälder durch natürliche Besamung hat man, wie bei allen übrigen Nadelbäumen, überall als unzweckmäßig verworfen. Man sammelt zur Aussaat die reifen Zapfen und läßt den Samen bei mäßiger Wärme aus=fallen. Derselbe wird dann in Reihen gesäet und flach mit Erde bedeckt. Die jungen Pflänzchen gedeihen am besten, wenn sie zusammen in Masse aufwachsen und nur soweit gelichtet werden, daß sie nicht zu dicht stehen.

---

*) Gewöhnlicher versteht man jedoch unter dieser Bezeichnung den Samen des Bärlapp (Semen Lycopodii).

Einen großen Teil ihres eigentümlichen Wesens verdanken die Zapfen-
bäume dem harzigen Safte, welcher in zahlreichen Kanälen das Holz,
namentlich das der Kiefer, durchzieht; denn dieser Stoff ist es, der diese
Bäume und ihre immergrünen Blätter die größte Winterkälte ertragen
läßt. Nicht zu verwechseln ist das Harz der Koniferen mit einem ähnlichen Stoffe, der z. B. aus manchen Bäumen der Familie der Amygda-
leen ausschwitzt; denn dieser ist in Wasser lösliches Gummi, während jenes
Harz sich nur in Öl, Weingeist ꝛc. lösen läßt. Vielfach ist die Anwendung
desselben. Freiwillig, oder indem der Stamm der Kiefer oder anderer
Nadelbäume tief eingeschnitten wird, fließt eine gelbliche, starkriechende
Flüssigkeit heraus: der Terpentin (Terebinthina communis), welcher sich
in Alkohol, Äther, flüchtigen Ölen und Schwefelsäure auflöst. Es giebt
verschiedene im Handel vorkommende Terpentine, z. B. der gemeine Terpentin von der Kiefer und Rottanne; der Straßburger Terpentin von der
Weißtanne; der französische oder Bordeaurer Terpentin von der Strand-
sichte; der venetianische Terpentin von der Lärche. Der Terpentin wird
zur Bereitung von Siegellack, Kitt, Seifen, Pflastern ꝛc. gebraucht. Entweicht das flüchtige Öl aus dem Terpentin an der Luft, so bleibt als
Rückstand ein weißes, wohlriechendes Harz (Resina alba), welches geschmolzen das weiße oder burgundische Pech (Pix alba) liefert. Durch
Destillation wird aus dem Terpentin das Terpentinöl bereitet, welches u. a.
als innerliches und äußerliches Heilmittel angewendet wird. Der Rückstand
bei dieser Destillation ist das Geigenharz (Kolophonium, nach der Stadt
Kolophon in Kleinasien benannt). — Ein gesunder, 80 bis 100 Jahre
alter Baum giebt mehrere Jahre hintereinander jedesmal 20 bis 25 Kilo
Harz; junge Bäume sterben aber durch den Harzverlust ab.

Die trockene Destillation liefert den Teer (Pix liquida) und es wird
dieses Verfahren das Teerschwehlen genannt. Man nimmt dazu namentlich die Wurzelstöcke abgehauener Nadelbäume, oder auch in Gegenden, wo
noch Überfluß an Holz ist, wie im nordöstlichen Teutschland, die ganzen
Bäume, die, je älter, desto mehr Teer liefern. Durch Abdampfen in freier
Luft, wobei der Holzessig und zum Teil das Kienöl entweicht, gewinnt
man aus dem Teer das schwarze Pech oder Schiffspech (Pix nigra
oder navalis). Der Teer ist ein schwarzes, dickflüssiges Harz mit Holz-
säure und brenzlichem Öl und wird zum Schmieren der Räder an Wagen
und Maschinen, zum Kalfatern der Schiffe ꝛc. gebraucht. Durch langsames
Verbrennen der Rückstände, besonders beim Teerschwehlen, erhält man den
Kienruß.

Von noch größerer Bedeutung ist die Kiefer durch ihre Anwendung
als Nutzholz; dadurch wird sie ein wahrer Lebensbaum für die nördliche

Zone, die ohne ihre ausgedehnten Kieferwaldungen kaum bewohnbar sein würde. Das Holz derselben ist weißlich, nach Harz riechend, und übertrifft an Härte das der Fichte und Tanne; es liefert in Norddeutschland das allgemeinste Bauholz, sowie das gemeinste Material zur Feuerung und zu allen Hausgeräten.

Keinen Teil der Kiefer läßt der Mensch ungenutzt: Die trockenen Zapfen liefern ein vorzügliches Brennmaterial, denn sie geben eine starke Hitze und eine zum Bleichen sehr geeignete Asche. Die abgefallenen Nadeln dienen in hohen Gebirgsgegenden, sowie in den sandigen Ebenen Norddeutschlands, wo nur ein kümmerlicher Ackerbau getrieben wird, zum Ersatz des Strohes.

Ein wichtiges Produkt der Kiefernadeln fängt erst in der neuesten Zeit an, sich Bahn zu brechen, die sogenannte Waldwolle (Humboldtsau in Schlesien), welche aus den Bastfasern der Nadeln auf ähnliche Art gewonnen wird, wie der Flachs und Hanf aus Lein- und Hanfpflanzen. Dieses Erzeugnis findet bereits einen ziemlich ausgedehnten Gebrauch zu Polsterungen, Matratzen rc. Dasselbe ist nicht viel teurer als Stroh, weil es durch längeren Gebrauch nicht an Wert verliert; auch wird es wegen seines kräftigen Aromas weder dumpf noch modrig. Das aus den Nadeln gewonnene Dekott ist braungrünlich, undurchsichtig, stark aromatisch riechend, schäumt bei Zusatz von Wasser und rötet Lackmuspapier. Die arzneilich wirksamen Bestandteile sind darin das Balsamharz ($\frac{4}{5}$ Harz, $\frac{1}{5}$ Öl), nebst den bittern Extraktivstoffen und den Säuren, namentlich der Ameisensäure. Es wird gegen Nervenleiden, Gicht, Kinderkrankheiten rc. empfohlen.

## 5. Der Lärchenbaum.
### (Larix europaea.)

Die Nadeln der Lärche stehen büschelig in einer Scheide um den Zweig herum und fallen gegen den Winter ab. Die eiförmigen Zapfen haben stumpfe Schuppen und stehen an gebogenen Stielen aufwärts. Die Rinde ist dick, braunrot und rissig. Die Lärche gedeiht am besten in sandigem oder kiesigem Boden, in Gebirgsgegenden. Am häufigsten findet sie sich, sowohl in geschlossenen Waldungen, als mit andern Nadelbäumen vermischt, in Schlesien, Tirol, Böhmen und in einigen Gegenden Norddeutschlands.

Die Kultur der Lärche hat namentlich seit ungefähr 180 Jahren bedeutend zugenommen, als zuerst übertriebene Befürchtungen über baldigen Holzmangel in Deutschland laut wurden. Man glaubte demselben durch ihren vermehrten Anbau abzuhelfen, da sie in der Jugend allerdings viel schneller wächst als die übrigen Waldbäume und schon in 60 bis 70 Jahren ausgewachsen ist, während die andern Nadelbäume erst mit 100 bis 120 Jahren ihre völlige Ausbildung erlangen. Man machte aber in der Wahl ihres Standortes die größten Mißgriffe und erzielte daher nicht die gehofften Erfolge. Man nannte sie damals die Krone der Nadelhölzer, indem sie alle nützlichen Eigenschaften, welche man von dem Nadelholze im allgemeinen rühmt, vereinigen, außerdem aber noch viele andere besitzen sollte. Allerdings ist das Holz derselben zugleich fein, zähe und dauerhaft; daher sowohl zu feineren Holzarbeiten, als auch zum Bauen über und unter der Erde, sowie im Wasser gleich tauglich. In ihrer Tragkraft soll sie alle deutschen Holzarten übertreffen; den Balken aus Lärchenholz wird eine zehnmal größere Tragkraft, als starken eichenen Balken zugeschrieben. Nur zur Feuerung ist es nicht zu empfehlen, da es nicht mit heller Flamme brennt, sondern nur glimmt: dafür sind aber seine Kohlen besser als von den übrigen Nadelhölzern. Die Rinde des noch jungen Lärchenbaumes, sowie die schwachen Äste werden mit Eichenrinde vermischt zum Gerben benutzt und sie soll vorzüglich zur Geschmeidigkeit des Leders beitragen.

## 6. Die Feinde der Nadelwälder.

Unter den Feinden der Nadelwälder sind namentlich folgende zu nennen:

1) Die Borkenkäfer (Bostrichus *Fabr.* und Dermestes *L.*). Eine Gattung kleiner schwarzer Käfer, welche die Nadelwälder bewohnen und durch die Zerstörung des Holzes die sogenannte Wurmtrocknis hervorrufen, an welcher z. B. im Jahre 1782 und 1783 im Harze über drei Millionen Tannen vernichtet wurden. Diese Käfer fliegen meistens im Frühjahr aus und bohren sich dann in die Rinde von Nadelbäumen ein. Der gefährlichste unter ihnen ist der Schriftborkenkäfer (B. typographus). Diese bohren sich mehrere Centimeter lange Gänge in das Holz und das Weibchen bohrt außerdem zahlreiche Löcher in die Seiten des Ganges, in welche sie ihre Eier legt. Die aus denselben ausschlüpfenden Larven bohren sich dann noch 3 bis 5 cm weiter und verpuppen sich.

2) Der große Fichtenspinner (Bombyx pini). Ein häufiger Nachtschmetterling in Gegenden, wo Nadelwälder sind. Die Raupe ist 10 cm lang, grau oder fleischfarben und thut im August und September oft beträchtlichen Schaden, indem sie sich von den Nadeln der Fichten und Kiefern nährt.

3) Der kleine Fichtenspinner (B. pyliocampa). Ein Nachtschmetterling, der seine Eier ebenfalls an Nadelbäume legt. Aus denselben entwickeln sich 7 cm lange schwarze Raupen, oben mit braunroten, an den

Seiten mit weißen Haaren bedeckt, welche gesellig in Nestern leben und wie die vorigen von den Nadeln leben.

4) Die Nonne (B. monacha). Ein Nachtschmetterling, der aber bisweilen auch bei Tage fliegt. Die hellgrauen 2 bis 5 cm langen Raupen überwintern unter Moos auf dem Boden und kommen daher schon im Mai zum Vorschein. In manchen Jahren sind sie häufig, daß sie ganze Nadelwälder kahl fressen.

5) Die Föhreneule (Noctua piniperda), ein Nachtschmetterling aus der Familie der Eulen. Die kleinen gelblichen Raupen, die sich vorzugs= weise von den Nadeln der Kiefern nähren, können sich an einem Faden von den Zweigen der Bäume herab auf die Erde lassen, wo sie sich unter Moos einspinnen.

6) Der Föhrenspanner (Geometra piniaria), ein Nachtschmetter= ling aus der Familie der Spanner. Die grünlichen Raupen leben im Herbst auf Nadelhölzern; sie klammern sich mit den sogenannten Nach= schiebern an die Zweige und fressen die Nadeln ab, von denen sie kaum zu unterscheiden sind. Im Oktober lassen sie sich oft in so großer Menge von den Bäumen herab, daß diese wie mit Spinnengeweben behangen zu sein scheinen.

## 7. Der Wald im Herbste.

O du schönes Waldleben zur Zeit des reichen Frühlings und heißen Sommers! Schade, daß du so schnell ein Ende nehmen mußt! Bald unterbrechen recht finstere Tage die fröhliche Waldlust; eine schwere, trübe, dunstige Luft hängt über den Bäumen; traurig senken sich die grünen Blättchen, und klagende Töne irren hin und her. Der Herbst klopft mit stürmischer Hand an die Pforte des Waldes, und seine rauhen Winde ver= jagen die sanften Sommerlüfte, streifen das frische Grün von den Blät= tern und lösen eines nach dem andern von den schlanken Zweigen, daß sie klagend und rauschend, mit dem sterbenden Rot geschmückt, dahin flattern und verwehen im weiten, leeren Raume. Die Sänger des Waldes schicken sich an zu ihren Reisen nach fernen Ländern. „Kommt mit uns!" rufen sie den Blumen zu, „was wollt ihr noch länger weilen in dem öden Wald?" Und da verläßt ein Blumenelfchen nach dem andern sein buntes Häuschen, das der Herbstwind rüttelt, bis es zusammenfällt und mit bleichen Blättern die Stelle bedeckt, wo es geblüht hat.

Das süße Dornröschen ist schon lange mit den letzten Nachtigallen= tönen entschwebt; die leichten, bunten Geißblattranken flattern mit den lustigen Finken davon, und das helle freundliche Rotkehlchen nimmt die bleiche, schwermütige Anemone mit sich nach wärmeren Zonen und milderen

Lüften. Die Glockenblume aber schwingt ihr feines Seilchen und läßt zum letzten Male ihre frommen Glöckchen durch den Wald erklingen und rufen: „Lebe wohl, lebe wohl, du schöner Wald! Wie bald, wie bald entflieht die Freud' und kommt das Leid und naht des Herbstes trübe Zeit! Der Herbst, der Herbst ist rauh und kalt! Lebe wohl, lebe wohl, du schöner Wald!" — „Vergiß mein nicht! Vergiß mein nicht!" haucht es aus dem süßen, blauen Blümchen, das am Bache blühte, und der holde Blumenengel, der es bewohnte, fliegt mit dem letzten Lerchenliede auf den lichten Wolken des klaren Herbsthimmels hinaus. An die Stelle aller dieser lieben Blumen treten die wunderlichen Gesellen, die Pilze. Sie haben sich gar lustig schillernde Mäntelchen umgehängt, rote und gelbe und buntgefleckte, sind aber trotzdem der großen Mehrzahl nach nichtsnutzige Gesellen, welche mit ihren faulen Dünsten die reine Luft des Waldes vergiften.

Stürmischer wird der Wind, schon decken kalte Schneeflocken zuweilen den Boden; der Winter zieht mit starker Macht heran, den letzten Kampf mit seinem Feinde, dem Sommer, auszufechten. In wildem Streite schlagen die Äste knarrend zusammen, aus den finstern Felsenschluchten stürzen die Wildbäche brausend hervor, der Regen strömt, die ganze Gegend ächzt, der Sommer unterliegt. Im Walde zieht siegreich der Winter ein und krönt mit einem Diadem von glänzenden Eiszapfen den Tannenbaum zum Herrn und König des Waldes.

### 8. Der Wald und seine Bedeutung.

Ob der Wald Bedeutung hat, kann keine Frage sein. Wohin wir blicken, überall sehen wir Erzeugnisse des Waldes; unsere Wohnungen, unsere Geräte, unsere Schiffe, unsere Eisenbahnen, sogar unsere Bergwerke könnten nicht sein, wenn der Wald nicht wäre. Des Winters Kälte würden wir erliegen, Nahrungsmittel, für uns erst durch des Feuers Macht genießbar, würden uns nichts nützen, die Kraft des Dampfes würden wir nicht kennen, durch sie nicht über Land und Meer fliegen, wenn es keine Wälder gäbe oder gegeben hätte.

Die Fortschritte der Kultur sind an den Wald gebunden, und doch war die Kultur die größte Feindin des Waldes: sie ist es leider hier und da noch jetzt. Deutschland, vormals mit dichten Eichen- und Buchenwäldern überdeckt, ist jetzt nur strichweise noch mit schönen Waldungen versehen; nackte Berge, wüste Ebenen sind da, wo vormals dichte Wälder standen. Was nützt der Flugsand, was trägt die Heide? Was könnte der Wald, den man vor grauer Zeit aus Unverstand oder Eigennutz geschlagen, nützen? Immer fühlbarer wird der Holzmangel, immer höher steigen die Holzpreise.

Die Steinkohlen und Braunkohlen wachsen nicht nach, die Torfdecke des Moores vermehrt sich nur langsam; mögen sie noch für Tausende von Jahren Brennstoff liefern, so wird auch diese Quelle einmal versiegen.

Die Waldungen sind mit dem Wohle der Menschheit enge verknüpft, von ihnen ist zum großen Teile das Klima, die geschützte Lage, die Feuchtigkeit und Fruchtbarkeit des Bodens abhängig. In der Natur greift alles ineinander, die Stoffe kreisen ohne Unterlaß. Die Pflanze nimmt aus der Luft Kohlensäure und andere gas- und dunstförmige Produkte, welche von den Tieren ausgeatmet oder durch die Verwesung in Freiheit gesetzt werden, sie haucht dagegen Sauerstoff in die Atmosphäre aus; dieser Sauerstoff dient den Tieren zum Leben. Der Baum mit seinen grünen Blättern und jungen Zweigen bietet der Luft eine große, aufnehmende und aushauchende Oberfläche entgegen; er bindet den Kohlenstoff der Kohlensäure, um aus ihm Holz, Stärkemehl u. s. w. zu bereiten. Der Wald entzieht der Luft durch seine ungleich größere aufsaugende Oberfläche ungleich mehr der genannten Gase als die Wiese und das Kornfeld, er giebt in gleichem Maße mehr Sauerstoff an die Atmosphäre ab. Sein Einfluß auf die chemische Zusammensetzung des Dunstkreises der Erde ist deshalb von großer Bedeutung.

Der Laubwald wirft alljährlich seine Blätter ab; selbst die Nadelhölzer verlieren nach einer bestimmten Reihe von Jahren ihre Nadeln. In den Nadeln und im Laube erhält der Boden einen Teil der mineralischen Stoffe zurück, welche ihm die Wurzeln der Bäume entzogen; die organischen Verbindungen der Blätter werden dagegen für den Boden eine reiche Humusquelle. Der Schatten der Belaubung erhält dem Boden seine Feuchtigkeit, die Verwesung arbeitet fort und fort, es entstehen Moospolster, die Humusdecke des Waldes wächst von Jahr zu Jahr.

Wasser ist das notwendigste Lebensbedürfnis aller Pflanzen und Tiere, ohne Wasser kein Saft, ohne Saftströmung kein Leben. Der Wald entzieht der Atmosphäre viel Wasser, er haucht viel Wasser wieder aus. Bewaldete Gegenden haben in der Regel eine feuchte Atmosphäre, sie haben Regen und fruchtbaren Tau. Wie der Blitzableiter die Gewitterwolke, so zieht der Wald die Regenwolke zu sich herab, sie erquickt ihn nicht allein, sie kommt auch den benachbarten Feldern zugute; in der Nähe des Laubwaldes findet man fast überall fruchtbares Ackerland. Der Tau ist ein Niederschlag wässeriger Ausdünstungen der Erdoberfläche; wo er entstehen soll, muß letztere Wasser abgeben. Der dürre Sand, der nackte Fels kann wenig Wasser geben, ihn kann deshalb kein Tau erfrischen. Der Wald, mit einer bedeutenden Verdunstungsoberfläche versehen, giebt seinem Boden, giebt dem benachbarten Lande eine große Menge des erquickendsten Taues; der Boden

des dichten Hochwaldes, am Tage durch die Sonnenstrahlen weniger er=
wärmt, wird in der Nacht auch weniger durch Ausstrahlung erkältet. Die
von Feuchtigkeit erfüllten Luftschichten über dem Walde senken sich am
stillen, kühlen Abend als Nebel in das Thal, der Tau perlt am Morgen
auf den Wiesen, er erquickt den Acker. Wie in den Küstengegenden die
Meeresdünste, so sorgen die Waldesdünste im Binnenlande für die Be=
wässerung des Bodens und durch dieselbe für dessen Fruchtbarkeit.

Die Mehrzahl der Flüsse entspringen auf bewaldeten Gebirgen; der
Wald erhält einer Gegend ihren Wassergehalt, er sorgt für die Flüsse, er
ernährt ihre Quellen; in der Wüste versiegen dieselben. Die ungeheuren,
wasserreichen Ströme Nordamerikas durchziehen den Urwald; ob sie so
wasserreich bleiben werden, wenn ihre Wälder verschwunden sind? Die
Winde fahren her und hin; fällt auch auf dürren Sand ein warmer Regen,
was hilft er diesem Sande? Begierig eingesogen, wird sein Wasser ebenso
schnell wieder abgegeben, keine Pflanzen sind vorhanden, die das Wasser
an sich fesseln könnten; nur wenige Pflanzenarten können überhaupt auf
dürrem Sande gedeihen, weil nur wenige imstande sind, das Wasser lange
festzuhalten. Die Kakteen*) und die blattlosen Euphorbien**) sind fast die
einzigen Bewohner der tropischen Wüsten, unser Sandgras wächst auf Flug=
sand dürrer Heiden und wird schon hier, indem es durch seine Wurzel=
ausbreitung den lockeren Sand befestigt, nützlich. Das Sandgras zeigt uns
die Möglichkeit, auch Wüsteneien ganz allmählich mit einer neuen Pflanzen=
decke zu bekleiden.

Wenn sich im Winter Schnee und Eis auf dem Gebirge häuft, um
vor der Sonne des Frühlings zu schmelzen, so schwellen die Ströme plötz=
lich an, ein Bergstrom kommt zum andern, die Wassermasse stürzt mit
Macht ins Thal hinab. Bedeckt ein Wald des Gebirges Grund, fließen die
Ströme durch fruchtbares Land, so wird ein großer Teil des schmelzenden
Schnees, der auf den Bäumen oder unter ihnen liegt, von der lockeren
Dammerde des Bodens aufgesogen und zurückgehalten, während er da, wo
ihn der Boden nicht aufnimmt, die Wassermenge der Flüsse vermehrt.
Seitdem die Wälder verschwanden oder über alle Gebühr gelichtet wurden,
sind die Überschwemmungen der Flüsse im Frühjahre furchtbarer als je
hervorgetreten.

Ein Bergrücken, eine Mauer, ein Wald schützen vor dem Winde.
Der Windschutz des Hochwaldes ist in mancher Gegend nicht ohne wohl=
thätigen Einfluß; von ihm beschirmt, gedeiht der junge Wald, gedeiht das

*) Kaktuspflanzen, Fackeldisteln.
**) Euphorbia, die Wolfsmilchpflanze.

Ackerland, er verhütet die weitere Ausbreitung des Flugſandes, er hemmt die nachteilige Einwirkung austrocknender Winde; er gewährt endlich Schatten und Kühlung.

Der wohlthätige Einfluß des Waldes auf die Luftbeſchaffenheit einer Gegend läßt ſich nicht mehr in Zweifel ziehen. Der Geſundheitszuſtand der Menſchen und Tiere, das Gedeihen der Pflanzen iſt von der Luftbeſchaffenheit einer Gegend abhängig; manche verheerende Krankheit, die wir vormals nicht kannten, hängt vielleicht mit einer Veränderung der Atmosphäre durch die Verminderung der Wälder zuſammen.

Der Wald hat aber auch noch eine ſittliche und nationale Bedeutung. In unſeren zahlreichen deutſchen Walddörfern blüht das Volksleben noch im naturfriſchen Glanze. Wie die See das Küſtenvolk friſch erhält, ſo wirkt in gleicher Weiſe der Wald im Binnenlande. Der Waldbauer iſt luſtiger als der Feldbauer, er ſingt noch mit den Vögeln des Waldes um die Wette. Ein Dorf ohne Wald iſt wie eine Stadt ohne hiſtoriſche Bauwerke, ohne Denkmäler, ohne Kunſtſammlungen, ohne Theater und Muſik. Der Wald iſt der Turnplatz der Jugend und die Feſthalle der Alten. Wir müſſen den Wald erhalten, nicht bloß damit uns der Ofen im Winter nicht kalt werde, ſondern auch damit die Pulſe des Volkslebens warm und fröhlich weiter ſchlagen, damit Deutſchland deutſch bleibe.

## 9. Der Roggen.
### (Secale cereále L.)

Vom großen Buchenbaume und ſeinen Verwandten ſteigen wir heute zu einer kleinen, aber allbekannten Pflanze herab. Seht hier die Roggenpflanze! Die Pflanze iſt gegen zwei Meter lang, reicht alſo lange nicht an die Höhe eines Baumes. Dennoch ſind die drei Hauptteile, die wir an jeder Pflanze gefunden haben, auch hier: der untere, mittlere und obere Teil, oder: die Wurzel, der Halm mit den Blättern und die Ähre (die Blütenähre).

Der wichtigſte Teil der Pflanze iſt die Ähre, weil dieſe das Korn in ſich birgt. Wir wollen ſie genauer anſehen. Sie iſt von grauweißer Farbe, 4—5 cm lang, mitunter etwas kürzer, wenn das Korn „ſchlecht gewachſen" iſt, mitunter auch zur Freude des Landmanns etwas länger. Scheinbar hat eine Ähre Ähnlichkeit mit einem Weidenkätzchen, unterſcheidet ſich aber bei genauem Nachſehen gar ſehr von demſelben. Sie iſt nämlich, wie ſich beim Ausbreiten zeigt, aus kleinen Ähren oder Ährchen zuſammengeſetzt. Dieſe Ährchen ſind an einem gemeinſchaftlichen Stiele, der Spindel, abwechſelnd an einer und der andern Seite, befeſtigt. Die

2*

Spindel bildet die Fortsetzung des Halmes, ist von den Seiten zusammen=
gedrückt, hin und her gebogen, oder besser gesagt: zackig und fein behaart.
Jedes der kleinen Ährchen besteht wieder aus zwei Blüten. Die ganze
Ähre besteht also aus vielen Blüten, wie dies auch beim Weiden=
und Buchenkätzchen der Fall war.

Die Roggenblüte ist sehr unansehnlich, einfach weißgrau gefärbt, also
ohne in die Augen fallende Farbenpracht. Dennoch ist sie hübsch zu=
sammengesetzt, enthält die bekannten Hauptteile einer vollkommenen Blüte
(Kelch, Krone und Staubgefäße), nur muß man genau hinsehen, wenn man
dieselben herausfinden will. Wir wollen eine Blüte behutsam auseinander=
legen, und was wir dann finden, zeichne ich hier recht groß neben die ge=
zeichnete Spindel. Wir finden: vier kleine spitzige, trocken aussehende,
schuppenähnliche Blättchen, die sogenannten Spelzen. Sie liegen je zwei
und zwei ineinander. Die beiden untersten oder äußern schmalen, pfriem=
artigen Spelzen bilden den Kelch — heißen daher die Kelchspelzen.
Die beiden innern größeren bilden die Krone, heißen also Kronenspelzen.
Diese sind von ungleicher Größe, die innere, gegen die Spindel gedrückte,
ist kleiner, die äußere ist breiter und länger, und an der Spitze mit einer
langen, zerbrechlichen Granne versehen. Beide Kronenspelzen sind mit
feinen, steifen Härchen besetzt und deshalb scharf anzufühlen.

Zwischen beiden ragen drei lange, etwas ins Violette spielende Staub=
beutel hervor, welche in der Mitte ihrer Länge an je einem, im Grunde
der Krone befestigten, feinen Staubfaden hängen.

Zwischen diesen während des Blühens herabhängenden Staubfäden
finden wir zwei feine, sich gabelförmig voneinander entfernende, mit feinen
Haaren dicht besetzte Griffel, welche auf dem noch sehr kleinen, weiß=
lichen, länglichen Fruchtknoten befestigt sind.

Während der Zeit des Blühens sehen wir an jeder Ähre die zahl=
reichen Staubbeutel herabhängen, sich hin und her bewegen, und bei leisem
Winde steigt von dem wallenden Roggenfelde ein dichter Staub in die
Höhe, der aus den Staubbeutelchen herausfliegt. Man sagt, der Roggen
stäubt, und so gerne der Landmann einen ebenen, leisen Wind in diesen
Tagen hat, damit die Bestäubung gehörig zustande kommen kann, eben so
ungern hat er Sturm, weil dieser den Staub sofort hinweg treibt. Die
kleinen Griffel sollen nämlich denselben auffangen, und je länger ein ebener,
dichter Staub über dem Felde schwebend erhalten bleibt, desto leichter wird
derselbe aufgenommen, und desto sicherer ist es, daß alle Griffel solchen
aufgefangen haben. Nur diejenigen Fruchtknoten, welchen durch die Griffel
Staub zugeführt wurde, geben Korn, die unbestäubten vertrocknen.

Ist die Bestäubung zu Ende, das Blühen also vorbei, dann fallen die Staubbeutel ab, der Fruchtknoten schwillt an und entwickelt sich zu einem Korn. Die Spelzen bleiben zum Schutze des Kornes sitzen und liefern beim Dreschen die Spreu.

Ein Feld mit kräftig gewachsenem, blühendem Roggen ist prächtig an= zusehen! Halm an Halm gereiht, einer wie der andere gebildet, mit gleich= förmigen Ähren, welche, im leisen Winde hin und her wogend, den feinen Staub aufwirbeln, ähnelt es den leisen Wogen eines schwach bewegten Meeres. Jedermann erfreut sich an dem Anblick einer Roggenkoppel, vor allen aber der Landmann, der viele Mühe und Sorge daran verwandt und seine Hoffnung auf die Ernte gesetzt hat und setzen muß.

Von Wind und Wetter und vielen sonstigen Umständen hängt es ab, ob die ausgeworfene Roggensaat sich gut entfalten, reifen, reiche Frucht bringen und wohlbehalten schließlich in die Scheune gebracht (geborgen) werden kann.

Ist dies geschehen, dann wird der Roggen gedroschen, gereinigt und — der Ertrag, das Korn ist da.

Hier habe ich eine Hand voll Roggenkörner mitgebracht. Jedes Körn= chen ist von gelblich brauner Farbe, länglichrund, etwa 1 mm breit und 4—5 mm lang. An der einen Seite hat es einen vertieften Streifen, eine ganz feine Rinne.

In dem Korne ruht der Keim, der, nachdem das Korn in die Erde gebracht, oder eine Zeitlang feucht und warm gelegen hat, aus der kleinen Rinne hervorbricht, wie ihr hier an dem in unserm Blumentopfe getriebenen Körnchen sehen könnt.

Ein Teil des Keimes steigt unter allen Umständen nach oben, der andere nach unten. Aus ersterem Teile wird der Halm, aus letzterem die Wurzel.

Die Wurzel entwickelt sich, wie diese ausgewachsene Pflanze zeigt, zu einem Büschel von Wurzelfasern, wird also eine Faserwurzel. Diese hat nun aus der gut bearbeiteten und gedüngten Ackerkrume die Nahrung für die Pflanze heraufzuholen. Sie geht jedoch nicht tief hinein, kann so= mit nur die obere Krume recht ausnutzen.

Der Halm, 1½—2 Meter lang, ist rund und glatt anzu= fühlen und, im Gegensatz zu dem Stengel und den Stämmen an= derer Pflanzen, hohl. Er ist aber nicht der ganzen Länge nach hohl, sondern abwechselnd auf kurzen Strecken dicht und hart. Diese Stellen werden Knoten genannt, und geben dem Halme mehr Festigkeit, damit er nicht vom Winde geknickt werde. Der Teil des Halmes zwischen je zwei Knoten heißt ein Glied. Die unteren Glieder sind viel kürzer, als die oberen, weil nach unten der Halm größere Festigkeit haben muß. Weil der Halm aus mehreren Gliedern zusammengesetzt ist, heißt er ge= gliedert.

Zweige finden sich an keinem einzigen Roggenhalme; wohl aber kommt es vor, daß aus einer Wurzel mehrere Halme hervorwachsen. Dann und wann kann auch wohl einmal mehr als eine Ähre auf einem Halme wachsen (Pharaos Traum), immer aber ist der Halm unverzweigt und mit Blättern besetzt. Jedes Blatt ist lang und schmal, gleich einem schmalen grünen Bande, oben zugespitzt, an den Rändern scharf und gradlinig, gleich den Kanten eines Lineals. Das Blatt ist linealisch. Halten wir es gegen das Sonnenlicht, so sehen wir in demselben nur grade, nebeneinander herlaufende, unverzweigte Adern. Auch ist kein einziges Blatt mit einem Stiele am Halme befestigt. Es ist am Knoten angewachsen, faßt eine Strecke hinauf den ganzen Halm ein, bildet, wie man sagt, eine Scheide, an deren oberem Ende, da, wo das Blatt frei heraustritt, ein kleines trockenes Häutchen, das Blatthäutchen, sich befindet. Jeder Knoten trägt ein Blatt, und alle Blätter sind so geordnet, daß immer eines um das andere nach entgegengesetzter Seite, also abwechselnd, steht.

Schon das erste Blatt, das als Keim aus der Erde hervorbricht, das Keimblättchen, ist linealisch und zugespitzt. Es kommt nur ein Keim= blatt heraus und die später sich entwickelnden Blätter fassen mit ihrer Scheide, bis der Halm sich entwickelt, umeinander. Sobald der Halm sich reckt und streckt, folgt jedes Blättchen einem Knoten, bis sich schließlich alle in der oben angegebenen Weise gestellt haben.

Der Roggen ist eine sehr nützliche Pflanze. Jeder, auch der kleinste Teil derselben ist verschiedentlich zu verwenden.

Die Halme liefern als Stroh ein unentbehrliches Viehfutter, teils im unvorbereiteten Zustande, teils zerschnitten, als Häcksel (oder Häcker= ling). Das geringere Stroh dient zum Teil als Bettstroh, den Men= schen ein weiches und warmes Lager zu bereiten, oder als Streu für das Vieh im Stalle. In Gegenden, wo das Stroh reichlich, Holz und Torf aber sehr wenig oder gar nicht vorhanden ist, wie in der Marsch, wird das Stroh auch vielfach zum Brennen auf dem Herde und im Ofen gebraucht.

Bei uns weniger, mehr aber in südlichen Gegenden findet das Roggen= stroh noch besondere Verwendung für Flechtarbeiten, als: kleine Bricken, Körbchen und andere zierliche Geräte und Spielsachen, vorzüglich auch Strohhüte für Herren und Damen. Je nachdem das verarbeitete Stroh mehr oder weniger fein, die Arbeit also leichter oder schwieriger ist, wer= den die Hüte teurer oder billiger bezahlt.

Ganz besonders wichtig ist die Ähre. Aus derselben dreschen wir das Korn zu unserm täglichen Brote, dem gesunden und nahrhaften Schwarzbrote, weshalb für unser Land der Roggen das eigentliche Brotkorn ist. (Die beim Reinigen des Kornes zurückbleibende Spreu — die Spelzen — wird auch noch benutzt: zur Streu, zum Packen ꝛc.)

Der Roggen wird ferner in nicht unbedeutender Menge in den Branntweinbrennereien zur Gewinnung des Branntweins verwandt, welcher unter Umständen und mäßig genossen, ein wohlthuendes Getränk sein kann, leider aber auch sehr häufig Menschen ins Elend bringt. — Viel Branntwein wird aber wieder in Essig verwandelt und wird als solcher in der verschiedensten Weise nutzbar, und der beim Branntweinbrennen gewonnene „Gest" oder die Hefe ist, dem Bäcker wenigstens, unentbehrlich. Der reichliche und nahrhafte Abfall beim Brennen ist ein vorzügliches Mittel zur Viehmast und ohne die Branntweinbrennereien würden wir hier kaum so fettes und schönes Fleisch haben.

Wollten wir allen Roggen nur zu Brot benutzen, so würden wir ihn nicht verzehren können; selbst nachdem Tausende von Tonnen in den Brennereien verbraucht werden, ist in der Regel so reichlich davon vorhanden, daß nach andern Ländern verkauft, und zu Wasser und zu Lande versandt werden kann. Freilich bekommen wir auch wieder Roggen aus andern Ländern geschickt, bald mehr bald weniger, je nachdem für Müller, Bäcker, Brenner u. s. w. Bedarf, und je nachdem bei uns mehr oder weniger gewachsen ist.

Außer dem Roggen gebrauchen wir zu unserem Brot noch Weizen. Unser Weißbrot ist aus Weizenmehl bereitet und wird jetzt weit mehr gebraucht, als zu unserer Väter und Großväter Zeiten. Es wird jetzt auch mehr Weizen im Lande gebaut, als früher.

Auch von anderem Korn kann Brot bereitet werden. In einigen Ländern benutzt man Gerstenmehl dazu, wie schon im Neuen Testament gesagt wird, daß die fünftausend Mann, welche Jesus speiste, Gerstenbrot erhielten. In kälteren Ländern, wo Roggen, Weizen und Gerste nicht gut gedeihen, backt man Haferbrot; in den warmen Ländern Asiens wird es aus Reis bereitet, und in Amerika aus Mais.

Alle diese Kornarten werden mit einem Namen Getreide genannt. Wenn wir bedenken, welche Menge von Getreide allein eine einzige Stadt im Jahre gebraucht, wir erstaunen schon über die Tausende von Tonnen. Wieviel braucht aber erst ein ganzes Land, wieviel die ganze Menschheit auf der Erde! Wahrlich, ein unendlicher Reichtum von Getreide muß alljährlich dem Boden abgewonnen werden, und ein wichtiger Stand ist der des Landmannes, welcher mit aller Sorgfalt den Acker für sein Korn

bearbeiten muß, wenn er hoffen will, die ausgesäete Saat fünf=, zehn= oder
zwanzigfältig wieder zu erlangen. Aber der Mensch thut die Arbeit, Gott
giebt den Segen! Wehe dem Lande, wo dieser Segen ein Jahr ausbleibt.
Teuerung und Hungersnot mit allen Schrecken ist die Folge! — Wir
wissen aus der biblischen Geschichte, wie im Lande Kanaan nicht selten
solche Zeiten eintraten, und die Bewohner dann entweder nach anderen
Ländern zogen, oder aus Ägypten ihr Korn holen mußten. Früher war
Teuerung und Hungersnot bei eintretendem Mißwachs in einem Lande
eher möglich, da man nicht leicht von anderen Ländern Korn in so großen
Mengen herbefördern konnte, als jetzt mittelst Eisenbahnen, Dampfschiffen,
auf Chausseeen und besseren Landwegen möglich ist. Jetzt teilt ohne große
Umstände ein Land dem andern mit von dem, was es an Überfluß besitzt,
und wir alle nähren uns von Jahr zu Jahr gemeinschaftlich von dem
Segen, den der Herr aus dem ganzen Erdboden hervorwachsen läßt.

So weit die Geschichte zurückgeht, verstand schon die Menschheit, das
Getreide zu bauen. Adam bauete schon das Feld, Kain war ein Ackers=
mann, Abraham backte schon Brot, Ruth sammelte Ähren auf den weit=
gedehnten Äckern des Boas u. s. w.

Woher das Getreide stammt, wissen wir nicht mehr anzugeben. Die
Menschen haben es eben überall hin mitgebracht und angebaut, wo sie sich
häuslich niedergelassen haben, und wir finden es überall, soweit das Klima
des Landes demselben nur zu wachsen und zu reifen gestattet.

Da die Menschen von dem Weltteile Asien ausgegangen sind, wird
wohl das Getreide auch daher stammen. Auf der Wanderung des Ge=
treides in die weite Welt hinaus ist es demselben gegangen, wie dem Volke
Israel bei seinem Auszuge aus Ägypten: Es ist Pöbelvolk mit ihm ge=
zogen, und bis auf den heutigen Tag hat es nicht wieder weichen wollen.
Ich meine damit die lästigen Unkräuter, die dem Boden die Nahrung
entziehen, welche für das Getreide bestimmt ist, und später, wenn ihr Same
nicht vom Korn geschieden wird, das Brot verderben, es schlecht, ungesund,
ja gradezu giftig machen können.

Als die verbreitetsten und bekanntesten solcher Unkräuter nenne und
zeige ich euch hier die schöne blaue Kornblaue (Centaurea Cyanus *L.*),
die gleich einem kleinen Körbchen voll prächtig blauer Blumen zwischen
dem Roggen hervorguckt, und von Kindern gerne gepflückt und zu Kränzen
gewunden wird.

Die schönen violetten und roten Kornraden, den sogenannten „Klindt"
(Lychnis githago *L.*) und die unter Weizen und Roggen ebenfalls vor=
kommende, weniger auffallende

Roggentrespe (Bromus secalinus *L.*), ein Unkraut, das schon in dem Gleichnis vom Unkraut unter dem Weizen, als ein sehr lästiges namhaft gemacht wird.

Pflückt diese Blumen, wo ihr sie findet, es wird euch gewiß niemand daran hindern, nur — schadet dem Korne nicht!

## 10. Der Weizen.
### (Triticum vulgare.)

Er ist, wie der schon früher behandelte Roggen, eine Getreideart. Er braucht ein milderes Klima und eine sorgfältigere Pflege, als jener; in höheren Lagen, wo der Roggen noch ordentlich gedeiht, kommt er nicht mehr fort. Er wird entweder im Herbst gesäet als Winterweizen (zweijährig) oder erst im Frühling und heißt dann Sommerweizen (einjährig). Die Frucht des Weizens ist eine einsamige Schließfrucht. Sie ist länglich und auf einer Seite mit einer deutlichen Rinne versehen (vergl. den Samen des Roggens, der Gerste 2c.). Sie besteht aus der gelblichen Samenhaut, dem mehligen von dieser eingeschlossenen Stoff, welcher Sameneiweiß heißt, und dem mit bloßem Auge nicht deutlich unterscheidbaren Keimchen. Verfolgen wir nun die Entwicklungsgeschichte eines solchen genau!

Es ist zur Keimung des Samens zweierlei notwendig, Wärme und Feuchtigkeit. Ist der Boden sehr kalt, oder fehlt ihm jede Feuchtigkeit, so kann der Same wochenlang in der Erde liegen, ohne zu keimen. An geeigneten Orten aufbewahrt, bleiben die Kerne Jahre, ja Jahrhunderte lang unverändert und verlieren ihre Keimfähigkeit nicht. Andere Samen dagegen keimen schon einige Wochen, nachdem sie von der Mutterpflanze weggenommen sind, nicht mehr (Kaffee). Sind indessen die beiden genannten Bedingungen gegeben, so streckt sich bald das Keimchen, sendet nach oben ein spitzes Blättchen, nach unten ein einfaches Würzelchen. Merkwürdig ist, daß durch diesen Vorgang bedeutend Wärme entwickelt wird (Malzkeime). Man säet darum häufig Gewächse viel dichter, als sie zu stehen brauchten, damit die durch das Keimen erzeugte Wärme die Pflänzchen gegenseitig in ihrem Wachstum fördere. Unterdessen geht mit dem im Samen enthaltenen Stärkemehl auch eine Veränderung vor; es wird aufgelöst und schmeckt sodann süßlich. Das Stärkemehl verwandelt sich in Zucker. Diesen nun kann das Keimchen als Nahrung verwenden.

Ist diese Nahrung aufgezehrt, so muß indessen das junge Pflänzchen deswegen nicht zu Grunde gehen. Sein Würzelchen hat unterdessen die Fähigkeit erlangt, die Nahrung selbst aus der Erde aufzusaugen. Aber

das kann es auch nicht ohne Feuchtigkeit. Die feinen Würzelchen haben
ja nirgends eine Öffnung, und es ist daraus leicht ersichtlich, daß sie we=
nigstens feste Stoffe nicht aufnehmen können. Alle Stoffe, die die Pflanze
aufnimmt durch die Wurzeln, müssen zuvor im Wasser aufgelöst sein. Wie
nämlich Zucker, Salz ꝛc. im Wasser flüssig werden, so ist unter Umständen
das Gleiche auch mit vielen erdigen Stoffen der Fall. Wir begreifen jetzt,
warum viele Gewächse, namentlich die, deren Wurzeln sich nur auf der
Oberfläche verbreiten, bei vollständiger Trockenheit absterben.

Der Weizen keimt mit einem Blättchen. Er ist eine e i n s a m e n =
l a p p i g e  P f l a n z e . Aus dem Grunde des etwas eingerollten ersten
Blättchens erhebt sich vorerst nur ein Stengelchen, sowie auch nach unten
nur ein Würzelchen geht. Jede Pflanze hat ursprünglich e i n e n  H a u p t =
s t e n g e l  und eine H a u p t w u r z e l . Soweit der Stengel aber unter oder
auf der Erde liegt, hat er sehr kurze Stengelglieder mit stark verdickten
Knotenstellen. An diesen letztern erhebt sich meist nach oben ein neuer
Stengel, während nach unten eine Anzahl von Nebenwürzelchen wächst.
Durch Verwesung des Bindegliedes bilden sich später selbständige Pflanzen.
So kann sich in einem gutgedüngten Acker bei günstiger Witterung ein
Pflänzchen ins Zehnfache vermehren, und mancher Landwirt der im Vor=
frühling mit Kopfschütteln und Besorgnis sein allzudünnes Weizenfeld be=
trachtet hatte, freut sich später über die dichtstehenden Halme. Letztere
werden 120—160 cm hoch und haben, besonders auf leichtem Boden und
wenn sie zu dicht sind, oft nicht die nötige Stärke, um den Gewitter=
stürmen zu trotzen. So sieht man oft weite Strecken nach solchen geknickt
und zu Boden gedrückt. Das ist ein großer Schaden für den Landwirt;
denn so kann sich die Frucht nur unvollständig ausbilden, einerseits, weil
Licht und Luft fehlen, anderseits, weil der Saft nicht mehr von den Wur=
zeln nach oben gelangen kann.

Die saftigen, grünen Blätter bestehen, wie beim Roggen, aus der
röhrenförmigen, den Stengel von einem Knoten bis fast zum andern um=
schließenden Scheide und der linealen, abstehenden Blattfläche. Auch
die Blätter des Weizens fühlen sich etwas hart an. Sie enthalten K i e s e l
(Sand), der also vorher im Wasser aufgelöst wurde. Gewisse Pflanzen
(Schilf, Seggen) erhalten durch eine große Menge dieses Stoffes so harte
Blätter, daß man sich an denselben schneiden kann; eine in Spanien wach=
sende Grasart giebt aus dem gleichen Grunde am Stahle Funken.

Der H a l m des Weizens läuft oben in die gegliederte S p i n d e l
oder A c h s e aus. Die Ähre ist, wie beim Roggen, zweizeilig und aus
Ährchen zusammengesetzt. Beim Roggen ist ein solches zweiblütig, hier
ist es d r e i = bis v i e r b l ü t i g . Es ist am Grunde umschlossen von zwei

kahnförmigen, harten Kelchspelzen. Jedes Blütchen ist zudem geschützt durch zwei Blütenspelzen, von denen die eine bei einzelnen Weizensorten in eine lange Granne ausläuft. Zur Blütezeit hangen die Staubbeutel der drei fadenförmigen Staubgefäße ringsum an der Ähre heraus. Aus der Blüte ragen ferner die zwei federförmigen, auf dem Fruchtknoten sitzenden Narben hervor.

Nachdem die Befruchtung stattgefunden hat, werden nach und nach die Blätter und Stengel trocken und dürr. Die Säfte, die die Pflanze da abgelagert hatte, werden nun zurückgenommen und zur Bildung der Samen verwendet. Diese bleiben eine Zeit lang grün und süßlich; sie enthalten Zucker. Bei der Reife verwandelt sich dieser wieder in Stärkemehl. Merkwürdig, wie die Stoffe der Pflanzen verwandelt werden! Beim Keimen wurde aus dem Stärkemehl Zucker; beim Reifwerden der Samen werden die zuckerhaltigen, in der Frucht, sowie auch im Stengel und in den Blättern abgelagerten Stoffe wieder in Stärkemehl verwandelt, und der Bierbrauer und Branntweinbrenner verstehen es, durch Gärung das letztere in Weingeist überzuführen und so aus ihm geistige Getränke darzustellen (Kartoffeln, Getreide).

## 11. Die Gerste.
### (Hórdeum vulgare.)

Die Gerste ist kenntlich an den lang begrannten Ähren, welche aus sechszeilig gestellten Ährchen gebildet wird, weshalb dieselbe auch wohl sechszeilige oder „Keulengerste" genannt wird, zum Unterschied von der zweizeiligen Gerste (H. distichum *L.*), welche letztere bei uns viel später angebaut worden ist, als die erstere, — auch in der Regel nur auf schwererem Boden angesäet wird.

Die Gerste ist ein allbekanntes Korn. Schon die Ägypter, Indier, Griechen und Juden bauten es. (Jesus teilte Gerstenbrot aus unter die 5000 Mann.) Sie ist aus Asien über Ägypten nach Europa gekommen, und wahrscheinlich nach dem Hafer hier das älteste Brotkorn. Gegenwärtig herrscht die Gerste im Norden als Brotkorn vor, weil sie über der ganzen Heide bis zum 16° n. Br. allgemein angebaut wird, und stellenweise bis zum 70° gedeiht. Sie verlangt am wenigsten Wärme und ist das härteste und daher nördlichste Getreide.

Bei uns liefert in manchen Gegenden die Gerste noch fast ausschließlich das erforderliche Mehl für die Haushaltung und wird zu Grütze und Graupen verarbeitet, auch zur Viehfütterung, besonders zur Schweinemast benutzt. Brot wird aus dem Gerstenmehl weniger bereitet. Eine besondere

Bedeutung gewinnt die Gerste noch durch ihre Verwendung zum **B i e r =
b r a u e n**. Sie wird nämlich eingeweicht, zum schnellen Keimen getrieben,
und dann wieder auf der „Darre" getrocknet. Das so gewonnene Produkt
ist das **M a l z**, welches den Hauptstoff des Bieres liefert und diesem seinen
süßlichen Geschmack, seine Stärke und seinen nahrhaften Gehalt giebt. Die
alten Deutschen legten daher hohen Wert auf die Gerste, da ihnen das
Bier das vorzüglichste Getränk war.

## 12. **D e r  H a f e r**.
### (Avéna sativa *L.*)

Die ganze Pflanze wird 60—90 cm, mitunter auch wohl 1 m, hoch.
Die **W u r z e l** besteht, wie bei allen Gräsern, aus einem Büschel feiner
**F a s e r n**. Der **H a l m** (deren mitunter mehrere aus einer Wurzel ent=
springen) ist rund, glatt, aus 3, 4 und mehr Gliedern bestehend, die durch
ziemlich dicke Knoten getrennt sind. — Die **B l ä t t e r** sind flach, gegen 2 cm
breit, unten glatt, spitz zulaufend, und an der gradlinigen Kante scharf an=
zufühlen. Am Grunde des Blattes findet sich ein abgestutztes, an der
Spitze „zerfressenes" Blatthäutchen. —

Die **B l ü t e n** stehen in einer lockeren, gleichmäßig ausgebreiteten Rispe,
in der Regel aus zweiblütigen Ährchen gebildet. Jede einzelne Blüte be=
steht aus zwei größeren, die übrigen Teile überragenden Kelchspelzen, welche
spitz zulaufen, und von denen die größere 9 deutlich hervortretende Nerven
trägt. — Die 2 kleineren Blüten= oder Kronenspelzen sind kahl, lanzettlich,
an der Spitze zweispaltig=gezähnelt, und von ungleicher Größe. Die größere
derselben trägt auf der Mitte der Rückseite eine lange, gebogene **G r a n n e**.
Zwischen den Spelzen hängen drei längliche, gelbliche, der Länge nach in
2 Fächer geschiedene Staubbeutel, jeder an einem feinen Staubfaden, der
unter dem Fruchtknoten befestigt ist. — Der Fruchtknoten ist eiförmig,
weich, und mit 2 feinen Griffeln gekrönt, welche zwischen die Spelzen oben
hindurch gucken. — Die **F r u c h t** (deren in der Regel in jeder Ähre nur
eine zur vollen Entwickelung kommt) besteht aus dem bekannten länglich=
eiförmigen Haferkorne. Dieses enthält, in Eiweiß eingehüllt, den Keim der
jungen Pflanze, die mit **e i n e m** spitzen Keimblatte aus der Erde hervor=
kommt. Die Pflanze ist **e i n j ä h r i g**, und wird alljährlich durch Aussäen
neu gewonnen. —

Der Hafer dient bei uns vorzugsweise als Vieh= und besonders als
**P f e r d e f u t t e r**. In dieser Beziehung ist die Verwendung so allgemein,
daß „Hafer in den Knochen" sprichwörtlich nichts anderes heißt, als: „Kraft
in den Gliedern." — Er liefert aber auch eine süßliche, angenehm schmeckende

Grütze, die bekannte Hafergrütze, welche kräftige und gesunde Suppen giebt (Kranken besonders zuträglich), und zu „Umschlägen" bei Entzündungen, Verhärtungen u. s. w. häufige Anwendung findet. —

Der Anbau des Hafers ist von alters her bekannt. Die Juden, die Griechen, die Ägypter und Römer beschäftigten sich schon damit, und wußten diese Frucht zu verwenden. — Wahrscheinlich stammt der Hafer aus dem östlichen Rußland, oder aus den Donauländern. Er ist die älteste europäische Brotfrucht. Die alten Deutschen bereiteten, wie die Römer berichten, ihr Brot daraus. — So lange hier das Klima noch rauh und hart und der Boden weniger bearbeitet war, konnte der Hafer, weil harter Natur, hier besser als andre Getreidearten fortkommen. — Allmählich aber verdrängten bessere Getreidearten dieses alte Brotkorn. —

Der Hafer wächst weit nach Norden hinauf, und ist gegen die Kälte wenig empfindlich. In einzelnen Gegenden Norwegens und Schwedens dient er noch als Brotkorn, und in Schottland bildet ein Brei aus Hafermehl die tägliche Nahrung der Arbeiter, die sich dabei gesund und kräftig erhalten.

## 13. Der Mais.
### (Zea mais *L.*)

Mag das Land noch so flach und arm an sonstiger Schönheit sein, im Sommer, wenn die vollen Roggenfelder unter dem Winde sich beugen und die goldenen Weizenähren im Sonnenschein glänzen, wird auch das Ackerfeld schön; und wie das Herz sich dankbar des Segens von oben erfreut, ergötzt sich das Auge an dem Feierkleide der Scholle.

Doch nur im großen und ganzen machen die Getreidefelder eine Wirkung auf den betrachtenden Sinn; der Grashalm für sich allein ist zu dünn und zu dürftig, um betrachtet zu werden oder den Blick zu fesseln. Anders aber verhält es sich mit der Maispflanze, die, je mehr sie heranwächst zu einem vollen starken Rohre, geziert mit den langen, schwertförmigen, glänzend dunkelgrünen Blättern, um so mehr den Blick anzieht und zur Bewunderung auffordert. Ein Knoten erscheint nach dem andern, und der immer länger sich dehnende Fruchtkolben schaut wie verschämt aus den grünen Windeln, in die er sorgsam eingehüllt ist, und hoch oben auf dem Stengel thront die Blütenrispe, die ihren Goldregen auf den Büschel feiner, seidenartiger Pistille fallen läßt, welche aus der Spitze des noch ganz geschlossenen Kolbens heraushängen. Man sieht fast die Pflanze wachsen, verfolgt jede Stufe ihrer Entwicklung. Die kleine Weizenähre und der dünne Grashalm ist hier zum Riesen geworden, jeder einzelne steht seinen Mann, bietet Wind und Wetter Trotz und spricht zu dir: Betrachte mich!

Aber die Natur bewahrt auch hier das Geheimnis der Entstehung, des Wachstums von innen — reiße nicht vorwitzig die grünen Hüllen von der sich bildenden Ähre, warte der Zeit, bis diese die Fülle ihrer Körner gewonnen hat und die Hülle durch ihr Welkwerden zeigt, daß sie entbehrlich wird. Nun streife sie ab; du staunst und merkst wohl, daß da ein köstliches Juwel verwahrt werden sollte, denn neunfach ist die Hülle, und wo die Blätterscheiden aufhören, da schmiegen sich noch seidene Fäden den Körnern an. Welch ein Glanz, sei er hell- oder dunkelgelb, rubinrot oder rötlichbraun, und welch ein Reichtum an Körnern in den langen Zeilen dieses Kolbens! Zehn, zwölf, fünfzehn Reihen sind ganz gewöhnlich, und in jeder Reihe sitzen 30—40 vollwichtige Körner, so daß der Segen des Samenkorns, das hundertfältig Frucht bringt, an der Maisfrucht sich auf das Zehnfache steigert. Denn viele Stengel tragen zwei Kolben, und in der heißen Zone ist eine tausendfältige Ernte gar nichts Seltenes. Es giebt in Karolina und Mittel-Amerika Landstriche, wo man vom Mais dreimal des Jahres erntet, und zwar auf dem gleichen Acker! Erwägt man, daß der Reis in den günstigsten Fällen nur hundertfältige Frucht bringt (unser Weizen zehnfältig), so darf man dem Mais wohl nachrühmen, daß er unter allen Getreidearten der beredteste Prediger des reichen Segens ist, den der Schöpfer in die Körnerfrucht gelegt hat, und das Volk im nördlichen Europa, wo der Mais nicht mehr auf freiem Boden fortkommt, thut recht daran, sich wenigstens ein paar Maiskolben zu Schmuck und Zier in seinem Garten zu ziehen.

Der Anblick eines Maisfeldes ist ebenso überraschend als wohlthuend. Der Nordländer, der zum erstenmal ein solches Feld erblickt, glaubt sich in die tropische Natur versetzt, und denkt an die Zuckerrohrfelder der heißen Zone. Fehlt es dem Boden nicht an Sonne und Feuchtigkeit — denn beider Hilfe bedarf das Türkischkorn (auch Welschkorn, Kukuruz genannt) gar sehr — so ragen die Blütenrispen weit über den Kopf des erwachsenen Menschen, und obschon die einzelnen Pflanzen nicht allzu nahe stehen, so ist doch ihre Blattfülle groß genug, einen üppig grünenden Getreidewald vorzustellen. Die heißen Flächen der Theiß- und Donauniederungen oder der großen Po-Ebene Italiens genießen durch die Maisfelder gewissermaßen einen Ersatz für Wald und Hain. Die Kukuruzfelder bringen ein Stück Poesie in die ungarischen Pußten und selbst noch im Winter müssen die großen dürren Garben des Strohes die Wohnungen von außen und innen erwärmen.

Der Weizen verlangt einen fetten Boden; der Mais kommt noch in einem Boden fort, den der Weizen verschmäht. In Amerika steigt der

Mais bis auf die Hochflächen der Anden, und gedeiht noch gut auf den 3600 m über dem Meere erhobenen Inseln des Titikaka-Sees.

Die großen mehlreichen Maiskörner sind ein vortreffliches Futter für das Geflügel, dessen Fleisch durch die Maisfütterung einen Wohlgeschmack annimmt, wie das der Fasane. In England werden Schinken von solchen Schweinen, die mit Mais gefüttert wurden, besonders geschätzt. Das Mais= mehl ist außerordentlich nahrhaft, und wenn, da es schlecht zusammenklebt, dasselbe auch weniger zum Brotbacken sich eignet, so bildet es doch in Griesform für Suppe, oder für Klöße in Schmalz gebacken, eine sehr schätz= bare Substanz.

Wie unsere Getreidearten uns nicht nur Brot, sondern auch Bier und Branntwein liefern, so wissen die Amerikaner auch ihren Mais zu einem künstlichen Wein zu benutzen. Der Ertrag des Maisbaues in den Ver= einigten Staaten ist ungeheuer. In dem nördlichen Teile wird das Mais= korn zu Anfang Mai, in dem mittleren schon Mitte April, in den süd= lichen und südwestlichen von Mitte März an, in den südlichsten schon zu Anfang Februar gelegt. Der Farmer bemüht sich, die Reihen seiner Mais= pflanzen so gerade als möglich zu ziehen, und nimmt darum beim Pflügen einige in gerader Linie aufgestellte Stangen zum Gesichtspunkte. In Zwischenräumen von 1,20 m zieht er seine Furchen durch die Länge und Breite des Feldes, das auf diese Weise in regelmäßige Quadrate geteilt wird. In die Durchschneidungspunkte der Furchen legt er drei Körner und bedeckt sie, mittelst einer Handhacke, etwa 7 cm hoch mit Erde. Die Pflanz= körner zuvor schon eingeweicht, treiben bereits am fünften oder sechsten Tage; in Zeit von drei Wochen ist das Feld von den spitzen Schößlingen schon grün. Das junge Korn sollte nun mit der Handhacke aufgehäufelt werden, man läßt es aber noch einige Wochen fortwachsen und häufelt es dann mit dem Pfluge selber an. Dieses Auspflügen der Maisfelder ge= schieht zweimal, weil sonst das Unkraut zu üppig wuchern und die Stengel der jungen Pflanzen nicht ihre kreisförmige Wurzelreihe bilden würden. Beim zweiten Pflügen säet man in die Furchen Kürbisse und Schlingbohnen, welche letztere an den Maisstengeln emporranken.

Sobald der Fadenbüschel, der an der Spitze des Kolbens heraushängt, sich bräunt, weiß man, daß auch die Körner zu reifen beginnen. Streift man nun die Hülle von den Kolben ab, und findet, daß die Körner zwar voll, aber doch noch so weich sind, daß beim Einkneifen mit dem Finger die Milch herausspritzt: dann nimmt man wohl die Kolben zu den beliebten roasting-ears, d. h. man kocht sie in Salzwasser ab, oder röstet sie licht= braun am Feuer, und bestreicht sie auf der Tafel mit frischer Butter, Pfeffer und Salz. Die Kinder lieben diese roasting-ears ganz besonders, und in den Sommermonaten fehlt diese Schüssel bei keinem Mittagsmahl. Indem man zeitig der Pflanze einige Kolben raubt, gewinnen dafür die anderen desto größere Fülle.

Mit jedem Tage werden die Körner fester, und wenn sie ziemlich hart geworden sind, geht es ans Abblättern, und zugleich schlägt man die Spitzen des Stengels mit einem Handbeil etwa 60 cm von der Spitze ab. Dadurch wird nun der Sonne ein freier Zugang zu den Kolben selber eröffnet. Auch die Blätter und die Spitzen werden vorerst einige Tage der Sonne ausgesetzt, dann in Bündel gebunden und an den Feldrändern angehäuft. Dieses Maisheu und vor allem die Spitzen bilden ihres Zuckergehaltes wegen ein sehr willkommenes Futter für Pferde und Kühe.

Die Zeit der Ernte ist für die nördlichen Staaten der Union der Oktober; je weiter nach Süden, um so früher natürlich die Zeit der Ernte — in Texas schon der Juni. Mit dem Tomahawk werden die Kolben vom Stamme abgehauen und in Haufen zusammengeworfen. Um die Deckblätter, welche eine sehr scharfe Fläche haben, von den Kolben abzustreifen, muß man Handschuhe anziehen, da ohne eine solche Bedeckung die Finger von einer einzigen Tagesarbeit ihrer Haut verlustig gehen würden; am zweiten Tage würde sicher das Blut aus den Fingerspitzen dringen und die Hand auf längere Zeit zur Arbeit untüchtig werden.

Die Fruchtböden oder sogenannten Kolbenzapfen, die unreif geröstet und verspeist werden, bilden nach der Ernte ein vorzügliches Brennmaterial, und so bleibt kein Teil der edlen Pflanze unbenutzt. Selbst die Deckhäute der Kolben lassen sich zum Ausstopfen von Matratzen verwenden; auch macht man daraus Matten zu Vorthüren und ein braunes Papier.

Indem man eine Reihe von Jahren immer die schönsten Kolben, und zwar von solchen Pflanzen, welche drei bis vier Kolben trugen, ausbrach, hat man es im reichen Ertrag des Maiskorns außerordentlich weit gebracht. Auch die Spielarten sind sehr mannigfaltig. In den Vereinigten Staaten von Nordamerika zählt man gegen 40 Spielarten, unter welchen die hauptsächlichsten der sogenannte Steinkornmais und der Kürbiskornmais sind.

## 14. Der Reis.
### (Oryza sativa.)

Unter den Brotpflanzen des heißen Erdgürtels steht der Reis obenan; er ist, wenn man auf die Zahl derer sieht, die von der Körnerfrucht dieser Grasart sich nähren, auch das wichtigste Getreide, denn ein Drittel der Menschheit findet im Reis das tägliche Brot. Für das ganze Südost-Asien, namentlich für Vorder- und Hinterindien, die Sunda-Inseln und

China mit seinen Nebenländern, hat der Reis dieselbe Bedeutung, wie für Europa der Weizen und Roggen, und für Amerika der Mais. Aber auch für Amerika gewinnt der Reis immer größere Wichtigkeit; wie die neue Welt der alten mit dem Mais ein unschätzbares Geschenk gemacht hat, so ist zum Gegengeschenk der Reis nach Amerika gekommen. In China wurde

Reis.

die Reispflanze, die in Ostindien wild wächst, schon 2882 Jahre vor Christo unter dem Kaiser Chinong eingeführt; es dauerte also ca. 4530 Jahre, bis sie auf die westliche Erdhalbkugel gelangte! In Nordamerika legte 1647 Sir William Barklay auf seinen Gütern in Virginien zuerst eine kleine Reispflanzung an. Nach Süd-Karolina wurde der Reis 1694 von Madagaskar aus eingeführt. Man baute anfangs dieses Getreide auf den höher gelegenen Landstrichen des inneren Landes, fand dann aber bald, daß die sumpfigen Niederungen, namentlich am Unterlauf der Flüsse, viel besser dazu geeignet waren, und allmählich kam der Reisbau so in Aufnahme, daß im Jahre 1853 der Gesamtertrag für Nordamerika auf 110 Millionen Pfund gerechnet wurde. In den heißfeuchten Niederungen, ja im sumpfigen Boden, wo keine andere Nahrungspflanze gedeiht, hat der Reis recht eigentlich seine Heimat; doch geht er auch in die gemäßigte Zone, bis zum 40. Grade n. Br. hinauf, nämlich in China, wo er mit größter Sorgfalt angebaut wird. In Europa wird an den Küsten des Mittelmeeres zwar auch Reis gebaut, auch in Ober=Italien längs des Po und in der Romagna, doch ist diese Kultur von keiner überwiegenden Bedeutung; von entschiedenster Wichtigkeit ist dagegen der Reisbau in Vorder- und Hinter=Indien, auf den Inseln des indischen Archipelagus und auf Ceylon, in China und Japan, auf Madagaskar, an den Küsten des roten Meeres, in Ägypten, einigen Teilen West=Afrikas, in Amerika in den Thälern des Parana und Paraguay, Brasilien und Central=Amerika. In den Vereinigten Staaten ist Süd=Karolina das Haupt=Reisland, das Thal des Missisippi bis zur Mündung des Ohio auch ein vortrefflicher Reisboden.

Die Reispflanze hat viel Ähnlichkeit mit unserm gemeinen Rohr; sie treibt einen 90 bis 120 cm hohen, wie eine Federspule starken, durch mehrere Gelenkknoten abgeteilten Stengel, die Blüten bilden anfangs eine Röhre, breiten sich aber, wenn die Samen zu reifen beginnen, in einen lockeren Büschel aus. So ein Reisfeld, wenn es in Blüte steht, gewährt einen eigentümlichen Anblick. Die ins Grüne spielenden Blütenrispen sind viel luftiger und zierlicher, als unsere dichtgedrängten Weizen= oder Roggen= ähren; das gedämpfte Grün, die wallenden Halme, über die ein Schleier gebreitet zu sein scheint, der die grünen Blätter umhüllt, thut dem Auge des Reisenden wohl, der seinen Blick an den brennenden Farben tropischer Gewächse, an der großartigen Wildnis der Urwälder und an den regel= mäßigen Kronen der Palmen gesättigt hat. Das Reisfeld erinnert an die Kornfluren der nordischen Heimat, und manchem Wandersmann sind schon die Thränen in die Augen gekommen, wenn er nach langer Wasserfahrt oder Landreise im Tropengürtel zum erstenmal ein Reisfeld erblickte. Auf der Insel Java, wo der Reis die Hauptnährpflanze bildet, ist der Anblick besonders pittoresk. Die ebenen Felder sind bis zur Reife des Getreides 15—30 cm hoch unter Wasser gesetzt, und auf schmalen Dämmen schreitet man zwischen unabsehbaren Wasserflächen hindurch. Hier und da erhebt sich in der Mitte derselben ein kleines Wachthaus aus Bambuspfosten, und von diesem aus sind nach verschiedenen Richtungen Stricke und Fäden ge= zogen, an denen Puppen, Fahnen und allerhand klappernde Gegenstände

hängen. Von Zeit zu Zeit zieht der wachthabende Javane diese Stricke
an, und Scharen des kleinen, niedlichen Reisdiebes (Fringilla orizophora *L.*)
fliegen davon. Die Dörfer, welche zwischen diesen weiten mit Reis be=
bauten Ebenen zerstreut liegen, sind mit den mannigfaltigsten Nutz= und
Fruchtbäumen so dicht umpflanzt, daß man nur hier und da ein Wäldchen
zwischen den Reisfeldern liegen sieht, von Häusern aber keine Spur gewahrt.

Ein solches Bild ist recht malerisch, und wenn der Leser noch dazu
erfährt, daß in gutem Schlammboden der Reis nicht selten 300fältige Frucht
bringt, daß zwei=, ja in manchen Gegenden von Hindostan dreimal geerntet
werden kann, und selbst als Durchschnittszahl der Ertrag desselben als
100fältig gerühmt wird, während unser Weizen nur acht= bis zehnfältige
Frucht bringt! so denkt gewiß mancher, jene Tropenländer sind doch vom
lieben Gott viel besser bedacht, als unsere kälteren Himmelsstriche, wo der
Bauer so mühsam pflügen, eggen, säen, düngen muß, und es bei allem
Fleiß doch zu keinem 100fältigen Ertrag bringt! Aber Geduld, wir wollen
in das schöne Lichtbild flugs einige Schattenseiten hineinmalen, wie es die
Natur in Wahrheit verlangt. Erstlich fehlt es auch beim Reisbau nicht
an Arbeit, und zwar an eben so heißer als schmutziger Arbeit. Wo die
Flüsse keine Überschwemmung machen, müssen Kanäle gegraben werden,
und wo das Wasser nicht nahe ist, muß es durch Kunst mit großer Mühe
an Ort und Stelle geleitet, in größere Becken gesammelt und dann verteilt
werden. Ist der Boden hügelig, so werden Terrassen angelegt, diese in
Beete abgeteilt, und durch Pumpen wird das Wasser von einem Absatz
auf den andern hinaufgetrieben. Ist der Boden schlammig aufgeweicht,
dann wird mit Büffeln gepflügt, und das Land dann abermals unter Wasser
gesetzt, bis es so durchweicht ist, daß ein Mann tief in den Schlamm sinken
würde. Endlich werden Büffel reihenweise hin und her getrieben, damit
der nasse Brei gehörig durcheinander gearbeitet werde. Hierauf wird ge=
säet, und wenn die Halme nach 14 Tagen 10 cm hoch gewachsen sind,
wird der Boden abermals bewässert, bis zur Zeit der Reife. Dann läßt
man den Boden hart werden, schneidet mit der Sichel die Halme und läßt
die Körner von Büffeln austreten. So geschieht es auf der Insel Ceylon,
und die Singhalesen verstehen sich gut auf den Reisbau.

Noch sorgsamer und fleißiger sind die Chinesen, die bei der Über=
völkerung ihres Landes jedes Stückchen Erde oder Sumpf ausbeuten müssen,
um Nahrung daraus zu ziehen. Wenn der Boden selber nicht fruchtbar
genug ist, weichen sie die Reiskörner zuvor in Mistwasser, das mit etwas
Kalk versetzt ist, ein, pflanzen sie dann auf einen kleinen, etwa 18 □m
großen Fleck Landes, den sie gleichfalls stark gedüngt haben, und wenn die
jungen Pflanzen üppig aufgeschossen sind, verpflanzen sie dieselben in das

gut bewässerte Feld. Sie scheuen dabei die Feuchtigkeit nicht, und man sieht sie bis an die Kniee im Schlamme waten. Da, wo der Weizen schon im Mai geerntet wird, folgt dann noch eine Aussaat von Reis, und mit jener eigentümlichen chinesischen Maschinerie, die wie eine Kettenpumpe eingerichtet, und gleich einer westindischen Tretmühle mit den Füßen in Bewegung gesetzt wird, bewässert man das Feld. Die Ränder der Terrassen oder die Dämme in den Niederungen werden, damit die Erde nicht vom Wasser durchbrochen oder fortgeschlemmt wird, oft mit Cypressen eingefaßt, deren Wurzeln ineinandergreifen und dem Boden Halt geben.

Zum Aushülsen der Reiskörner bedienen sich die Chinesen einfacher Mühlen. Die Ärmeren nehmen dazu starke steinerne Töpfe, in die eine hölzerne Stampfe paßt, welche vermittelst eines Hebels, der mit dem Fuße getreten wird, auf- und niedergeht. Wie das übrige Korn schneiden die Chinesen auch den Reis mit Handsicheln oder krummen gezähnten Messern. Auf der Insel Java wird jeder Halm einzeln, ungefähr in der Mitte des Stengels, abgeschnitten; die Halme werden dann in kleine Büschel gebunden und von den Leuten mittelst Stangen auf der Achsel heimgetragen. Jeder, der Lust hat, an der Ernte teilzunehmen, kann helfen; sein Lohn besteht in dem fünften Teil von dem, was er schneidet.

Auf Sumatra schneidet man den Reis nicht Halm für Halm, sondern man nimmt mit einem sichelförmigen Messer so viel Halme auf einmal ab, als mit der Hand gefaßt werden können. Die Ähren werden auf dem Felde selbst ausgetreten; zu diesem Zwecke sind kleine Gestelle von Bambus errichtet, etwa 2,50 m hoch und 1,50 m breit. 50 cm von der Erde ist an dem Gestell ein hölzerner Boden angebracht mit kleinen Löchern, durch welche die Reiskörner durchfallen können. Auf diesem Boden werden die Ähren mit den Füßen ausgestampft. Ein Blätterdach an der Spitze des Gestells schützt die Arbeiter vor der Sonne; die armen Frauen müssen vorzugsweise diese Feldarbeit verrichten.

So fehlt es also auch beim Reisbau an Arbeit nicht. Dazu kommt aber noch ein Übelstand, den unsere Weizenbauern nicht zu fürchten haben. Der Reis, weil er aus feuchtem Boden entsprossen, ist ein weichliches Korn, das noch besonders an der Sonne oder am Feuer getrocknet werden muß, wenn es nicht verderben soll. Wird es ausgehülst, suchen es leicht die Insekten heim; darum läßt man es so lange als möglich in den Hülsen, und drischt nur so viel, als man für den Tag braucht. Die indischen Frauen haben Tag für Tag die beschwerliche Arbeit des Aushülsens. Ferner: da der Reis so sehr an Feuchtigkeit gebunden ist, entstehen bei dürren Jahren leicht Mißernten, und dann ist in Indien große Hungersnot. In China, wo die vielen Kanäle und die halb oceanische Natur der Fluß=

niederungen mehr Sicherheit für die Reisernte gewähren, kommen doch auch Hungerjahre, und wenn einmal der Reis mißrät, sterben gleich Tausende von Armen dahin, da der Reis stets frisch weggegessen wird.

Gekochter Reis ist das erste und notwendigste Bedürfnis jedes Chinesen und Hindu, und wenn wir vom Morgen=, Abend= und Mittagbrot sprechen, benennen die Chinesen ihre Mahlzeiten nach dem Reis: Morgen= und Abendreis, ja jede Mahlzeit heißt wörtlich „Reisessen". Der Reis ist es, der das eigentliche China südlich vom Hoangho zur „Blume der Mitte" macht, welche ihre Fruchtkörner in alle Teile des großen Reiches aussendet, und die Residenz Peking, die ganze Mandschurei und Mongolei versorgen muß. Wo der Reisbau floriert, ist auch die Bevölkerung am dichtesten. Auf den Flüssen und Kanälen erblickt man jederzeit eine Menge von Reis=Dschonken, welche nach Peking und in die nördlichen Länder steuern. Von jeden fünf Garben, welche der Chinese erntet, muß er eine als Abgabe dem Kaiser entrichten, und Seine kaiserliche Majestät bezahlt wiederum in Reis den Gehalt seinen Beamten. Der Reis belebt den Binnenhandel am meisten und ist die Grundlage desselben: ist der Reis billig, dann sind auch in China glückliche Zeiten — so glücklich sie nämlich in China zu haben sind.

Eine ähnliche Bedeutung hat der Reis für den Hindu, der zum Teil bloß von Pflanzenkost lebt. Auf verschiedenste Art weiß er den Reis zuzubereiten; der einfach im Wasser gekochte ist das tägliche Brot. Doch bäckt er vom Reismehl noch eine besondere Art Brot. Zum Gären des Teiges setzt man statt unseres Sauerteiges etwas Palmwein und gestoßenen Reis hinzu, und das Gebäck soll ebenso schmackhaft als leicht verdaulich sein. Der geröstete Reis ist eine Lieblingsspeise für die Kinder. Man läßt den Reis in der Hülse mit wenigem Wasser kochen und drückt ihn, bevor die Körner kalt geworden sind, platt zu einer Art Teig. Hierauf läßt man ihn schwingen, wodurch er trocken wird und die Hülsen sich ablösen. Diese Speise soll besonders nahrhaft sein.

Das Reiswasser (das aus dem gekochten Reis ausgedrückt wird) ist das Hauptgetränk, wodurch sich der Hindu erfrischt und stärkt. Auch bereiten die dortigen Musselin= und Seidenweber ihren Aufzug mit diesem Wasser, und ziehen es dem Leim des Weizenmehls vor; selbst in Italien werden die feinen Gaze und Flore mit Reiswasser gummiert. Daß aus dem Reis Arrak, der starke Branntwein, destilliert wird, ist bekannt. In Indien weiß man aber auch die Hülsen des Korns zu benutzen, die namentlich für die Kühe eine sehr zuträgliche Nahrung bilden. Das Hülsenstroh enthält überdies noch guten Feuerstoff, das den Schmieden oft statt der Kohlen dient. Mit Kohlen vermischt, giebt es dem Feuer eine solche Kraft, daß man um ein Drittel schneller die Eisenstangen zum Glühen bringt, als wenn man mit Kohlen allein arbeitet.

Wir Europäer lassen uns den Milchreis, und wer's haben kann, auch den Reis-Pudding und die Reis-Crême wohlschmecken, aber die angenehmen Speisen sind doch bloße Zugaben zu unsern Fleischspeisen und zum Weizen- oder Roggenbrot. Sollten unsere Arbeiter statt des Brotes gekochten Reis essen, wie die Hindus, und statt des Bieres Reiswasser trinken, so würden ihnen bald die Kräfte ausgehen. Die milde Reisnahrung harmoniert mit der sanften aber auch matten Hindurasse, mit dem Despotismus des Orients, der nur so viel Arbeit vom Arbeiter verlangt, daß dieser seine Abgaben entrichten kann, und nicht ganz mit Unrecht hat man gesagt: Solange der Javanese vom Reis und die Neger auf Surinam vom Bananenmehl leben, werden sie auch den Holländern unterworfen sein.

## 15. Das Zuckerrohr.
### (Sáccharum officinarum.)

Keine Pflanzenfamilie ist für den Menschen von größerer Wichtigkeit als die Familie der Gräser. Zu ihr gehören unsere Getreidearten, welche uns das wichtigste Nahrungsmittel aus dem Pflanzenreiche, das Brot, lie- fern, zu ihr gehört der Reis und der Mais, welche die Bewohner der heißeren Erdstriche mit den wichtigsten Nahrungsmitteln versorgen; zu ihr gehört endlich auch das Zuckerrohr, das uns in dem Zucker einen Stoff liefert, der Gewürz und Nahrung zugleich ist und von rohen und civili- sierten Völkern gleich sehr geliebt und benutzt wird.

Sehr viele Pflanzen enthalten namentlich in ihren höchsten und voll- kommensten Gebilden, den Blüten und Früchten, Zucker. Die Bienen holen sich den süßen Zuckersaft aus sehr vielen Blüten, er erzeugt sich in den- selben oft in so großer Menge, daß er herauströpfelt. Weit mehr noch enthalten Birnen, Pflaumen, Melonen, Trauben und andere Früchte Zucker. Bei den Rosinen, getrockneten Weinbeeren, zeigt sich der Traubenzucker so- gar häufig in fester Gestalt. In dem Stärkemehl der Weizen-, Roggen- und Gerstenkörner, der Kartoffeln u. s. w. findet sich zwar kein Zucker, es kann aber auf verschiedene Weise leicht in Zucker verwandelt werden. Dem Bierbrauen und Branntweinbrennen geht stets die Zuckerbildung aus dem Stärkemehl der Getreidekörner und der Kartoffeln voraus.

Einige Pflanzen sind vorzugsweise Zuckerbildner; bei ihnen tritt der Zuckersaft nicht bloß in der Blüte und Frucht, sondern auch im Safte der Stämme, Stengel und Wurzelknollen auf. Dahin gehören der Zuckerahorn, die Birke, die Mohrrübe und die Runkelrübe. Alle aber übertrifft hin- sichtlich des Zuckergehaltes das Zuckerrohr.

Das Zuckerrohr gleicht einem großen Schilfe. Sein Stengel, richtiger Halm, da es ja zu der Familie der Gräser gehört, ist 2—10 cm dick, rund und hart. Er besteht aus kurzen Gliedern, die durch Knoten begrenzt werden, wie wir dies ja bei allen Gräsern finden. Bei jedem

Zuckerrohr.

Knoten entspringen drei schmale, schilfartige, den Stengel umfassende Blätter, welche eine Länge von 1—1½ m erreichen. In der Jugend sind sie frisch grün, später werden sie gelb. Die Glieder reifen eins nach dem andern, von unten anfangend, und werden bei der Reife gelb, dann stoßen sie auch die Blätter ab. Während die unteren Glieder schon völlig reif und gelb sind, grünen die oberen noch. Zu dieser Zeit gewährt ein Zuckerrohrfeld einen bezaubernden Anblick. Oben prangt es im hellen Grün des Frühlings und durchläuft nach unten alle Nüancen vom Grün durch Purpur bis zum welken Gelb am Fuße des Rohres. Das oberste Glied, der sogenannte Pfeil, trägt die Blütenrispe. Dieselbe ist groß und ausgebreitet wie beim Hafer. Die Blüten bestehen nur aus Spelzen, sind jedoch mit langem, feinem, seidenartigem Haar besetzt. Die ganze Pflanze erreicht eine Höhe von 2½—4 m, doch giebt es auch Rohre, die bis 6 m hoch werden und gegen 20 Pfund wiegen. Die Wurzel ist dick und kantig und breitet sich gern nach allen Richtungen hin aus.

Das Rohr ist im Innern ganz mit einem lockeren, zelligen Marke erfüllt, welches den Zuckersaft in großer Fülle und untadelhafter Reinheit enthält.

Die Heimat des Zuckerrohres ist Ostindien und die Gegend am Euphrat, doch kommt es im wilden Zustande wohl nicht mehr vor. Innerhalb der Wendekreise wird es in allen vier Weltteilen angebaut; denn die mittlere Temperatur, die es zu seinem Gedeihen verlangt, muß 20 bis 23 Grad betragen. Zwar kann es auch noch bei einer mittleren Temperatur von 15—16 Grad gebaut werden, bringt dann aber keinen Samen zur Reife. Demnach erstreckt sich die Nordgrenze seines Anbaues in China bis zum 30. Grade, in Nordamerika und Afrika bis zum 32. Grade, und wenn wir die Nordgrenze in Europa nach seinem Vorkommen in einzelnen Gärten Spaniens und Siciliens bestimmen wollen, so reicht dieselbe hier bis 37 Grad. Die Südgrenze überschreitet aber nicht den Wendekreis. In Amerika wird das Zuckerrohr bis zu einer bedeutenden Höhe über dem Meere gebaut; denn wir treffen den Anbau desselben auf den Hochebenen von Mexiko und Kolumbien noch bei einer Höhe von 1250, ja sogar 1800 m, auch auf dem Südabhange des Himalaya, in einer Höhe von 1400 m gedeiht noch das Zuckerrohr. Die südlichen Teile der Vereinigten Staaten Nordamerikas besitzen sehr ausgedehnte Zuckerplantagen, besonders das Land zu beiden Ufern des Mississippi in einer Strecke von 57 engl. Meilen unterhalb New-Orleans bis 190 Meilen oberhalb Louisiana und Texas sind die Haupt-Zuckerländer der Vereinigten Staaten.

In seiner ursprünglichen Heimat, Indien, und auch in China wurde das Zuckerrohr schon seit uralten Zeiten gebaut und war der Gebrauch des Zuckers bekannt. Von Indien nahm es seinen Weg nach Arabien, zu welcher Zeit, ist ungewiß. Durch die Eroberungen der Araber wurde das Zuckerrohr im 9. Jahrhundert nach Rhodus, Cypern, Kreta und Sicilien, ja selbst nach Kalabrien und Kreta verbreitet. Es war eine der ersten

Kulturpflanzen, welche nach der Entdeckung neuer Länder in dieselben ein=
geführt wurden. Prinz Heinrich der Seefahrer brachte es im Jahre 1419
von Sicilien nach der Insel Madeira, wo es vortrefflich gedieh. Zu An=
fang des 16. Jahrhunderts kam es auch nach den kanarischen Inseln. Im
Jahre 1506 wuchs es zum ersten Male auf St. Domingo, und kurze Zeit
nachdem Kolumbus den neuen Weltteil entdeckt hatte, ward auch die wert=
volle Kulturpflanze durch Jesuiten von St. Domingo in Westindien auf
amerikanischen Boden übergeführt zugleich mit Negern, die des Anbaues
kundig waren. Das erste Zuckerrohr in Amerika ward auf demselben
Platze gebaut, wo jetzt der am dichtesten bevölkerte Teil von New=Orleans
in Louisiana steht. Auch in Brasilien, wohin es die Portugiesen zuerst
brachten, gedieh es vortrefflich, und auf den Antillen war sein Anbau so
erfolgreich und lohnend, daß Cuba noch jetzt die erste Stufe in der Zucker=
produktion einnimmt.

Als Cook das liebliche Eiland Tahiti entdeckt hatte, fand er daselbst
eine Spielart des Zuckerrohres, das von dieser Insel so genannte Ota=
heitische. Es zeichnet sich vor dem ostindischen dadurch aus, daß es höher
und stärker wird und schon nach 10 Monaten zur Reife kommt, während
jenes ein Jahr und darüber braucht, ehe es reif zur Ernte wird. Es fand
besonders in den amerikanischen Pflanzungen Eingang, für deren Klima
es sich sehr passend erwies.

Das Zuckerrohr verlangt fetten und feuchten Boden zu seinem Ge=
deihen und erfordert viel Arbeit und Pflege, ehe es geerntet werden kann.
Am zweckmäßigsten sind die Zuckerplantagen in Westindien und den Ver=
einigten Staaten Nordamerikas, besonders Louisianas, angelegt, und eine
Beschreibung derselben und der bei ihrer Bearbeitung nötigen Arbeiten
wird uns das beste Bild der Kultur des Zuckerrohres und der Gewinnung
des Zuckers geben. Aus Hainen von Citronen und Orangen, Magnolien
und Lebenseichen erhebt sich das stattliche Wohnhaus. Schattige Gänge,
eingefaßt mit Gehegen immerblühender Jasmine und duftender Blumen
führen durch diesen Hain. Hinter dem Hause liegt eine ganze Gruppe
von allerhand Nebengebäuden, Küchen, Vorratshäusern und Ställen für
die Reit= und Kutschpferde und dies alles umgiebt die schützende „Fens"
oder Einhegung. Jenseits der „Fens" beginnen die weiten, der Kultur
des Rohres gewidmeten Felder, und in der Ferne zeigt sich das Dörfchen
oder „Quartier" der Neger aus einer Anzahl einstöckiger Häuschen be=
stehen, in deren Mitte sich das ansehnlichere des Oberaufsehers erhebt.
Jedes Negerhäuschen hat hinter sich, mit einer rohen Einfriedigung um=
geben, ein Gärtchen, und keinem fehlt das Hühnerhaus mit einer großen
Menge geflügelter Bewohner. Innerhalb der Felder liegen die Ställe für

die zur Bearbeitung derselben erforderlichen, oft über hundert Pferde und Maultiere, die Schuppen für die Wagen und Geschirre und die Behältnisse für das Futter.

Gewöhnlich in der Mitte der Zuckerfelder liegen die Mühle und das Siedehaus mit allen zur Verarbeitung des Zuckerrohres und Gewinnung des Zuckers notwendigen Einrichtungen, Maschinen und Gerätschaften. Von dem Siedehause laufen nach allen Richtungen breite und bequeme Wege, zu deren beiden Seiten die Felder liegen.

Ein Zuckerfeld ist manchmal über eine englische Meile (über 1560 m) und darüber lang. Abzugskanäle durchziehen es nach allen Richtungen; denn wenn auch das Rohr fetten und feuchten Boden zu seinem Gedeihen verlangt, so giebt es mit Ausnahme des Frostes keinen schlimmeren Feind für dasselbe als stehendes Wasser. In Louisiana haben aber die Plantagenbesitzer ganz besonders mit diesem Feinde zu kämpfen. Nicht nur, daß durch den in diesen Breiten oft in Strömen niederfallenden Regen leicht Pfützen stehenden Wassers erzeugt werden können, auch das Grundwasser, welches vom Mississippi her durch den lockeren, porösen Boden heraufdringt, würde durch die Kraft der Sonne nicht verdunstet werden können, wenn es nicht durch ein Netz sorgfältig angelegter Gräben und Kanäle fortgeleitet würde.

Soll nun die Arbeit des neuen Jahres beginnen, so werden die Neger in Abteilungen, „Gänge" genannt, eingeteilt. Die eine Abteilung hat vor allen Dingen die Kanäle zu reinigen, welche im Laufe des Sommers und Herbstes vom Unkraut überwuchert und überzogen worden sind. Es giebt Zuckerrohr-Pflanzungen, die innerhalb einer engl. Quadratmeile Abzugskanäle von 20 bis 30 engl. Meilen Länge haben. Daraus kann man sich einen Begriff machen, welche Arbeitskraft jährlich das Reinigen der Kanäle erfordert, zu welcher Art überdies nur die kräftigsten Neger verwendet werden können.

Ein anderer „Gang" hat während dieser Zeit die Felder für die Bestellung vorzubereiten. Bei der Ernte des vorigen Jahres streifte man die Blätter des Rohres ab und schnitt die noch unreifen Gipfelenden ab, welche einfach auf dem Felde liegen blieben und eine dicke Lage bildeten. Während des Winters war dieser Abfall ein guter Schutz vor dem Eindringen des Frostes, zum Frühling aber muß er entfernt werden, und dies geschieht, indem man ihn entweder als guter Dünger unterpflügt oder einfach verbrennt. Sobald das Feld gereinigt ist, geht man an das Pflügen desselben. Mit einem hakenartigen Pfluge, den der Arbeiter in die Hand nimmt, werden 30 cm breite, 20 bis 22 cm tiefe Furchen gezogen, in welche die Setzlinge, 60 cm voneinander entfernt, gelegt werden. Diese

Setzlinge sind Abschnitte des Rohrstengels von 3 bis 4 Knoten. Jedes Glied des Stengels ist fortpflanzungsfähig, man nimmt aber zu den Setzlingen am liebsten die obersten reifen Glieder, weil man an diesen den geringsten Ausfall an Zuckersaft hat.[1] In dem tropischen Klima ist es nicht nötig, das Zuckerrohr jedes Jahr frisch zu pflanzen; der alte Wurzelstock schlägt immer wieder aus. Man hat nur nötig, abgegangene Stöcke durch frische Setzlinge zu ersetzen. In Louisiana ist es ganz anders. Der Frost des Winters tötet den Wurzelstock des empfindlichen Kindes des Südens, und jedes Jahr muß der Pflanzer den fünften Teil seiner Ernte als Stecklinge aufheben und sorgfältig durch Vergraben vor dem Frost schützen.

Die Setzlinge werden 7 bis 10 cm hoch mit Erde bedeckt. Aus jedem unverletzt gebliebenem Auge, das sich immer an einem Knoten befindet, bricht nach Verlauf eines Monats eine junge Pflanze hervor. Bald erheben sich die kräftigen, dunkelgrünen Blätter über den Boden, aber noch viel Arbeit ist erforderlich, das Gedeihen der Pflanzen zu sichern. Zuerst wächst das Rohr nur langsam, während der Boden ringsumher sich schnell mit rankendem, schlingendem und üppig wucherndem Unkraut überzieht, welches die Pflänzchen bald ersticken würde. Fleißiges Jäten und Reinigen des Bodens ist nun die Hauuptarbeit, zugleich müssen die Pflanzen durch Behäufeln vor dem Austrocknen geschützt werden, da die Blätter noch zu klein sind, um diesen Dienst verrichten zu können. Während der ersten sechs Monate muß jeder Fleck des Zuckerrohrfeldes alle vierzehn Tage wenigstens einmal umgearbeitet werden. Das ganze Feld bietet dann aber auch einen herrlichen Anblick dar. Die jungen Pflanzen prangen nun im üppigsten Grün, ungehindert vom Unkraut entfalten sie ihre Blätter und treiben ein Glied nach dem andern; schnurgerade ziehen sich ihre Reihen dahin, und ein Bild der schönsten Ordnung und Sauberkeit leuchtet dem Beschauer entgegen. Zu Ende des Juni hat das Rohr die nötige Kraft erlangt, um nun nicht mehr der aufmerksamsten Pflege zu bedürfen. Die langen und breiten Blätter geben einen dichten Schatten, welcher den Boden um die Wurzel feucht hält und zugleich das Aufkommen des Unkrautes gänzlich verhindert.

Wenn nun auch die Arbeiten für das Gedeihen des Zuckerrohres jetzt nicht mehr alle Kräfte der Pflanzung in Anspruch nehmen, so giebt es doch immer noch viel zu thun. Es gilt nun, die Vorbereitungen für die Ernte und die Verarbeitung des Rohres zu treffen. Zu diesen Vorbereitungen gehört die Besorgung des zur Zuckerfabrikatiou erforderlichen Brennmaterials. Die Menge desselben, die gebraucht wird, ist ungeheuer. Glücklicherweise bieten die großen Waldungen Louisianas das nötige Holz im Überfluß. In Westindien hat man diese Holzvorräte nicht; dort liefert aber wieder die Begasse, die holzigen Fasern des Rohres, die nach dem Auspressen übrig bleiben, das nötige Brennmaterial. In dem anhaltend trockenen Tropenklima Westindiens wird die Begasse bald so trocken, daß sie sehr leicht brennt, und sie erzeugt unter den Kesseln eine Hitze, wie sie durch kein anderes Brennmaterial hervorgebracht werden kann. In Louisiana ist die Begasse zu diesem Zwecke nicht anzuwenden, da es dort nicht möglich ist, sie zu trocknen, sie nimmt vielmehr in dem feuchten Klima immer mehr Feuchtigkeit auf.

Das Rohr hat indessen seine größte Höhe und Vollkommenheit erreicht, der Stengel und die unteren Blätter färben sich gelb, und der Zeitpunkt der Reife ist da. Die Neger werden wieder in „Gänge" abgeteilt. Mit großen Messern bewaffnet, ziehen sie in die Felder. Die stolzen Rohrstengel werden zunächst ihrer Blätter beraubt und sinken, durch die wuchtigen Messerschläge dicht an der Wurzel abgehauen, zu Boden. Andere Arbeiter hauen die noch unreife Spitze ab, Weiber tragen die Rohre nach dem Maultierkarren, der schon bereit steht, um seine Ladung nach der Mühle zu führen. Alles ist voll Leben und Thätigkeit, sobald der erste Schlag im Zuckerfelde gefallen ist; nur höchstens 90 Tage sind für die Ernte dieser großen Felder vergönnt; bei längerer Dauer derselben würde das noch stehende Rohr unfehlbar durch den Frost vernichtet werden. Da heißt es, alle Hände regen, der Träge wird behend; mit dem Morgengrauen beginnt die Arbeit und dauert bis in die sinkende Nacht, ja in der Mühle und im Siedehause die ganze Nacht hindurch. Niemand fragt jetzt sehr nach Schlaf und Ruhe, nur der notwendigste Zoll wird in diesen Stücken der Natur gebracht.

Das Zuckerhaus zerfällt in vier Abteilungen: die Mühle, den Kesselraum, das Filtrierzimmer und den Kühlerraum. Das eingefahrene Rohr kommt zunächst in die Mühle. Hier befinden sich drei große, massiv eiserne Walzen, jede über 100 Centner schwer, welche einen ungeheuren Druck ausüben und aushalten können. Das ist auch notwendig, denn das Zuckerrohr ist sehr dicht und fest. Wenn es aber diese Walzen passiert hat, so erscheint es buchstäblich zu Staub und schmalen Bändern zermalmt. Die Walzen werden jetzt meistens durch Dampf in Bewegung gesetzt, an einigen Orten auch durch die Kraft des Windes, des Wassers oder durch Pferdekräfte. Ein sogenannter Träger führt das Rohr den Walzen zu. Früher brachten es Arbeiter unmittelbar mit der Hand zwischen die Walzen. Bei der geringsten Unvorsichtigkeit ihrerseits geriet aber leicht die Hand und der ganze Arm zwischen dieselben und wurde schrecklich zerquetscht. In Cuba und Westindien hat man diese einfache Art der Speisung der Walzen noch beibehalten, und schreckliche Verstümmelungen der armen Neger sind dabei nichts Seltenes.

Statt der Walzen benutzt man in neuerer Zeit hydraulische Pressen mit vielem Vorteil. Während man bei der Auspressung vermittelst der Walzen höchstens 60 Prozent Saft gewinnt, erhält man bei Anwendung der hydraulischen Presse 75 Prozent Saft.

Die Preßapparate liegen etwas erhöht, so daß der ausgepreßte Saft sogleich in den Kessel fließen kann. Es sind gewöhnlich fünf Kessel in einer Reihe nebeneinander eingemauert, so daß das unter ihnen befindliche Feuer sie alle gleichmäßig trifft. Der Saft gelangt zuerst in den ersten und größesten Kessel, aus diesem in den zweiten und so fort bis in den letzten. Natürlich wird der erste Kessel, sobald er geleert ist, sogleich wieder aus dem Reservoir gefüllt, so daß, wenn das Sieden vollständig im Gange ist, alle Kessel stets gleichmäßig gefüllt sind. Während des Siedens kommen noch viele bisher im Safte befindliche Fasern heraus, und es findet ein starkes Schäumen der Flüssigkeit statt. Mit großen, flachen Kellen werden der Schaum und die fremdartigen Bestandteile abgeschöpft. Durch das Verdampfen verdichtet sich der Saft immer mehr. Am letzten Kessel steht mit wichtiger Miene die Hauptperson bei dem ganzen Siedegeschäft. Mit einem langen, flachen Löffel schöpft er von Zeit zu Zeit eine kleine Quantität des nun zu Sirup gewordenen Saftes und läßt ihn langsam abtröpfeln, um zu beobachten, ob sich derselbe zu Fäden auszieht. Dies ist ein An= zeichen, daß der Sirup seinen Krystallisationspunkt erreicht hat, und nun kommt es darauf an, ihn so schnell wie möglich in einen langen, hölzernen Trog, den Kühlerraum, zu schöpfen. Hier krystallisiert er schnell zu dem braunen, sogenannten Muscovado=Zucker. Von Zeit zu Zeit wird die krystallisierte Masse in das Filtrierzimmer gebracht und in große Fässer mit fein durchlöchertem Boden gefüllt, welche auf einem über einem Bassin befindlichen Gerüst stehen. Der Zucker enthält noch viele unkrystallisierte und unkrystallisierbare Bestandteile, welche abtröpfeln und den Sirup liefern. Je geringer die Menge des abtröpfelnden Sirups ist, desto größer der Vorteil des Pflanzers; enthält der Zucker hingegen eine große Menge Sirup, so ist dies für den Pflanzer ein bedeutender Schaden. Dieser Fall aber tritt ein, wenn das Rohr noch nicht die richtige Reife erlangt oder wenn es auch nur im geringsten vom Frost gelitten, oder endlich, wenn der Siedemeister nicht die nötige Sorgfalt und Aufmerksamkeit an= gewendet hatte. Auch bei der größten Sorgfalt und Achtsamkeit übt bei dem Eindampfen des Saftes in offenen Kesseln die starke Hitze oft den nachteiligsten Einfluß auf den Saft aus, indem ein zu großer Teil des Zuckers sich in unkrystallisierbaren Sirup verwandelt. Da kam man auf die glückliche Idee, die den Physikern längst bekannte Thatsache, daß Wasser und andere Flüssigkeiten im luftleeren Raume schon bei ganz niederer Temperatur sieden, beim Eindampfen des Zuckersaftes im großen zu benutzen, und so entstand die hochwichtige Erfindung der Vacuumpfanne, eines großen, luftdicht verschlossenen Kessels, welcher mittels einer großen Luftpumpe luftleer gemacht wird. Der Saft kocht hierin bei einer viel geringeren Temperatur, und man erhält eine fast um ¼ größere Ausbeute an krystallisierbarem Zucker.

Trotz der schweren Arbeit, welche die Ernte des Rohres und die Zuckersiederei mit sich bringt, befinden sich doch während derselben Menschen und Tiere am wohlsten; denn der süße Zuckersaft ist ungemein stärkend, nahrhaft und erfrischend. Die Feldarbeiter kauen fleißig einzelne Rohrstückchen und saugen den süßen Saft, die Arbeiter in der Siederei nehmen ganze Gläser voll des herrlichen Saftes zu sich und werden trotz der schweren Arbeit dick und wohlgenährt. Der Brustkranke eilt nach dem Zuckerhause und findet in der warmen Luft und dem süßen Dampfe, der das ganze Gebäude durchzieht, Linderung seiner Brustschmerzen und seines quälenden Hustens und häufig völlige Genesung. Für die Kinder ist die Zuckerernte ein wahres Fest; Knaben und Mädchen, Weiße und „Niggers" tummeln sich im Zuckerhause herum und schwelgen in dem süßen Duft und noch mehr in dem süßen Getränk, bis der gefüllte Magen ihrem ferneren Begehren eine Grenze setzt. Pferde, Ochsen und Maultiere bekommen den Abschaum von den Siedekesseln und werden in kurzer Zeit fett und wohlgenährt, auch Schweine kann man mit den Abfällen des Rohres sehr gut mästen.

Ist das Siedegeschäft beendet, so wird der Zucker verkauft. In den Raffinerieen unterliegt er noch einer Reinigung und Läuterung und wird in weißen Hutzucker verwandelt. In Westindien und Amerika verbraucht man wenig raffinierten Zucker, man benutzt vorzugsweise die Muscovade oder das gelbe Zuckermehl.

Aus dem Sirup, ebenso auch aus dem weniger guten, noch unreifen oder überreif gewordenen oder durch Rüsselkäfer beschädigten Zuckerrohr wird Rum gebrannt.

Das Hauptproduktionsland des Zuckers ist die Insel Cuba. Die Zuckerausfuhr dieser Insel betrug im Jahre 1868 nahezu 15 Millionen Centner. Cuba ist aber auch für die Kultur des Zuckerrohres außerordentlich begünstigt. Der Boden ist unglaublich billig, das Klima gestattet das Zuckerrohr als eine perennierende, 12 bis 15 Jahre aushaltende Pflanze zu bauen, so daß alle Bestellungsarbeiten leicht sind, und, was besonders in der Neuzeit der Insel ein Übergewicht über alle anderen

Zuckerländer gegeben hat, ist der Umstand, daß hier noch die Sklaverei besteht, während sie an allen andern Orten abgeschafft ist. Obgleich in der Nähe der Städte die Zuckerfelder, da dieselben nicht gedüngt werden, schon erschöpft sind, so ist doch noch fruchtbarer Boden zu neuen Plantagen im Überfluß vorhanden. Eisenbahnen führen den Zuckersiedereien das nötige Brennmaterial, in Steinkohlen bestehend, mit Leichtigkeit zu, während sie ebenso leicht und schnell das fertige Produkt nach den Ausfuhrhäfen bringen.

Der Anbau des Zuckerrohrs verbreitet sich in allen dazu geeigneten Ländern immer mehr, da derselbe außerordentlich lohnend ist; ein Zucker- feld bringt achtmal soviel, als wenn es mit Weizen bebaut würde, und obgleich die erste Einrichtung einer Plantage und der zur Zuckersiederei nötigen Gebäude und Maschinen einen bedeutenden Kostenaufwand ver- ursachen, so giebt die Zuckerpflanzung ihrem Besitzer doch jährlich 12 bis 15 Prozent Reingewinn.

Wie schon erwähnt, kann Zucker auch aus vielen andern Pflanzen- säften bereitet werden. Aber nur zwei Pflanzen sind von solcher Bedeu- tung, daß sie hier eine Erwähnung verdienen; ganz besonders nehmen sie unser Interesse darum in Anspruch, weil sie ihre Wichtigkeit zwei Be- strebungen gegen den Gebrauch des Rohrzuckers verdanken, welche aus höchst verschiedenen Beweggründen entsprangen, die eine aus menschenfreund- lichen Rücksichten, die andere aus Herrschsucht. Diese beiden Pflanzen sind der Zuckerahorn, Acer saccharium, und die Runkelrübe. Die Quäker in Nordamerika konnten es mit ihren Ansichten und ihrem Gewissen nicht vereinigen, Zucker zu essen, welcher von Sklaven produziert wurde, weil sie auf diese Weise mittelbar zur Fortdauer und Erweiterung des Sklaven- handels beitrügen. Sie suchten nach einer anderen Pflanze, aus deren Saft sie Zucker bereiten könnten und fanden eine solche in dem nordameri- kanischen Zuckerahorn. Wie unsere Birke enthält derselbe im Frühling einen reichlichen Vorrat an süßem Safte, aus welchem durch Abdampfen Zucker bereitet werden kann. In Ohio findet die Ahornzuckerernte gegen Ende des Februar statt; dann ist der Saft in seiner höchsten Fülle. Es giebt dann ein Fest, fast wie am Rheinstrom die Weinlese, eine allgemeine Lustbarkeit besonders bei den deutschen Ansiedlern, zu welcher sich ganze Familien vereinigen. Man macht, um den Saft zu erhalten, einen Ein- schnitt in den Baum und steckt in denselben eine Rinne, welche den ohne Aufhören 5—6 Tage lang fließenden Saft in untergestellte Tonnen leitet. Aus dem Safte wird sogleich im Walde der Zucker gekocht, und es ge- währt besonders in der Nacht einen effektvollen Anblick, die brodelnden und dampfenden Kessel, die unter ihnen flammenden Feuer und die die- selben umgebenden Menschen in der abenteuerlichsten Beleuchtung zu betrachten. Gewöhnlich gewinnt man von einem Baume 5—6 Pfund Zucker, zuweilen auch bis 20 Pfund. Obgleich der Ahornzucker nicht in den Handel kommt, so ist die gesamte Ausbeute doch nicht unbedeutend, sie betrug im Jahre 1850 über 34 Millionen Pfund.

Als Napoleon im Jahre 1806 den riesigen Plan faßte, allen Verkehr zwischen dem Festlande Europas und England zu hemmen, um dadurch den englischen Kolonialwaren den Absatz zu wehren und also den Handel dieses Landes zu vernichten, da sah man sich überall nach Surrogaten dieser Kolonialwaren, welche einen unerhört hohen Preis erreicht hatten, um. Unter diesen Umständen mußte diese Entdeckung, daß man aus dem Safte der Runkelrübe Zucker bereiten könne, höchst willkommen sein. Napoleon selbst gab sich viele Mühe, um die Landleute zum Anbau von Runkelrüben und Industrielle zur Anlegung von Zuckerfabriken aufzumuntern, und schon 1810 waren 200 Runkelrübenzuckerfabriken im Gange, die jährlich gegen 2 Millionen Pfund Zucker lieferten, freilich nur ein sehr geringer Teil des Zuckers, den Frankreich brauchte und dazu von viel geringerer Qualität als der Rohrzucker. Als der Handel mit England wieder freigegeben war und der westindische Zucker wieder eingeführt werden konnte, verminderte sich der Absatz des Runkelrübenzuckers, und viele Fabriken standen still. Die Techniker und Chemiker aber ruhten nicht, und es gelang ihnen, die für die Zuckergewinnung beste Art der Runkelrübe aufzufinden, in den Fabriken bessere Einrichtungen zu treffen und bessere Methoden zur Bereitung des Zuckers einzuführen, und so nahm die Produktion des Runkelrübenzuckers wieder zu. Später ist diese Fabrikation bedeutend gestiegen; im Zollvereine wurden im Jahre 1857 über 2⅕ Millionen Centner Rübenrohzucker produziert, während die Einfuhr an Rohrzucker in demselben Jahre nur 229 000 Centner betrug, also etwas mehr als den zehnten Teil. Alle bestehenden Runkelrübenzuckerfabriken Europas liefern jetzt jährlich gegen 25 Millionen Centner Zucker. Der Runkelrübenzucker steht dem Rohrzucker jetzt in keiner Weise mehr nach.

Die Juden, Griechen und Römer kannten den Zucker nicht, sie gebrauchten statt seiner den Honig; in China und Indien läßt sich der Anbau und Gebrauch des Zuckers bis auf die ältesten Zeiten zurückführen. Nach Europa kam der Saft des Zuckerrohres zuerst als Sirup in den Handel und ward nur als Heilmittel angewendet. Aber schon im 9. Jahrhundert n. Chr. verstanden die Araber die Kunst, den Zucker zu krystallisieren. Infolge der Kreuzzüge wurden die Europäer mit dem Zucker bekannt; er war aber nur unzenweise in den Apotheken zu haben. Nach und nach wurde der Gebrauch des Zuckers allgemeiner, doch war er um das Jahr 1700 immer nur noch bei reichen und vornehmen Leuten zu finden. Als

Kaffee und Thee allmählich größere Verbreitung gewannen, wurde auch mehr Zucker verbraucht, und die vermehrte Produktion ließ den Preis desselben so weit herabgehen, daß auch weniger reiche Leute jetzt ihre Speisen und Getränke mit Zucker versüßen können.

Die jetzige Produktion und der Verbrauch an Zucker ist ein außerordentlich großer, und er spielt eine bedeutende Rolle im Welthandel. Die Zuckerproduktion der ganzen Erde berechnet man auf 1500 Millionen Centner.

Nordamerika verbraucht den meisten Zucker; es kommen dort im Durchschnitt jährlich 30 Pfund, darauf folgt England mit 28 Pfund, Holland mit 14 Pfund, Frankreich und Deutschland mit 7½ Pfund auf den Kopf; Rußland verbraucht den wenigsten Zucker, nämlich nur 1½ Pfund jährlich auf den Kopf.

## 16. Das Bambusrohr.
### (Bambúsa arundinácea.)

In den heißfeuchten Niederungen wie auf den Berg- und Hügelländern Vorder- und Hinterindiens, der Sunda-Inseln, Chinas und Japans, wo der Reisbau floriert, ist auch das Bambusrohr zu Hause, und es ist ganz bezeichnend, wenn die Dajaks auf Borneo oder die Battaks auf Sumatra ihrem Gaste gekochten Reis in einem hohlen Bambusrohre auf die Wanderschaft mitgeben. In den vom tropischen Regen erweichten oder von den Flüssen überschwemmten morastigen Landstrichen ist das Bambusrohr die Säule, auf welcher das Haus sich erhebt, aber auch das Bauholz zu dem Hause selber; es bildet die Brücke über den Sumpf- und Waldstrom nicht minder wie durch seine Stacheln eine abwehrende Festung, welche den Zugang hemmt: — die Dajaks und Battaks, wenn sie ihre an steilen Abhängen aufgeführten Hütten recht fest machen wollen, bringen an den Pallisaden stachlige Bambuspflanzen an, welche unerbittlich jeden Eindringling zurückweisen.

Gleich der Palme, ist auch das Bambusrohr zu allem und jedem brauchbar. Aus dem jungen Rohr quillt in der Gegend der Knoten ein zuckersüßer Saft hervor, welcher an der Sonne erhärtet und als „Tabaxir" (Tabaschir) sorgfältig gesammelt wird; die Araber und Perser schätzten ihn früher dem Gelde gleich. Die zarten weichen Sprößlinge werden wie Spargel verzehrt, und besonders von einer Art zur Atschia, einem in Indien und Süd-Ost-Asien beliebten Beigericht zur Stärkung des Magens genossen. Die schlanken Stämme, von deren Federkraft schon unsere Spazierstöcke von Bambus einen Begriff geben, sind ganz vorzüglich geeignet zu

Seidel, Das Pflanzenleben.　　　　4

Lanzenschäften, Bogen und Pfeilen. Aus den Blättern und den in lange
Streifen geschnittenen Fasern des Holzes macht man Matten, Körbe, Segel
und Fensterläden. Wer auf Java reist, der segnet seinen großen Bambus-
hut, welcher gleich gut schützt wider den lotrecht herabschießenden Strahl
der Sonne, wie gegen den mit wahrer Wut herabstürzenden Regen. Wo
wäre in jenen Ländern Südost-Asiens eine Sänfte, deren Tragstangen
nicht von Bambus, ein Haus, dessen Thür, oder Fenster, Wände oder Fußboden, Möbeln und Gerätschaften — wo ein Schiff oder Kahn, dessen
Planken nicht Zeugnis ablegten von der Biegsamkeit und Härte des Bambus-
rohres? Das Holz ist außerordentlich hart, und läßt sich wohl der Länge
nach, aber nicht in die Quere spalten. Nur durch Querwände wie bei
unserm Rohr ist der Stamm geteilt; das begünstigt den allseitigen Gebrauch des Holzes, denn ein abgeschnittener Knoten des Stammes wird
zum Kübel, der Knoten eines der größeren Äste zum Trinkgeschirr.

Namentlich haben es die Chinesen verstanden, die Bambusen auf
hunderterlei Weise zu benutzen. Nicht nur Hausgeräte, auch die feinsten
Schmucksachen werden aus dem Holze geschnitzt; die zähe Faser wird im
Wasser erweicht, und (mit Zusatz von ein wenig Baumwolle) zum feinsten
Papier verarbeitet; die ausgewachsenen, aber noch grünen Stengel geben
zierliche immer feuchte Körbchen, in denen man Blumen frisch und wohl-
erhalten in weiteste Entfernungen versendet. Von den chinesischen Dschonken
und Pavillons, von den Wohnhäusern und Vogelbauern bis zu den Stäbchen,
womit der chinesische Faullenzer seine meterlangen Nägel stützt und bis
zu den Röhrchen mit Haarpinsel, womit der Gelehrte und Ungelehrte
schreibt, und bis zu dem Bambusstock endlich, der als hochwichtiges
Erziehungsinstrument tanzen muß auf den Rücken von jung und alt, groß
und klein, um böse Launen, Ungehorsam und Widerspenstigkeit rasch zu
vertreiben, — welch' eine mannigfaltige Rolle spielt der Bambus!

Die freigebige Natur ist in jenen Gegenden den Bedürfnissen der
Menschen entgegengekommen, denn das Bambusrohr wächst so üppig, daß
aus einem Wurzelstock zehn, zwanzig, oft fünfzig und noch mehr Stengel
aufschießen. Die Kraft des Triebes ist sogar noch stärker als bei den
Palmen, da nach den neuesten Beobachtungen das Bambusrohr manchmal
in 24 Stunden ziemlich einen Meter wächst.

Es giebt im warmen und heißen Südost-Asien wohl an dreißig verschiedene Arten, von welchen die Bambusa arundinacea die bekannteste
ist. Ihr glatter, knotiger Stamm wird 18, zuweilen 30 m hoch und trägt
oben eine schöne geästete Blattkrone. Freilich stehen sowohl die Äste, wie
die harten, falben, unserem Rohr gleichenden Blätter in pedantischer Regelmäßigkeit; aber aus der Ferne gesehen bilden die Bambusen recht schöne

Gruppen, oft an unsere Linden erinnernd, an den Flußufern unsern Weiden ähnlich. Die Dörfer in China oder auf den Sunda=Inseln werden (wie die unsrigen durch Weiden, Erlen und Obstbäume) durch Bambusgebüsche und Bambuswälder in einen anmutigen Rahmen gefaßt. Ein Schweizer Botaniker, der die Bambusen auf Java betrachtete, schreibt darüber mit großer Bewunderung: „Sie gehören", sagt er, „zu den schönsten Pflanzen= formen der Tropenwelt; sie vereinigen Kraft und Zierlichkeit in hohem Maße und fast immer bilden sie mit den umgebenden Formen einen scharfen und doch anziehenden Gegensatz. Auf hohem Wurzelstock erheben sich 10 bis 15 armes=, ja schenkeldicke Halme, die erst senkrecht aufstreben, dann allmählich sich entfernen und oben in lieblichen Bogen sich nach außen und unten neigen, und da dies nach allen Seiten hin gleichmäßig geschieht, bildet der ganze Stock eine Art Garbe, deren Enden in dünne Zweige auslaufen, von denen die zarten Blättchen horizontal in zwei Reihen sich ausbreiten. Sie sind graulich, steif und starr, und wenn sie der Wind bewegt, so rauscht es träumerisch durch den Wald, während die harten, an Kieselerde reichen Halme dazu ungeduldig knarren oder schwermütig erseufzen. Dazu wandelt man in dunklen Gewölben auf dem knisternden dürren Laube, öfter angehalten durch die uralten Halme, welche nach allen Richtungen niedergestürzt sind und nach rascher Verwesung den Boden wieder befruchten." Nun denke man sich, daß diese schlanken Gewölbe bis 30 m Höhe erreichen, ja einige dieses Riesengrases sich bis zu 39 m er= heben, während andere Arten wieder niedriger sind und mit ihren scharfen Stacheln ein undurchdringliches Geflecht bilden.

Es klingt wie ein Märchen, wenn uns Reisende erzählen, daß sie auf Malakka Äolsharfen fanden aus — Bambus, an deren Harmonie die wilden Söhne des Waldes sich ergötzten. Der Mechanismus zur Erzeugung dieser Naturmusik ist sehr einfach. An irgend einem Eckzweige, der dem Winde besonders ausgesetzt ist, werden mehrere Löcher von verschiedenem Umfange gebohrt, in welchen die hindurchstreichende Luft zu harmonischen Schwingungen veranlaßt wird. Wer einmal im stillen Urwalde das wunder= same Anschwellen und Ausklingen dieser Feeenakkorde gehört hat, wird des Eindruckes nie vergessen, der um so mehr das Gemüt ergreift, als das Ohr sich beständig über die Entfernung täuscht, und die Phantasie, die sich ge= schäftig jedes Geräusches inmitten des stillen Waldes bemächtigt, gern Melodie und Takt in die einfachen Klänge hineinlegt. Der Malaye be= hauptet auch ganz ernsthaft, daß der durchbohrte Bambus zu gleicher Zeit einem jeden sein Leibstückchen spiele.

4*

## 17. Die Herbst-Zeitlose.

(Cólchicum autumnále.)

»Welch' eine Pflanze trägt im Frühling ihren Samen,
Da ihre Blüten erst hervor im Herbste kamen?«
Rückert.

In der letzten Hälfte des Septembers und im Oktober und November, wenn fast alle Pflanzen schon verblüht sind, erscheint die Herbst-Zeitlose und schmückt die Wiesen mit ihren blaßrosenroten Blüten (Wiesensafran).

Der unterirdische Teil der Pflanze ist zwiebelartig, eiförmig, mit einer braunen Haut bedeckt, inwendig weiß und einem Knollen ähnlich. Der Knollen ist eine Vergrößerung des Zwiebelkuchens oder der Zwiebelscheibe. An seinem unteren Teile ist er mit einem Bündel von Wurzelfasern versehen. Ein solches Gebilde nennt man Zwiebelknollen. In einer seitlichen Rinne befindet sich eine häutige bis zur Erdoberfläche heraufreichende, aus zwei oder mehreren Häuten bestehende Scheide, welche einige unentwickelte Blätter und zwei oder mehrere Blütenstiele einschließt.

Die Blätter entwickeln sich erst im nächsten Frühlinge; dieselben sind breit-lanzettlich, spitz, dunkelgrün und glänzend.

Die Blütenhülle besteht aus einer etwa 15 cm langen, dreiseitigen Röhre und einem trichterförmigen, sechsteiligen Saume; die drei äußeren Zipfel sind etwas größer als die drei inneren. — Es sind 6 Staubblätter vorhanden, welche im Schlunde der Perigonröhre stehen. Die Fäden sind unten verbreitert und laufen oben in eine feine Spitze aus. Die hochgelben Staubbeutel sind länglich und springen der Länge nach auswärts auf. — Der Stempel besteht aus einem länglichen Fruchtknoten und 3 langen Griffeln mit gekrümmten Narben.

Die Frucht entwickelt sich erst im nächsten Jahre. Dann erscheinen nämlich 3—4 Blätter und zwischen denselben kommt die von einem kurzen Stiele getragene, aufgeblasene Frucht hervor. Dieselbe besteht aus 3 einfächerigen, vielsamigen Fruchtkapseln, die bis zur Mitte zusammengewachsen sind und an der Spitze nach innen aufspringen. Die Samenkörner sind ziemlich groß, rundlich, bräunlich schwarz.

Die Herbst-Zeitlose ist in Mittel-Deutschland ziemlich gemein, in Norddeutschland schon seltener und sehr zerstreut, und blüht im Herbste, mitunter jedoch auch im Frühlinge.

Die frische Zwiebel enthält Colchicia und bringt gekaut durch ihre fast ätzende Schärfe schon alle Zufälle der stärksten scharf-reizenden Stoffe hervor, als Brennen im Schlunde, heftigen Speichelfluß rc. Das Kraut

wird frisch vom Weidevieh nicht gefressen und muß bei der Heuernte aus=
gelesen werden, weil es sehr schädlich ist, vorzüglich dem Rindvieh.
Zwiebeln und Samen gehören zu den schärfsten Heilmitteln; die Präparate
aus der Zeitlose werden häufig gegen Gichtkrankheiten und Wassersucht
gebraucht.

## 18. Die Lilie.
### (Lílium cándidum.)

Steine und Felsen sind die Kinder der Erde. Sie sind der Mutter
am ähnlichsten, darum ruhen sie auch dem Herzen derselben am nächsten
und es wird ihnen von der Besorgten nicht gestattet, daß sie sich entfernen.
Allein das Wasser ward neidisch auf die Erde. Sein eigenes Kind, „das
Eis," ward nie älter als einen Winter, dann starb es wieder, darum
gönnte das Wasser der Erde ihre vielen Kinder nicht und dachte auf deren
Untergang. Die Regentropfen wuschen und saugten an der Oberfläche der
Felsen, sprengten gefrierend den festen Stein und lösten die kleinen Körner
auf. Die Tropfen vereinigten sich zu Quellen, die Quellen zu Bächen
und Strömen, alle spülten und schoben, schwemmten und rissen die zer=
klüfteten und losgetrennten Blöcke thalwärts, dem Meere zu. Der ganze
Ocean rüstete sich zum verderblichen Kampfe, der Sturm ward Schlacht=
genoß, der Blitz half leuchten und Bahn brechen, die Wogen schäumten
und brandeten, donnernd und brüllend bäumten sie sich empor und über=
fluteten das Land, — da stürzten die kühnen Spitzen der Felsen und die
wilden Wasser rollten die zerschellten Glieder derselben hin und her, bis
sie zermalmt als Schlamm die Fluten trübten. Es war ein großes Schlacht=
feld der Natur. Die Kinder der Erde waren vernichtet, befriedigt zogen
sich die Wasser nun zurück. Statt der kühnen Felsenzacken, die gleich
Türmen gen Himmel ragten, breitete sich meilenweit am Meeresstrande
eine schlammige Ebene aus. Die festen Kiesel waren zu Sand zerknirscht,
die Feldspatsteine und Glimmer zu feinem Thon zerrieben, sogar das
Eisen ward vom Wasser aufgelöst und färbte jetzt als gelber Ocker die
ganze öde Fläche. Die heiße Sonne vertrocknete die letzten Spuren des
Kampfes, — die Lehmebene ward zur dürren Wüste, der Boden ward
steinhart, zerriß in Klüfte und Risse; Staub wirbelte im heißen Winde
als düsterer Totenschleier über den zerstörten Gesteinen, den vernichteten
Kindern der alten Erde, empor. Hier ist des Todes Stätte! Kein grünes
Blättchen auf der bleichen Flur, keine Blumen, kein Schmetterling, kein
Vöglein! Dem müden Wanderer droht Verschmachten, seine Seele erfüllt
sich mit Gedanken an den Tod und die Vernichtung.

Aber in der Ebene des Todes schlafen die Keime des Lebens! Tausende von Samenkörnchen ruhen hier und warten, dem Auge unbemerkbar, auf günstige Zeiten; Tausende von Zwiebeln harren in der Tiefe auf den Tag der Auferstehung.

Eine zweifache Gestalt verlieh der Herr der Schöpfung seinen Lieblingen, den Pflanzen, um vermöge derselben den zerstörenden Gewalten der Dürrung Trotz zu bieten. Als Samenkörnchen harren die einen auf günstige Zeiten, als Knospen erwarten andere die Gelegenheit zum Weiterwachsen. Bäume und Sträucher tragen die Knospen an den Zweigen von harten Schalen umschlossen, — viele Blumen bilden Knospen tief im Schoße der Erde und diese unterirdischen Knospen sind die Zwiebeln. Dürre, harte Schalen umhüllen dieselben außen, die elastischen vielen Blätter, die sich dicht und innig umeinander rollen, widerstehen glücklich dem Druck der harten Massen der dürren Ebene. Es naht die Regenzeit, die Ebene scheint ihr jährliches Totenfest zu feiern, es dünkt uns, als seien die Wasser mit ihrem Werke der Vernichtung noch nicht befriedigt und wollten es jetzt vollenden. Sie reißen Furchen in den erweichten Boden, lösen die Erdenteilchen auf und führen sie von dannen. Aber siehe da! Im Tode ruht das Leben! Die Samenkörnlein und die Zwiebeln saugen das warme Naß mit seinem Erdgehalte und formen die zerstörten Felsen zu neuen reizenden Gestalten. Die Zwiebel bohrt sich mit ihrem spitzen Blatte durch den aufgeweichten Grund und schaut zur hellen Sonne und zur segenspendenden Wetterwolke. Blättchen rollt sich von Blättchen, ein schlanker, saftig grüner Stiel hebt sich empor. Je länger die Blätter das liebe Licht der Sonne trinken, desto herrlicher glänzen sie. Die obersten gestalten sich zur wundervollen Lilienblume. Im reinsten, edeln Weiß leuchtet sie aus dunkelm Grunde. Sechs seidne Blätter formen ihre Blüte, sechs goldne Staubgefäße schwanken zierlich um den grünen Stengel in ihrer Mitte. Siehe! so feiern die zerstörten Felsen ihre Auferstehung! Sie haben sich mit Wasser und mit Licht versöhnt und der Duft der Blüte erzählet von der Herrlichkeit des neuen Lebens. Der unansehnlich düstern Ebene entquellen tausend und aber tausend Farben: Tulpen und Hyacinthen, Kaiserkronen, Feuerlilien und unzählige andere überbieten sich gegenseitig mit ihrer Blütenpracht; sie alle überstrahlet aber die edle weiße Lilie.

So wie ihr Saft die Wunden des Körpers heilet und die Schmerzen derselben stillt, so träufelt ihre majestätische, liebliche Gestalt Balsamtropfen in das Herz des Menschen, das der Tod mit banger Furcht erfüllt. Sie blühet aus dem Grabe des geliebten Toten und tröstet den Zurückgebliebenen, der in Thränen sinnend, sie bewundert.

„O Mensch, wo du nur Tod erblickst, ist Leben; es feiern selbst die Steine und Felsen ihre Auferstehung! Mitten im Tode bist du vom Leben umfangen, darum lerne von der Lilie stilles Hoffen, hohen Glauben und festes Gottvertrauen!"

## 19. Die Tulpe.

### (Túlipa Gesneriana.)

Sie ist eine beliebte Zierpflanze unserer Gärten. Man pflanzt sie allgemein durch ihre Zwiebel fort. Einige Centimeter tief in der Erde finden sich nämlich jene unterirdischen, aus fleischigen Blättern zusammengesetzten Stämme, die diesen Namen tragen. Die Zwiebel besteht aus der flachen Zwiebelscheibe, an welcher die Nebenwurzeln angewachsen sind, den fleischigen, dicht übereinander gelegten Blättern und dem von letztern umhüllten Stengel (oft nur der Anlage nach vorhanden). Über der Zwiebelscheibe entwickeln sich bei einzelnen Pflanzen Nebenknospen, die sich zu Stengelzweigen ausbilden, an deren Ende eine neue Zwiebel entsteht. Auf diese Weise vermehrt sich z. B. das Schneeglöckchen sehr rasch, so daß in kurzer Zeit sich aus einem einzigen Stöckchen ein ganzer Busch bilden kann. Bei der Tulpe kommt indessen diese Art der Vermehrung nicht vor.

Die Zwiebel treibt vorerst, meist im April, seltener schon im März, ein längliches, eingerolltes Blatt nach oben, in dessen röhrenförmigem Grunde die Stengelknospe verborgen ist. Letztere wächst in kurzer Zeit zu einem 20—30 cm langen, runden Schafte empor. Unterdessen sind am Grunde noch mehrere Blätter nachgewachsen; sämtliche sind bodenständig. Sie werden 15—25 cm lang, haben eine breitlanzettförmige Gestalt und eine mattgrüne Farbe. Sie sind ganzrandig, nackt und parallelnervig. Am Ende des Schaftes steht eine große, glockenförmige, aufrechte Blume. Dieselbe hat eine einfache Blütenhülle, die aus 6 länglichen, feinen, schöngefärbten Blättern besteht. Wir können diese als die Blumenblätter betrachten; der Kelch fehlt also. Die Farbe zeigt alle Übergänge von Weiß in Rot und Violett. Mitunter sind die Blumenblätter auch verschiedenartig gefleckt oder gestreift. Staubgefäße sind 6 vorhanden; sie stehen in zwei Reihen. Die 3 äußern sind etwas kürzer. Der große, stumpf dreikantige Fruchtknoten trägt oben eine in drei flügelartige Lappen geteilte Narbe. Die Frucht ist eine dreifächerige Kapsel. Am Grunde der Kapselscheidewände stehen in zwei Reihen die flachen Samen.

Die Tulpe ist eine sehr beliebte Zierpflanze. Sie soll von dem berühmten zürcherischen Naturforscher Geßner aus Kleinasien zu uns gebracht

worden fein. Sie kommt in vielen, in Größe und Farbe verschiedenen
Formen vor, die aber meist in allen wesentlichen Merkmalen miteinander
übereinstimmen, also nicht als besondere Arten, sondern bloß als Abarten.
oder Sorten betrachtet werden dürfen. Namentlich zeigen sie die schon
früher erwähnte Eigentümlichkeit, daß ihre Blüten unter gewissen Umständen
sich füllen. Sie erzeugen alsdann eine viel größere Zahl von Blumen=
blättern, die nach innen immer kleiner und schmäler und so nach und nach
den Staubgefäßen ähnlich werden.

Bei einzelnen gefüllten Blüten (Nelke, Rose) kann man an den innern,
schmälern Blumenblättern ganz deutlich noch die Staubbeutel wahrnehmen.
Dieser Umstand zeigt unzweifelhaft, daß die Staubgefäße überhaupt nur
als umgewandelte Blumenblätter zu betrachten sind. Gleich verhält es sich
mit dem Stempel.

Die Tulpenzucht ist besonders bei den Holländern verbreitet. Die
Freude an der Blumenwelt und die sorgfältige Pflege derselben verraten
ein unverdorbenes, sinniges Gemüt, und ein wohl unterhaltenes Beet
schöner Blumen wird nur auf eine rohe oder umdüsterte Seele keinen
freundlichen Eindruck machen.

## 20  Die Hyacinthe.
### (Hyacinthus orientalis.)

Blätter ziemlich aufrecht, linealisch, stumpf; Krone trichterförmig, an
ihrer Basis bauchig und dick. — Diese allgemein wegen ihrer Schönheit
und ihres Wohlgeruchs beliebte Pflanze wächst bei Bagdad und Aleppo
wild. Um das Jahr 1580 kultivierte sie Clusius bereits und verbreitete
sie in andere Gärten; aber sie fand nicht so schnell die hohe Anerkennung
der Tulpe, denn im Jahre 1614 kannte man erst drei einfache, aber doch
auch schon eine gefüllte Spielart. Die Mitte des 18. Jahrhunderts be=
zeichnet den Höhepunkt der Hyacinthenkultur. Die seltensten Zwiebeln
wurden mit 2000 Gulden bezahlt und ebenso viele Spielarten unterschieden.
Sie kommt im Freien fort, gedeiht vorzüglich gut in den sandigen Ebenen
Hollands und Norddeutschlands, woselbst in der Tiefe des Bodens Grund=
wasser steht. Außerdem ist ein sonniger Standort nötig. Die Zwiebel
wird jährlich, sobald ihre Blätter welken, aufgenommen und an einem
luftigen Orte unter öfterem Wenden gut abgetrocknet. Anfangs September
löst man diejenigen jungen Zwiebeln, welche leicht abgehen, von den alten
und setzt nun alt und jung wieder ins Land, und zwar auf ein anderes
Beet in 15 cm tiefe Löcher und 12 bis 15 cm voneinander, die jungen
weniger tief und weit. Eine Zwiebel dauert etwa 8 Jahre. Zieht man

welche aus Samen, so dauert es drei bis 6 Jahre, bevor sie blühen, man bekommt aber auf diese Art die verschiedenen Sorten. Die Blütezeit fällt in den Mai oder früher. Die Erde für Hyacinthen muß aus mit Kuh= mist=, Laub= und Baumerde vermischtem Sand bestehen. Im Winter ist es ratsam, 15 cm hoch Stroh, Moos, Pferdemist, Laub oder Lohe, zum Schutz gegen Frost, auf das Beet zu werfen, was man im Frühjahr wieder abnimmt.

Will man Hyacynthen, Narcissen, Tazetten, Jonquillen, Tulpen, Krokus, Iris, Ranunkeln, Anemonen treiben, d. h. durch künstliche Wärme früher als gewöhnlich zum Blühen bringen, so setzt man dieselben im September und Oktober mit guter Erde, welcher man etwas Holzkohlenpulver zusetzt, in nicht zu große Blumentöpfe, ohne die Erde festzudrücken, und zwar so tief, daß die Spitze der Zwiebel frei bleibt. Man gießt sie dann einmal durchdringend und stellt die Töpfe in ein altes Mistbeet oder in eine Erdgrube, wo sie etwa 30 cm tiefer als die Oberfläche der Erde stehen, bedeckt sie, sobald Frost eintritt, mit Laub oder Stroh, oder Lohe, und bringt sie erst in die Stube, wenn sich die Blätter zeigen und die Wurzeln gehörig ausgebildet sind. Muß man, aus Mangel an einem Mistbeet oder einer Ergrube, die Töpfe gleich im Hause unterbringen, so hält man sie z. B. in einem Keller so lange ziemlich trocken und kühl, bis sie von selbst zu wachsen beginnen. Sobald man den Topf in die Wärme gesetzt hat, muß er fleißig mit reinem, lauem Wasser begossen werden, aber nur am Rande herum, damit kein Wasser auf die hervorbrechenden Blätter fällt. Vor dem Dezember darf man keine Pflanzen des Treibens wegen ins Warme bringen.

Hier soll noch bemerkt werden, daß die Hyacinthe, wegen des zu starken Geruchs, nicht für Wohnstuben und noch weniger für Schlafstuben paßt. Ist die Hälfte der Blüte offen, so dauert die Blütezeit, wenn die Pflanze kühl und schattig gestellt wird, doppelt so lange als in Wärme und Sonnenschein.

Der Hauptsitz der Hyacinthenzucht ist seit dem Jahre 1700 Harlem in Holland gewesen. In Holland dienen der Hyacinthenkultur 240 Hektare; in manchen Jahren werden für 1²/₃ Mill. Gulden ausgeführt. Seit einigen Jahren zieht man sie in Berlin auch in großer Menge und ebenso gut.

## 21. Das Schneeglöckchen.
### (Galánthus nivális.)

Das Schneeglöckchen hat seinen Namen von der gleich einem Glöckchen an seinem Stiele herabhängenden Blüte, welche zuweilen erscheint, wenn an einzelnen Stellen noch Schnee liegt. Es wächst an feuchten Rasenplätzen und im Laubwalde. Die ganze Pflanze erreicht etwa 3 bis 15 cm Höhe.

Das Schneeglöckchen baut sich wie jede andere Pflanze aus verschiedenen Teilen auf, welche man gewöhnlich als Stengel, Blätter, Wurzeln, Knospen, Blüten 2c. bezeichnet. Diese Teile oder Glieder haben bestimmte Formen, sie entwickeln sich in bestimmter Weise und nehmen gewisse Stellung an der Pflanze ein. Da sie in ihrem Dienste auch gewisse Lebensverrichtungen ausführen, sind es Organe derselben.

Beim Schneeglöckchen bemerken wir am untern Ende ein knolliges Gebilde, Zwiebel genannt, welches unten eine Scheibe, den Zwiebelkuchen zeigt, aus dem zahlreiche Wurzelfasern nach unten gehen. Die kugelige Zwiebel wird gebildet aus einer Anzahl häutiger Blätter, von denen die äußeren trocken, die inneren saftig und fleischig sind. Da sie aus dicht hintereinanderliegenden Blättern besteht und nach oben wächst, ist sie ein verkürzter Stengelteil, der in der Erde verborgen bleibt. Die jüngsten, saftigen Blätter liegen in der Mitte, die ältesten, häufig bräunlichen, saftlosen und abgestorbenen außen. Die älteren Zwiebelblätter umhüllen die jüngeren wie eine Scheide.

Aus der Mitte der Zwiebel entspringt der blattlose Stengel, welcher die Blüte trägt. Ein solcher Stengel ohne Blätter heißt ein Schaft; er wird beim Schneeglöckchen gewöhnlich von zwei grünen Blättern umschlossen.

Die schönen, grünen, fingerlangen Blätter sind lang und schmal, ähnlich einem Lineal; ihre Form heißt daher linealisch. Auf ihnen bemerkt man parallele Streifen, die man Blattnerven nennt. Der saftige Blütenstengel trägt am oberen Ende eine kleine Knotenanschwellung, von welcher eine aufrechtstehende Scheide ausgeht, welche die noch unentwickelte Blüte umhüllt; kurz vor dem Aufblühen öffnet sich die Scheide, und die Blume beugt sich mit ihrem kurzen Stiele heraus.

Die Blüte steht auf der Spitze des Stengels. Dort, wo sie aufsitzt, befindet sich eine grüne, eirunde Anschwellung, der Fruchtknoten. Derselbe ist unterhalb der Blütenblätter oder unterständig; die Blüte dagegen ist oberständig, da sie auf dem Fruchtknoten sitzt. Die Blütenhülle zeigt 6 Blütenblätter, 3 lange außen und 3 kurze innen; die äußeren sind reinweiß, kahnförmig, elliptisch, abstehend; die inneren auf weißem Grunde grün gezeichnet, an der Spitze abgestutzt und in der Mitte ausgeschnitten. Die 6 Blütenblätter sind dem Fruchtknoten in zwei Kreisen eingefügt. Innerhalb derselben befinden sich die wichtigsten Teile der Blüte, nämlich die Befruchtungsorgane, bestehend aus eigentümlichen Blattgebilden, die man Staubgefäße nennt.

Das Schneeglöckchen hat 6 Staubgefäße. Jedes zeigt einen unteren, dünnen, weiß gefärbten Teil, den S t a u b f a d e n und einen oberen, gelb= gefärbten, in der Mitte gefalteten, ein Kölbchen bildenden, den S t a u b= b e u t e l. Der letztere enthält eine große Zahl zarter, gelber Körnchen, den B l ü t e n s t a u b, welcher bei Öffnung des Beutels herausfällt. In der Mitte der 6 Staubgefäße steht auf dem Fruchtknoten ein fadenförmiges Säulchen, der G r i f f e l, welcher am obersten Ende die Narbe trägt. Der Fruchtknoten bildet eine dreifächerige Kapsel mit zahlreichen Samen= knospen. Fruchtknoten, Griffel und Narbe heißen zusammen der S t e m p e l oder das P i s t i l l.

Das Schneeglöckchen blüht vom Februar bis April und ist die erste Zierde unserer Laubwälder und Gärten. Es ist als erster Frühlingsbote allgemein beliebt. Unsere Dichter machten es zum Sinnbilde der Demut und Dankbarkeit, aber auch des Trostes und der Hoffnung, sowie der Mädchenunschuld und der Unschuld überhaupt. In der orientalischen Blumensprache sagt das Schneeglöckchen:

„Vergebens sucht der Neid an Dir das kleinste Fleckchen."

## 22. Die Maiblume.

### (Convallária majális.)

Die Maiblume zeichnet sich vor andern Frühlingsblumen durch den wür= zigen, kräftigen Wohlgeruch aus. Sie erreicht etwa eine Höhe von 15—25 cm.

Ihr W u r z e l s t o c k ist braun und von vielen ziemlich gleichstarken, wenig verzweigten Faserwurzeln besetzt. An ihm lassen sich zahlreiche Wulste erkennen, welche die Narben ehemals ansitzender Blätter sind, und an denen namentlich unten die Wurzeln entspringen. Der Wurzelstock treibt im Spätsommer zweierlei Knospen, solche, aus denen unterirdische, federkieldicke, weiße Zweige wachsen, die wieder Wurzelstöcke und somit neue Maiblumenstöcke bilden und solche, welche nach oben treiben, weiß und häutig aussehen und Blätter und Blüten hervorbringen. Die 2 bis 3 Blätter sind anfänglich zusammengerollt und stehen auf langen Stielen. Die Blattspreite ist länglich, kurz zugespitzt, ganzrandig, beiderseits lebhaft grün und kahl und von zahlreichen nebeneinander laufenden Nerven durch= setzt. Der Blattstiel des niedriger stehenden Blattes umschließt den des höher stehenden scheidenartig, und alle Blätter werden am Grunde von häutigen Niederblättern eingehüllt. Aus der Achsel eines dieser Nieder= blätter entspringt der 10—12 cm hohe, aufrechte, unten runde, oben drei= kantige Blütenstengel oder S c h a f t, der oben dicht gedrängte Blüten treibt; den obern mit Blüten besetzten Teil nennt man die S p i n d e l.

Die 6—12 Blüten stehen jede auf einem runden, gebogenen Stielchen, und dieses sitzt an dem gemeinsamen Schaft. Der Blütenstand ist eine Traube (wobei jedoch nicht an die Weintraube zu denken ist, welche eine falsche Vorstellung liefern würde). Wenn bei der Traube die Blüten= stielchen äußerst kurz sind oder ganz verschwinden, so daß die Blüten an der Hauptachse sitzen, so entsteht daraus eine Ähre.

Die einzelnen Blüten hängen abwärts und haben Ähnlichkeit mit einem Glöckchen; jedes Stielchen wird von einem lanzettlichen Deck= blättchen gestützt.

Obwohl die Blütenstielchen wechselnd an allen drei Seiten der Spindel stehen, so biegen sie sich doch alle nur nach einer bestimmten Seite hin, während die Spindel etwas schraubenförmig gedreht erscheint. Solche Traube nennt man einseitige oder einseitwendige. Die untersten Blüten entstehen und blühen zuerst, die nach der Spitze hin später. Die Blüten= hülle des Maiblümchens ist als Knospe kegelig, erst beim Aufblühen wird sie glockenförmig. Sie ist einfach (einblättrig), d. h. besteht aus 6 einem einzigen Kreise angehörigen Blättern, die bis zu $^2/_3$ ihrer Länge verwachsen sind, dann in 6 spitze Zähne endigen. Innerhalb der Glocke befinden sich den 6 Zähnen entsprechend, 6 Staubgefäße mit rötlich gefärbten Staub= fäden und 2fächerigen, gelben Staubbeuteln. Die Staubgefäße umgeben den Stempel, der einen kugeligen Fruchtknoten, ziemlich dicken Griffel und oben eine sehr kleine Narbe zeigt. Im August oder Sep= tember sind die einzelnen Fruchtknoten zu roten, 3fächerigen Beeren, etwa wie Preißelbeeren gereift, welche wenige gelbliche Samenkörner enthalten.

Die Maiblume mit dem Balsam ihrer Düfte begrüßen den ersehnten Mai, wie Müchler so schön sagt, und

„Im fleckenlosen Weiß, dem Kleide
Der Unschuld, hüllet sie sich ein,
Und mahnet nur der Unschuld Freude
Im Mai des Lebens sich zu freu'n."

Wie aber die deutschen Dichter, welche dies Blümchen so oft besungen, es als Sinnbild der Unschuld hinstellen, haben sie es auch als Verkünder der Freude und des Frohsinns betrachtet, und der Salem sagt:

„Maiblume, du dienst als Priesterin in Vestas Heiligtume."

Die Maiblumen ergötzen übrigens nicht bloß durch niedliche Form und angenehme Blütendüfte, sondern nützen auch, indem das aus den Blüten destillierte Wasser oder auf die Blüten gegossener Essig herzstärkend und nervenbelebend ist und die trockenen gepulverten Blüten einen wohl= riechenden Schnupftabak geben. Wurzel und Beeren sind arzneikräftig.

## 23. Der Aronstab.

(Arüm maculatüm.)

Kaum daß die Veilchen verblühen, bohren sich durch das feuchte Laub der schattigen Hecke, sowie im versteckten Thale des Buschwaldes grüne Spitzen hervor, die aus zusammengerollten Blättern gebildet sind. Wenige Tage währt es, so haben einige Blätter von Handgröße sich abgewickelt. An spannenlangen Stielen breiten sie eine schöngestaltete pfeilförmige Fläche aus.

Das saftige dunkle Grün ist oft mit schwarzen Flecken gezeichnet und mit mancherlei Gefäßen aderig durchzogen. Es ist der Aronstab, den wir begrüßen. Aus der Mitte dieses Blattbüschels schiebt sich nun weißlich= grün eine sonderbare Tute hervor. Sie ist zusammengerollt, wie's einer ordentlichen Tute zukommt, doch erspart sie uns, wenn wir anders die Zeit erwarten wollen, die Mühe, sie aufzumachen, sie öffnet sich von selbst! Was enthält sie? fragst du mit neugierigen Blicken. Zum Essen freilich nichts, wenigstens würde es uns sehr übel schmecken und noch übler be= kommen, denn der Saft der Aronpflanze ist scharfgiftig, erzeugt Blasen an der Zunge und am Gaumen und heftige Schmerzen im Magen. Trotzdem gedenken wir aber aus ihr einige Zuckerstückchen zu geistigem Genuß heraus= zuziehen, — fragen wir also, was die Tute des Aron enthält, so würde Linné, der Vater der Naturgeschichte, sagen: „Herren und Damen!" —

In der Mitte dieser geöffneten Tutenscheide ragt, wie der Klöppel in einer Glocke, eine fingerslange, purpurrote Säule empor, so dick wie die Spule einer Schreibfeder. Neugierig biegen wir die umhüllende Blatt= scheide gänzlich auseinander und sehen an dem unteren Teile dieses Säul= chens zunächst einige Kreise zart gelbliche Fadengebilde und darunter eine Menge in Reihen geordnete Staubgefäße. Hierauf folgen wiederum einige Ringe zarter Faden und dann zahlreiche Stempel, wie junge Erbsen aus= sehend, ebenfalls in Kreisen rings um das Säulchen geschlungen. Ganz zu unterst steht abermals eine Krause aus hellen Faden. Steigt die Sonne im Laufe des Jahres höher, wirken ihre Strahlen mächtiger, so welken Blätter und Tutenhülle und sinken braun und unansehnlich verschrumpfend zurück. Das Säulchen dagegen wird stärker. Sind auch die Staubgefäße und die Fadengebilde an ihm ebenfalls vertrocknet, so haben die Stempel sich desto üppiger entwickelt. Ihre Fruchtknoten sind zu einer dichten Ähre saftiger Beeren geworden, ihr zartes Weiß hat sich in feuriges Scharlachrot umgewandelt. So leuchtet der Beerenbüschel durchs Waldesdunkel, bis er totreif umsinkt und aus den keimenden Samenkernen im nächsten Jahre neuen Scharen Aronstab emporsprossen.

Während wir noch betrachtend vor dem interessanten Gewächs ver=
weilen, naht ein betagtes Mütterlein durch das düstere Gebüsch und beginnt
die Erde rings um den Aronstab loszulösen. Spannentief ist der weißliche
Stengel in den schwarzen, aus lockerer feuchter Walderde gebildeten Boden
gesenkt. Jetzt zieht sie ihn heraus. Zuunterst ist der Stengel kugelig
angeschwollen bis zur Größe eines Hühnereies. Sie schneidet Blätter und
Wurzeln säuberlich ab und legt die weiße Knolle zu den vielen ähnlichen,
welche sie bereits in ihrem Körbchen hat. Sie wird alle daheim zerstampfen
und den Brei oft mit Wasser ausspülen. Dadurch wird der ätzend giftige
Saft entfernt, und ein weißes genießbares Mehl bleibt zurück, das frei
von allen nachteiligen Wirkungen ist. Es ist dies das sogenannte Portland
Arrowroot (Arrurut), deshalb so bezeichnet, weil es auf jener Insel wirklich
auf diese Weise dargestellt und käuflich ausgeboten wird. Vielleicht trägt
das Mütterchen aber die sämtlichen Knollen zum Apotheker, für den sie
sammelt. Er vermischt nach den Bestimmungen des Arztes den scharfen
Saft mit andern Arzeneien und schickt ihn dann dem Brustleidenden als
schweißtreibendes und heilsames Medikament.

Eine nahe Verwandte des gefleckten Aron ist die mit ihrer schnee=
weißen Tute an dem Fenster des sinnigen Blumenfreundes prangende
Kalla, deren Heimat das heiße Äthiopien ist.

## 24. Der Pisang oder die Banane.
(Musa paradisiaca.)

Allgemein verbreitet ist der Pisang, auch die Paradiesfeige genannt.
Der rasch wachsende Stamm wird 3 bis 4 m hoch und dabei mannsdick,
dauert aber nicht über zwei Jahre, worauf aus den Wurzelsprößlingen ein
neuer Stamm hervortritt. Er ist so weich wie das zarteste Kraut, indem
er aus lauter umeinander gerollten Häuten besteht. Das ungeheure Blatt
ist das größte von allen Krautblättern 2,40 bis 3 m lang, 60 cm breit.
Es dient als Tellertuch, das nach jedem Essen weggeworfen wird; auch
wickelt man allerlei Sachen in dasselbe hinein. Aus dem Herzen der
Blätter kommt ein mannslanger, dicker Kolben, um den etwa ein Dutzend
Blütenhaufen stehen, deren Lippenblätter unten rot und oben gelb, deren
Scheidenblätter aber weiß sind. Der Pisang trägt gelblichgrüne, gurken=
ähnliche Früchte von der Länge eines Schuhes. Das innere Mark der=
selben ist wie hellgelbe Butter, der Geruch süß und der Geschmack so, als
wenn man gebratene Äpfel mit Butter und Zucker genießt. Sowohl roh
als gebraten ist die Frucht eine sehr liebliche Speise. Die Leichtigkeit,
mit welcher die Pflanze aus den Wurzeln emporschießt, giebt ihr einen

großen Vorzug selbst vor dem Brotfruchtbaume, der, wenn er einmal zerstört ist, nur sehr langsam wieder wächst, während der Pisang, wenn man ihn abhaut, schon nach wenigen Monaten mit neuen Stengeln und neuen Früchten prangt.

Pisang oder Banane.

Die Kokospalme, der Brotbaum und der Pisang vertreten auf den Südseeinseln die Getreidepflanzen unserer gemäßigten Zone, indem weder Roggen noch Weizen, weder Hafer noch Gerste Tropenpflanzen sind.

## 25. Die Palmen.

### (Palmae.)

Die Palmen, „die Fürsten der Pflanzen," sind größtenteils baum-
artig, einige auch strauchartig, wenige gleichen, wenigstens in ihrer äußeren
Erscheinung, Staudengewächsen. Der Stamm wird bei einigen kaum so
dick wie ein Gänsekiel, bei andern mißt er 1 bis 1,5 m im Durchmesser.
„Während er bei einigen klettert und inmitten der ihn umgebenden Vegetation nach Stützen sucht, erhebt er sich bei andern vollkommen unabhängig
von allen übrigen Gewächsen. Während er bei einigen walzenförmig und
ungeteilt erscheint, zeigt er sich in andern mehr oder weniger gabelästig;
während er bei einigen vollkommen glatt oder sogar wie hell poliert ist,
besitzen ihn andere rauh, mit konzentrischen Ringen, und wiederum, während
ihn einige mit Stacheln von größerer oder geringerer Länge besetzt hervorbringen, bedeckt er sich bei andern mit haarähnlichen Fasern."*) Die
Blätter stehen meist am Ende des Stammes und bilden daselbst eine
schirmförmige Blattkrone; sie sind von derber, lederartiger Beschaffenheit,
bisweilen unterseits silberweiß, oberseits seltener mit konzentrischen gelben
und blauen Bändern geschmückt. Sie entspringen entweder unmittelbar
aus dem holzigen Stamm oder aus einem dem Holzstamme aufsitzenden
grünen, glatten Schafte, oder aus einer Schicht abgestorbener Blätter.
Die Mehrzahl der Palmen trägt gefiederte Blätter, oft schon sehr bedeutender Größe (15 m lang, 2,5 m breit); nur $\frac{1}{6}$ oder $\frac{1}{7}$ der bekannten
Arten bringt fächerförmige Blätter hervor. — Die Blüten erscheinen
entweder alljährlich, oder nur einmal während der ganzen Lebensdauer
der Palmen. Sie sind in eine ein- oder mehrklappige Scheide, welche
bisweilen mit hörbarem Knalle aufspringt, eingeschlossen und sitzen auf
einem einfachen oder verzweigten Kolben, welcher aus den Blattwinkeln
oder aus dem obersten Ende des Stammes entspringt. Ihre Anzahl ist
meist sehr groß; ein Blütenkolben der Dattelpalme enthält 12000, ein
solcher der Sagopalme 208000 Blüten. Sie sind klein und unscheinbar,
weiß, blaßgelb oder grünlich gefärbt, bestehen aus drei fleischigen oder
lederartigen, bleibenden Kelchblättern, drei größeren Blumenblättern, meist
6 freien Staubgefäßen, einem ein- bis dreifächerigen Fruchtknoten mit drei
Griffeln; oft werden die Blüten durch Fehlschlagen ein- oder zweihäusig.
— Die Früchte sind beeren- oder nußartig, oft von einer faserigen
Rinde umgeben, meist sehr zahlreich, seltener aber von beträchtlicher Größe
(Kokosnuß).

---

*) Seemann, Die Palmen.

Die Palmen b e w o h n e n vorzugsweise die heiße Zone zwischen dem 10. Grad nördl. und südl. Breite. In Europa gehen sie nicht über den 43., in Asien und Nordamerika nicht über den 34. Grad nördl. Breite hinaus, während ihre Südgrenze in Afrika durch den 34., in Südamerika durch den 36. und in Australien durch den 38. Grad südl. Br. bestimmt ist. Im Verhältnis zum Flächeninhalt ist Amerika am reichsten an Palmen. Jeder Art kommt ein oft sehr beschränkter Verbreitungsbezirk zu; weniger finden sich größere Länderstrecken; nur eine einzige, die Kokospalme, kommt auf beiden Halbkugeln zugleich wild vor. Die Standorte, an welchen die Palmen wachsen, sind sehr verschiedenartig. Während einige in den heißesten Ländern der Tropen eng an die Küsten des Oceans gebunden sind und kaum den Einfluß des Seewindes entbehren können, gedeihen andere im fernsten Binnenlande bis 4340 m hoch auf den Gipfeln der Gebirge, in der Nachbarschaft ewigen Schnees; während einige die Feuchtigkeit und den dunklen Schatten des Urwaldes suchen, leben andere in dürren Wüsten, der vollen Glut scheitelrechter Sonnenstrahlen preisgegeben; während einige am üppigsten in Sümpfen gedeihen, wachsen andere auf ganz nacktem Boden; während einige ausgedehnte Waldungen miteinander bilden und alle anderen größeren Pflanzen aus ihrer Mitte auszustoßen scheinen, leben andere von geselligeren Sitten, in Gemeinschaft mit Gewächsen gleicher Größe, aber von durchaus keiner Verwandtschaft mit ihnen; während einige zwischen Fichten und Eichen, den Repräsentanten gemäßigter Klimata, vor= kommen, gesellen sich andere zu den vollendeten Typen einer tropischen Vegetation. Kurz, beinahe jede Art wächst unter nur ihr eigentümlichen Verhältnissen.

Während Linné nur 13 Palmenarten beschrieb, sind gegenwärtig mehr als 600 bekannt. — Der N u t z e n , welchen die Palmen den Menschen gewähren, ist ein äußerst vielseitiger. Die Stämme werden zu Balken, Kähnen und sonstigen Gerätschaften verwendet; die Blattstiele oder die dünneren gespaltenen Stämme liefern das Material zu allerlei Flechtwerk, Spießen, Pfeilen 2c.; die Blätter dienen zum Dachdecken; aus den Fasern, welche den Grund der Blattstiele oder die Früchte umgeben, werden Ge= webe, Stricke und Taue 2c. verfertigt; die jungen Blätter, das Fleisch oder der Kern der Früchte dienen zur Ernährung der Menschen oder zur Fütterung der Haustiere (Palmmehl, Palmkuchen); andere liefern ein flüssiges und halbfestes Öl (Palmöl), welches gegenwärtig einen sehr wich= tigen Handelsartikel bildet; durch Anschneiden der unentwickelten Blüten= scheiden gewinnt man einen süßen Saft, aus welchem Palmwein und Palm= zucker dargestellt werden; das Mark mehrerer Arten giebt Sago; die harte Fruchtschale wird zu Gefäßen und allerlei Drechslerarbeiten verwendet 2c.

— Gegenwärtig werden zahlreiche Arten der Palmen in Zimmern kulti=
viert. Sie verlangen im allgemeinen viel Licht und Luft.

## 26. Die Fächerpalme.
### (Borassus flabelliformis.)

Diese Palme wächst in Südasien von Arabien bis Neu=Guinea fast
überall, wo die Kokospalme fehlt, in großer Menge wild, wird auch dort
wie in Afrika und Südamerika absichtlich gepflanzt, kann 20 m hoch, über
100 Jahre alt werden, hat an 1,5 m lange Blätter, trägt Früchte von
der Größe eines Kinderkopfes, die man geröstet, gekocht oder eingemacht
genießt. Die jungen Triebe geben Palmkohl, der reichlich aus Wunden
fließende Saft liefert Zucker, Palmwein, Essig; das Holz ist sehr hart
und brauchbar; die Blätter dienen zum Dachdecken, Flechten, auch um
darauf zu schreiben. Sie liefert den Hauptlebensunterhalt von 6 bis 7 Mill.
Indiern und anderen Asiaten. „Wenige Pflanzen", sagt Seemann, „ge=
währen Tieren aller Art besser Schutz als das Palmgras; sie dienen des
Nachts vielen Vögeln, bei Tage Ratten, Eichhörnchen, Affen u. dergl. zum
Zufluchtsort. Auf Bäumen, die all ihre alten Blätter behalten haben, ist
die Menge der Fledermäuse, die sie bewohnen, oft unglaublich groß. Die
Furchen der Blattstiele, der ganze Bau des Blattes sind ganz dazu ge=
eignet, den Regen aufzuhalten. Jeder Tropfen, der auf die Krone fällt,
rieselt dem Stamme zu. Deshalb ernähren diese Bäume, zumal im wilden,
ungepflegten Zustande, zahlreiche Arten von Schmarotzerpflanzen: Orchi=
deeen, Farren, Feigen rc."

## 27. Die Kokospalme.
### (Cocos nucifera.)

Dieser prächtige Baum ist an den sandigen Küsten der ganzen heißen
Zone heimisch, verkrüppelt, wenn er fern vom Meere gepflanzt wird. Die
großen Kokoswälder stehen bei Punto Galle auf Ceylon, woselbst sie sich
ohne Unterbrechung tagereiseweit erstrecken und nicht nur geschont, sondern
auch, seit das Kokosfett in Handel kommt, durch neue Pflanzung stark
vergrößert werden. Die reife Steinfrucht kann bedeutend größer sein als
ein starker Menschenkopf, ist eirund, schwach=dreikantig, hat eine dicke, aus
trockenen, zähen, groben, braunen Fasern bestehende äußere Fruchtschale; die
Fasern leiden durch Nässe nicht, werden zu Teppichen verarbeitet, welche
namentlich zum Abstreichen beschmutzter Sohlen beliebt und ausgezeichnet
brauchbar sind, geben auch anderes Flechtwerk, Seile, Lunten rc. Die

innere Fruchtschale ist braun, steinhart, fast eiförmig, doppelt so groß als eine Faust, dient zu Löffeln, Schalen, Knöpfen rc.; sie hat immer am schmaleren Ende drei dünne Stellen, aus deren einer der Keime hervortreten kann. In der inneren Fruchtschale liegt der Samen, welcher, solange die Frucht jung ist, aus einer Flüssigkeit besteht, welche Milch genannt und als wohlschmeckend und gesund sehr häufig getrunken wird. Allmählich verhärtet sich der Samen von außen nach innen zu, zuletzt wird er fast hornartig fest, kann aber noch genossen werden, wenn man ihn auf dem Reibeisen reibt. Meist wird er jedoch heutzutage benutzt, um ihn zu zerstampfen und ein der Kuhbutter ähnlich sehendes Fett (Kokosbutter, Kokosnußöl) aus ihm zu pressen. Es dient zur Seifenbereitung, wird auch in seinem Vaterlande beim Backen und Braten, für Lampen oder zum Salben der Haut benutzt. Der Rückstand der ausgepreßten Nüsse giebt Mastfutter für Hühner und Schweine.

Liegt die reife, noch frische Frucht an einer günstigen Stelle auf dem Erdboden, so keimt sie daselbst leicht, wodurch ihre natürliche Vermehrung sehr befördert wird. Der Mensch sucht für seine Pflanzungen die schönsten Früchte aus, legt sie samt der faserigen Fruchtschale flach in die Erde und so, daß sich das keimende Ende schief aus dem Boden hervorhebt. Gegen den 18. Tag fängt die Nuß an zu treiben und bald darauf zeigt sich die Spitze des ersten Triebes in der Gestalt eines kleinen, sehr weißen Elefantenzahnes. Diese Gestalt behält die Spitze über 14 Tage und ist dabei von zuckersüßem Geschmack. Zwischen dem 35. und 40. Tage bricht das erste Blatt hervor, ist erst fleischfarbig, dann gelb, wird zuletzt grün. Die Wurzeln dringen einen Monat später hervor und nach allen Richtungen in die Erde. — In den ersten drei Jahren erhebt sich der Stamm kaum über dem Boden, treibt nur kurze Blätter, erreicht aber die Dicke, welche er später beibehält. Nach dem dritten Jahre wächst er in die Höhe, treibt dann in der Regel jeden Monat aus seiner Spitze ein Blatt, welches zu seiner vollen Entwickelung drei Monate bedarf. So trägt die Palme an ihrem Wipfel eine Krone von 18 bis 20 Blättern, deren jedes 3,5 bis 6 m lang ist und 1,5 bis 2 Jahre bleibt. Die Blüten und Früchte wachsen zwischen den Blättern hervor; die ersten erscheinen auf Ceylon im sechsten, auf den Molukken im zwölften Lebensjahre des Baumes; später trägt dieser jederzeit Blüten und Früchte zugleich, und man kann von einem erwachsenen jährlich etwa 100 Früchte ernten. Die Kokospalmen geben auf derselben Bodenfläche im Durchschnitt zehnmal soviel Öl als Rübsamen.

Ihr Alter steigt bis 80 oder 100 Jahre; sie stehen so fest im Boden, daß kein Sturm sie heraushebt; ihr Stamm ist so zähe, daß kein Orkan ihn zu brechen vermag. Das Holz alter Bäume dient dem Menschen zur

Feuerung, zum Bauen ꝛc., kommt auch unter dem Namen Stachelschwein-
holz nach Europa in Handel. Die Mittelrippe der Blätter ist zähe, dient
zu Stöcken, um Lasten daran zu tragen ꝛc. Aus den gespaltenen, schmalen,
bis 1 m langen Blättchen werden Körbe und Matten geflochten; die ganzen
Blätter dienen zum Dachdecken. Das feine Netzwerk an der Basis der
Blätter dient als Sieb. Die junge Endknospe giebt gekocht ein treffliches
Gemüse. Bindet man die jungen Blütenscheiden so zu, daß sie sich nicht
öffnen können, schneidet ihnen dann die Spitze ab und fängt den aus-
fließenden Saft in Gefäßen auf, so giebt derselbe, ganz frisch genossen, ein
erquickendes Getränk, 24 Stunden später ein berauschendes, worauf er sich
allmählich in Essig verwandelt.

## 28. Die Dattelpalme.
### (Phoenix dactylifera.)

Die gemeine Dattelpalme hat einen geraden, astlosen Stamm, wird
bis 100 Jahre alt, 15 bis 22 m hoch, selten über 60 cm dick, ist so
elastisch, daß sie sich bei heftigem Sturm fast bis zur Erde biegen und
doch gleich wieder aufrichten kann, und endet mit einem prachtvollen Wipfel
von 40 bis 80 Blättern, die zum Teil eine Länge von 5,5 m und steife,
fast lineale, mit Längsfalten versehene Blättchen tragen. Die Blütenrispen
kommen über der Basis der Blätter aus dem Stamme, sind anfangs in
eine Scheide gehüllt. Der männliche Stamm kann 5 bis 8 Rispen haben,
deren jede 12000 kleine, gelblich-weiße Blüten trägt. Der weibliche Stamm
kann 20 Rispen und jede derselben 100 Früchte tragen; gewöhnlich sind
es aber weniger. Der Genuß der unreifen Früchte ist schädlich. Die reifen
Früchte gleichen an Gestalt den Zwetschen, sind aber um $^1/_3$ größer, blaßgelb oder rot oder braun, haben ein zuckersüßes, kostbar schmeckendes Fleisch,
einen fast walzigen, auf der einen Seite gefurchten Samen, der durch und
durch hart ist wie Horn. Wild ohne menschliche Pflege aufgewachsene
Dattelbäume sind sehr selten und haben ein struppiges Ansehen, indem der
Stamm bis zu seinem endständigen grünen Blätterwipfel mit Fetzen ver-
welkter Blätter bedeckt ist, während dagegen der von Menschenhand ge-
pflegte Stamm immer gereinigt erscheint. Die Vermehrung der Dattelpalme geschieht in ihrem Vaterlande selten durch Samen; man pflanzt
lieber aus den Wurzeln kommende Sprossen, welche im 15. oder 20. Jahre
tragbar werden und immer Früchte geben, welche denen ihres Stamm-
baumes an Güte gleich sind. Die Befruchtung der weiblichen Rispen überläßt man, wenn männliche Bäume in der Nähe, der Natur, sonst bindet
man von den männlichen abgeschnittene Rispenteile an die weiblichen Blüten.

Die Heimat der Dattelpalme erstreckt sich von den kanarischen Inseln über die Nord- und Südgrenze der Sahara und über deren Oasen hin durch Ägypten, Arabien, Persien bis zur Ostgrenze der Indusebene. An der europäischen Mittelmeerküste ist sie nur einzeln an günstigen Stellen

Dattelpalme.

angepflanzt. Der größte Palmenhain, welchen das jetzige Italien besitzt, befindet sich bei dem Städtchen Bordighera an der Straße von Genua nach Nizza. Die Einwohner dieses Städtchens haben seit alter Zeit das durch Gewohnheit geheiligte Vorrecht, zum Osterfeste Palmen nach Rom zu liefern, und diese Industrie schuf allmählich die über mehrere Meilen sich hinziehende Pflanzung, die über 4000 Stämme zählen soll. Um die teuren und besonders geschätzten weißen Palmen zu erzielen, werden vom Hochsommer an die Kronen oben zusammengebunden, so daß die innersten Blätter, vom Licht unberührt, kein Chlorophyll erzeugen können. Der Reisende, der um die genannte Zeit die Riviera di Ponente durchzieht, sieht dann die Palmengipfel in Gestalt riesiger Tulpenknospen sich erheben und begreift anfangs nicht, was die Verstümmelung des schönen Baumes bezweckt. — Vereinzelt kommt die Dattelpalme an der ganzen Küste Italiens vor, häufiger ist sie in Kalabrien, Sicilien und Sardinien. In Südspanien, zu Elsche, südwestlich von Alicante befindet sich ein Palmenwald von 60 000 Stämmen. Hier erreicht sie eine Höhe von 20—22 m, während sie in Italien nur 12 m hoch wird.

Das Reifen der Früchte beginnt im Dezember und dauert bis März. Schon im fünften Jahre trägt der Baum einige Fruchttrauben; später kann das Gewicht der Früchte eines Baumes bis 3 Centner betragen und es ist deshalb nötig, die Trauben durch Anbinden an den Stamm vor dem Abfallen zu schützen. Man unterscheidet zahlreiche, durch Kultur entstandene Sorten. Die gewöhnliche Dattel, wie sie der Beduine in Algier und Tunis als Reisevorrat mit sich führt, ist wenig größer als eine recht große Eichel, trocken und hart. Die marokkanische Dattel dagegen ist sehr fleischig und zuckerhaltig. Die Datteln, die wir bei uns kennen, sind Früchte, welche gesammelt und in der Sonne getrocknet worden sind, bevor sie ganz reif waren; denn läßt man die Früchte ganz reif am Stamme werden, so halten sie sich nicht lange, werden sauer und gären. Die Araber bereiten auch eine Art Dattelkuchen, indem sie die Früchte in einen Korb pressen, die dann zur Zeit herhalten müssen, wenn keine frischen Datteln zu haben sind. Sind die Datteln völlig reif, so enthalten sie ein großes Quantum Sirup, den die Eingebornen auspressen und einsammeln, teils um Datteln selbst, teils um andere Früchte darin zu konservieren. Außerdem werden aus den Blattstengeln, aus der Rinde des Stammes, aus dem Holze ꝛc. die mannigfachsten Gegenstände fabriziert. Die Hütten der Eingebornen sind fast nur aus Teilen der Dattelpalme hergestellt und selbst die harten Samen werden gestampft oder gekocht zum Futter des Viehes verwendet. Dattelbäume werden nicht selten als Bezahlung angenommen; der Bräutigam bezahlt auch den Preis seiner Braut in Dattelbäumen an deren Vater.

## 29. Die Sagopalme.
### (Metroxylon Rumphii *Mart.*)

Die echte Sagopalme wächst an sumpfigen Orten der Sundainseln, und hat einen gegen 10 m hohen und 50 cm dicken Stamm, dessen Rinde und Holz zusammen etwa 2 Finger dick sind, während das Innere ganz mit einem weißen, mehligen Mark angefüllt ist. Die Blätter sind bis 7,5 m lang.

Die Wurzel dauert sehr lange und treibt leicht Schößlinge; der Stamm stirbt ab, wenn er Früchte getragen. Ehe es soweit kommt, fällt man ihn, spaltet ihn in Stücke, nimmt das weiche Mark heraus, entfernt durch Schlämmen mit Wasser die Fasern vom Mehl, verspeist das letztere gekocht oder bringt es, in Körner geformt, in den Handel. Ein Baum kann 350 Kilo Stärkemehl geben; der Saft der jungen Palmen giebt mit Zusätzen einen gesunden Wein.

Der bei uns verkäufliche Sago stammt meistens von Kartoffeln oder von der ostindischen Cycas ab.

## 30. Die Pfefferstaude.
### (Piper.)

Unter den Gewürzen des Pflanzenreichs ist der Pfeffer das allerverbreitetste und bekannteste, fast in jeder Hütte Europas zu finden, bei den rohesten Völkern schnell sich Eingang verschaffend, und gleich dem Salz, neben welchem er schon auf dem Tische als freundlicher Nachbar in einem Gefäßchen wohnt, zur Lebensnotwendigkeit geworden. Wie wir gern Zucker und Zimmet zusammenstellen, so auch Pfeffer und Salz.

Der Pfeffer hat freilich nicht das feine und vornehme Aroma des Zimmets oder der Muskatnuß; er brennt nur herzhaft auf der Zunge und erwärmt kräftig den Magen, ist aber für die Verdauung fetter, schleimiger Speisen von unschätzbarem Werte.

Wir unterscheiden weiße und schwarze Pfefferkörner; beide kommen von demselben Gewächs, dem Piper nigrum *L.*, einer Kletterpflanze, die wie unsere Zaunwicke rankt, helle, epheuartige Blätter hat und lange, überhängende Blütenähren treibt, die erbsengroße, hellrote Beeren tragen, welche einen einzigen Samen enthalten.

Die grünen, noch nicht ganz reifen Beeren haben das meiste Feuer; abgepflückt und getrocknet nehmen sie eine schwarze Farbe und runzlige Oberfläche an. Je reifer die Beeren beim Abnehmen waren, desto weniger runzelt sich ihre Haut beim Trocknen. Durch kochendes Wasser kann man diese Haut abstreifen, so daß nun die kleine Beere fettartig und glatt erscheint, aber auch an ihrer Kraft verloren hat. Dennoch bezahlt man diese weißen Körner teuer, weil sie besser aussehen, und so gilt auch hier das Sprichwort: Das Kleid macht den Mann!

Die reifen Beeren werden in Seewasser eingeweicht, dann durch Waschen und Reiben von ihrer Haut befreit und getrocknet. Sie haben keine ganz glatte Oberfläche, sind aber die feinere und teurere Sorte.

Die jungen Blätter der Pfefferpflanze sind sehr aromatisch. Man kaut sie, sowohl um den Atem zu verbessern, als auch um dem Zahnfleisch mehr Festigkeit zu geben; sie haben etwas Erfrischendes, wie die Blätter unserer Krause= und Pfefferminze.

Der Pfeffer gedeiht nur in heiß feuchter Luft und im Schatten anderer Pflanzen, an denen er sich emporrankt. Sein Vaterland ist die Küste Malabar, von wo er auf die Küste Koromandel, auf die Inseln Borneo, Sumatra und Java, nach Singapore und Siam, auch in die neue Welt auf die westindischen Inseln und nach Cayenne in Südamerika verpflanzt worden ist. Der Malabarpfeffer behauptet jedoch den Vorzug, der meiste Pfeffer aber wird auf Sumatra gewonnen.

Da in der heiß feuchten Luft der Tropen das Unkraut überaus üppig wuchert, so erfordern auch die Pfefferpflanzungen, um sie rein zu erhalten, viel Arbeit. Nur während der heißen, trockenen Jahreszeit läßt man ein langes Gras durchschießen, weil dieses den Boden feucht erhalten soll. Man vermehrt den Pfeffer durch Stecklinge, die leicht von dem knotigen Stengel abgebrochen werden können und alsbald Wurzel schlagen. Man zieht sie an Stangen und Pfählen oder an Bäumen, zwischen denen sie als Guirlanden hängen, wie die Reben zwischen den Ulmbäumen der Lombardei.

Ist der Pfeffer reif geworden, so schneidet man die 3—3,60 m hohe Staude bis auf 90 cm Länge ab, trennt sie sorgfältig von ihrem Stock und legt sie horizontal in Kreisform auf die Erde, so daß ihre Spitze wieder zur Wurzel kommt. Nun treibt sie von neuem und setzt eine Menge Blütentrauben an. Auch läßt man wohl den mittelsten Schößling an seiner Stütze und schlägt bloß die Seitenschößlinge ein.

Jede Ährentraube bringt 30—50 Beeren; im siebenten und achten Jahre ist die Tragfähigkeit am größten (eine einzige Staude liefert dann 3—4 Kilo im Jahre), dann dauert sie noch ein paar Jahre und nimmt plötzlich ab.

Der im Pfefferkorn enthaltene scharfe Gewürzstoff ist jedoch auch in manchen andern Pflanzenarten zu finden und wird auch vielfach benutzt. So z. B. gehört der Cayennepfeffer (Capsicum barratum) und der spanische Pfeffer (Capsicum annuum) ins Solanum= oder Kartoffelgeschlecht; aber beide haben höchst scharfe und beißende Beeren, die entweder mit Salz gepulvert (Cayennepfeffer) oder auch mit Essig eingemacht (spanischer oder Taschenpfeffer) als Pickles zu Fleischspeisen in den Handel kommen.

Ohne Paprika — so heißt bei den Ungarn der spanische Pfeffer — möchte der Magyar schwerlich die Speckmassen verdauen, die er oft ohne Brot verschlingt.

Im Mittelalter waren die Gewürze die höchsten und wichtigsten Güter des Welthandels, und diejenigen Seestädte waren die reichsten und mäch= tigsten, in welchen sich dieser Handel zusammenfaßte. So blühte Alexandrien im 14. und 15. Jahrhundert und seine Macht ging dann auf Venedig über, das klug unternehmend seine Verbindungen mit Alexandrien verstand. Ge= würze waren wertvoll wie Gold und Edelstein, und die Portugiesen und Spanier boten alles auf, mit ihren Schiffen die Heimat der edlen Ge= würze zu erreichen und den Pfeffer, Ingwer, Zimmet und Gewürznäglein aus erster Hand zu kaufen. In diesem Streben wurden die östlichen und westlichen Seewege nach Indien entdeckt.

## 31. Der Feigenbaum.
### (Ficus carica.)

Der gemeine Feigenbaum ist in den das Mittelmeer umgebenden Län= dern heimisch, wird bis 9 m hoch, hat große, herzförmige, in 3—5 Lappen geteilte, oben rauh anzufühlende, unten weichhaarige Blätter und birn= förmige, grüne, bei der Reife braune oder gelbliche Früchte. Unreif schmecken die Früchte scharf und bitter, reif aber von den in Gärten ge= zogenen Bäumen sehr süß und lieblich.

Noch zur Zeit des Kaisers Tiberius wurden edle Feigenarten direkt von Syrien nach Italien versetzt. Wie damals, ist noch heutzutage die Feige, sowohl frisch als getrocknet, die allgemein gesunde Nahrung des Volkes in Italien, besonders im südlichen Teile des Landes. Neben den einmal jährlich tragenden Bäumen giebt es eine Varietät, die zweimal trägt, im Sommer und im Spätherbst. Die reifen Früchte müssen sogleich nach dem Abpflücken gegessen und dürfen nicht viel mit den Fingern berührt werden.

Wie von allen viel angebauten Feldfrüchten gab es und giebt es auch von der Feige eine Menge Spielarten, besonders aber, wie beim Wein, zwei Hauptsorten, die purpurroten und die grünlichen, auch jetzt noch neri und bianchi genannt. Die letzteren als die süßeren dienen mehr zum Trocknen, die ersteren von mehr säuerlichem Geschmack werden frisch ver= zehrt. In der heißen Zone erquickt der Baum zugleich mit den riesigen Blättern an den winkeligen, gliederreichen Zweigen durch erwünschten Schatten — im heutigen Griechenland und Italien, wie zur Zeit des Alten Testaments in Palästina; im verwilderten Stande wächst er malerisch

aus den Spalten alter Mauern, in den Ruinen und an Felſen; ſein Holz, ein inutile lignum, d. h. ein ſchwammiges, leicht berſtendes und ſich wer=
fendes, ſo lange es friſch iſt, ſoll nach gehörigem Trocknen hart und feſt werden wie Eichenholz.

Vorzüglich viele und gute Feigen liefert Smyrna in den Handel. Bei uns giebt man dem Feigenbaum ein verhältnismäßig großes Gefäß, fette Erde, begießt ihn im Sommer ſtark, ſtellt ihn an eine ſonnige Wand, nimmt ihn bei rauhen Tagen, wo er ſonſt ſeine Früchte leicht fallen läßt, ins Haus und überwintert ihn am beſten im froſtfreien Keller. Er wird durch Ableger und Wurzelſproſſen vermehrt und trägt ein= und zweijährig öfters ſchon Früchte. Der im Süden häufig wild wachſende Feigenbaum trägt keine ſchmackhaften Früchte; es werden aber dieſelben öfter als die des zahmen von kleinen Gallweſpen angeſtochen, und da man bemerkt hat, daß die zahmen Feigen ſicherer am Baume bleiben, wenn ſie ebenfalls an=
geſtochen ſind, ſo bricht man fruchttragende Zweige von wilden Bäumen ab und hängt ſie an zahme. Kriechen nun die Gallweſpen aus den wil=
den Früchten aus, ſo finden ſie es bequem, die ihnen jetzt nahen zahmen anzuſtechen und dieſen ihre Eier einzuimpfen. Man nennt dieſes Ver=
fahren die Kaprifikation. Sie iſt nicht überall in Gebrauch.

## 32. Die Brenneſſel.
### (Urtica urens.)

Die Eiche iſt ein gewaltiger ſtarker Mann, das Veilchen ein beſchei=
denes Kind, der Apfelbaum ein freundlicher Gaſtwirt, die Tulpe ein putz=
ſüchtiges Mädchen und die Brenneſſel — ein verrufener Böſewicht. Ähn=
lich wie ein ſolcher Mörder und Räuber verkriecht ſie ſich in die Winkel des Gartens und in die Gebüſche, an Hecken und Schutthaufen und nimmt nur da überhand, wo die fleißige Hand und die gehörige Aufſicht fehlt. Schon ihr Anſehn iſt bedrohlich. Dunkelgrün und düſter ſchaut ſie darein und wenn alle Blumen ihre Blüten duftend entfalten, hängen höchſtens zottliche graugrüne Trauben an ihr, ohne allen Schmuck und ohne allen Geruch. Keine Beere reift an der Brenneſſel, wenn ſie verblüht hat, kein Korn erzeugt ſich auf ihr, womit ein Vöglein ſeine Jungen füttern könnte. Und wehe dir, wenn du ihr unvorſichtig naheſt, ſie nur leiſe berühreſt! Wenn die Kinder hinauswallfahrten an die grüne Hecke, um Veilchen zu ſuchen oder purpurne Erdbeeren, — ſo brennt die böſe Neſſel die Eifrigen an Hände und Geſicht, rote Bläschen entſtehen auf der Haut und der heftige Schmerz will oft ſtundenlang nicht vergehen! Was ſagſt du nun aber vollends dazu, daß in einem von uns weit entfernten Lande, in Oſt=

indien, Brenneſſeln wachſen, welche ſo heftig brennen, daß der ganze Arm
wochenlang gewaltig aufſchwillt und entſetzlich ſchmerzt, — ja daß mit=
unter das verletzte Glied abgeſchnitten werden muß, wenn nicht der Tod
erfolgen ſoll! Welches ſind denn aber die Waffen dieſes furchtbaren Böſe=
wichts? Die großen Zähne und den herzförmigen und zugeſpitzten Blät=
tern ſind es nicht, ſo bedrohlich ſie auch ausſehen. Feine Haare bedecken
die ganze Oberhaut der Neſſel. Jedes Haar iſt innen hohl und oben
ſcharf geſpitzt. Gleich Dolchen ſtarren tauſend ſolcher Waffen nach allen
Seiten, furchtbar, aber wegen ihrer Kleinheit unbemerkbar! — Doch dieſe
Spitzen ſind das Schlimmſte nicht, denn wenn uns der Roſenzweig, die
Brombeerranke, der Weißdorn oder Schwarzdorn ritzen, ſo ſticht es zwar,
doch iſt der Schmerz auch bald vorbei! — Jedes Haar der Neſſel iſt an=
gefüllt mit einem ſcharfſauren Giftſaft, der dringt dann mit der Spitze
des Haares in die Wunde, die ſeine Spitze bricht, da ſie ſehr ſpröde iſt,
leicht ab und jener Saft erzeugt nun den heftigen Schmerz. Welch gräß=
liches Gift iſt jenes, das die Brennhaare der erwähnten fremden Neſſeln
erfüllt, da die kleine Menge in den kaum ſichtbaren Härchen ſchon hin=
reicht, einen Menſchen unter großer Qual zu töten!

Wir fragen, voll Abſcheu die Neſſel jetzt betrachtend: „Warum hat
Gott dies läſtige Unkraut denn geſchaffen?"

Zunächſt ſtellt ſich die Neſſel mit ihrem empfindlichen Brennen dar
als ein ſtrenger, ſcharfer Lehrer, der das träge Kind beſtraft, wenn es
durchaus nicht lernen mag. Wenn irgendwo ein Kindlein wär', das kein
einziges Pflänzchen merken wollte, höchſtens ſolche, die es eſſen könnte, und
alle übrigen auch nicht eines Blickes würdigte, zur Strafe, weil ſie un=
genießbar ſind, — ſo würde doch die ſtrenge Lehrerin „Neſſel", ſehr bald
dies Kindlein nötigen, auch die mancherlei andern Dinge, die außer den
Beeren noch am Zaune ſtehen, etwas näher anzuſehen und ſobald es dies
verſäumte, giebt ſie ihm einen ſcharfen Streich auf die Hand, die ſich nach
den Näſchereien ausſtreckt. Bald kennt nun das belehrte Kind wenigſtens
noch eine Pflanze zu den andern: „die Brenneſſel." — Sie nötigt es zur
Vorſicht und zum muntern ſcharfen Umblick und iſt ein Feind von dem
gedankenloſen, blinden Hineinlaufen in die Welt. — Wenn nun ja jemand
ſich gebrannt hat, ſo gab Gott dem Menſchen auch Verſtand, um Mittel
aufzufinden, den Neſſelſchmerz zu vertreiben. Das Kind weiß ſchon, daß
der Schmerz ſich mildert, wenn es feuchte Erde auf die gebrannte Stelle
legt, oder dieſelbe mit kaltem Waſſer wäſcht. Noch ſchneller und gänzlich
vergeht aber derſelbe, ſobald man einige Tropfen Salmiakgeiſt darauf
ſtreicht; eine Flüſſigkeit, welche die Mutter im Glasſchrank daheim viel=
leicht beſitzt, als eine Hilfe gegen Kopfſchmerz und gegen Ohnmacht. Die

Menschen würden nie dahin gekommen sein, so vielerlei schöne Erfindungen zu machen, und dadurch so viele Freuden zu erhalten, die sie früher nie kannten, wenn sie nicht der liebe Gott durch allerlei Übel dazu genötigt hätte. Die Brennessel hat das Ihre auch mit dabei gethan. Ja, man hat gefunden, daß in manchen Fällen der scharfe Saft der Nessel sogar von Vorteil ist. Wenn Leute von der Gicht im Fuß und Arm geplagt sind, von einer Krankheit, die ihnen sehr viel Pein verursacht, und ihnen Gehen und Bewegen und Lebensfröhlichkeit unmöglich macht, so verordnet oft der Arzt, daß sie sich die kranken Glieder mit Nesseln peitschen, diese reizen dann die Haut und fördern die Genesung. Die böse Nessel vertreibt die vielmal schlimmere Gicht.

Mitunter wirst du in den Blättern der Nessel Löcher bemerken und dann findest du auch meist an ihrer untern Seite stachlige, schwarze Raupen, häßlich anzusehen wie die Nessel selbst. Diese fraßen die Löcher ein und schmausten von den scharfen Blättern ohne sich zu schaden; ja, sie mögen sogar kein anderes Futter haben und hungern sich zu Tode, wenn man ihnen anderes, als Nesselfutter, bietet. Sie werden von solcher Speise groß und dick und nach wenig Wochen haben sie sich in Schmetterlinge umgewandelt. Kein Pfauenspiegel, kein großer und kleiner Nesselfalter würde mit seiner wundervollen Farbenpracht im hellen Sonnenschein von Blume zu Blume sich schwingen und Honig saugen können und so Kinder und Erwachsene ergötzen, wenn nicht die Nesseln die Raupen dieser schönen Schmetterlinge genährt hätten. Man könnte diese Schmetterlinge im Scherz wohl für die schönen Blüten der Nesseln halten, die nun durch ihren Farbenschmelz die Kinder für alle die Schmerzen entschädigen, welche früher die brennenden Blätter ihnen verursachten.

Die jungen Blätter sind nicht bloß den Raupen ein willkommenes Futter. Im Frühjahr suchen fleißige Bauermädchen, mit Handschuhen an den Händen, die Nesseln körbevoll zusammen, zerstampfen sie daheim und mischen sie mit Kleie zu einer vortrefflichen Nahrung für die jungen Gänschen, die von solcher Kost bald groß und stark werden und die Gänsebraten und weichen Bettfedern liefern. Es hat die Nessel zu dem schönen Bett und zu dem saftigen Braten auch redlich mitgeholfen. Ja zur Zeit der Hungersnot, wenn Kartoffeln und Getreide schlecht geraten waren, griffen ehedem arme Leute mitunter selbst zur Nessel und bereiteten aus ihr ein Gemüse, das dem Kohl ähnlich schmecken soll. Recht junge Nesseln abgebrüht und ausgedrückt und dann mit Essig und Öl bereitet, geben um Ostern einen schönen Salat zum Osterei. Getrocknet und mit kochendem Wasser übergossen, liefern sie einen Thee, der dem Melissenthee sehr ähnlich ist. Der grüne Saft, der in den Nesselblättern sich befindet, wird auch von Branntweinbrennereien gern benutzt, um seine Sorten des Brannt= weins damit schön grün zu färben.

Der lange Stengel der Nessel, der oft einen Mann an Größe über= trifft, enthält so feste Fasern wie der Hanf und Flachs in den ihrigen, und man vermag aus ihnen Garn zu spinnen und Zeuge zu bereiten, nur pflegt man es für gewöhnlich nicht zu thun, da man auf gleichem Acker= stück mehr Flachs und Hanf erzeugen kann als Nesseln, da die beiden erstern sich angenehmer bearbeiten und auch noch ölreichen Samen liefern.

Was meinst du nun zur Nessel? Ist sie dir noch der schlimme Böse= wicht, den Gott zur Strafe für die Menschen schuf? Sie, welche die Raupen nährt, und Gänsen, Kühen und Menschen sich zur Speise bietet? Sie giebt dir einen Fingerzeig, daß manches Ding, das anfangs dir schlimm erscheint, doch im Grunde gut ist und daß du darum nicht vorschnell etwas tadelst, weil es seine Tugend nicht zur Schau trägt.

## 33. Der Hanf.
### (Cánnabis sativa.)

Der Hanf ist eine einjährige Pflanze mit dünner, spindelförmiger Wurzel und 1,20—1,80 m hohem, steif aufrecht wachsendem Stengel, an welchem langgestielte, gefingerte Blätter sitzen, die aus 5—9 schmal=lanzett= lichen, spitz gesägten Blättchen bestehen. Die grünlichen Blüten erscheinen im Juli und August, und zwar ist die Blütenhülle der Staubblüte fünf= teilig, die der Stengelblüte einblättrig, mit einem seitlichen Längenspalte. Der Fruchtknoten trägt zwei Griffel und entwickelt sich zu einer Nuß, die von der bleibenden Blütenhülle eingeschlossen wird. Der Staubhanf, auch Fimmel und fälschlich Hänfin genannt, wächst schneller und schlanker, als der Fruchthanf, und wird gewöhnlich 15 cm höher, wodurch der befruchtende Staub leichter auf die niedrigere Pflanze fallen kann; der einfache Stengel teilt sich am äußersten Ende in mehrere Zweige, die sich dünn zuspitzen, während sich am oberen Teile des Fruchthanfes ziemlich große Blätter= büschel befinden. Im allgemeinen liebt der Hanf einen tiefen, weichen Boden, doch lassen sich die meisten Bodenarten durch gute Düngung zum Hanfbau geeignet machen. Die Ernte des Hanfes geschieht zu zwei Zeiten. Der früher reifende Staubhanf wird zuerst ausgerauft, gefimmelt, und zwar in noch grünem Zustande, weil er so feineres Material liefert. Nach der Entfernung desselben breitet sich der Fruchthanf noch mehr aus; er wird einen Monat später gesammelt, sobald die Stengel weiß und die Blätter gelb werden.

Die Bedeutung des Hanfes als Kulturgewächs liegt, wie bei dem Lein, in den Bastfasern, welche in dem Stengel desselben sehr schlank ver=

laufen und äußerst langhaarig sind. Sie sind am feinsten in dem Staub=
hanf, da dessen Stengel eine sehr schwache Holzschicht enthalten. Das
Material wird auf eine ähnliche Art, wie beim Lein gewonnen; durch
Rösten, d. h. Faulen, wird das Zellgewebe und das wenig entwickelte Holz
zerstört, dann nach geschehener Trocknung gebrakt oder zerbrochen, durch

Hanf.
1 Blühender männlicher Stengel. — 2 Staubgefäß, sehr vergrößert.
3 Vergrößerte männliche Blume.

Klopfen und Schwingen entfernt und endlich die gesonderte Bastfaser durch
Hecheln soviel als möglich gespalten.

Unter den Pflanzenstoffen, welche zu Seilwerken benutzt werden kön=
nen, nimmt der Hanf die erste Stelle ein, alle Taue im Takelwerke der
Schiffe sind aus diesem Stoffe gemacht. Auch zu Geweben läßt sich die
Bastfaser des Hanfes verarbeiten, die, wenn auch nicht so fein, als die

linnenen, dagegen für dauerhafter gehalten werden. Das russische Segel=
tuch sowie die Hemden der russischen Landleute werden meist aus diesem
Stoffe verfertigt.

Die Hanfsamen enthalten 23 % Öl; es ist grünlichgelb, riecht etwas
nach Hanf und hat einen milden, dem des Hanfsamens ähnlichen Geschmack;
an der Luft trocknet es.

Da der Hanf nur eine kurze Vegetationsperiode hat, so kann er in
den verschiedensten Klimaten kultiviert werden. In Deutschland finden wir
ihn namentlich an den Gewässern, wo ihn die Fischer zu ihrem Bedarfe
an Netzen anbauen, in größerer Menge aber nur im südlichen und östlichen
Deutschland, während im nördlichen der Lein vorherrscht. Durch die Hanf=
kultur zeichnet sich besonders Elsaß aus, wo in einigen Gegenden eine Ab=
art, der Riesenhanf, gebaut wird, welcher eine Höhe von 3,60—4,50 m
erreicht. Außerdem baut man Hanf in Persien, Ägypten, Ostindien, China,
im südlichen Afrika, im nördlichen und südlichen Amerika; alle Länder
aber übertrifft hierin Rußland und Polen, wo der Hanf in ungeheuren
Quantitäten und von der besten Qualität gebaut wird.

## 34. Der Hopfen.
### (Húmulus Lúpulus.)

Der Hopfen ist eine in ganz Deutschland einheimische, ausdauernde
Schlingpflanze und kommt in Büschen, Wäldern und Hecken ziemlich häufig
wildwachsend vor. Sein krautiger Stengel ist im Verhältnis zu seinem
Durchmesser sehr lang; die Pflanze kann sich daher nicht für sich aufrecht
erhalten, sondern wächst an andern Pflanzen empor, in fruchtbarem Boden
oft an 12 bis 15 m hoch, indem sie sich um dieselben schlingt und mit
ihren rauhen Stachelhaaren festhält. Der Hopfen ist stets so gewunden,
daß die aufsteigenden Windungen von der linken zur rechten Hand des
Beobachters laufen; hält man demnach die Pflanze nach Süden zu vor
sich, so folgen die Windungen dem Laufe der Sonne. Man nennt solche
Gewächse rechtsgewunden. An den Ranken sitzen gegenständig an langen,
rötlichen, rauhen Stielen herzförmige, drei= bis fünflappige, seltener un=
geteilte, grob gesägte Blätter. Die Blüten sind zweihäusig. Die Staub=
blüten, auch tauber Hopfen oder Fimmelhopfen genannt, stehen in Rispen
und haben eine fünfblättrige Blütenhülle und fünf Staubgefäße. Die
grünlich=gelben Fruchtblüten sind den Tannenzapfen ähnlich; statt der
Blütenhülle haben sie ein krugförmiges Deckblättchen in dem Winkel von
Deckschuppen, welche sich zur Fruchtzeit bedeutend vergrößern. Die Schuppen
und nußartigen Früchte dieser Zapfen sind mit körnigen Drüsen besetzt,

welche eine weißlich gelbe harzige Substanz von angenehm bitterem Ge=
schmacke und, eigentümlich gewürzhaftem Geruche, das sogenannte Hopfen=
bitter oder Lupulin, aussondern. — In diesem Stoffe liegt die Be=
deutung des Hopfens als Kulturpflanze, da derselbe dem Biere seine
eigentümliche Bitterkeit giebt und durch keinen andern Stoff zu ersetzen ist.

Durch die Kultur sind aus dem wilden Hopfen mehrere Spielarten
entstanden. Man unterscheidet zunächst Frühhopfen oder Augusthopfen
und Späthopfen oder Herbsthopfen, und unter diesen Abarten wieder
Frühhopfen mit halbroten und mit roten Ranken, ferner Späthopfen mit
blauen und mit grünen Ranken.

Bei der Ernte werden die Fruchtzapfen, seltener nur das gelbe, harz=
artige Mehl, gesammelt, an der Luft oder auf der Darre bei gelinder
Hitze getrocknet und womöglich in demselben Jahre verkauft, da der Hopfen
an Kraft verliert, je älter er wird. Beim Gebrauche wird der Hopfen
in die kochende Würze geschüttet und mehrere Stunden mit gekocht, wo=
durch das Lupulin und das flüssige Öl des Hopfens sich auflösen und dem
Biere nicht nur angenehme Bitterkeit und aromatischen Geschmack geben,
sondern es auch besser, als alles andere vor dem Sauerwerden schützt.
Daher enthalten alle unsere Biere Hopfen: süße, unhaltbare Getränke
weniger; starke, bittere Dauerbiere mehr.

Da der Bierverbrauch in Deutschland von Jahr zu Jahr zunimmt,
selbst in Weingegenden, wo sonst der Wein das herrschende Getränk war,
so ist der Hopfenbau von nicht geringer Bedeutung und seine Zunahme
hält mit der der Bierkonsumtion gleichen Schritt. In Deutschland zeichnen
sich Bayern, Böhmen und Braunschweig durch vorzüglichen Hopfen aus
und produzieren bedeutende Mengen davon zur Ausfuhr.

Die getrockneten Hopfenranken werden auch statt Bast oder Bindfaden
gebraucht. In Schweden werden sie sogar dem Hanfe oder Flachs ähnlich
bearbeitet, und sowohl Garn zu Leinwand daraus gesponnen, als auch zu
Seilen und Stricken verarbeitet. Die Asche aus den verbrannten Ranken
wird zur Glasbereitung sehr geschätzt.

## 35. Die Hopfenernte in der Umgegend von Tübingen.

Auf Wagen und Karren, in Körben und Kasten werden die Hopfen=
ranken, welche von den Stangen abgelöst worden sind, von allen Seiten
in die Stadt hereingebracht. Es gilt Eile, wenn es an das Hopfenpflücken
geht; die aufgeblühten Zäpfchen müssen rasch abgezupft und rasch zum
Trocknen gebracht werden. In Orten, wo viel Hopfen wächst, haben die

Kinder Ferien. Von allen Himmelsgegenden ziehen Kinder und größere Mädchen vom Dorfe der Stadt zu, alle mit leeren Körben versehen. Sie werden meist schon in den Vorstädten festgehalten; alle Hände sind wert zur Zeit der Hopfenernte.

Hopfenpflücken ist eine leichte Arbeit; darum können Kinder und alte Mütterchen, Krumme und Lahme daran teilnehmen. Monatelang freuen sich arme Kinder schon auf die Hopfenernte. Die Blüten werden in Körbe gezupft, ein fleißiges Kind kann in einem Tage eine Mark verdienen.

Alle Straßen sind erfüllt mit dem würzigen Dufte, den die Blüten aushauchen. Vor allen Häusern sitzen Gruppen im Halbkreise, emsig beschäftigt, die fröhlichen Kindergesichter oft ganz umhangen mit grünen Gewinden. Die alten Weiber halten das junge, mutwillige Volk im Zaume, daß gute Ordnung bleibt. Die Hausfrau labt die Hopfenzupfer zur Vesperzeit reichlich mit Most und Brot. Wo ein neuer Wagen hereinfährt, hochbeladen mit der leichten Last, da drängt sich ein Haufen Kinder herbei! „Mir auch! mir auch!" und sie zerren ganze Ballen der verschlungenen Ranken herab und beginnen zu zupfen. Hopfenzopfeln, wie sie es nennen, ist auch eine anständige Arbeit. Verschämte Arme tragen die Ballen auf ihren Boden, um da in der Stille ein Scherflein zu verdienen; Schulknaben und kleine Mädchen aus den vornehmeren Ständen kommen etwas verlegen mit ihren Körbchen angezogen; es ist gar so nett, auch selbst Geld zu verdienen. Manchmal verteilen sie großmütig ihren Gewinn unter die Armen. Wer es versteht, erzählt Märchen oder schauerliche Geistergeschichten, um die Arbeit zu kürzen.

Nun aber geht die Not an; die Hopfenblüten sollen getrocknet werden, und meist fehlt es an Platz dazu. Da gilt es, Rat zu schaffen; leere Räume steigen hoch im Preise, alle entbehrlichen Kammern werden geleert, die Hausfrau öffnet selbst ihren Trockenboden für einen guten Bekannten, der sie dann dafür im Winter mit einer fetten Schlachtschüssel beschenkt.

Wenn die Ernte gerät, so kann der Gewinn ein sehr bedeutender sein. Weil schon manche gewonnen haben, so will jetzt jeder gewinnen. Handwerksgesellen und Näherinnen legen ihren Erwerb in Hopfengärten an, und auch Schulknaben haben schon ein paar Stöcke in einer Ecke des väterlichen Gartens. Die Spannung und Bewegung zur Zeit des Verkaufs ist eine allgemeine, und sie ist um so größer, als in einem und demselben Herbste die Preise außerordentlich aufschlagen; heute kostet der Centner Hopfen vielleicht 100 Mark, in vier Wochen aber 300 Mark.

## 36. Die Weide.

(Salix.)

Aus dem Geschlecht der Weiden kennt man jetzt schon über 150 Arten. Überall in der Niederung wie auf dem Gebirge, vom kalten Nordpol bis weit nach Süden in die warme Zone hinein kann man Weidenbäume und Weidenbüsche finden. Ist doch schon der in leichte weiße Wolle gefüllte Same zum weitesten Umherfliegen eingerichtet! Vorzugsweise ist aber die Weide für unsere nördliche Halbkugel ein höchst charakteristischer Baum, der zugleich tief in unser Kulturleben eingreift, indem er auf die mannig= fachste Weise unsern Bedürfnissen abhilft. Sie ist nicht bloß ein nützlicher, sondern in den meisten ihrer Arten ein schöner Baum, obwohl diese Schön= heit nicht so großartig ist, wie bei der Eiche oder Linde und schon ein sinniges Auge dazu gehört, sie zu würdigen. Die sogenannte „weiße Weide" (Salix alba), die gemeinste Weidenart, welche die Dorfflur um= säumt, am Bach, am Teich und auf dem Anger wächst, auf dem die Gänse weiden, ist ein wahres Aschenbrödel unter den Bäumen, muß sich in Staub und Schmutz umhertreiben, giebt Zaunpfähle und höchstens Küchengeräte, oder Kähne und Tröge aus ihrem Holz, darf sich aber nicht wie das Eichen=, Fichten= oder Nußbaumholz in unsere Prachtzimmer wagen. Manch frohes Mahl wird gehalten, wir lassen den Wein uns munden, aber wer denkt daran, daß die Fässer unten im Keller von Weidenreisen zusammen= gehalten werden oder ganz und gar aus Weidenholz gemacht sind? Auf keinen Baum wird so unbarmherzig losgehauen, wie auf diese Weide, keiner würde es ertragen, wie sie, daß man alle ihre Zweige abhaut und nur den nackten Stamm übrig läßt. Doch sie ist geduldig, schlägt schon im gleichen Jahre ihrer Verstümmelung wieder aus, treibt im nächsten Jahre frische Zweige, die man nach kurzem Zwischenraume abermals abhaut. So bilden sich die dicken unförmlichen Köpfe; wir sehen sie an und denken: es müsse so sein. Und doch haben wir in diesen verkrüppelten Zwergen Bäume vor uns, welche unverstümmelt zu den schönsten gehören würden, die unsere Fluren zieren, da sie eine Höhe von 5 bis 7,50 m erreichen und die stattlichsten Laubpyramiden bilden, mit ihren schlanken, hoch auf= strebenden und doch nicht steifen, sondern sehr geschmeidigen Zweigen, mit dem reichen Laub der feingezähnten lanzettförmigen Blätter, deren Härchen, die sich besonders auf der untern Blattseite finden, einen weißlichen Schimmer verbreiten, — Baumformen, viel großartiger und schöner, als die kleineren, knorrigen Olivenbäume mit ihrem ganz mattfarbigen fast grauen Laub. Es liegt so viel Sanftes und Gefälliges in dem Wuchs der Zweige, so viel Zartes und Feines in dem gedämpften Grün der Blätter, daß auch diese gemeine Weide ein Zierbaum unserer Gärten sein würde; wie es ihre vornehmere Schwester, die sogenannte babylonische oder Trauerweide (S. babylonica) ist, die aus dem Orient stammt. Diese ist freilich die schönste der Gattung, ausgezeichnet durch ihre höchst geschmeidigen, dünnen, herabwallenden Zweige mit den lieblichen hellgrünen Blättern, eine Zierde unserer Springbrunnen und Weiher, denn ihre Zweige gleichen selber einer in hundert Strahlen sich ausbreitenden und niederplätschernden Kaskade, sie neigen sich in schönen Wellenlinien herab zu dem flüssigen Element, als wollten sie es küssen. Und dieselbe Weide ist auch ein sinniger Schmuck unserer Gräber; sie trauert, indem sie liebend sich niederbeugt, und mit zärtlichen Armen die geweihte Stätte umfängt.

Im Frühling, wenn die ganze Natur ein Auferstehungsfest feiert, ist es ganz besonders der Weide vergönnt, unter den Ersten und Besten zu glänzen und mit ihren Blüten das Herz zu erfreuen. Wer kennt nicht die Sahlweide (S. caprea) mit den runden, auf der Unterfläche filzigen Blättern, die schon im April blüht und große gelbe Kätzchen treibt, deren Blütenstaub so eifrig von den Bienen gesucht wird. Noch viele andere Weidenarten glänzen durch ihre Kätzchen. Die Weidenarten mit ihren Blütenkätzchen sind unsere Palmen, mit denen wir das Osterfest schmücken.

Jede Weidenart hat ihre besonderen Vorzüge. So ist die Gold=weide, auch Dotterweide genannt (S. ritellina), ausgezeichnet durch ihre hochgelben orangenfarbenen Zweige, die, wenn der Baum heranwächst, in anmutiger Form von langen schlanken Bogen herabhängen, und sich eben=sogut zu Flechtwerk eignen, wie das Holz des schönen Baumes zu Tischler=arbeiten, indem es sich glatt hobeln und gut biegen und lackieren läßt. Von den jungen Reisern dieser Weide werden die feinsten Körbchen ge=flochten. Nicht minder ausgezeichnet zur Fertigung von Körben und aller=lei Flechtwerk ist die Korbweide (S. riminalis), ein 2,40 bis 4,80 m hoher Strauch mit grüngelblich, langen, zähen, biegsamen Zweigen, die sehr schlank wachsen. Wiederum ist die Bruchweide (S. fragilis), deren Zweige schon beim geringsten Druck des Fingers an ihren Gelenken ab=brechen und sich gar nicht zum Flechten eignen, ausgezeichnet durch ihr gutes und festes Holz und ihre Rinde, die sowohl zum Gerben wie in der Medizin zur Bereitung des Salicins, jenes dem Chinin ähnlichen Heil=stoffes, gebraucht wird. Auch die Rinde der weißen Weide, der Gold= und Lorbeerweide wird zur Bereitung des Weidenrinden=Extraktes und des Salicins benutzt. Den Namen „Lorbeerweide" (S. petandra) hat letztere erhalten, weil ihre eiförmigen glänzenden Blätter, wenn man sie reibt, einen lorbeerartigen Wohlgeruch ausatmen. — Mit Hilfe der

Weide, vorzüglich der kriechenden (S. repens), die gern auf sandigem Meergrund wächst und ihre weithin kriechenden, schwärzlichen, knotigen Wurzeln fest einhakt, befestigen wir die lockeren Dämme. Wo wir Flecht= werk zu Wasserbauten, zu Faschinen und Erddämmen gebrauchen, ist das Weidegezweig der willkommenste Stoff.

Wunderbar ist die Ausdauer und Zähigkeit, welche die Weide selbst in ganz unwirtlichen Regionen entwickelt. Wie die Heidelbeerweide (S. mirtilloides) als niederes Strauchwerk gesellig in den Sümpfen der Voralpen wächst, und die kleinen Gletscherweiden auf die bayrischen und österreichischen Alpen hinaufklettern, in kalter dünner Luft ihre endständigen Kätzchen treiben: so finden wir in Grönland und auf Spitzbergen die polarischen Zwergweiden, die fest an die Erde sich schmiegend in den Torfmooren so versteckt liegen, daß man Mühe hat, ihre kleinen Blätter unter dem Moose aufzufinden.

> „Mein Vater, mein Vater, und siehst du nicht dort
> Erlkönigs Tochter am düsteren Ort?"
> „„Mein Sohn, mein Sohn, ich seh' es genau,
> Es scheinen die alten Weiden so grau."" Goethe.

Rührend ist es, wie der altersgraue hohle Weidenstamm, der sein Mark verloren und sein Kernholz längst eingebüßt hat, noch in seiner Rinde so viel Lebenskraft aufsteigen läßt, daß die Krone ohne Unterlaß frische, grüne Zweige treibt, ja noch ein ganzes Heer von Schmarotzerpflanzen er= nährt. In unverwüstlich zäher Lebenskraft steht der Weidenbaum einzig da; selbst ein abgehauener Stock, der nur zum Pfahl dienen sollte, schlägt wieder aus und bekommt Wurzeln, und der alte hohle Stamm spaltet sich und bildet zwei neue Bäume.

## 37. Die Pappel.
### (Pópulus.)

Blüten in Kätzchen mit dachigen, zerschlitzten Schuppen; statt des Kelches eine napfförmige Scheibe; Staubgefäße 8 und mehr; Kapsel ein= fächerig, mit vielen in Wolle gehüllten Samen. — Die Pappeln sind auf der nördlichen Erdhälfte heimisch, lieben die Ufer der süßen Gewässer, die Inseln, nehmen auch mit trockenem Boden vorlieb, aber jedenfalls muß der Boden so beschaffen sein, daß sie darin ihre starken, weit ausgreifenden Wurzeln gehörig ausbreiten können. In solchem kann sie kein Sturm mit den Wurzeln ausheben. Sie wachsen schnell, können 100 Jahre alt und 18—30 m hoch werden, haben ein weiches, leichtes, zähes Holz, welches sehr gut zu Backtrögen, Holzschüsseln, Wurfschaufeln und vielerlei Schnitzwerk ist, für Kinderstuben vortreffliche Dielen und zum Verpacken trockener Ware Fässer giebt, welche wegen ihrer Leichtigkeit sehr beliebt sind; zu Kisten und Schränken ist es ebenfalls tauglich. Es brennt gut, wird zur Herstellung der Zündhölzchen, zum Ziegel- und Kalkbrennen begehrt, ist im Wasser wenig dauerhaft, im Trocknen dagegen sehr, kann im Trocknen zu Bauten verwendet werden. Das Laub ist dem Vieh gesund; die Rinde dient nicht zum Gerben, die Asche nicht zum Waschen und Bleichen, weil sie fleckt.

Im Schatten anderer Bäume und im dichten Gedränge gedeihen die Pappeln nicht gut. Die Blüten erscheinen bei den meisten Arten vor den Blättern. Obgleich diese Bäume, wo männliche und weibliche Stämme beisammen stehen, sich leicht durch ausfliegenden Samen fortpflanzen, so ist deren Aussaat in Pflanzgärten doch schwierig, weil die Samen sehr klein sind und die Samenpflänzchen anfangs einen sehr langsamen Wuchs haben.

Gewöhnlich nimmt man junge, 30 cm bis 3 m lange Äste von nicht zu alten Stämmen zeitig im Frühjahr und steckt sie in die Erde, wo sie bald Wurzel treiben, was jedoch bei der Zitterpappel selten glückt. — Das Holz der Pappel wird oft sehr von Larven der Bockkäfer, des Bienenschwärmers und Weidenholzspinners durchnagt, die Blätter von Blattkäfern, von den Raupen des Weidenspinners, des Pappelschwärmers; an den Blattstielen werden von Blattläusen Geschwülste verursacht. Man unterscheidet zahlreiche Arten von Pappeln: die Balsam-P., die Kanadische P., die Zitter-P., die Schwarz-P., die Pyramiden-P., die Silber-P. —

## 38. Der Walnußbaum.
### (Juglans regia.)

Der Walnußbaum ist unsere Kokospalme und unser Olivenbaum, aber noch mehr, er ist zugleich ein herrlicher Laubbaum, der bessern Schatten verleiht, als es eine Kokospalme oder ein Olivenbaum vermöchte. Wie an die Linde sich so manches trauliche Gespräch, so manches frohe Zusammentreffen und Erlebnis knüpft, so ruft der Anblick der vollen, saftig grünen Laubkrone des Nußbaumes die Erinnerung wach an manche heitere Scene des Dorf- oder Gartenlebens. Die klappernden Walnüsse erwecken die eingeschlafene Erinnerung an die glückliche Kinderzeit. Wer könnte sich die ganze Christbescherung denken mit dem reichbesetzten Weihnachtstische ohne die rotbackigen Äpfel und vergoldeten Nüsse am brennenden Christbäumchen? Was wäre der lange Winter ohne Schlittenfahrt und — Nüsseknacken? Wer denkt nicht mit Freuden an jene hochgespannten Momente in der Schulzeit, wo es glückte, mitten in der Lehrstunde die harten Schalen der mitgebrachten Nüsse ganz leise einzudrücken, ohne daß der gestrenge Herr Lehrer es merkte, dann die Hälften zu lösen und die vier Viertel des Kernes glücklich in den Mund zu bringen! — Mild und nahrhaft ist das aus den Kernen gepreßte Öl; die Hausfrauen und Apotheker wissen das Walnußöl nicht minder zu rühmen als die Maler, welche es für ihre Öl= farben jedem andern Öl vorziehen, da es schnell trocknet.

Selbst im Märchen muß die Walnuß eine Rolle spielen, und tief= sinnig ist folgende Sage: In der Neujahrsnacht trat ein Engel zum Nacht= wächter eines Dorfes bei St. Margareten und führte ihn zu einer großen Kiste mit zwei Schubladen. Beide waren voll von Walnüssen, und der Engel befahl dem Nachtwächter, aus jeder einige zu nehmen. Der Nacht= wächter nahm sich welche, fand jedoch, als er sie öffnete, daß die Nüsse aus der obern Lade alle taub waren, die aus der untern aber den schönsten Kern enthielten. Verwundert fragte er den Engel nach der Ursache, und dieser antwortete: „Bald kommt das Ende der Welt! Von außen sehen sich alle Menschen gleich, aber wenn der jüngste Tag da ist, werden alle Schalen zerbrechen und jedermann wird erkennen, warum der Richter die Nüsse in zwei Schubladen gebracht."

Übersieh jedoch über den trefflichen Früchten die schönen glänzenden Blätter nicht, die gefiedert aus drei bis vier Paar Blättchen, die nach vorn an Größe zunehmen, und einem endständigen Blättlein, welches das größte ist, zusammengesetzt sind. Das schöne Adernetz, die lebhaft grüne Farbe, der Wohlgeruch, den die Blätter nicht minder wie die unreifen grünen Früchte ausatmen, die gefällige Abrundung der ganzen Laubkrone — alles dies macht den Nußbaum zu einem der schönsten Bäume, die wir haben.

Die Blüten sind unscheinbar, wie bei der Eiche; männliche und weib= liche Blumen sind auf einem Stamme getrennt, wie solches auch bei dem Haselnußstrauch der Fall ist. Die Männchen erscheinen in langen, lockeren, dunkelgrünen Kätzchen, die abfallen, sobald sie ihren Blütenstaub den Weibchen gespendet haben, die zu zweien oder dreien in kleinen Büscheln beisammensitzen. Im September reifen die Früchte, die abschlagen und auflesen zu können ein so großes Fest für die Jugend ist, trotzdem daß der braune Färbestoff in der grünen Schale auf mehrere Tage die Finger bräunt. Es giebt nach den Spielarten der Bäume auch sehr verschiedene Walnüsse; die Riesenwalnuß hat die Größe eines Gänseeies, während die kleine Steinnuß nicht viel größer ist als eine Haselnuß. Die dünn= schalige Butternuß ist die beste unter allen.

Aus Spanien, Frankreich und Italien werden alljährlich viele Millionen Nüsse zu Schiffe versendet; im Landhandel spielen die Nüsse aus Tirol, der Schweiz, Württemberg, Pfalzbayern und Rheinthal eine nicht unbedeutende Rolle.

Aber fast noch wertvoller als die Nußernte ist das Nutzholz des trefflichen Baumes, das selbst mit dem überseeischen Mahagoniholz wett= eifern kann. In den wohlpolierten dunkelbraunen Nußbaum=Möbeln mit ihren zierlichen Masern liegt viel mehr Wärme, man könnte sagen Gemüt= lichkeit, als in dem vornehm kalten Mahagoni.

Das botanische Beiwort „königlich" ist gut gewählt, denn der Nuß= baum ist in der That ein königlicher Baum, der an Macht seines Wuchses, an Schönheit und Fülle seiner Blätter, an Kraft seiner Äste mit der Eiche und Linde wetteifern kann. Er vereinigt gewissermaßen den stolzen Bau der Eiche mit dem milden Charakter der Linde; er ist Obstbaum und doch kein zahmes, niedriges Gartengewächs mehr, sondern schon ein halber Waldbaum; er strebt hinaus ins Freie, in die Allee, an den Berghang, auf den Dorfplatz, wie die Linde. Da seine Wurzeln weit ausgreifen und den Boden aussaugen, ist er schon deshalb nicht im Garten häufig; aber am Rande des Weges, am Hang, an der Ecke des Gartens bildet er den starken Hort, der das hinter ihm stehende kleinere und schwächere Volk gern vor der übergroßen Gewalt der Stürme schützt. Auch ist er hinsichtlich des Erdreichs leicht zu befriedigen, und ein magerer Boden macht ihn stärker, als ein fettes Land. Wegen der starken Ausdünstung seiner Blätter soll es gefährlich sein, unter seinem Gezweig zu schlafen.

Die Heimat des Walnußbaumes ist Persien; besonders groß und schön wächst er heute noch wild an den südöstlichen Ufern des kaspischen Meeres, und prangt da in Gesellschaft der edlen Akazien, Feigen, Granaten und Quitten. Aus dem Orient hat er sich jedoch über den ganzen europäischen Occident ausgebreitet und geht sogar bis Schweden und Finnland hinauf, obwohl seine Früchte in kalten Lagen nicht mehr reifen und einem zu strengen Winter sein Leben zum Opfer fällt. Wir Deutsche haben ihn aus Italien überkommen, daher sein Name Walnuß, d. i. „wälsche" Nuß. Besonders schön und üppig wächst der Nußbaum in den Italien zunächst gelegenen Ländern, Schweiz und Tirol, und mit dem Ahorn um die Wette schmückt er die grünen Thalhänge der Alpen. Leider schwinden die Nuß= bäume in der Schweiz immer mehr, da der Gewinn, den das Holz bringt, ebenso zum Umhauen reizt, wie die Besorgnis, der Baum möchte dem Wiesenland zu viel Säfte entziehen. Den edlen Baum an solchen Stellen, wo er keinen Schaden bringt, desto sorgfältiger zu pflegen, fällt nur wenigen ein, wie denn überhaupt das Zerstören leichter ist als das Bauen.

Berühmt sind die Nußbäume der Krim; das Prachtstück unter ihnen ist der Riese im Baidarthale bei Balaklawa. Man schätzt sein Alter auf

Jahrtausende, und doch trägt er noch immer jährlich 70—80000, manch=
mal sogar 100000 Nüsse, welchen Ertrag fünf Familien, denen der
Baum gehört, unter sich teilen.

## 39. Die Buche.
(Carpínus Bétulus — Fagus silvatica.)

Der Buche gebührt neben der Eiche der Preis unter unsern Wald=
bäumen. Sie liebt sanftgehobene Flächen und tritt gern von den Höhen
des Gebirges auf die sonnigen Hügelzüge am Fuße herab. Durch ganz
Thüringen, in den Harzthälern, auf Rügen, in den holsteinischen Marschen
herrscht dieser Baum; aber in der stolzesten Pracht seines Wachstums blickt
er über die Bäume von Kopenhagen, wie überhaupt der Norden das
Buchenland ist.

Unter allen Bäumen ist die Buche der geselligste; sie schießt ihre
Wurzeln nicht tief ins Erdreich, sie muß sie mit ihren Schwesterbäumen
kreuzen. So mit verschlungenen Wurzeln und Wipfeln trotzt ein Buchen=
wald den Stürmen und dem Sonnenbrand. Allein, ohne allen Schutz,
erliegt die Buche bald der Witterung — vielleicht das treffendere Sinnbild
eines Volkes, das lieber die Eiche zu seinem Wahrzeichen wählte, weil sie
in trotziger Vereinzelung Sturm und Wetter die Stirn bietet. In Jugend=
kraft, leicht und doch stolz, wie aus Stahl, steigt der runde Schaft hinauf.
Glatt und dicht umschließt ihn die silbergraue Rinde, von keinem Moose
beengt, und, wo es geschieht, zu dem Sammetgrün desselben freundlich
kontrastierend. Fest meint man daran die Härte des Holzes zu erkennen,
das in der knappen Bekleidung gleichsam nackt erscheint und in seinen
Anschwellungen das Bild eines muskelstraffen Armes giebt.

Es ist bedeutsam, daß nach altem deutschen Glauben diesen Baum
der Blitz nicht berühren durfte. Ast und Zweig treten erst in der Höhe
hervor, sie greifen scharflinicht aus — fast wie die Zweige der Tanne —
und drängen ihre Fächer zu einem einzigen Gewölbe zusammen. Aber so
imposant dieser Rundbau ist, so fehlen ihm doch jene Tiefen und Gliede=
rungen, welche den Kronen anderer Bäume einen ebenso plastischen als
malerischen Reiz gewähren. Das stumpfeiförmige Blatt stimmt zu dem
Charakter des Ganzen. Es bildet, der Verzweigung entsprechend, meist
dachartige Schichten, die spitz auslaufen, oder es fliegt flockig auseinander,
ohne in Massen zu verschmelzen. Festgewebt und an den kurzen Stiel
geheftet, giebt es sich nicht zum leichten, tönenden Spiel des Windes.

Die Buche hat, das sieht man aus allem, in ihren Formen eine ge=
wisse architektonische Sprödigkeit, und es legt sich die Vermutung nahe,

daß eben der Buchenwald jener Naturtempel war, welchen die deutsch=
christliche Baukunst in ihren Domen transfigurierte. Knüpft sich doch an
diesen Baum, der schon seiner Frucht wegen den Vorfahren wert sein
durfte, das älteste Geheimnis deutscher Weissagung und Schrift. Die ersten
Buchstaben waren ja nichts anderes als Stäbe der Buche, die, mit gewissen
Zeichen versehen, zu Boden geworfen und ausgedeutet wurden (Runen). —
Manche nennen die Buche starr, ja sogar schwerfällig. Dies ist jedenfalls
übertrieben, und gerade das so übel angesehene Laub macht vielleicht ihren
schönsten Schmuck aus. Die Steifheit desselben wird bereits durch einen
leisen, am Saum hinziehenden Wellenschlag erweicht; dazu quillt es in der
üppigsten, saftigsten Fülle hervor, und, von der Sonne beschienen, bietet
jedes einzelne Blatt einen Spiegel, der die anmutigsten Lichtwechsel ent=
faltet. Und so tief saugt es dieses Licht in sich ein, daß selbst, wenn der
Frost es schon berührt, das Buchenblatt vor allem anderen Laube in den
feurigsten Goldtinten erglänzt. Man darf wohl sagen, die Poesie der
Farbe ersetzt hier, wie an dem lichten Kleide des Stammes, was an der
Form streng und derb erscheint. Aber auch diese Form, bei aller Strenge,
wie gediegen, wie rein, wie geschlossen! Unter den Pfeilern des Buchenhoch=
waldes weht nicht mehr der wehmütig=feierliche Hauch, das dunkle Sehnen,
mit welchem uns sonst der Wald ergreift. Es ist der Geist gesunder
Stärke, der hier seine Schwingen rührt und die Seele freudig spannt.

Zwar hat die Buche auch ihre Mystik. Sie liegt, wie schon an=
gedeutet, in der Färbung, und gerade das vollste Tageslicht weckt sie am
meisten. Wer den Thüringer Wald oder das Ilsethal durchzogen hat,
wird diesen Zauber kennen. Gewaltige Blöcke, von Farnkraut umwuchert,
liegen zu den Füßen der ernsten Bäume, unter denen hervor, kühl atmend,
der Quell seine Silberfäden zwischen Blumen und Wurzeln hindurchzieht.
Über den Wipfeln aber brennt der Mittag. Jedes Blatt wird ein Sonnen=
tropfen, ein funkelnder Smaragd, und grüngoldenes Märchenlicht dämmert
durch die Halle. Der Fingerhut stellt seine Kerzen auf, aus den Stein=
ritzen schlüpft die Eidechse, blauflügelige Libellen wiegen sich auf den
Halmen. Dazwischen schießt ein Sonnenblitz an den Stämmen nieder;
über den Moosteppich zittern schillernde Lichtkugeln. Alles ist seltsam still,
wie verzaubert; aber unten, wo das Waldthor sich öffnet, winken Wiesen
oder Dörfer, ein Flüßchen leuchtet auf, und befreundet grüßt melodisches
Herdengeläute.

## 40. Die Haselstaude.

(Córylus avellána.)

„Und dräut der Winter noch so sehr
Mit trotzigen Gebärden,
Und streut er Eis und Schnee umher,
Es muß doch Frühling werden!"

E. Geibel.

Die Haselstaude ist ein echtes und rechtes Kind des nördlichen ge-
mäßigt-kalten Erdgürtels, kann einen tüchtigen Winter ertragen und ist
gegen Wind und Wetter gestählt. An der Westküste Norwegens, welche
durch die Seeluft milderes Klima erhält, geht die Haselnuß sogar bis
zum 66. Grad nördlicher Breite, also fast bis zum nördlichen Polarkreise.

Die Haselnußstaude ist vorzüglich in unserem großen deutschen Vaterlande heimisch und scheint es ganz besonders zu lieben. Welches deutsche
Kind hätte nicht Haselnüsse geknackt, welches deutsche Christfest nicht in
seiner Bescherung zu den Äpfeln und Walnüssen auch die glatten, gebräunten
Haselnüsse gesellt? Bist du, mein lieber Leser, ein flinker Bursch und kein
Stubenhocker, sind dir Wiese und Wald, Berg und Feld nicht gar zu fremd
geblieben: dann hast du auch Bekanntschaft mit dem lieben Haselnußstrauch
gemacht, sei es, daß schon im Frühjahr, wenn milde Sonnenstrahlen ihren
ersten Auferstehungsgruß der erstarrten Pflanzenwelt zusandten, jene langen,
zierlich gerundeten Blütenähren, „Kätzchen" genannt, sich öffneten und
hoffnungsvoll dich gemahnten, daß auch die gelben Ostereier und springenden
Schaflämmer bald nachfolgen würden; — oder daß die schlanken, glatten
Ruten deinen Blick reizten und dein Messer rasch aus der Tasche fuhr,
um sie zu schneiden; — oder daß du im wunderschönen Monat Mai, wo
alles grünt und blüht und aus den Zweigen der Bäume und Büsche die
befiederten Sänger ihre Frühlingslieder erschallen lassen, hinaus eiltest in
den Wald und nach dem Nest des Sängers spähend, es glücklich im Hasel-
zweig fandest, vielleicht mit dem brütenden Weibchen darauf, das dich so
inständig bittend und treuherzig anblickte, als wollte es sagen: „Thue
mir und meiner Brut kein Leid an!" Und du hattest ein gutes Herz
und schontest des Vögleins und seiner Eier. Doch den Haselnußstrauch
besuchtest du öfter, und im Hochsommer, wenn du auf schwellendem Rasen
in seinem Schatten dich ausstrecktest und mit vergnügten Sinnen zu seinem
Wipfel emporblicktest, dann ruhte dein Auge mit großem Wohlgefallen auf
den vielen Nüssen, die zu zweien und dreien und vieren und noch mehr,
in gefranster hellgrüner Hülle geborgen, die eine reiche Ernte für den
Herbst versprachen. Voreilig wolltest du auch schon genießen, was die
Natur noch nicht gezeitigt hatte, und versuchtest die zarten weißen Nüsse

herauszureißen aus ihrem Bett, in das sie oft so fest und sicher gehüllt
werden, damit ihnen kein Schaden geschieht. Doch da trafest du noch keinen
festen Kern, nur den Milchsaft, aus dem er sich bildet, und die noch un=
reife Nuß predigte dir das Salomonische Sprüchlein: „Alles hat seine Zeit!"

Vielleicht hast du auch schon frühzeitig, und nicht zu deinem Schaden,
erfahren, welche Kraft im „Stab Wehe!" verborgen ruht, wie nämlich ein
Haselstock ebenso elastisch und wuchtig ist, und indem er diese guten Eigen=
schaften deinem Rücken fühlbar machte, heilte er dich von allerlei Krank=
heiten des Knabenalters, als da sind: Eigensinn, Lüge und Widersetzlichkeit,
wenn denselben nicht auf andere Weise beizukommen war.

So ist die Haselstaude in unser Gemütsleben verwachsen, und ver=
traut in Freude und Leid. In der Ebene und auf den Hügeln und
Bergen, als Unterholz in unseren Laubwäldern, als Saum unserer Fichten=
wälder, als Hag und Zaun der Felder und Gärten und selbst als an=
mutiges Buschwerk in den Parks — überall ist sie ein gern gesehener
Gast, ein Freund der Menschen und Tiere. Wie viele der letzteren leben
zu ihren Füßen in der Erde und über der Erde, in ihren Zweigen, auf
ihren Blättern und selbst (als Larven) in ihrer Frucht. Da schneidet der
kleine Dickkopf, der Haselblattwickler — ein feuerrotes Rüsselkäferchen mit
schwarzem Kopfende — die eine Hälfte des Haselnußblattes durch und
rollt sich zu einer Tute zusammen, indem er die Zähne des Blattes sehr
praktisch ineinander fügt; dann legt er 2 bis 3 höchst winzige Eier in
die Blattrolle, welche den auskriechenden Würmlein die erste Nahrung
bietet. Und der noch kleinere Haselnußkäfer sucht die unreifen Haselnüsse
auf, deren zarte Wände sein kleiner Rüssel noch zu durchbohren vermag.
Er legt sein Ei in die gemachte Öffnung und schiebt es dann mitten
in den Kern hinein. Der Haselnußkern wächst und in seiner Mitte auch
die ausgekrochene Larve, die lustig in ihrem Berge von süßem Konfekt
schmaust, bis sie Kraft gewonnen hat, die harte Schale zu durchbohren.
Wie gern die Eichhörnchen den Haselnußkern verspeisen — sie brauchen
keinen Hammer oder Nußknacker, um die harte Schale zu öffnen — ist ja
bekannt. Ein Eichhörnchen, auf seinen Hinterfüßen sitzend, den buschigen
Schwanz über den Rücken geschlagen, mit den Vorderfüßen zierlich und
behende die Haselnuß drehend und den süßen Kern mit den meißelartigen
Vorderzähnen im Nu herausschiebend: das ist eins der anmutigsten Natur=
bilder in unseren Wäldern. Und gleich den Eichhörnchen holen sich die
Haselmäuse, Zieselmäuse und Waldmäuse die kostbaren Nüsse in ihr Ver=
steck. Hoch oben in der Bergregion der Alpen baut sich das Haselhuhn
sein Nest im lieben Haselbusch, das sie sorgfältig im Wurzelstock zu ver=
stecken weiß, und legt im Mai 8, 12—15 rotbraune, schwärzlich punktierte

Eier hinein. Und unten in der Ebene baut auch die Nachtigall ihr Nest
gern in den Haselstrauch, und der Sprosser setzt sich in die schattigen
Zweige und läßt seine vollen und schmelzenden Weisen erklingen. „Die
Nachtigall singt auf kei'm Tannenzweig, schlägt in der Haselnußstaud'n" —
so heißt es in einem unserer Volkslieder.

Welcher andere Strauch hätte auch ein so reiches, volles Laub, das
mit dem der Linde wetteifern könnte, wie der Haselnußstrauch! Keine
andere Staude hat einen so üppigen, kraftvollen Wuchs. Da kommen aus
der weithin sich ausbreitenden Wurzel 10, 12, 20 stolz emporstrebende
Stöcke von ansehnlicher Stärke, und zwischen ihnen schießen in jedem Frühling noch frische Ruten auf. Diese unendliche Triebkraft erinnert an die
Gewächse des warmen Erdgürtels, wie denn auch das feine Gewürz im
Haselnußkern mit dem Mandelkern wetteifern kann. Das Haselnußkonfekt
gehört zu dem allerfeinsten und übertrifft bei weitem das aus der Walnuß
bereitete; die Haselnußmilch, das Haselnußeis haben das zarteste Aroma,
und das Haselnußöl ist das feinste.

Mögen andere Gewächse in ihrer Blütenpracht die Haselnußstaude
übertreffen — der Schlehdorn mit seinem Blütenschnee, der Rosenstrauch
mit seinen weithin leuchtenden und duftenden Blumen, der Sauerdorn
(Berberis vulgaris) mit seinen gelben, herabhängenden Blütentrauben: sie
laden uns doch nicht ein, in ihrem Schatten zu ruhen, ja sie stoßen uns
zurück mit ihren Dornen und Spitzen, abgesehen von dem gar nicht angenehmen Duft, den die Blüte der Berberitze verbreitet.

Ausgezeichnet ist das Holz und die Rinde. Letztere ist an den älteren
Stöcken und Zweigen glatt, glänzend, braungrau mit hellen Punkten und
Strichen; an den jüngeren Zweigen und Trieben hellgrau, ins Gelbliche
spielend. Die jüngsten Schößlinge sind wie junge Vögel noch in ein
weiches, haariges Kleid gehüllt, und wer diese Härchen genauer betrachtet,
der entdeckt an vielen runde Köpfchen mit einer klebrigen Flüssigkeit —
die oberen Zellen haben sich da zu kleinen Drüsen erweitert. Auch die
vorjährigen Schößlinge sind noch mit einem feinen Haarüberzug versehen;
desgleichen die Blätter.

Das Haselblatt ist von ansehnlicher Größe und sehr fest gebaut. Man
sieht es ihm gleich an, daß es wider Sonne und Regen einen guten Schutz
zu bieten vermag. Die sogenannten Blattnerven, welche das feste Gerüst
des Blattgefäßes bilden, treten auf der Unterfläche wie bei wenig anderen
Blättern stark hervor. Sie machen dasselbe freilich uneben und runzlig
und doch nicht unschön. Aber scharf markiert ist alles, auch der ungleich
gezähnte Rand, an welchem längere und kürzere Zähne abwechseln.

Das Holz ist hart und giebt gleich dem Buchenholze eine heiße Flamme; dabei ist es höchst biegsam und zähe, wie das Weidenholz, so daß es von den Böttchern sehr geschätzt wird, da es mit seinen zwei- und dreijährigen Trieben vorzügliche Bänder für kleinere Gefäße liefert, welche mit ihrer reinen Weiße einen wahren Schmuck derselben bilden und dazu viel dauerhafter sind, als die Reife von Weidenholz. Selbst der Korbmacher benutzt die jungen Triebe zu den feinsten Arbeiten und zieht sie den Weidenruten vor, da diese kein so weißes, zierliches Holz und auch nicht die Festigkeit haben, welche bei aller Biegsamkeit der Haselrute eigen ist.

Die Kohle des Haselholzes ist vortrefflich wegen ihrer Schwärze und Feinheit; sie bildet als Reißkohle einen Handelsartikel. Und noch das abfallende Laub ist preiswürdig, das vom Sauerstoff der Luft verkohlt wird und am Boden vermodert. Es giebt gute Walderde und wird deshalb vom Forstmann geschätzt.

Ist da nicht alles an der Staude preiswürdig und wäre die Hasel nicht wert, daß ein Dichter sie besänge, wie Meister Uhland das Lob des Apfelbaums besungen hat? Sie drängt sich freilich nicht auf, ihre Früchte sind im Laube versteckt, glänzen und gleißen nicht, und selbst das Grün ihrer Blätter hat durch das matte Grau der Unterseite etwas nordisch Gedämpftes, Sanftes erhalten. Aber wie alle Pracht der Bäume in heißen Landen, die fußbreite Blätter und Blumenpyramiden tragen, doch nicht unsere Tannen- und Buchenwälder, unsere Eichenhaine und Birkengruppen ersetzen kann: so vermag auch die Fülle tropischer Stauden, die wirr und wild sich verschlingen und dem Wanderer keinen Pfad übrig lassen, da sein Fuß gehen kann, unser liebes Buschwerk, das dem Auge so wohl thut und die Landschaft so heimlich macht, nicht zu ersetzen. Die Erlen am Bach und die Haselstaude auf der Waldwiese — sie laben die Seele und überreizen sie nicht.

Die nordischen Völker haben auch von altersher die Haselstaude in Ehren, ja heilig gehalten, ganz besonders in der vorchristlichen Zeit. Bei unsern germanischen Vätern war die Haselstaude gleich der Eiche dem Donnergott heilig, dem Donar, der zugleich ein Gott des Erntesegens und der Fruchtbarkeit war, auch ein Schirmherr der ehelichen Liebe. Doch auch eine nahe Beziehung zu Wodan, dem Vater Donars, dem obersten Schöpfer und Segenbringer, ist nicht zu verkennen. In der Haselnußstaude und ihrer Frucht, der Haselnuß, erblickten die heidnischen Völker ein Sinnbild unversiegbaren Lebens und schöpferischer Kraft. In pommerschen und fränkischen Gräbern fand man in den Händen einiger Skelette Haselnüsse und Walnüsse.

In der harten Schale ruht der süße Kern, der Auferstehung harrend, neues Leben und Wachstum verheißend. So ward die Haselnuß ein Symbol des Frühlings und der Unsterblichkeit.

### 41. Die eßbare Kastanie.

(Castánea vesca.)

Der echte Kastanienbaum, welcher in seiner äußeren Erscheinung große Ähnlichkeit mit unserer gemeinen Buche hat, ist ein schöner, ansehnlicher Baum mit einer blätterreichen Krone. Seine Blätter sind länglich-lanzett- lich, kahl, fast lederartig, mit scharfen, meist gekrümmten Sägezähnen ver- sehen. Die Staubblüten, welche nebst den Fruchtblüten im Juni erscheinen, sind denen der Eiche ähnlich, indem sie in einzelnen Büscheln an der faden- förmigen Achse des Blütenstandes sitzen; die Blütenhülle ist 5- oder 6spaltig, und die Zahl der Staubgefäße 10—20. Die Fruchtblüten stehen je zwei oder drei in einer vierspaltigen Hülle. In einer kugeligen stacheligen Becherhülle liegen 1—3 einfächerige Nüsse, die Kastanien oder Maronen.

Der Kastanienbaum stammt wahrscheinlich aus Kleinasien und soll seinen Namen von der Stadt Kastanum bei Magnesia erhalten haben. Schon früh waren seine Früchte ein Nahrungsmittel einiger Völker des persischen Reiches. Sehr frühzeitig muß dieser Baum nach Griechenland verpflanzt worden sein, da die Kastanien nebst den eßbaren Eicheln die Hauptnahrung der frühesten Bewohner gewesen sein sollen. Von Euböa, wo sie vorzugsweise kultiviert wurden, wanderte der Baum nach Italien, und die Früchte wurden deshalb hier griechische oder euböische Nüsse ge- nannt. Später hießen sie auch sardinische Nüsse, weil sie in Sardinien in vorzüglicher Güte gewonnen wurden. Gegenwärtig ist der Kastanienbaum über ganz Südeuropa verbreitet. In Italien, in den Gebirgsgegenden Piemonts, in der Lombardei, in Toskana und am Ätna bildet er ganze Wälder. Er gedeiht aber auch noch diesseits der Alpen und in der Schweiz, und im südlichen Tirol ist er eine Zierde der Wälder und Gärten. Selbst in den Thälern des Schwarzwaldes, Odenwaldes und des Taunus findet er sich noch häufig, etwa bis zum 50° n. Br. Seine Kultur könnte noch viel weiter nach Norden steigen; wenigstens kommt er vereinzelt bei Berlin und Potsdam an geschützten Stellen ganz gut fort.

Die Kastanien enthalten unter allen Nüssen die größte Menge Stärke- mehl und die geringste Menge Öl, weshalb sie, wenn auch nicht so nahr- haft, doch verdaulicher als andere sind. Aus demselben Grunde werden sie geröstet mehlig, und haben dann Ähnlichkeit mit einer mehligen Kartoffel. Sie werden roh oder gekocht gegessen und zu allerlei Backwerk verwandt.

Im südlichen Europa, sowie in einem großen Teile von Asien bilden diese wohlschmeckenden Früchte eine Hauptnahrung für Millionen von Menschen. In den Thälern der Waldenser, sowie in Toskana sind sie so gemein, wie bei uns die Kartoffeln.

Der Baum liefert ferner ein vortreffliches Nutzholz, solange er noch nicht zu alt ist. In England, wo die Kastanie in einer viel höheren Breite als in Deutschland mit Erfolg kultiviert wird, hat man durch sorgfältige Versuche ermittelt, daß bei hölzernen Gegenständen, welche zum Teil in die Erde kommen, junges Kastanienholz viel dauerhafter als Eichenholz ist. In Deutschland wird es namentlich zu Fässern und Reifen verarbeitet, zur Feuerung taugt es weniger, weil es schwer in lebhafter Flamme zu erhalten ist. Die Rinde ist auch zum Gerben geeignet.

## 42. Die Eiche.
### (Quercus.)

Wie man den Löwen mit Recht den „König der Tiere" nennt, weil ihm der Schöpfer das Siegel der Kraft auf die Stirne gedrückt, so ist auch unter allen unsern Waldbäumen die Eiche eine königliche Majestät, vor der jede andere Baumgröße sich beugen, und welche der Mensch mit Ehrfurcht betrachten muß. In der Eiche vereinigt sich Schönheit und Stärke mit fast unvergänglicher Dauer; in ihr lebt eine Riesenkraft, die sich zwar langsam, aber sicher und majestätisch entwickelt. An Höhe mit den hohen Fichten und schlanken Tannen wetteifernd, übertrifft sie an Stärke die stärksten; mit ihr verglichen, ist jeder andere Baum schwach. Man findet Eichen von 8 m im Umfange und 40 m Höhe. Die berühmte Fairlops=Eiche in der englischen Grafschaft Essex maß einen Meter vom Boden 10 m im Durchmesser, und unter ihrem Schatten, dessen Umfang 90 m im Durchmesser betrug, wurde lange Zeit hindurch am 2. Juli jeden Jahres ein Markt gehalten, auf welchem man keine Bude jenseits dieses Bereiches zu errichten erlaubte. Eine Eiche von 30 Jahren kann aber ein Knabe noch mit seiner Hand umspannen, und erst nach 200 Jahren ist der mäch= tige Baum völlig ausgewachsen. Dafür geht aber auch sein Alter noch über fünf Jahrhunderte hinaus. Ein alter Eichbaum mit seiner rauhen, geborstenen, von Moos durchfurchten Rinde steht inmitten der jungen, schnell lebenden Baumwelt da wie ein greiser Erzvater unter seinen Kin= dern, Kindeskindern und Urenkeln. Geschlechter auf Geschlechter sind ent= standen und vergangen wie eine Blume des Feldes; aber der Alte ist im Sturme der Jahrhunderte unerschüttert geblieben, eine wunderbare Gottes= kraft hat ihn erhalten zum lebendigen Zeugnis einer längst entschwundenen Zeit, von welcher nur die Sage berichtet.

Was für Geschichten könnte manche Eiche erzählen, würde ihr die Rede verliehen! Die Eiche, von deren Holze der altertümliche Schrank und der unverwüstliche Tisch, den du von deinen Großeltern überkommen hast, gearbeitet wurde, sie hat vielleicht noch die alten heidnischen Sachsen, deine Stammväter, unter ihrem Schatten lagern sehen, ihrem tapferen Streite mit den mächtigen Franken zugeschaut und sich altdeutscher Größe und Herrlichkeit gefreut, wenn sie dem nervigen Arme des kriegslustigen Jünglings einen festen Zweig darreichte zum Stiele für die wuchtige Streitaxt.

Wie die sinnigen Griechen die mächtige Eiche dem mächtigsten ihrer Götter, dem erhabenen Donnerer Zeus, geweiht hatten, so war auch unseren Altvordern dieser Königsbaum dem mächtigen Donnergott Thor geheiligt, der im zuckenden Blitze und rollenden Donner sich den Sterblichen offenbarte. Der heilige Eichenhain durfte nicht von Uneingeweihten, allein nur vom opfernden Priester betreten werden, und wo eine heilige Eiche stand, würde keines Menschen Hand gewagt haben, sie ihres Laubes oder ihrer Zweige zu berauben oder gar umzuhauen. Dieses Recht hatte allein der aus der Gewitterwolke zerschmetternd niederfahrende Wetterstrahl ihres Gottes. Die alten Deutschen, obwohl sie Heiden waren, hatten doch ein nicht minder feines Gefühl für das Leben und Weben der unsichtbar in der Natur waltenden Gotteskraft als wir, ihre christlichen Nachkommen. Von gemauerten, künstlich erbauten Tempeln wußten sie nichts. Sie fanden die heilige Stätte für ihre Gottesverehrung in jenen von Menschenhänden unberührten, durch göttliche Allmacht erbauten Eichenwäldern. Dort, im geheimnisvollen Dunkel und in feierlicher Stille, vernahmen sie das leise Wehen der Gottheit. Einzelne ihrer Götter mochten auf Bergesgipfeln und Felsenhöhen und an Flußufern wohnen; aber der allgemeine Gottesdienst des Volkes hatte seinen Sitz im grünen Hain, und nirgends hätte er auch einen würdigeren Platz finden können. Denn tritt nur hinein in die erhabene Stille eines Eichenwaldes; sei es in der Frühe des Morgens, wenn die hohen Laubkronen im ersten Sonnenstrahle glänzen, oder am heißen Mittage, wenn auf dem schwellenden Moose in der grünen Dämmerung wechselnde Lichtringe spielen, oder am Abend, wenn die gewaltigen Zweige von einem milden Goldschimmer überzogen sind: ist es dir nicht auch, als spräche eine Stimme in dir und zu ihr: „Die Stätte, darauf du wandelst, ist eine heilige Stätte!" und als flüsterten die Blätter, von sanft wehender Luft bewegt, geheimnisvolle Worte einer höheren Offenbarung? — In dem heiligen Dunkel der deutschen Eichenwälder saßen einst die Priesterinnen unserer Väter und lauschten dem prophetischen Rauschen der Blätter, um der harrenden Menge den Ausspruch der Götter zu verkünden. Hier barg man auch die geweihten Fahnen und holte sie mit Ehrfurcht hervor, wenn der Schlachtruf in den Gauen wiederhallte und die Tapfern aufrief zum Streite. Und wer dann mutig gefochten und den Sieg errungen hatte, den krönte ein Kranz von Eichenlaub, und diese Blätterkrone galt mehr als eine goldene Fürstenkrone. Desgleichen, wenn die alten Deutschen über Krieg und Frieden beraten wollten, so versammelten sie sich nicht zwischen den vier engen Wänden eines Hauses, sondern sie kamen zusammen in einem größeren Saale, dessen Boden ein grüner Teppich von Gras und Waldblumen und dessen Säulen die hohen Eichbäume waren.

Jetzt ist dieses alte, tapfere und starke Geschlecht deutscher Männer aus den Wäldern geschwunden; aber noch heute, wie vor einem Jahrtausend, hebt mit kräftigem Wuchse die Eiche ihr stolzes Haupt in die Luft, und herrliche Eichwälder sind noch immer unseres schönen Vaterlandes schönste Zier.

Nach dem großen deutsch-französischen Kriege 1870—71 sind fast überall in den deutschen Landen „Friedenseichen" zum Gedächtnis an den glorreich errungenen Frieden gepflanzt worden.

## 43. Die Birke.
### (Bétula.)

Wie angenehm ist doch eine Wanderung bei heiterem Himmel und ein wenig Wind durch einen Eichen- und Birkenwald! Der helle Sonnenschein, der vor meinem Eintritte in den Wald auf der Wiese zu meinen Füßen ausgebreitet lag, er lagert nun auf den hohen Kronen der Bäume, und ich werde sein nicht mehr gewahr. Kühler, dunkler Schatten umgiebt mich in unabsehbarer Weite, und über meinem Haupte rauscht es überall und ohne Unterlaß in den beweglichen Blättern. Aber regungslos und fest stehen die Stämme der Eichen gesellig nebeneinander. Weithin hat jede die kräftig geschwollenen Äste ausgebreitet, und auch diese gewaltigen Arme bleiben regungslos ausgestreckt, als kümmere sie nicht das rauschende Spiel ihrer flatternden Blätter. Es muß schon manches Jahrhundert in diesem Götterhaine der alten Deutschen gerauscht haben, denn mit dunklem Moose haben sich die Zweige bedeckt; selbst in die tiefen Risse der Stämme hat es sich eingenistet. Vorzeiten saßen in dem heiligen Dunkel eines solchen Eichenwaldes die Priesterinnen unserer Väter und lauschten dem prophetischen Rauschen der Blätter, um der harrenden Menge den Ausspruch der Götter zu verkünden. Hier barg man auch die geweihten Fahnen und holte sie mit Ehrfurcht hervor, wenn sie die tapferen Männer in die blutige Schlacht führen sollten. Ein Kranz von Eichenlaub krönte den Helden, wenn er siegreich aus der Schlacht wieder heimwärts zog; und wollten unsere riesigen Väter über Krieg und Frieden sich beraten, so versammelten sie sich nicht zwischen den vier Wänden eines engen Hauses, sondern kamen in dem unabsehbaren Säulensaale eines Eichen= waldes zusammen, und ein kräftiger Lanzenschlag an den großen Schild, den jeglicher bei sich trug, war das Ja und die Antwort auf die Rede ihres Führers. Schon lange ist dieses Geschlecht aus den Wäldern ge= schwunden; aber noch heute, wie sonst, hebt mit kräftigem Wuchse die Eiche ihr Haupt frei in die Höhe, daß es dem Wanderer ist, als wandle er durch eine Versammlung von ehrwürdigen Männern hindurch, die beharr= lich den Anfang eines Jahrhunderts sechsmal begrüßten, ohne daß ihr Haupt von der Last des Alters sich senkte.

Doch dort wiegen und biegen ja Bäume ihren ganzen, schlanken Wuchs! Jungfräulich sind sie in die Höhe geschossen, von unten bis oben weiß gekleidet. Ist es nicht, als ob der ganze Wald in Bewegung wäre und einen Festzug zu halten gedächte? Einer neigt sich vor, ein anderer wiegt sich zurück. Hier stecken zwei die Köpfe zusammen, und rasch folgt ein dritter noch nach. Dort drehet einer das Haupt im Kreise von einem Nachbar zum andern; jetzt wendet er's dem einen wieder zu, als hätt' er vergessen, ihm noch etwas zu sagen. Überall wird geflüstert und gelispelt, als würde geheimnisvoll etwas beraten. — Das ist nicht mehr der mann= hafte Eichenwald, das ist ein vom Winde bewegter junger Birkenwald. Schlank ist hier der Wuchs jedes Baumes. Die Zweige starren nicht kühn in die Luft nach vorwärts, sondern hängen gelassen abwärts. Vom Winde bewegt, flattern die schlanken Ruten in welligen Biegungen wie Bänder an einem Mastbaume, umschwärmt von ihren Blättern, die, verzauberten Schmetterlingen gleich, allen Bewegungen der Ruten nachfolgen.

Der dunkle Schatten ist hier lichter geworden, und da, wo der Baum einzeln steht, siehet er seine Gestalt auf den weißen Sand des Bodens gezeichnet. Schön gerundet ist der junge Stamm, ohne Knorren und Risse, auch vom Moose noch frei die glatte, glänzendweiße Rinde. Licht und lustig ist die zahlreich verzweigte Krone, dünn und biegsam sind die herab= hängenden Zweige, braun von Farbe und mit weißen Harzdrüsen besetzt, Tag und Nacht in beständiger Bewegung. Die Blätter sind dreieckig, am Rande fein gesägt und glatt auf beiden Flächen, nicht zernagt von Rau= pen oder Käfern, die sie sich durch ihre Bitterkeit und Härte abzuwehren wissen, und so steht der Baum schmuck und zierlich da, gleich einer Jungfrau.

Von der Wurzel bis zum Gipfel ist nichts an ihm, was nicht viel= fach benutzt würde, ja der Mensch hat diesen Baum in seine Freuden=

und Leidenstage mit hineingezogen. Zwar haben die Söhne der Schlach=
ten es verschmähet, seine Zweige als Siegeszeichen zu tragen; aber um
Pfingsten, wenn der Frühling seinen Triumphzug über den Winter hält,
schmückt die häusliche Jungfrau die Stuben mit den Maien des Baumes,
nachdem sie vorher die Fenster mit Asche von Birkenholz geputzt und das
Haus mit Besen von Birkenreisern gekehrt hat. Und soll zu Mittag in
der geschmückten Stube dem Frühling zu Ehren ein fröhliches Festmahl
gehalten werden, nun so kann die Birke auch Wein auf die Tafel liefern,
der, wie Champagner perlend und schäumend, die Gläser der Gäste füllt,
wenn sie rechts und links mit dem Nachbar anstoßen. Auch wird die
Köchin nicht vergessen, Speisen zu bringen, die gesüßt sind mit Zucker von
der Birke. Beides, den Wein wie den Zucker, spendet der Baum in sei=
nem Safte, noch ehe der Frühling kommt, damit beides zur Festfeier nicht
fehle. Bohrt man zur Zeit, wo der tückische Winter durch Nachtfröste
noch zu schaden versucht, ein 5 cm tiefes Loch in den Stamm des Baumes
und steckt in dasselbe eine Röhre, so fließt der Saft in untergesetzte Ge=
fäße und läßt sich in Wein und zuckerhaltigen Sirup verwandeln. Frisch
getrunken, kann er sogar als Arzenei gebraucht werden, und ist einer der
Festgenossen durch ihn genesen, so vergißt er gewiß nicht, die Heilkraft des
Baumes allen Gästen laut zu rühmen, während ein anderer den Wohl=
geruch preiset, den ein aus seinen Blüten bereiteter Balsam im ganzen
Saale verbreitet hat.

In Ländern, welche weiter nach Norden liegen, z. B. im nördlichen
Rußland, ist die Birke fast der einzige Waldbaum, welcher Laub trägt;
und obschon daselbst der Winter sechs Monate lang das Wasser der Flüsse
nicht sehen läßt, so ist doch hier die eigentliche Heimat des jungfräulichen
Baumes; denn hier bildet er in den zahlreichen Arten die größten Wälder.
Winter und Sommer überhäuft er mit Wohlthaten die Völker jener Ge=
genden. Daher zieht dort auch alt und jung in den lieben Birkenwald,
sobald er sich wieder mit jugendlichem Grün schmückt, um das Frühlings=
fest unter seinen Zweigen zu feiern. Überall wimmelt's zwischen den Bäu=
men von fröhlichen Menschen. Hier wird getanzt und dort wird geschaukelt,
hier gesungen und dort gegessen, bis man am Abend mit Birkenzweigen
geschmückt wieder heimwärts in die einstöckigen Holzhäuser zieht, deren
Dächer statt mit Ziegeln mit Birkenrinde gedeckt sind. In den niedrigen
Stuben dieser Häuser steht ein großer, viereckiger Ofen, um welchen rings=
herum eine Bank läuft, und hier saßen den langen Winter hindurch der
Großvater und die Großmutter und erwärmten die vom Alter zitternden
Glieder an dem mit Birkenholz geheizten Ofen. Wenn aber das Enkel=
chen schrie, dann stand das gebückte Mütterchen auf, um es zu wiegen,

indem ihre Hand einen Strick erfaßte, der von der Decke der Stube herab=
hing und einen von Birkenreisern geflochtenen Wiegenkorb trug. Das obere
Ende des Stricks umschlang die Spitze eines jungen Birkenstammes, der
in wagerechter Richtung an der Decke befestigt war. Zog nun das Groß=
mütterchen den Strick abwärts, dann bewegte sich der Korb mit dem Kinde
zwischen Decke und Fußboden auf und nieder. So wiegt die Birke bei
diesen Völkern sogar die Kinder groß; und sind sie artig und folgsam, so
bleibt die Rute des wiegenden Baumes ruhig hinter dem Spiegel stecken.

Ist der Vater der Kinder ein Tischler oder ein Drechsler, so weiß
er aus dem Holze der Birke, das fester und elastischer ist, als das der
Fichten, Linden und Weiden, Tische, Stühle, Krüge, Dosen und dergleichen
Sachen zu fertigen. Während er arbeitet, sitzt sein kleinster Sohn am
Boden der Werkstatt und spielt mit den gekräuselten Birkenspänen; aber
die älteren Kinder flechten aus dem zähen, lederartigen Baste Schuhe,
Taschen und Decken und lehren dabei einander noch Sprüchlein. Hat die
fleißige Familie ihr Tagewerk vollbracht und von den birkenen Tellern mit
birkenen Löffeln das Abendessen eingenommen, so legen sich alle zur Ruhe;
aber ihre Betten sind nicht mit Federn gestopt, sondern mit getrockneten
Birkenblättern, welche die Kinder im Herbste aus dem Walde holten.
Dennoch schläft die ganze Familie ruhig und fest auf diesem Polster, weil
sie den Tag über fleißig gearbeitet hat, und ihr Morgengebet steigt in=
brünstiger zu Gott empor, als das vieler, die auf weichen Eiderdunen den
stärkenden Schlaf nicht zu schätzen wissen, da sie weder am Abend die Er=
mattung der Glieder kennen, noch am Morgen die neue Kraft für das
bevorstehende Tagewerk dankbar empfinden. Hat die fleißige Familie der
Sachen viele angefertigt, so zieht die Mutter mit dem Vorrate in das
benachbarte Städtchen zu Markte, im Winter mit einem Schlitten von
Birkenholz, im Sommer mit einem Wagen von demselben Stoffe. Aber
die Chaussee nach dem Städtchen ist nicht, wie bei uns, mit einer Allee
von Pappeln oder Obstbäumen eingefaßt, sondern zu beiden Seiten mit
Birken bepflanzt. Ist die Stadt erreicht und dem Pferde das Lederzeug
abgenommen, welches, durch die Rinde der Birke gegerbt, das unsere an
Güte weit übertrifft, so stellt die Mutter ihre Sachen in einer Bude zum
Verkauf aus, und gewiß ziehen die Toiletten und Nähtische die Aufmerk=
samkeit der Käufer auf sich, da das polierte Holz der Birke durch schöne
Figuren und Masern sich auszeichnet. Zu Haus aber zählen die Kinder
Tage und Stunden, bis die Mutter wieder zurückkehrt. Das eine freut
sich im voraus auf das gelbe Halstuch, das andere auf die rotbraunen
Handschuhe, welche die Mutter mitzubringen versprach. Das wollene Tuch
hat der Färber mit einer Abkochung von Birkenblättern und Alaun gelb

gefärbt, die Handschuhe aber bekommen ihre Farbe durch die Rinde und den Alaun. Erkrankt einmal ein Glied der Familie an Gicht und Glieder= reißen, so thut man die im Frühjahre gesammelten Knospen unseres Bau= mes in heißes Wasser und bereitet so dem Kranken ein Bad, das ihm die Schmerzen lindert und gewöhnlich auch Heilung verschafft. War aber die Krankheit zum Tode, so wird dem Geliebten eine Birke aufs Grab ge= pflanzt. In Schmerz versunken, sitzen nun alljährlich die Hinterbliebenen unter den hangenden Zweigen des Baumes, dessen Blätter über dem Haupte der Trauernden flüstern, als brächten sie Kunde aus dem Grabe des Ge= liebten. Wo wäre ein Baum, der so, wie die Birke, Zeuge würde von Freuden und Leiden der Menschen!

In den Wäldern aber sucht auch das Tier ihn auf. Das Reh und das Elen lagern sich in seinem Schatten, wenn sie Mittagsruhe halten wollen. Das prächtige Birkhuhn baut sein Nest unter das schützende Dach seiner Zweige, die den scheuen Vogel mit Nahrung bewirten, er mag kom= men, wann er will. Im Winter reicht der Baum ihm die Knospen, im Sommer die Blüten, im Herbste den Samen dar. Kühner, als die Tanne, klettert er höher als diese, die Gebirge hinauf und läßt unter seiner weißen Rinde das Würmlein weiden, das ihn selbst hier noch aufsucht. Tag und Nacht arbeiten die Saftröhren in seinem Innern und bereiten aus dem bloßen Wasser der Wolken alle die kostbaren Gaben, womit er Menschen und Tiere überhäuft, ohne zu verarmen. Dabei ist er selbst der genüg= samste unter allen Bäumen und nimmt mit jeglichem Boden fürlieb. Ja, ihn hat selbst der lange, harte Winter der Polarländer nicht schrecken können. Treuer, als die Eiche, ist er dem Menschen bis hierher gefolgt, mußte er auch zum Zwerge und Krüppel darüber werden. Wenn die Eiche und der Obstbaum längst die Freuden des Frühlings in ihren Ländern genossen haben, liegt er noch in jenen eisigen Gegenden im Winterschlafe. Kein Veilchen und Schneeglöckchen kündigt ihm hier, wie bei uns, das Erwachen des Frühlings an; aber wenn die Eisberge auf dem nebeligen Polarmeere lostauen und nach Süden treiben, daß dem kühnen Schiffer bei ihrem An= blick das Blut erstarren möchte, dann regt und bewegt sich's leise in den zwerghaften Stämmen des treuen Baumes; denn ihm haben die schwim= menden Eisberge verkündet, daß die Macht des Winters gebrochen sei. Dann kriecht auch der Polarmensch aus seiner unterirdischen Winterwohnung hervor, nimmt den Pfeil und den Bogen, von Birkenholz geschnitzt, und geht wieder auf die Jagd. Wie Heiligtümer bewahrt er von Jahr zu Jahr die dünnen Stämme einiger Birken auf, welche der Urgroßvater einst aus den Fluten des Meeres auffischte, als sie von einem südlicheren Lande nach Norden trieben, wo kein Baum mehr gezeugt wird. Jetzt,

wo die lange Nacht ihr Ende erreicht hat, und die Sonne sich wieder wie
eine feurige Kugel rings am Horizonte herum bewegt, ohne unterzugehen,
jetzt werden die Birkenstämme hervorgeholt, um mit ihnen das Gerüst zu
dem Sommerzelte zu bauen. Als wäre es Gold und Silber, so vererben
die Stämme von Kind auf Kind. Wo wäre ein Baum, der in so weiten
Kreisen Segen austeilte, als die Birke? Mit Recht besingen ihn die Völker
der nördlichen Länder in Liedern, wie wir in Liedern das Lob der Eiche
preisen.

## 44. Die Erle.
### (Alnus.)

Die Erle erscheint, wie die Weide, nur selten in unverkümmerter Ge=
stalt. Sie wächst rasch; aber man köpft oder fällt sie, und nun treibt um
den brombeerumrankten Stumpf ein Dickicht von Loden und Ruten hinauf.
Es wird ein Gebüsch, eine Gruppe von Schossen: Vor= und Unterholz,
das oft weite Flächen undurchdringlich bedeckt. In dieser Weise tritt die
Starrheit der Erle besonders hervor: der Stamm gerade, schlank, ohne
durch markige Höhe zu imponieren, die Äste in regelmäßigem Wechsel meist
scharf und quirlartig herausspringend; das Blatt stumpf, derb, am zähen
Stiele wenig bewegt. — Läßt man ihr den freien Wuchs, so mildert
sich diese Härte bedeutend. Der Baum gewinnt eine energischere, saftigere
Gestalt; er lehnt in gefälliger Linie über dem Flüßchen, das seine Wurzel
tränkt, und Zweige und Blätter wölben sich zu schattigen Schirmen. Auch
die Rinde färbt sich mit einem satteren Schwarz: in allem ist die Wahl=
verwandtschaft mit dem feuchten Element sichtbar ausgesprochen.

Die Erle gehört zu den Bildern heiterer Ländlichkeit, wie zu der
ernsten Poesie einfacher Moorflächen und Weiher. Sie richtet sich gern
dicht am Rande des Baches auf, und wer möchte sie in dieser Gesellung
nicht reizend finden? Das tiefgrüne Laub und der schwärzliche Stamm
dienen dem hellen Wiesenteppich zur Erhöhung des Glanzes und stimmen
angenehm zur Kühle des Wassers, das murmelnd seine Straße zieht. Die
Blätterschatten werfen ein spielendbewegtes Netz über die blinkenden Wellen;
darinnen sonnt sich die Forelle, und Schwalbe und Bachstelze kommen mit
zierlichen Füßchen herbei, zu baden. Am Ufer zwischen Dolden und Hal=
men hangen Vergißmeinnicht hinab, gelbe Iris schauen fragend herauf; die
Trift entlang weiden und lagern geruhige Herden, eine Mühle klappert
nahe bei, und zwischen den Büschen hebt sich patriarchalisch der Turm des
Dörfchens hervor. — Aber die Erle folgt dem Bache hinab auch in die
entlegeneren Thalbuchten und breitet um sie her das heimliche Dunkel, in
dem das Reh sich birgt und das Rotkehlchen zwitschert. Das Wasser, das

wandernde, plaudernde, ist müde geworden und sammelt sich in tiefere krystallene Becken; rechts und links aber drängen sich die Stämme im Halblichtschimmer geschwisterlich aneinander. Ein Windstoß rührt sie an, sie schwanken, flüstern, das Reh springt auf — dann ist alles wieder still. Das ist die Erle am Dorfe und im Grunde.

Anders, ernster wirken die Erlen im Moor. Vom Schilf her stöhnt die Rohrdommel, Unken antworten aus der Ferne, wandernde Störche ziehen eilig vorüber. Dann und wann nur fällt ein herbstlich matter Strahl auf die schwarzen Wasser, die mit hundert Armen die schwarzen Strauch- und Buschinseln umschlingen, während aus ihnen allenthalben Dunst der Vermoderung steigt, und selbst das Grün des Röhrichts und der Moose sich in krankes Gelb verfärbt. — Man begreift, daß hier die ohnehin ernsten und vielfach starren Gruppen der Erlen nur dazu dienen können, den unheimlichen Eindruck des Gesamtbildes zu verstärken. Es ist ein düsteres Brüten, das über der Natur liegt und beklemmend auch in das Gemüt dringt. Aber bis zum Schaurigen steigert sich diese Stimmung, wenn der Nebel sich in die vielschossigen Bäume setzt und die Nachtluft seufzend durch die Blätter streicht, oder wenn der Mond seinen Dämmer-schein über die Öde und ihre dunkeln Gestalten ergießt. Das ist die nor-dische, das ist die echte Erlkönigslandschaft.

## 45. Der Buchweizen.
### (Polygonum fagopyrum.)

Nachdem das Gras der Wiese vor der Sense gefallen, und als Heu in die Scheunen gebracht worden ist, wird der Schnitter sich bald dem Getreide zuwenden. Der Landmann wandelt bedächtig zum Acker hinaus und untersucht, ob und wann das Mähen beginnen kann. Wir gehen heute in Gedanken einmal mit über Feld.

Roggen und Weizen sind fast oder ganz reif, die Gerste fängt eben-falls an, sich weiß zu färben und der Hafer, bis auf einzelne verspätete Pflanzen verblüht, geht der Reife ebenfalls entgegen. — Die Zeit der Ernte beginnt und das Feld wird belebt von muntern, fleißigen Arbeitern. — Aber hin und wieder finden wir noch einzelne Äcker in voller Blüte prangen. Sie sind bestanden mit Buchweizen. Wir wollen diese Pflanze genauer betrachten.

Die Wurzel sitzt recht fest und tief in der Erde. Sie besteht aus einer langen Pfahlwurzel mit mehreren faserigen Nebenwurzeln, und unter-scheidet sich dadurch von den Wurzeln der übrigen Getreidearten, welche aus lauter Fasern bestehen. (Der Buchweizen hat eine „Stammwurzel", die andern Getreidearten haben eine „Faserwurzel".) —

Der Stengel ist ¼—½ m hoch, verzweigt, glatt, oft rötlich ge=
färbt, rund und hohl, durch mehrere dick angeschwollene Knoten in Glieder
abgeteilt, und hat in dieser Hinsicht Ähnlichkeit mit dem übrigen Getreide
und den Gräsern überhaupt. — Der Knoten des Stengels wegen führt
der Buchweizen mit seinen nächsten Verwandten auch den Namen Knö=
terich. —

Die Blätter stehen, wie bei den Gräsern, wechselständig, und ent=
springen je eins an jedem Gelenke, das mit einem scheidenartigen, aber
rund umher geschlossenen Nebenblatte, einer sogenannten „Tute", um=
geben ist.

Mit dieser Tute ist der Blattstiel verbunden, welcher bei den un=
tern Blättern am längsten, bei den obersten fast verschwunden ist, so daß
die untersten gestielt sind, die obersten aber sitzend genannt werden müssen.
— Schon dadurch weicht der Buchweizen von den Gräsern ab, noch mehr
durch die Form des Blattes, das herz=pfeilförmig und hübsch ge=
adert erscheint (während alle Grasblätter linealisch und gradnervig sind).
Die Blattfläche ist kahl, ganzrandig, oben dunkel= und unten blaßgrün ge=
färbt. Das Blatt fällt nach dem Verblühen leicht ab. —

Noch abweichender von den Gräsern ist die Blüte. Diese sitzt in
blattwinkelständigen und endständigen Trauben, von denen erstere rispen=
artig verzweigt sind, und letztere fast eine Trugdolde (eine Schirmtraube)
bilden. — Jede einzelne Blüte ist ohne Kelch, und besteht aus einer
Blütenhülle mit Staubgefäßen und Stengel. —

Die Blütenhülle ist entweder rot oder weiß, und aus einem ver=
wachsenen Blatte gebildet, das durch tiefe Einschnitte in 5 eiförmige
Zipfel geteilt ist. — Innerhalb der Hülle sitzen 8 Staubfäden mit je
einem Staubbeutel, und ein dreieckiger Fruchtknoten, welcher oberhalb
der Blütenhülle und der Staubgefäße befestigt, und mit 1 (mitunter auch
wohl 2 oder 3) Griffel gekrönt ist. — Aus diesem entwickelt sich die
Frucht, bestehend in einer dreikantigen Nuß, von dunkelbrauner, fast
schwarzer Schale umgeben und bis zur vollen Reife noch von der Blüten=
hülle umschlossen.

Diese Nuß hat in der Form Ähnlichkeit mit den Bucheckern, und
keimt, gleich diesen, mit 2 nierenförmigen, breiten und starken Keim=
blättern. — Die ganze Pflanze ist einjährig, wird im Mai ausgesäet,
und braucht höchstens 4—5 Monate bis zur vollen Reife, ist somit, wie
der Landmann sagt, das Korn, welches er am geschwindesten wieder in
„den Sack" bekommen kann. —

Die Frucht des Buchweizens liefert ein gutes Futter zur Mästung
des Geflügels und der Schweine, auch wird aus dem weißen Kerne, nach=

dem die Schale in der „Grützmühle" entfernt worden, eine nahrhafte Grütze und ein schönes, weißes Mehl bereitet. —

Von der Ähnlichkeit der Frucht mit der der Buche, und von der Be=
nutzung derselben gleich dem Weizenkorn, ist der Name „Buchweizen"
entstanden. —

Der Buchweizen gedeiht am besten auf leichtem Boden, besonders auf
urbar gemachtem Heidelande, weshalb er auch „Heidekorn" oder „Heid=
eckern" genannt wird. — In den Heidegegenden auf der Mitte unserer
Halbinsel, in Hannover (auf der Lüneburger Heide ꝛc.) bildet er ein wich=
tiges Getreide, und eins der hauptsächlichsten Nahrungsmittel der Be=
wohner. — Das Stroh liefert freilich kein besonderes Viehfutter, wird
aber doch, wenn es gut geborgen worden, vom Vieh gefressen. Mit seinen
vielen breiten Blättern beschattet der Buchweizen den Boden, verhindert,
wenn er einigermaßen gut gedeiht, das Emporkommen von Unkräutern,
und reinigt und lockert so den Acker. Deshalb säet der Landmann gerne
den Buchweizen als Vorfrucht für den Roggen. Gedeiht der Buchweizen,
dann liefert er in sandigen Gegenden eine vorteilhafte Ernte; aber er ist
leider ein oft fehlschlagendes Korn, da er sehr empfindlich gegen Kälte,
Regen und Wind ist. Ein einziger Nachtfrost kann die jungen Pflanzen
ruinieren, und starker Regen oder kalter Wind zur Zeit der Blüte kann
diese zerstören und die Fruchtbildung unmöglich machen. Statt des Buch=
weizens stellt sich in solchem Fall oft massenhaftes Unkraut ein, namentlich
„Ackerrettich" und „Ackersenf". — Der Anbau wird deshalb in Gegenden,
wo anderes, sicheres Getreide fortkommen kann, beschränkt. (In Heide=
gegenden pflegt man neben dem Buchweizen häufig die gelbblühende Lu=
pine, eine Hülsenfrucht, zu bauen, welche ein sicheres, gutes Futter giebt
und, wenn sie im Herbste untergepflügt wird, den Boden düngt, und so
für die Wintersaat besser vorbereitet, als der Buchweizen. Besonders auf
der Lüneburger Heide hat man große Strecken des leichten Bodens auf
diese Weise fruchtbar gemacht.) —

Der Buchweizen ist unser jüngstes Getreide. Er ist erst zur Zeit der
Kreuzzüge aus dem mittleren Asien, aus der Mongolei und Tartarei ein=
geführt worden. Er hat seinen Weg über die Türkei, Italien, Spanien
und Frankreich nach Deutschland genommen, und wird daher noch hie und
da als türkisches Korn oder schwarzes Welschkorn bezeichnet.
— Auf die Abstammung weist auch der in einzelnen Gegenden bei uns
(namentlich in Angeln) früher gebräuchliche und noch vorkommende Name
„Tarre" hin, der wohl auf „Tater" oder „Tartar" zurückzuführen sein
dürfte, so daß „Tarre" soviel als „Tartarkorn" heißt.

### 46. Von den Gewürzpflanzen.

Was die Blumen für das Auge, das sind die Gewürze für die Zunge — belebende und erfrischende und erfreuende Reize. In Norddeutschland sagt man, wenn auch nicht ganz schriftgemäß, so doch sehr bezeichnend und sachgemäß: „Das schmeckt schön!" Dem Geschmackssinn steht jedenfalls das Schöne näher als das Gute, und die Gewürze verschönern in der That unsere Nahrung, sie erheben dieselbe aus dem rohen tierischen Genuß in jenes Gebiet der Freude am sinnlichen Reiz, an welchem auch die Seele ihren Anteil hat. Der Mensch will sich nicht bloß ernähren, seine Nahrung lediglich hinunterschlingen: er will eine Mahlzeit halten, sein Mahl zu einem Feste erheben. Diesem Triebe nach Schönheit des Lebens, nach Verfeinerung des Genusses von Speise und Trank kommen nur die Gewürze entgegen. Aber sie helfen auch einem diätetischen Bedürfnisse ab. Einer faden, gewürzlosen Kost werden wir bald überdrüssig, wir sehnen uns dann nach einem Zusatz, der durch den Reiz auf die Nerven des Geschmacks und die Verdauungsorgane den Stoffwechsel belebt, die Verdauung anregt und unterstützt. Je höher sich das Kulturleben entwickelt, desto reizbarer werden auch die Nerven und desto mehr bedürfen sie der Belebung durch Mittel, welche gleich dem Wein das Blut erwärmen und zu schnellerem Umlauf bringen. Selbst der rohe Mensch mag nicht ganz auf gewürzhafte Zusätze in seinen Speisen verzichten. Hat es doch schon der Urheber der Natur so eingerichtet, daß keiner Nahrungspflanze die gewürzigen Stoffe gänzlich fehlen. Die meisten sogenannten „Küchenkräuter", wie Majoran und Bohnenkraut, Salbei und Kresse sind schon „Wurzkraut" im engeren Sinne. Unsere Erd= und Himbeeren, unsere Kirschen, Äpfel und Birnen, Zwetschen und Pfirsiche sind alle aromatisch. Doch nennen wir nur diejenigen Pflanzen und Pflanzenteile „Gewürze", in welchen das Ernährende zurücktritt, das Reizende überwiegt. So die Samenkörner der Senfstaude, des Kümmels und Anises, die Wurzeln des Kalmus oder Ingwers. Diese enthalten in reichhaltiger Menge ein flüchtiges Öl, das durch seine Schärfe die Zungennerven lebhaft erregt und auf den Blutumlauf einwirkt.

Obwohl es unserem gemäßigten Klima keineswegs an Gewürzpflanzen fehlt, so sind die kräftigsten, feinsten, edelsten Gewürze doch ein Erzeugnis des heißen Erdgürtels, wo die Sonne ihre volle Macht entfalten kann und die Pflanzensäfte zu den duftigsten und stärksten Ölen zu veredeln vermag. Lilienwurzeln wie der Ingwer, Baumrinde wie der Zimmet, Samenkapseln einer schmarotzenden Orchidee wie die Vanille, Samenkörner wie der schwarze

Pfeffer, werden für die Zunge zum brennenden Feuer. Aber welcher feine,
berauschende Duft steckt zugleich in den schwärzlichen Vanilleschoten, welches
liebliche Feuer und welche anregende Kraft im gelben Zimmet und welche
konzentrierte Glut bei lieblichem Duft in den braun geräucherten Gewürz=
nägelein! Letztere sind am reichlichsten mit dem flüchtigen aromatischen Öle
versehen, während die verhältnismäßige Menge desselben in der Muskatnuß
nur ein Drittel, im Pfeffer etwa ein Viertel, im hitzigen französischen Zim=
met nur ein Fünfundzwanzigstel beträgt! Von der Menge dieses Öls hängt
also die Wirkung des Gewürzes nicht allein ab, sondern von seiner Be=
schaffenheit.

### 47. Der Zimmetbaum.
#### (Laurus Cinnamómum.)

Der Zimmetbaum, von welchem die kostbare, schon den Alten bekannte
Gewürzrinde kommt, gehört zur natürlichen Pflanzenfamilie der Lorbeeren.
Wildwachsend erreicht der Baum eine Höhe von 9—12 m, wird 40—50 cm
dick und sendet seine dichtbelaubten Zweige wagerecht nach allen Rich=
tungen aus. Die hellgrünen Blätter sind eiförmig, mit Rippen, die sich
nach der Spitze hin verlängern, 9—14 cm lang und 5 cm breit. Sie
riechen und schmecken nach Gewürznelken. Auf einem hellgelben Blüten=
stengel sitzt eine weiße, sechsteilige, becherförmige Blumenkrone, welche einen
sehr angenehmen, aber keineswegs zimmetartigen Duft verbreitet, von wel=
chem man überhaupt in den Zimmetwäldern wenig verspürt. Diese schnee=
weißen Blüten zwischen dem hellen Grün der Blätter nehmen sich prächtig
aus. Die braunschwarze, weißpunktierte Frucht ist von der Größe und
Form einer Wacholderbeere und enthält einen einzigen Samenkern. Mit
Wasser abgekocht liefern die Zimmetbeeren ein fettes Öl für die Lampen,
aus welchem man durch Abkühlung eine Art Wachs gewinnt, das zu wohl=
riechenden Kerzen verarbeitet wird.

Auch die harte und zähe Wurzel des Baumes hat eine duftige Rinde,
aus welcher man durch Destillation Kampfer gewinnt.

Der hohe Wert des Baumes steckt aber in der Rinde seiner jüngeren
Zweige, und um diese auszubeuten, muß er in besonderen Gärten gepflegt
werden. Solches geschieht auf der Insel Ceylon, der eigentlichen Heimat
des Zimmetbaumes; die Hauptstadt Colombo ist der Zimmetmarkt der
Welt. Diese merkwürdige Pflanze verlangt zugleich tropische Sonne, einen
trockenen, sandigen Boden und häufige Benetzung durch Regengüsse, wenn
sie gut gedeihen soll. Alle günstigen Bedingungen treffen nur auf Ceylon
zusammen, und selbst auf dieser nicht großen Insel nur in ihrem südwest=
lichen Teil. Hier findet sich, besonders nach der Küste zu, ein angemessener

Sandboden von weißem Quarz, der mit einer fruchtbaren Erdschicht bedeckt ist. Auf einem fetten oder humusreichen Boden erzeugt der Baum eine dicke, schwammige, alles feineren Gewürzes bare Rinde. Dazu kommt nun die Regelmäßigkeit der feuchten Niederschläge auf dieser Seite der Insel, welche mit Recht den Namen der „Insel mit dem doppelten Mousson" (Jahreswinde) führt.

Sein Blütenmonat ist der Januar, im April reift die Frucht, und alsdann hat der Saftumlauf die größte Fülle erlangt und bewegt sich am raschesten. Im Mai schneidet man ihm die Zweige ab und entschält sie.

Zweig des Zimmetbaumes.

Die Ernte im Mai und Juni heißt die große Ernte, die im November und Dezember die kleine.

Die Zimmetschäler bilden auf Ceylon eine eigene Kaste, die Chalias (Dschalias), die seit Jahrhunderten der Einsammlung und Zubereitung des Zimmets obliegen, und da sie weiter nichts thun, in größter Dürftigkeit leben. Von den Portugiesen wie von den Holländern, die nach ihnen die Insel in Besitz nahmen, wurden die Chalias systematisch an die Scholle gebunden, und schon ihre Kinder wurden angehalten, jährlich ein bestimmtes Quantum von Zimmet einzuliefern.

Man läßt die Zimmetbäume nur zu mäßiger Höhe von 3—3,60 m heranwachsen, nach Art unserer Haselnußstauden, nämlich so, daß aus der Wurzel möglichst viele Schößlinge kommen. Im fünften Jahre hat der Baum 3—5 brauchbare Zweige, im achten Jahre 8—10. Der Chalias schneidet soviel dünne Zweige ab, als er in einem Bündel forttragen kann. Bei seiner Hütte angelangt, macht er sich an die Arbeit des Schälens. Er schabt zuerst mit einem stumpfen Messer die oberste etwas rauhe Borke ab, macht dann mit einem scharfen Messer in die zarte Rinde einen langen Längsschnitt und löst sie mit der krummen Spitze sehr gewandt vom Holze. Bei diesem Geschäfte verbreitet sich ringsumher ein sehr lieblicher, aromatischer Duft. Die abgestreifte Rinde hat die Stärke eines dicken Pergaments und wird auf Matten in die Sonne gelegt, wo sie schnell trocknet und sich zusammenrollt. Die kleineren Stücke werden gleich anfangs auf die größeren gelegt und bilden dann die bekannten Röhren von lichtbrauner Farbe. Die feinste Sorte ist gelb und hellbraun, hat einen pikanten süßen Geschmack und nur die Dicke eines starken Papieres; die niederen Sorten sind von dunkelbrauner Farbe, haben im Geschmack etwas Stechendes und Erhitzendes und zugleich einen bitteren Geschmack. Von dieser Beschaffenheit erwies sich meist der aus den Wäldern von Kandy gewonnene Zimmet, während der kultivierte der feinere ist.

Vom echten Ceylon=Zimmet bekommt jedoch der gemeine Mann nicht viel zu schmecken; denn der größte Teil des in den Kramläden verkauften Zimmets ist Cassia, von dem Laurus Cassia, welcher zwar dem eigentlichen Zimmetbaum nahe verwandt ist, aber in der Feinheit der Rinde und dem köstlichen Aroma demselben doch bedeutend nachsteht. Die Farbe ist viel dunkler, der Geschmack zusammenziehend. Die ostindischen Küsten, China, Cochinchina, Westindien und Südamerika liefern viel Zimmet=Cassia.

Die sogenannten Zimmetblüten (Flores cassiae) sind die unreif getrockneten, noch mit der Blütenhülle umgebenen Früchte des Cinnamomum Laureirii, einer in Cochinchina heimischen Zimmetart, die in China kultiviert wird und dort Kio=Kui heißt. Sie haben die Form von Gewürznäglein, sind dunkelbraun, runzlig, an Geruch und Geschmack der Zimmetrinde ähnlich und dienen gleichfalls als Gewürz; auch preßt man aus ihnen das Zimmetblütenöl.

Der Zimmet enthält viel ätherisches Öl, ferner Gerbstoff und etwas Schleim, ist mäßig und am rechten Orte beigegeben ein dem Magen sehr wohlthuendes, die Verdauung belebendes Gewürz und wird auch in der Medizin als stärkendes Mittel gebraucht und zur Bereitung von Tinktur angewandt. Im Altertum gebrauchte man den Zimmet vorzugsweise als Räucherwerk und zu Salben.

Heutzutage sind die Gewürze ein Gemeingut des Volkes geworden, das wenigstens an Sonn- und Feiertagen sie genießt. Zucker und Zimmet würzt mitunter auch den Milchreis des Tagelöhners, sie fehlen keinem Bauernkuchen zur Weihnachts-, Oster- und Pfingstfeier, oder beim Schmause der Ernte-, Hochzeits- und Kindtaufsfeste.

## 48. Der Muskatbaum.
### (Myristica moschata.)

Der Muskatnußbaum hat einen höheren und volleren Wuchs als die Gewürznelke, wird bis 15 m hoch, hat große, eiförmig zugespitzte lederartige Blätter, kleine, weiße, maiglockenförmige Blüten, die in Bündeln zusammensitzen, und einsamige Steinfrüchte, welche die kostbare aromatische Nuß enthalten. Die anfangs grüne, wie ein Pfirsich aussehende Frucht färbt sich mit der Reife gelbbraun, platzt dann in der Stille von selber und zeigt den runden Kern, welcher von einem karmoisinroten, netzartigen Gewebe umsponnen ist. Dies ist die Samenhaut, eine Erweiterung des Samenstranges, die sogenannte „Maces" oder „Muskatblüte", welche von der Nuß sorgfältig gelöst, im Schatten getrocknet und öfters mit Seewasser besprengt wird. Das saftige, aber von Geschmack herbe und widrige Fleisch wird fortgeworfen.

Die Nuß wird drei Tage lang an der Sonne getrocknet, dann drei Monate lang bei gelindem Feuer geräuchert, denn ihre Schale ist dicker und härter als diejenige der Haselnuß, und wollte man sie frisch aufbrechen, so würde man auch den Kern verletzen. Dieser zieht sich jedoch allmählich zusammen, bis er in der Schale rasselt, welche dann leicht geknackt werden kann. Die ausgelösten kugelförmigen Kerne werden mehrere Male in Salz- und Kalkwasser getaucht, in Haufen getrocknet und dann in trockenen ungelöschten Kalk eingepackt.

Wie der Gewürznelkenbaum ist auch der Muskatbaum auf den Molukken zu Hause und gedeiht hier am besten. Obwohl man ihn auch auf den östlichen Inseln des indischen Inselmeeres, ja selbst an der Nordküste Neuhollands und in Cochinchina wild gefunden hat, so ist doch der Bezirk, in welchem er gute Gewürznüsse liefert, fast ebenso beschränkt, wie bei dem Gewürznelkenbaum. Die Engländer verpflanzten den Baum nach Pulo-Pinang (der früheren Prinz-Wales-Insel) in der Straße von Malakka und nach Westindien, aber auf der Pinang-Insel gab er ein sehr mittelmäßiges Produkt und in Westindien kam er gar nicht fort. Auch die in Brasilien gemachten Versuche haben wenig Erfolg gehabt. Die englische Kolonie von Balambangan (Insel an der Nordküste von Borneo), die

französischen Pflanzungen auf Isle de France und Mahé liefern Muskat-
nüsse in den Handel. Doch das Haupterzeugnis ist noch immer in der
Hand der Holländer, und zwar auf die Insel Banda und die bei ihr
liegenden Eilande beschränkt. Groß-Banda, Pulo- (d. h. Insel) Ai und
Neïra sind die ausgewählten Stätten für die Muskatbaumgärten, deren
Erzeugnis die Regierung zu ihrem Monopol gemacht hat.

Die Arbeiter in diesen Pflanzungen oder „Parken", wie sie im Hol-
ländischen heißen, werden von der Regierung angestellt und bestehen aus
Sklaven, „Bannelingen" (d. h. Züchtlingen) und „Frywerkers" oder freien
Arbeitern. Die Sklaven bilden die eine Hälfte, die Bannelingen und Freien

Muskatnuß.

die andere Hälfte in sämtlichen 36 Parken, von denen auf Groß-Banda
27 kommen, 3 auf Neïra und 6 auf Pulo-Ai sich finden. Die Parkeiners
oder Parkbesitzer sind verpflichtet, vierteljährlich die in ihrer Pflanzung
gewonnenen Nüsse in das Regierungsmagazin der kleinen Stadt Neïra zu
bringen, und empfangen nach Maßgabe der Güte der Nüsse wie auch der
Entfernung von Neïra 18, 20, 22 oder 24 Deut für ½ Kilo. Die Frywerkers erhalten 180 Deut monatlichen Lohn, die Parksklaven und Bannelinge 104 Deut; alle Arbeiter ohne Ausnahme 20 Kilo Reis monatlich.
Die Bekleidung der Bannelinge besorgt die Regierung, den Sklaven und
freien Arbeitern müssen aber die Parkbesitzer jährlich zweimal neue Kleider

geben, wie sie auch der Regierung die den Bannelingen verabreichten Klei=
der bezahlen. Ebenso haben die Parkeiners für jeden freien Arbeiter der
Regierung eine monatliche Kopfsteuer von 1½ Gulden zu leisten. Da die
Besitzer der Parke meist ungebildete Lipptrapper (Mestizen) sind, welche
ihren augenblicklichen Gewinn im Auge haben: so überladen sie nicht selten
ihre Leute mit mancherlei Nebenarbeiten, als z. B. Kalkbrennen, Holzfällen,
Fischen, — und bedrücken sie auch dadurch, daß sie zu hohen Preisen ihnen
die notwendigen Lebensmittel verabreichen. Der Druck von oben setzt sich
in allen solchen Fällen nach unten fort.

Da der Muskatbaum das ganze Jahr hindurch zugleich Blüten und
Früchte trägt, so setzt sich auch die Ernte durch das ganze Jahr fort.
Mit dem neunten Jahre beginnt der Baum zu tragen; er erreicht ein Alter
von 75 Jahren. Die jährliche Ernte wird auf 250 000 Kilo Nüsse und
75 000 Kilo Muskatblüte geschätzt.

Die Muskatnüsse müssen klein und rund, nicht wurmstichig und schwer
sein, und, mit einer heißen Nadel durchstochen, ein gelbliches Öl aus=
schwitzen. Sie werden bekanntlich in der Küche auf Reibeisen gerieben,
als beliebtes Gewürz namentlich in Suppen, auch medizinisch in Pulver=
form als reizendes und magenstärkendes Mittel gebraucht, sollen zu gleichen
Teilen mit präparierter Kreide in Zucker genommen sich gegen Magen=
krampf heilsam erweisen und werden auch als Zusatz zu anderen Arzeneien
genommen.

Aus der Muskatblüte preßt man den fast blutroten, sehr kostbaren
und selten nach Europa kommenden Muskatbalsam, der auch aus Ab=
fällen der Nüsse, die in heißen Dämpfen erweicht werden, bereitet wird,
gelbrot aussieht und sich talgartig verdickt. Man wendet ihn äußerlich
als erwärmendes, nerven= und magenstärkendes Mittel an und verdünnt
ihn mit andern fetten und ätherischen Ölen. Die Muskattinktur wird
durch Ausziehung von 1 Teil Nüssen und Blüten und 6—8 Teilen Wein=
geist gewonnen.

Für die Eingeborenen der Molukken haben sogar die bloßen Schalen
Wert; man wirft sie in Haufen zusammen und läßt sie vermodern, dann
wächst auf ihnen ein dunkelfarbiger Pilz, der als großer Leckerbissen ver=
speist wird.

### 49. Wunderbarste Befruchtung einer Blüte (Osterluzei).
(Aristolóchia clematitis.)

Die Blüte, deren Befruchtung am wunderbarsten von allen bekannten
Befruchtungsarten vor sich geht, gehört einer Giftpflanze an, welche den

Namen Osterluzei führt und die man sonst wohl an Zäunen und Kirch=
hofsmauern unbeachtet läßt, die aber der Naturforschung nicht entgangen
ist, welche den Gesetzen und Wundern der Natur nachspürt.

Die Blüte dieser Pflanze ist eigentümlich beschaffen; der Kelch sieht
fast wie eine geschlossene Tulpe aus, besteht aber nicht aus sechs Blättern
wie die Tulpe, sondern aus einem einzigen Blatte, das einen verschlossenen
Behälter bildet, zu dem sich nur oben an der etwas umgebogenen Spitze
ein kleiner Eingang befindet. Inwendig in diesem verschlossenen Raum
sind nun zwar Fruchtknoten und Staubbehälter, aber in anderer Form als
in der Kirschblüte; denn die Behälter des Fruchtstaubes sitzen nicht auf
Staubfäden, die zur Narbe gelangen können, sondern sind unten fest an=
gewachsen an dem sehr stark ausgebildeten Stempel. Eine Befruchtung
dieser Blüte gehört daher fast zu den Unmöglichkeiten, da die Blüte fast
völlig verschlossen ist und der Wind nicht hinein kann, und da überdies
das Vermittlergeschäft des Windes nur dort hauptsächlich eintritt, wo
Männchen und Weibchen in zwei verschiedenen Blüten oder auf zwei ver=
schiedenen Bäumen oder gar in zwei verschiedenen Gegenden wohnen, in
welchem Falle die Natur die Vorsorge getroffen hat, das Männchen mit
außerordentlich vielem Befruchtungsstaub auszustatten, so daß oft viele
Millionen Staubkörnchen ohne Schaden verloren gehen können, und es
genügt, wenn nur immer ein einziges von einer ganzen Million zur weib=
lichen Blüte geführt wird.

In der Pflanze, von welcher wir sprechen, spielt der Wind keine
Rolle eines Befruchtungsgehilfen; aber ein Insekt übernimmt unter den
wunderbarsten und unglücklichsten Verhältnissen die Rolle, um der Natur
zu helfen, wo sie scheinbar so unbeholfen ist. Leider findet das Insekt
einen sehr schlimmen Lohn für seinen Liebesdienst; es bezahlt ihn mit
seinem Leben.

In dem Kelch dieser tulpenartig geschlossenen Blüte ist nur oben eine
kleine Öffnung, und durch diese schlüpft alljährlich ein bestimmtes Insekt
hinein, angelockt von dem süßen Duft, den die Blüte inwendig trägt. Der
Weg hinein geht auch ganz gut, obgleich die verschlossene Hülle der Blüte
inwendig mit langen Härchen besetzt ist, denn diese Härchen laufen alle
nach abwärts und hinein in den Kelch, wie die Eisendrähte einer Mause=
falle. Ganz aber so, wie die Maus in die Falle hineingehen kann, weil
sie mit ihrem Körper die Drähte auseinanderdrängt, jedoch nicht wieder
hinaus, weil die Drähte hinter ihr den Ausgang versperren, ganz so ge=
schieht es mit den Haaren dieser Blüte. Sie stehen so, daß sie beim
Hineingehen des Insekts zurückweichen und das Tierchen hübsch nach dem
Strich zu den Befruchtungsteilen der Blüten gelangen lassen. Hier nun

Seidel, Das Pflanzenleben.                                    8 genießt das arme Tier die letzte Mahlzeit nach Herzenslust; sobald es aber hinaus will, findet es die Öffnung durch die Haare verschlossen; es versucht vergebens, gegen den Strich den Weg in die Freiheit zu gewinnen, es sieht, es ist gefangen, und fängt nun an, angstvoll herumzuflattern, und erregt in der Todesangst und Pein solche Erschütterung in der Blüte, daß die Staubbehälter aufspringen und der Staub herumfliegt und so auf die Narbe des weiblichen Teiles der Blüte gelangt, um die zu befruchten.

Sicherlich würde es uns sehr freuen, wenn wir den Lesern sagen könnten, daß nach der geschehenen Befruchtung die Haare, die den Ausgang verschließen, sich umkehren und das todesängstliche Tierchen, das einen so wichtigen Dienst geleistet, nun aus der Gefangenschaft lassen; allein wir bedauern, es sagen zu müssen, daß die Natur nicht immer so dankbar ist, als wir es wünschen, und auch unser armes Tierchen muß es erfahren, denn es erlangt die Freiheit nicht wieder, sondern findet in dem verschlossenen Gefängnis sein Grab, und man findet es tot in dem grausen Kerker, den es mit so vieler Lebenslust betreten hat.

Das Insekt stirbt, um die Pflanze fortleben zu lassen!

## 50. Der Wegerich.
### (Plantágo.)

Von der ersten Frühlingszeit bis zu dem letzten schönen Tage im Jahre steht an allen Wegen ein Pflänzchen, das heißt Wegerich oder Wegebreit. Es ist sehr unscheinbar und gar nicht schön. Stengel und Zweige hat es nicht, sondern es liegt breit und platt mit seinen lederartigen, dunkelgrünen Blättern auf dem Boden. Kommt seine Blütezeit, dann geht mitten aus den Blättern heraus ein Schaft. Der hat oben eine rötlich-weiße Blütenähre mit einer Menge kleiner Blüten. Aus diesen stehen die Staubgefäße hervor und bilden eine Art von Bürstchen. Weil das Pflänzchen so arm aussieht, so wird es wenig beachtet. Die Kinder bücken sich wohl nach dem Vergißmeinnicht und nach der Kettenblume; aber nach dem Wegerich greift selten eins. Für die frohen Menschen ist das Pflänzchen freilich weniger geschaffen, als für die traurigen. Der Landmann weiß recht gut, daß es für böse Wunden und Eiterbeulen ein treffliches Heilkraut ist. Und von der Großmutter bis auf den Enkel herab hat es noch manches andere gute Zeugnis; denn es beruhigt das Blut, und wer es im Frühlinge als Thee trinkt, dem giebt sein Saft gesunden Magen und heile Haut. Was will man mehr von einem so unscheinbaren, einzelnen Kräutlein! Man will nicht mehr, aber es giebt noch mehr. Sind seine Blüten ausgefallen, so hat sich an jedem Blümchen ein Samenkorn

angesetzt. Das ist künstlich in einer kleinen Kapsel geborgen. Viele Men=
schen, die das Pflänzchen zertreten und so ohne ihren Willen unsers Herr=
gottes Saatleute werden, wissen das nicht. Aber jedes Finklein weiß es.
Das ist seine Wissenschaft, von der Mutter ihm angeerbt und angefüttert.
Wenn es die Flügel regen kann, dann fliegt es zu der vollen Ähre des
Wegerichs; die ist seine stets gedeckte Tafel. Wer dann ein Auge hat für
der Geschöpfe Thun und Treiben, der sieht mit Vergnügen, wie der Distel=
fink die gelben Schwingen ausbreitet, sich flatternd an den Wegerich hängt
und mit ihm umfällt. Schier auf den Rücken kommt er zu liegen, und so
hält er seine Schnabelweide, welche nicht nur für heute oder morgen reicht,
sondern für lange, lange Zeit. Wenn der Schnee alles bedeckt, so kommen
die Ammern in die Dörfer und mischen sich unter die Spatzen, wohin sie
nicht gehören, weil böse Gesellschaft gute Sitten verdirbt. Der Fink aber
sucht die Raine auf und findet leicht die Samenähre des Wegerichs, die
über den Schnee hervorragt. Sie hält ihre Körner fest, bis sie gesucht
werden. Was aber die Finken zerstreuen, das ist gesät fürs neue Jahr.

## 51. Die Butterblume (Löwenzahn).
### (Taráxacum officinale.)

Die Kinder pflücken gern auf dem grünen Anger die weißen, wolligen
Köpfchen der Butterblume ab, die auf glatten, runden Stielen aus grünen
Blättern hervorschauen. Sie spielen Begräbnis, legen die Nußschale mit
bunten Blütenblättern aus und tragen darin das Goldkäferchen zu Grabe.
Die einen singen das Totenlied und die andern leuchten mit dem Samen=
köpfchen der Butterblume als mit Lichtern und Laternen nebenher. Nach
vollbrachtem Trauerzuge blasen alle die Lichtchen aus und werfen die kahlen
Stümpfchen weg. Da fliegen die vielen Samenkörnchen nach allen Seiten
hin. Jedes hat ein feines Stielchen und oben einen zarten, weißen Feder=
kranz. So ziehen sie als Reisende weithin durch die Luft. Die Blüte war
ihr Vaterhaus, jetzt geht die Reise fort durch die weite Welt. Die einen
lassen sich auf der Wiese, die andern an dem Wege nieder, jene ziehen sogar
über den breiten Fluß, steigen heimlich über den Zaun und schlüpfen in den
verschlossenen Garten zwischen Rosen und Levkojen, während wieder andere
auf der Mauer sitzen bleiben oder in das Dorf und in das Städtchen
reisen und sich hier an den Plätzen und auf den Straßen zwischen den
Pflastersteinen ansiedeln. Was thut nun das Samenkörnlein, wenn seine
Reise zu Ende ist? Das braune Körnchen ist mit zarten Widerhaken be=
setzt, mit denen haftet's in der Erde. Der Wind weht Staub darüber,
der Regen bringt Wasser herzu und nun beginnt das Körnchen seine

8*

Arbeit. Sturm und Wolken sind ihm Helfershelfer, die ihm Stoff zum Bauen schaffen. Unten senkt es eine starke Wurzel in die Erde. Mit dieser hält sich's fest, daß nicht ein neuer Windstoß es weiter treibt, denn es gefällt ihm hier und es mag nicht wieder reisen. Die Wurzel ist der Grund, den es zu seinem Hause legt. Zarte Fasern dringen nach allen Seiten in die Erde und schaffen Nahrung her. Nun formt die Pflanze einen Kranz von grünen Blättern, die stehen wie die Strahlen eines Sternes oder einer Sonne rund im Kreise, — von einem Punkte hin nach allen Seiten. Jedes dieser Blätter ist lang und schmal, an beiden Seiten mit großen Zähnen eingeschnitten. Davon erhielt das Pflänzchen auch den Namen „Löwenzahn", jedoch sind die Zähne weich und harmlos. Dieser Kranz von grünen Blättern sind der Blume Erdgeschoß. Bald darauf errichtet sie ein zweites Stockwerk, die goldne Blüte. Ein runder, glatter Stengel führt hinauf. Innen ist er hohl und läßt so sich bequem zu Ringen biegen und zusammenstecken, die dann Ketten zum heitern Spiel der Kinder liefern, — nur daß der weiße Saft, der herauströpfelt, klebrig ist und Flecke in den Kleidern verursacht. Sowie die Menschen es häufig pflegen, daß sie die Unterstuben ihres Hauses schlicht und einfach zum ge- wöhnlichen Gebrauch einrichten, während sie ein Stockwerk höher ein Zimmerchen schön aufputzen mit manchem Schmuck zum Empfang für fremde, liebe Gäste, die am Festtag kommen, so hat die Butterblume auch den größten Fleiß bei ihrer Blüte angewendet. Außen umgiebt dieselbe ein grüner Kelch aus einer Doppelreihe von Blättchen zart gebildet, innen breitet sich der Blütenboden weiß und fein aus mit kleinen Grübchen, und in diesen stehen in vielen Kreisen unendlich viele Blümchen. Jedes von diesen letztern ist schön goldgelb und feine Fädchen schauen aus ihrer Mitte; das sind die Staubgefäße und die Stempel. Solche Blume ist nicht eine einzige, wie die des Veilchens oder der Primel, — sie ist aus Hunderten von Blütchen zusammengesetzt, ist eine Blumenstadt! Und welche Stadt!? Eine grüne Mauer umgiebt sie, das ist der innre Kelch; Promenaden aus grünen Bäumchen und Gebüsch stehen rings um diese — dies sind die äußern Blättchen des Kelches, die sich gern gekrümmt einzeln rückwärts schlagen, während jene innern meist verwachsen als dichte Hülle die Blüte eng umgeben. Der weiße Blütenboden ist das Straßenpflaster; es besteht — wie bei jenem Dorf in Holland — aus feinem Porzellan. Die Blüt= chen sind die Häuser, aus purem Gold gefertigt und von goldnen Herren und Damen bewohnt. Die fünf Staubgefäße jeder Blüte sind mit den Beutelchen zu einer kleinen Röhre eng verbunden und der Stempel mit zwei zarten Narben geht mitten durch, — just, als stände in jedem Gold= haus eine liebe Mutter, welche ihre Hände ausbreitet über ihre Kinder, die im Kreise sie umarmen. Viel Fremde reisen ab und zu. Käferlein und Bienen vergnügen sich in dieser goldnen honigreichen Stadt, die nur bei schönem Wetter ihre Thore öffnet, bei Regen und bei Nacht sie sorg= sam schließt. Manche dieser Gäste herbergen dann auch hier zu Nacht; oft legen bunte Fliegen sich mitten ein, wie in ein weiches Bett und schlafen, wohlbeschützt, bis der Sonne warmer Strahl sie wiederum zum süßen Schmause weckt. Nach kurzer Zeit jedoch verblüht die Blume; es glaubt das Kind: nun sei sie tot und alles wäre aus! — Nein, nein! jetzt geht es erst recht lustig wieder an! In solcher Blüte wuchsen tausend kleine Körner, gerade wie das erste, aus dem die ganze Butterblume ward; denen wird es jetzt zu eng, jedes reckt und streckt einen feinen Stiel nach oben, auf diesem eine Federkrone, ein Schmuck zugleich und auch ein Flügel. Die gelben Blütchen fallen ab und wieder steht ein Wollkopf fertig da, wiederum ein Lichtchen, von dem tausend junge Pflänzchen nach allen Seiten hin auf Reisen gehen. Selbst an den Bergen der Schweizer Alpen steigen sie hinauf und setzen sich ringsum die Sennhütten, grünen dort und blühen. Die muntern Kühe weiden, der Hirt bläst das Horn. Er sieht die Butterblumen gern, denn sie sind für sein Vieh ein trefflich Futter, und nennt sie deshalb Kuhblumen. Da gelangen Tausende von ihnen hin= ein in den Leib der Kühe, und die bittre Milch, die ihre Blätter und Stengel enthalten, wird hier verändert, fette süße Milch quillt aus dem Euter und giebt dann schöne Butter und guten Schweizerkäse. So breitet die Butterblume nicht nur reichen Schmuck an Blatt und Blüten für sich selbst, sie fertigt auch Nahrung für die Kuh und Honig für die Bienen. Ja, manches Kind zog schon im Mai hinaus ins Feld mit einem kleinen Körbchen und einem Messer; Butterblumen gräbt es mit den Wurzeln aus, die lang und tief sich in den Boden strecken. Wozu gebraucht es die bittern Wurzeln? Zum Naschen nun wohl nicht, dazu ist die Wurzel des Süßholzstrauches ihm viel lieber — doch leisten jetzt die bittern, herben Tropfen, die man aus den Wurzeln der Butterblume preßt, wie es der Arzt verordnet, dem Kinde einen größern Dienst, als sonst das Süßholz und Lakritzen — sie befreien die arme Mutter von der bösen Krankheit, die ihre Wangen bleichte, — sie geben ihr Gesundheit und Frohsinn wie= der, damit sie in Gesellschaft ihrer Kinder wieder frisch und munter selbst hinausziehen kann, im Walde Blumen zu pflücken und Erd= und Heidel= beeren zu suchen.

## 52. Die Distel.
### (Cárduus.)

Am harten, steinigen Wege steht die stachelige Distel. Kein ander Kraut mag dort wachsen. Kornblumen und Klatschrosen haben sich das gute Ackerland ausgesucht und sich mitten hinein zwischen den Weizen und Roggen gesetzt. Sie leben im Überflusse und stehlen dem nutzbaren Getreide die Nahrung weg. Die Distel nimmt bescheiden mit dem unfruchtbaren Wegrande vorlieb.

Die Blätter der Distel sind starr, in viele Fetzen zerrissen und zerschlitzt wie ein altes, abgetragenes Kleid. Dazu sind sie ringsum mit scharfen, spitzen Stacheln besetzt. Kein Kind mag sie anrühren, denn sie stechen empfindlich. Auch die schönen roten Distelblüten mag man nicht zum Strauße pflücken. Ihre Stiele und Kelche tragen ja auch lange Stacheln, so scharf und spitz wie Nähnadeln.

Da hängt die Distel traurig den Kopf. Sie möchte in der Welt gern auch etwas nützen und selbst dem Kinde eine Freude machen, — wie soll sie es anfangen?

Unverdrossen saugt sie aus dem dürren Gestein die Tautröpfchen und trinkt das warme Sonnenlicht, das der liebe Gott allen Blumen beschert, den Disteln so gut wie den Lilien und Rosen. Die Distel am Wege wächst weiter, treibt wacker neue Blätter und Blüten — das andere wird sich von selber finden.

Eine kleine Raupe kriecht herzu. Sie ist hungrig und hat weder Vater noch Mutter, die ihr etwas zu essen verschaffen. Die Distel nimmt sich der kleinen Raupe an, giebt ihr freie Wohnung und Kost und beschützt sie mit ihren Stacheln gegen ihre Feinde. Die Raupe schmaust von dem Distelblatte und wird groß und stark davon. Endlich verwandelt sie sich in einen prächtigen Schmetterling. Der schöne Falter ist das Pflegekind der Distel. Sie hat ihn groß gezogen. Die muntern Knaben eilen ihm jubelnd nach, um ihn zu fangen. Einer ruft es dem andern zu: „Sieh, sieh den prächtigen Distelfalter!"

Zu den süßduftenden Distelblumen kommen die Bienen. Sie trinken daraus den Honig in vollen Zügen, und niemand stört sie dabei. Sie tragen die süße Speise und den Blumenstaub zu ihren Kleinen daheim und häufen die Reichtümer in den Zellen des Bienenstocks auf. Wird dann der gefüllte Stock vom Bienenvater geleert und der Honig auf den Tisch gebracht, so schmausen die Kinder den süßen Seim, den die Distel für sie erzeugt hat.

Wenn im Winter alle andern Blumen in Feldern und Wäldern schlafen gegangen sind, dann ragen die harten, dürren Distelstengel noch über die weiße Schneedecke hervor. Sie lassen sich vom Froste nicht leicht zerstören und vom Winde nicht leicht umbrechen. Jetzt fliegen die Distelfinken und andere kleine Wintergäste herzu, verspeisen die reifen Samenkörner und stillen ihren Hunger damit. Kommt dann der Frühling und bauen die Vögel ihre Nester, so sammeln sie noch die rauhe Wolle aus dem reifen Distelköpfchen und machen daraus im Nest ein weiches Bett= chen für ihre Eier und für die niedlichen Jungen.

Der allerliebste Stieglitz im Bauer, den das Kind zu seinem Geburts= tage erhielt, und der ihm soviel Freude macht, ward in einem solchen Nest= chen aus Distelwolle großgezogen und mit dem Distelsamen ernährt.

So kann selbst eine stachlige Distel am dürren Wege andern nützen und Freude machen, dem Schmetterlinge, den Bienen und Vögeln und selbst den Menschenkindern.

## 53. Die Kamille.
### (Matricaria Chamomilla.)

Die Pflanze wird ihrer ärztlich verwendbaren Blüten wegen oft in Gärten kultiviert, findet sich aber auch nicht selten auf Äckern verwildert und blüht vom Mai bis August. Ihr Stengel wird etwa 30 cm hoch, ist ziemlich stark verästelt und reich beblättert. Die Blätter sind zwei= bis dreifach gefiedert, mit fast linealen Zipfeln. Sie sind, wie auch der Stengel, kahl. Die Blüten stehen in kleinen, mittellang ge= stielten Körbchen. Der gemeinschaftliche Kelch (Hüllkelch) besteht aus mehreren Kreisen länglicher, grüner, am Grunde miteinander verbundener Blättchen. Der Blütenstiel erweitert sich an seinem oberen Ende zu einem fleischigen, inwendig hoh= len Blütenboden.

Bei den meisten verwandten Pflanzen ist derselbe eben, scheibenförmig; bei der Kamille hat er eine walzenförmige Ge= stalt und ist oben abgerundet. Bei vielen

Kamille.

ist er ferner mit feinen, schuppigen Blättchen bedeckt; hier ist er nackt. Auf demselben steht eine große Zahl dicht gedrängter Blüten, die jedoch nicht, wie z. B. beim Löwenzahn, alle gleich aussehen. Außen steht ein Kranz weißer, zungenförmiger Strahlen= oder Zungenblüten. Der untere Teil derselben ist zu einer Röhre zusammengezogen, an welcher unten der längliche Fruchtknoten sichtbar ist. Die Zungenblüten erscheinen vor dem Verblühen zurückgeschlagen. Die innern Blütchen sind sämtlich röhren= förmig und heißen nach ihrer Gestalt Röhrenblüten, oder, im Gegensatz zu den Strahlenblüten, auch Scheibenblüten. Sie unterscheiden sich von den erstern außer durch ihre Gestalt auch durch die geringere Größe und die goldgelbe Farbe. Der Röhrensaum ist oben schwach in fünf Zipfel geteilt. Beide Blütenarten haben den unterständigen Fruchtknoten, das Fehlen des Kelches und die einblättrige Blumenkrone gemein. Die Staubbeutel sind, wie beim Löwenzahn, miteinander zu einer Röhre verwachsen, die den Griffel umschließt.

Die ganze Pflanze zeichnet sich durch ihren aromatischen (wohlriechenden) Geruch aus. Ihre Blütenköpfchen geben einen vielfach als schweißtreibendes Mittel verwendeten Thee.

Die Kamille bildet mit einer großen Zahl verwandter Gattungen die Familie der Korbblütler (Kompositen). Unter dieser giebt es 1. solche, die nur Zungenblüten haben (Löwenzahn), 2. solche, die Zungen- und Röhrenblüten besitzen (Kamille) und 3. solche, deren Blüten sämtlich röhrenförmig sind (Kratzdistel, blaue Kornblume).

## 54. Der Kaffeebaum.
### (Cóffea arabica.)

Der Kaffeebaum hat seinen Namen von der Landschaft Kaffa. Sich selbst überlassen erreicht der Baum eine Höhe von 9—12 m. Um aber die Früchte besser ernten zu können und seine Fruchtbarkeit zu erhöhen, beschränkt man seine Höhe durch Beschneiden auf 4—6 m. Der Stamm ist sehr schlank, nur 10—13 cm im Durchmesser dick und mit einer glatten, grauen Rinde bedeckt. Die Zweige des Kaffeebaumes sind gegenüberstehend; die unteren haben eine fast horizontale Richtung und sind die längsten, die oberen werden immer kürzer, so daß die Krone des Baumes pyramidenförmig ist. Die Blätter stehen ebenfalls gegenüber und sind länglich-eiförmig. Dieselben sind immergrün, glatt, oben glänzend und bleicher. Die lieblich wie Jasmin duftenden Blüten sind schneeweiß, kurz gestielt und sitzen büschelförmig in den Blattwinkeln. Sie gleichen ganz den Blüten des echten Jasmin. Der Kelch ist sehr klein und fünflappig, die Blumenkrone trichterförmig und ebenfalls fünflappig. Über die Krone ragen 5 Staubgefäße heraus. Die Früchte sind reif schön karminrot, haben die Größe einer Kirsche, enthalten in der fleischigen Hülle zwei mit der glatten Seite gegeneinander liegende, harte Samen (Bohnen), und diese geben geröstet das allgemein beliebte Getränk. — Der Kaffeebaum gewährt in seinem Blütenschnee einen herrlichen Anblick, herrlicher noch als unsere mit Blüten überschütteten Obstbäume. Aus jedem Blattwinkel entspringt ein Blütenhäuschen, und aus dieser Blütenfülle heben sich die tiefgrünen Blätter höchst vorteilhaft hervor. Die Blütenpracht währt fast 8 Monate

hindurch, indem sich an den neu wachsenden Zweigen auch immer neue
Blüten entfalten.

Das älteste Kulturland des Baumes ist das glückliche Arabien,
oder die Landschaft, wo Mokka liegt, die Stadt, welche von jeher in dem
Rufe steht, den besten Kaffee zu liefern. Unter dem Namen Mokka wird
aber häufig eine Ware verkauft, die unter ganz anderen Himmelsstrichen
wuchs. Von Arabien aus hat sich
der Kaffeebaum weit verbreitet. Die
wichtigsten Kulturländer des Kaffees
sind gegenwärtig in Afrika: Abessinien,
die Insel Madagaskar; in Asien:
Arabien, die Philippinen, die Sunda-
Inseln Java, Borneo und Celebes,
die Insel Ceylon; in Amerika: Cuba,
Domingo, Dominika, Portoriko, Jamaika, Venezuela, Brasilien, Neu-
Granada, Peru. — In den Kulturländern des Kaffees trifft man Kaffee-
pflanzungen, die oft einen meilenweiten
Umfang haben. Die Kaffeebäume
stehen in regelmäßigen, schnurgeraden
Reihen, und die glatte Rinde ihrer
Stämmchen, Äste und Zweige prägt
den Pflanzungen den Stempel der
Sauberkeit auf. Die Wege werden
sorgfältig rein gehalten und der sauber
geharkte Boden vom Unkraut befreit. Feuchtigkeit darf dem Kaffeebaum
nicht fehlen, und wenn der Regen ausbleibt, muß man mit künstlicher Bewässerung nachhelfen. Bereits im zweiten Jahre seines Lebens blüht der
Kaffeebaum und trägt Früchte; im dritten bringt er schon eine beträcht-
liche Ernte, den größten Ertrag aber liefert er im 4. und 5. Jahre. Nach
dieser Zeit ist seine Kraft erschöpft, und er wird entfernt, um einem neuen
Platz zu machen. Im Durchschnitt rechnet man auf einen Baum 1 Kilo
Bohnen (reinen Kaffee) als jährlichen Ertrag; in wohlgepflegten und gut
bewässerten Pflanzungen trifft man aber auch Bäume an, die 4—5 Kilo
jährlichen Ertrag geben. Die Früchte werden nicht gleichzeitig reif und
müssen deshalb zu verschiedenen Zeiten gesammelt werden. Man schüttelt
die reifen Früchte von Zeit zu Zeit auf untergelegte Tücher. Die reichste
Ernte ist im Mai. Die fleischige Hülle wird von den Bohnen entfernt.
Durch Auswaschen im Wasser werden die Bohnen völlig gereinigt. Sind

Zweig, Blüte und Frucht des Kaffeebaumes.

sie dann vollständig getrocknet, so muß noch auf einer besonderen Mühle die sie umhüllende Samenhaut von ihnen entfernt werden. Dabei ist es wichtig, daß die Bohnen ganz bleiben, da zerbrochene einen viel geringeren Wert haben. Zuletzt werden sie gesiebt und sortiert, bei welchem letzteren Geschäft jede einzelne durch die Hände der Arbeiter gehen muß. Nun erst ist die Ware für den Handel bereit.

Das Kaffeetrinken verbreitete sich im Anfang des 15. Jahrhunderts von Abessinien nach Arabien. Im 16. Jahrhundert wußte man in Europa von dieser Herrlichkeit noch gar nichts. In Deutschland waren die ersten Kaffeehäuser in Nürnberg, Regensburg, Hamburg und Stuttgart; in Berlin entstand das erste 1721. — Ein und derselbe Kaffee liefert nicht überall ein gleich gutes Getränk. Je frischer geröstet die Bohnen sind, desto aro= matischer und wohlschmeckender ist der aus ihnen gewonnene Trank. Viele Personen halten den Kaffee für nahrhaft. Nahrungsmittel ist der Kaffee nicht, er enthält gar keine nährenden Stoffe. Der Kaffee wird, wie der Thee, zu den Reiz= und Genußmitteln gezählt. Die Wirksamkeit desselben besteht darin, daß die Nerventhätigkeit und die Thätigkeit des Gehirns an= geregt und belebt wird. Anstrengende geistige Thätigkeit spannt und stumpft das Gehirn und die Nerven ab und ermüdet sie. In diesem Falle ist der Genuß einer Tasse Kaffee ein ausgezeichnetes Mittel, die geistige Thätigkeit wieder zu erfrischen und zu beleben. Der Kaffee wirkt auch auf den Magen, indem er die Verdauung befördert. Die jährliche Produktion an Kaffee schätzt man auf etwa 250 Millionen Kilo.

## 55. Der Holunder.
### (Sambúcus niger.)

Der gemeine Holunder oder Holler wird auch wohl Flieder genannt. Der Name Holunder soll davon herrühren, daß das Holz hohl ist, wenn das dicke Mark herausgenommen ist.

Der gemeine Holunder ist ein 3—7 m hoher Baum oder Strauch und erreicht unter günstigen Umständen einen Durchmesser von 60—90 cm.

Der Stamm ist in der Jugend gerade, sehr weich, im Alter in der Regel gekrümmt oder nach einer Seite gerichtet. Er wächst in der Jugend außerordentlich schnell, im Alter dagegen sehr langsam; die Triebe eines jungen Stammes haben oft eine Länge von 1—2 m, die eines alten Stam= mes kaum von 2—5 cm. Die Äste der alten Stämme haben eine meist wagerechte Stellung. — Die Rinde ist in der Jugend grün, warzig, später grau, im Alter korkartig, mit geschlängelten Längsfurchen versehen. Die Warzen heißen Rindenhöckerchen und sind Korkbildungen.

Die Blätter stehen gegenüber, sind gestielt und unpaarig gefiedert. Die Blättchen sind kurz gestielt, eiförmig, lang zugespitzt, ungleich gesägt. Am Grunde eines jeden Fiederblättchens älterer Blätter treffen wir oft Nebenblätter an.

Die Blüten stehen in den Blattachseln. Der gemeinschaftliche Blüten= stiel, die Achse, teilt sich in 5 Blütenstiele, welche sich unregelmäßig ver= ästeln, aber fast in gleicher Höhe enden. Einen solchen Blütenstand nennt man eine Trugdolde. — Der Kelch ist größtenteils mit dem Frucht= knoten verwachsen (oberständig), klein, 5zähnig, bleibend. — Die Blumen= krone ist oberständig, radförmig, 5spaltig, gelblichweiß, wohlriechend. — Die 5 Staubgefäße sind der Kronenröhre eingefügt und wechseln mit den 5 Blumenkronzipfeln ab. — Der Stempel besteht aus einem mit dem Kelche verwachsenen Fruchtknoten, der mit einer undeutlich=3teiligen, sitzenden Narbe versehen ist. Nach dem Verblühen fallen Blumenkrone und Staubgefäße ab, und der Fruchtknoten entwickelt sich zu einer runden, schwarzen, drei= bis fünfsamigen Beere.

Der gemeine Holunder ist durch ganz Deutschland verbreitet und blüht im Juni und Juli. —

„Der Holunder war uns ein lieber Baum, mehr noch als Hasel= strauch und Weide; denn von ihm schnitten wir die jungen trocknen Zweige, um aus dem leichten, starken Marke Stehmännchen zu machen, indem wir es in centimeterlange Stückchen schnitten und auf einer Seite einen kurzen Nagel mit rundem, gewölbtem Kopf (Zwecke) einsteckten. Die älteren, hart= holzigen Äste wurden zu Knall= oder Krachbüchsen verarbeitet, indem mit einem starken Draht die starke Markröhre durchstoßen wurde; andere lie= ferten Spritzbüchsen, womit wir in übermütiger Bubenlaune die Mädchen vom Brunnen scheuchten und naßspritzten, bis das prächtige Spritzding in= folge allzu großer Dreistigkeit im Hause konfisziert wurde, um bald durch eine andere ersetzt zu werden. Oder wir machten daraus bei unsern hy= draulischen Studien Brunnenröhren, Abflußröhren von unsern kleinen Teichen, aus recht glatten, langen Stücken, wohl auch Blasrohre. Unter anderen schönen Dingen, welche uns der Holunderstrauch lieferte, erfreuten uns be= sonders die kleinen Flöße aus schwachen Holunderstäbchen, durch zwei Quer= stäbe von festem Hartriegelholz verbunden, welche wir mit dem leichten Holundermark beladen (Zucker, Steine und andere Fracht darstellend) den Bach hinabschwimmen ließen. Noch wichtiger aber wurde der Meisenkasten, in Form eines Blockhäuschens, aus dem stärksten vorjährigen Holz ge= arbeitet mit Boden und Deckel versehen, darin die verräterische Falle mit daran gebundenen Kürbiskernen oder einem Stückchen von einem Sonnen= rosenkopf mit Samen. Aber wie oft mußten wir daran ausbessern, wenn das Holunderholz nicht hart genug war! — Denn die Meise arbeitet an ihrer Befreiung wie ein Zimmermann und beißt sich doch durch. Minder schwierig und weniger folgenreich für uns war die Verwendung der reifen schwarzen Beeren, aber desto schlimmer für die lieben, kleinen Rotkehlchen, welche damit in Sprenkeln und Garnen gefangen wurden, sobald der Herbst frische Morgen und heitere Tage brachte.

Auf dem Lande ist seine Verwendung sehr stark. Man kocht die Beeren zu Suppen, unter Obst aus, um dasselbe dunkel und gewürzhaft zu machen, preßt den Saft davon unter Obst- und Traubenwein zu gleichem Zwecke, keltert allein aus den Beeren einen berauschenden, eigentümlich würzigen Wein, welcher in England besonders beliebt ist.

Noch gebräuchlicher und allgemeiner ist die Anwendung der Pflanze zu medizinischen Zwecken, und Holunder gilt der Mehrzahl der Landleute als die nützlichste, wirksamste Heilpflanze, wozu der Aberglaube einen guten Teil beiträgt. Die Blüten werden allgemein als schweiß- und harntreiben= des Mittel angewendet.

Der berühmte Erzieher Salzmann in Schnepfenthal bei Gotha war ein so großer Verehrer des Holunders, daß er ihn in seinem Wappen führte und anordnete, einen Strauch auf sein Grab zu pflanzen. Er be= hauptete, daß er die Krankheiten seiner zahlreichen Zöglinge fast einzig durch den Gebrauch des Holunders beseitigt und ferngehalten habe." (Jäger.)

## 56. Die Esche.
### (Fráxinus.)

Die Esche ist ein schöner schlanker Baum von 19—24 m Höhe, der einzeln in Wäldern vorkommt, häufiger aber in Dörfern, an Flußufern und Teichrändern angepflanzt wird. Er hat eine graue glatte Rinde, die erst im späteren Alter rissig wird. Die Blätter sind gegenständig und un= paarig gefiedert; die 9 bis 16 Paar Blättchen sind festsitzend, länglich= lanzettlich, zugespitzt, am Rande gesägt. Die Blüten, welche vor den Blät= tern im April und Mai aus den Knospen der jungen Zweige entspringen, sind teils Zwitterblüten, teils männliche und weibliche Organe in ver= schiedenen Blüten getrennt. Sie entbehren jeder Blütenhülle und bestehen nur aus zwei großen, eiförmigen, dunkelroten Staubbeuteln, welche auf kurzen Fäden stehen, und aus einem Fruchtknoten mit einem Griffel und einer dreiteiligen Narbe. Aus dem Fruchtknoten entwickelt sich eine 3 bis 4 cm lange, einsamige, flach zusammengedrückte Flügelfrucht mit blattartigen Flügeln.

Die Esche gedeiht fast in jedem Boden, liebt aber vorzüglich einen mit Dammerde, Sand und kleinen Steinchen vermengten Boden. In Wäldern eignet sie sich gut zu Oberholz, weil sie keine dichtbelaubte Krone hat und daher das Unterholz nicht unterdrückt. An Getreidefeldern und in Gärten hat man sie nicht gern, weil ihre sich weit ausbreitenden Wurzelschößlinge den andern Kulturpflanzen schaden und den Boden aussaugen. In Bezug auf das Holz ist die Esche von großem ökonomischen Nutzen; dasselbe ist weiß oder weißgelb, oft schön geadert oder geflammt und eignet sich zu allerhand Wagner-, Tischler- und Drechslerarbeit. Die meisten landwirtschaftlichen Geräte können aus Eschenholz verfertigt werden, wie z. B. Wagen, Pflüge zc. — Die Esche war schon im Mittelalter ein sehr geachteter Nutzholzbaum; bereits die homerischen Helden, sowie die Ritter des Mittelalters, entnahmen von derselben ihre Speere.

Durch die Kultur sind einige Spielarten entstanden, von denen namentlich eine mit herabhängenden Zweigen, die Traueresche, auf Begräbnisplätzen und in Gärten häufig angepflanzt wird.

## 57. Der Olivenbaum (Ölbaum).
### (Olea europaea.)

Die Olivenbäume sind den Bewohnern des südlichen Europas, namentlich den Italienern und Griechen, ebensoviel wert wie uns unsere Obstbäume. Da ist keine Hütte, zu der sich nicht die Olive gleichsam als Hausgenosse gesellt hätte; da ist kein Berg, in dessen Mittelgrunde nicht Olivenbäume grünten, während am Grunde die breitblätterige Feige steht. So lange nur noch etwas Leben in ihren Adern kreist, bietet sie sich mit allem, was sie hat, zur Benutzung dar. Mit wenigem zufrieden, segnet sie schon mit ihrer kirschartigen Frucht, wenn dieselbe noch unreif ist, indem sie eingemacht auf die Tafel gebracht wird. Hat sie die gehörige Reife erlangt, so wird aus ihrem Fleische das bekannte Oliven- oder Baumöl gepreßt, das fast in allen südlichen Ländern Europas statt der Butter zur Bereitung vieler Speisen gebraucht, namentlich aber als Salatöl benutzt wird. Doch nicht nur in ihren Früchten spendet die Olive den mannigfaltigsten Segen, ihr Holz ist auch eine Zierde der Stuben. Die Möbel, welche aus demselben angefertigt sind, sehen aus wie marmoriert, ja oft wie mit Landschaften bemalt. Nicht minder ist der Baum ein Schmuck der Gebirge und ein Liebling der Maler. Zwar sagt man, daß er unserm Weidenbaum ähnlich sehe, der bekanntlich kein schöner Baum ist; aber sicherlich übertrifft er ihn in dem Wuchs seiner feinen, zierlich verschlungenen Zweige, in dem silberfarbenen, leichten Blatte seiner Krone, in den lieblichen Gruppen, die er an den Bergabhängen Italiens bildet, deren Rücken sich meistens nackt mit scharfen, bestimmten Linien in die reine, tiefblaue Luft des Südens erheben und aus der Ferne blau er= scheinen. Er ist der vielbesungene Baum der alten Griechen, die ja, wie kein Volk, die Schönheit zu schätzen wußten, soll aber erst aus Palästina nach Europa gekommen sein. Im Alten Testamente wird seiner zuerst bei der Sündflut gedacht. Die Taube, welche Noah zum zweiten Male aus=

Zweige des Olivenbaumes.

fliegen ließ, trug, als sie zurückkam, ein frisches Ölblatt in ihrem Schnabel, und Noah erkannte daran, daß das Gewässer gefallen sei. Dieses grüne Friedensblatt, im Schnabel der treuen Taube gehalten, ward später bei den ersten Christen ein sinniges und liebes Denkmal. Auf ihren Fried= höfen sah man nämlich häufig die Taube mit dem Ölblatte in Stein aus= gehauen. Salomo ließ aus dem Holze der Olive zwei Cherubim, 6 m hoch, anfertigen und dieselben in seinen herrlichen Tempel bringen. In der Stiftshütte brannte das allerreinste, lauterste Olivenöl auf einer Lampe, und aus Olivenöl wurde das heilige Salböl zubereitet, mit welchem Samuel sein Horn füllte, als er den David mitten unter seinen Brüdern zum König salbte. Auch der Frankenkönig Chlodwig, der bis zur Schlacht bei Zülpich ein Heide gewesen, wurde am Weihnachtsfeste des Jahres 496 von einem Bischofe mit solchem Öle gesalbt, und die Sage geht, daß eine Taube dasselbe in einem Fläschchen vom Himmel gebracht habe. Wie Samuel den David zum König weihte, indem er ihn mit Olivenöl besprengte, so weihte Jakob, als er gen Mesopotamien zu Laban zog, den Stein, auf dem sein Haupt geruht, da er die Himmelsleiter sah, mit eben solchem Öl und that dabei ein Gelübde und sprach: „So Gott wird mit mir sein und mich behüten auf dem Wege, den ich reise, und Brot zu essen geben und Kleider anzuziehen, so soll dieser Stein ein Gotteshaus werden!" Auch ohne feierliche Veranlassung gebrauchte jeder Morgenländer das Olivenöl. Tropfenweise goß er es auf den Kopf, um Haupt und Nerven zu stärken, und damit auch der Arme die köstliche Gabe nicht entbehre, so sprach Moses zu den Besitzern der Ölgärten: „Wenn du deine Ölbäume geschüttelt hast, so sollst du nicht nachschütteln; es soll des Fremdlings, der Waisen und der Witwen sein." Die arme Witwe zu Zarpath teilte zur Zeit einer Hungersnot das Öl in ihrem Kruge mit dem Propheten Elias und in dem dunkeln Schatten des Ölberges bei Jerusalem hat unser Herr und Meister gewandelt. Auch in bildlicher Redeweise gedenkt die Bibel oft der Olive. So sagt der Psalmist von den Gottlosen: „Ihre Worte sind gelinder denn Öl, und haben doch bloße Schwerter," und von den fröhlichen Herzen, die der Herr erquickt und stärkt, sagt er: „Du salbest ihr Haupt mit Öl und schenkest ihnen voll ein. Der Fromme wird bleiben wie ein grüner Ölbaum im Hause Gottes, und seine Kinder werden sein wie der Ölzweig um den Tisch her;" aber „der Gottlose", heißt es im Buche Hiob, „wird abgerissen werden, wie eine unzeitige Traube vom Weinstock, und wie ein Ölbaum seine Blüte abwirft."

Auch den Griechen war der Ölbaum von großer Bedeutung. Die Göttin Pallas Athene, so erzählten die Griechen, habe mit eigener Hand die erste Olive auf Athens Tempelberg gepflanzt, und von dieser stammten alle Oliven Griechenlands ab. Als einst Athen durch die Perser eingeäschert wurde, brannte auch der Olivenbaum, den die Athene gepflanzt, mit an, jedoch nicht ab. Schwarz, seines Blätterschmuckes beraubt, stand er da, als ob er mit den Griechen traure über das Unglück der Stadt. Im nächsten Jahre jedoch trieb er von neuem Blätter, und ein Reis nach dem andern wurde wieder grün. Da war Freude und Jubel unter den Athenern, denn, sagten sie, uns ist ein Zeichen geworden, daß die Göttin uns noch gewogen ist. Wie ihre Olive wieder grünet und blühet, so wird

auch unfere Stadt wieder grünen und blühen. — In welch einem An=
fehen jener Baum auch über Athen hinaus ftand, beweift die Gefchichte
des Fremdlings von Kreta. Diefer hatte den Athenern wichtige Dienfte
geleiftet. Dankbar bot ihm die Stadt eine Belohnung; aber ftatt der
Schätze, welche man ihm zugedacht hatte, erbat er fich einen Zweig von
dem heiligen Ölbaume, und mit diefer fchlichten Gabe fchied er, hoch ge=
feiert und verehrt von den Athenern. Ein Kranz von Olivenzweigen war
es, mit dem die Sieger in den olympifchen Spielen gekrönt wurden, und
diefer einfache, filberfarbene Kranz mit feinen goldgelben Blüten war
ihnen mehr wert als einer aus wirklichem Silber, denn er verherrlichte
nicht bloß den, der ihn trug, fondern auch feine Familie und feine Vater=
ftadt. Als einft ein Bürger von Rhodus feine beiden Söhne zugleich mit
einem folchen Olivenkranze gefchmückt fah, ftarb er vor Freude, und fchei=
dend rief man ihm zu: „Stirb, glücklicher Vater, dir bleibt nichts mehr
zu wünfchen übrig!“ Einen folchen Siegeskranz fah auch einmal ein König
der Perfer, Xerxes, auf feinem Haupte, aber im Traume. Ihm träumte
nämlich, er wäre mit einem Ölprößlinge bekränzt, deffen Zweige über die
ganze Erde fich ausgebreitet hätten; danach fei der Kranz von feinem
Haupte verfchwunden. Die Traumdeuter legten ihm den Traum fo aus,
daß er durch den Feldzug, den er gegen die Griechen vorhabe, die Herr=
fchaft über die ganze Erde gewinnen werde, hatten aber den Traum falfch
gedeutet. — Der Ölzweig wurde jedoch nicht allein von fiegesfreudigen
Herzen getragen, auch Schutz= und Hilfeflehende griffen nach ihm. In
den Perferkriegen fandten die Griechen wiederholt Boten mit Ölzweigen
nach Delpi, um vor dem Orakel einen günftigeren Spruch für ihr Vater=
land zu erflehen. Mit Ölzweigen in den Händen kamen auch die unglück=
lichen Karthager zu dem römifchen Feldherrn, nachdem fie gegen denfelben
fechs Tage und fechs Nächte mit der größten Tapferkeit gekämpft hatten,
und baten um ihr Leben. Sogar auf einer Münze hat der Ölzweig ge=
prangt. Ein durch feine Weisheit berühmter König in Rom, der den
Frieden dem Kriege vorzog, ließ nämlich einen Ölzweig auf die Münzen
prägen, und im Mittelalter baute man mitten im Heidenlande bei Danzig
ein Klofter, welches heute noch fteht, und nannte es Oliva, damit an=
deutend, daß es den wilden Heiden den Frieden des Himmels bringen
follte. Das Weihwaffer fprengte der Priefter am liebften mit Oliven=
zweigen, und den Sterbenden falbt er noch jetzt bei der letzten Ölung mit
Olivenöl.

## 58. Die weiße Taubnessel (Bienensaug).

(Lamium album.)

Brennessel sind ein gar bekanntes Kraut, sowohl die große, dunkel= grüne Art, wie die kleinere, heller gefärbte, krause Nessel. Ein Griff in einen Nesselbusch muß mit einem scharfen Brennen und Jucken, dem kleine Anschwellungen der Haut folgen, gebüßt werden. Dies rührt daher, daß die Blätter der Brennessel mit sehr feinen und spitzen Haaren besetzt sind, welche bei leiser Berührung die Haut durchstechen und ein winzig kleines Tröpflein eines beißenden Saftes in der Wunde absetzen, welcher das un= behagliche Gefühl verursacht.

Ähnlich einer Nessel sieht das Kraut der hier mitgebrachten Pflanze aus, so daß Unkundige beim flüchtigen Ansehen dieselbe wohl für eine Nessel halten mögen. Ein Griff in dies Kraut zeigt aber sofort den Irr= tum, da weder von jenen Stacheln noch von dem Stechen und Brennen hier eine Spur zu merken ist. Man hat daher diese Pflanze die taube Nessel oder Taubnessel genannt, obgleich dieselbe mit der Nessel auch nichts weiter als das bloße Aussehen gemein hat. Weil die Bienen gern an der reich mit Honig versehenen Blüte saugen, führt die Pflanze auch den Namen Bienensaug.

Die Pflanze wird in der Regel etwa 20, auch wohl 30 cm hoch. Die Wurzel besteht aus vielen fadenförmigen Fasern, welche vom gemein= schaftlichen dünnen Wurzelstocke ausgehen. Wo der Wurzelstock aufhört und der Stengel beginnt, ist kaum anzugeben, da letzterer in seinem un= teren Teile so dünn und schwach ist, daß er die Pflanze nicht zu tragen imstande ist. Diese vermag daher auch nicht aufrecht zu stehen, legt sich vielmehr anfangs platt auf die Erde, kriecht eine Strecke fort, strebt dann aufwärts und erreicht allmählich, jedoch in ziemlich kurzem Bogen, die senkrechte Stellung. Der ganze Stengel ist, abweichend von den bis= her betrachteten Pflanzen, vierkantig, hohl, mit steifen, rückwärts ge= richteten Haaren besetzt, und durch etwas dickere Gelenke in mehrere Glieder geteilt. Unten ist der Stengel, wie gesagt, schwach, in der Mitte am stärksten und am dicksten und nimmt am oberen Ende allmählich wieder an Dicke ab. Die unteren Glieder sind kürzer, als die oberen und tragen, so lange sie der Erde nahe bleiben, zur besseren Befestigung der Pflanze noch Seitenwurzeln. Es entspringen an den einzelnen Gelenkknoten neue Triebe oder Zweige, welche, wie der Hauptstengel geformt, je weiter sie von der Wurzel entfernt sind, schwächer und kürzer werden, so daß ein nach allen Seiten ungehindert ausgewachsener Taubnesselbusch, von oben gesehen, eine rundliche Form, gleich einem wohlgeordneten Blumenstrauße, aufweist.

An jedem Gelenke entstehen in der Regel zwei **Blätter** oder ein **Paar,** der **Blattstand** ist, wie man sagt, **paarig.** Jedes Blatt ist **gestielt.** Der **Blattstiel** ist ungefähr ebenso lang, wie das Blatt, hat oben eine rundlich vertiefte Rinne, und ist unten mit einer stumpfen Kante versehen. Das Blatt ist **herzförmig,** an der Spitze etwas verlängert und an der Kante mit ungleichen Spitzen und scharfen Einschnitten, gleich einer Säge besetzt, ist **ungleich gesägt.** Die Oberfläche ist etwas uneben, fühlt sich weich an, und auf der Unterseite treten deutlich die verzweigten zahlreichen Adern hervor. Die Blattpaare an der Mittelpartie des Stengels sind die kräftigsten, und tragen die längsten Stiele, wogegen dieselben nach oben immer kleiner und kürzer gestielt erscheinen. Die Stellung der einzelnen Blattpaare zu einander ist so geordnet, daß jedes Paar aus den vom vorhergehenden Paare unbesetzt gebliebenen beiden Kanten des Stengels ausgeht, so daß, von oben gesehen, die Blätter mehrere übereinander stehende Kreuze bilden. Die **Blätter stehen paarig gekreuzt.** In den Blattwinkeln entwickeln sich, auf sehr kurzen Stielen sitzend, die **Blüten** in zwei **Häufchen,** so zahlreich, daß die äußeren sich nach beiden Seiten so weit ausbiegen müssen, daß sie die des andern Büschels berühren und als ein Kranz oder ein **Blütenquirl** erscheinen. Jede Blüte wird von einem kleinen **Kelche** eingefaßt, der aus **einem** Blatte gebildet ist und in fünf spitze, pfriemartige Zähne, von nicht immer gleicher Länge, ausläuft. Vor dem Aufbrechen der Blüte liegen die Knospen in dem Kelche eingewickelt. Die **Blumenkrone** besteht ebenfalls aus nur **einem** Blatte, welches in seinem unteren Teile eine gekrümmte, aufstrebende Röhre bildet. Oben erweitert sich diese Röhre und teilt sich in zwei Hauptteile, die nach der Form der ganzen Blüte, welche einem geöffneten Munde, einem Rachen ähnlich ist, als **Ober-** und **Unterlippe** bezeichnet werden. Die **Oberlippe** ist gekrümmt, nach unten hohl, gleich einem Halme, und mit feinen Haaren auf der Oberfläche und an den Kanten besetzt. Die **Unterlippe** ist in drei Teile gespalten, welche **Lappen** genannt werden. Der mittlere dieser Lappen, die eigentliche Unterlippe, ist vorne breit, in der Mitte etwas eingekerbt, so daß derselbe herzförmig erscheint. Die beiden Seitenlappen sind klein, spitz, oft nach innen gebogen und erscheinen wie kleine Zähne im geöffneten Munde.

In der Höhlung der Oberlippe liegen parallel nebeneinander vier graugefärbte längliche **Staubbeutel,** ein Paar über dem andern. Diese sitzen an vier langen, durch die Röhre hindurchgehenden unter dem **Frucht-knoten** befestigten **Staubfäden,** von denen zwei länger sind, als die beiden andern. Die beiden längeren Staubfäden werden als die mächtigen, als die Herren bezeichnet: die Taubnesselblüte ist zweimächtig.

Zwischen den vier Staubfäden, noch etwas über dieselben hervorragend, steht der Griffel, oben in zwei weiße, lange Narben geteilt.

Ziehen wir nun noch einmal eine vollständige Blumenkrone aus dem Kelche heraus, so tritt bei Wiederholung des bereits Angegebenen an der Krone sowohl, als an dem Kelche, die Zahl fünf sehr deutlich hervor, und es scheint, als wenn die ganze Blüte ursprünglich auf einen fünfblätterigen Kelch und eine fünfblätterige Krone angelegt, aber nicht zur völligen Entwickelung gelangt sei.

Nach dem Herausziehen der Krone und der Staubgefäße finden wir unten im Grunde des Kelches vier kleine grüne Körper, welche die Fruchtknoten bilden, und zu vier dreieckigen, harten Nüßchen heranwachsen, deren jede den Keim einer Pflanze mit nach oben steigenden zwei Keimblättern und nach unten tretendem Würzelchen enthalten. Sämtliche Samen liegen unbedeckt oder nackt im Kelche, der nach dem Verblühen stehen bleibt, und bis zum Ausfallen der Frucht eine schützende becherförmige Hülle für diese bildet.

Die Taubnessel wächst an Wällen und unter Gebüsch, in Gärten und auf dem Felde, und gehört mit andern ihrer Gattung zu den sogenannten Schuttpflanzen, welche sich nie weit von den menschlichen Wohnstätten entfernen und gewöhnlich auf Schutthaufen und an verwahrlosten bebauten Plätzen vorkommen, überhaupt nie da anzutreffen sind, wohin der Mensch mit dem Acker- und Gartenbau noch nicht gekommen ist. [Hierher gehören u. a. auch die Vogelmiere (Alsine media *L.*), die Malven, die Kletten, das Hirtentäschelkraut u. s. w.] Einzelne dieser Schuttpflanzen, z. B. der Wegerich (Plantago major *L.*) folgen dem Fuße des Menschen auf seinen Wanderungen über die ganze Erde, und erscheinen sofort da, wo er sich ansiedelt, ohne daß man weiß, woher der Same kommt und wie er sich verbreitet. Selbst der rote Indianer in den Urwäldern Amerikas kennt schon diese Eigenschaft solcher Pflanzen, und verkündet voll banger Ahnung den Seinen daheim in der Hütte, wenn er solche Gewächse gesehen, die er bezeichnend die „Fußspuren des weißen Mannes" nennt.

Die Taubnessel riecht unangenehm. Sie gehört, nach der Form ihrer Blüte, zu den sogenannten Lippen- oder Rachenblütlern, deren es bei uns noch manche andere giebt.

Beim Aufsuchen der weißen Taubnessel sind wir nicht so ängstlich an eine bestimmte Zeit, einen bestimmten Monat etwa, wie bei so vielen andern Pflanzen, gebunden. Sie blüht den größten Teil des Jahres hindurch. Bei mildem Winter kann man sie sogar im Dezember und Januar

noch recht oft antreffen. Dies kommt zum Teil daher, daß sie eine mehr=
jährige Pflanze ist, das will sagen, daß sie aus ihrer dauernden Wurzel
stets neue Zweige treibt.

Auch recht häufig in Gärten, auf Schutt u. s. w. sind die beiden fol=
genden Arten zu finden:

Die rote Taubnessel (Lamium purpureum *L.*), kleiner, weniger
verzweigt und mit kleinen, roten Blüten versehen, und

die stengelumfassende Taubnessel (Lamium amplicaule *L.*),
kleiner als die vorige, mit nierenförmigem Blatte, das rund um den Stengel
herum wächst. Diese blüht kürzere Zeit, als die beiden andern Arten, ist
auch, wie die rote, nur einjährig.

## 59. Das Sumpfvergißmeinnicht.
### (Myosótis palustris.)

Indem wir uns heute durch die umliegenden feuchten Wiesen mit
ihren Quellen, Gräben und vielleicht auch Bächlein aufs Trockne begeben,
halten wir auf diesem Terrain einmal flüchtige Umschau. —

Manches, dem Namen und der Form nach schon bekannte Blümchen
guckt uns aus dem gemähten und schnell wieder nachgewachsenen Grase
entgegen. — Da finden wir die kleine brennende Ranunkel (Ranunculus
flammula *L.*) mit ihren schmalen Blättchen im Grase liegend und auf=
strebend ihre goldgelben, scheinenden Blüten emporhaltend; vielleicht steht
im Graben danebeen auch hie und da die große Ranunkel (Ranunculus
lingua *L.*), meterhoch, grade aufstehend, mit großen und hübschen gelben
Blüten. — An den Rändern der Quellen und Gräben, und diese oft
großenteils ausfüllend, treffen wir häufig zwei dem Ackersenf und dem
Kohl verwandte Kreuzblüten, nämlich die weiß blühende gemeine Brunnen=
kresse (Nasturtium officinale *R. Br.*) und die gelbblühende Sumpf=
Brunnenkresse (*N.* palustre *D. C.*), von denen die Erstere häufig als
Salat benutzt wird. — Daneben pflegt in großer Zahl sich die Wasser=
minze (Mentha aquatica *L.*) einzustellen, deren in endständigen Köpfen
und Quirlen stehende lilafarbigen Blüten sie als der Taubnessel verwandt,
und zu den Lippenblüten gehörig kennzeichnen. — Hin und wieder stoßen
wir auch wohl auf den durch seine regelmäßige, einem kleinen Tannenbaum
ähnliche Tracht leicht kenntlichen Tannenwedel (Hippuris vulgaris *L.*),
mit kleinen in den Blattquirlen stehenden Blüten, die nur aus einem ein=
zigen Staubfaden und einem Griffel bestehen und wegen ihrer Kleinheit
selten beachtet werden. — (Nicht verwechseln darf man diese interessante
Pflanze mit den verschiedenen, in der Tracht ähnlichen „Schafthalmen".

Zwischen der eben genannten und anderen weniger in die Augen fallenden Pflanzen finden wir aber ein Blümchen, das wie wenige allbekannt, beliebt und gesucht ist, nämlich das gemeine oder Sumpf-Vergißmeinnicht. —

Die im feuchten Grunde steckende Wurzel ist faserig. Dieselbe entspringt einem recht starken, mehrere Jahre ausdauernden Wurzelstock, welcher an den Gelenken mit Nebenwurzeln versehen und kriechend ist. —

Der Stengel ist 15—30 cm lang, unten in der Regel kantig, oben rund, schwach und daher niederliegend und nur im oberen Teile aufsteigend. — Er ist rauh anzufühlen, mit steifen, abstehenden Haaren besetzt, mehr oder weniger verzweigt und von unten auf beblättert. —

Die Blätter sind kurz gestielt, wechselständig, länglich-lanzettlich, ganzrandig und der steifen Haare wegen etwas scharf anzufühlen. —

Die Blüten bilden eine verzweigte, gebogene, einseitwendige Traube, an deren oberen Ende stets Blüten und Knospen zu finden sind, während unten schon reife Frucht sitzt. — Die einzelne Blume besteht aus einem einblätterigen, fünfzähnigen Kelche, mit steifen angedrückten Haaren versehen, und aus einer ebenfalls einblätterigen Krone. Diese bildet in ihrem unteren Teile eine gerade, gelbliche Röhre und im oberen einen flachen, fünflappigen Saum von rein blauer Farbe mit einem gelben Fleck in der Mitte. Die einzelnen Lappen sind herzförmig, und der Übergang in die Röhre, der sogenannte Schlund, ist durch fünf kleine Klappen fast verschlossen. Diese sind gelb und bilden den mittleren Fleck der Krone. In der Röhre befestigt finden sich 5 Staubgefäße und zwischen ihnen ein Griffel, welcher auf dem Fruchtknoten im Grunde des Kelches steht. —

Die Frucht reift in dem bleibenden offenen Kelche und besteht aus 4 kleinen Nüßchen. — Die junge Pflanze kommt mit 2 Keimlappen aus der Erde. —

Dies niedliche Blümchen wird wegen seiner reinen, freudigen blauen Farbe und seines langen Blühens als ein Sinnbild der Liebe, Freundschaft und Treue angesehen. Man pflückt es daher und stellt es in Vasen ans Fenster, oder legt es in Form eines Kranzes auf einen Teller, wo es im Wasser lange fortwächst und fortblüht. — In Gedichten, in freundschaftlichen Widmungen, und besonders in Stammversen spielt das Vergißmeinnicht eine Hauptrolle.

## 60. Der schwarze Nachtschatten.
### (Solánum nigrum.)

Diesmal werden wir uns nicht weit vom Hause entfernen. Wegeränder, Wälle, besonders Erd- und Schutthaufen, und die schon mehr und

mehr verwahrlosten Ecken und Winkel unserer Gärten sollen unsere Auf=
merksamkeit fesseln. — Da finden wir nicht wenige ältere und neuere Be=
kannte. Neben dem unvermeidlichen Löwenzahn wächst, in üppiger Fülle
den Boden bedeckend, die bekannte Vogelmiere (Alsine media) in Gesell=
schaft der weißen und roten und stengelumfassenden Taubnessel. —
Die bekannte Hundspetersilie (Aethusa cynapium L.) und der gefleckte
Schierling (Conium maculatum L.), beide den Dolden= oder Schirm=
blütlern angehörend, finden sich auch häufig. —

In den Gärten ist der Salat in „Stock" gelaufen, das will sagen:
er steht mit zahlreichen kleinen, gelben Korbblüten besetzt, und der Spargel
steht, gleich jungen Tannenbäumchen aufgeschossen, mit lilienartigen Blüten
und mit roten Beeren geziert. — Als Unkraut zwischen den Kartoffelreihen
und auf abgenutzten Beeten und Plätzen des Gartens breiten sich oft in
großer Zahl die Garten= und die rauhe Gänsedistel (Sonchus oleraceus
und asper L.) aus, beide durch die Form ihrer gelben Blüten, durch ihren
reichen, weißen Milchsaft und durch die weiße Federkrone der Frucht sich
als dem Löwenzahn, dem Salat verwandt, überhaupt den Korbblütlern
angehörig ausweisend. — Zwischen ihnen stehen ebenfalls, oft reichlich, die
mit scharfem Milchsaft angefüllten Wolfsmilcharten, nämlich: Die feinere
und häufigere Garten=Wolfsmilch (Euphorbia peplus L.), und die höhere
und größere Acker= oder sonnenwendige Wolfsmilch (E. helio-
scopia L.), beide sowohl als die Hundspetersilie und der gefleckte Schier=
ling zu unseren Giftpflanzen gehörend. —

Neben und zwischen den genannten Gewächsen treffen wir aber noch
ein giftiges Kraut, das wir uns genauer ansehen wollen. Es ist dies der
schwarze Nachtschatten. —

Die ganze Pflanze ist 30—50 cm hoch, buschig verzweigt, und ent=
weder aufrecht oder aufstrebend und dadurch noch mehr ausgebreitet. —

Die Wurzel besteht aus einer oder mehreren Haupt= und vielen
feinen, verzweigten Faserwurzeln. —

Der Stengel ist krautig, verzweigt, sparrig, in der Regel kahl,
mitunter auch etwas behaart. — Er steht, wie gesagt, entweder aufrecht
oder ist von der Last der Zweige und Blätter in seinem unteren Teile
niedergedrückt und im oberen aufstrebend. —

Die Blätter sind gestielt, wechselständig und eiförmig. Der Rand
ist ausgeschweift oder buchtig=gezähnt, die Fläche ist kahl oder mit einigen
Flaumhaaren besetzt.

Die Blüten stehen in einseitwendigen, blattwinkelständigen Trauben
und sind von weißer Farbe, in der Mitte oft gelb. — Die einzelne Blume
besteht aus einem kleinen, bleibenden fünfteiligen Kelche und einer ein=

blätterigen Krone, mit kurzer Röhre und radförmigem, fünfzipfeligem Saume. In der Röhre sitzen fünf kurze Staubfäden, mit großen, länglichen, zwei= fächerigen Staubbeuteln versehen, welche oft gelb sind und den gelben Fleck der Blume bilden, stets aber dicht aneinander stehen und kegelförmig zu einer Röhre zusammengeneigt sind, durch welche der lange, etwas rauhe Griffel hindurch geht. Dieser steht auf dem runden Fruchtknoten, welcher sich zu einer kleinen kugeligen Beere von der Größe einer Erbse entwickelt, die in der Regel schwarz, mitunter auch wohl gelb, rot oder grün ge= färbt ist. —

Die in der Beere liegenden Samen sind klein und enthalten einen mit zwei rundlichen Keimblättern aufkommenden Keim. — Die Pflanze ist in der Regel einjährig, mitunter auch zweijährig. —

Sie ist eins der weitest verbreiteten Unkräuter auf Acker= und Garten= land und findet sich, mit Ausnahme des äußersten Nordens und Südens, fast in allen Ländern der Erde. — Die Blätter und Beeren sind giftig, erregen, wenn sie genossen werden, Schwindel, Erbrechen und gar den Tod. Das Kraut riecht beim Trocknen betäubend. — Hühnern und Enten sind die Beeren tödlich, Schweinen mindestens sehr nachteilig.

## 61. Die Kartoffel.
### (Solánum tuberosum.)

Die bekannteste Nachtschattenart ist die Kartoffel, mit runzligen, rauhen, unpaarigen, ungleich=gefiederten Blättern, mit weißen und violetten Blüten und grünen Beeren. (Kartoffeläpfel.) — Die Ausläufer (nicht die Wurzeln) tragen die bekannten unterirdischen Knollen. —

Die Heimat der Kartoffeln ist jedenfalls Amerika. Sie sollen ur= sprünglich aus Chili stammen, doch sind jetzt, und waren schon zur Zeit der Entdeckung durch ganz Amerika Kartoffeln verschiedener Art verbreitet, so daß Europäer sie an verschiedenen Orten gefunden und mitgenommen haben werden.

Die erste Nachricht von dieser Pflanze kam, soweit bekannt ist, 1565 durch Seefahrer nach Europa. — Wer die Knollen zuerst hieher gebracht hat und auf welchem Wege sie in die einzelnen Länder gekommen sind, wird mit Bestimmtheit kaum zu ermitteln sein. Die alte Behauptung, daß Walter Raleigh sie 1584 aus Virginien nach Irland gebracht habe, soll irrtümlich sein, da Walter Raleigh gar nicht in Virginien gewesen sein soll. Ebensowenig soll es sich bestätigen, daß Franz Drake dieselben zuerst nach England gebracht habe, da er keine eigentliche Kartoffeln, son= dern nur irgend eine Art eßbarer Knollen »Potatoes«, deren es in Amerika viele giebt, mitbrachte. Es mag hieraus der englische, wahrscheinlich aus dem Spanischen »Batata« verdrehte Name Potato entstanden sein. In Holland heißen, nebenbei bemerkt, die Kartoffeln »Ardappeln«, in anderen Ländern ist der Name mannigfach verschieden. —

Unsere Kartoffeln sind, soviel sich erforschen läßt, wahrscheinlich über Spanien aus Italien zu uns gekommen. Dafür spricht auch schon der Name. Statt Kartoffeln wurden sie früher auch Toffeln (wie sie stellenweise noch vom Volke benannt werden) oder Tartuffeln genannt. Diese Benennung dürfte herzuleiten sein von dem italienischen Worte Tartuffi (verkleinert: Tartuffoli), welches Trüffeln bedeutet.

Im Jahre 1588 wurden die Kartoffeln zuerst in Wien und in Frankfurt a. M. in Gärten als Seltenheit angepflanzt. 1590 wurden sie genauer beschrieben und 1596 in London angepflanzt. Zu Anfang des 17. Jahrhunderts kommen sie hin und wieder in den Gärten einzelner Pflanzenfreunde vor, und 1616 werden sie als Seltenheit auf die königliche Tafel zu Paris gesetzt. 1701 kamen sie nach Württemberg, 1717 nach Sachsen, 1728 nach Schottland, 1740 nach dem übrigen Süddeutschland. 1738 wurden sie in Preußen und 1783 in Frankreich kultiviert. Nach Griechenland kamen sie 1830 zuerst durch die Deutschen. Zur Zeit des 30jährigen Krieges kamen sie nach Böhmen. —

In Deutschland herrschte im allgemeinen große Abneigung gegen die Kartoffel und nur durch Belohnung, durch Zwang, durch Empfehlung seitens der Prediger („Knollenprediger" nannte das Volk diese) und andere Mittel war es den Behörden möglich, dieser Frucht Eingang zu verschaffen; die durch den 7jährigen Krieg verursachte Teuerung trug schließlich stellenweise am meisten dazu bei.

Hier in Schleswig-Holstein, und speciell in Schleswig, ist der Kartoffelbau eigentlich erst durch die um 1750—60 aus Süddeutschland hereingezogenen Kolonisten zur allgemeinen Geltung gebracht worden. — Merkwürdig ist, daß in einem Teile Schleswigs, besonders in Angeln, noch der alte Name „Patäsch", von dem englischen Namen Patato (spr. Patäto) abstammend, sich vorfindet, was möglicherweise darauf hindeutet, daß die ersten Kartoffeln durch Seefahrer von England herübergebracht worden sind. —

Die Kartoffel ist eine der wenigen Kulturpflanzen (außer Tabak und Mais), welche von Westen nach Osten über die Erde sich verbreitet und also den entgegengesetzten Weg genommen haben, als das Getreide und die übrigen Kulturgewächse. — Wo, wie in Irland, die Armut der niederen Schichten der Bevölkerung so groß geworden, daß sie fast ausschließlich auf die Kartoffel als Nahrungsmittel angewiesen sind, da bietet sie allein eine ungenügende, das Volk körperlich und geistig verkümmernde Nahrung. Mit andern Nahrungsmitteln zusammen bietet sie dagegen einen guten Nahrungsstoff. — Im allgemeinen kann man getrost annehmen, daß wir in dieser Pflanze das beste Geschenk Amerikas besitzen, besser als alle Goldminen, welche dieser Weltteil uns geliefert hat. Seit Einführung der Kartoffel ist der vor der Zeit in verschiedenen Ländern Europas nicht selten eintretenden Hungersnot gewehrt worden, und ist für reich und arm stets ein billiges Nahrungsmittel vorhanden gewesen, zumal die Pflanze genügsam ist und mit leichtem Boden vorlieb nimmt. — Ebenfalls ist die Frucht für Kultivierung des Bodens, für Viehzucht, Handel und Gewerbe von Bedeutung geworden. Ganze Strecken für den Kornbau unbenutzten Bodens sind durch die Kartoffel erst urbar gemacht und dem Getreidebau gewonnen. Manches Läppchen Land an Abhängen, Wald- und Wegrändern ist durch sie nutzbar gemacht. Die Verarbeitung der Kartoffel zu Branntwein hat große Fabriken ins Leben gerufen, durch ihren Abfall die Viehmast befördert und Fleisch und Fett reichlicher und billiger gemacht. Ferner wird aus der Kartoffel die Stärke, ein für Gewerbe und Haushalt nützlicher Stoff, und in dem Abfall ebenfalls ein guter Futterstoff für Milch- und Fettvieh gewonnen.

Welche Bedeutung jetzt die Kartoffel für uns hat, ist recht empfunden worden, seitdem vom Jahre 1845 an die Kartoffelkrankheit in Europa mehr oder minder stark aufgetreten ist. — Seitdem haben wir diese Frucht würdigen gelernt und ihrer Kultur größere Aufmerksamkeit zugewendet. —

Statt, wie gewöhnlich, die Kartoffel aus den Knollen zu vermehren, kann man sie auch durch den Samen der Beeren („Kartoffeläpfel") fortpflanzen. Doch bekommt man dann in der Regel erst im 2. Jahre nutzbare Knollen, wenn man es nicht vorzieht, die kleinen Sämlinge früh im Frühjahr erst in warmstehenden Kästen, in Mistbeeten u. s. w. zu ziehen und dann auf gut bearbeiteten Boden auszupflanzen. — Durch Aussäen des Samens gewinnt man indessen neue, oft sehr gute Sorten, wie denn überhaupt die Kultur eine unzählige Menge für diesen oder jenen Zweck brauchbarer Arten erzielt hat. —

Bemerkt möge noch werden, daß das Kraut als Viehfutter benutzt, und für den Winter mittelst Einsalzens zu dem Zweck aufbewahrt werden kann. — Wenn es auch kein Lieblingsfutter bildet, so frißt das Vieh es doch; namentlich soll es eingesalzen zu empfehlen sein. — Übrigens enthalten die unreifen Beeren, das Kraut und die jungen Keime giftige Stoffe. Auch die an der Oberfläche entwickelten grün gefärbten Knollen sind schädlich. Dasselbe gilt für Menschen wohl von allen rohen Kartoffelknollen. Gekocht werden sie unschädlich, teilen aber dem Wasser, worin sie gekocht werden, die schädlichen Stoffe mit, weshalb das „Kartoffelwasser" bei der Bereitung von Speisen nicht verwendet werden darf.

## 62. Der Tabak.
### (Nicotiána Tabácum.)

Blätter länglich-lanzettförmig, stiellos; mit spitzwinklig-abstehenden Seitennerven; Blüte in ausgebreiteter Rispe, schön-rosa, mit aufgeblasenem Schlunde und scharfgespitzten Zähnen des Saumes. — Der Maryland-Tabak (Nicotiana macrophylla) hat breit-eirunde, stumpfe, sitzend-stengel-

Blüte der Tabakpflanze.

umfassende Blätter, mit fast rechtwinklig abstehenden Seitennerven; Blüten in zusammengezogener Rispe. Bis 1,50 m hoch).

Der Tabak stammt aus dem wärmeren Amerika, und wird jetzt in allen Weltteilen häufig gebaut. Frisch und roh ist er giftig; ist er jedoch durch eine Art von Gärung in seinen Eigenschaften umgeändert, so kann er zum Rauchen, Kauen und Schnupfen verwandt werden.

Die Erfindung des Tabakrauchens fällt in die graueste Vorzeit, denn man findet, wie Prinz Wied erzählt, bei Harmeny in Nordamerika in Grabhügeln, welche von einem Volke stammen, über das nicht einmal die eingebornen Wilden eine Sage haben, neben den fast verwitterten Menschengebeinen auch Pfeifenköpfe. Im Jahre 1492 sah Kolumbus, als er am 12. Oktober die Bahama-Insel Guanahani entdeckte, mit Verwunderung, wie die Leute dort überall aus Blättern gedrehte, rauchende Rollen im Munde führten. Diese Rollen nannten sie Tabaco, und die Spanier nannten später das Kraut so, aus deren Blättern sie bestanden. Je mehr man nun von den Inseln und dem Festlande Amerikas entdeckte, desto mehr überzeugte man sich davon, daß überall Tabak geraucht, gekaut, geschnupft, gebaut wurde.

Von den Europäern haben die Portugiesen zuerst die Kunst des Rauchens nach Europa verbreitet, indem Franciscus Hernandez de Toledo den Tabak ums Jahr 1558 aus Westindien nach Portugal brachte; dann sandte Nicot, französischer Gesandter am portugiesischen Hofe, im Jahre 1560 Samen, als von einer Heilkräfte besitzenden Pflanze, nach Frankreich. Von Nicot stammt der lateinische Name. Um diese Zeit begann Katharina von Medici tüchtig zu schnupfen, und so verbreitete sich diese Kunst

bald durch ganz Frankreich. Ums Jahr 1700 ward am Hofe Ludwigs XIV.
noch fleißig geschnupft, und nicht gar lange nachher erfand sogar die Mar=
quise von Pompadour eine besondere Tabaks=Essenz, pour corriger la mé-
moire, welche großen Beifall fand. Nach England hat Walter Raleigh im
Jahre 1586 die Kunst des Tabakrauchens verpflanzt, wo sie bald so über=
hand nahm, daß König Jakob I. im Jahre 1619 ein eigenes Buch, Miso-
capnos betitelt, dagegen schrieb, und bitter darüber klagte, daß man's in
keiner Gesellschaft mehr vor dem stinkigen, Gehirn und Lunge beschädigen=
den Qualm aushalten könne, der Gottes Zorn reize und zur Hölle führe.
In Italien hat Papst Urban 1624 den Bannstrahl gegen jeden Schnupfer,
Innocenz VII. ihn im Jahre 1698 nur gegen die geschleudert, welche in
der Kirche zu schnupfen wagen; Papst Benedikt XIII. hat den Bann im
Jahre 1734 wieder aufgehoben, weil er selber seine Nase gern mit Schnupf=
tabak erquickte. Nach dem Morgenlande haben die Christen die Sitte des
Rauchens gebracht. Im Jahre 1610 warnte der Sultan die Türken und
ließ einen Raucher, dem eine Tabakpfeife durch die Nase gestoßen war,
zur Schau herumführen. Im Jahre 1633 ward in der Türkei vom
Sultan Murad IV. das Rauchen mit dem Tode, in Rußland ward es
1634 mit Nasen=Abschneiden bestraft. In Deutschland wurde das Tabak=
rauchen erst im 30jährigen Kriege durch fremde Truppen allgemein ein=
geführt; aber noch im Jahre 1653 hielt Dr. Tapp, Professor an der Uni=
versität Helmstedt, bei Niederlegung seines Rektorats eine Rede, worin er
das Tabakrauchen als von der Verführung des Teufels abstammend dar=
stellte.

Höchst merkwürdig ist es, mit welcher Wut rohe Völker, wie anderen
Betäubungsmitteln, so namentlich dem Tabak nachstreben, wovon ich hier
nur wenige Beispiele anführen will: Kolbe erzählt (zu Anfang des vo=
rigen Jahrhunderts), daß Hottentotten, denen man Tabak giebt, sich vor
Freude ganz verrückt anstellen, und wie die Mütter sich bemühen, selbst
den kleinen Kindern die Kunst des Rauchens beizubringen. Lichtenstein
erzählt, wie ein Buschmann, der sich Tabak ausgebeten, diesen sogleich in
einen hohlen Knochen gestopft, und den Rauch so eifrig verschluckt habe,
daß er schon nach wenigen Minuten betrunken und ohnmächtig niederfiel.
Überall ward Lichtenstein von den Eingebornen Südafrikas um Tabak ge=
beten, und als er einst den König Muhilawang, dessen Söhne und Mi=
nister mit Tabak beglückte, rauchten sie alle sehr eifrig, schluckten nach dort
allgemeiner Sitte einen Teil des Rauches hinunter, und ein Begleiter des
Königs schluckte so viel, daß er ganz betäubt wurde, worauf man ihn
niederlegte und so lange gelind auf den Leib trat, bis der Rauch wieder
aus ihm heraus kam. Die Fürstin erbat sich Schnupftabak und füllte

damit sogleich ihre und ihres Säuglings Nase. Auf der Insel Manila
fand Otto von Kotzebue überall Männer, Weiber und kleine Kinder
mit Schmauchen beschäftigt; die Cigarren eleganter Damen waren dick und
30 cm lang. Die österreichische Fregatte Novara fand im Jahre 1858
in der königlich spanischen Cigarrenfabrik auf Manila 8000 Arbeiter be=
schäftigt und die jährliche Tabakernte der Insel betrug 180 000 Centner.
In China fand der Missionär Huc (1856) Männer, Weiber und Kinder
überall aus Pfeifen rauchend, die vornehmen Mandschu und Mongolen
schnupften auch. Von den Aleuten sagt Kotzebue, daß sie ohne Tabak zu
kauen zu jeder Arbeit unfähig sind. Bei den Tungusen sah J. G. Gmelin
wie auch alle Weiber eine besondere Hosentasche für Tabak, Pfeife und
Feuerzeug hatten. Die Männer und Weiber der Jakuten fand Ad. Erman
fleißig aus chinesischen Bronzeköpfen fein geschnittenen und mit Tannenholz=
spänen gemischten Tabak rauchend. Bei den Tartaren, sagt Daniel
Schlatter, rauchen Männer und Weiber, soviel sie können. Den Arabern
in Oberägypten, sagt Herzog Maximilian in Bayern, geht Tabak über
Essen und Trinken. Alle im nördlichen Asien wohnenden Völker, sagt
Wrangel, rauchen den Tabak so, daß sie den Dampf durch Nase und Ohren
wieder herauslassen: dies bewirkt eine Betäubung, welche zuweilen so stark
ist, daß sie bewußtlos niedersinken.

Der Tabak verlangt einen sehr fetten, im Herbste zweimal gepflügten
Boden. In Deutschland düngt man bei diesem Pflügen tüchtig, am
liebsten mit Schaf= und Schweinemist, säet von Ende Februar bis Ende
März den feinen Samen in Mistbeete, die entweder auf der Erde oder
auf Pfählen, um sie vor Ungeziefer zu schützen, angebracht sind. Für ein
Beet von 1,50 m Breite und 3,60 m Länge bedarf man etwa 15 g Samen.
Man bedeckt ihn höchstens 2—5 mm hoch mit Erde. Bei mildem Wetter
giebt man den Pflänzchen fleißig frische Luft, und wenn sie das fünfte oder
sechste Blatt getrieben haben, was Mitte Mai oder spätestens anfangs Juni
geschieht, versetzt man sie bei Regenwetter oder wenn eben ein milder Regen
bevorsteht, ins Freie, nachdem vorher das Land nochmals gepflügt und
geeggt worden ist. Jede Pflanze muß von der nächsten 80 cm weit ent=
fernt sein. Während des Sommers wird das Land zwei= bis dreimal ge=
hackt und die Erde etwas an die Pflanzen angezogen. Gegen Mitte August
bricht man die Spitzen der Pflanzen ab, so daß die größten 14—16, die
kleinsten 9—10 Blätter behalten, und bricht späterhin alle Nebenzweige,
welche sich in den Blattwinkeln bilden wollen, sorgfältig aus. Sobald sich
die Blätter gelb zu färben beginnen, bricht man sie ab, und zwar geschieht
dies zuerst mit den 2—3 untersten, welche auch, weil sie die schlechtesten
sind, besonders aufbewahrt werden. Im September blattet man endlich

alle übrigen Blätter ab, wenn sie auch noch grün sind. Das Abblatten muß jedesmal bei trockner Witterung geschehen. Die frisch abgenommenen Blätter werden an Fäden getrocknet, später nochmals mit Wasser angefeuchtet, worin sich Kochsalz nebst anderen Stoffen befindet, dann in Haufen geschichtet, bis sie sich erhitzen, und dieses Verfahren wird mehrmals wiederholt. — In Amerika wird noch immer, soweit der Sommer heiß oder warm ist, Tabak, und zwar von vorzüglicher Güte, gebaut. Mittel- und Südeuropa, Nordafrika und Südasien liefern ihn auch in großer Menge. In Europa wird der im Freien stehende Tabak von Kerbtieren und Würmern wenig angefressen, jedoch werden ihm die Raupen mitunter sehr schädlich. Die jährliche Gesamtproduktion des Tabaks auf der ganzen Erde beträgt 2500 Mill. Kilo.

Die narkotische Wirkung des Tabaks beruht auf dem Gehalte desselben an dem höchst giftigen Nicotin, von welchem 2—8 Prozent in den trocknen Blättern enthalten sind; der unangenehme Geruch des Tabakrauches rührt von einem erst während des Rauchens sich entwickelnden brenzlichen Öle her. „Das Tabakrauchen," sagt Leunis, „besonders das der Cigarren, bei welchen der Mund, namentlich wenn sie bis zu Ende geraucht werden, alle schädlichen Verbrennungsprodukte aufnehmen muß, wirkt auf den nicht daran gewöhnten Organismus gleich einem narkotischen Gifte, bringt Erbrechen, Durchfall, Kopfweh, Betäubung, eine eigentümliche Angst hervor, verliert aber durch fortgesetzten Gebrauch diese unangenehmen Wirkungen sehr bald und wird schnell zu einem unentbehrlichen, mehr oder weniger schädlichen Reizmittel, unter den berauschenden Genußmitteln das am wenigsten schadende. Das mäßige, aber nur das mäßige Rauchen hat für die Gesundheit der Erwachsenen meist weder bedeutenden Schaden, noch verkürzt es das Leben, befördert vielmehr morgens die Expektoration und Leibesöffnung, kann aber auch zur Verdauungszeit und bei vielem Ausspucken durch Entziehung des Speichels recht nachteilig werden. — Auch der Schnupftabak ist ein ermunterndes, die Gehirnthätigkeit anregendes Reizmittel, welches durch vermehrte Absonderung der Nasenfeuchtigkeit bei Augenentzündungen, Stockschnupfen und Kopfschmerzen als Ableitungsmittel wohlthätig wirken kann, so lange man noch nicht daran gewöhnt ist und daher nach einer Prise noch nießen muß; im Übermaß indes und bei Personen, welche an chronischen Halsübeln und Verdauungsbeschwerden leiden, wirkt Tabak und namentlich Schnupftabak für die Nasenschleimhaut und deren Nerven stets höchst nachteilig. Abgesehen von dem unangenehmen Geruch und Schmutze, der namentlich vom Schnupftabak in den Taschentüchern landkartenähnliche Abdrücke von der Tabaksjauche erzeugt, abgesehen von der Abstumpfung des Geruches und Geschmackes, die Rauchen und

Schnupfen notwendig hervorbringen, hat man auch die schädliche Ein=
wirkung des Tabaks bei Fabrikarbeitern auf das Unzweideutigste beobachtet.
Der Tabak ist in der Regel für die Gesundheit nachteilig, obgleich Raucher
und Schnupfer, wie Säufer ausnahmsweise gesund bleiben und alt werden
können; namentlich ist das Rauchen für unreife Knaben und Jünglinge
doppelt nachteilig, indem sich bei ihnen mit der ersten Pfeife oder Cigarre
eine Menge von Wünschen, Begierden und dünkelhaften Regungen ent=
zündet, die bis dahin noch geschlummert haben, während dagegen gar
manche Tugend, die bis dahin den Jüngling zierte, mit dem ersten Tabaks=
dampfe verraucht, wofür die Beweise auf allen Straßen und allen öffent=
lichen Orten zu finden sind."

## 63. Die Tollkirsche.
### (Atropa Belladonna.)

Viele Pflanzen enthalten eigentümliche Säfte, die auf den menschlichen
und tierischen Körper sehr verderblich einwirken, wenn sie genossen werden,
ja unter Umständen den Tod zur Folge haben können. Dies sind Gift=
pflanzen. Leider giebt es keine allgemeinen Merkmale, durch welche man
dieselben leicht und sicher von den unschädlichen unterscheiden könnte. Sie
haben sogar oft in ihren Blüten oder Früchten ein geradezu einladendes
Aussehen, wie überhaupt uns das Böse, Verderbliche nicht selten in einer
einladenden Form erscheint und darum namentlich die unerfahrene Kinder=
welt leicht täuscht. So ist's auch mit der Tollkirsche. Es ist daher not=
wendig, die einzelnen Giftpflanzen in ihren Eigenschaften kennen zu lernen,
damit man sie alsdann meiden kann.

Die Tollkirsche hat ihren Namen von ihrer kirschenähnlichen Frucht
und der furchtbaren Wirkung derselben. Von dieser wollen wir später
sprechen. Sie heißt auch mit einem fremden Namen Belladonna, welcher
Name auf deutsch „schöne Frau" bedeutet, da ihre Säfte in gewissen Län=
dern von Frauen benutzt worden sein sollen, um die Wangen voll und
rot zu machen. Sie wächst ziemlich häufig in Waldschlägen, an Rainen,
auf etwas feuchtem Boden.

Sie besitzt einen starken, holzigen Wurzelstock, auf dem sich meist
mehrere meterhohe, halb holzige, halb krautige Stengel erheben. Die=
selben sind unten meist einfach, oben doldig verzweigt, d. h. fast vom
gleichen Punkte aus gehen nach verschiedenen Richtungen mehrere Äste.

Dieselben sind, wie auch der Hauptstamm, ziemlich stark beblättert.
Das folgende Blatt ist immer auf einer andern Seite des Stengels an=
gewachsen als das vorhergehende. Die Blätter sind wechselständig.

Sie sind kurz gestielt, eiförmig zugespitzt und ganzrandig. Sie fühlen sich fettig an und verbreiten, wie übrigens die ganze Pflanze, einen widerlichen, betäubenden Geruch.

Die Blüten stehen meist einzeln auf ziemlich langen Stielen. Sie haben einen einblätterigen, fünfzipfeligen Kelch und eine röhrig glocken=förmige, oben ebenfalls in fünf rundliche Zipfel geteilte Blumenkrone. Diese hat eine schmutzig=braunrötliche, innen am Grunde etwas gelbliche Farbe. Fünf an derselben angewachsene Staubgefäße umschließen den Stempel mit dem oberständigen Fruchtknoten. Die Frucht ist eine kugelige, bei der Reife glänzend schwarze, vielsamige Beere, die von dem bleibenden Kelche umschlossen wird. Sie gleicht in etwas einer Kirsche, kann indessen von einer solchen leicht daran unterschieden werden, daß sie innen keinen Steinkern besitzt und von grünen Kelchzipfeln umgeben ist. Die Kirsche hat eine Steinbeere oder Steinfrucht, die Tollkirsche eine eigentliche Beere.

Ähnliche Blüten und Früchte haben wir bei der Kartoffel gefunden. Letztere Pflanze unterscheidet sich von der Tollkirsche in der Gestalt und Beschaffenheit des Stengels und der Blätter, zum Teil auch in der äußern Gestalt der Blüte. Beide indessen stimmen in der einblätterigen, fünf=zipfeligen Blumenkrone, in der Zahl und dem Anwachsungspunkt der Staub=gefäße und in der Beschaffenheit der Frucht überein. Sie bilden ver=schiedene Gattungen, gehören aber zu derselben Familie, nämlich zu derjenigen der Nachtschattengewächse. Diese hat ihren Namen von den Nachtschatten, von denen es mehrere Arten giebt, z. B. der schwarze, der auf kultiviertem Boden, auf Schutt ꝛc. hin und wieder sich findet und seinen Namen von den schwarzen Beeren hat, und der bittersüße, der in Schluchten hie und da vorkommt. Außerdem gehören zu dieser Fa=milie noch der Tabak, der Stechapfel, das Bilsenkraut ꝛc.

Wie diese Pflanzen in der äußern Gestalt miteinander übereinstimmen, so enthalten sie auch ähnliche Säfte. Alle sind nämlich mehr oder we=niger giftig. Die Kartoffel enthält ein schwaches Gift in den Beeren und den bleichsüchtigen, im Keller wachsenden Keimen; die Blätter des Tabaks enthalten ebenfalls ein betäubendes Gift; beide sind indessen bei weitem unschädlicher, als die übrigen Genannten.

Es giebt im Pflanzenreich zwei Arten von Giften, nämlich die schar=fen und betäubenden. Beide Namen beziehen sich auf ihre Wirkungen. Die der Dotterblume verwandten Hahnenfußarten, der Eisenhut (häufig auf Alpenweiden, hie und da auch in Gärten), der Zilang (Keller=hals), der Aronsstab, die Nießwurz ꝛc. enthalten scharfe, brennende Gifte. Sie verursachen Brennen im Schlunde, im Magen und sodann

furchtbares Bauchgrimmen, oft auch Erbrechen und Durchfall. Im schlimm=
sten Falle tritt unter furchtbaren Schmerzen der Tod ein, wobei das Be=
wußtsein bis zum letzten Augenblicke wach bleibt. Die Nachtschattengewächse
und viele andere enthalten betäubende (narkotische) Gifte. Wie die erstern
vorzugsweise auf die Verdauungsorgane, so wirken diese hauptsächlich
auf das Nervensystem ein. Ihre Wirkung ist aufregend, berauschend und
steigert sich oft bis zum Wahnsinn. Viele Pilze enthalten scharfe und be=
täubende Gifte zugleich. Der Tod tritt meist durch Starrkrampf ein. In
allen Fällen sind sofort starke Brechmittel (Seifenwasser, Kitzeln im
Schlunde) anzuwenden und ist der Arzt zu holen. — Viele von den hef=
tigsten Giften werden umgekehrt bei gewissen Krankheiten vom Arzt auch
wieder als Heilmittel angewendet.

### 64. u. 65. Die hohe und die gemeine Schlüsselblume.
#### (Primula elatior und Primula officinalis.)

Mit dem wiederkehrenden Frühlinge sind auch die Blumen wieder
erschienen. Unsere alten Bekannten vom vorigen Jahre haben sich bereits
eingestellt. Das weiße Schneeglöckchen hat längst die Gärten geziert,
und ist ebenso wie die etwas späteren mannigfach gefärbten Krokus nur
noch in Blättern und Samenkapseln vorhanden. Die gelben, und hie und
da auch schon die weißen Narcissen, im Verein mit der hohen rot=
blühenden Kaiserkrone haben zur Zeit den Vorrang in den Gärten
und auf dem Felde; hinter Wällen und in Zäunen ist unser Goldstern
zahlreich vertreten. — Alle diese, zu den Zwiebelgewächsen gehörenden
Zierden des Gartens und Feldes haben, als echte Frühlingsblumen,
bald die kurze Rolle ihres oberirdischen Lebens ausgespielt, und sinken
wieder zu dem längeren unterirdischen Leben zurück. —

Der noch fast blattlose Huflattich schließt sich diesen Genossen an,
und der fast das ganze Jahr hindurch blühende Löwenzahn, sowie das
kleine Gänseblümchen (Bellis perennis L.) sind auf den Grasäckern schon
in großer Zahl vorhanden; sie schmücken dieselben während des ganzen
Sommers. — Besonders aber in Gärten, an den Rändern der Steige und
Blumenbeete finden wir das letztgenannte Blümchen jetzt in großer Menge
und in den verschiedensten Farben prangend. — Das Feld, die Hecken und
der Wald sind mit einer Anzahl anderer Blumen geziert. Wir können schon
ein nettes Sträußchen zur Feier der begonnenen besseren Jahreszeit zusammen=
suchen, und werden manche Bekannte vom vorigen Jahre darunter finden.

1. Die Zahl unserer Bekannten wollen wir heute durch eine andere
echte Frühlingsblume, die sogenannte hohe Schlüsselblume oder die
hohe Primel (Primula elatior L.) vermehren.

Diese Blume führt ihren Namen von dem lateinischen Worte prima, d. h. die Erste, weil sie eine der ersten ist, die im Frühling hervorkommt. Sie heißt auch Schlüsselblume oder Himmelsschlüssel, weil sie gewissermaßen uns nach langer Winterzeit den Himmel (und die Erde) wieder aufschließt, und eine bessere Jahreszeit einführt, oder richtiger: von einer bessern Jahreszeit Zeugnis ablegt.

An derselben Stelle, wo im vorigen Jahre diese Pflanze stand, können wir sie auch in diesem Jahre wieder finden. Sie dauert mehrere Jahre, ist mehrjährig. Der in der Erde liegende, ziemlich dicke, recht feste, fast holzige Wurzelstock kann den Winter sehr wohl ertragen. Wenn auch die feineren Wurzeln, sowie der untere Teil des Stockes in der Regel während des Winters absterben, so behält der Hauptteil, trotz der abgebissenen Gestalt seines unteren Endes, doch lange Jahre hindurch Kraft und Frische, immer wieder neue zahlreiche Faserwurzeln nach unten wie auch neue Blätter und Blüten nach oben zu treiben. — Es wiederholt sich also bei dieser Pflanze, was wir im vorigen Jahre über die Natur der echten Frühlingspflanzen gesagt haben. Sie sind durch Zwiebeln, Knollen oder ausdauernde Wurzelstöcke hinreichend befähigt, der Ungunst der Witterung Trotz zu bieten, und sich gegen den ihnen sonst so bedrohlichen Untergang zu sichern.

Sämtliche Blätter unserer Schlüsselblume entspringen dem bleibenden Wurzelstocke, und bilden, um denselben zahlreich herumstehend, und sich zum Teil an die Erde hinlegend, eine hübsche Blätterrosette, wie wir solche im vorigen Jahre beim Löwenzahn, der gelben Wurzel u. a. schon kennen gelernt haben. — Jedes einzelne Blatt ist an einem starken, dreikantigen Stiele befestigt, und läuft an den Seiten desselben hinunter, so daß der Blattstiel als geflügelt bezeichnet werden kann. Er ist im Umriß eiförmig (verkehrteiförmig), an seinem Rande gekerbt, auf der Oberfläche wollig und runzelig, und an der Unterseite und dem Stiele mit feinem, weißem Filze überzogen. — Die Blätter werden vom Vieh gerne gefressen, wurden früher als Thee benutzt – (vielleicht auch jetzt noch) — und sollen auch als Gemüse genießbar sein. Aus der Mitte der Blätterrosette erhebt sich ein 10—20 cm hoher Schaft (wie beim Goldstern, dem Löwenzahn u. a.), ebenfalls mit feinem Filze überzogen, welcher eine einfache Dolde von lang gestielten Blüten trägt (ähnlich wie der Goldstern). Die Blüte besteht aus einem röhrenförmigen, etwas aufgeblasenen, fünfkantigen Kelche von blaßgrüner Farbe und nur halber Länge der Blumenkronenröhre, oben in fünf langen spitzen Zipfeln endigend.

Die Blumenkrone ist aus einem einzigen Blatte gebildet, ist also, wie die Krone der Taubnessel, des Löwenzahn u. a., einblätterig (ver=

wachſenblätterig), beſteht aus einer langen, geraden R ö h r e, und einem tellerförmigen S a u m e, der in fünf gleich große, herzförmige Lappen (fälſchlich Blumenblätter genannt), geteilt iſt. Die Farbe iſt ſchwefelgelb, an der oberen Öffnung der Röhre, dem S c h l u n d e, etwas dunkler.

Aus dem Schlunde blicken 5 gelbe, längliche Staubbeutel hervor, auf kurzen, an die Röhre gewachſenen Staubfäden ſitzend. Zwiſchen denſelben ſteht ein G r i f f e l, an der Spitze mit einer kleinen, halbkugeligen N a r b e gekrönt. — Dieſer führt zu dem unten im Kelche ſtehenden F r u c h t k n o t e n hinab, der nach dem Verblühen zu einer K a p ſ e l heranwächſt, welche vom bleibenden Kelche umhüllt iſt, zur Zeit der Reife mit 5 Klappen aufſpringt und eine reiche Fülle kleiner, dunkelbrauner Samenkörner enthält. — Aus dem Samen entſteht das junge Pflänzchen, das mit zwei K e i m = b l ä t t e r n aus der Erde hervorkommt.

Die hohe Primel findet ſich wild wachſend auf feuchten Äckern, Wieſen und in Wäldern, und bildet hier eine rechte Zierde des Frühlings. — Obgleich ſie nicht wohlriechend iſt, verpflanzt man dieſe Blume, ihrer hübſchen Form und ihrer reichen und ſchönen Blüte halber, auch gerne in Gärten, wo ſie ſehr gut gedeiht. Durch Kunſt und gute Pflege haben die Gärtner im Laufe der Zeit Primeln der verſchiedenſten Größen und Farben gezogen und faſt in allen Gärten findet man mit Primeln eingefaßte Gartenſteige oder ganze Beete mannigfach gezeichneten, teilweiſe auch ge= füllten Blumen dieſer Art. Zu Zeiten ſind die Primeln Modeblumen ge= weſen und in ſeltenen Sorten mit ſchwerem Gelde bezahlt worden. In Holland, wo die Zucht der Hyacinthen, der Tulpen und anderer Zwiebel= gewächſe ſo ſtark betrieben wird, iſt auch die Zucht der Primeln zu Hauſe, doch ſind in neuerer Zeit auch größere Kunſt= und Handelsgärtnereien Deutſchlands in der Zucht dieſer Zierblumen fortgeſchritten. Neue Arten beziehen unſere Gärtner von auswärts.

Die größere Zahl dieſer künſtlich gezogenen Primeln mag urſprünglich von unſerer hohen Primel abſtammen und dieſe heißt deshalb auch wohl ſchlechtweg die Gartenprimel; es ſtammen indes viele auch von anderen wildwachſenden Arten derſelben Gattung ab. Es giebt nämlich in Deutſch= land und der Schweiz nicht weniger als 20 bis 30 bekannte wildwachſende Primelarten, die größtenteils in Gebirgsgegenden, ſelbſt hoch in den Alpen vorkommen.

Bei uns kommen nur drei Arten wild wachſend vor und nicht einmal in jeder Gegend alle drei. Wir nennen noch:

2. Die g e m e i n e o d e r a r z n e i l i c h e Schlüſſelblume (Primula officinalis Jacq.), auf hohen Wieſen und ſonnigen, grasreichen Abhängen wachſend. Die Form der Blätter, der Schaft und die Dolde ſind wie bei

der P. elatior, nur ist der Schaft reichlich halb so hoch, die ganze Pflanze überhaupt in allen Teilen zarter und feiner, als die hohe Primel. — Die Blüte unterscheidet sich von dieser besonders dadurch, daß sie einen kleineren, fast trichterförmigen Saum und in der Nähe des Schlundes 5 safrangelbe Flecke hat. Außerdem ist der Kelch hier fast so lang, als die Blumen= kronenröhre, bauchig aufgeblasen, mit kurz gespitzten Zähnen versehen und wie die ganze Pflanze, mehr blaßgrün gefärbt. Übrigens erkennt man die gebräuchliche Primel auch schon an dem Wohlgeruch der Blume.

Die Blüte und Wurzel dieser Primel wurden früher, erstere als nervenstärkender Thee, letztere als lösendes und stillendes Mittel in Brust= krankheiten, benutzt. Aus den Blumen wird auch ein weinartiges Getränk bereitet, und die Blätter werden in Holland und England als Gemüse genossen.

## 66. Die Alpenrose, die Königin der Alpenblumen, mit ihrem Hofstaat.

(Rhododéndron.)

> Ein Blümchen blüht in Lieblichkeit
> Auf hoher Alpen Rücken;
> Es weiß der Myrte dunkles Kleid
> Mit Rosenrot zu schmücken.

Als Königin der Alpenpflanzen ist längst schon mit vollem Rechte die herrliche Alpenrose bezeichnet worden. Sie gewährt einen wahrhaft be= zaubernden Anblick, wenn ihre Sträucher ganze Felsen= oder Rasenpartieen mit den buchsbaumartigen, saftgrünen Blättern bekleiden, aus denen die zierlich gebildeten, karminrot leuchtenden Glockensträußchen und braunen Knospenzapfen sich so freundlich abheben. Mit welcher Wonne begrüßt der müde, keuchende Wanderer den ersten Alpenrosenstrauch und eilt trotz aller Erschöpfung im Fluge zu dem Felsen empor, von dem die Röschen ihm die lächelnden Grüße der Alpennatur zuwinken; wie oft begleiten sie mit ihrer ewigen Anmut ihn mitleidig durch lange Felsenlabyrinthe und ver= künden ihm Leben und volles Genüge in einer öden Welt von grausen= haften Steintrümmern! Überall gleich reizend, ziert sie tausendfältig das tausendfältig wechselnde Land ihrer Heimat und glüht bald als einzelne Rosenflamme über dem polternden Sturze des Eisbaches, bald überzieht sie die ganze Fläche des Berges, der sich mit seinem Purpurteppich im Spiegel des Alpensees malt, oder streut ihre Blüten gesellig in den viel= farbigen Flor der Alpen. Gleich freundlich wie dem Menschen, dem sie oft, wenn er unaufhaltsam dem Abgrunde zugleitet, ihre rettenden Stauden entgegenstreckt und dem sie in bitterkalten Sommertagen willig zum Feuer=

10*

herde folgt, bietet sie im harten Winter dem sanften Volke der Alpenhühner ihre zarten Sprossen und Knospen, um es vor dem nagenden Hunger zu schützen. Der Gebirgswanderer findet an diesen lieben Stauden so recht einen Maßstab für die stufenweise Entwickelung der Alpenpflanzen. Bei 1200 m Seehöhe findet er die braunen Kapseln mit halbangereiftem Sa= men; bei 1500 m steht die herrliche Pflanze im höchsten Flor; bei 2000 m beginnt der sonnigste Knospenzapfen die erste Blüte aus der Pyramide zu lösen, und 150 m höher fangen die Knospen erst an sich zu bräunen, un= gewiß, ob dieser Sommer ihnen die Entfaltung vergönnen werde. Der Schlage und die Tracht der Alpenrosen ist übrigens in den verschiedenen Gebirgen sehr verschieden; nie haben wir sie üppiger, mit größeren, tiefer= gefärbten Glocken und Büscheln gesehen, als in den Gebirgen Graubündens. Die gewimperte, die rostfarbene und die rein weiße Alpenrose sind be= sondere Arten.

Die reizende Königin der Alpenblumen ist von einem glänzenden Hof= staate umgeben, von denen keine es wagt, mit ihr um die Gunst des Men= schen zu werben, so bunt, so reich sie auch geschmückt sind. Unter ihnen treten besonders die Gentianen hervor, die in den verschiedensten Formen und Farben den Alpenrasen schmücken und viele Arten aufweisen. Die hohe Purpur=Gentiane, sowie die punktierte und die gelbe erheben stolz ihre leuchtenden Blumenwirtel aus den niedrigen Kräutern der Nachbarschaft, während die stiellose und die Frühlings=Gentiane millionenfältig ihre purpur= blauen Glocken über die keimende Rasendecke hinstreuen. Sowie der Schnee sein schmutziges Kleid von den hohen Triften zurückzieht, sprießt ungeduldig oft dicht neben ewigen Gletschern das überaus zierliche Alpenglöcklein mit seinen lilafarbenen, fein ausgezahnten Blumen aus dem feuchten Grunde; die hochgelben, weitduftenden Aurikeln bekleiden mit den niedlichen Steinbrech= arten ganze Felsenpartieen; die rosenroten Silenen bilden große, weithin leuchtende Rasenplätze; die prächtigen Anemonenarten, die blauen und weißen Kugelblumen, die kräftigen Ranunkeln, die weißen Alsinen, die blauen Ehren= preise, die Schafgarben, Fingerkräuter, der duftige Thymian, die herrliche, rotblütige Berghauswurz und die blaue Alpenaster, die zierliche Dryas, die roten Läusekräuter, die scharfriechenden Lauche, die oft ganze Geröllhalden durchwachsen, die herrlichen Veilchenarten, die bunten Orchideeen, unter ihnen das stark vanillenduftige Kammblümlein, die ebenso stark riechenden, schmucken Seidelbaste, die aromatischen Artemisien, die Glockenblumen und Habichtskräuter, die blaue Alpenakelei, die bunten Huflattiche, die viel= farbigen Schmetterlingsblumen, die Alpen=Sommerröschen und die Polster der Azaleen gehören zu den lieblichsten Kindern der Alpenflora. Jedes von ihnen hat sein eigenes Geschäft, seinen Ort, seine Zeit; die einen ver=

schönern kahle Felsen, die anderen die Rinnsale der Gletscherwasser, die Ufer der Bäche und Hochalpseeen, die Schuttreviere, die Wälder und Busch= plätze, andere bewachen die Gletscher= und Schneethälchen, umgeben die fetten Plätze der Alphütten, kleiden die Weiden ein, oder siedeln sich auf der dünnen Dammerde der Flächen an. Jedes findet sein Reich und seine Stelle, wo es die Anmut seiner lieblichen Natur entfaltet. Außer diesen leuchtenden und duftenden Blumen bedecken viele kraftvolle Kräuter und Halbsträucher mit ihren dichten, saftgrünen Blättergruppen oft große, von Büschen durchzogene Gehänge und bilden mit den nachbarlichen Moosen hohe, elastische Polster, die den Wanderer freundlich zu kurzer Rast ein= laden; und wer sich je schon in diesen grünen Diwans gebettet hat, um die sonnenglühenden Bergkuppen, das tiefe Thal, den blauen Alpensee zu überblicken, oder in lautloser Stille die nahende Gemse zu beobachten, kennt gar wohl den Reiz einer solchen Einladung.

## 67. Der Epheu.
### (Hedéra Helix.)

Blätter immergrün, 3—5eckig, die unter der Blüte stehenden ei= oder rautenförmig, zugespitzt; Dolden aufrecht; Blüten grünlich=gelb; Früchte schwarz, erbsengroß. September.

Dieser häufige, kletternde Strauch kann Jahrhunderte alt werden und unter günstigen Umständen bis zu einer Höhe von 20 m an alten Mauern emporsteigen, in welche er zahlreiche Wurzeln treibt, und der Stamm kann unten 30 cm Durchmesser bekommen. In Wittenberg zeigt man einen aus Luthers Zeit stammenden. Die Blüten erscheinen nur an großen Stämmen, die Früchte erregen Erbrechen. Man windet aus den Blättern Kränze.

Durch Stecklinge im Juni und Juli, oder durch Ableger im März läßt sich der Epheu sehr leicht vermehren. Will man ihn an Mauern oder Baumstämmen emporwachsen lassen, so hat man dazu die wildwachsende Sorte zu wählen und sie in Erde zu pflanzen, welcher ein Dritteil zer= stoßener Ziegelsteine und etwas Kalkschutt beigemischt ist. Je dichter der Epheu später die Mauer überzieht, desto besser, denn er erhält sie trocken. Zwischen ihm und der Mauer pflegen sich Spatzen und andere Vögel ein= zunisten. Ob der Standort schattig=düster oder sonnig sei, ist dem Epheu gleichgültig. — In Stuben zieht man oft eine großblätterige Sorte (schot= tische oder irländische genannt), giebt ihr die oben genannte Erde, begießt nur, so oft die Oberfläche der Erde ganz trocken ist, reinigt die Blätter von Staub mit lauem Wasser, worin ein wenig Seife. Man hat Abarten mit ungewöhnlich großen, mit weiß= und gelbbunten, mit fingerförmig=ge= teilten Blättern, mit gelben Beeren.

## 68. Die edle Weinrebe.

(Vitis vinifera.)

Ein kletternder Strauch, aus dessen zuweilen 30 cm im Durchmesser dickem Stamme knotige Zweige mit rissiger Rinde oft 9 bis 12 m weit auslaufen. Die Blätter sind im Umfange rundlich herzförmig, meist fünf= lappig, grobgezähnt. Die Blüten stehen in Trauben. Der sehr kleine Kelch ist kaum sichtbar, fünfzähnig. Die gelblich=grüne Blumenkrone ist fünfblätterig, vor einer drüsigen Scheibe eingefügt, in der Knospenlage klappig. Sie öffnet sich auf eine Weise, wie sie bei keiner andern Familie sich wieder findet. Die Blumenblätter sind nämlich oben mit den Rän= dern verwachsen, und durch die sich entwickelnden Fruchtknoten müssen sie sich unten von ihrem Befestigungspunkte lostrennen. Die 5 Staubgefäße stehen vor den Blumenblättern, ein Beweis, daß ein Kreis von Staub= gefäßen verkümmert ist, und in der That findet sich als Rudimente der= selben am Grunde des Fruchtknotens ein mit den Staubfäden abwechselnder Kreis von kleinen Schuppen. Der Fruchtknoten trägt 1 Griffel, ist zwei= fächerig, jedes Fach zweisamig, zuweilen nur einsamig. Die Frucht ist eine grüne oder dunkelblaue Beere.

Der ganze Blütenstand oder ein Teil desselben nimmt an vielen Stellen eine fadenförmige Bildung an, bringt keine Blüten hervor und verwandelt sich in eine einfache oder ästige Ranke.

Die Zweige der Weinrebe bilden leicht, wenn sie mit dem Erdboden in Berührung kommen, Neben= oder Adventivwurzeln, und man benutzt diese Neigung, um die Pflanze durch Ablagern der Absenker zu ver= vielfältigen, indem man die Zweige niederbeugt und mit Erde bedeckt.

Die Weinbeeren sind äußerlich bereift, das heißt, mit einer zarten Wachsschicht überzogen. In dem Safte derselben findet sich in reichlicher Menge eine eigentümliche Säure, die Weinsäure, welche stets an Kali gebunden erscheint und mit diesem das saure, weinsaure Kali oder den Weinstein (Tartarus) bildet. Dieser setzt sich in unreinem Zustande in grauen oder schmutzigroten Krusten in den Weinfässern ab. Eine zweite, aber weniger allgemein und in geringerer Menge in den Beeren enthaltene Säure ist die Traubensäure, die sich nur durch doppelten Wassergehalt von der vorigen unterscheidet. Ferner enthalten die Beeren eine größere oder geringere Menge von Traubenzucker. Vor der Reife herrschen die Säuren, später der Zucker vor. Das Vorhandensein des letzteren ist die Bedingung der geistigen oder Weingärung, d. h. der Zersetzung des Zuckers in Kohlensäure und Alkohol. Die süßen Pflanzensäfte bedürfen zur Her= vorbringung dieser Metamorphose nicht des Zusatzes von Ferment, weil sie einen stickstoffhaltigen Bestandteil haben, der sich in Berührung mit der atmosphärischen Luft in Ferment verwandelt. Wird der Wein in der Gärung unterbrochen und luftdicht verschlossen, so nimmt er die sich bei der ferneren Gärung entwickelnde Kohlensäure in sich auf und giebt sie erst bei dem Öffnen des Gefäßes wieder von sich, wie dies bei dem moussierenden Champagner der Fall ist.

Die Trauben sind zwar um so zuckerhaltiger und wohlschmeckender, unter einer je höheren natürlichen Temperatur sie reifen, aber eine übermäßige Hitze verwandelt den Saft in Essigsäure, ehe die Weingärung noch recht vollendet ist. Einen analogen Fall finden wir bei uns in manchen Bieren, die auch in den heißen Monaten nicht geraten. Daher eignen sich die Weintrauben an der südlichen Grenze des Weingürtels auch nur zum Trocknen und Aufbewahren als Rosinen, wenn nicht durch Erhebung über den Meeresspiegel die Hitze gemildert wird. So sind die Trauben an den niedrigen Küsten des südlichen Italiens, Siciliens, Griechenlands und der Umgegend von Malaga nur zu Rosinen geeignet, während die Reben an den Abhängen des Vesuv, des Ätna, der Sierra Morena bei Xeres vortreffliche und feurige Weine liefern.

Nicht ohne Bedeutung ist in neuerer Zeit auch der systematische Genuß von Trauben als Heilmittel. Schon verschiedene alte Schriftsteller, unter andern Plinius, sprechen bereits von den heilsamen Wirkungen der Weintrauben auf den menschlichen Organismus; doch als medizinische Kur ist der Genuß derselben erst in diesem Jahrhundert empfohlen und benutzt worden. Die Trauben wirken nämlich als ein mildes, die Ernährung umstimmendes und die Blutbereitung verbesserndes Mittel, welches sich gegen hartnäckige Unterleibs-, Milz- und Magenleiden oft glänzend bewährt.

Obgleich die Weinrebe in jedem Boden gedeihen kann, mit Ausnahme des sumpfigen und zu feuchten, so äußert doch die geognostische Beschaffenheit einer Gegend einen merkwürdigen Einfluß auf die Eigentümlichkeit der Weinsorte. So liefert der vulkanische Boden die Lacrymae Christi am Vesuv, den Madeira- und Tokayerwein, die Kreide den Champagner, ein thonartiger Kies die Weine von Bordeaux, der Thonschiefer mehrere Rheinweine.

In Deutschland, Frankreich und der Schweiz zieht man die Weinrebe an Pfählen; in Spanien bedient man sich zwar der Stützen nicht, läßt aber ebenfalls den Weinstock nicht hoch werden; nur in Italien, wo die Winzer noch die Sitten ihrer Vorfahren bewahrt haben, finden wir die Rebe der Dichtkunst, wie die alten Deutschen sie besangen. Malerisch rankt sie an den Ulmen empor und wird in einer Guirlande von einem Baume zum andern geführt, sie umschlingt die Veranda der prächtigen Villa wie der einfachen, ländlichen Hütte, oder sie überzieht das hölzerne Gitter der Brunnen in den Dörfern und es versammeln sich die Bewohner in ihrem kühlen Schatten.

Die Kultur des Weinstocks im großen erstreckt sich heutzutage in der Breite über einen Gürtel der gemäßigten Zone vom nördlichen Wendekreise bis zum 51. Grade n. Br., und in der Länge von der Westküste Portugals bis in das mittlere Asien. Doch folgt die nördliche Grenze der Wein= kultur im großen keineswegs dem Breitengrade, selbst nicht der Linie gleicher mittlerer Jahreswärme (Jahresisotherme), sondern mehr der Linie gleicher Sommerwärme (Isothere). Im Westen Frankreichs fällt die Nordgrenze an der Mündung der Loire auf den 47,5° n. Br., im Innern Frankreichs hebt sie sich nördlicher, am weitesten in der Champagne, in Deutschland am Rhein bis 51°. Über diesen Breitengrad hinaus bleibt der Weinbau in Deutschland beschränkt und das Produkt von geringer Güte. Inner= halb des Weingürtels in Deutschland ist der Anbau der Rebe als ein Teil des Landbaues am beträchtlichsten in dem Rheinthale und seinen Neben= thälern am Main, Neckar, Mosel 2c., ferner an den Ufern der Donau. Weiter östlich senkt sich die Weingrenze nur wenig, während die Isothermen bedeutend herabsteigen, weil in dem Kontinentalklima die Sommer wärmer sind, als in dem Küstenklima unter gleicher Breite. Ungarn hat noch Weinbau bis zum 49°; das südwestliche Rußland und die Krim bis zu demselben Grade, während in England in Gegenden, die eine gleiche oder noch höhere mittlere Jahrestemperatur haben, der Wein nicht mehr gedeiht. An der Nordküste des Kaspischen Meeres liegt die Grenze bei Astrachan fast ebenso nördlich, als an der Mündung der Loire.

## 69. Der Hahnenfuß.

### (Ranúnculus acris.)

Unter diesem Namen versteht man eine Gattung von Pflanzen, die in der eigentümlichen Gestalt ihrer Blätter teilweise und in den wesent= lichen Merkmalen ihrer Blüten vollständig übereinstimmen. Diese Gattung zerfällt in eine Menge von Arten, unter welchen der scharfe Hahnenfuß die verbreitetste ist.

Er besitzt einen fast wagrecht in der Erde liegenden, ziemlich starken Wurzelstock, der nach unten eine Menge langer, tiefgründiger Wurzelfasern entsendet und häufig an seinem obern Ende noch die Überreste der vor= jährigen Pflanze trägt. Er ist also ausdauernd oder mehrjährig. Auf dem Wurzelstock erheben sich ein oder mehrere aufsteigende oder senk= recht stehende Stengel, die gewöhnlich wenig verzweigt sind. Sie sind rund, grün oder rötlich und flaumig behaart. An ihnen sind bodenständige und stengelständige Blätter angewachsen. Die erstern sind bedeutend größer und lang gestielt, während die letztern nach oben immer kleiner werden und zuletzt sitzend erscheinen. Das Blatt ist am Grunde mit einer breiten, häutigen, halb den Stengel umfassenden Scheide versehen. In den Blattachseln stehen die schief aufwärts gerichteten Zweige. Das Blatt ist handförmig geteilt und bei den untern meist aus fünf, bei den obern dagegen gewöhnlich nur aus drei wieder gespaltenen und grob gesägten Teilen zusammengesetzt. Man kann es daher mit dem Fuß eines Hahns vergleichen, und es hat so der Pflanze und ihrer ganzen Gattung ihren Namen gegeben.

Die Blüten stehen einzeln auf langen, dünnen Blütenstielen. Sie sind vollkommen. Der Kelch besteht aus 5 gewölbten, länglichen, gelblich=grünen, fein behaarten Blättchen. Die Blumenkrone ist aus 5 (seltener mehr) breit verkehrt=eiförmigen, glänzend goldgelben Blättchen gebildet. Am Grunde jedes derselben steht ein kleines Honiggrübchen. Auf dem Blütenboden stehen über 20 kurze, mit länglichen, goldgelben Staubbeuteln versehene Staubgefäße. Diese umschließen eine große Zahl von gelblich=grünen Stempeln, die ebenfalls auf dem zu einer Säule verlängerten Blütenstiele, dem Blütenboden, stehen. Es ist an ihnen nur der längliche Fruchtknoten mit der zugespitzten Narbe zu unterscheiden. Da sich aus jedem der erstern eine Frucht entwickelt, so bilden diese bei ihrer weitern Entwicklung ein rundliches Häuschen, das man fälschlich als Beere bezeichnet. Die einzelnen Früchtchen sind einsamige Schließfrüchte.

Der scharfe Hahnenfuß ist auf Wiesen, an Wegen, auf Äckern überall häufig zu finden und blüht im April und Mai, vereinzelt auch bis im Herbst. Er wird von den Landwirten namentlich auf Wiesen im Futtergras nicht gerne gesehen, da seine scharfen Säfte beim Vieh gefährliche Krankheiten erzeugen können, wenn er in großer Menge grün gefüttert wird. Durch das Dörren dagegen verlieren sich dieselben fast vollständig, so daß durch Hahnenfuß verunreinigtes Heu ohne Schaden für das Vieh bleibt.

Seine nächsten Verwandten sind: Der Wasserhahnenfuß, der eisenhutblättrige oder weiße Hahnenfuß (beide mit weißen Blüten), der Ackerhahnenfuß, der kriechende, der zungenförmige und der knollige Hahnenfuß. Sie stimmen miteinander in folgendem überein: Sie haben 5 Kelch= und (meistens) 5 Blumenblätter, über 20 auf dem Blütenboden angewachsene Staubgefäße, eine große Zahl von Stempeln, deren Fruchtknoten sich zu einsamigen Schließfrüchten entwickeln, und enthalten meist scharfe Säfte. Geradezu giftig sind der knollige und der zungenförmige Hahnenfuß.

## 70. Der Eisenhut.

### (Aconitum napellus.)

Hoch droben auf dem Riesengebirge hat der Berggeist der Märchen, der Rübezahl, sein Gebiet. Dort jagt er die Wolkenballen um die Schnee= koppe und schnaubt als Sturmwind um die Kapelle. Dort baute er seine Felsenzinnen und Granittürme, grub mächtige Schlünde und speicherte Schneemassen in ihnen auf. Mitten zwischen den finstern Gewalten der fühllosen Gesteine und den unwirtlichen Mächten der Luft pflegt er aber auch seine geliebten Töchter und Elfen, die zarten Gebirgsblumen, die als holde Schützlinge der Sonne dieser dankbar die großen, tiefgefärbten Blüten= augen öffnen. Bergnelkenwurz und Primeln, Enzianen und Alpendost, Germer und Bartschien und zahlreiche andere bekleiden die Seiten der Felsen, gedeihen besonders üppig drunten im Grunde der Schluchten, wo die Gießbächlein schäumend dahinbrausen. Jedes dieser Blümchen hat sei= nen eigenen Charakter, wie jedes Kind in einer Menschenfamilie sein eigenes Wesen hat. Das tiefblaue Alpen=Vergißmeinnicht sieht uns an wie die lebendige innige Freundschaft, das gelbe Veilchen zeigt auch hier oben sein bescheidenes Wesen. Als eine prächtig ritterliche Gestalt tritt uns aber in stählernem Harnisch der Eisenhut entgegen.

Zwischen dem Felsgeröll klammern sich seine kräftigen Wurzeln fest. Unbeschadet überdauern sie unter hoher Schneedecke den bittern Winterfrost und treiben mehrere Jahre von neuem Sprossen und Stengel. Die letztern bilden einen saftig grünen Busch, hinter dem sich wohl ein Kind verstecken könnte. Die Blätter sind tiefzerteilt, von der Größe einer Kinderhand. Vom Nebel allnächtlich abgewaschen, glänzen sie schmuck in dunklem Stahl= grün. Je weiter nach oben, desto kleiner und schmaler werden sie, bis sie sich endlich zu zierlichen Deckblättchen am Grunde der Blütenstielchen ge= stalten. Die Blüten, das Schönste an dem schönen Büschchen, ragen als dunkelblaue, spannenlange Trauben fast senkrecht am Ende der Zweige auf= wärts. Jede Blume trägt oben einen blauen Helm, das heißt: ein großes Blütenblatt, das schön gewölbt, nach unten zugespitzt, nach oben umgebogen ist. Es paßt genau als Fingerhütchen auf eines Kindes Finger. Vier andere blaue, mitunter hellgestreifte, kleinere Blättchen stehen an den Seiten und schließen ein zierlich Bündlein Staubgefäße von heller Farbe ein. Ganz im Innersten der Blume sind die grünen Stempel, zu 2 bis 5. Biegt man den Helm zurück, so schauen an langen, sanft gebogenen hellen Stielen zwei sonderbare Körperchen hervor. Wird der Helm gänzlich entfernt und das Blümchen wagerecht gehalten, so erscheint es mit seinen noch vor= handenen vier zusammengeneigten Blättchen als kleiner Wagen, bespannt mit zwei zierlichen weißen Tauben, ganz wie jener, den die Sage der schönen Göttin Venus zuschreibt. Man pflegt diese Körperchen wohl Honig=drüsen zu nennen.

So steht der Eisenhut als schöner kräftiger Gesell auf feuchtem Fels=geröll gleich einem schmucken Jäger alter Zeiten, in grünem Wams und blauer Eisenhaube. Doch welches Wildbret jagt er? Jetzt freilich nicht viel mehr, da längst der Mensch Alleinherrschaft im Bergreviere übt; doch früher war sein Ansehen groß und mächtig und seine Kraft gefürchtet und geehrt.

Versetzen wir uns in Gedanken um einige Jahrhunderte zurück. Sieh! dort im Felsenkessel, neben dem sammetgrünen Wiesenflecken und spiegel=hellen Bergsee hat ein Senner sich sein Häuschen aufgerichtet. Dort weidet er sein Vieh, die glatten Küh' und flinken Ziegen, bereitet aus ihrer Milch dann Käse und Butter und verwandelt so alljährlich des Gebirges Kräuter, wenn nicht in Gold — so doch in Silber. Neben der Hütte spielen seine Kinder am klaren Bache, sehen dem Treiben der Forellen zu und lassen Blumenblättchen schwimmen. Doch wehe! in der unzugänglich steilen Felsen=schlucht verborgen ruht der wilde Wolf. Der Hunger treibt ihn auf, er wittert Beute. In kurzer Frist verblutet die schönste Ziege unter seinen Zähnen. Bald wird er den übrigen treuen Genossen des Menschen drohen, die seinen Unterhalt ermöglichen, er wird den armen Kindern erst die Nah=rung rauben, dann sie selbst erwürgen. Wie soll der Vater sich und die Seinen schützen gegen den schnellen Feind, der seinem Spieß und seiner Axt sich schlau durch Flucht entzieht und unversehens kurz darauf aus seinem Hinterhalte wieder vorbricht? Da hilft der Eisenhut als braver Jäger den Raubgesellen jagen. Bisher hatte der Vater die Kinder sorg=sam vor dem Eisenhut gewarnt. Seine Blätter erzeugen durch ihren Saft auf weichen Stellen der Haut Entzündungen, genossen bringen sie Krank=heit und Tod, Kuh und Ziege gehen, vorsichtig sie beriechend, an ihnen vorüber. Sie würden sterben, wenn sie davon fräßen. Selbst der Honig, den die Hummeln aus ihnen sammeln, ist giftig. Jetzt, zur Zeit der Not erweist sich die Pflanze aber als treuer Freund. Der Vater gräbt die zähe, vielzerteilte Wurzel, schabt und pulvert sie und bestreut damit ein schönes Stück gebratenes Fleisch, das weithin lieblich duftet. Auch Stücke rohen Fleisches versetzt er mit der giftigen Wurzel. Die leckere Speise trägt er an den schmalen Steg, der in die enge Felsenschlucht zum Ver=stecke des Wolfes führt. Der Senner ruht in stiller Nacht mit Weib und Kind im kleinen Häuschen, das Vieh schläft ungefährdet im sichern Stalle. Schon neigt sich des Mondes schmale Sichel dem Untergange, da schallt schauerliches Wolfsgeheul durchs finstre Kesselthal. Doch diesmal ist es

nicht der wilde Ruf, das grimmige Wutgeschrei, das Beute fordert, — es
ist das Angstgeheul des Räubers, der selbst dem Tod zur Beute wird.
Er hat die vergifteten Fleischstücke gierig verschlungen. Der Saft des
Eisenhutes wühlt wie Feuer in des Raubtiers Eingeweiden. Am andern
Tage findet man den furchtbaren Gesellen tot zwischen den Gesteinen. Er,
den des Menschen Arm, solange ihm noch die Feuerwaffe fehlte, nicht fällen
konnte, ward durch den Eisenhut getötet.

## 71. Der Mohn und das Opium.
### (Papaver somniferum.)

Der Mohn, mit großblätterigen weißen und roten Blumen und blau=
grünen, stengelumfassenden Blättern, ist zwar seinem Herkommen nach ein
Morgenländer — er wird im Orient bis 6 m hoch und trägt mitunter
Köpfe, die wohl ein Kilo Wasser fassen können, — wird aber auch bei
uns in geschützten Lagen angebaut, vornehmlich seines Samens willen. Die
vielsamigen Kapseln der Frucht enthalten je nach der Spielart schwarz=
bläulichen oder weißen Samen; der weiße giebt das wohlschmeckendste Öl,
der schwarze ist aber ergiebiger und wird besonders zu Vogelfutter für
die Finkenarten gebraucht, die ihn sehr lieben.

Doch pflanzt man den Mohn auch zum Schmuck in die Gärten und
die großen weißen und roten Blüten erhöhen nicht wenig die reizende
Mannigfaltigkeit der Kinder Floras. Auf dem Ackergefilde glänzen weit=
hin aus dem bescheidenen Grün und Gelb der Saaten die Mohnfelder,
und treten wir vor ein solches schmuckes Ackerfeld hin, so wird das Auge
fast geblendet von dem starken Licht= und Farbenglanz. Aber ganz wohl
wird uns doch nicht dabei. Der blühende Mohn behält etwas Fremd=
artiges, Geheimnisvolles, Träumerisches; es ist, als stecke hinter diesen
blaugrünen Blütenkapseln noch ein Geheimnis, das zur Vorsicht mahnt.
Und wenn wir dann das Auge wieder zu dem wallenden Kornfelde wen=
den, aus dem die blauen Cyanen und die roten Klatschrosen wie Dorf=
jungfrauen und ehrliche Bauernweiber mit roten Kopftüchern hervorschauen,
so wird es uns wieder heimlicher und lustiger zu Sinne.

Schon tausend Jahre vor Christo wurde in Kleinasien Mohn gebaut;
von hier drang er westlich nach Griechenland und Italien, und erst vor
einigen Jahrhunderten östlich nach Vorder= und Hinterindien, China, Korea
und Japan vor. Die alten Griechen bauten viel Mohn für ihre Bienen,
als Schmuck für ihre Gärten, als Nahrungspflanze — die Samenkörner
des weißen Mohn wurden geröstet mit Honig zum Nachtisch verzehrt, und
die Landleute liebten es, Mohnsamen auf die obere, mit einem Ei bestrichene

Seite des Brotes zu streuen, — aber auch um des Opiums willen. Schon im Altertum kannte man die betäubende Wirkung des Saftes, der aus der geritzten, unreifen Samenkapsel quillt und an der Luft verhärtet. Daß den Griechen das Opium als Heilmittel, um bei übergroßem Schmerz dem Leidenden Schlaf zu verschaffen, bekannt war, geht schon daraus hervor, daß sie die Mohnpflanze der Göttin des Ackerbaues, der Ceres, geheiligt hatten, zu deren Kennzeichen sie gehörte, und zwar gleicherweise als Sinnbild der Fruchtbarkeit des vielen Samens willen, der in der Fruchtkapsel steckt, wie auch mit bestimmter Beziehung auf die schmerzstillende Kraft der Pflanze, weil ihr Saft den Schmerz über den Raub der Tochter gelindert hatte, als die umherirrende Göttin in Mekone (Griechenland) einen Mohnstengel fand. Auch Hypnos, der Gott des Schlafes, hatte den Mohn zu seinem Kennzeichen; man bildete ihn als einen schönen Knaben oder Jüngling mit einem Mohnkranze um die Stirne oder auch mit Mohnblumen in der Hand ab, und ebenso pflegte man auch seinen Sohn Morpheus, den Gott des Traumes, mit Mohn zu krönen.

Das Opium enthält einen großen Teil unwirksamer Stoffe, wie Pflanzenfaser, Harz, Gummi; der eigentlich wirksame Bestandteil, der so heftig auf die Nerven wirkt, ist dem Gewichte nach ein sehr geringer Teil. Diesen aus dem Opium auszuscheiden und rein darzustellen, gelang zuerst einem deutschen Chemiker, Namens Sertürner, im Jahre 1804; er nannte diese Basis des Opiums Morphin. Seine Entdeckung führte sogleich dazu, daß man auch aus anderen Heilstoffen, wie z. B. aus der Chinarinde, das Chinin darstellte, und der Kranke brauchte fortan nur ein wenig Chinin zu nehmen, um vom Fieber geheilt zu werden, während er vorher viele Lot gepulverte Chinarinde verschlucken mußte.

Mit Säuren verbunden stellen diese organischen Grundbestandteile farblose, deutlich krystallinische Salze dar, und die Morphinsalze werden jetzt in der Medizin häufiger angewendet, als das reine Morphin. Sie schmecken widerlich bitter, wirken schon in ganz kleinen Gaben narkotisch (betäubend), und etwas verstärkt als tödliches Gift. Durch Kochen des von der Morphinbereitung gebliebenen Rückstandes des Opiums mit starker Essigsäure, Füllen der filtrierten Flüssigkeit mit Ammoniak, Kochen des Niederschlags mit Alkohol und Tierkohle wird das ebenfalls in Krystallen anschießende Narkotin dargestellt.

Diese scharfen Gifte verleihen dem Opium den bitterlich ekelhaften, später scharfen und brennenden Geschmack, sowie den unangenehmen und betäubenden Geruch. Daß eine solche giftige, zähe, klebrige, widerlich schmeckende und riechende Substanz, wie das Opium, dennoch von den Menschen leidenschaftlich gesucht und begehrt wird, daß die schrecklichen Wirkungen des Giftes dennoch nicht vom Genusse desselben abschrecken — dies ist eine sehr betrübende Erscheinung menschlicher Schwäche und Verkehrtheit.

Im Orient, besonders in der Türkei, wird das Opium gegessen, von den Chinesen und Malayen geraucht.

Die anfängliche Wirkung des Opiums ist freilich sehr verführerisch. Der Geist wird leicht und frei, als hätte er die irdische Schwere, mit welcher der Körper ihn niederdrückt, überwunden. Des Lebens Sorge und Mühe ist vergessen, alle angenehmen Bilder, welche gaukelnd vor dem Auge der Phantasie tanzen, scheinen zur Wirklichkeit geworden, alle Wünsche ihrer Erfüllung gewiß zu sein. Der Lebensmut wird erhöhet, das Gefühl der Lebenskraft gesteigert; dann aber verschwimmen alle Gedanken, es tritt eine vollständige Betäubung ein, aus welcher endlich der sich selbst betrügende Mensch mit einem elenden Katzenjammer erwacht. Schwindel, Kopfschmerz, eine mit Schleim belegte Zunge, trockene Kehle, zerrüttete Verdauung, Abspannung in den Muskeln — dies sind die nächsten und länger anhaltenden Folgen des kurzen Genusses.

Dieser Zustand der Leere und Niedergeschlagenheit erscheint dann unerträglich und fordert zu neuem Genusse auf; die übeln Nachwehen werden schlimmer, Auge und Nase triefen, das Auge verliert allen Glanz und sinkt zurück, die Muskeln werden welk und schlaff, Hartleibigkeit und Durchfall wechseln ab, das Atmen wird beschwerlich, der Gang wankend und schwankend, und der Unglückliche, der sich nicht mehr ermannen und vom Genuß des Giftes ablassen kann, wird nur durch den Tod von seinem Leiden befreit.

Mohammed hatte seinen Anhängern alle hitzigen Getränke verboten, und dieses Gebot des Islam ist ein sehr weises, da das heiße Klima keiner künstlichen Erhitzung bedarf und die Spirituosen dort doppelt schädlich wirken. Aber der Böse, der hier aus einer Thüre hinausgejagt wurde, kam zu einer andern wieder herein. Opium zu rauchen oder zu essen war nicht verboten, und die Bekenner des Islam suchten nun in dem betäubenden Safte der Mohnpflanze den Rausch, der ihrem Fanatismus nachhelfen sollte, sie bot ihnen Aufregung und todesverachtenden Mut. Mit dem Halbmond drang die Mohnkultur nach Ägypten, Arabien, Armenien, Persien, Vorder- und Hinterindien. In Hindostan, namentlich zu Malva und Patna, gedieh die Mohnpflanze vortrefflich, und nachdem zwei Beamte der englisch-ostindischen Compagnie, der Obrist Watson und der Viceresident Wheeler, auf den verhängnisvollen Gedanken gekommen waren, das Opium auch ins „Reich der Mitte" einzuschmuggeln, bemächtigte sich die Compagnie dieses Erwerbszweiges.

Wie der Branntwein bei allen wilden und halbwilden Völkern mit Begier aufgenommen wird, so fand auch der giftige Mohnsaft bei den civilisierten Chinesen Anklang. Die chinesische Regierung erkannte bald genug den verderblichen Einfluß dieses neuen Berauschungsmittels, verbot seine Einfuhr und setzte hohe Strafe auf seinen Genuß. Das Gesetz wurde so geschärft, daß wenn nach Jahresfrist ein Opiumraucher noch dem verbotenen Genusse frönte, er im Gesicht gebrandmarkt, im Wiederholungsfalle mit hundert Stockstreichen bestraft und dann des Landes verwiesen werden sollte. Zuletzt setzte man die Todesstrafe auf das Opiumrauchen. Doch alle Gesetze waren vergeblich, da die Mandarinen selber die Opiumeinfuhr begünstigten, sich bestechen ließen und im geheimen gleichfalls Opium rauchten.

Der französische Missionar Hüc, welcher das chinesische Reich gründlich kennen lernte, erzählt: „Das Gesetz, welches das Opiumrauchen bei Strafe verbietet, ist nicht widerrufen worden, aber niemand kümmert sich um dies Verbot, man raucht das Gift ungestraft; in allen Städten werden Opiumpfeifen, Lampen und alles, was sonst dazu gehört, ungehindert zum Verkauf ausgeboten."

Im Handel werden verschiedene Opiumsorten unterschieden, die verschieden im Preise stehen, weil sie mehr oder weniger Liebhaber finden und verschiedenen Morphingehalt haben. So das ägyptische oder thebaische Opium (früher für das beste gehalten), das Konstantinopolitaner (in Anatolien erzeugt) und das Opium von Smyrna. Das ostindische Opium wird als Patna=, Benares=, Malva= und Damaun=Opium unterschieden. Ebenso hat auch das Opium von Java mehrere Sorten. In China selbst wird Mohn gebaut und Opium bereitet, das jedoch nur bei den ärmeren Chinesen Abnehmer findet, während die wohlhabenderen entschieden das indische Opium, trotz der mancherlei Verfälschung, die es in China erfährt, vorziehen. Für das beste, d. h. an Morphingehalt reichste Opium gilt das türkische, welches gegen dreizehn Prozent Morphingehalt hat, während man auf das indische nur fünf Prozent rechnete. Hingegen ist das indische wiederum reicher an Narkotin.

In Ostindien blüht der Mohn gegen Ende Januar und anfangs Februar; die schnell sich bildenden Kapseln werden im Februar und März mit einem sägeartigen Instrumente aufgeschlitzt, das aus drei zusammengebundenen eisernen Platten mit zackigem Rande besteht. Man bedient sich auch eines aus drei Sporen mit feinen Spitzen bestehenden Instrumentes, die mit Baumwolle umwickelt werden, um beim Einritzen nicht zu tief einzudringen, weil sonst der Saft, anstatt nach außen hervorzuquellen, sich ins Innere der Kapsel ergießen würde. Man beginnt das Einritzen zwei bis drei Wochen vor dem Reifwerden der Kapseln, sobald sie sich mit dem bekannten weißlichen Mehlstaube bedecken, und verwundet die Pflanze dreimal in drei aufeinander folgenden Tagen. Man beginnt die Operation im Scheine der warmen Morgensonne, schabt den verdickten Milchsaft aber erst in der Kühle des folgenden Morgens ab. Am vierten Morgen macht man noch einen Versuch, ob die Pflanze noch Saft abgeben kann, sie ist jedoch in der Regel schon erschöpft. Am stärksten ist das Opium, wenn es bei trockenem Nordwestwind gewonnen wird: bei feuchtem Nordost= oder Ostwinde verschlechtert es sich augenblicklich, da es die Feuchtigkeit anzieht: es setzt sich dann in den Höhlungen und Zwischen= räumen der Masse eine matte, wässerige Auflösung des Opiums fest, die man Passeva nennt.

Sobald die gefüllten Opiumkrüge in den Niederlagen ankommen, er= halten sie eine Etikette und je nach der Güte ihres Inhaltes einen be= stimmten Platz. Hat man die ganze Ernte beisammen, so wird der Inhalt sämtlicher Krüge in große Fässer geschüttet, so daß die guten und gleich= artigen Sorten zusammenkommen. Aus diesen wird dann die Masse an die Arbeiter verteilt, welche sie für den Markt zu Kugeln formen.

Die Formung wird in einem langen gepflasterten Saale vorgenommen. Damit die Aufseher jeden Arbeiter genau unterweisen können und keine Verwechslung stattfindet, trägt jeder Mann seine Nummer. Auf einem Stuhle sitzend hat er ein doppeltes Brett und eine Mulde vor sich. Auf dem oberen Brette steht ein zinnernes Becken, welches soviel Opium ent= hält, als zu drei Kugeln gebraucht wird. Auf dem unteren Brette steht ein Becken mit Wasser, in der Mulde eine halbrunde Schale aus Messing, worin die Kugel geformt wird. Zur Rechten des Arbeiters steht ein Krug mit zwei Abteilungen, von denen die eine dünne Kuchen von zusammen= gepreßten Mohnblumenblättern enthält, die andere eine Tasse mit klebrigem Opiumwasser, das aus dem Abfall bereitet wird.

Jene dünnen Kuchen von etwa 70 cm im Durchmesser werden gleich auf den Feldern gemacht und zwar von Frauen, welche ganz einfach die Blumenblätter zusammenpressen. Mit Beginn der Opiumernte bringen sie diese Blumenkuchen zum Verkauf.

Der Arbeiter, wenn er seine Messingschale zur Hand nimmt, legt zuerst einen solchen Kuchen hinein, bestreicht ihn mit dem klebrigen Opiumwasser und formt ihn zur Hülle für die Opiumkugeln, dann kommt die bestimmte Portion Opium darauf, und oben werden abermals einige Decken darüber geklebt. Die Kugeln werden gewogen und solange vergrößert oder ver= kleinert, bis sie das bestimmte Gewicht haben.

Am Abend bringt jeder Arbeiter seine Kugeln in die Abteilung, welche seine Nummer trägt, und legt sie auf ein Reck. Von hier werden die Kugeln, jede auf einer irdenen Schale, in den Trockensaal gebracht, in Reihen aufgestellt und fleißig gewendet. Man hat sehr sorgfältig zu wachen, daß keine Kornwürmer hineingeraten, welche bei feuchtem Wetter sehr häufig sind. Kleine Buben sind eigens dazu angestellt, den ganzen Tag über zwischen den Recken hin und her zu kriechen.

Wenn die Opiumkugeln fertig sind, werden sie in Kisten verpackt, und zwar so, daß je sechs Stück in zwei Schichten mit getrockneten Blumen= blättern, Kapseln und Stengeln der Mohnpflanze zusammengethan werden. So gehen sie zunächst nach Kalkutta, um dann nach den Sunda=Inseln, China 2c. verschifft zu werden.

Der Genuß des Opiums ist ein Ruin für ganze Länder, der Kaiser von China hat daher mit gutem Recht die Einfuhr desselben in das „Reich der Mitte" aufs strengste verboten, leider mit wenig Erfolg, denn der un= geheure Gewinn, den der Opiumschmuggel einbringt, reizt die Engländer, durch Bestechung und durch Gewalt dem Verbot auf jede Gefahr und wider die besseren Gefühle der Nation zu trotzen. Der Krieg, welchen die Engländer im Jahre 1840 mit China begannen, war recht eigentlich ein Opiumkrieg und hatte keinen andern Zweck, als die chinesische Regierung zu zwingen, der Einfuhr von Opiumkisten sich nicht ferner zu widersetzen. Ein Kaufmann in Macao schrieb im Jahre 1839 seinem Geschäftsfreund in London: „Der Gewinn auf dem Opiumhandel ist dermalen so enorm, daß die Leute den Schmuggel selbst mit Gefahr ihres Lebens zu betreiben fortfahren. Obgleich die Hongkaufleute vor kurzer Zeit eine Erklärung unterzeichnet haben, worin sie sich verpflichteten, kein Opium mehr nach China zu bringen, so sind doch gerade jetzt unzählige Schiffe, die bis an die Zähne bewaffnet sind, an der ganzen Küste mit diesem ruchlosen Schmuggel beschäftigt."

## 72. Das Veilchen.
### (Viola odoráta.)

Draußen an der Hecke, am Bergeshange, dort sitzt das Veilchen im Herbst wie ein Kind, dem Vater und Mutter gestorben, verlassen und einsam. Kein Mensch mag es suchen, niemand bemerkt es. Es kommt der kalte Winter, Schloßen und Schneeflocken fallen, und der scharfe Wind fährt durch die Berge. Blauveilchen hat kein Obdach, keinen Schutz vor dem bitteren Frost. Die hohen Büsche, die im Frühlinge schön weiß und rot blühten, die Rosen und Weißdorngesträuche, Buchen und Haseln haben

den ganzen Sommer hindurch in schönen grünen Blättern geprangt; nun
ist ihr Gewand verschossen und gelb geworden, auch wohl von Würmern
und Raupen zerfressen; da werfen sie, wie reiche, hohe Herren, die alten
Kleider stolz hinweg. Ihre Knospen haben sie mit harten, glänzenden
Schalen umhüllt, sie sind ein guter Schutz gegen den Frost. Das arme,
kleine Veilchen erhält die abgetragenen Sommerkleider der Büsche als warme
Decken im kalten Winter. Mit geborgten und erbetenen Sachen ist es
umhüllt, gleich einem Waisenkinde draußen am Zaun.

Doch jetzt kommt der Frühling, und nun wird das arme Veilchen
mit einem Male sehr reich. Unten hat es viele feine Wurzeln, die trinken
Maitrank; — niedliche Blätter breiten sich nach allen Seiten aus, jedes
zierlich geformt wie ein Herz. Adern ziehen durch dasselbe links und
rechts, der Rand ist mit kleinen Zähnen versehen; es ist ein feiner Spitzen=
besatz an seinem neuen Gewande. Auf dünnem Stiele steht die blaue Blüte
keck und lustig, wie auf einem Bein fertig zum Frühlingstanz in der war=
men Luft. Fünf Blütenblätter bilden die Blüte, fünf Kelchblätter um=
schließen sie außen. Aus blauer Seide sind die ersten, grün ist der Über=
wurf, und die übrigen Blätter bilden das Unterkleid von gleicher Farbe.
Ein goldener Schmuck ist vorn auf der Brust, und einen Sporn hat das
untere Blütenblatt, gleich einem vornehmen Ritter und Herrn. Auch der
trotzige Bart fehlt ihm nicht, an den Seitenblättern sitzt ein solcher. Des
Veilchens Sporn ist jedoch nicht so grausam, als derjenige des Reiters,
der das Pferd blutig ritzt; er ist zart und weich und dient dem Veilchen
jetzt in seinem Reichtum als Vorratskammer. In den himmelblauen Saal
seiner Blüte, mit seidenen Tapeten geschmückt, führt eine goldene Pforte,
fünf Staubgefäße und ein Stempel bilden sie; unten ist ein offenes Thor,
dunkle Linien auf hellerem Grunde zeigen den ankommenden Gästen den
Weg zur reichen Tafel. Honigmale nennt man diese Streifen; denn süßer
Honig ist die aufgetragene Speise. Wunderholde Schmetterlinge flattern
im Sonnenschein als vornehme Prinzen dem Veilchen zu, fleißige Bienen
eilen verständig summend zu seinem Reichtum; alle schmausen, und doch
verlangt das Veilchen von keinem Bezahlung. Es gedenket der Milde, mit
welcher die Büsche ihm Blätter zum Schutz geliehen, als es selbst noch so
arm und dürftig war, und spendet nun auch freundlich jedem, der kommt,
seine Schätze. Auch gegen die Büsche, seine alten Wohlthäter, zeigt es sich
dankbar, es hat sie in seinem Glücke nicht vergessen. Die Heckensträucher
haben im Frühling jetzt auch junge Kindlein, es sind ihre tausend Knospen,
die braun und ansehnlich am grauen Zweig auf wärmeren Sonnenschein
warten. Zu denen hinauf sendet das Veilchen dankbar seinen wonnigen
Duft und erquicket sie in ihrer Einsamkeit. Wenn nun der gelbe Citronen=

falter und die rotgezeichnete Aurora, die mancherlei goldglänzenden Fliegen und Bienen beisammensitzen und schmausen beim fröhlichen Mahle, dann erzählt das Veilchen, als ein lustiger Wirt, seinen Gästen auch ein schnur= riges Märchen.

„Ihr freut euch über die Blätter meiner Blüte," spricht es; „schaut sie aber einmal genauer an, sie sind nicht von gleicher Größe und nicht von gleichem Schmuck. Das unterste macht sich so groß und breit, es ist eine böse Stiefmutter, die alles geizig für sich nimmt; auf zwei Stühle hat sie sich mit einem Male gesetzt; denn sehet, zwei Kelchblätter stehen unter diesem großen Blatte. Links und rechts kommen ihre beiden Töchter, jeder gab sie ein besonderes Stühlchen; aber ganz entfernt von ihr müssen die beiden obersten Blätter, ihre Stieftöchter, sich kümmerlich zusammen mit e i n e m Stühlchen begnügen. Da erbarmt sich der liebe Gott der verlassenen Stieftöchter, er straft die böse Stiefmutter und ihre eitlen rech= ten Töchter, er dreht den Stiel der Blüte herum; — nun ist die Stief= mutter zuunterst gekommen, die früher zuoberst war, als der Stiel sich gerade streckte, sie hat hinten einen gewaltigen Höcker erhalten, und den beiden rechten Töchtern ist ein Bart gewachsen, zur Strafe für ihren Stolz, so daß sie ausgelacht werden von allen Kindern, die es sehen; die ver= achteten Stieftöchter sind aber die obersten geworden."

Noch vieles erzählt das Veilchen seinen Gästen von seinen Verwandten, von dem bunten Blümchen, das die Menschen wegen jener Erzählung Stiefmütterchen nennen, — von dem blassen Veilchen im Walde und im Sumpf, von dem gelben hoch droben auf der Alp, — bis die sinkende Sonne die Gäste zum Scheiden ermahnt. Sie sagen Ade, sehr ergötzt von der lustigen Erzählung. So verstreicht heiter Tag für Tag, bis am Sonn= tag die Kinder zur Hecke kommen, das Veilchen zu suchen. Jubelnd tragen sie es heim und pflanzen es ins Gärtchen, pflegen es, bis es verblüht, oder pflücken es zum duftenden Sträußchen, ein Geschenk für Vater und Mutter.

## 73. Ein Kaktuswald
### (Cacteae)
### auf der Insel Bonaire (Buen=Ayre) bei Curaçao.

Der wichtigste Teil der Insel Bonaire ist der westliche, aus hohem Lande bestehend, zwischen welchen Thäler mit sehr fruchtbarem Boden liegen. In einem derselben, der Rincon genannt, wohnen die Gouverne= mentssklaven und einige Freigelassene. Da ich auch diese besuchen wollte, machten wir uns des Mittags in nordwestlicher Richtung auf den Weg, um die Nacht in dem Rincon zuzubringen und den andern Morgen längs der Südküste zurückzukehren.

11*

Als wir das Fort verließen, befanden wir uns bald in dem eigent=
lichsten Sinne des Worts in einem Walde von cylinderförmigem Kaktus.
Auf Curaçao und Aruba und in einigen Gegenden des Küstenlandes hatte
ich dieses Gewächs zwar in großer Menge und hoch gewachsen gesehen,
aber hier war ich in dem wahren Vaterlande dieser Disteln. Dort findet
man sie zerstreut zwischen andern Gewächsen und nur in einzelnen Grup=
pen bei einander stehend; hier aber wachsen sie in weiter Ausdehnung dicht
nebeneinander und verdrängen fast alle andere Vegetation. Wer dieses
Gewächs nur aus Beschreibungen kennt oder es nur in den Treibhäusern
der botanischen Gärten gesehen hat, wird mich der Übertreibung verdächti=
gen, wenn ich sage, daß diese Pflanze hier die Höhe von mittelmäßigen
Pappeln, Linden oder Buchen in Europa erreicht und einen hölzernen
Stamm macht, aus welchem man Bretter von gewöhnlicher Dicke und
Breite sägen kann, die bei dem Bauen von Häusern und zum Verfertigen
von Möbeln gebraucht werden. Solch ein Kaktuswald gewährt einen höchst
fremdartigen Anblick. Es hat etwas Furchterregendes, wenn man so viele
Arme, manchmal 5—7 m lang und in regelmäßigen Reihen ganz mit
langen und scharfen Dornen besetzt, in die Luft emporragen sieht. Der
Ostwind pfeift und zischt unaufhörlich durch diesen Wald, und das wilde
und rauhe Gekreische der Papageien, die sich in demselben aufhalten, macht
die Scene noch unheimlicher. Diese Vögel, welche man hier in Haufen
bei einander findet, haben in diesem Kaktuswalde einen sichern Aufenthalt,
denn der Mensch nähert sich nicht gern demselben, und selbst auf dem
Wege reitend muß man manchmal befürchten, daß ein vom Winde hin und
her gepeitschter Ast abbrechen und fallen wird. Alte Pflanzer auf Curaçao
haben mich versichert, daß bisweilen Kälber, welche um die Mittagszeit
den Schatten eines Kaktusbaumes suchten, von einem solchen herunter=
fallenden Arm getötet wurden. Wenn man die Stacheln in die Haut be=
kommt, scheint es, daß sie sich tiefer ins Fleisch einsaugen; sie verursachen
einen heftigen Schmerz, als ob sie etwas Giftiges enthielten, und wenn
ihre Zahl groß ist, hat die Verwundung meistens ein Fieber zur Folge.
Unter den Leuten, welche einige Zeit auf diesen Inseln lebten, giebt es
nur wenige, die nicht einmal zufällig einige dieser Dornen in die Hände
oder Füße bekommen und die schmerzlichen Folgen davon empfunden hätten.
Ein englischer Gentleman hatte, als ich auf Curaçao war, einmal einen
Tag auf einem zwei Stunden von der Stadt gelegenen Garten zugebracht.
Nachdem er zu Mittag eine gute Portion Madeirawein zu sich genommen
und darauf, um den Nachdurst zu vertreiben, den ganzen Abend beim Grog
gesessen hatte, war ihm der Mut so sehr gewachsen, daß er in der Dunkel=
heit ohne Begleitung nach Hause reiten wollte. In seinem benebelten

Zustande den rechten Weg verfehlend, purzelte er vom Pferde und fiel in einen Busch von Cactus Opuntia, wo man ihn schrecklich zugerichtet und halbtod fand. Nachdem er viele Schmerzen und ein tüchtiges Fieber ausgestanden hatte, genas er doch bald wieder, denn der Mensch hatte eine zähe, echt englische Leibeskonstitution.

Kaktusformen.

Es ist nicht bloß der cylinderförmige Kaktus mit seinen vielerlei Varietäten, welcher auf diesen Inseln so üppig fortkommt, auch die übrigen Species dieser Familie werden hier in Menge gefunden, z. B. die mancherlei Abarten der Cactus Opuntia. Diese erreichen zwar überhaupt nicht die Höhe der cylinderförmigen, doch sieht man bisweilen Stämme, die ungeheuer hoch gewachsen sind. Ferner den Cactus Speciosus, der sich wie eine Liane an den Baumstämmen emporschlingt; den Cactus Melocactus, der wie ein Kohlkopf aus der Erde oder den Felsen aufwächst und seiner Lage und längern Dornen wegen für Menschen und sogar für Pferde und Kühe am gefährlichsten ist.

Sobald man in tropischen Ländern die Kaktusarten häufig antrifft, kann man daraus in der Regel folgern, daß dort viel Dürre und Wassermangel herrscht. In einem Boden, der reichlich bewässert wird, gedeiht der Kaktus nicht. Sogar in Thälern, wo sich die Feuchtigkeit des höhern umliegenden Landes hinzieht, sah ich dieses Gewächs, wenn man Hecken davon anpflanzen wollte, immer wieder wegsterben. Bewundernswürdig ist auch hierin die Weisheit des Schöpfers, welcher in Gegenden, wo die Lage des Landes oftmals langwierige Dürre verursacht und das Wachstum der gewöhnlichen Gewächse hemmt oder ganz unterdrückt, eine andere von den übrigen durchaus verschiedene Art zum Vorschein rief, welche auch bei der längsten Trockenheit ihre Säfte behält und mit ihrer immer glänzend grünen Haut stets fortwächst. — Der Nutzen, den die Kaktusarten gewähren, ist übrigens vielfach. Wie schon erwähnt, liefert der Stamm gutes Bauholz, welches sehr wichtig ist in einem Lande, wo alles übrige Holz eine solche Härte besitzt, daß es entweder gar nicht oder nur mit der größten Mühe verarbeitet werden kann. In der Provinz Coro (auf dem Kontinent) sah ich alle Thüren und Fensterläden an den Häusern, sowohl als Stühle und Tische, aus Kaktusholz verfertigt. Die dünnern Äste werden zur Feuerung verwendet; mit der Rinde deckt man die Häuser und Scheunen; um schnell und mit geringer Mühe eine undurchdringbare Hecke um Gärten oder Äcker zu haben, welche jedwedem Anfall von Menschen oder Vieh widerstehen, giebt es auf der ganzen Welt kein besseres Gewächs; die Cabrietziege, dieses in trockenen Ländern so nützliche Tier, öffnet die noch weichen Zweige mit den Pfoten, um den Saft auszusaugen; die Kühe fressen die Sprossen gern, wenn man sie von Stacheln gereinigt hat; sogar der Neger bereitet aus einigen Arten des cylinderförmigen Kaktus einen eßbaren Brei und sammelt die Feigen des Kaktus als eine ziemlich schmackhafte Frucht. Auch die Vögel nähren sich an dieser säftereichen Pflanze, und der Kolibri schwärmt in Scharen zwischen derselben herum, um an ihren Blumen zu naschen.

## 74. Deutsche Nelken.

Weithin über die ganze Flur, durch Berg und Thal, über Feld, Wiese und Wald ist eine Blumenfamilie ausgestreut, deren Mitglieder jedenfalls zu dem schönsten Schmuck unserer heimatlichen Natur gehören; es sind die Nelkengewächse.

Viele derselben sind bereits in die Gärten übergesiedelt, die meisten gehören jedoch noch, als „wilde Blumen", in einen Feld- und Waldstrauß.

Ihnen allen voran steht die schöne stolze oder Prachtnelke, mit einer herrlichen blaßroten, fünfblätterigen und feingeschlitzten Blumenkrone. Sie übertrifft die übrigen Nelken nicht nur an Farbenpracht, sondern auch an mildem, süßem Wohlgeruch. Als Wiesenblume ist sie auf morigem, torfhaltigem Boden häufig zu finden.

Minder prächtig, doch ungleich lieblicher, ist die schlanke, karminrote Grasnelke, die weithin über das fahlgrüne Gras der Triften und Waldwege zerstreut, dem Auge eine allerliebste Abwechselung bietet. Von allen Nelken ist sie die nächste und zugleich bescheidenste Gattungsverwandte der vielfarbigen Gartennelke.

Auf trockenen Waldwiesen und an den Waldrändern finden wir die kleinen hellroten Büschelnelken, mit weißgepunkteten Kronenblättern, die unten einen dunkelpunktierten Ring bilden. Den beiden vorigen stehen sie an Schönheit bedeutend nach, und der feinen, dichten Härchen wegen, mit denen die Blätter und Stengel des Krautes besetzt sind, heißen sie auch rauhe Nelken.

Am meisten von allen wildwachsenden Nelken ist die hübsche und ebenfalls wohlriechende Federnelke in die Gärten eingebürgert, wo sie häufig zur Einfassung der Beete dient. Ihre blaßroten Blumen finden wir sonst auf trockenen Hügeln, an Ruinen und schroffen Felswänden.

Diese Standorte teilt auch die schöne, ebenfalls wohlriechende meergrüne Nelke, welche die Knaben oft mit Lebensgefahr von den fast unzugänglichen Felsen herabholen müssen, um sie in Sträußchen an die Gebirgsreisenden für einige Groschen zu verkaufen.

Die hochroten Blumen der Karthäusernelke finden wir dagegen in der Ebene, doch am häufigsten an dürren, steinigen Orten oder auf dem aufs Feld gefahrenen Schutt abgerissener Gebäude. Jedenfalls ist sie die anspruchsloseste, aber auch am wenigsten schöne von allen.

Bedeutend hübscher ist die Kopf- oder sprossende Nelke, mit kleinen rosenroten Blütchen, die von hellbraunen Schuppen umgeben sind. Sie wächst auf trockenen, sonnigen Stellen am Waldrande und auf Hügeln. —

Diesen wirklichen Nelken schließen sich eine Reihe verwandter und meistens auch sehr schöner Nelkengewächse an, deren hauptsächlichste die Lichtnelken sind.

Unter ihnen ist jedenfalls die Pechnelke die merkwürdigste; nicht allein wegen ihrer scherzhaften Beziehungen zum Menschenleben, sondern auch ihres Insektenfanges wegen. Unterhalb eines jeden Blätterpaares scheidet der Stengel nämlich, etwa in der Länge eines halben Fingers, einen dunkelroten, sehr klebrigen Saft aus, an welchem im Vorbeifliegen Mücken, kleine Fliegen, Käferchen u. s. w. haften bleiben und dann immer einen jämmerlichen Tod finden.

Die Pechnelke bietet uns hier ein grausames Vorbild des Vogelfängers, und empfindsame Seelen können gewiß nicht ohne Schmerz diese mörderischen Blumen ansehen, die so viele Tierchen und noch dazu in so qualvoller Weise umbringen. Indessen müssen wir uns damit trösten — daß diese Pechstellen an den zahlreichen Nelken uns von einer großen Menge arger kleiner Quälgeister befreien. Meistens wächst die Pechnelke in Waldgründen und Vorhölzern und hat hellrote Blumen, die in Büscheln zusammen erblühen.

Eine nicht minder interessante Lichtnelke ist die Kuckucksblume mit blaßroten, fein und tief geschnitzten Blumenblättern. Sie blüht von Anfang Mai bis in den Sommer hinein auf Wiesen und in Grasgärten. An diese Blume knüpfen sich mehrere liebliche Sagen und Märchen, die mit ihrem Namen in Zusammenhang stehen.

Zwei andere, die Tag= und die Abend=Lichtnelke haben weiße Blumen; die erstere sehr große, welche oft zum Kinderspielzeug dienen müssen und die einen milden Wohlgeruch aushauchen.

Beiden, sowohl den eigentlichen als den Lichtnelken wiederum sehr ähnlich sind die zu derselben Familie gehörenden Leimkrautarten, deren wir in Deutschland eine ganze Reihe haben.

Die hauptsächlichsten derselben sind: Das aufgeblasene Leimkraut oder der Taubenkropf, eine auf Wiesen, Weiden und Mooren häufig vorkommende weißblühende Pflanze, deren Blumen in länglich kugelförmigen, blasenartigen Kelchen stecken; ferner das nickende Leimkraut, mit weißen wohlriechenden, und das nachtblütige Leimkraut, mit blaßrötlichen und nur des Nachts wohlriechenden Blumen.

## 75. Die Baumwolle.
### (Gossypium.)

Die Baumwollenpflanze gehört zu den Malvengewächsen. Sie findet sich bald als Kraut, bald als Strauch, in Arabien und Ägypten sogar als Baum. Sie hat drei= bis fünflappige Blätter, ziemlich große, gewöhnlich gelbe, fünfblätterige Blumen, welche einzeln in den Blattwinkeln stehen. Die Frucht ist drei= bis fünffächerig, einem großen Mohnkopfe ähnlich, springt bei der Reife in mehrere Klappen auf und enthält mehrere Samenkörner, die in eine lange, dichte, weiße, nach dem Aufplatzen hervorquellende Wolle gehüllt sind. Die Baumwolle wird in der Türkei, in Griechenland, in Süditalien, Spanien, Ägypten, Indien und China, ganz besonders aber im unteren Mississippi-Thale gewonnen. Hier ist der rechte Boden für die Pflanze, die ein lockeres, leichtes, mit Sand gemischtes, schon angebautes Land verlangt; hier ist auch das passende Klima, welches nicht zu trocken sein darf, weil bei Mangel an Regen die Wolle kurz bleibt. Die Kapseln müssen jeden Morgen, sobald sie aufspringen wollen, abgepflückt werden, und die aus den Kapseln gewonnene Wolle wird entweder durch die Hand oder, wie gewöhnlich, durch eine Maschine von den Samen und Hülsen gereinigt und hierauf in große Säcke verpackt, welche in einer Presse zu gewaltigen, viereckigen Ballen zusammengedrückt und versandt werden.

Wir sind in Manchester. Ein gewaltiger Schlot und ein riesiger Würfel von Bauwerk, über 800 Fenster auf jeder Seite, ragen über alle Gebäude empor. Wir suchen ihn auf und treten in diese Riesenfabrik ein. Durch einen Wirrwarr von Wegen und Gängen kommen wir endlich in das Arbeitszimmer des Fabrikherrn, in welchem uns ein Führer beigegeben wird. Wir stehen zuerst vor zwei Ungeheuern, in deren Innern es rast und tobt wie ein gefesselter Sturm, der alle Wände seines Gefängnisses zugleich vor Wut zerplatzen möchte. Das sind die Bläser. „Was thun sie?" fragen wir den Jungen vor der einen Maschine. „Das!" sagt er, indem er eine tüchtige Hand voll Rohbaumwolle aus dem Ballen reißt und sie, nachdem er uns den Schmutz, die Holzstückchen und Knoten darin gezeigt, seiner Maschine gleichsam zu fressen giebt. Sie zupft daran etwa wie eine Kuh, der man eine Hand voll Heu vorhält. Es ist verschwunden. Der Junge holt einen ganzen Arm voll baumwollenen Schnee unter der Maschine hervor und behauptet, daß dies die eben verzehrte Hand voll sei. Wir zweifeln, und er zeigt uns, wie es zugeht. Im Innern wird die Baumwolle mit rasender Kraft und Geschwindigkeit zerzaust und hin- und hergeworfen, so daß alle fremdartigen Bestandteile zu Boden fallen.

Nun ist sie rein und reif zum Spinnen, denken wir. Das ist ein starker Irrtum. Es war die erste von mehr als zwölf ähnlichen Reinigungen. Die nächsten sehen wir unter den beiden Rohbläsern, einer ganzen Reihe Dampf zischender und pfauchender Höhlen, in welche der baumwollene Schnee wie ein milchiger Regen herabströmt. Wir sehen in das Innere hinein und finden, daß die Baumwolle gleich am Eingange von einer furchtbaren Windkraft in den dünnsten Nebel zerblasen wird. Stählerne Flügel bewegen sich in diesem Raume so rasch, daß sie zu einem kaum sichtbaren Nebelflecke verschwinden. Hier werden die Samenkörner und kleinen, fremdartigen Bestandteile vollends abgesondert und durch Ritzen unten zu Boden geschleudert, während die leichten Baumwollenfasern von Wurfschaufeln im Fluge erhalten werden, bis sie am entgegengesetzten Ende

wie ein immerwährender Schneesturm herausfliegen, so daß wir im Umsehen wie lebendige Schneemänner nebeneinander stehen. Gegenüber wird
der Baumwollenschnee von Käfigen verschlungen, die ihn in wattenartige
Bogen gepreßt auf der andern Seite abliefern. Ein Blick in einen solchen
Käfig zeigt uns einen Wirrwarr von Freß- und Verdauungswerkzeugen,
so schlingt und krümmt und windet es sich darinnen.

So geht die Baumwolle durch 12 Reinigungs-, Wurf-, Hechel-, Dresch-
und Siebwerkzeuge, bis sie zuletzt, blendend weiß, wunderschön als ein sich
senkender Schnee hinsäuselt, aber ohne sichtbare Zwischenräume, nicht als
Flocken. Nachdem die gleichsam flüssige Baumwolle zu großen Rollen geformt ist, wandert sie zu den Krempel- und Kämmmaschinen, von wo sie
den Ziehmaschinen überliefert wird, die in wunderbar künstlicher Weise den
luftigen Stoff zu Fäden verarbeiten. Wenn nun aber einmal unter den
tausenden ein Faden reißt, was dann? Sowie das geschieht, fällt eine
Platte hörbar nieder, ein Zeichen für den Maschinisten, das ihn mahnt,
die bestimmte Stelle sofort in Ruhe zu versetzen. Dies geschieht, und eins
der beaufsichtigenden Mädchen holt das davongelaufene Stück Faden zurück,
legt es an das Ende des zurückgebliebenen, und der Schade ist schneller
geheilt, ehe wir nur bemerken, daß die Maschine still stand. Dieses An-
kleben, scheinbar eine gedankenlose Verrichtung, ist eine Kunst, die große
Übung verlangt.

Wir steigen ein Stockwerk höher, noch eins und noch eine Treppe;
überall Maschinen, die schnaubend und keuchend spinnen und weben. Zwischen ihnen stehen einzelne verstreute Menschen, alle gespannt aufpassend
und zugreifend, wenn es die Maschine verlangt. Kaum ist hier und da
einer zu entdecken, und doch sind es 1800 Menschen, deren Leben und Gesundheit hier mit versponnen wird, indem sie Maschinen beaufsichtigen,
welche über 120 000 spinnende Hände nicht bloß ersetzen, sondern an Feinheit und Meisterschaft der Arbeit unendlich übertreffen.

## 76. Der Brotbaum.
### (Adansónia digitata.)

Der Brotbaum ist eine der ausgezeichnetsten Nahrungspflanzen für
die Völker der heißen Zone und namentlich der in der Nähe des Äquators
liegenden Inseln des großen Oceans und des südasiatischen Archipelagus,
wo er seine eigentliche Heimat hat. Doch wird derselbe nirgends im wilden Zustande beobachtet, sondern die ganze Art ist, wie das Getreide, in
den kultivierten Zustand übergegangen, und zwar wahrscheinlich dadurch,
daß sich der Mensch überall da ansiedelte, wo er einen Brotfruchtbaum

fand. Unter seinem schattenreichen Laube ist noch jetzt der Lieblingsort der leichten Indianerhütten. Die ganze Form des Brotbaums ist schön, und keiner unserer Waldbäume kann sich darin mit ihm messen. Er erreicht zwar nur eine Höhe von 12,50 m; aber seine große und dichte Krone ist mit dem schönsten grünen Laube geschmückt. Die einzelnen Blätter sind gegen 47 cm lang und 26—28 cm breit. Die vorzüglichste Zierde und Gabe des Brotbaumes aber ist seine große, gewöhnlich 3 bis 4 Pfund schwere, grüngelbe, markige, runde Frucht, welche geschält und

Brotfrucht.

dann geröstet oder gebacken, fast wie Weizenbrot schmeckt; roh wird sie nur selten gegessen und schmeckt widerlich. Die gewöhnliche Weise, wie die Brotfrucht eßbar gemacht wird, beschreibt Georg Forster, ein berühmter Reisender, mit folgenden Worten: Man legt die Früchte, ehe sie ganz zur Reife gekommen sind, nach Entfernung ihrer Rinde in eine gepflasterte Grube und bedeckt sie mit Haufen von Blättern und Steinen, bis sie in eine saure Gärung übergegangen sind. Aus diesem Vorrate nimmt man nun täglich soviel, als man bedarf, macht daraus faustgroße Klumpen, wickelt sie in Blätter und bäckt sie zwischen erhitzten Steinen. Wochenlang erhalten sich diese Brotmassen und sind, selbst auf Reisen, sehr gute

Nahrungsmittel. Auch während der 3—4 Monate, wenn der Brotbaum keine Früchte trägt, lebt der Südseeinsulaner von diesen Vorräten. Es bringt aber diese Nahrungspflanze so reichliche Früchte, daß drei Bäume hinreichend sind, um einen Menschen 8 Monate lang vollständig und genügend zu ernähren. Ja, der große Entdecker Cook (spr. Kuhk) spendet diesem Baume das größte Lob, indem er sagt: Hat dort jemand in seinem Leben nur 10 Brotbäume gepflanzt, so hat er seine Pflicht gegen sein eigenes und gegen sein nachfolgendes Geschlecht eben so vollständig und reichlich erfüllt, als ein Einwohner unseres rauhen Himmelsstriches, der sein Leben hindurch während der Kälte des Winters gepflügt, in der Sommerhitze geerntet und nicht nur seine jetzige Haushaltung mit Brot versorgt, sondern seinen Kindern auch etwas an barem Gelde kümmerlich erspart hat. Rechnen wir dazu noch, daß auch das Holz des Brotbaumes zum Bauen leichter Kähne, der Bast zu Webereien benutzt werden kann, so ist an ihm die reiche Gottesgabe nicht zu verkennen.

## 77. Der Kakaobaum.
### (Theobróma Cacao.)

Der Kakaobaum liefert in seinen Bohnen das Hauptingredienz des bei alt und jung beliebten Getränkes, der Schokolade. Linne gab diesem Baume den Namen Theobroma, d. h. Götterspeise. Gewiß hat das aus seinen Bohnen bereitete Getränk dem Vater der Naturforschung eben so gemundet als den Ureinwohnern Mexikos, den Spaniern, welche dieses Land eroberten, und uns.

Die Heimat des Kakaobaumes ist in Mexiko zu suchen. Außer in diesem Lande findet man ihn noch jetzt auch in Guatemala, Costa Rica, Nicaragua und Panama, Ecuador, im Gebiet des oberen Orinoko, Guayaquil und in den Thälern des Amazonenstromes wild, doch ist die Anzahl der wild wachsenden Kakaobäume nur eine geringe im Vergleich zu denen, die einer geordneten Kultur ihr Dasein und ihr Gedeihen verdanken. Zu den Kulturländern des Kakaobaumes müssen außer den genannten noch mehrere westindische Inseln, Isle Bourbon und die Philippinen gerechnet werden. Sein Verbreitungsbezirk erstreckt sich vom 35. Grad nördlicher bis zum 20. Grad südlicher Breite. Der Baum erreicht eine mittlere Höhe von 5—6 m und hat einen Stamm von leichtem, weißem Holze mit rotbrauner Rinde bedeckt. Die Blätter entwickeln sich während des ganzen Jahres, haben eine länglich-runde Form und sind ungefähr 30 cm lang. Die Oberfläche der älteren ist glänzend dunkelgrün, gelb gerippt, die Unterseite matter; die jüngeren Blätter haben eine schön rosenrote Färbung.

Die Blüten entspringen in den meisten Fällen aus der Rinde der stärkeren, älteren Äste, auch aus dem Stamme; ja selbst die Wurzeln, wo sie nicht von der Erde bedeckt werden, zieren zahlreiche Blüten. Dieselben sind äußerst klein, beim Aufblühen kaum 4—6 mm im Durchmesser, schön rosenrot gefärbt und sehr zierlich gebaut. Sie enthalten fünf unvollkommene und fünf mit Staubkölbchen versehene Staubfäden. Die Form der Blüten-

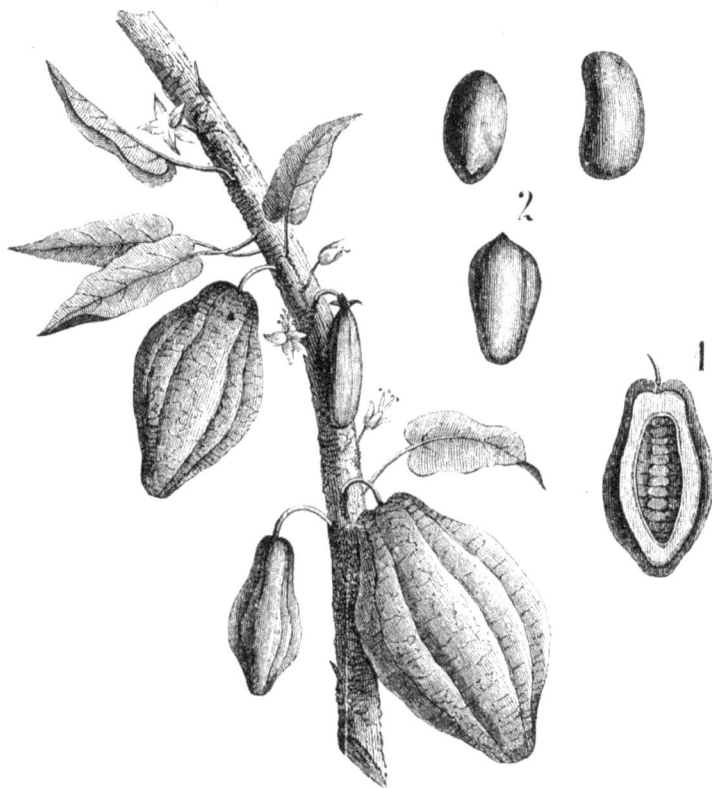

Zweig des Kakaobaumes.

blätter ist höchst eigentümlich, an ihrem untersten Ende sind sie kappenförmig ausgehöhlt, dann zu einem schmalen, nach außen gebogenen Bande zusammengezogen und endlich zu einer eiförmigen Fläche verbreitert.

So zahlreich die Blüten hervorsprießen, so daß sie den Baum mit einem rosigen Scheine bedecken, so spärlich kommen die Früchte zur Entwickelung; man rechnet auf 3000 Blüten erst eine Frucht. Dieselbe ist unverhältnismäßig groß und ähnelt halb einer Gurke und halb einer

Melone. Sie wird 15—20 cm lang und ist mit gelben Rippen und Warzen auf dunkelroter, lederiger Schale versehen. Unter dieser Schale liegt ein fleischiges, kühlendes Mark von weißlicher Farbe und säuerlichem Geschmack, welches die Indianer gern roh verzehren oder aus ihm ein angenehm säuerlich schmeckendes Getränk bereiten, das durch Gärung berauschend wird. In dem Marke liegen in fünf Reihen 25—40 eiförmige Samen. Dies sind die Kakaobohnen, aus welchem die Schokolade bereitet wird.

Der Kakaobaum erfordert bei seiner Kultur eine bedeutend größere Pflege als der Theestrauch oder Kaffeebaum, wenn auch sein Anbau immer noch weniger mühevoll ist, als der mancher anderer Kulturgewächse der Tropen. Er liebt einen lockeren, humusreichen Boden, der während des ganzen Jahres gut bewässert werden kann. Die Flußthäler erfüllen diese Bedingungen am besten, und deshalb werden sie vorzugsweise zur Kultur des Kakaobaumes benutzt. Man kann ihn aus Samen oder Stecklingen ziehen. In jedem Falle aber müssen die jungen Pflanzen durch Beschattung mit breitblätterigen Gewächsen vor den unmittelbaren Sonnenstrahlen geschützt werden. Zu diesem Zwecke pflanzt man Bananenstauden zwischen sie. Auch die größeren Stämme gedeihen am besten im Schatten, und diesen giebt man ihnen durch den Korallenbaum. An sehr günstigen Standorten beginnt der Baum vom dritten Jahre an zu tragen, an ungünstigeren erst im sechsten oder siebenten. Seine Ertragsfähigkeit dauert 20—30 Jahre. Gewöhnlich rechnet man auf die Pflege von je 1000 Bäumen einen Arbeiter, zur Zeit der Ernte müssen aber viel mehr Hände in Bewegung sein.

Die Ernte ist trotz der großen Vegetationskraft des Baumes dennoch äußerst verschieden. Heftige Winde, denen der Baum leicht erliegt, und Platzregen, welche in die Hauptblütezeit fallen, vernichten oft die ganze Ernte. Auch wenn die Temperatur einige Grad tiefer als gewöhnlich, vielleicht bis 20 oder 22 Grad fällt (der Kakaobaum erfordert eine mittlere Temperatur von wenigstens 25 Grad), so ist dies von großem Nachteil für die Entwickelung der Blüten und Früchte. Viele Feinde aus dem Tierreich suchen dem Menschen die Früchte streitig zu machen, besonders Käfer, Raupen, Vögel, Ratten und Affen.

Obgleich die Blüten des Kakaobaumes sich während des ganzen Jahres entwickeln und ebenso auch stets reifende Früchte zu finden sind, so fällt die Haupternte doch in zwei verschiedene Zeiten des Jahres. Die erste Ernte findet im Dezember und Januar statt, die zweite, weit ergiebigere, im Juni und Juli. Die reifen Früchte werden abgepflückt und auf einen freien Platz vor dem Wohnhause des Pflanzers geschafft. Hier sind einige

Arbeiter beschäftigt, mit stumpfen hölzernen oder knöchernen Messern die Schalen zu öffnen, aus ihnen das breiartige Mark mit den Kernen zu lösen und dasselbe in bereit stehende Gefäße zu sammeln. Andere Arbeiter trennen durch Reiben mit den Händen oder vermittelst eines Siebes die Kerne von dem Mark. Die Kerne schichtet man dann in Haufen oder sammelt sie in Körbe und bedeckt sie. Es entsteht in kurzer Zeit Gärung, während welcher sie fleißig umgerührt werden müssen. Durch die Gärung wird ihre Keimkraft zerstört, auch sollen sie dadurch schmackhafter werden. Die besten Sorten liefert das Verfahren, wonach man die Bohnen fünf Tage lang in die Erde vergräbt und sie dort einer lebhaften Gärung überläßt. Nachdem dieser Prozeß beendet ist, trocknet man sie in der Sonne. Der auf diese Weise zubereitete Kakao ist im Handel als gerotteter Kakao bekannt und kommt größtenteils aus Carracas. Er zeichnet sich vor allen andern Sorten durch sein größeres Aroma und durch einen höheren Grad einer milden Bitterkeit aus. Man erkennt die gerotteten Kakaobohnen leicht an dem erdigen Überzuge, mit dem sie noch behaftet sind, wenn sie nach Europa gelangen.

Ungeachtet des sorgfältigsten Trocknens kommt es sehr häufig vor, daß die Bohnen, besonders wenn sie länger als ein Jahr aufbewahrt bleiben, ranzig werden und verderben. Auch der Zerstörung durch Würmer sind sie ausgesetzt.

Man unterscheidet eine Menge Kakaosorten. Teils mögen dieselben von verschiedenen Spielarten des Kakaobaumes herrühren, teils mag aber auch das Klima und die Bereitungsart die wahrnehmbaren Unterschiede begründen.

Für den Seetransport schüttet man die Kakaobohnen einfach in den unteren Schiffsraum, ähnlich wie es mit dem Getreide geschieht. Erst in den europäischen Häfen werden sie in Säcke von einem Centner Gewicht verpackt und an die Schokoladenfabriken versendet. Die erste Operation, welcher die Bohnen hier unterworfen werden, besteht darin, daß man sie von der harten Schale befreit. Sie werden zu diesem Zwecke zunächst in eisernen geschlossenen Cylindern, ähnlich denen, welche man zum Rösten des Kaffees benutzt, geröstet. Hierauf bringt man sie in eine Mühle, die Ähnlichkeit mit einer Kaffeemühle hat, aber weiter gestellt ist. In derselben werden die Bohnen grob zerkleinert, und die Schalen können leicht entfernt werden. Durch das Rösten gewinnen die Bohnen ihr herrliches Aroma und verlieren die zusammenziehende Bitterkeit, die sie im natürlichen Zustande haben. Die fernere Zubereitung besteht in dem Zermalmen der Bohnenstückchen zwischen erwärmten eisernen Walzen, wodurch sie in einen gleichförmigen Brei verwandelt werden. Während des Hindurch=

gehens zwischen den Walzen setzt man Zucker und verschiedene Gewürze, zu den feineren Sorten nur Vanille, zu geringeren auch Zimmet, Nelken und andere Gewürze in äußerst fein pulverisiertem Zustande zu. Dieser Brei kommt nun in metallne, inwendig sorgfältig geglättete Formen und erstarrt. Auch ohne Zusatz von Zucker und Gewürzen werden die zermalmten Bohnen in Blöcken als Kakaomasse in den Handel gebracht, zuweilen auch in gröblich zerkleinertem Zustande. Die Schalen geben als Kakaothee ein der Schokolade ähnliches, aber weniger nahrhaftes Getränk.

Die Kakaobohnen enthalten zur Hälfte ihres Gewichtes ein festes Fett, welches man aus dem erwärmten Brei durch Auspressen gewinnen kann. Unter dem Namen Kakaobutter findet es teils in der Medizin Anwendung, teils wird es mit Soda zu Seife, der sogenannten Kakaoseife, verarbeitet. Dieses Fett ist ein wichtiger nährender Bestandteil der Schokolade, macht sie aber auch für schwache Magen schwer verdaulich.

Ein anderer wesentlicher Bestandteil der Kakaobohnen ist das Theobromin, ein Alkaloid, das mit dem Coffeïn und Theïn die größte Ähnlichkeit nicht nur nach seiner chemischen Zusammensetzung, sondern auch nach seiner Wirkung hat. Wie bei dem Theïn wird auch bei dem Theobromin die Wirkung durch ein in den Kakaobohnen befindliches ätherisches Öl unterstützt. Auch die Zusätze von Gewürzen tragen dazu bei, die Wirksamkeit jenes Alkaloids zu erhöhen. Man kann es leicht aus den Kakaobohnen rein krystallinisch darstellen, und in diesem Zustande genossen ist es giftig. Die Nahrhaftigkeit der Schokolade erhöht das in den Kakaobohnen enthaltene Stärkemehl und Eiweiß wesentlich.

In den Schokoladenfabriken werden Sorten von sehr verschiedener Güte fabriziert. Die feinsten Schokoladensorten enthalten, wie schon erwähnt, nur reinen Kakao mit Zusatz von Vanille, den gewöhnlicheren Sorten setzt man fast die Hälfte ihres Gewichtes Zucker bei, die ganz ordinären Sorten haben nur eine geringe Quantität Kakao, dafür aber geröstetes Mehl, Talg und der Färbung wegen etwas roten Ocker. Auch verfälscht wird die Schokolade zuweilen mit Ziegelmehl, Mennige u. s. w. Diese Beimischungen erkennt man leicht, wenn man die Schokolade fein pulvert und die Masse schlämmt, sie lösen sich natürlich nicht auf und scheiden sich, da sie schwerer sind, als Bodensatz ab. Die Beimengung von Mehl kann man auch leicht ermitteln. Man läßt die Schokolade etwa $\frac{1}{2}$ Stunde mit Wasser kochen und filtriert sie im siedenden Zustande durch Flanell. Der durchfiltrierten Flüssigkeit setzt man einige Tropfen Jodtinktur zu. War die Schokolade mit Mehl vermischt, so entsteht in der Flüssigkeit eine blaue Färbung, denn das Jod färbt die Stärke, den Hauptbestandteil des Mehles, blau. Der Kakao enthält, wie schon erwähnt, auch Stärkemehl, aber dieses ist so innig mit den andern Bestandteilen verbunden, daß es nicht mit durch das Filtrum geht.

Nach einem Bericht einer belgischen Kommission ist man in neuester Zeit einer äußerst frechen Schokoladenverfälschung auf die Spur gekommen. Große Fabriken haben Kartoffelschalen aufgekauft, dieselben gehörig gedörrt und mit einer genügenden Portion Zucker, Hammelfett und einem Minimum Kakao zu einem Fabrikat verarbeitet, welches nichtige Produkt sie unter dem Namen „Gesundheits=Schokolade" in glänzender Umhüllung in den Handel zu bringen frech genug gewesen sind.

Der Kakaobaum stand schon lange vor Montezuma, dem von Cortez besiegten Aztekenkaiser, bei den Ureinwohnern Mexikos in hohem Ansehen und wurde kultiviert, wo nur irgend ein für ihn passendes Stück Land sich fand. Sie nannten ihn in ihrer schweren Sprache Cacahoaquahuitl und das durch einen Aufguß der zerquetschten Bohnen bereitete Getränk Chacollatl. Aus gerösteten, zermalmten, mit Maismehl gemischten und mit Vanille gewürzten Bohnen bereiteten sie einen sehr nahrhaften Brei, der also im wesentlichen unserer Schokolade gleich kam. Die Kakaobohnen dienten ihnen auch als Scheidemünze, und noch jetzt werden sie zu diesem Zwecke unter den Indianern und den niederen Volksklassen ganz allgemein angewendet. Sechs Stück haben den Wert von 4½ Pfennig. Bis zu dem Werte von 45 Pfennig, welches die niedrigste geprägte Münze in Mexiko, der Silber=Real, ist, werden die Zahlungen in Kakaobohnen geleistet.

Die Schokolade wurde durch Cortez zuerst im Jahre 1606 in Europa bekannt. Anfänglich waren die Meinungen über dieselbe sehr verschieden, bald aber erlangte sie eine allgemeinere Anerkennung und Verbreitung. Jedoch nur in Spanien und Italien ward sie Nationalgetränk und wird dort wie in andern Ländern der Kaffee zu den täglichen Nahrungsmitteln gerechnet; bei uns ist sie ihres hohen Preises wegen nur ein Getränk für reichere Leute, weniger reiche gestatten sich ihren Genuß nur bei festlichen Gelegenheiten.

Alexander von Humboldt schätzt die Produktion des Kakao im Jahre 1818 auf 23 Millionen Pfund. Im Jahre 1858 betrug die Kakaoausfuhr nach Europa 34 Millionen Pfund, wovon der größte Teil nach Spanien und Frankreich ging. In Preußen kommen durchschnittlich noch nicht 33 g auf den Kopf, in Frankreich ergeben sich ungefähr 133 g und in Spanien ziemlich 1½ Pfund auf den Kopf.

Auch für die Kakaobohnen hat man versucht, Ersatzmittel einzuführen, so besonders die Erdnuß und die echte Kastanie. Da ihnen aber das Wirksame des Kakao, das Theobromin, fehlt, so können sie in keinem Falle seine Stelle ersetzen. Ein wirkliches Ersatzmittel des Kakao bieten aber die Früchte der Paullinia sorbilis, einer Pflanze, welche in Brasilien ein=heimisch ist. Diese Früchte, unter dem Namen Guarana bekannt, enthalten dasselbe Alkaloid, wie Coffeïn und Theobromin in der ansehnlichen Menge von 5 Prozent, außerdem auch, wie der Kakao, ein Fett, das sogar noch vor der Kakaobutter das voraus hat, daß es nicht ranzig wird. Die Guarana dient nun auch in Brasilien und fast im ganzen südlichen Amerika zur Bereitung eines schokoladenartigen Getränkes. Die Samenkörner wer=den zerstampft und in Kuchen geformt, aus welchen dann in ähnlicher Weise wie bei der Schokolade das Getränk bereitet wird.

## 78. Die Linde.
### (Tilia.)

Von den Bäumen, die dem heimischen Boden Schatten geben, ist die Linde einer der schönsten. In dem Umfange ihres aufstrebenden Stammes und in der Höhe kaum hinter der Eiche zurückbleibend, übertrifft sie die=selbe in dem Reichtum ihrer Verästelung und Verzweigung und durch die Fülle ihrer blätterdichten weiten Krone.

In der Ehre, welche ein hohes Alter gewährt, wird sie von keinem anderen deutschen Baume übertroffen. Man giebt ihr eine Lebensdauer von achthundert bis tausend Jahren. Der großen Linde bei Neustadt im Königreich Württemberg geschieht urkundlich schon in den Jahren 1229 und 1408 Erwähnung. Vieler Männer Arme umspannen sie nicht, und mehr als hundert steinerne Säulen sind hingestellt, um die Äste, die sie rings weit ausstreckt, zu stützen. Die Linde ist durch ganz Deutschland und die Schweiz, so weit man dort die deutsche Zunge hört, reichlich ver=breitet, im Süden und Westen vorherrschend die breitblätterige, im Osten und Norden mehr die kleinblätterige, beide Arten gleich an Größe und Umfang mit saftgrünen herförmigen Blättern, jene heller, diese dunkler, jene mit früheren, diese mit späteren Blüten.

Als Waldbestand, der größere Flächen bedeckt, wird sie selten ange=troffen. Man könnte sich der Vorstellung hingeben, sie liebe und suche, gleich manchen Tieren, die Nähe des Menschen und sie begleite ihn gern zu den Stätten seiner Ruhe und Thätigkeit und siedele sich an, wo höhere Gedanken seine Seele bewegen. Man sieht sie vor dem Hause des Pfarrers, des Amtmannes, des Schulzen und neben der Ruhebank vor der Thür des Schenkwirts, bei den Ausgängen der Dörfer, Weiler und Städte und vor den Thoren zerfallener Burgen, neben den Grenzmalen der Gemeinden und Gemarkungen, auf Kreuzwegen und auf ehemaligen Gerichtsstätten.

über die Ruhestätte der Herde in der Weide, über den Brunnen, den die
menschliche Hand gegraben, über die Quelle, die aus dem Felsen springt,
breitet sie ihr schützendes Dach, und in gleicher Weise birgt sie den from=
men Beter vor den Strahlen der Sonne bei den Kapellen im Felde, bei
den Stationsbildern und vor dem Bilde des Gekreuzigten. Auf den
Plätzen, welche die Gotteshäuser der ländlichen Bevölkerung umgeben, und
wo der Mensch seine letzte Ruhestätte findet, teilt sie seine Einsamkeit.
Die Erinnerung an herrliche Männer ist mit ihr verwachsen. Über der
Grabstätte Klopstocks bei Ottensen haucht eine Linde, gepflanzt von Metas
Schwestern, ihre Düfte aus. Und eine große Linde bei Stuttgart, in der
schönen Promenade aufwärts nach der Höhe, heißt die Uhlandslinde.

Die Liebe und Verehrung der Linde ist bei unserem Volke nicht von
gestern her. So wie man die Linde auf deutschem Boden fast überall an=
trifft, so deuten auch unzählige Namen in unserer Sprache auf eine gleiche
Liebe unserer Vorfahren. Niemand bezweifelt den Familiennamen Linde,
zur Linde, Zerlinden, schaften, Burgen, Städte, Klöster und Wallfahrtsorte
haben ohne Widerrede von Linde ihren Namen.

Mannigfach ist in Sage und Geschichte die enge Verbindung des
Baumes mit dem Ursprung ausgezeichneter Ortschaften aufbewahrt. In
der Stadt Rastenburg war einst ein Angeklagter zum Tode verurteilt
worden. Am Tage vor der Hinrichtung erschien ihm die heilige Jung=
frau, tröstete ihn und gab ihm ein Stück Holz und ein Messer mit dem
Auftrage, etwas zu schnitzen. Er schnitzte darauf ein Marienbild mit dem
Christuskinde auf den Armen. Als die Gerichtsherren das Bild sahen und
von der Erscheinung der heiligen Jungfrau hörten, erachteten sie es als
einen Wink von oben und setzten den Verurteilten in Freiheit. Dieser
aber trug das Bild nach einer Linde und stellte es in derselben auf, und
seitdem verlor der Baum seine Blätter nicht mehr und blieb immer grün.
Wegen solchen Wunders holten die Rastenburger das Bild von seinem
Platze und trugen es in ihre Kirche; da es aber am andern Morgen
wieder in der Linde stand, so baute man unter derselben eine Kapelle.
So entstand der Wallfahrtsort „Heiligenlinde".

Auch zur Erinnerung für die Nachkommen an wichtige Ereignisse und
rühmenswerte Thaten erachtete man den Jahrhunderte überdauernden Baum
für die sicherste Urkunde. — An vielen Orten in den deutschen Landen
wird noch die Linde gezeigt, unter welcher bis in die letzten Jahrhunderte
hinab die Gerichtssitzungen gehalten wurden.

Wie die Sage so gern in der Linde ihre heimatliche Stätte sucht, so
rankt sich überall in den weiten deutschen Landen das Volkslied um ihre
gebogenen Äste und ihre herzförmigen Blätter und duftende Blüten tragenden

Zweige. — Im deutschen Heldenliede, in welchem fast noch ungemildert der heidnische Geist unserer Vorfahren weht, ist es vor allen anderen Bäumen die Linde, unter welcher gewaltige Thaten vollbracht werden. Unter einer Linde tötete der Nibelungenheld den Drachen, ein Lindenblatt verursachte zwischen seinen Schultern die verwundbare Stelle, als er sich im Blute des erlegten Tieres wälzte, und unter einer Linde wurde er von Hagen ermordet.

Neben den Blumen, dem grünen Grase und dem tauigen Klee, dem laubigen Walde und dem süßen Sang der Nachtigall ist es von allen Bäumen fast ausschließlich die Linde, welcher die Minnesänger ihre Huldigung darbringen, und man findet keinen unter ihnen, der nicht von dem schönen Baum und der Nachtigall in dem schattigen Laubdache gesungen hätte.

Bei diesem Reichtum der Poesie, die von alters her durch das grüne Laub der Linde rauscht, ist es nicht zum Verwundern, wenn wir auch die neueren Dichter gern in ihrem Schatten finden und sie, gleich den Bienen, ihre Schätze aus dem Baume heimtragen sehen. Klopstocks hoher, der Religion, der Freundschaft und der Liebe zugewandter Dichternatur war die Linde ein wertes, ernstes Symbol. Vor der Wohnung des Pfarrers zu Grünau in Voß' „Luise" (I, 1) stehen zwei breitlaubige Linden. Bei Schiller findet man den Lindwurm, der in der Nähe des schattenreichen Baumes sein Lager aufzuschlagen liebt. Während der Dichter auf keltischer Erde die heilige Jungfrau unter einer Eiche erscheinen läßt (Jungfrau von Orleans I, 10), stellt er auf altdeutschem Boden Tells mutigen Knaben unter einer Linde auf (III, 3), und als die herrliche Gertrud ihrem Gatten Werner Stauffacher Mut ins Herz spricht, sitzt er auf der Bank vor seinem Hause in dem Schatten des Baumes (I, 2).

In Heiterkeit, Schalkheit und Ernst konnte Goethe die Linde nicht fern sein. — Könnte bei Hölty, Salis und Matthisson, dem Kleeblatt der Dichter deutscher Gefühlspoesie, die Linde fehlen! — Auch von den neuen Dichtern möchte schwerlich einer zu finden sein, der dem Baume nicht seine Huldigung dargebracht hätte. Viele feierten die Linde in selbständigen Gedichten. Agnes Franz hat dem lieblichen Bilde der Eltern- und Kindesliebe in dem Gedichte „die Linden" einen schönen, sinnigen Ausdruck gegeben. Auch v. Eichendorff in wehmütigen Klängen und in heiteren Tönen. Geibel hat von dem Baume gesungen, auch H. Heine in seiner Art. Reinere Töne klingen von der Harfe des schwäbischen Dichters (Uhland) durch die deutschen Gauen. — Tieck, der Romantiker, ist zu sehr mit dem christlichen Mittelalter befreundet, als daß bei ihm nicht der Linde ihr volles Recht hätte zu teil werden sollen.

Der Mut und die Kraft eines Volkes spricht sich aus in den Schlachten, die es schlägt, und in seinen Kämpfen für das Recht; seine Sittlichkeit in der Heilighaltung der Familie, sein frommer Sinn im Inhalt und in der Form seiner Religion; aber seine ganze Natur in seinen Gebräuchen und Sitten, in seinen Sagen, Märchen und Liedern, denn sie schöpfen aus allen Quellen seines Daseins, in Freud und Leid, in der Erhebung und im Mißgeschick.

Überschaue ich mit einem Blicke, wie von der Höhe eines Berges über Thäler, Hügel und Fernen, alles, was sich im Gemüte und im Gedankenkreise unseres Volkes an die Linde anschließt, in der Vergangenheit, daß dem Baume bei uns eine gleich große Bedeutung beiwohne, wie in der Vorzeit bei den Athenern dem Ölbaum und bei den Skandinaviern der Esche, und daß kein anderer Baum ihr diese Stelle streitig machen könne.

Das Heldenlied verlegt unter den Baum seine Thaten, die Sage in tausendfachen Arabesken verschlingt sich mit ihren Zweigen, das Lied der Dichter feiert sie, und das Volkslied summt durch ihre Blüten. Sie ist der Gerichts- und Versammlungssaal des Volkes, das Symbol der Tapferkeit und des Sieges, und zur Ehre heroischer Thaten pflanzt man den Baum. Sie deckt mit ihrem schützenden Laubdach, sowie die Gräber der Hingeschiedenen, die geheiligten Stätten stillen Gebetes, sie ist das Gewölbe des Brunnens, das Zelt des müden Wanderers, die Stätte ländlicher Feste und der verschwiegene Zeuge beglückter und trauernder Liebe, während die Nachtigall aus ihrem Dunkel die langgezogenen Töne dahinflötet.

Es war ein Irrtum unseres Klopstock, des herrlichen deutschen Mannes und Dichters, wenn er das keltische Bardentum auf deutschen Boden übertrug und den Baum des keltischen Kultus, die Eiche, als den Baum feierte, dessen Wurzeln in der Gemütstiefe unseres Volkes die erste Stelle hätten. Wenn seine große Dichternatur zum Durchbruch kam, feierte er die Linde, und deshalb steht auch auf seiner Grabstätte nicht die Eiche, sondern die Linde. Klopstocks Beispiel folgten die Stolberge und Denis. Und in den Freiheitskriegen, als es galt, alle Urkräfte des Volkes zu einem Keile zuzuspitzen, glaubten die mutigen Männer des Wortes und des Schwertes kein zutreffenderes Symbol deutscher Kraft zu finden, als die Eiche. Wohl ist die Eiche ein herrlicher Baum, und die Schauer, welche Plinius und Seneca unter ihren grünen Gewölben empfanden, ziehen auch durch unsere Seele, wenn wir uns in die einsamen Tiefen der Eichenwälder verlieren, wie sie in unseren Landen in ihrer Pracht über die Höhen der Berge und Abhänge dahin ziehen. Und wohl ist auch die Eiche ein Bild der Kraft und Unbeugsamkeit, aber auch oft ein Bild jener Unbeugsamkeit, die zum Störrigen wird. Sie beugt sich im Walde, wo sie steht vor dem Orkane nicht, aber der Orkan legt ihr die störrigen Äste zu Füßen. Die Linde in ihrer Isoliertheit, der eignen Kraft vertrauend, wiegt die Äste bei den Stößen des Sturmes, aber sie überwindet ihn durch Festigkeit, Ausdauer und Elasticität, und sie steht da nach allen Angriffen in ihrer alten Herrlichkeit.

Wir wollen die Eiche als Symbol der Kraft und Unbeugsamkeit unseres Volkes nicht missen, ebensowenig als die herrlichen Waldungen unseres Vaterlandes, aber der Baum am Herzen unseres Volkes bleibt die Linde; noch pflanzt es an den Stellen, die es liebt und verehrt, wie vordem den Baum, und noch geht die Sage, daß der Blitz an demselben vorüberfahre.

## 79. Der Theestrauch.
### (Thea chinensis.)

Das Vaterland des Theestrauches ist China und Japan. Bestimmt man die Grenzen seines Verbreitungsbezirks darnach, wo er noch im Freien gedeiht, so sind dieselben der 15. und 40. Grad nördlicher Breite. Das Klima über den 40. Breitengrad hinaus ist ihm zu kalt; aber eine zu große Wärme ist seinem Gedeihen auch nicht günstig, und darum findet man ihn nicht südlicher als bis zum 15. Grade. Will man aber den Verbreitungsbezirk des Theestrauches darnach bestimmen, wo seine Kultur vorteilhaft und das Produkt von der besten Beschaffenheit ist, so reduziert sich derselbe in China auf den Distrikt vom 23. bis zum 31. Grad nördlicher Breite und in Japan zwischen dem 30. und 35. Breitengrade. Gegen Osten wird der Verbreitungsbezirk des Theestrauches von der Südsee begrenzt, gegen Westen erstreckt er sich bis an die Grenze von Tibet.

Seit uralten Zeiten ist der Theestrauch in China und Japan eine Kulturpflanze, seine Wiege sollen die hohen Alpenterrassen sein, welche die Länder von Mittelasien und China umschließen. In Assam hat man ihn unter 25 Grad nördl. Breite in einer Höhe von 1250 m wildwachsend gefunden. Bergige und quellenreiche Gegenden, besonders die Südabhänge von Hügeln sind die Orte, wo er am liebsten seine Stätte hat.

Die hohe Bedeutung und Wichtigkeit des Theestrauches war die Veranlassung, daß man vielfach versuchte, ihn auch in andere Länder zu verpflanzen. Besonders energisch gingen die Engländer, welche von allen europäischen Nationen die größten Theeverbraucher sind, mit diesen Versuchen vor, um sich von China unabhängig zu machen und ihren Kolonieen diesen Kulturzweig zuzuwenden. Es gelang ihnen in der jüngsten Zeit, den Theestrauch am Südabhange des Himalaya, in den nördlichen Teilen

Indiens, zu kultivieren, und vielleicht werden diese Distrikte bald mit China konkurrieren können. Auch die Holländer bestrebten sich, den Theestrauch in ihren indischen Besitzungen, Sumatra und Java, einheimisch zu machen. Nur allmählich gelang die Kultur, jetzt aber bringt Java schon allein jähr= lich 1½ Million Pfund Thee auf den europäischen Markt. Ebenso ver= suchte man den Anbau des Theestrauches auf Madeira, St. Helena und am Kap der guten Hoffnung, bis jetzt aber ist die Hoffnung auf einen günstigen Ausfall dieser Versuche nur noch gering. Die Portugiesen haben iu Brasilien in der Gegend von Rio Janeiro Anbauversuche mit dem Theestrauche gemacht und chinesische Kolonisten hinübergeholt, um den Thee zu bauen und zu bereiten. Sogar in dem nördlichen Portugal ihn ein= heimisch zu machen ist geglückt. Er pflanzt sich dort leicht fort und über= dauert ganz gut den Winter. Man kann aber alle diese letzteren Versuche nur nach einer Seite hin als gelungen betrachten; denn wenn auch der Theestrauch in einem andern Boden und einem andern Klima wächst und gedeiht, so haben doch seine Blätter nie das eigentümliche Aroma, das den chinesischen Thee auszeichnet, oder sie erhalten eine andere Nüance des Duftes und Geschmacks. Diese Eigentümlichkeit teilt der Theestrauch mit dem Weinstock. Die Reben, welche man von den Ufern des Rheins nach Amerika verpflanzt hat, wachsen und gedeihen dort ganz vortrefflich, liefern aber einen Wein, der kaum noch eine Spur von Ähnlichkeit mit unserm Rheinwein hat.

Der Theestrauch ist ein naher Verwandter der bei uns wegen ihrer prächtigen Blüten in Treibhäusern und Zimmern gezogenen Kamelie; er gehört mit ihr zu derselben Familie, und wir können uns durch das An= schauen dieses letzteren Strauches eine ziemlich gute Vorstellung des Thee= strauches verschaffen. Sich selbst überlassen, erreicht er eine Höhe von 4 m, kultiviert läßt man ihn nur 1½—2 m hoch wachsen, um die Blätter mit weniger Beschwerlichkeit pflücken zu können. Die Blätter sind immer= grün, 5 cm lang, von länglich eiförmiger Gestalt, nach der Spitze hin mit gesägtem Rande und zugespitzt. Sie stehen abwechselnd auf ziemlich kurzen, höckerigen, kräftigen Stielen. Ihre Oberfläche ist dunkelgrün und glänzend, die untere matter und heller. Die Blüten brechen an den äußersten Zweigen entweder vereinzelt oder zu zweien hervor und stehen auf dicken, geglieder= ten, ½ cm langen Stielen. Sechs porzellanweiße, hohle Blätter von eiförmiger Gestalt bilden die Blumenkrone; sie stehen in zwei Kreisen, so, daß die drei Blätter des unteren kleiner sind als die drei Blätter des oberen. Der Kelch besteht aus fünf ähnlich geformten, aber kleineren Blättchen. Unter dem Fruchtknoten brechen die Staubfäden hervor, deren Zahl gegen 100 beträgt. Von dem weißen Blätterteller umschlossen, erheben sie sich als lange, haarförmige, weiße Stielchen, mit doppelten, kugelrunden Staubkölbchen gekrönt. Die Hauptblütezeit fällt in den September und Oktober, eine andere in den Januar und Februar.

Ob das Geschlecht des Theestrauches nur eine Art besitzt, ob also die Abweichungen der ursprünglichen Form nur als Spielarten oder als besondere Arten zu betrachten sind, das ist unter den Botanikern noch nicht entschieden. Sie führen außer dem echten Theestrauche noch drei verschiedene Formen, ob Arten oder Abarten, bleibe auch hier dahingestellt, an, welche sie Thea cochinchinensis, Thea cantoniensis und Thea oleosa nennen. Die erste unterscheidet sich vom echten Theestrauche durch endständige Blumen, dreiblätterige Kelche und fünfblätterige Blumenkronen. Die zweite Form hat als charakteristische Merkmale 5= bis 6=blätterige Kelche und 7= bis 9=blätterige Blumenkronen; die dritte Form charakterisiert sich durch dreiblumige Blütenstiele, sechsblätterige Kelche und eine sechsblätterige Blumenkrone. Linné hatte zwei Arten des Theestrauches festgestellt, Thea Bohea und Thea viridis, von welchen die erstere den schwarzen und die letztere den grünen Thee liefern sollte. Durch sehr eifrige Nachforschungen in der neueren Zeit hat es sich aber herausgestellt, daß diese beiden Hauptsorten des Thees nicht etwa von verschiedenen Arten kommen, sondern nur einer verschiedenen Bereitungsart der frischen Theeblätter ihren Ursprung verdanken. Wie alle seit Jahrhunderten mit Sorgfalt gepflegten Kulturpflanzen hat auch der Theestrauch im Laufe der Zeit durch verschiedenartige Behandlung und den verschiedenen Boden eine große Menge der verschiedensten Sorten erhalten, die sich durch den Geschmack, das Aroma und andere feinen Unterschiede erkennbar machen. Der feine chinesische Theekenner unterscheidet an 700 Theesorten.

Der Theestrauch wird in kleineren und größeren Anlagen gezogen, wo die Sträucher in regelmäßigen Reihen stehen, so daß jeder einen freien Raum von 1—1,50 m hat. Außerdem findet man ihn in China und Japan nicht selten in Hecken längs der Grenzen der Felder und um die Gärten angebaut zum eigenen Hausbedarf der Einwohner. Auf die Güte des Bodens kommt es dem Theestrauch weniger an, er ist auch mit einem leichten und sandigen zufrieden, nur verlangt er eine fleißige Bewässerung. Deshalb behagt ihm auch das feuchte Seeklima am besten. Um den Ertrag zu steigern, düngt man ihn mit Sardellen, Ölkuchen oder dem Saft von Senfsamen. Seine Ertragsfähigkeit wird dadurch freilich bedeutend erhöht und schon in seinem dritten Lebensjahre können die Blätter gepflückt werden, aber auch sein Lebensalter wird verkürzt; denn mit dem sechsten Lebensjahre ist seine Kraft erschöpft; er bringt nur noch spärliches, hartes Laub. Man verjüngt ihn indes, indem man die älteren Zweige abschneidet und ihn aus der Wurzel von neuem ausschlagen läßt. Dies Abschneiden kann mehrere Male wiederholt werden, bis endlich der ganze Strauch nach einem 30- bis 40jährigen Leben abstirbt.

Die Blätter werden jährlich drei- bis viermal gepflückt. Die erste Ernte geschieht im Frühling und dauert von der Mitte des April bis Ende Mai. Man pflückt die ganz jungen, eben hervorgesproßten Blätter oder auch unentfalteten Blattknospen und erhält das beste und kostbarste Produkt. Die feinsten, zartesten Blätter von jungen und sehr gut gepflegten Sträuchern liefern den Imperial- oder Kaiserthee. In den Handel kommt derselbe gar nicht, sondern ist nur für den kaiserlichen Hof bestimmt. Jedes Blättchen dazu wird sorgfältig ausgewählt, der Anbau, die Pflege der Sträucher und die Zubereitung der Blätter werden von eigenen Beamten aufs peinlichste überwacht, so daß ein Pfund des wahren Kaiserthees dem Hofe selbst auf 375 Mark zu stehen kommt. Auch von der ersten Ernte gelangt wenig Thee nach Europa, und sein Preis ist ein sehr hoher. Die zweite Ernte währt den Monat Juli hindurch; sie liefert ein mittelfeines Produkt, die feinsten Sorten des in Europa im Handel befindlichen Thees. Die dritte Ernte beginnt Mitte August und dauert bis Ende September. Die Blätter sind nun ziemlich hart geworden und liefern die gewöhnlichsten Sorten.

Ob die Blätter des Theestrauches nun als grüner oder schwarzer Thee ihre Reise in die Welt antreten sollen, hängt, wie schon erwähnt, von der Zubereitungsart derselben ab. Wir haben über die Verfahrungsweisen dabei durch die Berichte des Engländers Fortune, den die englischostindische Handelsgesellschaft eigens zu dem Zwecke nach China gesandt hat, um den Anbau des Theestrauches und die Zubereitung der Blätter zu studieren, die genaueste Kenntnis erhalten. Um die Blätter zu grünem Thee zu bereiten, breitet man dieselben zunächst eine bis zwei Stunden lang locker auf Hürden von Bambusstäben aus. Unter der Einwirkung der Sonnenstrahlen werden sie bald welk und verlieren einen Teil ihrer natürlichen Feuchtigkeit. Jetzt kommen sie in flache, eiserne Pfannen, die über einem Kohlenfeuer stehen. In diesen bleiben sie ungefähr 5 Minuten und werden alsdann auf einer glatten Tafel mit den Händen ausgerollt und ausgedrückt. Andere Arbeiter empfangen die Blätter und bringen sie wiederum in flache, eiserne Pfannen, wo sie in einer gelinden Hitze eine bis anderthalb Stunden bleiben und während dieser Zeit fortwährend mit den Händen umgerollt werden. Die Verarbeitung mit den bloßen Händen geschieht, um stets genau den Grad der Erhitzung beurteilen zu können; die Hitze darf nur so hoch sein, daß die Hand sie aushalten kann, bei einer größeren Erhitzung würden die Blätter verderben. Während dieser letzteren Arbeit entwickeln sie einen höchst angenehmen Duft, und es ist nicht unwahrscheinlich, daß jetzt erst in ihnen durch chemische Umwandlung ihrer Stoffe das aromatische Öl gebildet wird, durch welches das aus ihnen bereitete Getränk schon längst das Lieblingsgetränk vieler Nationen geworden ist. In dieser Hinsicht gleichen sie dem Waldmeister, der auch erst sein liebliches Aroma ausströmen läßt, nachdem er welk geworden ist. Die Zubereitung des grünen Thees ist nun beendet, er wird noch durch Aussieben von Schmutz und Staub gereinigt und kann nun, luftdicht in Kisten verschlossen, seine Wanderung in die Welt antreten. Den beim Sieben erhaltenen Staub unterwirft man einer nochmaligen Röstung und versendet ihn gleichfalls.

Soll aus den Theeblättern schwarzer Thee werden, so bleiben die= selben zunächst einen ganzen Tag lang, vom Morgen bis zum Abend, auf den Bambushürden und werden fleißig gedrückt, geknetet und gerollt. Hier= auf bringt man sie in Haufen, wo sie in eine Art von Gärung geraten und eine dunkle Färbung annehmen. Zugleich entwickeln auch sie dabei einen höchst angenehmen Duft. Sie werden nun ebenso wie der grüne Thee in flachen eisernen Pfannen erhitzt und gerollt und endlich in flachen Körben über einem sehr sorgfältig unterhaltenen, rauchlosen Kohlenfeuer sorgfältig getrocknet. Wie der grüne Thee wird auch der schwarze durch Aussieben von Schmutz und Staub gereinigt und gut verpackt.

Da der schwarze Thee durch die besondere Behandlungsart viel mehr von seinen eigentümlichen Saftbestandteilen verliert als der grüne Thee, so erklärt es sich hinlänglich, warum derselbe bei seinem Genusse eine we= niger aufregende Wirkung hat als jener.

Verwelkte und verdorbene Blätter, Abfälle und Stiele der besseren Sorten, auch Blätter anderer Sträucher werden mit klebrigen Stoffen, Ochsen= oder Schafblut, zu länglichen Kuchen zusammengekittet. Dieser sogenannte Backsteinthee, welcher in China selbst nie gebraucht wird, wan= dert, oft in rohe Felle genäht, nach Tibet, Kaschmir, besonders aber nach dem nördlichen Asien zu Tataren, Kalmücken und anderen dort lebenden nomadisierenden Völkerschaften. Er wird von ihnen so allgemein gebraucht und ist so gänzlich Volksbedürfnis, daß er überall in der Mongolei und Daurien als Handelsmünze gültig ist. Für diese Nomadenvölker hat er den Wert eines wenig Raum einnehmenden Nahrungsmittels, welches selbst das schlechteste Steppenwasser trinkbar macht. Sie pflegen ihn zerrieben mit Wasser aufzukochen und unter Zusatz von etwas Mehl und Schaf=, Rinds= oder Pferdefett eine Art Brühe daraus zu bereiten, die sie mit Steppensalz und, wenn möglich, mit Asche versetzen.

Der zur Ausfuhr bestimmte Thee wird häufig von den Chinesen mit den wohlriechenden Blumen der Kamelie, Theerose und des wohlriechenden Ölbaumes, Olea fragrans, vermischt, um ihn wohlriechender zu machen; es ist aber unrichtig, wenn man glaubt, daß diese Beimischungen dem Thee den eigentümlichen aromatischen Geruch verleihen; diesen Geruch besitzt er schon von Natur. Gegen die Vermischung des Thees mit jenen Substanzen läßt sich soviel nicht einwenden, sie sind wenigstens unschädlich; gefährlich aber ist der Zusatz von färbenden Bestandteilen, durch welche die grüne Farbe des grünen Thees heller und lebhafter gemacht werden soll. Mit Hilfe des Mikroskops hat man gefunden, daß viele in England eingeführte grüne Theesorten mit einem färbenden Pulver überzogen waren, welches aus einem orangegelben Pflanzenstoffe und Berliner Blau, also einer giftigen Farbe, zusammengesetzt ist. Durch Schütteln mit kaltem Wasser und nachheriges Ablaufenlassen kann man den Farbestoff vollständig beseitigen. Noch gefährlicher ist aber die Färbung der Theeblätter mit giftigen Kupfersalzen, die gewissenlose europäische Kaufleute unternehmen, um Thee, der durch den Transport halb verdorben oder der schon einmal gebraucht worden ist, für neuen ausgeben zu können. Dieses gewissenlose, verbrecherische Treiben verdient die strengste Bestrafung.

Der fertige Thee wird von den Kleinhändlern bei den Produzenten aufgekauft und von denselben den großen Kaufleuten in Kanton (den Hongkaufleuten) gebracht. Diese verpacken ihn entweder in Kruken oder in mit Blei ausgelegte Kisten, von welchen man im Handel ganze, halbe, Viertel- und Sechzehntel-Kisten unterscheidet. Die ganzen Kisten enthalten gewöhnlich 300 Pfund. Kruken und Kisten sind reichlich mit hieroglyphischen Schriftzeichen der Chinesen bemalt.

Auf verschiedenen Wegen wandert der Thee nun in die Welt, zur See oder zu Lande. Der auf letzterer Route reisende ist der vielgepriesene Karawanenthee, von welchem freilich wenig bis zu uns kommt. Jede Karawane führt 100, 200 bis 250 Kameelladungen davon. Seewärts geht der Thee besonders von Kanton nach Europa, Nordamerika und zu einem kleinen Teil nach Vorder- und Hinterindien. Auf dem Seewege büßt er viel von seinem Aroma ein, was bei dem Landtransport nicht der Fall ist.

Der ungeheure Verbrauch des Thees und die Thatsache, daß derselbe das Lieblingsgetränk ganzer Nationen geworden ist, finden ihre Erklärung in den eigentümlich wirkenden Bestandteilen desselben. Diese bestehen namentlich aus drei Stoffen: einem ätherischen, brenzlichen Öl, einem Alkaloid, dem Theïn und aus Gerbsäure oder Tannin.

Das ätherische Öl verleiht dem Theeaufguß sein liebliches Aroma. Man kann es ohne große Mühe in reiner Form aus den Theeblättern gewinnen. Zu diesem Zwecke kocht man eine Quantität derselben, leitet die Dämpfe in eine Vorlage und verdichtet sie. Das aus den verdichteten Dämpfen erhaltene Wasser bedeckt sich mit einem öligen Häutchen und dieses ist eben das ätherische Öl. Es ist citronengelb, erstarrt leicht, schwimmt auf dem Wasser und besitzt den Theegeschmack in einem so hohen Grade, daß sich derselbe, wenn eine Wenigkeit davon auf die Zunge gebracht wird, anhaltend über den ganzen Schlund verbreitet. Das Öl ist zu ungefähr einem Prozent in dem grünen Thee enthalten. Es wirkt, in reinem Zustande genossen, im höchsten Grade aufregend und würde in einer größeren Gabe unfehlbar den Tod nach sich ziehen. Da es im Thee nur in sehr geringer Menge vorkommt und außerdem mit der Gerbsäure verbunden ist, so ist seine Wirkung beim Theetrinken keine schädliche, vielmehr eine eigentümlich wohlthuende und belebende. Im Übermaß getrunken, erzeugt der Thee durch das ätherische Öl Aufgeregtheit, Schlaflosigkeit, Eingenommenheit des Kopfes und Schwindel. Der schwarze Thee enthält nur $\frac{1}{2}$ Prozent des flüchtigen Öles, darum wirkt sein Genuß auch weniger aufregend.

Das Theïn ist ganz dasselbe Alkaloid, das sich auch im Kaffee findet und hier den Namen Coffeïn führt. Der Gehalt des Thees an demselben beträgt 2 Prozent. Es hat keinen besonderen Geruch, dagegen einen bitteren Geschmack. Im kleinen kann man es sich sehr leicht selbst bereiten. Eine Quantität Theeblätter wird getrocknet, zu einem feinen Pulver zerrieben und dieses in einem Schälchen auf einer Platte erhitzt. Stülpt man nun über das Schälchen eine spitze Papierdüte, so setzt sich das Theïn als ein zarter Anflug in weißen Krystallen an. Das Theïn gleicht auch in seinen Wirkungen auf den Organismus dem Coffeïn. Größere Gaben verursachen heftige Blutwallungen, Angst, Zittern der Glieder und einen Zustand des Rausches, dem Bewußtlosigkeit folgt. Kleinere Tiere sterben von dem Genuß einer nur geringen Menge Theïn unter heftigen Zuckungen. Im Thee genossen, übt das Theïn fast dieselben Wirkungen auf den Organismus aus, wie das ätherische Öl, nur in einem höheren Grade, indem es ebenfalls das Nervenleben wohlthuend erregt. Beiden Bestandteilen, dem ätherischen Öl und dem Theïn sind also vereinigt die Wirkungen des Thees auf den Organismus zuzuschreiben. Diese Wirkungen schildert Moleschott in seiner Lehre von den Nahrungsmitteln also: „Man wird zu sinnigem Nachdenken gestimmt, und trotz einer größeren Lebhaftigkeit der Denkbewegungen läßt sich die Aufmerksamkeit leichter von einem bestimmten Gegenstande fesseln. Es findet sich ein Gefühl von Wohlbehagen und Munterkeit ein. Wenn sich gebildete Menschen beim Thee versammeln, so führen sie gewöhnlich geregelte, geordnete Gespräche, die einen Gegenstand tiefer zu ergründen suchen und welchen die heitere Stimmung, die der Thee herbeiführt, leichter als sonst zu einem gedeihlichen Ziele verhilft."

Der Gehalt von Gerbsäure in den Theeblättern beträgt 15—18 Prozent. Sie ist derjenigen sehr ähnlich, die sich in der Eichenrinde und den Galläpfeln findet. Bei längerem Kochen der Theeblätter löst sie sich vollständig auf und erteilt dem Getränk einen herben, zusammenziehenden Geschmack. Es empfiehlt sich darum, die Theeblätter nicht zu kochen, sondern nur mit siedendem Wasser einen Aufguß aus ihnen zu bereiten. Das beste und wohlschmeckendste Getränk erhält man, wenn man die Theeblätter zuerst mit einer geringen Menge siedenden Wassers übergießt und nach einigen Minuten das übrige Wasser gleichfalls in siedenden Zustand versetzt. Da lösen sich das ätherische Öl und das Theïn vollständig, während die Gerbsäure nur in geringer Menge gelöst wird. Die Gerbsäure hat Eigenschaft, mit eiweißhaltigen Körpern eine unlösliche Verbindung, Leder, zu bilden. Es ist darum nicht angemessen, dem Thee einen Milchzusatz zu geben, denn die Gerbsäure bildet mit der Milch eine Verbindung, welche ihrem Wesen nach mit dem Leder übereinstimmt, also unlöslich und deshalb unverdaulich ist. Man kann dies leicht erkennen an der Trübung des Thees, welche sofort eintritt, sobald Milch zu demselben kommt.

In China und Japan ist der Thee im eigentlichsten Sinne Nationalgetränk und ist es schon wenigstens in den letzten tausend Jahren gewesen. Er wird von allen getrunken, vom Kaiser bis zum gemeinen Manne; er wird bei allen Mahlzeiten und zu allen Tageszeiten getrunken; er wird jedem Gaste angeboten; er wird überall auf Märkten, Straßen und Wegen in Theeschankstellen verkauft. Den Thee zu bereiten und ihn mit Anstand zu servieren, gehört zu einer guten Erziehung und wird von besonderen Lehrern, wie in Europa das Tanzen und Fechten, gelehrt. Die recht sachkundigen Theetrinker können nicht allein 700 Theesorten unterscheiden, sie rühmen sich auch, schmecken zu können, welches Holz beim Kochen des Wassers verwendet wurde und in welcher Art von Gefäßen es geschah. Wie der Wein von unsern Dichtern vielfach besungen worden ist, so hat chinesische Dichter der Thee begeistert zu Lobgesängen auf ihn. Ein Gedicht des chinesischen Kaisers Kien-Long auf den Thee ist auch zu uns gekommen. Er dichtete es auf einer Jagdpartie; es wurde sehr bewundert (war doch der Dichter ein Kaiser), eine Prachtausgabe davon veranstaltet und auf Porzellantassen, welche zu kaiserlichen Geschenken bestimmt waren, geschrieben. Eine Stelle dieses Gedichtes lautet:

„Setze über ein mäßiges Feuer ein Gefäß mit drei Füßen, dessen Farbe und Form darauf deuten, daß es lange schon im Gebrauch ist, fülle es mit klarem Wasser von geschmolzenem Schnee; laß dieses Wasser bis zu dem Grade erwärmt werden, bei welchem der Fisch weiß und der Krebs rot wird, gieße dieses Wasser in eine Tasse auf feine Blätter einer ausgewählten Theeforte; laß es etwas stehen, bis die ersten Dämpfe, welche eine dicke Wolke bilden, sich allmählich vermindern und nur leichte Nebel auf der Oberfläche schweben; trinke alsdann langsam diesen köstlichen Trank, und du wirst kräftig gegen die fünf Sorgen werden, welche gewöhnlich unser Gemüt beunruhigen.  Man kann die süße Ruhe, welche man einem so zubereiteten Getränke verdankt, schmecken, fühlen, jedoch nicht beschreiben."

## 80.  Der Mahagonibaum.
### (Swietenia Mahagoni.)

Die Möbeln unferer meisten bürgerlichen Haushaltungen find Mahagonimöbel, d. h. sie sind von kiefernem, fichtenem oder anderem inländischen Holze angefertigt und ihr Äußeres ist mit ganz dünnen Platten von Mahagoniholz überzogen.  Diese Platten nennt man Fourniere.  Das Mahagoniholz ist zu Fournieren außerordentlich beliebt und verdient diese Beliebtheit auch.  Es ist hart und fest und nimmt eine herrliche Politur an.  Am häufigsten ist es mit dunkleren Streifen, geflammten Adern oder pyramidalischen Zeichnungen versehen, welche nach der Politur sehr schön und zierlich hervortreten.  Das Holz hat die Eigenschaft, immer dunkler zu werden.  Die Mahagonimöbel machen neben einem schönen, zierlichen Aussehen den Eindruck des Festen, Gediegenen und Massiven. Kein Wunder also, daß das Mahagoniholz ein bedeutender Handelsartikel geworden ist.

Der Mahagonibaum findet sich in verschiedenen Spielarten in den tropischen Ländern der alten und neuen Welt besonders im wärmeren Mittelamerika, in Mexiko, Columbia, auf den westindischen Inseln Jamaika, Cuba, Haiti, den Bahamas, am meisten jedoch in Honduras.  Am besten gedeiht er auf felsigem Boden und bringt um so festeres, schöneres Holz, je mühsamer die Wurzeln zwischen den Felsen die Nahrungssäfte aufsaugen müssen, während auf einem ebenen, fetten Grunde das Holz schwammig, porös und somit weniger wert wird.  Der Mahagonibaum bietet einen majestätischen Anblick dar und trägt den Namen „König der Wälder", womit er von den Eingebornen bezeichnet wird, mit Recht.  Der Stamm ist mit einer kastanienbraunen, rauhen Rinde bekleidet, erreicht einen Durchmesser von 3,80 und eine Höhe von 47 Meter.  Die Äste breiten sich weithin über die niedrigeren Bäume und das Buschwerk aus, und die Wurzeln ziehen sich in ungeheuren Knollen über weite Flächen hin.  Die Blätter sind paarig gefiedert mit 4—5 Paar länglicher, ganzrandiger, lederartiger Blättchen.  Die Blütenstände sind Rispen, welche aus den Blattachsen entspringen.  Die Blumen haben eine gelbweiße Farbe.

Von der Festigkeit und Schwere des Holzes kann man sich einen Begriff machen, wenn man hört, daß ein Block von 5,40 m Länge und 1,70 m im Geviert ein Gewicht von 340 Centnern hat. Das Wachstum

Zweig des Mahagonibaumes.

des Mahagonibaumes ist ein sehr langsames, er muß wenigstens ein Alter von 150—200 Jahren erreichen, ehe es sich der Mühe lohnt, ihn zu fällen.

Die zum Fällen der Mahagonibäume geeignete Jahreszeit beginnt im August und dauert einige Monate hindurch. Die Holzfäller begeben sich in Rotten von 20—50 Mann unter Anführung eines Kapitäns in die Wälder. Jede Abteilung hat einen Jäger bei sich, aber nicht etwa, um wilde Tiere zu erlegen, sondern weit und breit im Walde umherzuspüren und Bäume, die zum Fällen geeignet sind, ausfindig zu machen. Nur ein thätiger, umsichtiger, geübter Mann eignet sich für diese Aufgabe. Der Jäger bahnt sich durch den dicksten Wald einen Weg nach einer hoch= gelegenen Stelle, erklimmt den höchsten Baum und hält seine Rundschau. Die Mahagonibäume erkennt er an der rötlichgelben Farbe ihrer Blätter, welche dieselben im August bekommen, und sein geübtes Auge sieht auf weite Ferne, ob die wahrnehmbaren Bäume stark genug sind, um gefällt zu werden. Er merkt sich genau die Richtung, in welcher die Bäume stehen und geht durch dick und dünn ohne Kompaß und ohne jemals den Ort zu verfehlen, auf dieselben zu. Er holt alsdann seine Rotten nach, und das Fällen beginnt. Die Bäume werden 3—4 m über der Wurzel abgehauen und um dies zu können, errichtet man ein Gerüst für die Män= ner, welche die Art handhaben. Der eigentliche Stamm gilt für den wertvollsten Teil des Baumes; für manche Zwecke, namentlich für Ver= zierungen, wird aber das Holz von Ästen und Zweigen vorgezogen.

Nachdem die Arbeiter eine hinreichende Anzahl von Bäumen gefällt haben, ist es ihre Hauptarbeit, einen möglichst nahen Weg zu dem nächsten Flusse zu bahnen. Von diesem Hauptwege müssen wieder kleinere Wege nach den verschiedenen Stellen abzweigen, wo die Bäume liegen. Diese Wege sind, besonders wenn die gefällten Bäume weit auseinander liegen, oft mehrere Meilen lang und es erfordert eine ungeheure Arbeit, das Busch= werk und Unterholz zu beseitigen und die größeren Stämme zu fällen. Diese bestehen oft aus so hartem Holze, daß man mit der Art gar nichts ausrichtet und das Feuer zu Hilfe nehmen muß. Sind endlich die Wege so weit hergerichtet, so werden die Stämme in Blöcke von verschiedener Länge zersägt und zu viereckigen Balken behauen. Alle diese Arbeiten sind bis zum Mai beendet, die trockne Jahreszeit ist dann soweit vorgerückt, daß der Transport der Balken nach dem Flusse beginnen kann.

Der Transport geschieht auf einem festen Rädergestell durch Ochsen. Eine Last erfordert sieben Paar Ochsen, zwei Treiber und die nötige An= zahl Arbeiter, um die Balken auf das Rädergestell zu laden und das Futter für die Ochsen zu schneiden. Das Transportieren kann nur während der Nacht geschehen, da die Ochsen am Tage wegen der großen Hitze nicht arbeiten können. Am Flusse angelangt, bezeichnet man die Blöcke mit dem Namen des Eigentümers und bringt sie in das Wasser.

Zu Ende Mai beginnt die Regenzeit. Die Flüsse schwellen an und führen die Blöcke mehrere Hundert Meilen weit bis zum Meere hinab.

Hinter ihnen her fahren die Arbeiter in ihren kleinen Kähnen, um er=
forderlichenfalls nachzuhelfen, Blöcke, die an Felsen sich stauen oder an
überhängenden Zweigen still liegen, wieder ins Fahrwasser zu stoßen und
ihnen das Geleit bis zum Landungsplatz zu geben. Hat der Fluß ge=
nügende Breite, so werden die Blöcke auch mit starken Seilen zu langen
Flößen vereinigt. Die europäischen Schiffe bringen das Mahagoniholz ge=
wöhnlich als Ballast oder als willkommene Rückfracht nach Europa.

Der Mahagonibaum wurde von Sir Walter Raleigh im Jahre 1595
entdeckt und gegen Ende des 17. Jahrhunderts von Dr. Gibbons in Eng=
land zum erstenmal zur Herstellung einer Kiste benutzt. Jetzt ist der Ver=
brauch so bedeutend, daß seine Einfuhr eine massenhafte genannt werden
muß. Ausgezeichnete Blöcke haben oft sehr hohe Preise, so bezahlten einst
z. B. die berühmten Pianofortefabrikanten Mestrs. Broadwoad in London
für drei Blöcke ein und desselben Baumes, 5 m lang und 1 m im Geviert,
die enorme Summe von 63 000 Mark. Den Händlern, welche die Maha=
gonibäume fällen lassen und sie nach den europäischen Häfen schicken, er=
wächst aus diesem Geschäft ein hoher Gewinn. 1000 Stämme, welche
ihnen bis zu den Ausfuhrhäfen durchschnittlich das Stück 30 Mark kosten,
haben in London einen Wert von 240 000 bis 360 000 Mark.

## 81. Die Roßkastanie.
### (Aesculus Hippocástanum.)

Die Roßkastanie gehört ursprünglich einer milderen Zone an, und ihre
Heimat ist nach einigen Persien, nach anderen die thessalische Stadt Kastanea.
Mit mehr als gewöhnlicher Vorsicht verhüllt dieser schöne Baum die zarten
Keime seiner aus 5 oder 7 Blättchen zusammengesetzten Blätter und den
prächtigen Blütenkandalaber. Die großen Knospenschuppen sind mit einem
zähen Harz zu einer undurchdringlichen Hülle zusammengeklebt und er=
schweren uns die Anfertigung eines schönen glatten Querschnittes; und das
Harz bleibt an dem Messer hangen und bringt dann das überaus behag=
lich hergerichtete Innere der Knospe in Unordnung. Inwendig finden wir
alles in eine Fülle von zarten, glänzendweißen Seidenfäden eingehüllt.
Den Rand bildet ein außerordentlich zierlicher Kranz von künstlich zu=
sammengefalteten Blättchen. Jedes der 5 oder 7 Blättchen der 4 bis
5 Blätter, welche aus einer Knospe hervorgehen, ist fächerartig gefaltet,
was eben auf dem Querschnitt die zierlichen Figürchen giebt, aus welchen
der Kranz in der Knospe zusammengesetzt ist. Innerhalb derselben, gleich=
falls in die zarten Seidenfäden gehüllt, liegt die junge Blütentraube, von

der wir im Mittelpunkte den Hauptstiel und einige andere Teile quer durchschnitten sehen.

Wenn nun im Strahl der Märzsonne allerhand Kräuter geschäftig hervorkommen, dann kochen und schwellen die großen, harztriefenden Knospen, ungeduldig, die Winterhülle abzuwerfen. Nach einem ersten lauen Regen öffnet sich der grüne Fächer, dessen Stiel mit seinem kleinen Roßhufe keck auf die Zweige tritt, doch hangen die Blätter noch schlaff und schüchtern herab wie eben ausgeschlüpfte Schmetterlinge. Aber in wenigen Tagen kommt ihnen Frische und Spannkraft, und nun strecken sie die Finger breit und seltsam umher, als wollten sie den Sonnenschein ergreifen. Dazwischen springt hier und dort ein Blütenkegel in die Höhe, und bald hat der Baum die festlichen Leuchter entzündet, Türmchen an Türmchen hebt sich kraus und weiß empor, und das Ganze flackert wie eine Frühlingsgirandole. Sind die Blüten gefallen, hat das üppig hervordrängende Laub alle Lücken gefüllt, so bleibt nur noch eine mächtige Blätterkugel. Um seines regel= mäßigen Baues willen läßt sich dieser Baum mit Erfolg zum Schmuck für Promenaden und Vorhöfe verwenden.

## 82. Die Lebensgeschichte des Flachses.
### (Linum usitatissimum.)

Am Sonntage war der Vater mit dem Kinde am blühenden Flachs= felde vorbeigegangen, und es hatte sich ein Pflänzchen genau angesehen. Wie zierlich streckte sich der schlanke Stengel! Wie stand er keck auf einem Fuße! Am unteren Teile des Stengels standen zwei und zwei, am oberen einzelne schöne, grüne, zarte Blättchen in bestimmten Entfernungen und oben wiegten sich die wundervollen, himmelblauen Blüten. Jetzt trinken sie draußen den kühlen Nachttau. Der schöne Mond und die funkelnden Sterne erzählen ihnen köstliche Geschichten vom blauen Himmel und den Blumenengeln. Heimchen singen ihnen ein schönes neues Lied, Mäuschen gehen zwischenhin wie in einem Lustparke spazieren, und Johanniswürmchen leuchten dazu. Sie können die Äuglein schließen, wann sie wollen, und morgen schlafen, so lange es ihnen beliebt. Ihre Nahrung ist süßer Regen und goldener Sonnenschein; und sie können miteinander pispern und wispern, soviel sie mögen, niemand schilt sie deshalb, sie behalten immer ihren Platz! Wie hat es solch ein Flachspflänzchen doch so gut!

> „Allein, allein, allein, allein, —
> wie kann der Mensch sich trügen!"

würde Herr Urian sagen. Solches Leinenpflänzchen hat seine liebe Not, so schlimm wie ein Kind, ja wohl noch etwas schlimmer. Höre zu, wie's ihm ergeht! Man fühlt das eigene Unglück kaum halb, wenn man erfährt, daß einem anderen noch weit Betrübteres widerfährt!

Nicht lange währet die Herrlichkeit des Leinfeldes. Die blauseidenen Blütenblättchen fallen auf die braune Erde, die Kapseln werden dunkel, die grünen Blätter werden fahl und dürr; die Pflänzchen stehen kahl und ohne Schmuck. Eine Schar Männer, Frauen und Kinder kommt zum Felde. Unbarmherzig fassen sie die Pflänzchen und ziehen sie mitsamt der Wurzel aus. Gleich armen Sündern und Verbrechern bindet man sie in Bündel und schleppt sie fort. Wo geht es hin? O Schrecken! An einem düsteren Teiche macht man halt. Ein Bündel wird gefaßt, und — ein Schwung, ein Wurf — da liegt es rettungslos im Wasser. Ein zweites, drittes folgt, es folgen alle. „Hinab mit ihnen!“ schreit man, „Steine drauf!“ Mächtige Steine drücken die zarten Pflänzchen hinunter in die schwarze Tiefe. Viele Tage vergehen, sie sind noch in dem Pfuhle. Ekelige Frösche und Wasserschnecken schwimmen zu ihnen heran; allerlei Gewürm kriecht in die Bündel hinein. Die Rinde der Stengel fängt an zu faulen, schon wird sie weich und schlüpfrig, bald ist es aus mit ihnen.

Da wird es am Rande des Teiches wieder lebendig. Die Männer und Frauen nahen wieder und ziehen die Ertränkten hervor ans Tages= licht. Man löst die Bündel auf und streut die Pflänzchen übers Feld. Wie sehen sie aber jetzt aus, so schlüpfrig und so schmutzig! Welch übler Geruch verbreitet sich ringsumher! Alle Kinder, die sich früher so sehr über die schönen Flachspflänzchen freuten, laufen jetzt mit zugehaltenem Näschen schnell vorbei, wenn sie ihr Weg ans Feld führt. Der kalte Wind streicht scharf in der Nacht darüberhin, der Strahl der Sonne sengt sie bei Tage. Der Stengel wird dürr und bleich. Sobald er völlig ausge= dörrt ist, wird er von neuem aufgerafft und in das Haus gebracht.

Hier stehen Mädchen und Frauen mit Flachsbrechen bereit. Zwei scharfe Latten sind so befestigt, daß sie Raum genug übrig lassen, um einer dritten Latte freie Bewegung zwischen ihnen zu gestatten. In diese Martermaschine werfen die Unbarmherzigen die blassen Stengel, und jedes feste Teilchen in ihnen wird losgequetscht und zersplittert. Die meisten der dürren, harten Stückchen liegen unter der Flachsbreche auf einem großen Haufen bei= sammen. Doch hängen ihrer noch viele zwischen den feinen Fäden, in welche die Flachshalme sich jetzt aufgelöst haben. Schon lauern Hecheln auf sie. Lange, scharfe Drahtspitzen stehen in einer furchtbaren Reihe wie eine Com= pagnie Soldaten mit blitzendscharfen Lanzen; es ist die Hechel. Mitten hinein wirft man den zerquetschten, aufgerissenen Flachs und zieht ihn zwischen den Drahtstiften hindurch. Jedes Fäserchen, das stärker ist, als man es wünscht, muß da zurück und fällt als Werg zur Erde.

Der Flachs ist rein. Die grauen Fädchen sind glänzend und fein in der Hand des munteren Mädchens. Nun wird alles Leid zu Ende sein; denn das Mädchen windet sie leise und sanft um einen zierlichen Stab und umschlingt sie mit einem zierlichen, schönen Bande. So steht der Flachs dann in der warmen Stube, die Mädchen und Frauen sitzen beisammen im Kreise, die Lampe brennt im traulichen Zimmer. Das Holz im Ofen knistert lustig, und das Mütterchen erzählt wunderschöne Geschichten. Die Räder schnurren und die Mädchen spinnen den Flachs zu einem feinen Faden. Der feine Flachs am Stabe war eben aufmerksam aufs Mütterchen, das gerade vom kleinen Däumling und vom „Tischchen, deck' dich" erzählte, da ward er von den Fingern erfaßt und umgedreht zum festen Faden. Eingewickelt in den großen Knäuel, ist er auf der Spindel und konnte das Ende nicht einmal erfahren. Der Weber wartet schon auf ihn. Viele Fäden spannt er auf den Webstuhl, andere wirft er zwischendurch. „Klipp, klipp, klapp!" geht es den ganzen Tag, vom frühesten Morgen bis zur späten Nacht.

Nach kurzer Zeit hat sich der Flachs zur L e i n w a n d umgewandelt. Grau und unansehnlich ist sie aber noch, kein Mensch mag sie so leiden, kein Kind ein Hemdchen oder Kleidchen von ihr haben; drum geht ihre Qual von neuem an. Auf grünem Anger wird sie ausgespannt und liegt den ganzen Tag im heißen Sonnenschein. Männer gehen zwischen den ausgespannten Stücken durch und begießen sie mit Wasser. Wochenlang geht diese Wasserfolter fort, bis die unansehnliche, graue Farbe sich nach und nach ins schönste Weiß verwandelt hat. Das weiße Linnen blinkt von fern wie Schnee. Es wird zuletzt getrocknet, zusammengerollt und in des Kaufmanns Laden neben vielen anderen Stücken aufgestellt.

Zum Kaufmanne kommt die Mutter und sucht das schönste Stück sich aus. Das Kind daheim braucht neue Hemdchen und ein neues Tüchlein übers Bett. Die scharfe Schere spreizt ihre langen Beine und fährt mitten durch die Leinwand, hier links, dort rechts, wie es die Form des Hemdchens verlangt, das aus ihm gefertigt werden soll. Die spitze Nadel mit dem langen Faden durchbohrt die Linnenstücke an tausend Stellen, und der Faden verbindet sie zum Kleidungsstücke. Doch auch jetzt ist die Not des Flachses noch nicht zu Ende. Kaum hat das Kind das feine, weiße Schürzchen oder Kleidchen, den schönen Kragen, der aus dem Linnen angefertigt wurde, angezogen, so hat es unvorsichtig hier einen Schmutz= fleck, dort ein Tintenkleckschen darauf gemacht; die Kleider müssen zur Wäsche ins heiße Wasser, in die scharfe Lauge von beißender Seife. Hin und her wird die Wäsche gequält, gerieben und gezupft, gleich einem Diebe aufgehangen, mit glühenden Plätteisen gepeinigt, vom Kinde selbst beim

Spiel gar übel mitgenommen, hier geschlitzt und dort vom Dorn durch=
stochen, bis das Linnen endlich so dünn und schlecht geworden ist, daß
kein Stich mehr halten will.

Da pfeift auf der Straße ein sonderbarer Mann ein abenteuerliches
Lied. Die Kinder kommen zur Mutter und bitten: „Komm, bring das
alte zerrissene Linnen zum Hadernsammler!" — denn der Mann hat rund
um sich die schönsten bunten Bilder, und stets erhält das Kindlein eins
davon, wenn ihm die Mutter das alte Linnen giebt. Nun geht's dem
Flachse auf seine alten Tage schlimm. Lange Zeit hat er dem Menschen,
seinem Herrn, treulich gedient, doch nun er alt und schwach geworden ist,
wird er in den Sack gesteckt und „Lump" geheißen. Der Lumpensammler
hat den Sack gefüllt und wirft ihn auf den Wagen zu vielen anderen
Säcken mit gleichem Inhalte.

Wo geht die Reise hin? Es schlängelt sich der Weg den Berg hinan
zum finsteren Walde. Zwischen schwarzen Fichten geht es fort ins düstere,
enge Felsenthal. Ein wilder Gießbach schäumt über große Blöcke, die ihm
bei jedem Schritte den Weg versperren. Dort am brausenden Wasser steht
ein Haus mit einem Schaufelrade, das Tag und Nacht sich umdreht und
Wasserfunken sprüht. Ein Lärmen ist in dem Hause, als sollte die Erde
untergehen. Ein Pochen und Stampfen und Poltern tobt hier den ganzen
Tag, als wäre ein furchtbares Gewitter hier gefangen und wollte sich be=
freien. Der Lumpensammler hält an, ein Mann erscheint in der Thür
des Hauses. Man schreit sich gegenseitig einen „Guten Morgen" in die
Ohren, die Lumpen werden abgeladen, genau besehen und verkauft. Klein
geschnitten und rein gewaschen kommen sie in Tröge mit gewaltigen Stam=
pfen. Unten an den Stampfen sind scharfe Messer, die zerreißen das
arme Linnen in tausend kleine Fäserchen. Aus all den alten Spitzenkragen
und Tüchlein, aus den weißen Kleidchen und Schürzchen wird ein weißer,
dicker Brei. Diesen schöpfen geschickte Männer mit großen Formen aus
Draht heraus und legen die dünne Schicht auf gleich große Stücke Filz,
bis aus vielen solchen Doppellagen ein hoher Packen entsteht. Dieser wird
gepreßt und dann getrocknet.

Aus den alten Kleidern ist schönes, weißes Papier entstanden. Es
ist dasselbe Stück, auf dem diese Geschichte erzählt ist, damit das Kind
sich tröstet, wenn ein kleiner Unfall es verdrießlich stimmen will. Es soll
dann daran denken, daß sein Schreibebuch viel Schlimmeres erlebt hat,
und daß ihm noch Schlimmes genug bevorsteht, bis es als Fidibus des
Vaters Pfeife anzündet, und durch das offene Fenster als feiner Rauch
zum blauen hellen Himmel steigt, wo alle Not ein Ende hat.

## 83. Der Gewürznelkenbaum.

(Caryophyllus aromaticus.)

Der Gewürznelkenbaum ist einer der schönsten des ganzen Pflanzen=
reichs. Auf seinem Stamm, der die Höhe unserer Kirschbäume und wie

Zweig des Gewürznelkenbaumes.

diese eine glatte Rinde hat, wiegt sich eine volle, üppige Krone. An den
symmetrisch geordneten Zweigen prangt das schöne Laub der glänzenden,
immergrünen, lanzettförmigen Blätter, welche denen des Lorbeers gleichen;
in großen Doldenbüscheln rücken die Blumen stolz bis an die äußersten

Spitzen der Zweige. Der fleischige, mit dem Fruchtknoten zusammenge=
wachsene Kelch ist dunkelrot, die vier Blumenblättlein, am Rande zusammen=
gewachsen und gleichsam ein Käppchen bildend, sind rosa. Mit vollem
Recht heißt der Baum „der aromatische"; denn alle seine Teile und vor=
nehmlich die Blattstiele sind gewürzhaft. Ein solcher duftiger M y r t e n =
h a i n in allem Glanze und Reichtum tropischen Lichtes und Lebens wirkt
auf den empfänglichen Sinn des gebildeten Nordländers — wofern er
nicht kommt, um zu berechnen, wieviel Kilo Näglein die nächste Ernte er=
geben wird — die berauschende Poesie. „Beim Heraustreten aus einer
Schlucht (erzählt Hombron von einer Wanderung auf Amboina) fanden
wir uns plötzlich in einen wahren Zaubergarten versetzt. Rechts und links
von unserem Pfade erstreckten sich die Gewürzpflanzungen über Ebenen
und Hügel. Unbeschreiblich zierlich sind diese grünen, ovalen Pyramiden
mit ihren rostroten, gipfelständigen Blütentrauben. Das bewegliche Laub
schwankt im leisesten Winde hin und her und giebt dem ganzen Bilde eine
duftige Leichtigkeit von überraschender Anmut. Rings um diese feeenhaften
Felder ziehen sich hohe Hecken scharfstacheliger Agaven, und überall tauchen
die Kronen der Kokos=, Areka= und Sagopalmen über das niedrigere Laub=
meer hervor. In der Nähe der Hütten standen zu malerischen Gruppen
vereinigt der saftige Pisang, die köstliche Mangostane und nebst vielen an=
deren schönblätterigen Fruchtbäumen der amerikanische, nach dem entlegenen
Orient verpflanzte Kakaobaum."

Die Frucht des Gewürznelkenbaumes ist eine braunviolette Beere, in
der Mitte bauchig, nach beiden Enden schmal zulaufend, mit einem schwar=
zen, glänzenden Kern. Diese Früchte haben bei weitem nicht mehr die
gewürzige Kraft der Knospen, jedoch einen lieblichen Geschmack und kom=
men im Handel unter dem Namen der M u t t e r n e l k e n vor.

Die eigentlichen Gewürznelken oder Gewürznäglein sind die Blüten=
kelche mit ihrer geschlossenen Krone, die man mit krummen Stöcken von
den Dolden abschlägt oder auch mit den Händen abpflückt, bevor die Blüte
sich zur Frucht zu entwickeln beginnt. Diese „Nelken" werden sodann auf
Matten ausgebreitet und bei schwachem Feuer geräuchert, wovon sie die
dunkelbraune Farbe erhalten; zuletzt bringt man sie zum völligen Trocknen
in die Sonne, wo ihre Farbe sich noch mehr dunkelt. Sie sind etwa
12 mm lang, nach unten zugespitzt, nach oben zu einem vierspaltigen Köpf=
chen sich verdickend, auf zwei Seiten etwas platt gedrückt. Sie haben
einen zugleich angenehmen und starken Geruch und einen so scharfen, aro=
matischen Geschmack, daß es wie Feuer auf der Zunge brennt, wenn man
ein solches Näglein kaut.

Die Gewürznäglein gehören zu den beliebtesten Gewürzen, die zum Einmachen von Früchten, zur Bereitung des Kirschweins und verschiedener Liqueure, zu Konfitüren und Fleischspeisen vielfach benutzt werden. Sie enthalten nebst einem eigentümlichen Harze eine große Menge ätherisches Öl, das ihnen ihr brennendes Aroma verleiht.

Aus den Abfällen bei der Ernte, namentlich aus den Blumenstielen, wie auch aus den Gewürznäglein selbst wird Nelkenöl destilliert, das schwerer ist als Wasser, in frischem Zustande hellgelblich, später dunkelgelb und bräunlich aussieht, von starkem Geruch und brennendem Geschmack ist und solche ätzende Schärfe hat, daß es die Haut ätzt und eben deshalb (auf Baumwolle getröpfelt und in den Zahn gesteckt) auch zur Stillung der Zahnschmerzen angewandt wird. Die Nelkentinktur, von 5 Teilen Gewürznelken mit 24 Teilen Weingeist digeriert, wird als aufregendes Mittel in großer Abspannung und Ermattung der Lebenskräfte benutzt.

Das Vaterland des Gewürznelkenbaumes sind die Molukken (Gewürzinseln), wo er — gleich dem Zimmetbaum auf Ceylon — das beste und kräftigste Aroma entwickelt. Als diese Inseln in die Gewalt der Holländer kamen, erklärte die holländische Compagnie den Baum zu ihrem ausschließlichen Eigentum, kultivierte ihn besonders auf Amboina und Saparua und rottete ihn auf den entfernteren Inseln aus. Ceram, die größte der Molukken, ein sehr fruchtbares Eiland, ward infolge dieser Grausamkeit zur Wüste. Die Bewohner von 90 Kampongs verließen die ohnehin schon menschenarme Insel, welche nun ganz in die Botmäßigkeit der eingeborenen Kopfabschneider, der Alfuros kam. Roher und selbstsüchtiger ist wohl der Krämergeist bei keinem anderen Volke hervorgetreten als bei den Holländern. Da die Konkurrenz wegfiel, konnte die Handelsgesellschaft den Preis willkürlich bestimmen und in angemessener Höhe erhalten, ja sie ließ (im Juni des Jahres 1760), als sich im Lagerhause zu Amsterdam die Gewürze und Spezereien zu sehr angehäuft hatten, lieber den ganzen Vorrat verbrennen — aus dem Scheiterhaufen flossen Ströme wohlriechenden Öles, das niemand schöpfen durfte — ehe sie sich herbeigelassen hätte, den Preis niedriger zu stellen. Im Jahre 1770 und 1772 wußten jedoch die Franzosen trotz der von den Holländern darauf gesetzten Todesstrafe sich von der Insel Gurby junge Bäume zu verschaffen, die sie auf Isle de France, Insel Bourbon und den Seychellen anpflanzten, von wo sie auch nach Cayenne in Südamerika gebracht wurden. Seitdem teilen die Franzosen den Gewürznelkenhandel mit den Holländern, doch sind die französischen Näglein etwas kleiner und blässer. Amboina liefert noch immer die meisten und besten, jährlich etwa 400 000 Kilo.

Der Gewürznelkenbaum wächst sehr langsam und trägt erst im 12. oder 15. Jahre Früchte. Jüngere Bäume liefern nur ½ Kilo Näglein im Jahre, die stärksten höchstens 2½ Kilo. Die Erntezeit dauert auf Amboina vom August bis Dezember, da nicht alle Näglein an dem gleichen Baume zu gleicher Zeit reif werden. Das durchschnittliche Alter der Bäume ist 75 Jahre. Doch sind auch hundertjährige nicht selten.

## 84. Der Birnbaum.

(Pirus communis.)

Hast einen Raum,
Pflanz' einen Baum,
Und pflege sein;
Er bringt dir's ein.

Dieser alte Bauernspruch erinnert so recht an den großen Nutzen, den die Obstbäume dem Landwirte gewähren. Gewiß liegt in einem stattlichen, wohl unterhaltenen Obstgarten ein großes Kapital verborgen, das seine reichlichen Zinsen trägt. Das sehen heutzutage die Landwirte auch immer mehr ein, weswegen sie allgemein auf die Anpflanzung und Pflege der Obstbäume viel größere Sorgfalt verwenden, als dies in früheren Zeiten wohl der Fall gewesen sein mag. Freilich gedeihen unsere Obstarten nur in tieferen und geschützteren Lagen gut; ein rauhes Klima ertragen sie nicht. Indessen werden sie noch an manchem für sie sehr geeigneten Orte nicht in der Zahl gepflanzt und mit der Sorgfalt gepflegt, wie es im Interesse der Menschen läge. In den meisten Obstgärten wechseln Apfel= und Birnbäume miteinander ab, da nicht leicht zu entscheiden ist, welcher von ihnen mehr Nutzen bringt.

Der Birnbaum wird entweder in sogenannten Baumschulen aus Kernen, oder durch Veredlung der in Wäldern noch hin und wieder zu treffenden Wildlinge gezogen. Man verfährt dabei wie beim Kirschbaum. Er verlangt von Jugend auf eine sorgfältige Pflege. Namentlich müssen die schädlichen Insekten, die an Wurzel, Stamm und Blättern ihn angreifen, möglichst entfernt und unschädlich gemacht werden. Sodann braucht er einen Pfahl, an dem er sich halten kann und mit Hilfe dessen er einen geraden, senkrechten Stamm erhält, während er sonst leicht verkrüppelt. Die untern Zweige müssen abgeschnitten werden, damit er einen entwickelten Stamm und eine gefällige Krone erhält. Ein Birnbaum, der ohne Pflege des Gärtners aufwächst, erinnert an ein Kind, dem die leitende und erziehende Hand der Eltern und Lehrer fehlt. Bei geeigneter Pflege und günstigem Boden wächst er in etwa 30 Jahren zu einem stattlichen

Baume von bis 15 m Höhe heran. Er wird bis 200 Jahre alt und darüber. Seine Rinde ist im Alter rauh und rissig, sein Holz ziemlich hart
und von hellerer Farbe, als dasjenige des Apfel- und Kirschbaumes. Die
Äste und Zweige stehen mehr aufrecht; die Krone ist daher höher und
länglicher als beim Apfelbaum.

Blätter und Blüten brechen Ende April oder anfangs Mai fast miteinander aus den Knospen hervor. Letztere bilden sich beim Birnbaum,
sowie auch bei andern Holzpflanzen schon im Herbst und im Sommer des
vorigen Jahres und werden während des Winters durch Knospenschuppen geschützt. Es giebt Blatt- und Blütenknospen. Aus den
ersteren entwickelt sich ein Büschel von langgestielten, länglich eiförmigen,
außen zugespitzten Blättern. Diese sind fiedernetznervig, am Rande gesägt, oben glänzend grün, unten heller und, besonders in der ersten Zeit,
mit feinen, flaumigen Haaren besetzt. Am Ende der stumpfen vorjährigen
Zweige wachsen zugleich mit den Blättern schlanke Längstriebe heraus,
die in einem Sommer mehrere Decimeter lang werden. (Bei der Weide,
Weinrebe ꝛc. werden dieselben oft in der gleichen Zeit 2—3 m lang.) Aus
den Blütenknospen entwickelt sich ein Sträußchen langer, rein weißer Blüten. Dieselben sind fast gleich beschaffen, wie beim Kirschbaum. Wie dort,
ist der Kelchsaum fünfzählig und trägt fünf rundliche Blumenblätter und
über 20 Staubgefäße. Die Frucht indessen ist wesentlich verschieden. An
der Bildung derselben wirkt hier nicht nur der Fruchtknoten mit, sogar
der Kelch beteiligt sich an derselben, indem er mit ersterem zu einem
fleischigen Körper zusammenwächst. Die ausgebildete Frucht hat gewöhnlich eine längliche, gegen den Stiel verschmälerte Gestalt und eine
grünliche bis gelbliche oder rötliche Farbe. An ihrem oberen Ende zeigen
sich noch die Überreste der Kelchzipfel als sogenannte Fliege (Butzen).
Die Birne besteht aus der Oberhaut, dem saftigen, gewöhnlich süß
schmeckenden Fruchtfleisch und darin enthaltenen, bei der Reife schwarzen
Kernen. Diese stecken zu je zwei in einem fünffächerigen, lederigen Gehäuse. Eine ähnlich beschaffene Frucht heißt Apfelfrucht. Im Fruchtfleisch finden sich häufig eigentümliche Verhärtungen (Steine). Die Birnen
geben roh oder gedörrt eine angenehme, wenn auch wenig nahrhafte Speise.
Gepreßt geben sie ein süßes Getränk, das später gärt, dadurch kräftig und
weinartig wird und daher Obstwein heißt. Unter den mannigfaltigen
Sorten der Birnen sind die Butter-, Wein-, Magdalenen- und Christ-
birnen die schönsten.

Häufig findet man auf Obstbäumen eine grüne, vielverzweigte, mit
lederigen Blättern und weißen Beeren versehene Pflanze, die Mistel.
Diese lebt von den Nahrungssäften derselben. Sie ist eine Schmarotzer-

pflanze. Sie ist daher dem Baume schädlich und sollte fleißig entfernt werden. Oft auch ist die Rinde mit Moosen und Flechten bedeckt, die in geringerem Grade dem Baume ebenfalls schädlich sind und daher fleißig abgekratzt werden sollten. Zudem ernährt der Birnbaum unter Umständen nicht weniger als zwanzig verschiedene Insektenarten, die dem Baum auf mannigfaltige Weise verderblich werden. Das beste, das der Mensch zur Vertilgung derselben thun kann, ist, ihre eifrigsten Feinde, die Sing= vögel und Spechte, zu schützen und zu hegen.

## 85. Der Apfelbaum.

### (Pirus Malus.)

„Bei einem Wirte wundermild
Da war ich jüngst zu Gaste . . ."
E. Uhland.

Wenn im rötlich schimmernden Fliederhain die Nachtigall ihr erstes, herzinnigstes Lied beginnt, die Jubeltriller der in der wundervoll blauen Höhe goldig erglänzenden Lerchen, einem Wonneregen gleich, auf die grü= nende Erde gleichsam herabträufeln, wenn jedes lebende Wesen im schönsten Festesschmucke prangt: dann überdeckt sich auch der alte knorrige Apfel= baum mit dem prächtigsten weißen Blütenschleier.

Auf seinen Zweigen schmettert ein Fink seinen Frühlingsgruß herab und ringsherum antwortet frohlockend und jauchzend alles Leben. Des Finken Weibchen trägt Moosflöckchen herbei und webt und ordnet zwischen Stamm und Ast ihr einfaches und doch so bewunderungswürdig künstliches Nest. In einigen Tagen ist das Häuschen der kleinen Gäste fertig; treten wir jetzt heran, da blickt uns das brütende Vögelchen so vertrauend ent= gegen, die rosa angehauchten Blüten zwischen den zart grünen Blättchen, die im lauen Frühlingswinde wehenden Zweige erscheinen uns so feierlich, und wenn dann die eben sinkende Sonne unser Bild mit dem lieblichen Purpur des Abendrots übergießt, dann glauben wir wohl wirklich einen Weihnachtsbaum, im wahren Sinne des Wortes, vor uns zu haben.

Nicht lange, da trägt das Finkenweibchen die Schalen der Eier aus dem Neste, denn die lieben Kleinen haben kräftig die Hülle gesprengt und regen sich im warmen, freudigen Leben. Ebenso streut der Apfelbaum seine weißen Blütenblättchen hinab; im milden West fliegt der lose „Blüten= schnee" dahin, weit über die blumige Aue. Gleich den jungen Vögeln im Neste regt sich jetzt auch die Frucht des Apfelbaumes und dehnt und streckt sich und wächst kräftig heran; und Tier und Pflanze wetteifern in der sorgsamen Pflege ihrer zarten Lieblinge.

Aber ach, da naht unerbittlich das Heer der grausamsten Feinde und Verderber; auf einem von der Mittagssonne beschienenen Aste ist ein großes

Raupenneſt dem Blick des Gärtners entgangen und die gierige Bande
kriecht jetzt heran, droht ſich über alle Zweige zu verbreiten und ſchonungs=
los alle Hoffnungen des armen Apfelbaumes zu verderben. Doch ſiehe da!
Buchfink und ſein Weibchen ſtürzen ſich ſogleich auf die garſtigen Gäſte
und ihnen folgen Grasmücken, Meiſen und Rotkehlchen und viele andere
der kleinen regen Gartenfreunde und in kurzer Zeit ſind die argen Raupen
vollſtändig vertilgt und die kleinen Äpfel gerettet.

Dafür erzeigt ſich der Apfelbaum aber auch dankbar, denn wenn eines
Tages Knaben im Garten erſcheinen und die Vögelchen verfolgen, da bietet
er ihnen in ſeinen dichten Blättern ein ſicheres Verſteck. Die böſen Buben
müſſen abziehen, ohne dem Buchfinken und ſeinen Genoſſen etwas anhaben
zu können und ein keckes kleines Mäuschen ruft ihnen ſein höhnendes „ßi,
ßi, hähähä!" nach.

So iſt jetzt wieder Ruhe und Friede hier eingekehrt und das junge
liebliche Leben wächſt und gedeiht luſtig — doch noch einmal droht dieſer
kleinen Welt Unheil und Verderben. Ein zu früh eingerückter Herbſtſturm
rüttelt in wilder Wut den Apfelbaum, droht das Vogelneſt aus ſeinen
Fugen zu reißen und die armen jungen Vögel hinauszuwerfen. Die Buch=
finken haben aber ſorgſam und ſicher gebaut, ihre kleine Wohnung trotzt
vielleicht dem Toben der Naturmacht und die liebende Mutter klammert
ſich in verzweifeltem Heldenmut an die wankenden Wände und rettet glück=
lich alle ihre Kleinen. Der arme Apfelbaum dagegen! Ganze Zweige
ſind ihm herabgeriſſen und Hunderte ſeiner zarten Kinder liegen nun, dem
Untergange geweiht, auf der kalten Erde.

Doch das Walten der Natur iſt ja wunderbar weiſe; — der Sturm
hat nur die ſchwächlichſten und kranken heruntergeriſſen, die andern können
nun deſto kräftiger gedeihen und ſo groß und ſchön werden, wie ſie es bei
der Überfülle nimmer vermocht hätten.

Wir überſchlagen jetzt eine geraume Zeit. Schon beginnt hier und
da ein Blatt zu fallen, der Schnitter Senſen erklingen in den letzten Korn=
feldern und die Scharen der befiederten Sommergäſte rüſten ſich zum Auf=
bruch für die weite, weite Reiſe. Der Buchfink hat ſeine Jungen hinaus=
geführt zu einer großen Verſammlung der Verwandten, welche auf einem
abgeernteten Rübenfelde noch emſig ſich gütlich thun, um die für den Zug
nötige Kraft zu erlangen. Er ſelbſt, der gute, alte Vogel, darf noch nicht
an die Reiſe denken, denn er hat noch ſehr viel zu thun. Dort ſitzt er,
oben auf der Spitze des Apfelbaumes, und ſpäht aufmerkſam nach jedem
geringſten ſchädlichen Gewürm, das der Pracht und Herrlichkeit ſeines Gaſt=
freundes Abbruch thun könnte.

Zum zweiten Male bietet uns unser Apfelbaum jetzt ein unbeschreiblich reizendes Bild. Wenn seine goldgelben, lieblich rotbäckigen Früchte zwischen dem bunten, rot, grün und gelb wechselnden Laube uns so einladend winken, wenn dann am schönen Herbstabend der Vollmond mit seinen milden Strahlen ein Silbermeer über ihn ausgießt, dann haben wir doch in voller Wahrheit ein Bild vor uns, wie es die Natur kaum schöner bieten kann.

Am nächsten Morgen beginnt nun die Apfelernte. Das ist ein Fest, ein recht echtes Volksfest. Ha, wie sich die Knaben, Katzen gleich, in den Ästen umhertummeln und wie sie den reichen Segen herabschütteln, den jetzt Frauen und Kinder emsig in Körbe und Säcke sammeln! Die feineren Sorten werden vorsichtig gepflückt, damit sie beim Herabfallen sich nicht beschädigen und unansehnlich werden, denn sie sind ja zum Verkauf bestimmt und sollen weithin verschickt werden; oder man will sie lange aufbewahren bis Weihnacht oder gar bis Ostern und darüber hinaus.

Einige Wochen später folgt ein neues Apfelfest. Dann werden die Äpfel gerieben und zur Weingärung vorbereitet. Wie bei der Ernte, so ist auch hierbei alt und jung in reger Thätigkeit und fröhlichen Herzens, denn sie freuen sich des erlabenden Trankes, oder — des klingenden Gewinnes. Es fehlt uns hier der Raum, den Apfelwein durch alle Übergangsstufen zu begleiten, von dem lieblich säuerlich duftenden Brei — Most — bis zu dem perlenden, golden funkelnden Getränk in den Gläsern einer lustigen Gesellschaft — oder zu der „Arznei gegen alles" in den Hallen eines Wunderdoktors. Es sei nur kurz bemerkt, daß der meiste Apfelwein in der Umgebung von Frankfurt a. M. gekeltert und von dort als beliebtes, gesundes Getränk in alle Weltgegenden versendet, ja sogar vielfach als „Champagner" verarbeitet wird.

Wir kommen jetzt zur letzten Seite unseres Bildchens. Der gute Freund des Menschen, der Apfelbaum muß zu dem ersten Feste der Christenheit, zu der Weihnachtsbescherung, ebenfalls seine Gaben verleihen. Die dunkle Tanne oder Kiefer erglänzt in den Strahlen der Kerzen, bunte Papierketten und süße Marzipanfiguren hängen in lieblicher Mannigfaltigkeit an den Ästen, doch an dem Weihnachtsbaum im Palast des Fürsten, wie an dem in der Hütte des ärmlichen Arbeiters dürfen Nüsse und Äpfel, glänzend vergoldete Äpfel nicht fehlen.

## 86. Die Rose.
### (Rosa.)

### I.

Das schönste Plätzchen im Garten ist doch die Laube. Wenn am hellen Sommertage die Luft über den Blumenbeeten vor Hitze zittert, daß

die Balsaminen Blätter und Blüten hängen lassen und die Johannisbeer=
trauben und Stachelbeeren an den Sträuchern schmoren, dann ist's in der
dichten Laube so duftig, kühl und wonnig, daß die Kinder nirgends anders
lieber sein mögen, als eben nur hier! Der steinerne Tisch in der Mitte
dient dem grüngoldnen Rosenkäfer als Exerzierplatz, die Springkäfer müssen
hier ihre Künste zeigen, und aus den Blüten des purpurroten Mohn wer=
den lauter niedliche Püppchen mit grauseidenen Halskrausen und Scharlach=
röckchen! Ein liebliches Halbdunkel herrscht am heimlichen Plätzchen, die
tausend Blätter der Rosenbüsche, der Buchensträucher und der Geißblatt=
ranken breiten sich wie ebensoviele schützende Hände oben und an den Sei=
ten aus und verwehren dem blendendhellen Sonnenschein den Eintritt.
Nur ein einziges kleines Löchlein ist noch zufällig in der Decke geblieben,
gerade dort, wo der Rosenstock mit seinen duftigen Blüten hereinschaut in
das grüne Kämmerchen, und ein feiner, dünner Sonnenstrahl benutzt die
Gelegenheit und schlüpft herein in die geheimnisvolle Dämmerung. Gleich
einem lebendigen, goldenen Stabe durchzieht er magisch die Luft und malt
auf dem dunkeln Kiesgrunde einen kleinen, runden Fleck, ein Spiegelbild
der Sonne.

O, was alles in diesem Sonnenstrahl seinen Tanz hält, hin und her
und auf und nieder steigt! Jetzt schwirrt eine kleine Fliege mit goldroten
Augen, jetzt wieder ein Käferchen mit braunen Flügeln hindurch — und
nun die Unzahl seiner Sonnenstäubchen, die hin und her ziehen, die so
winzig sind, daß man sie kaum bemerkt. Was für Wunder offenbaren sich
uns aber, wenn wir unserm Auge mit dem Vergrößerungsglase zu Hilfe
kommen! Eines dieser Sonnenstäubchen ist kugelrund, ein anderes eiförmig,
dieses ist gelb, jenes aschgrau, eines weiß und das andere schwarz. Dort
zieht eine Schar, die mit wunderniedlichen, feldähnlichen Zeichnungen ver=
sehen ist, dort wieder eine Anzahl, welche regelmäßige Vorsprünge wie
kleine Türmchen und Festungswerke zeigen. Einige sind mit Warzen und
Stacheln, andere mit Leisten und Adern besetzt!

Wo kommen sie her, diese Reisenden der Luft, die durch den Sonnen=
strahl schwimmen wie die wandernden Scharen der Tiere durch die Wasser=
ströme? So verschieden ihre Gestalten und Formen sind, so verschieden
ist auch ihre Heimat. Die einen sind Samenkörnchen von Moosen, jene
von Flechten, diese von Pilzen, wieder andere sind Eier von Infusions=
tierchen oder Zellen von Algen; die meisten aber sind Blütenstaub der
blühenden Bäume, Büsche, Blumen und Gräser. Wir wollen eins dieser
Stäubchen auf seiner weitern Reise begleiten! Es stammt von dem blühen=
den Rosenzweige, welcher die Decke der Laube bilden hilft. Hier wurden
viele solcher Stäubchen von den goldenen Staubfäden der Blüten erzeugt,

jedesmal vier als Geschwister in einer kleinen Zelle, sie trennten sich und begaben sich auf die Wanderschaft durch die duftgefüllte Luft. Ein leiser Hauch des Windes ergreift das Blütenstäubchen, es segelt gerade zu einer blühenden Rose, welche am Eingange der Laube herabnickt. Hier findet es eine neue Heimat nach seiner Irrfahrt im heißen Ocean der Luft. Die fünf Purpurblätter und die unzähligen Goldfäden bilden bezaubernde Kreise, inmitten der Blüte ragt ein Köpfchen aus grünlichen, zusammengedrückten Fäden gebildet. Es sind die Griffel der Blume. Jeder dieser Griffel hat an seiner obern Spitze ein winziges Tröpfchen Honigsaft bereit für die ankommenden Gäste. In ein solches Tröpfchen sinkt das Blütenstäub= chen, hier findet es Wohnung und Nahrung nach langem Fasten. Es saugt begierig das köstliche Naß und beginnt baldigst zu wachsen. Es dehnt sich aus zu einem zarten Fädchen; gestärkt und größer geworden dringt es hin= ein in das Innere des Griffels, schiebt die Zellenreihen, die denselben bil= den, zur Seite und bahnt sich einen Weg bis tief in das Innere des Fruchtknotens, der im Kelche der Rose wohlverwahret ruht. Hier im In= nern erhält es neue Speise.

Mit ihm zugleich kamen Hunderte von gleichen Stäubchen in der Blume an, alle nahmen ähnliche Wege. In jeden der steinharten, mit stacheligen Haaren geschützten Fruchtknoten, welche den bauchigen Frucht= kelch der Rose erfüllen, sind Blütenstaubzellen als verlängerte Fäden ein= gewandert. Jeder dieser kleinen Fruchtknoten ist ein heimliches Stübchen, ein verborgenes stilles Kämmerchen, in welchem die Stäubchen ruhen und wachsen.

Im Rosenstocke beginnt nach der Ankunft der reisenden Stäubchen ein neues, verändertes Leben. Während der Strauch bisher allen Saft ver= wendete, um Blätter und Blüten, grüne und rote Farbe, sauren und süßen Saft, Honig und lieblichen Wohlgeruch zu bereiten und sein Haus nach außen so wonniglich als nur irgend möglich zu machen, — vernachlässigt er jetzt das Äußere gänzlich. Die roten Blütenblätter erhalten keinen Tropfen mehr zu trinken; sie welken und fallen ab. Die Staubfäden be= kommen weder Morgen= noch Abendbrot, sie werden braun und dürr. Der Honig vertrocknet, Bienen und Schmetterlinge finden nichts mehr für sich und der Rosenstock bleibt ohne Gäste; selbst das grüne, saftige Laub wird allmählich matt, fleckig, endlich braun und taumelt zur Erde. Die Blätter verlassen den Strauch, da er ihnen nichts mehr zu leben giebt. Er ver= stößt alle seine Kinder, um die angekommenen Blütenstäubchen zu pflegen. Diesen letzteren strömt alle Nahrung zu, welche die Wurzeln noch aus der feuchten Erde herausschaffen und welche in Stengeln und Zweigen sorg= sam gemischt ward. Reichlich genährt erwachsen die Blütenstäubchen zu kleinen Keimlingen, zwei zusammengefaltete, noch weißliche Blättchen und der Anfang zu einem Würzelchen entstehen allmählich in jedem Samen= korn. Jedes Staubkörnchen ward der Anfang zu einem künftigen Rosen= stocke, und wie sich im Hühnerei das junge Küchlein mit Kopf und Füßen und kleinen Flügeln bildet, so formt sich auch durch die Pflege des alten Rosenstocks im Innern des Fruchtknotens im Kelche aus jedem Staubkorn ein junges, winziges Pflänzchen. Der Kelch selbst, der die hundert Kerne umschließt, wird durch die reiche Speise, welche ihm zufließt, groß und dick. Sein bisher hartes, saures Fleisch wird weich, saftig und süß, sein bescheidenes, grünes Gewand verändert sich in ein prächtiges, scharlachrotes Kleid. Die früheren Kelchblätter und Staubfäden stehen verschrumpft als dunkle Krone auf der leuchtenden Hagebutte.

Die Pracht des Sommers ist längst dahin, alle Blumen gingen zur Winterruhe. Eisblumen wachsen auf Teichen und Wegen und der Reif treibt seine gläsernen Blätter an den dürren Grashalmen — aber die roten Hagebutten thronen noch immer auf ihren Zweigen, sie sind die Zierde der kahlen Laube mitten im Winter. Jede schützt ihre Samen= körnchen, jede enthält einen jungen Wald von künftigen Rosensträuchern. Die Hagebutten sind die traulichen, prächtig tapezierten Stübchen, in welche sich die Kindlein der Rose geflüchtet haben als die schlimme Zeit des Frostes eintrat. Die liebliche Blumenfee „Rose", die als winziges Blüten= stäubchen ihre Reise auf einem Wagen aus Rosenduft gewoben durch das Lichtmeer des goldenen Sonnenstrahls machte, hat sich vor dem Zauberer „Winter" geflüchtet in das purpurne Schloß auf dem stachligen Zweige und wartet auf günstige Zeit, um neue, schönere Verwandlungen zu be= ginnen.

## II.

Dornröschen schläft noch im Purpurschlosse, rings von Dornen um= starrt, — da nahet der ersehnte Prinz: „die Maiensonne." Die Hage= butten fallen zur weichen Erde, welche vor Freuden weint, weil der harte Winter davonzog. Die Körnchen trinken warmen Frühlingsregen, die strah= lende Sonne küßt das kleine Dornröschen, das im harten Kerne schläft, munter: es erwacht nach langem Winterschlafe zu neuem Leben, reckt und streckt sich, schaut mit zwei grünen Blättern aus der Erde hervor und sendet seine Wurzeln zur Tiefe nach Nahrung. Aus tausend Zellen baut es einen Stengel; an diesem formt es fünf künstliche Blätter. Jedes derselben erhielt zu unterst zwei länglichrunde Nebenblätter von hellgrüner Farbe, dann an beiden Seiten des langen, rauhen Blattstieles Fiederblättchen, vier oder sechs und an der Spitze des Stieles noch ein einzelnes. Jedes Fiederblättchen ist mit Zähnen und Adern, die sich äußerst zierlich verteilen, mit festen Rippen, weichem, grünem Fleisch und schützender Oberhaut wohl ausgestattet, auch sind am Blattstiel scharfe Dornen als schützende Waffen.

Die fünf gefiederten Blätter des kleinen Zweiges stehen in schön gewundener Schraubenlinie am Stengel hinauf, die zweimal um denselben herumläuft, bis dann das sechste Blatt genau wieder über dem ersten zu liegen kommt. Wollte man sie zusammenschieben, — sie würden zu fünf einen vollständigen Kreis bilden. In jedem Blattwinkel bildet sich eine Knospe, aus jeder Knospe ein Zweig, an jedem Zweig wieder 5 Blätter, jedes wieder mit Blattstiel, Fieder= und Nebenblättchen. Welche unendliche Arbeit der jungen Rose, welche Zahl von Zellen aus dem früheren Sonnenstäubchen, dieser einzelnen Zelle!

Smaragdgrün steht der Rosenstock im Sonnenglanze. Aus dem Blütenstäubchen ward ein Samenkorn mit einem Keim und aus diesem ein saftiger Strauch mit Hunderten von Zweiglein und Blättern, die schönste Verwandlung spart aber die Rose bis zuletzt. Sie drängt zur mächtigen Anstrengung alle Blätter, die sie sonst bei einem Zweige in einer Schraubenlinie weit auseinander zu stellen pflegte, jetzt auf einen Punkt zusammen. Das Ende des Stengels hat sich umgewandelt zu einem fleischigen Becher, die Blätter an ihm werden zierlicher und kleiner und krönen den Becher als fünf niedliche Zacken. Die folgenden 5 Blätter breiten sich herzförmig-rund aus; sie schimmern, als seien sie aus Seide gewebt und als hätten sie das leuchtende Abendrot getrunken und wären davon gefärbt worden. Der Saft, der die übrigen grünen Blätter der Rose durchströmt, ist wässerig und säuerlich, — hier in den Blütenblättern wird er zu einem lieblichen Duft, zu Rosenöl und an ihrem Grunde zu süßem, köstlichem Honig. Unzählige folgende Kreise von Blättern wandelt die Rose von neuem, formt sie schmal, oben mit 2 Falten, welche der Länge nach aufspringen. Dies sind die Staubgefäße, die goldne Kreise innerhalb der roten Blütenblätter schlingen. Bisher verband der Rosenstrauch die Millionen der kleinen Zellen in den Blättern zu fleischigen Geweben, im Stengel zu Längsgefäßen und Holzfasern, an der Schale zu Stacheln, — es gefiel ihm, aus ihnen die mannigfaltigsten Figuren darzustellen je nachdem er sie verschieden verband, — wie ein Kind mit denselben Bausteinen jetzt ein Wohnhäuschen baut, jetzt wieder ein Schloß und dann eine Kirche. Zuletzt bildet nun die Rose in jenen Falten der gelben Staubgefäße wieder Tausende von freien Zellen, die wieder ganz jenen gleichen, welche im Sonnenstrahl der Laube feierlichen Umzug hielten. Diese Blütenstaubzellen verlassen ihre Goldhäuschen als Wanderer der Luft und suchen neue Rosen als neue Heimat. Die meisten von ihnen finden in der Blüte selbst, in der sie geboren wurden, ihre bleibende Stätte. Die honiggetränkten Griffel,

welche als gelbgrünes Köpfchen zusammengedrängt im Innersten der Blüte
stehen, nehmen sie auf und gestatten ihnen Eintritt in die verborgenen,
wohlgeschützten Kämmerlein. Die Fee „Rose" hat ihre letzte Verwand=
lung beendet und wieder ihre kleine unansehnliche Gestalt als Samen=
körnchen in der scharlachroten Hagebutte angenommen, geschickt zur Weiter=
reise und fähig, den Verfolgungen ihres Todfeindes, des Winters zu
widerstehen.

Wir betrachten nur die Verwandlungen (Metamorphosen) der Lieb=
lichen, wollten wir auch ihr wohlthätiges Wirken für andere verfolgen, so
könnten wir noch manche angenehme Stunde bei ihr verweilen und zu=
sehen, wie sie hier ein Blatt der Wickelraupe leiht, um sich Haus und
Bett daraus zu formen, dort ein zweites einer Spinne, um sich einen Zu=
fluchtsort und ein Jagdrevier einzurichten. Hier schenkt sie andere einer
Wespe, welche ihr Zimmer mit Rosenblättern zu tapezieren beabsichtigt und
auf dem andern Zweige breitet sie dieselben duldsam für eine Herde
Blattläuse als Weideplätze aus. In den jungen Zweigen nimmt sie die
Eier der Gallwespe auf und baut denselben gar noch ein sonderbares Haus,
einen Rosenapfel, und in ihren Blüten beherbergt sie täglich und stündlich
ungezählte Gäste: vom goldgrünen Rosenkäfer an bis zur winzigen Fliege,
welche das Auge kaum erkennt, von der fleißigen Biene bis zum tanzenden
Schmetterling. Ein reicher, prächtiger Hofstaat und eine zahlreiche Schar
von Vasallen schließen sich an die Königin Rose an. Am freundlichsten
zeigt sie sich aber dem sinnigen Menschen, welcher die Sprache ihrer Blüten
und ihres Duftes versteht. Sie verwandelt sich ihm zur Liebe unter der
Hand des Gärtners in die mannigfaltigsten Formen, wird hier zum zier=
lichen kleinen Zwergröschen, dort zur schlanken, hochstämmigen Moosrose,
jetzt färbt sie sich blaßrosa, dann dunkelpurpur, hier gelb, dort weiß oder
zweifarbig; einmal bleibt sie einfach fünfblätterig, ein andermal ändert sie
die Schar der Staubgefäße wieder in Blütenblätter um und erzeugt ein
dichtes Labyrinth von hundert und mehr der lieblichsten Blätter. Sie er=
freut das Auge des Menschen, wenn sie gleich einer lebendigen Flamme
im Morgentau ihm entgegenleuchtet, begleitet ihn im Strauße ins Stüb=
chen, zum fröhlichen Feste, zum Geburtstage und zum Hochzeitsschmause;
sie leiht ihm als glühende Knospe schon ihre Sprache, überbringt dem
fernen Freunde seine Grüße und teilt als weiße Rose seinen Schmerz am
Grabe des teuern Entschlafenen.

An allen Ereignissen des Menschen nimmt sie teil, deshalb werden
auch die Hände der Frauen und Mädchen nicht müde, ihr Bild mit Wolle,
Seide und Perlen auf Teppiche und Kissen zu zeichnen und die Dichter
wetteifern miteinander: sie zu besingen.

## 87. Der Kirschbaum.
(Prunus Cérasus.)

Geh' aus, mein Herz, und suche Freud'
In dieser lieben Sommerzeit
An deines Gottes Gaben! P. Gerhardt.

Du lieber Kirschbaum, wie gern sing' ich dein Lob! Öfter noch als Apfel= und Birnbaum bist du mir der „wundermilde Wirt" gewesen, bei dem ich früh morgens und spät am Abend zu Gast war, und der mich jederzeit erquickte mit Nektar und Ambrosia! Wo soll ich aber anfangen und wo enden, um dein Lob recht würdig zu verkünden? Soll ich dein Äußeres rühmen, deinen feinen Wuchs, den schön gerundeten hohen Stamm mit der hellen glänzenden Rinde, aus welcher das feine, fast durchsichtige Harz quillt, anzusehen wie der edle Bernstein? O ja, so ein schöner Baumwuchs erquickt nicht bloß das Auge, sondern auch das Herz, und so lieb mir auch der Zwetschenbaum mit seinen köstlichen Früchten ist, so kann ich doch seinen weniger freien Wuchs und das schwarzrußige Aussehen des kleineren Stammes nicht eben loben. Aber du lieber Kirschbaum trägst nicht bloß einen hübschen Rock, nein, auch dein Inneres ist vorzüglich, dein Holz von bestem Kern, fest und dauerhaft und dabei hell wie Morgenrot scheinend, von Drechslern und Tischlern hochgeehrt und zu den feinsten Sachen verarbeitet! Auch dein weiches und grünes Laub gefällt mir wohl, aber was will das sagen gegen den Blütenschmuck, vor dessen Pracht die kaum entsprossenen grünen Blätter sich scheu verstecken müssen! Wieviel tausend und aber tausend weiße Röschen hängen da in lauter zierlichen Dolden an deinem Gezweig, daß man meint, es sei ein Blütenschnee herab=gefallen, und das Wunder kaum fassen kann! Und wie eigentümlich sind wieder diese Kirschblüten, wenn man sie mit einer Apfelblüte oder wilden Rose vergleicht! Schau' mal hinein in diese Rosen und Röschen! Bei allen wurzeln die vielen zierlichen Staubfäden im Kelch, aber in der Mitte dieses Kelches hat die Kirschblüte nur einen Staubweg (Pistill), die Apfel=blüte hat deren fünf, die Rose eine ganze Menge. Darum treibt denn die Kirschblüte auch bloß einen Kern, sie macht diesen so fest und hart, daß wir ihn mit einem Stein vergleichen und die Kirsche samt ihren An=verwandten, der Pflaume, Pfirsich und Aprikose, zum Steinobst zählen. Der Apfelbaum schließt seine Kerne in eine mehrfächerige Kapsel ein, die sich dann wiederholt einhüllt in jene fleischige Frucht mit dem weißen frischen „Schaum"; die Kirschfrucht dagegen hat ihr weiches, saftiges Fleisch um den kleinen Stein gelagert und zur freundlich winkenden schönsten Kugel=form gerundet. Soll ich nun, mein lieber Kirschbaum, erst deine herrlichen Früchte loben? Die loben sich selber! Die Kirsche gehört zugleich zu den schönsten und wohlschmeckendsten Früchten unseres Vaterlandes. Wie der blühende Kirschbaum eines der herzerfreuendsten Frühlingsbilder uns vor Augen stellt und in seinem Blütenmeer uns schon den reichen Sommer=segen ahnen läßt: so ist wiederum der mit unzähligen Früchten prangende Kirschbaum ein wahrer Herold, der auf den Herbstsegen hinweist, und dem Birn= und Apfelbaum nicht nur, sondern auch seinem langsameren Vetter, dem Zwetschenbaum, lustig vorangeht, im Drange und Eifer, dem Men=schen wohlzuthun.

Doch auch ganz abgesehen von ihrem Genuß, sind die Kirschen an sich schon eine Zierde der Pflanzenwelt und eine Verherrlichung des Pflanzen=lebens. Diese weiß= und rotbackigen, rubin= und purpurroten Kugeln, wie spielen sie alle Farbentöne durch vom gelblichen Rot bis zum tiefen Schwarz. Dann aber bieten sie sich gerade zu der Zeit zum Genusse an, wo Früh=ling und Sommer sich grüßen, wo die Sonnenstrahlen schärfer die in froher Sommerlust schwelgende Erde treffen, und der Mensch nach einer kühlenden, saftigen, erquickenden Frucht verlangt. Äpfel, Birnen und Pflau=men sind schon derbere Hausmannskost, dem rauheren Herbst angemessen, ja bis in den Winter hinein vorhaltend; die Kirschen dagegen sind flüch=tige, leichtere und zartere Frühlingskinder, die man genießen muß unter dem sonnig=blauen Himmel der Pfingstzeit, umgeben von der bunten Flora des Gartens, womöglich am frischen grünen Baum selber. Und wirklich, ruft nicht so ein vollbeladener Kirschbaum mit lachendem Gesicht dir zu: Komm und klettere hinauf zu mir in meine Zweige, bevor die diebischen Spatzen das Beste dir vor der Nase wegschnappen?

Wieviel und mancherlei hungrige Wesen laden sich aber auch zu Gaste bei dem freigebigen Kirschbaum! Da kommt mit seinem schönen gelb= und schwarzgefärbten Pfingstkleide angethan der Pirol, der die Kirschen über alles liebt, sorgfältig das saftige Fleisch abschält vom Kerne und diesen weg=wirft. Dagegen wirft der Kernbeißer das Fleisch der Kirsche verächtlich fort und begnügt sich bloß am harten Kern, den er mit seinem dicken, starken Schnabel so leicht knackt, als wäre er von Papier. Da kann man sich denken, was so ein dickschnäbeliger Kernbeißer für Verwüstung an=richten kann, wenn man ihn ungehindert Kirschkerne knacken läßt. Doch der reiche Kirschbaum hat ja unerschöpflichen Vorrat, er läßt ruhig den schönen Kirschfalter (großen Fuchs) von seinem Blütenstaub naschen und hindert nicht die Kirschfliege (Tripeta cerasi), die ihre Eier in die Mitte des Fruchtbodens trägt, damit später die Larve (der Kirschwurm) gleich zu essen und zu trinken habe im nährenden Kirschfleisch. Und der Kirschblatt=wickler mit seinen gelben, braungestreiften Flügeln samt seiner grünen Raupe haust auch gern auf der Kirschblüte.

So bekommt denn jedes sein Teil, der Mensch aber von Gottes und Rechts wegen das größte und beste Teil. Und was für Genüsse weiß er sich nicht alles aus der Kirschfrucht zu bereiten, wie mannigfaltig diese anzuwenden! In jeder Form, roh, gekocht und gebraten, als Kirschsuppe und Kirschkuchen, mit Zucker eingemacht, als Kirschenmus und Kirsch= kompott, zum Braten oder zum Butterbrot verspeist — die Kirsche schmeckt immer sehr gut, sie ist in jeder Form gesund, das Blut kühlend und rei= nigend, leicht, nährend und jederzeit erfrischend. Der Norddeutsche weiß allerlei Kirschbranntwein durch Zusatz von Zucker und Kirschsaft zu bereiten.

In den höheren Gebirgsgegenden, wo unsere Obstgattungen nicht fort= kommen, reifen doch noch die urdeutschen Vogelkirschen, und bilden nebst Erdbeeren, Heidel= und Preißelbeeren das einzige Gebirgsobst. Ist auch die kleine Vogelkirsche etwas dürftig ausgestattet, so ist sie doch noch immer höchst wohlschmeckend und nutzbar. Namentlich bereitet man aus ihr das bekannte „Kirschwasser", einen trefflichen Branntwein, der für den Gebirgsbewohner zur Stärkung und Erfrischung höchst wichtig ist.

Der Kirschbaum ist dem Menschen so anhänglich und dankbar, daß, wenn er nur einigermaßen geschützte Lagen findet, er diesem auch in höhere Gebirgsthäler folgt, ja in der Nähe der Bergregion verweilt.

Nirgends behindert der einmal durchs Pfropfen veredelte Kirschbaum eine andere Art von Landbau; er wächst und gedeiht ohne fernere Kultur und übertrifft darin alle andern Obstbäume. Trägt der altgewordene Baum keine Frucht mehr, dann ist das Holz noch ein reicher Schatz, und selbst als Feuerungsmittel weicht das Kirschholz wenig andern Holzarten. Hart wie der Stamm ist auch die holzige Rinde des Kernes, und diese darum geeignet zu allerlei künstlichen Schnitzereien. Im Kirschkern ist, wie in allen Früchten des Geschlechtes prunus, das bittere Princip der bitteren Mandel, das am stärksten im Kirschlorbeer hervortritt, und ein Geringes vom furchtbaren Gifte der Blausäure in sich schließt, das aber in so ge= ringer Menge dem Menschen nicht schadet, während allerdings ein Eich= hörnchen oder ein Papagei keinen Pflaumen= oder Kirschkern verzehren darf.

Bereitwillig ist der Kirschbaum der erziehenden Hand des Menschen entgegengekommen, und es ist erstaunlich, wenn man erfährt, daß man jetzt schon mehr als ein halbes tausend Kirscharten zählt. Da giebt es Kir= schen mit färbendem und nicht färbendem Saft, mit einfarbiger dunkler Haut und mit heller farbiger Haut, mit weichem und hartem Fleisch, süße und saure und süßsäuerliche, kleine und große Kirschen. Doch die ganze Mannigfaltigkeit zerfällt wieder in zwei Hauptgruppen, in die Süß= und Sauerkirschen, und die Süßkirschen lassen sich wiederum zurückführen auf unsern Vogelkirschbaum (prunus avium) der in den Waldungen

von ganz Mittel= und Nordeuropa wild wächst. Doch auch unser Wild=
ling tritt bereits in doppelter Gestalt auf: in einer Art mit schwarzen und
in einer Art mit roten kleinen Süßkirschen. Alle übrigen Süßkirschen sind
durch Veredlung dieses Waldbaumes entstanden. Die Sauerkirschen aber
stammen von dem eigentlichen Gartenkirschenbaum (prunus cerasus),
der von Kleinasien nach Rom und aus Italien nach Deutschland verpflanzt
wurde.

Die Sauerkirsche kann ihr mildes, warmes Vaterland immer noch
nicht verleugnen; sie wird weder so hoch und stämmig, noch so alt als die
Süßkirsche, die als ein nordischer Waldbaum schon leichter einen Puff ver=
trägt, und ihr Alter über 40 Jahre bringt, während die zartere Schwester
aus dem Morgenlande bei uns schon vor dem dreißigsten Jahre abstirbt.
Wir müssen darum auch Süßkirschen auf Süßkirschenbäume, Sauerkirschen
auf Sauerkirschenstämme veredeln. Ein Sauerkirschenbaum vermöchte nicht
den auf ihn gesetzten Süßkirschenbaum zu tragen, da dieser eine viel mäch=
tigere Krone bekommt. Hat so der Nordländer vor dem Südländer die
größere Kraft voraus, so entschädigt dafür wieder die Sauerkirsche durch
die Feinheit und Würze ihrer Früchte, die viel besser zum Einmachen sich
eignen, und zu allem feinen Backwerk vorgezogen wird.

## 88. Die Obstbäume.

Schon der Name sagt, daß die Bedeutung der Obstbäume in der
Frucht liegt. Ihr opfern sie in der That Schönheit und Größe, wie ja
das Nützliche nur seltener auch das Schöne ist. Viel trägt zu dem nüch=
ternen Eindruck derselben unstreitig schon der Umstand bei, daß wir sie
nicht in der Freiheit der Natur erblicken. Der Poesie von Wald und
Feld entrissen, stehen sie als Diener und Nährer des Menschen in der
Umzäunung seiner Gärten, von seiner Kunst gezogen und geschult. Aber
auch abgesehen davon ist die Gestaltung wirklich das Unscheinbarste an den
Obstbäumen. Ohne kräftigen Stamm, ohne augenfällige Höhe, ohne male=
risch ineinandergreifende Verzweigung gleichen sie morschen Holzgestellen,
und ihr trübes, grau=grünes Laub ist nicht geeignet, sie zu beleben. —
Am unbedeutendsten ist die Kirsche. Sie tritt oft kaum aus einer gewissen
strauchartigen Dürftigkeit heraus, und selbst die durchsichtige, beerenähnliche
Frucht, wie schön immer, scheint diesen Eindruck nur zu verstärken. Eine
Ausnahme machen zuweilen Birn= und Apfelbaum. Der erstere namentlich
erhebt sich öfter zu bedeutender Größe, seine Blätter haben einen frischen
Glanz, die Zweige schließen sich zu runden Wipfeln. Zugleich ist er der
einzige Fruchtbaum, der hie und da noch verwildert umhersteht. Aus den

Kornfeldern ragen sie dann mächtig empor, trauliche Sammelplätze der
Schnitter und Alten. Der Apfelbaum ist niedriger und flacht seine Zweige
meist zu Schirmdächern ab; man erkennt die Vorsorge, mit welcher er die
sonnenbedürftige Frucht dem reifenden Strahl entgegenhält. Er gehört an
das Strohdach des Bauern, in den Grasgarten, auf die Landstraße. Den
einzigen Reiz gewährt den Obstbäumen ihre Blüte. Was wäre der Mai
ohne sie? Welche Überraschung, wenn dann zuerst der Pfirsich über Nacht
aufsteht, in allen Zweigen schimmernd, wie ein purpurnes Wunder des
Frühlings! Wie leuchtet der duftige Schnee des Kirschbaumes! Kein grüner
Punkt ist zu entdecken in der blühenden Fülle. Wie rosig dämmert's um
den bienendurchsummten Apfelbaum! Wie schön, wenn im Windeswehen
Tausende von Blättchen herabwirbeln und taumeln, niedliche Trinkschalen,
aus denen taudurstige Käfer nippen. Der Zauber der Frühlingsverjüngung
tritt gerade hier besonders ergreifend entgegen, und mit den Blüten am
Baum erwachen die im Gemüte, die Gefühle der Freude und Lust, der
Dankbarkeit und der Hoffnung. Dasselbe gilt von den Früchten. Der
dralle Ball des Apfels, die gelbe Honigglocke der Birne, die saftschwellende,
flaumumhüllte Aprikose hangen doch nur wie ein Nürnberger Weihnachts=
tand an den Bäumen. Sie lachen und winken mit ihren roten Wangen
dem Knaben, der sie erklettert, dem Wanderer, der sie herablangt, dem
Fahrenden, dem sie sich bequem in den Schoß legen. Es ist der Genuß,
der an ihnen reizt. Oder wer, wenn er an lauen Tagen im Baumschatten
lagert und nun plötzlich die reife Frucht aus der Stille über ihm herab=
schlägt, wer dächte nicht eben ans Suchen und Essen? Auch der Farben=
reiz, mit dem das Obst uns ergötzt, ist nicht viel mehr als ein sinnlicher.
Tritt eine andere, tiefere Stimmung hinzu, so kann es nur die bewundernde
und dankbare sein, in welche der Reichtum der Naturgaben den fühlenden
Menschen überall versetzt. Uhlands Lied auf den Apfelbaum spricht diese
Stimmung in herzlicher, gemütvoller Weise aus. Der Baum ist ihm der
wundermilde, gesegnete Wirt, der den Hungrigen und Durstigen labt.

## 89. Die Obstbaumzucht.

Das Obst ist frisch und getrocknet eines der gesündesten Nahrungs=
mittel für Gesunde und Kranke. Daher sollten alle, welche ein Stück Land,
das sich zum Garten eignet, besitzen, sich die Zucht der Obstbäume sehr
angelegen sein lassen. Selbst das kleinste Fleckchen Erde, etwa auf dem
Hofe oder vor dem Fenster, ließe sich durch ein Obstbäumchen zieren.
Niemand wende ein, er habe dazu nicht Zeit. Wenn er manche müßige
Stunde nur zweckmäßig benutzen wollte, so bleibt ihm noch viel Zeit zum
Anbau der Obstbäume übrig.

Sehr häufig verſteckt ſich aber hinter dieſem Einwande nur eine Be=
quemlichkeitsliebe, von der Goethe ſagt:

> „Wer recht bequem iſt und faul,
> Flög' dem eine gebratne Taube ins Maul,
> Er würde höchlich ſich's verbitten,
> Wär' ſie nicht auch geſchickt zerſchnitten.“

Welch' ſchönes, unſchuldiges Vergnügen kann man ſo manche Stunde
durch den Aufenthalt in einem wohlkultivierten Garten haben! Und ſelbſt
ein einzelnes, ſchattiges Bäumchen gewährt des Angenehmen ſo viel, daß
es immer der Mühe lohnt, auch nur hiermit den Anfang gemacht zu haben.
Wie manche trauliche Stunde läßt ſich z. B. an Sonntagen oder an langen
Sommerabenden hier im Kreiſe der Familie zubringen, welche Zeit viel=
leicht im andern Falle nur zu ſehr zum Schaden der Familie in Wirts=
häuſern oder womöglich ſchlechter Geſellſchaft verbracht würde. Wie mancher
Thaler bleibt auf dieſe Weiſe in der Taſche, der ſonſt nutzlos im Bier=
oder Schnapsglaſe oder am Kartentiſche vergeudet wird. Die allgemein
verbreiteten, wohlbekannten Sagen von vergrabenen Schätzen unter Obſt=
bäumen mögen hierin ihre Erklärung finden. —

Wollen wir gute Obſtſorten haben, ſo müſſen wir wilde Stämmchen
veredeln; denn die Fortpflanzung guter Obſtſorten geſchieht faſt ohne Aus=
nahme durch Veredlung. Es wird nämlich das Edel= oder Pfropfreis auf
irgend eine Art mit dem Grundſtamme (Wildling) oder mit den weniger
edlen Obſtbaumſorten ſo in Berührung gebracht, daß daraus eine neue
Pflanze hervorgeht. Um nun die Wildlinge zur Veredlung zu erhalten,
werden Obſtkerne auf Beeten, welche man Samenſchule nennt, ausgeſät.

### a) Das Kernbeet.

Der hierzu beſtimmte Platz muß eine freie, ſonnige und luftige Lage
haben, damit Sonne und Luft auf die jungen Stämmchen gehörig ein=
wirken können. Es iſt vorteilhaft, wenu er gegen Norden, Nordoſt und
Nordweſt durch Pflanzungen und Gebäude geſchützt iſt. Der Boden ſoll
mittelmäßig gut ſein, mehr ſchwer als leicht, mehr trocken als naß, von
Natur fruchtbar. Die Beete legt man 1—1,30 m breit an und legt die
Kerne in Rinnen, etwa 2,60 cm weit voneinander entfernt, oder man ſtreut
ſie aus und harkt ſie unter. Dieſes geſchieht im Herbſte, im Oktober oder
anfangs November. Man ſondere die Kerne nach den Obſtſorten und be=
zeichne die Reihen mit einem bezifferten Pfahle. Am natürlichſten und
vorteilhafteſten iſt es, die Kerne gleich mit dem Obſtfleiſche in die Beete
zu legen, weil ſie ſo am beſten aufgehen. Den erſten Sommer hält man
die Samenſchule vom Unkraute rein und begießt ſie bei großer Dürre.

Im April des folgenden Jahres hackt man die Erde zwischen den Bäum=
chen mit einer kleinen Hacke etwas auf, sucht die Unkräuter heraus und
bedeckt sie zum Winter, wie auch schon im ersten Jahre, mit wenig ver=
westem Dünger. Im folgenden Sommer werden die Beete wieder sorg=
fältig rein gehalten.

Das Ausheben der Kernwildlinge und das Verpflanzen derselben in
die Baumschule geschieht gewöhnlich im dritten Frühjahre nach der Anlage
des Kernbeetes. Um die Bäumchen bei der Heraushebung vor Verletzung
zu bewahren, gräbt man an der einen Seite der Reihe einen schmalen
Graben, sticht mit dem Spaten unter die Wurzeln und hebt sie heraus.
Hierauf beeilt man sich, sie in die Baumschule zu setzen.

### b) Die Obstbaumschule.

Wie bei dem Kernbeete, so auch bei der Baumschule die Lage frei
und sonnig, der Boden milde und nicht übermäßig fett. Man setzt die
Bäumchen auf nicht breite Beete in Reihen, immer 50 cm voneinander
entfernt.

Um die Bäumchen zum Verpflanzen gehörig zuzurichten, müssen sie
an den Zweigen und Wurzeln gehörig beschnitten werden. Die Pfahl=
wurzel und lange Nebenwurzeln schneidet man ein wenig ab, alle schad=
haften Teile aber ganz fort. Nun setzt man sie in Reihen in Löcher, die
Pfahlwurzel senkrecht, die Seitenwurzeln aber mehr wagerecht, streut mit
den Händen feine Erde darüber und drückt sie fest. Bei dem Einsetzen
achtet man darauf, daß jedes Bäumchen wieder so tief in die Erde kommt
wie es früher gestanden hat.

In dem nun folgenden Sommer schneidet man die Zweige ab, welche
unten am Stamme herausschießen; zum Herbste aber auch die meisten von
den oberen, läßt aber den Stamm stehen. Den Boden reinigt man vom
Unkraute durch sanftes Hacken und Jäten, wobei man sich hütet, die Wur=
zeln der Bäumchen zu verletzen.

### c) Von der Veredlung der jungen Bäumchen.

Wenn die Bäumchen ein oder zwei Jahre in der Baumschule ge=
standen und etwas höher und dicker geworden sind, nimmt man die Ver=
edlung mit ihnen vor. Wir wollen hier von den vielen Arten der Ver=
edlung nur die vorzüglichsten kennen lernen, und diese lassen sich zurück=
führen auf das Kopulieren, Okulieren und Pfropfen. Das Veredeln junger
Stämmchen kann man auch in der Stube vornehmen, indem man sie dar=
auf in den Garten pflanzt.

1. Vom Kopulieren. Das Kopulieren ist eine leichte Art der Veredlung, es kann bei allen Obstarten vorgenommen werden und giebt gesunde Bäume, da dieselben keine große Verwundung erleiden. Kommt ein Reis nicht, so kann man das Stämmchen noch in demselben Jahre okulieren. Das Kopulieren nimmt man im Frühjahre vor in der Zeit, wenn der Saft in die Bäume tritt, etwa im April. Das Stämmchen ist von der Dicke einer Federpose hierzu schon geeignet.

Man schneidet das Stämmchen da, wo es veredelt werden soll, mit einem fein geschliffenen, scharfen Messer von unten nach oben ab, so daß der Schnitt gegen 2,5 cm lang ist. Das Edelreis, welches dieselbe Stärke haben muß, schneidet man ebenso von unten nach oben. Beide Schnitte müssen eine ebene Fläche bilden und ganz genau aufeinander passen, so daß Rinde auf Rinde zu liegen kommt. Bevor das Reis aufgelegt wird, muß es bis auf 3 oder 4 Augen oben abgeschnitten und dieser Schnitt mit Baumwachs verklebt werden, damit demselben Luft und Wärme nicht schaden. Nachdem man Edelreis und Wildling gehörig aufeinander gepaßt hat, drückt man ersteres mit der linken Hand gehörig an den Wildling an, bebindet beide mit einem feinen Bändchen ein paarmal und bewickelt dann beide an der beschnittenen Stelle mit einem leinenen oder Bastbande, wel= ches man mit Baumwachs bestrichen hat, und bindet das Band zu. Man hüte sich, hierbei das Edelreis zu verschieben. Hierauf bindet man das Stämmchen an einen Pfahl, damit es nicht abgebrochen werde.

In betreff der Reiser, welche man zum Kopulieren wählt, sehe man darauf, daß dieselben gesund sind und von einem gesunden, fruchtbaren Baume genommen werden; haben sie einen rötlichen oder schwarzen Kern oder schwärzliche Rinde, so sind sie vom Froste gerührt und nicht zu brauchen. Man schneidet sie, wenn der Saft zurückgetreten ist, vom No= vember bis zum März, und bewahrt sie in einem kalten Keller in feuchtem Sande oder an einem schattigen Orte im Garten in der Erde bis zu ihrem Gebrauche auf.

2. Vom Okulieren. Auch diese Veredlungsart hat ihre eigenen Vorzüge. Es erleidet dadurch das Grundstämmchen nur sehr geringe Ver= letzung, und man kann dasselbe zu drei verschiedenen Zeiten des Jahres anwenden. Das Okulieren besteht darin, daß man ein Auge von einem veredelten Baume ausschneidet und es einem Wildlinge aufsetzt. Dieses geschieht in nachbeschriebener Weise.

Man schneidet das edle Auge aus. Mit einem Okuliermesser oder einem gewöhnlichen Federmesser macht man ungefähr 7 mm über dem edlen Auge einen Querschnitt in die Rinde bis aufs Holz; aus den Enden dieses Schnittes, die ungefähr einen Strohhalm breit auseinander sind, macht man zwei andere an dem Auge vorbei herunter, so daß die Schnitte 12 mm unter dem Auge in einer Spitze wieder zusammenkommen. Das Auge mit der umgebenden Rinde und dem Blatte zusammen nennt man Schild, der Ähnlichkeit der Form wegen. Von dem Blatte schneidet man durch einen Querschnitt die Hälfte ab. Nun löset man die Rinde und das Auge des Schildes mit dem Federmesser und dem Abschieber, oder einer lang zugespitzten und vorn abgerundeten Federspule, sanft los und nimmt es ab. Nachdem man das Schild mit dem Federmesser rundherum gelüftet hat, schiebt man es mit dem Abschieber von oben nach unten völlig vom Reise los, wodurch das innere Auge an der Rinde sitzen bleibt. Ist dieses gut abgelöst, so zeigt es sich an der inneren Seite des Schildes als markiger Punkt, der die Augenhöhlung ganz ausfüllt.

Nun macht man in den Wildling an einer glatten Stelle, wo man das Schild einschieben will, einen Querschnitt und von der Mitte desselben abwärts einen zweiten Schnitt, 25 mm lang, so daß beide zusammen die Form eines lateinischen T haben. Man löst dann mit der Federspitze ganz sanft die beiden Seiten der Rinde los, ohne sie zu zerreißen.

Hierauf schiebt man das Schildchen in die Spalte hinein und zwar so weit hinunter, daß der obere Rand des Schildes dem Rande der Rinde am Querschnitte gleichsteht und an denselben sich anschließt, und drückt dasselbe ein wenig ein und macht den Verband. Damit der Saft nicht eintrockne, muß man mit der vorher beschriebenen Arbeit rasch sein. Man bindet nun mit einem Faden das Auge an den Wildling und legt hierauf den Verband an, nachdem man die wunde Stelle vorher noch mit Baumwachs bestrichen hat.

Am zweckmäßigsten ist es, das Auge dem Wildling 30 cm oder eine Spanne hoch über der Erde einzusetzen. Die passendste Zeit zum Okulieren ist der Morgen bei bedecktem Himmel, besonders nach einem Regen, weil die Rinde alsdann saftiger ist.

3. Das Pfropfen. Das Pfropfen ist eine sehr alte Veredlungsart und die gewaltsamste, weil der Wildling dadurch am meisten verwundet wird. Daher wendet man jetzt es auch nur dann an, wenn die Bäume für Anwendung der anderen Veredlungsarten zu dick sind. Man pfropft sowohl in die Rinde als in den Spalt, jedoch ist letzteres Verfahren nicht sehr zu empfehlen, da der Baum zu sehr verletzt wird und hieraus sich leicht brandige Stellen entwickeln können, die das Absterben des ganzen Stammes mitunter zur Folge haben. Die erstere Art ist gefahrloser.

Man schneidet das Reis bis auf das Mark platt durch und spitzt die andere Hälfte zu. Von dieser löst man die äußere Rinde, soweit sie von der Rinde des Wildlings bedeckt werden soll, vorsichtig ab, ohne die innere, grüne Rinde zu beschädigen. Es wird nun der Wildling wagerecht abgeschnitten, seine Rinde oben von der Platte 25 cm abwärts aufgeschlitzt, das Reis aufgesetzt und die beiden Flügel der Rinde um dasselbe umgeschlagen. Hierauf wird der Verband umgelegt.

Die später unter der Pfropfstelle hervorwachsenden Triebe werden alle fortgeschnitten oder höchstens einer zum Saftziehen stehen gelassen, welcher aber auch weggeschnitten wird, sobald das Edelreis einige Zoll gewachsen ist. Diese Veredlungsart wird, weil die Rinde des Baumes sich gut lösen muß, gewöhnlich gegen Ende April oder anfangs Mai vorgenommen.

4. Weitere Behandlung der veredelten Bäume. Versetzt man Bäumchen aus der Baumschule in den Baumgarten, so beobachte man das Verfahren, welches bei Einpflanzung der Bäumchen in die Baumschule bereits angegeben ist.

Man schone aber soviel wie möglich die Wurzeln und schneide bloß die verletzten mit einem scharfen Federmesser schräg fort. Es muß daher tief genug gegraben und der Baum nicht gewaltsam herausgerissen werden. Weit verlaufende Wurzeln werden etwas verkürzt. Beim Einpflanzen müssen die Bäumchen eingeschlemmt werden, und hat man hierbei auch darauf zu sehen, daß dieselben, wenn möglich, wieder nach den Weltgegenden versetzt werden, nach denen sie früher gestanden.

Nun werden dieselben an einen starken Pfahl mit Bast so angebunden, daß sie 25 mm von demselben abstehen, damit dieser nicht die Rinde beschädige. Man muß alle Jahre fleißig nachsehen, ob am Stamme unter der Krone Zweige oder aus den Wurzeln Schößlinge herauswachsen, und dieselben abschneiden oder ausgraben.

Um die Gesundheit und die Fruchtbarkeit der Bäume zu erhalten und zu vermehren, ist es notwendig, dieselben von Zeit zu Zeit zu düngen, indem man um jeden Baum den Boden mehrere Fuß im Umkreise aufgräbt und fette Erde oder verrotteten Kuhdünger herumlegt. Zur Erzeugung einer gesunden Rinde, zur Vertilgung des Mooses und der Insekteneier wird ein Anstrich der Bäume mit etwas Kalk, der ein wenig dicker als zum gewöhnlichen Weißen sein kann, empfohlen.

## 90. Die Farnkräuter.

Vielleicht ist dir, lieber Leser, bekannt oder taucht in deiner Erinnerung auf ein Plätzchen, wie ich es dir beschreiben will. Wir befinden uns im gemischten Walde, wo Eichen, Buchen, Birken mit Fichten und Tannen abwechseln. Moosbewachsene Felsblöcke ragen hervor, ein Bach plätschert dazwischen und durchfeuchtet den Boden und die Luft. Wir sind auf eine etwas lichtere Stelle gekommen und lassen uns auf dem Moosteppich nieder.

Die rissigen, knorrigen Stämme der Eichen stehen umher wie wettergebräunte, mit Narben geschmückte Krieger, Trotz bietend jedem Sturm und Unwetter, zwischen ihnen ragen die hellen, glatten Stämme der Tannen oder die braunen, rauhen Stämme der Fichten in die Luft als die Säulen des Walddomes, welche das dichte grüne Dach zu tragen scheinen. Durch das Gebüsch schimmert das weiße Kleid einer Birke; ihre schlanken, herabhängenden Zweige schaukeln bei jedem leisen Windhauche; ihre Blätter neigen sich geschäftig lispelnd gegeneinander, als hätten sie sich wunderbare Geheimnisse mitzuteilen. An einem solchen Plätzchen kann man so recht den bezaubernden Reiz der Waldeinsamkeit empfinden; hier läßt es sich gut sinnen und träumen.

Das Auge schweift umher. Es schaut die zarten Moospflänzchen, jedes einzelne ein Musterbild der vollendetsten Schönheit und Zierlichkeit. Schon ein flüchtiger Blick zeigt uns die große Mannigfaltigkeit in der Gestalt derselben und läßt uns erkennen, daß hier auf kleinem Raume eine ganze Anzahl verschiedener Arten sich vereinigt haben. Doch wir ersparen uns eine genauere Betrachtung derselben auf ein anderes Mal und lassen das Auge weiter schweifen. Es mustert die verschiedenen Blattformen der Bäume und Gesträuche, die Grasspitzchen und Schling- und Rankengewächse. Der Blick verwirrt sich in dieser Formenmannigfaltigkeit und sucht nach einem Ruhepunkt. Er findet ihn. Vor den meisten anderen Gewächsen hervorragend umsäumen den Platz üppig wachsende Farnkräuter. Auf ihnen bleibt das Auge hängen; denn mit ihrer so klar vor Augen liegenden, höchst regelmäßigen und dennoch nicht steifen, sondern leichten und gefälligen Formengliederung gewähren sie ihm die gewünschte Ruhe. Die Farnkräuter sind es wohl wert, daß wir uns einige Zeit mit ihnen beschäftigen; schon der erste Blick hat uns gelehrt, daß sie manches Eigentümliche und Absonderliche vor den meisten Pflanzen voraus haben. Sie lieben fast alle das Halbdunkel, die Stille und die Einsamkeit des Waldes. Sicher sind sie da am liebsten zu finden, wo die einsame, moosumsäumte Waldquelle der Erde entströmt, wo der Waldbach rauscht, wo finster drohende Felsen sich übereinander türmen, wo sich die Mauern verfallener Klöster und Burgen mit Gras und Strauchwerk bedecken, wo Baum, Strauch und Felsen überhaupt ihren Schatten wohlthuend über sie breiten.

Wie besonders in der Zeit des Mittelalters, wo der Mensch sich darin gefiel, die Natur als ein großes Rätsel, als eine Ansammlung von Wundern zu betrachten, ihm alles wunderbar erscheinen mußte, was nur einigermaßen vom Alltäglichen abwich, so teilten dieses Los auch die ungewöhnlichen Gestalten der Farne. Bedeutend entwickelt und vor vielen andern Gewächsen auffallend, haben sie doch keine Blüte wie die meisten andern

Gewächse, und das Reifen einer Frucht ließ sich auch nicht an ihnen er=
kennen. Das Ungewöhnliche und Abweichende ihrer Erscheinung von allen
andern Pflanzengestalten, ihr geheimnisvoller Standort im Waldesschatten,
das Rätselhafte ihrer Fortpflanzung, alles das gab der Wundersucht und
dem Aberglauben reiche Nahrung. Blüten waren nun einmal trotz alles
Suchens nicht zu entdecken, Samen aber mußte doch vorhanden sein; wie
könnte sich sonst das Farnkraut fortpflanzen? — Ja, hieß es, der Samen
ist so klein, daß ihn ein gewöhnliches Auge nicht zu sehen vermag. Wer
aber in der heiligen Nacht der Sommersonnenwende, d. h. in der Johannis=
nacht, allein und schweigend in den dunkeln Wald geht, der kann sehen,
wie mit dem Schlage zwölf Uhr das Farnkraut seine Blüte öffnet. In
der Stunde von zwölf bis ein Uhr reift es seine Samen, welche sofort
mit solcher Gewalt zur Erde fallen, daß sie alle Gefäße, in denen man
sie etwa auffangen will, selbst eiserne Mörser zersprengen; nur mit dem
Fell eines schwarzen Bockes können sie aufgefangen werden. Gefährlich
ist aber ein solch nächtlicher Gang; wer ihn wagen will, muß sich nicht
fürchten, selbst den Teufel leibhaftig zu schauen. Vielfacher Zauber= und
Geisterspuk ängstigt und schreckt den Wanderer; Schlangen zischen zu seinen
Füßen; Irrlichter hüpfen gaukelnd um ihn herum, und greuliche Nacht=
vögel fliegen gespenstisch um seinen Kopf. Wer dies alles aber nicht fürchtet
und alle Schrecken kühn überwindet, der hat in dem Samen ein Mittel
erlangt, durch welches er sich unsichtbar machen und Dinge erspähen kann,
die andern Sterblichen verborgen bleiben. Trägt er eine Kleinigkeit des=
selben bei sich, so hat er stets Glück im Spiele und ist überall geehrt und
gern gesehen.

Die Farnkräuter bedürfen aber wahrhaftig nicht des Nimbus des
Wunderbaren und Geheimnisvollen, um sie den Menschen interessant, ja
lieb zu machen; bieten sie doch dem sinnigen Gemüt des Anmutigen, Rei=
zenden und Lieblichen so viel dar, und auch dem nüchternen Blick des
Forschers haben sie wunderbare Geheimnisse des Pflanzenorganismus ent=
hüllt. Wie könnte sich der fühlende Mensch vor dem Zauber ihrer Er=
scheinung verschließen, wenn er sie oft wie riesige Federn in üppigen
Büschen im Halbdunkel des Waldes stehen sieht, wenn sie in ihrer an=
mutig geschlitzten, in tiefes, saftiges Grün gekleideten Tracht den Wanderer
im Walde durch leises Hin= und Herwiegen grüßen! Und könnte er die
Formen, welche über die ganze Erde verteilt sind, mit einem Blicke über=
schauen, wie würde er staunen, wenn er dieselbe höchst einfache Grundform,
denselben Grundgedanken, gleichsam dasselbe Thema in tausend Variationen
durchgeführt erblickte! Es giebt wirklich kaum etwas Einfacheres als die
Grundform des Farnkrautes. Sie ist dargestellt durch ein blattartiges

Organ, einen Wedel, welcher die Gestalt einer Feder in sich trägt. Der
Stengel entspricht dem Kiel der Feder, die blattartige Ausbreitung der
Fahne derselben. Aber welche Mannigfaltigkeit erwächst aus dieser ein=
fachen Formengestaltung! Bald ist der Wedel eine einfache Kreisplatte,
bald eine Ellipse, bald zeigt er sich zungenförmig, bald lanzettförmig, bald
band= oder keilförmig. Bei einigen Arten ist der Rand nur wenig einge=
schlitzt, sägeartig oder gebuchtet, bei andern teilt sich die ganze Fläche in
einfache, zwei=, drei= bis vierfache Fiederchen, der Pflanze den Ausdruck der
höchsten Zierlichkeit verleihend. Es giebt Farn, welche nur immer einen
Wedel aus dem kriechenden Stamm in die Höhe senden, andere, bei denen
gesellschaftlich vereint eine Menge dieser saftgrünen Federn in einem Schopfe
rund um die Spitze des kurzen Strunkes entspringen, nicht selten eine Art
von Trichter dadurch bildend. Oft sind die Wedel an ihrer Rückseite mit
einem wunderbar zarten Weiß bedeckt, oder mit schillerndem blauen Reife,
andere sind in das prachtvolle Gelb des Goldes gekleidet oder mit der
blaugrünen Färbung des Meeres. Auch hinsichtlich der Höhe der Farn=
arten zeigt uns die Natur eine große Mannigfaltigkeit. Neben den Zwergen
von kaum einigen Centimetern Höhe erheben sich die palmenartigen Ge=
stalten der Baumfarn, die Krone des Farngeschlechts. Das treue Abbild
der Palmen, in deren Nachbarschaft sie auch oft stehen, heben sich ihre
schlanken Stämme säulenartig über den Boden empor, bald von den Resten
der Blattstiele bedeckt, bald von schwarzen Dornen bewehrt, bald durch
tafelartige Stuccatur geschmückt. In ihnen hat sich der Farntypus zu
einer Formvollendung erhoben, die gewiß den höchsten Ausdruck darstellt,
den die Natur nach einer gewissen Richtung zu erreichen imstande war.
An Grazie selbst mit den schlanken, biegsamen Palmen wetteifernd, sendet
ihr Wipfel allein ein leicht bewegliches Blätterdach prachtvoll gefiederter
Wedel kronenartig empor. Oft 3 — 5 m lang und 1—1,50 m breit, strecken
die Wedel sich nach allen Seiten aus, und zwischen ihnen beginnen die
hervorsprießenden ihre spiraligen Windungen aufzuwickeln und sich selbst
zu Riesenfedern zu entwickeln. Mit dem leisesten Windhauch spielend,
wiegt sich dann der anmutstrahlende Wipfel in sanften Schwingungen auf
und nieder. Andere Baumfarn senken ihre Wedel von den oft 10—13 m
hohen Stämmen traumhaft zur Erde nieder, unter sich ein schön gewölbtes
Blätterdach bildend. Überwältigt von Entzücken schaut der Bewohner des
Nordens, in die Region der Baumfarne zwischen den Wendekreisen, 1000
bis 1500 m über dem Meere, versetzt, durch die zierlichen Fiedern hindurch
das heitere Blau des Himmels, Welt und Heimat vergessend, vergessend
selbst auf Augenblicke den Eindruck, den der Anblick der edlen Gestalten
der Palmen auf ihn ausübte.

So mannigfaltig nun aber auch die äußere Erscheinung der Farn=
kräuter sein möge, der Grundtypus läßt sich nicht verkennen. Es ist hier
die größte Verschiedenheit bei der größten Ähnlichkeit, und wenn irgend
für ein Pflanzengeschlecht, so gilt für das Geschlecht der Farnkräuter das
Goethesche Wort:

> „Alle Gestalten sind ähnlich, doch gleichet keine der andern,
> Und so deutet der Chor auf ein geheimes Gesetz.“

Wir sagten vorhin, daß auch dem Blick des Forschers die Farnkräuter
wunderbare Geheimnisse des Pflanzenorganismus enthüllt hätten und dach=
ten dabei an ihre Fortpflanzungsorgane. Betrachten wir einen Farnwedel,
beispielsweise den Wedel des bei uns sehr häufigen Wurmfarns, auf der
Rückseite, so gewahren wir auf jeder Fieder reihenförmig gestellte braune
Tüpfelchen. Dies sind die Fruchthäuschen des Farnkrautes. Ihre Be=
stimmung und ihren Bau erkannte man erst, nachdem man sie mit ge=
nügenden Vergrößerungsgläsern untersuchen konnte. In ihrer Gestalt, so=
wie in ihrer Anordnung auf dem Wedel zeigt sich wiederum bei der
größten Ähnlichkeit die größte Mannigfaltigkeit. Bald sind sie kreisrund
und treten dann wie halbkugelige Polster hervor, bald sind sie oval, oder
sie ziehen sich als lange Streifen über einen großen Teil der Blattfläche.
In einigen Fällen sitzen sie am Ende des Blattnerven, in anderen ent=
springen sie auf dessen Mitte, in noch anderen begleiten sie als linien=
förmige Häufchen den Nerven auf eine lange Strecke, nur auf einer Seite
oder auf dem Rücken desselben verlaufend. Ihre Anordnung giebt dem
Botaniker oft die Kennzeichen zur Unterscheidung der Gattungen und
Arten. Bei vielen Farnkrautarten sind die Fruchthäuschen noch durch
charakteristisch geformte, meist zarte, fast durchsichtige Häutchen bedeckt, die
man als Schleier bezeichnet. Mit zunehmendem Alter bräunen sie sich und
schließlich werden sie oft abgeworfen oder sie zerreißen oder verschrumpfen
bis zur Unkenntlichkeit, wenn die von ihnen bedeckten Organe der Reife
sich nähern.

Schon bei schwächerer Vergrößerung, bei manchen Arten schon mit
Hilfe einer guten Lupe, erkennt man, daß diese Fruchthäuschen keine struktur=
losen Staubmassen sind, als welche sie sich dem bloßen Auge darstellen,
sondern äußerst zierliche Organe, zarte Kapseln von eiförmiger oder kuge=
liger Gestalt. Im Innern der reifen, noch nicht geöffneten Kapsel liegen
nun die eigentlichen, für die Keimung bestimmten Organe, mikroskopisch
kleine Zellen, Sporen genannt. Ihre Gestalt ist nur bei starker Ver=
größerung deutlich zu erkennen und zeigt sich am häufigsten kugelig, nieren=
oder bohnenförmig, mit glatter oder mannigfachen zierlichen Hervorragungen
bedeckter Oberfläche.

Von den Samen höherer Pflanzen sind diese Sporen wesentlich ver=
schieden. Jede besteht nur aus einer einzigen Zelle, während die Samen
der Blütenpflanzen aus vielen Zellen zusammengesetzt sind. Auch fehlt
ihnen der Keimling; ihr Inhalt ist einzig eine schleimig=körnige, eiweiß=
haltige Substanz. Es kann daher auch die Keimung einer Farnspore nicht
so vor sich gehen wie etwa die einer Erbse. Aus dieser entwickelt sich so=
fort eine Pflanze mit allen Eigenschaften der Erbse; aus der Spore des
Farnkrautes entsteht ein Gebilde, so abweichend von der Mutterpflanze,
daß man es auch mit einem besonderen Namen belegt und es Vorkeim
nennt. Auf den Farntöpfen unserer Gewächshäuser sehen wir solche Vor=
keime oft in großer Menge als zarte, durchscheinende, freudig grüne Läpp=
chen von meist herzförmiger Gestalt, durch einen dichten Haarfilz an der
Erdoberfläche festgehalten, oft von der Größe eines Groschens. An diesem
Vorkeim nun entwickeln sich die Befruchtungswerkzeuge. Die männlichen
entstehen gewöhnlich am Rande; ihr Ursprung ist eine einzige Zelle. Diese
wölbt sich wie eine Glasglocke empor und gliedert sich durch eine Scheide=
wand in eine untere und obere Abteilung; die letztere zerfällt durch eine
Reihe von Teilungen in eine Centralzelle und eine geringe Zahl peripheri=
scher Zellen. In der Centralzelle bilden sich eine Anzahl kleiner Zellen,
und der Inhalt einer jeden formt sich zu einem spiralig gewundenen faden=
oder bandförmigen Körper, dem Samenfaden oder Spiralfaden. Sind die
Samenfäden reif, so öffnet sich das Organ und läßt dieselben austreten.
An ihrem Vorderende besitzen sie eine Anzahl sehr zarter, langer Wimpern,
die in fortwährender flimmernder Bewegung begriffen sind und die Fort=
bewegung des ganzen Samenfadens vermitteln. Dieser schießt langsamer
oder schneller, meist mit blitzartiger Geschwindigkeit und unter steter schrau=
benförmiger Drehung um seine Achse in den Wassertröpfchen umher, die ja
immer an der Unterseite solcher Vorkeime in unsern Warmhäusern und an
den feuchten Standorten im Freien hängen. Natürlich sind diese Samen=
fäden nur unter dem Mikroskop wahrzunehmen, und hier gewähren ihre
Bewegungen ein eigentümliches Bild; sie erscheinen uns wie belebte Wesen.

. Die weiblichen Befruchtungswerkzeuge sitzen wie eine Anzahl kurzer
Schornsteine oder Flaschenhälse auf der Unterseite des Vorkeims. Eine
lange Zelle reicht von dem Grunde des Organs fast bis zur Spitze. Ihr
Inhalt bildet sich zu einem eiförmigen oder kugeligen Ballen, dem zu be=
fruchtenden Ei um. Ist dasselbe vollständig entwickelt, so öffnet sich die
Spitze, und nun treten die Samenfäden oft in großer Menge ein. Ein=
zelne gelangen, wie eine Schraube sich vorwärts bohrend, zur Eizelle hin=
unter, dringen in dieselbe ein und verschwinden in ihr. Die Befruchtung
ist damit vollzogen, und nun entwickelt sich erst die junge Farnkrautpflanze.

Um das Ei legen sich nach und nach eine große Anzahl von Zellen, die einen kleinen rundlichen Gewebekörper bilden. Aus diesem entspringen nun die ersten Organe des kleinen Farnkrautes. Ein Teil desselben wird zu einem eigentümlichen Organ, dem sogenannten Fuß, welcher der jungen Pflanze aus dem Vorkeim die erste Nahrung zuführt. Ein anderer Teil wird zur Wurzel, ein dritter zur Spitze des kurzen Stämmchens, und ein vierter zum ersten Blatte. Dieses zeigt viel einfachere Formen als die Blätter der erwachsenen Pflanze gleicher Art. Erst die später entspringenden Blätter gehen allmählich in die normale Blattform über. Bei vielen Arten bildet sich unter der Erdoberfläche ein wurzelähnlicher Stamm, der auch den Winter überdauert und aus welchem die Wedel alljährlich aufs neue hervorsprossen. Interessant ist es, zu beobachten, wie ein junger Wedel sich aus der Erde emporringt. Eine dicke, fleischige, mit braunen Hautschuppen bedeckte Locke, die wie eine Uhrfeder spiralig aufgewickelt ist, streckt sich aus der Erde empor. Sie rollt sich langsam auf, und dabei ist zu bemerken, daß die einzelnen Fiederblättchen jedes für sich wieder ein spiralig gewickeltes Löckchen bilden und an diesen jedes einzelne Zipfelchen ebenfalls.

Dem Forscher sind die Farnkräuter aber noch nach einer andern Richtung bedeutungsvoll. Ihr Geschlecht ist ihm ein lebendiger Zeuge einer längst entschwundenen Vergangenheit. Als das Urmeer noch die Erde überflutete, als nur erst wenige Punkte des Festlandes sich gleich Inseln aus demselben erhoben, als diese zum erstenmal sich mit dem grünen Pflanzenkleide schmückten, da waren es die Farnkräuter im Verein mit Schachtelhalmen, Schuppen= und Siegelbäumen, welche den ersten Schmuck der Erde bildeten. Dichte Wolkenmassen umgaben den Erdball, nur ein gedämpftes Licht konnte der freundliche Sonnenstrahl durch sie hindurch der Erde spenden, Wasserdämpfe erfüllten die heiße Atmosphäre. Gedämpftes Licht, Wärme und Feuchtigkeit, das waren die Lebensbedingungen, welche den Farnkräutern wie noch in der Jetztzeit entsprachen. Üppig wuchsen sie auf und beherrschten fast die ganze Vegetation; auf den Trümmern der abgestorbenen Geschlechter erhoben sich die nachfolgenden in erneuter Kraft. Aber die hervorragenden Punkte versanken, Schutt und Schlamm begrub die üppige Vegetation, aus welcher sich im Laufe von Jahrtausenden die Steinkohlen bildeten. Neue Inseln entstanden, auf ihnen wucherte eine neue, ebenso üppige Vegetation von Farnkräutern, Schachtelhalmen, Schuppen= und Siegelbäumen. Auch sie verfielen demselben Schicksal, bis endlich die Atmosphäre sich klärte, die gewaltigen Eruptionen nachließen und andere, höher ausgebildete Pflanzengeschlechter der Erde schmückten. Die Schuppen= und Siegelbäume sind verschwunden, die Schachtelhalme sind

zu erbärmlichen, unbedeutenden Pflänzchen herabgesunken; aber die Farn=
kräuter sind der Gegenwart erhalten und mit ihnen treue Zeugen der Urwelt.

Der Botaniker kennt gegen 3800 Arten des Farngeschlechts. Von
diesen finden wir in Deutschland nur die kleine Zahl von 42, in ganz
Europa einige funfzig. Die gemäßigte Zone ist nicht die eigentliche Heimat
der Farne. Nur da, wo die Sonne senkrecht über den feuchten Wäldern
der Erde glüht, ist das Paradies dieser edlen Gestalten. Unter unsern
einheimischen Farn bemerken wir am häufigsten den Wurmfarn, Aspidium
Filix mas. In der Ebene wie im Gebirge, im Norden wie im Süden
ist er zu Hause und sendet seine Wedel in üppigster Fülle an murmelnden
Quellen, an schattigen Abhängen und im tiefen Gebüsch empor. Das Üp=
pige seines Wachstums, das tiefe, saftige Grün, die schöngeschwungenen
Linien der Wedel, die zierliche, fiederspaltige Gliederung derselben und die
Fülle seiner Fruchthäufchen auf ihrer Unterseite zeichnen ihn vorteilhaft in
dem Bilde der deutschen Landschaft aus. Seinen Namen verdankt er dem
Umstande, daß ein Extrakt seines fleischigen Wurzelstockes von jeher als
ein wohlbewährtes Mittel gegen den lästigen Bandwurm gepriesen wurde.
In gebirgigen Gegenden finden wir den dornigen Schildfarn, Aspidium
spinulosum, welcher, dem Wurmfarn ähnlich, sich durch doppelt gefiederte
Wedel und dornig gesägte Fiederchen leicht von ihm unterscheidet. An
Waldgräben läßt sich häufig in großen Gesellschaften das niedliche Engel=
süß, Polypodium vulgare, sehen. Es zeichnet sich aus durch die einfachen
ungespaltenen Fiederchen, welche den federartigen Wedel zusammensetzen,
der von goldenen Fruchthäufchen in zierlicher Anordnung besäet ist. Seine
Wedel werden an günstigen Standorten oft 30 cm lang. Den deutschen
Namen Engelsüß hat dieses Farnkraut mit Unrecht. Seine Wurzel schmeckt
wohl süß, aber so widerlich, daß sie wohl keinen Engel zum Genuß ein=
laden würde. In der Tracht ihm ähnlich ist der Spicant, Blechnum
Spicant, ein Bewohner der Heiden an der Nordsee, wo er sich sehr häufig
über die kleinen Sträucher der Heidel=, Preißel= und Rauschbeere erhebt.
Wo eine Burgruine, eine alte Mauer verwittert, da erscheint sicher die
kleine zierliche Mauerraute, Asplenium Ruta muraria. Ihre zarten,
grünen, oben dreifach verzweigten Stengel entfalten einzeln stehende, tief=
grüne Blätter, deren Rückseite von einer Fülle strichförmig gestellter Frucht=
häufchen dunkel gefärbt erscheint. Das ansehnlichste unter den Farnkräutern
Deutschlands ist der Adlerfarn, Pteris aquilina. Auf hohem, grünem
Stengel erhebt sich der dreiteilige Wedel mit seinem starren Laube und
erreicht nicht selten mit Hilfe seines Unterstiels die Höhe von 1,50 m,
während sein Wurzelstock unter der Erde kriecht. Macht man durch das
untere schwarzbraune Ende des Blattstiels einen schrägen Querschnitt, so

zeigt sich eine höchst sonderbare Zeichnung infolge der Anordnung der Gefäßbündel. Sie hat Ähnlichkeit mit einem Doppeladler und hat der Pflanze den Namen gegeben. Andere glaubten in dieser Zeichnung die Buchstaben J und C zu erkennen, bezeichneten diesen Farn als Jesus-Christuswurzel und knüpften daran allerhand abergläubische Deutungen und Gebräuche.

Die Farnkräuter sind die Lieblinge vieler. Oft sieht man sie als Zierden des Frühlingsstraußes oder am Hute prangend. Auch die Gärtner haben sie schon in den Bereich ihrer Pflege gezogen, und man kann in ihren Gewächshäusern die zierlichsten Exemplare vertreten finden. Für die Zimmerkultur eignen sie sich weniger; es fehlt ihnen im Zimmer die feuchte Wärme, welche eine ihrer ersten Lebensbedingungen ist.

### 91. Das isländische Moos.

(Cetraria islandica.)

Die Flechten überziehen in gar mannigfacher Gestalt und Farbe, bald schön citronengelb, bald schwefelgelb, bald grün, bald grau und schwarz, Baumrinden, alte Bretterwände, Felsen und Mauern und sind auf ihrer Oberfläche mit kleinen Schüsselchen, Knöpfchen, Schildchen u. s. w. bedeckt, aus denen, sowie aus den Rissen der Oberfläche selbst, ein Staub abgesondert wird, aus dem neue Flechten entstehen. Darunter giebt es sehr nützliche, wie die Lackmus-schildflechte, aus der man einen Lack zum Blaufärben bereitet; vor allen aber das isländische Moos, welches wohl eines der nützlichsten Gewächse in der Welt ist. Es wächst in den ärmsten, nördlichsten Ländern, wie Island, Lappland, sehr häufig auch hin und wieder in unsern deutschen Gebirgs-waldungen und auf dürren Heideplätzen. Die Blätterlappen, die ziemlich gerade in die

Isländisches Moos.

Höhe stehen, sind steif, doch biegsam, nach unten breiter, nach oben in schmale Ästchen zerteilt, die sich in noch kleineren mit zwei Spitzen enden. Die innere Fläche ist hohl, grün und zugleich ins Rötliche fallend, glatt, außen sind sie weißlich oder grünlich-gelb. Am bittern Geschmacke, der sehr stark ist, erkennt man aber das isländische Moos am besten. In Aus-zehrungen und Brustkrankheiten ist es ein vorzügliches Mittel, das oft noch Rettung verschafft. In Krain mästet man Schweine damit; magere Pferde und Ochsen, sowie manche kranke Schafe werden, wenn man sie isländisches Moos fressen läßt, ganz feist davon. Die Isländer schätzen es fast so hoch als Mehl, indem sie Brot davon backen, oder es mit Milch gekocht genießen. Jenes arme Volk könnte in seinem so wenig hervorbringenden Lande kaum leben ohne das isländische Moos, das dort alle nackten Felsen überzieht, wo sonst kein anderes Kraut wachsen könnte, und mit Recht von dem dortigen Landmanne höher geachtet wird, als alle Bäume und Kräuter seines Landes. Wenn im Anfang, ehe Island von Pflanzen bewohnt war, die Meereswellen, sowie sie es jetzt daselbst noch öfters thun, von einer fernen Küstengegend einen edlen Baum, z. B. einen guten Obstbaum, und auf seiner Rinde das unscheinbare isländische Moos, an die Inselküste getrieben hätten, und beide hätten reden können, da würde wohl der Baum großsprecherisch zum kleinen Moose gesagt haben: „Da komm ich nun, geführt von den Wellen des Oceans, als ein künftiger Wohlthäter an diese Insel, und bald werden meine schönen Blüten und meine herrlichen Früchte von allen, die da wohnen, Lob und Verehrung empfahen. Aber was willst du elendes, verächtliches Moos? Dich wird man wegwerfen und mit Füßen treten!" Das arme, kleine Moos hätte sich dann geschämt und geschwiegen. Aber siehe! Nach wenig Jahren hätte die Sache schon ganz anders ausgesehen. Denn der schöne Baum, den die Einwohner von Island vielleicht mit Jubel in die Erde gepflanzt hatten, kam dort nicht fort, während das von ihnen gar nicht beachtete Moos, das sich ungemein schnell vermehrt, genügsam sich über alle dürren Felsen hinwegzog, und nun den Tausenden, die dort wohnen, ihr täglich Brot gab.

## 92. Die Renntierflechte.
### (Cladonia rangiferina.)

Am bemoosten Abhange des Waldberges, an dem die Sonne so warm und hell scheint, wächst manches schöne Blümchen. Rosenrotes Heidekraut, himmelblaue Enzianen, Feldnelken und viele andere stehen im bunten Gemisch durcheinander. Eine blüht immer schöner als die andere. Über ihnen wölben freundliche Birken mit schneeweißen Stämmchen ihre schwanken Zweige. Es ist, als hätten die Blumen Sonntag, die Birke wäre die Kirche und geputzte Leute säßen unten auf den grünen Moosstühlchen. Doch zwischen ihnen steht an der Erde ein sonderbares Gewächs von bleichgrauer Farbe. Es ist eine Flechte. Kaum ist sie von Fingerslänge; wie kleine Geweihe zerteilen sich die dünnen Stengel. Niemals sind Blätter oder Blüten daran, niemals eine Beere oder sonst eine Frucht, die jemand genießen könnte. Die Blumen breiten ihre Blätter darüber hin, als schämten sie sich, daß sich dies Gewächs hier in ihrer Gesellschaft befindet. Die Schmetterlinge tanzen herbei, schwingen die sammetnen, purpurnen Flügel über dem duftenden Thymian, fliegen dann hinüber zum Ginster und dann zum Gamander, — von Blume zu Blume. Die graue Flechte sieht keiner an, sie hat ja keinen lieblichen Geruch. — Fleißige Bienen summen herbei, saugen aus der Bergminze und dem Fingerkraut, aus dem Waldklee und selbst aus den Distelköpfen, — an der Flechte brummen sie unwillig vorüber: „Unnützes Zeug das, es hat keinen Honig!" Die breit=stirnigen Kühe mit klingenden Glocken und die muntern weißen Ziegen=böckchen kommen am Abhange daher. Sie benagen die grünen Blätter und Büsche, speisen von den schwankenden süßen Grashalmen. Sie be=riechen die weißgraue Flechte und schütteln verdrießlich den Kopf. Sie mögen sie nicht mit verspeisen. Der Färber sucht den Ginster und die Scharte, um mit ihnen Kattun und Linnen zu färben. Er besieht die von allen verachtete Flechte und wirft sie verdrießlich zur Erde. „Sie taugt zu gar nichts!" sagt er. Da liegt sie und der Abendtau fällt wie Thrä=nen auf ihre feinen Zweiglein. Ohne Blatt, ohne Blüte, ohne Beeren, ohne Honig, ohne Duft — kein Vieh mag sie fressen, kein Mensch sie ge=brauchen. Doch die weiße Birke, wenn sie sprechen könnte, sie würde uns etwas besseres von dem kleinen Pflänzchen erzählen, denn die Birke ist in vieler Herren Länder zu Hause und wohnt selbst weit nach dem kalten Nordpol zu. Dort wagt sie aber nicht mehr, ihr Haupt stolz zu erheben in die freie Luft. Der Nordwind streicht gar zu eisig über die Schnee=felder dahin, die weißen Füchse verkriechen sich vor ihm in ihre Höhlen und die Schneehühner setzen sich zusammen hinter den schützenden Fels=block. Streckt die Birke einmal ein kleines Zweiglein empor, nicht lange währt es, so hat es der bittere Frost getötet und der Wind knickt das dürre Reislein. Hier überzieht die kleine, weißgraue Flechte das weite Feld. Hier ist keine der stolzen Blumen, die sie verachte, kein Strauch, kein Baum, die hochmütig auf sie herabschauten. Keine von diesen andern Pflanzen kann die Gefahren ertragen, denen sie unbeschadet widersteht. Mitleidig wird das kleine Birkenreis von ihren weichen Polstern eingehüllt und beschützt.

Über das weite Schneefeld schreitet eine große Herde kräftiger Tiere. Sie sind so groß wie Kühe und haben fast die Gestalt der Hirsche. Ein dichter Pelz schützt sie, ein mächtiges Geweih ziert ihren Kopf. Es sind Renntiere. Hungrig spähen sie umher. Was sollen sie verzehren? Kein Klee wächst hier, kein Grashalm, kein saftiges Kraut sprießt ihnen zur Nahrung. Mit ihren breiten Hufen scharren sie den Schnee zur Seite. Sie finden die unscheinbare Flechte und ihre klugen Augen glänzen vor

Freude. Mit Wohlbehagen speisen sie dieselbe und legen sich gesättigt zur Ruhe Sie ist die einzige Nahrung für das Renntier im langen harten Winter. Ohne sie wäre es diesem Tiere unmöglich, hier zu leben. Eine Erhöhung erhebt sich auf dem Schneefeld, ein Hügel scheint's zu sein, — doch sieh, ein Mann kommt durch eine kleine Öffnung daraus hervor. Der Hügel ist seine eingeschneite Hütte, drinnen sind des Mannes Frau und seine lieben Kinder, die leben hier mitten im Schnee, in warme Renntier= pelze eingepackt, fröhlich und vergnügt. Der Vater ist auch in Renntierfell gekleidet. Die Renntierherde ist sein Eigentum. Seine Kinder haben Durst, — der Vater hat keinen Kaffee, keinen Thee für sie, wohl aber süße Renntiermilch. Sie haben Hunger, — der Vater hat kein Brot, denn in diesem Lande wächst kein Getreide, keine Kartoffeln, kein Kohl und keine Bohnen oder Erbsen — doch hat er Renntierfleisch von ange= nehmem Geschmack, davon werden die Kleinen stark und kräftig. Sie frieren, die Kleidung ist zerrissen und abgenutzt, — hier wächst kein Flachs, der ihnen Leinwand liefert, kein Kaufmann wohnt auf jenen Schneefeldern, der ihnen Tuch und baumwollene Zeuge verkaufte; — doch der Vater weiß schon Rat. Der dicke Pelz des Renntiers giebt ein warmes weiches Kleid, das gegen jeden Frost schützt. Die Mutter näht das Fell, — doch hat sie keinen Zwirn — sie nimmt die Sehnen von dem Renntier. Der Vater hat Pfeile geschnitzt und einen Bogen zubereitet. Aus den Därmen des Renntiers drehte er eine feste Schnur, mit ihr bespannt er sein Schieß= gewehr. Er will verreisen. Nicht möglich ist es, zu Fuß durch jene Schneefelder tagelang zu wandern, wo keine Straße, kein Dorf, kein Wirts= haus ist. Weder Pferd noch Kuh sind hier zu finden, um darauf zu rei= ten, — doch er geht zur Renntierherde und spannt das stärkste Tier an seinen leichten Schlitten und wie der Wind geht nun die rasche Fahrt da= hin. Das Renntier ist sein Ein und Alles — und wiederum fürs Renn= tier ist die kleine Renntierflechte unentbehrlich. So ist es nun, mit ihrer unscheinbaren Gestalt, mit ihren zartverschlungenen Ästchen und bräunlich grauen kleinen Fruchtköpfchen, welche die großen Tiere nährt und es da= durch möglich macht, daß in jenen bitter kalten Ländern Tausende von Menschen, ganze Völker leben und vergnügt sein können. Sowie wir Gott danken für Roggen und Weizen, für Obst und Gemüse, so danken jene Völker ihm für die kleine Renntierflechte.

Selbst bei uns hat die Renntierflechte mit ihren nächsten Verwandten schon mancher armen Familie geholfen. So zerbrechlich und brockelig sie auch ist, wenn sie der warme Sonnenstrahl ausdörrte, so geschmeidig und biegsam wird sie beim Regen. In unfruchtbaren Heidegegenden, wo sie weithin oft große Strecken überzieht, sammeln arme Leute die Renntier=

flechte in Mengen ein, suchen die schönsten Büschchen derselben aus und winden Kränze daraus, die sie mit Immortellen oder künstlich gemachten Rosen ausputzen. Solche Kränze bleiben jahrelang von gleichem Aussehn und eignen sich sehr gut zum Schmuck der Grabhügel. Zu solchem Zwecke werden sie in größeren Städten in Menge gekauft.

Eine nahe Verwandte der Renntierflechte, die rote Becherflechte, von den Gebirgsbewohnern gewöhnlich „Korallenmoos" genannt, wird durch arme Kinder den fremden Reisenden zum Kaufe angeboten, damit sie den Ihrigen daheim ein hübsches Andenken von den Bergen mitbringen können. Aus Renntierflechten und Korallenmoos stellen andere allerliebste Bilder zusammen, deren Hintergrund mit dem Pinsel ausgeführt ist. Die ähnlich aussehende Bartflechte, die in langen grauen Zotten von den Zweigen der Bäume herabhängt, muß zum Ausputz von Holzmännchen dienen, die als Abbilder des Rübezahl oder eines andern Gesellen gelten.

## 93—101. Pilze oder Schwämme.
### (Fungi.)

Heute wenden wir uns einmal dem Walde zu. Schon aus der Ferne erscheint er uns sehr verändert. Statt des frischen, lebhaften Grüns hat er sich in ernstes Braun gekleidet. Treten wir näher und fassen wir die einzelnen Blätter ins Auge, so bemerken wir die mannigfachsten Farbenabstufungen. Bald treffen wir ein braunes, bald ein gelbes, mattgrünes, geflecktes oder marmoriertes Blatt. Das Laub ist im Absterben begriffen, und schon ist der Boden zu unsern Füßen damit überdeckt. Die Saftfülle, mit welcher der Baum den Sommer hindurch das Blatt genährt und erhalten, hat er in letzter Zeit den Knospen zuwenden müssen. Der Baum hat damit aufgehört, für die Gegenwart zu leben, er sorgt für die Zukunft. Die so vernachlässigten Blätter haben sich allmählich vom Zweige abgelöst und sind, mit Hinterlassung eines kleinen Eindruckes des Stieles, nach und nach heruntergefallen. Wir sammeln schnell ein lieblich geformtes buntes Sträußchen und blicken dann wieder nach oben. —

Die meisten Bäume haben ihre Belaubung schon ziemlich gelichtet, und lassen ihre Früchte, soweit dieselben noch vorhanden, deutlicher hervortreten. Eichen und Buchen sind reichlich mit ihrer bekannten Becherfrucht, den Eicheln und Bucheckern, besetzt, die Birken und Ellern haben ihre zapfenförmige Früchte entwickelt und der Haselstrauch stellt seine noch übrig gebliebenen Nüsse dem Auge bloß. — Jeder scharfe Windstoß lichtet den Baum mehr und mehr, und, sowie die anhaltenden Herbststürme sich

einstellen, steht der Wald bald kahl und schweigend da. Nur die Nadel=
bäume behalten ihre alte Färbung, wenn auch etwas dunkler, und sind,
mit verschieden geformten, hängenden oder stehenden Zapfen geschmückt.
Der Wald hat seine Jahresarbeit vollbracht. Die zahlreichen, verschieden
geformten Knospen, die Wiegen der Blätter für das künftige Jahr, sind
fertig ausgebildet, und die zarten, jungen Blätter darinnen wohl verwahrt
gegen die rauhen und harten Tage des gestrengen Winters. — Ein auf=
merksames Auge entdeckt bald die erzielten Jahrestriebe der Zweige und
kann nach der Größe derselben Witterung und Wärme des verflossenen
Sommers beurteilen. —

Die bunte Blumenwelt des Sommers ist ebenfalls dahin. Ver=
welkte und zerknickte Blätter und Stengel, hie und da einzelne Früchte, ist
alles, was uns an die vergangene Herrlichkeit erinnert. — Nur die Farn=
kräuter stehen in ihrer vollen Kraft noch da, an der Hinterseite ihrer Wedel
unter Schildern, Streifen oder Säumen die zahlreichen feinen Keimkörner
bergend. Bald aber welken auch sie dahin und fallen, den vorangegangenen
Nachbarn folgend, allmählich der Verwesung anheim. —

Dagegen machen sich die Familien der Moose und Flechten mehr
und mehr bemerklich. Sie, die im Sommer unserer Beachtung weniger
wert gehalten wurden, entfalten jetzt ein frohes und frisches Leben. Sie
gewähren Ersatz für das Verlorene und lassen einen allgemeinen Stillstand
im Leben der Pflanzenwelt nicht aufkommen. —

Aber selbst da, wo die Verwesung die vernichtende Herrschaft ge=
wonnen, entfaltet sich ein neues Leben. Eigentümliche Gewächse, welche
in der Wärme des Sommers nur an besonderen Orten und einzeln anzu=
treffen waren, umgeben unsern Fuß stellenweise in ganzen Haufen. — Wir
nehmen eins davon behutsam auf, um es einer näheren Betrachtung zu
unterwerfen. Es ist der bekannte Champignon.

### a) Der Champignon (Agaricus campestris).

Wir unterscheiden an demselben sofort die zwei Hauptteile: den Stiel
und den Hut. — Der Stiel ist etwa 6—10 cm hoch, 1—2 cm dick, von
weißlicher Farbe, nicht hohl, fleischig und nach unten etwas verdickt. —

Um die Mitte desselben sitzt ein weißer Hautring, an welchem der
Hut vor der Entwickelung angewachsen gewesen ist. —

Der Hut ist anfangs kugelig, dann gewölbt, ähnlich einem aufge=
spannten Schirme, und schließlich fast ganz flach. — Er ist anfangs weiß,
dann gelblich oder bräunlich gefärbt, oben bald glatt, bald schuppig, immer
aber trocken anzufühlen. Er besteht aus einer oberen, in der Mitte fast
fingerdicken Fleischschicht, und einer unteren, senkrecht gestellten Schicht

feiner Blättchen, den sogenannten „Lamellen", welche von dem Rande des Hutes bis fast an den Stiel hinreichen, anfangs weiß, dann rötlich und schließlich schwarzbraun gefärbt sind. — An der Fläche dieser La- mellen sitzen kleine, nur dem bewaffneten Auge erkennbare Erhabenheiten, welche die feinen Keimkörner oder Sporen enthalten, die selbstverständ- lich auch mit unbewaffnetem Auge nicht wahrzunehmen sind. Diese Sporen sind mit kleinen, elastischen Fäden versehen, und schnellen sich, ähnlich wie die der Schachtelhalme, heraus. Sie erzeugen junge Pflanzen ohne Keim- blätter und ohne Vorkeim. —

Eine eigentliche Wurzel ist nicht vorhanden, ebensowenig Blätter und Blüten.

Dagegen ist der Boden, auf welchem der Champignon wächst, in der Regel mit einem Geflechte zarter, weißlicher Fäden durchzogen. Diese bil- den die Brut der Pflanze, und werden zur Vermehrung derselben verwandt.

Champignon.

Man kann dieselben in ganzen Bällen mit der Erde aufnehmen und ver- schicken; sie behalten, selbst wenn sie vertrocknen, noch lange das Vermögen zu wachsen und zeigen dasselbe, sobald sie wieder angefeuchtet werden. —

Die ganze Masse des Champignon ist fleischig. Das Fleisch des Hutes, nach Entfernung der Lamellen, sowie das des jungen Stiels hat einen schwachen Geruch, schmeckt selbst roh nicht unangenehm und gewährt, zweckmäßig zubereitet, eine nahrhafte, jedoch schwer zu verdauende Speise.

Der Champignon wächst im Spätsommer bei feuchter, nicht zu kalter Luft im Walde, auf Äckern und Weideplätzen hie und da in ganzen Haufen. Er kann auch in Mistbeeten, Kellern, Steinbrüchen und andern unterirdi- schen Räumen das ganze Jahr hindurch künstlich gezogen werden. In Frankreich, besonders in und um Paris, werden auf diese Weise große Mengen gewonnen und das ganze Jahr hindurch nach allen Gegenden des

Landes verschickt. Die Champignonzucht bildet dort einen Erwerbszweig von bedeutendem Ertrage. —

Übrigens wächst der Champignon sehr schnell und vergeht wieder nach wenig Tagen. Er wird schließlich schwarz, und löst sich in eine dunkle, faulige Masse auf. —

Dem Champignon ähnlich ist:

### b) der Fliegenschwamm (Agaricus muscarius),

mit etwa 15 cm hohem weißen Stiele und 15—20 cm breitem gewölbten Hute. Dieser ist anfänglich in eine weiße Haut eingehüllt, welche aber später bis auf eine Anzahl weißer oder gelblicher Schuppen verschwindet und am Stiele einen weißen Ring zurückläßt. Der Hut ist bei voller Entwickelung lebhaft rot gefärbt und bildet in Wäldern, besonders unter Nadelbäumen, eine recht häufige Herbstzierde. — Das Fleisch desselben ist weiß oder rötlich und sehr giftig. Er hat seinen Namen davon, daß man ihn, in Milch eingeweicht, zur Tötung der Fliegen benutzt.

Beide werden, wegen der unter dem Hute stehenden Blätter oder Lamellen, als Blätterpilze bezeichnet und vertreten eine sehr zahlreiche Verwandtschaft, deren Angehörige sich durch Größe, Farbe und Form des Hutes wie der Lamellen unterscheiden. —

Neben diese stellen wir:

### c) den Schmeerling (Boletus granulatus),

welcher mit den obigen gemeinschaftlich in Wäldern, namentlich auch in Nadelwäldern, vorkommt und in der Bildung des Stieles, wie des Hutes ihnen ähnlich ist. Er erreicht die Größe des Fliegenschwamms, ist aber in der Regel schmutzig gelb gefärbt und im ganzen dicker und unförmlicher. Er unterscheidet sich von den obigen besonders dadurch, daß die Unterfläche des Hutes statt der Blätter eine ganze Menge senkrecht gestellter kleiner Röhrchen trägt, welche zu einer Fläche, gleich einer Honigwabe, verwachsen sind und an ihrer Innenseite die Keimkörner tragen. — Diesem ähnlich ist:

### d) der Feuerschwamm (Polyporus fomentarius),

dessen Unterfläche gleichfalls von zahlreichen feinen Röhrchen besetzt ist, die alljährlich durch eine darüber wachsende Schicht neuer Röhren verdeckt werden. Er ist von grauer oder brauner Farbe, trocken-korkig und mehrere Jahre ausdauernd. — Es fehlt ihm, zum Unterschied von den vorigen, der Stiel. Er sitzt an alten Bäumen, in der Regel an Buchen, seitwärts angewachsen und gleicht, bei voller Entwickelung, in der Form nicht selten einem Pferdehuf. — Aus ihm ward der Zunder bereitet, welcher vor Erfindung der Zündhölzer allgemein im Gebrauch war. —

Diese beiden letztgenannten Gewächse gehören, der feinen Röhren halber, zu der zahlreichen Abteilung der Löcherpilze. —

Fernere Abteilungen dieser eigentümlichen Gewächse bilden:

### e) der Stoppelschwamm (Hydnum repandum),

etwas kleiner, als der vorige, mit gelbem oder weißem Hut und Stiel, aber an der Unterseite des Hutes mit kurzen nadelartigen Stacheln dicht besetzt, in welchen die Keimkörner sitzen. —

Er wächst in Wäldern, ist eßbar und gehört zu der Abteilung Stachelschwämme, deren wir bei genauer Beachtung mehrere finden können.

### f) Die Herbstlorchel (Helvella crispa),

mit unregelmäßig gebogenem, blaßweißem, blaßgelbem oder braunem Hute, und eben solchem Stiele, mit tiefen Gruben, erhabenen Längsrippen und vielen Höhlungen. — Der Hut ist von der Dicke eines starken Papiers oder des Leders, hat auf der Unterseite weder Blätter, Röhren noch Stacheln, und eine kahle Oberfläche, unter welcher die Schläuche mit den Keimkörnern liegen. — Er wächst im Wald und ist eßbar. — Die Abteilung der Lorcheln ist bei uns nicht stark vertreten. —

### g) Der gemeine Bovist (Lycoperdon gemmatum),

auf Äckern und Wiesen im Spätsommer nicht selten. Er bildet eine kugelige Masse, anfangs aus rein weißem Fleische bestehend, deren Oberhaut später bräunlich und lederartig wird, und dann von einer braunen Sporenmasse angefüllt ist, welche wie Staub zerfliegt und die leere Hülle stehen läßt. — Die Kugel ist mittelst eines sehr kurzen Stieles an der Erde befestigt und erscheint fast stiellos. — Von den zahlreichen Verwandten desselben fällt besonders der Riesenbovist (L. Bovista) auf, welcher 20—50 cm dick werden kann. — Das Vieh frißt diese Pilze nicht, doch sollen einige, so lange sie noch weiß sind, eine unschädliche Speise geben. —

Um eine anders geformte Abteilung vorzuführen, wählen wir noch:

### h) den Ziegenbart (Clavaria crispa),

der sich in Wäldern häufig findet und aus einem sehr dicken und kurzen Stamme sehr viele platte 1—5 cm lange, vielfach geteilte gelbliche Äste treibt, in deren Oberfläche die Keimkörner angebracht sind. — Er wird vom Vieh gerne gefressen, und soll auch eine wohlschmeckende Speise geben.

— Er hat eine große Zahl von Verwandten, welche durch Größe, Form und Farbe sich unterscheiden. —

Alle vorgeführten Gewächse gehören der Familie der Pilze oder Schwämme an. Sie haben:

1. keine eigentliche Wurzel, keine Blätter und keine Blüten,
2. bestehen aus einer fleischigen, bald schleimigen, bald trockenen, oder aus einer kork= oder lederartigen Masse,
3. tragen sehr feine, dem bloßen Auge nicht erkennbare Keimkörner, aus welchen
4. die jungen Pflanzen ohne Keimblätter und ohne Vorkeim ent= stehen. —

Die Pilze oder Schwämme bilden die artenreichste aller Pflanzen= familien. Allein in Deutschland kennt man nicht weniger als 5000 Arten, welche den bei weitem kleinsten Teil aller ausmachen. —

Sie sind von gar verschiedener Form: bald aus Stiel und Hut bestehend, bald kugelig oder verzweigt, bald seitlich an andere Körper an= wachsend, bald liegend und ausgebreitet u. s. w.

Ebenso verschieden ist ihre Größe. — Während viele so klein sind, daß sie mit unbewaffnetem Auge nicht zu erkennen sind, erreichen andere eine auffallende Größe. — Die meisten wachsen in sehr kurzer Zeit heran, und haben auch nur kurze Lebensdauer. Sie lösen sich nach wenig Tagen in eine dunkle, übelriechende Flüssigkeit auf. Andere, wie der Feuerschwamm und ähnliche, von trockener, lederiger Beschaffenheit dauern sehr lange, und dörren schließlich ganz aus zu einer harten, fast holzigen Masse. —

Die Färbung der Pilze ist eine sehr mannigfaltige, aber nie grün. —

Mehrere sind eßbar. Außer dem Champignon ist die Morchel, ein der Lorchel ähnlicher und verwandter Hutpilz in Deutschland sehr beliebt. —

Die Trüffel, ein kugelartiger, in verschiedenen Arten vorkommender Pilz von der Größe etwa einer mittleren Kartoffel, bildet besonders in Frankreich ein vielbenutztes Nahrungsmittel. Sie wächst in Wäldern, 10 bis 20 cm unter der Erde und wird zur Zeit ihrer vollständigen Ent= wickelung von dazu abgerichteten Hunden, den sogenannten Trüffelhunden, aufgesucht. Dieser Pilz bildet einen bedeutenden Handelsartikel, da er als Delikatesse überall von Vornehmen gesucht wird. — Um der starken Nach= frage zu genügen, wird die Trüffel auch hie und da künstlich gezogen. —

Alle eßbaren Pilze sollen eine sehr kräftige Nahrung geben, und könnten weit mehr verwertet werden, als es der Fall ist. Nur ist große Vorsicht nötig, da es viele giftige Arten giebt, und ein sicheres Kennzeichen, diese von den eßbaren zu unterscheiden, noch nicht gefunden ist. — Man esse daher lieber nicht, was man nicht ganz sicher kennt. —

Viele Pilze sind wegen ihrer z e r s t ö r e n d e n W i r k u n g als sehr s c h ä d l i c h bekannt. Dahin gehören u. a.:

### i) Der bekannte Hausschwamm,

welcher gleich einem Adergeflechte die Dielen und anderes Holzwerk unserer Wohnungen überzieht und in kurzer Zeit auflöst; — der S c h i m m e l, welcher sich in verschiedener Form und Farbe an unser Brot, unsere sonstigen Eßwaren, an unsere Kleider, an Papier und andere organische Stoffe setzt, diese schnell überwuchert und sicher verdirbt; — das M u t t e r - k o r n, der B r a n d und der R o s t, welche sich an unser Getreide setzen, und der erst in neuerer Zeit bekannt gewordene winzige K a r t o f f e l p i l z, welcher seit Jahren so vieler Hoffnungen auf eine gute Kartoffelernte ver- nichtet hat. —

Welch eine Abstufung in der Größe, von diesen letzten unscheinbaren Pilzchen bis hinauf zum Fliegenpilz und Riesenbovist! Und wie erweitert sich noch diese Stufenleiter, wenn wir von Pilzen hören, welche mehrere Meter Umfang annehmen können! Und welche Formverschiedenheit bietet diese lange Stufenleiter! — Die Verschiedenheit ist so groß, daß man kaum alle für Glieder einer und derselben Familie halten möchte. — Je stärker wir unser Auge bewaffnen, desto mehr neue, oft äußerst interessante und zierliche Formen treten uns entgegen! Bei all dieser Verschiedenheit aber ist der Bau der Pilze aus sehr einfachen Elementen, aus den einfachsten der Pflanzenwelt, zusammengesetzt. Ähnlich wie bei den Flechten und Algen reiht sich hier Zelle an Zelle, und kaum sollte man es für möglich halten, mit so einfachen Mitteln eine solche Welt von Formen herzustellen! —

So schön auch einzelne Formen sein mögen, und so großes Interesse sie dem Forscher gewähren, so wirkt dennoch die ganze Pilzwelt eher ab- stoßend auf uns, als anziehend. Viele derselben fassen wir nur nach Be- kämpfung unwillkürlichen Widerwillens an, von manchen wenden wir uns lieber ganz ab. — Nicht nur die giftige Eigenschaft einiger, oder die äußerst widerliche Ausdünstung anderer ist es, was diesen Widerwillen er- zeugt, es ist im allgemeinen die schlüpfrige, fleischige Masse, welche dem unbefangenen Auge eher als nackte Teile des Tierleibes, denn als Pflanzen erscheint. Auch die Stätte ihres Wachstums trägt zu diesem unheimlichen Eindrucke mit bei, denn in der Regel ist eine eingetretene Verwesung die Ursache ihres Entstehens. — Die Pilze bilden in dieser Beziehung den Gegensatz zu den Flechten. Wenn nämlich diese in so vielen Fällen die ersten Anfänge des Pflanzenlebens ermöglichen und bezeichnen, so bezeugen

und bezeichnen jene den gänzlichen Abschluß desselben, den Tod und die
Verwesung! — Hierin liegt aber auch zum großen Teile gerade die heil=
same Aufgabe der Pilze im Haushalte der Natur. Dadurch, daß sie die
faulenden Stoffe in neue Formen umsetzen, tragen sie nicht wenig dazu
bei, die nachteiligen Wirkungen der Ausdünstung 2c. solcher Fäulnis auf
die Pflanzen= und Tierwelt, wie auf das Menschenleben aufzuheben. Sie
bilden eine Abteilung der Gesundheitspolizei in der Natur! —

## 102. Der Fliegenpilz.

In den Pilzen sinkt der Herbst auf Wald und Flur herab. Sie
künden ihn an, wie die Veilchen den Frühling. Achtlos geht freilich man=
cher daran vorüber und ahnt nicht, welche heimliche Waldfreude er über=
sehe. Einen aber kennt sicherlich jedermann, den die Mutter dem Kinde
schon zeigt und von dem eine gute oder
schlechte Abbildung in jedem Buche
über Naturgeschichte steht, dessen Giftig=
keit auch bei vielen die ganze vielfach
so harmlose Familie der Pilze in Ver=
ruf gebracht hat. Dieser allbekannte
ist denn aber auch der König der Pilze,
der seinen scharlachroten Krönungs=
mantel erst ausbreitet, wenn das ganze
übrige Heer in Flur und Wald schon
versammelt ist. Hochstrunkig und for=
menprächtig steht er als geborner
Herrscher über ihnen nun da, — der
Fliegenpilz.

Fliegenpilz.

Überall unter Gebüschen und Hecken, am Saum der Wälder wie im
tiefsten Dickicht leuchtet unser Fliegenpilz hervor mit dem Scharlach seines
Kleides. Dies wird vom Pflanzenkundigen als „Hut" bezeichnet, gemäß
der humoristischen Auffassung des Malers, der die Pilze allesamt gern als
Wichte und Kobolde darstellt. Dieser Hut nun ist beim Fliegenpilz mit
weißen Flecken pantherfellartig überstreut; auf seiner Unterseite trägt er
zahlreiche schneeweiße, strahlig geordnete Lamellen, welche als das Frucht=
lager an ihren Wanderungen die mikroskopischen Sämchen entwickeln, die
späterhin als weißer Staub herausfallen. Es gipfelt der Hut auf einem
fußhohen und fingerdicken Strunke oder Stiele, der abwärts mit einer
schlaff hängenden Manschette verziert ist; an seinem Fuße ist er umhüllt

von einer weißlichen, kelchartigen Scheide, deren Vorhandensein den be=
sonderen Charakter der ganzen Fliegenpilzgattung ausmacht.

Diese seltsame Tracht ist aber nichts als das natürliche Resultat der
Entwicklung, und interessant ist es, sich davon einmal zu überzeugen. Wenn
wir im Walde uns umsehen, so kann es nicht fehlen, daß wir da auch
Exemplare finden, die noch in der ersten Entwicklung sich befinden. Sie
sind ein warziger, weißer Knollen, und ähnlich wie der Dotter eines Eies
vom Eiweiß umschlossen ist, so ist in ihm der eigentliche Pilz noch ge=
schlossen von einer Haut umgeben. Diese platzt bei der weiteren Ent=
wicklung, besonders indem der Stiel sich verlängert; ihre untere Hälfte
bleibt dann als jene Scheide, die den Fuß des Stieles umhüllt, während
die obere Hälfte auf der Hutoberfläche haftet und jemehr dieselbe sich dehnt
und vergrößert, in flockenartige Fetzen zerreißt, zwischen denen das Scharlach
des Hutes nunmehr sichtbar wird. — Aber es ist noch ein Organ zu be=
achten; nämlich auch die Hutunterseite war von einer weißen Haut, dem
sogenannten Schleier umspannt, welche die Lamellen verhüllt. Sie reißt
bei der Reise genau am Hutrande ab, schlägt sich schlaff zurück und bleibt
nun als die künftige Manschette oberwärts am Stiele hängen. Jetzt ist
der Pilz fertig und prangt als zieratbehangenes Meisterstückchen der Natur
aus dem moosigen Waldgrunde hervor.

Er ist aber ein Schmuck nicht unserer deutschen Wälder allein. Wie
bei uns auf Höhen und Tiefen, im Norden und im Süden, finden wir
ihn über ganz Europa verbreitet. In dem nördlichen Asien, auch in Nord=
amerika fehlt er nicht. Nur seine innere Macht und Eigenschaft ist hier
und dort etwas verschieden. Bei uns enthält er einen Giftstoff, mit dem
nicht zu spaßen ist. Und wenn auch die bloße Berührung des Pilzes nicht
schadet, ja, wenn auch selbst Stückchen davon ohne besonderen Nachteil ge=
kostet werden können, so verursacht er doch, in größeren Massen genossen,
Übelkeit, Schmerzen im Leibe, Erbrechen und Krämpfe. Viele Erfahrungen
liegen vor, wonach er geradezu tödlich wirkt. Keine Regel freilich ohne
Ausnahme, und besonders die Verschiedenheit der Magen scheint solche
Ausnahmen zu bedingen. Es giebt viele Beispiele, daß Menschen reich=
liche Gerichte von Fliegenpilzen ohne jeglichen Nachteil zu sich genommen
haben. Und ebenso ist er manchen Tieren durchaus unschädlich. Eich=
hörnchen und Mäuse naschen gern daran, und zwar ganz ohne Gefahr,
wie es Fälle dargethan haben, wo man in der Gefangenschaft sie damit
fütterte. Schnecken sehen wir mit Vorliebe darauf sitzen und den Pilz
auffressen. Ten Maden, von denen er stets bald durchkrochen wird, und
die von Käfern und von Schwammfliegen herstammen, welche ihre Eier

da absetzen, ist er sogar die von der Natur vornehmlich angewiesene Nah=
rung. Seltsamerweise finden nach der Erfahrung, welche diesem Pilze
seinen Namen gegeben hat, wiederum die meisten Fliegen einen sicheren
Tod, wenn sie vom wässerigen Auszug naschen, welchen die Hausfrau mit
Zucker versüßt hingestellt hat. Aber jenes sind eben Ausnahmen, welche
die Regel für den Menschen und manche Tiere nicht umstoßen. Alle Ver=
suche, welche mit Hunden und Katzen angestellt sind, haben die Giftigkeit
des Pilzes erwiesen; nach kurzen Krämpfen starben diese Tiere dahin. Und
wie wenig er auch den Menschen mit sich spaßen läßt, dafür sind traurige
Beispiele reichlich genug vorhanden. Zur besonderen Warnung vor leicht=
sinnigem Genusse erzählt der alte Naturforscher Lenz eine Geschichte aus
seiner Erfahrung. „Ein auf dem Thüringer Walde wohnender Mann,
welcher fast das ganze Jahr mit Weib und Kind von Schwämmen lebte,
dabei so ziemlich alle, die ihm appetitlich aussahen, eintrug und sich wohl
dabei fand, rühmte sich, daß ihm keiner schädlich wäre. Es wurde ihm
eingewandt, daß ihm Fliegenschwamm doch übel bekommen könnte. Mit
nichten, sagte er, holte sich eine gute Portion, briet, aß sie und schwoll
am Bauche so gewaltig auf, daß er sich in einem jämmerlichen Zustande
befand und immer nach Luft schnappte, wobei er noch tüchtig ausgelacht
wurde. Er genas aber doch zuletzt wieder."

Anders scheint die Wirkung des Fliegenpilzes in den nördlichen Gegen=
den zu sein, wo er von der Bevölkerung zwar nicht verzehrt, aber auch
nicht als Gift gefürchtet wird. Er wird daselbst als berauschendes Mittel
genossen. Der Fliegenschwamm enthält eben dort noch andere Stoffe, von
denen er bei uns nichts zeigt. Wie sehr freilich auch der Magen der nor=
dischen und östlichen Völker ein anderer sein mag, das haben uns die Ko=
saken bewiesen, welche 1813 in Deutschland waren. Es wird von ihnen
erzählt, daß sie bei uns die Fliegenpilze sogar im rohen Zustande ganz
ohne Gefahr verzehrt und als ganz vortrefflichen Leckerbissen gelobt hätten.
Vielleicht aber war der Grund, daß erwiesenermaßen je nach den feuchtern
oder trocknern Standorten überhaupt die Giftpilze stärker oder schwächer
wirken, und die klugen Kosaken darauf Rücksicht genommen haben mögen.
Dadurch wird sich auch erklären, daß selbst bei uns Fälle vorkommen, wo
Menschen ohne Nachteil ganze Massen genossen haben.

Außerdem ist der Fliegenpilz nur giftig, wenn durch Austrocknen der
Giftstoff noch nicht verflüchtigt ist. Ich habe, um mich davon zu über=
zeugen, Stücke davon getrocknet gehabt, sie dann nach Wochen in Milch
aufgeweicht und zunächst versucht, ob die Fliegen, welche daran gingen,
stürben. Soviel sie aber tranken, summten sie doch ganz ruhig davon,
und die dann von mir eingesperrten zeigten nicht die geringste Erkrankung.

Nachdem diese Kost sich auch an einem Hunde als wirkungslos erwies, habe ich selbst getrocknete Stücke genossen. Freilich, ein Leckerbissen war das mürbe, geschmacklose Zeug durchaus nicht.

## 103. Italiens Pflanzenwuchs.

Kennst du das Land, wo die Citronen blühn,
Im dunklen Laub die Goldorangen glühn,
Ein sanfter Wind vom blauen Himmel weht,
Die Myrte still und hoch der Lorbeer steht?
W. v. Goethe.

Daß bei dem milden Klima und dem prächtigen Himmel Italiens ein reicher Pflanzenwuchs seinen Boden bekleidet, kann wohl nicht anders sein, und die herrliche Vegetation, die dem Naturfreunde überall entgegentritt, ist es gerade, was den italischen Landschaften den größten Teil ihrer Anmut, Pracht und ihrer Reize verleiht. Die Bäume des südlichen Italiens sind zwar, so voll sie wuchern, oft mehr Sträucher als Bäume; aber aus dem festgewebten, metallisch glänzenden, immergrünen Laube leuchten Blüten und Früchte, und damit auch der Schmuck der Schlingpflanzen nicht fehle, winden sich Epheugehänge und Rebengewinde in den Zweigen hinan. Da treibt in kräftigem Wuchse die Orange mit dem saftgrünen, massiven Laube und dem wunderbar belebenden Aroma ihrer Blüte; der Johannisbrotbaum, der auf starken, eichenähnlich verkrümmten Zweigen die breiten Blätterdächer über den Boden legt; die weiche Feige mit den schlangenförmig auseinander laufenden Ästen, mit dem großen, schöngelappten Blatt und den stiellos emporstehenden Früchten. Durch das kühle Dunkel des Myrtenhaines blicken Granate und Oleander mit ihren glühenden Farben, und selbst Palmen fehlen nicht, wenn sie auch keine so majestätische Höhe wie in ihrem eigentlichen Heimatlande zu erreichen vermögen. Vor allen Bäumen aber tritt der Ölbaum hervor, die Weide Italiens. Der Stamm desselben ist meist krumm, gespalten und zerrissen, als wäre er vom Blitze getroffen, so daß höchst abenteuerliche Figuren hervorgehen. Auf diesem phantastisch aussehenden Stamme stehen die dünnen, schwanken Zweige, die nach allen Richtungen in die Luft hineinfahren. Das fahlgrüne, mattblinkende Laub weckt eine gewisse Weichheit der Stimmung, und wenn die Sonne hell auf die verwitterten Kalkfelsen am Meeresstrande scheint und das Auge überall geblendet sich abwendet, dann ruht es mit Wohlgefallen auf diesem grauen Grün. Aus den Blattwinkeln treiben die Blütenstiele hervor, die sich in verschiedene Zweige teilen und kleine, vierspaltige Blumen tragen. Die Frucht, Olive genannt, ist anfangs grün, reif schwarz, eiförmig, von verschiedener Größe. Ihr schwarzgrünes Fleisch schließt eine Nuß mit dem Samenkern ein. Die Cypresse, die bei uns nur hin und wieder als heimwehkranker Flüchtling erscheint, bildet ebenfalls einen hervorstechenden Zug in der italischen Landschaft. In stolzer Linie hebt sich der Stamm empor, während Äste, Zweige und Nadeln im dichten Geflechte ihren dunkeln, schweren Sammetmantel um die hohe Gestalt hüllen. Gleich einer Pyramide unten massenhaft ausgebreitet und nach dem Wipfel hinauf immer schärfer sich zuspitzend, entwickelt der Baum einzelne Astgruppen in vollen, edeln Formen, durch welche die mathematische Strenge des Wuchses angenehm unterbrochen wird und das ganze Gebilde den Reiz hoher Schönheit erhält. Das Blatt, zur Nadel zusammengezogen und noch mit dem Dufte getränkt, der dem unvergänglichen Holze entquillt, starrt regungslos um die Zweige und vollendet in der Tiefe seines Schwarzgrüns, das kein Frühling verjüngt und kein Winter zerstört, den eigentümlichen Charakter des Baumes. In der That möchte sich diese düstere Erhabenheit kaum bei einem anderen Gewächse wiederfinden. Mächtig wirken Massen dieses Baumes in langen Wänden; ebenso bilden sie, vereinzelt oder in Gruppen gesammelt, vor den Fronten der Paläste einen großartigen Schmuck. Besonders schön erscheinen sie in der Nähe von Fontänen. Die steigende, fallende Wasserperle, das zauberische Farbenspiel von Myriaden sonnendurchstrahlter Tropfen, das üppige Grün der Moose und Lilien stellt hier ein fröhliches, unerschöpfliches Leben neben die erhabene, einsam schweigende Todesschwermut. Doch nirgends machen diese in sich geschmiegten Bäume vielleicht eine so tiefe Wirkung wie in den Vorhöfen und Umgebungen der Klöster. An die Cypresse reiht sich die P i n i e. Eine rotschimmernde, reben= und epheuumsponnene Säule, am Wipfel die Äste schlangenförmig hervorbrechend und darüber im breiten Schirme die bläulich=grüne Krone — so steht dieser schlanke Baum als einer der edelsten des Südens da, und mit Recht lassen ihn die Maler auf italischen Landschaftsbildern nie fehlen. Schon auf den Wandgemälden von Pompeji herrscht er neben der Cypresse fast ausschließlich. Gern sucht er die sandige, felsige Küste, er spiegelt sich in dem Meere, dessen Farbe seine Nadeln schmückt, und durchschneidet es als windbeflügelter Kiel. Ein Schmuck der Villen ist der E r d b e e r b a u m, dessen hochrote Frucht der Erdbeere gleicht. Das d e u t s c h e O b s t, als Kirschen, Pflaumen, Äpfel, Birnen, Aprikosen und Pfirsiche, gedeiht hier in bei weit größerer Fülle, ohne jedoch schmackhafter zu werden. In allen Gärten findet sich auch der höchst zierliche P f e f f e r b a u m mit kleinen, schmalen weidenartigen Blättern und Büscheln erbsengroßer, glänzendroter Beeren mit schwarzen, fleischlosen Kernen. An Mauern und Felsen trifft man die nur wenige Fuß hohe K a p e r n s t a u d e, deren Blumenknospen eingemacht als Zuthat zu Speisen dienen. In Menge wächst wild das S ü ß h o l z, eine manns=

hohe, strauchartige Pflanze, deren lange, kriechende Wurzel den Saft zur Lakritze liefert. Der Baumwollenstrauch gedeiht in der Umgegend Neapels und erreicht eine Höhe von 1 m. Er braucht zwei Jahre, um zu wachsen und zur Reife zu kommen; dann trägt er nußgroße Kapseln, aus denen die reine Wolle glänzend weiß hervorquillt. Noch verdienen die Tamarindenbüsche mit wohlriechenden, in langen Trauben herab=hängenden weißen Blüten und der Judasbaum, welcher, purpurrot blühend, Felsen und Bergwände schmückt, Erwähnung. Endlich dürfen auch die Aloen und Kaktus nicht vergessen werden.

> „Mit spitzen, dunklen Blättern
> Trotzt auf dem kahlen Fels die Aloe den Wettern"
>                    (F. Freiligrath)

und treibt im Laufe der Zeit einen armdicken, 9 m hohen Schaft. Die starkgedrungenen Kakteen, die „Quellen der Wüsten", scheinen sich in Italiens gesegneten Landstrichen ebenfalls recht gut zu gefallen. Das pflanzliche Grün verbleicht bei ihnen zu einem Bleigrau; die Blattbildung hört ganz auf. Dagegen entwickelt sich der saftstrotzende Stamm in einem uner=schöpflichen Spiel der seltsamsten Gestalten. Bald mit vielgliedrigen Armen das Gestein umklammernd, bald in scharfkantigen Säulen orgelartig empor=steigend, bald mit Dornen drohend bewehrt, bald mit grauen Haaren greisenhaft behängt und mitten aus diesem Gewirre die wunderbare Blüten=flamme hervortreibend, stimmt diese Pflanzensippe ganz mit der Vegetation, welche bisher zu schildern versucht ward.

## 104. Das Leben der Pflanzen.

Obgleich die Pflanze offenbar keinerlei Empfindung von Schmerz oder Freude hat, wie das Tier sie uns so deutlich zu erkennen giebt, so ist sie dennoch ein lebendes Wesen, dessen Leben wie das des Tieres Jugend und Reife und Alter zeigt und, von den verschiedensten Einflüssen abhängig, gefördert oder gehindert oder gänzlich abgetötet werden kann.

In dem Samen ruht, wie der künftige Vogel im Ei, die künftige lebendige Pflanze schon fertig gebildet, und sie entwickelt sich alsobald, wenn ein Zufall oder die Hilfe des Menschen sie, unter dem Einflusse von Licht, Luft und Wärme, der Feuchtigkeit des Erdbodens und der Einwirkung der=jenigen nährenden Stoffe aussetzt, die sich in dieser Feuchtigkeit aufgelöst finden.

Aus dem reifenden Korn, welches hart wird, verschwindet nämlich alle Feuchtigkeit, und daher kann der Keim sich ohne das ausdrückliche Hinzu=kommen äußerer Feuchtigkeit nicht zur Pflanze entwickeln. — Das Schlum=merleben des Keimes im Samenkorn hat seine gewisse Zeit, und wie das

Hühnerei, wenn es nicht rechtzeitig bebrütet wird, kein lebendiges Küchlein mehr giebt, so liefert auch das Samenkorn, wenn es nicht rechtzeitig in den Boden gelangt, keine lebendige Pflanze mehr; doch ist das Vermögen, dies schlummernde Leben zu erhalten, bei verschiedenen Gewächsen sehr verschieden. Die Eichel verliert ihre Keimfähigkeit in einem Jahre, während Weizenkörner aus den Gräbern der alten Ägypter 3000 Jahre lang, und Maiskörner aus den Gräbern der alten Peruaner gleichfalls über 1000 Jahre ihre Lebensfähigkeit erhalten und nach der Aussaat lebendige Pflanzen gegeben haben.

Manche Samen keimen schnell; zum Beispiel die Körner der Hirse schon nach zwei Stunden; andere, namentlich harte, nußartige Samen, liegen oft lange Zeit in der Erde, ehe der Keim sich entwickelt.

Von der Feuchtigkeit schwillt das Samenkorn an, und der in demselben enthaltene Mehlstoff verwandelt sich in einen zuckerähnlichen Saft, der in der Feuchtigkeit auflöslich ist und so die erste Nahrung hergiebt.

Das Wurzelende und das Stammende des Keimes, welche beide schon von vornherein vorhanden waren, und z. B. an einer aufgespaltenen Eichel oder weißen Bohne leicht beobachtet werden können, gehen jedes seinen Weg, das eine nach unten, das andere nach oben. Die beiden Hälften des Kernes verwandeln sich dabei in zwei dicke, fleischige Blättchen von runder oder eirunder Gestalt, wie bei dem keimenden Kirschkern oder der keimenden Eichel, und zwischen diesen zum Schutze des jugendlichen Gewächses mitgegebenen Samenblättern erheben sich die ersten wirklichen Blätter der neuen Pflanze. Andere Pflanzen, wie die Kornarten, die auf Halmen wachsen, haben nur ein Samenblatt, immer aber lebt die junge Pflanze, wie das Säugetier von der Muttermilch, zuerst von dieser Mitgift, indem sie dabei Sauerstoff aus der Luft aufnimmt und Kohlensäure zurückgiebt. Hat sie ihre wirklichen Blätter und Stengel gebildet, welche immer aus der Spitze heraus zunehmen und sich mehren, dann atmet die Pflanze im Gegenteil durch die feinen Öffnungen auf der Unterseite der Blätter Kohlensäure ein und Sauerstoff wieder aus, indem sie unter dem belebenden Einflusse des Sonnenlichtes befähigt ist, den Kohlenstoff zurückzuhalten und aus diesem im Verein mit dem Wasser und den darin aufgelösten Bestandteilen des Bodens den ganzen Reichtum der verschiedenen Pflanzenstoffe, vor allen Dingen das Holz und die Blätter, die Blüten und die Früchte, zu erzeugen. Menschen und Tiere, welche von den Pflanzenstoffen leben, atmen, wie die keimende Pflanze, so lange sie noch von dem Inhalt des Samenkornes lebt, Sauerstoff ein und Kohlensäure aus, und so kommt es, daß, indem Millionen Pflanzen der Luft ihre Kohlensäure entziehen, Millionen Tiere ihr dieselbe wieder zurückgeben, also die zum Leben beider unentbehrliche Luft in ihrer Zusammensetzung unverändert bleibt.

Wenn die Pflanze vollständig entwickelt ist, dann zeigt sich die Blüte, nach deren Vollendung und Abfall das Samenkorn zurückbleibt, in welchem der Keim zu einer neuen Pflanze derselbigen Art verschlossen ist.

Einige Pflanzen sterben ab, nachdem sie einmal geblüht haben, andere aber haben, wie namentlich alle unsere Bäume und Sträucher, ein vieljähriges Leben, und bringen alljährlich neue Blüte und Frucht. Von denjenigen, welche nur einmal blühen und Frucht tragen, vollenden die meisten diesen Lebenslauf in einem Jahre, wie z. B. der Buchweizen und der Hafer; andere bedürfen zweier Jahre zur Entwickelung guten Samens, wie z. B. unsere Winterkornarten Roggen und Weizen, die freilich auch zur Not mit einem Jahre auskommen, während viele Pflanzen, z. B. die gelbe Wurzel oder Möhre, immer erst im zweiten Jahre Frucht tragen. Manche zweijährige Pflanzen vollenden ihren Lebenslauf in einem Jahre, wenn sie in Gegenden versetzt werden, wo der Sommer länger dauert.

Alle diese Erscheinungen des Wachsens, Reisens und Alterns zusammen genommen, sowie auch das Welken, Verfallen und Vergehen der Pflanze, wenn man ihr Licht, Luft, Wärme, Feuchtigkeit oder die Verbindung mit dem Boden entzieht, lehren uns in derselben ein wahrhaft lebendiges Wesen kennen, das berufen ist, durch seine Lebensthätigkeit immer von neuem für Menschen und Tiere Nahrung und für die Menschen gleichzeitig die Mittel zur Befriedigung zahlreicher anderer Bedürfnisse immer von neuem hervorzubringen.

## 105. Pflanzenorganismus.

Der niedere Organismus des Pflanzenreichs ist es zunächst, der das Leben auf seiner untersten Stufe, als Wachstum zur Erzeugung gleicher Organismen, darstellen muß. Mit Recht nannten die älteren Naturforscher das Reich der Pflanzen „Gewächsreich", da sich alle Lebensäußerungen der Pflanze auf solche Funktionen zurückführen, die nur Akte des Vegetationslebens oder Wachstums ausmachen oder solche begleiten. Die Bestimmung der Pflanze ist, soweit es menschliche Erkenntnis zu beurteilen vermag, eine bloß irdische, der höheren Seelenwelt des Tierreichs und Menschengeschlechts zur Grundlage und zur Existenz bestimmte.

Wunderbar ist der Pflanze erste Entstehung aus einer befruchteten, belebten Zelle, dem Keim. Dieser ist entweder einfach, ein bloßes Stäubchen (eine Spore), wie bei den niedersten Pflanzen, den Kryptogamen, oder bildet sich in einem Samen aus, indem der männliche Staub des einen Blütenorgans in das Samenbläschen oder die weibliche Zelle des andern hineinwächst. Die erste Stufe des Pflanzenlebens ist die Keimbildung oder das Embryoleben. Einen zweiten Abschnitt im Gewächsleben der Pflanzen bildet sodann die Stockbildung oder die Hervorbildung von Wurzel, Stengel und Blättern, eine dritte die Blütenbildung oder das Hervorbringen der zur Fruchtbildung erforderlichen Geschlechtsteile, von welchen endlich der Schlußakt des Pflanzenlebens, nämlich die Samen- oder Fruchtbildung ausgeht. „Mit ihrem Ablauf kann das Einzelleben der Pflanze abschließen, weil aus dem keimfähigen Samen der Lebenscyklus von neuem beginnt.“ (Seubert.) Die Vorsehung schenkte aber unzähligen Gewächsen eine Art ewiges Leben, indem die perennierenden, besonders die holzigen Gewächse einen Jahrzehnte, Jahrhunderte, selbst Jahrtausende fortlebenden Stock oder Familienstamm unzähliger Generationen des Gewächses darstellen, von denen jede einzelne der Fortpflanzung für sich fähig wäre, da eine jede jährlich ihren Samen hervorbringt.

Die Pflanze ist, näher betrachtet, ein kunstvolles Gewebe von Zellen und Gefäßen, welche sich zu den verschiedensten Formen und Gebilden vereinigen, in denen der Lebenssaft, den die Wurzel aus dem Boden saugt, oder der in Gestalt von Regen und Tau auf den Stock und die Blätter fällt, vermöge der ursprünglichen anziehenden Naturkräfte (Kapillarität und Diosmose) von unten nach oben und von oben nach unten hindurchzieht, um allenthalben die Pflanzenstoffe (den Zell- oder Holzstoff, das Blattgrün, den Zucker und das Gummi, die Stärke, die Öle und Harze u. s. f.) in den Zellen mit den Nahrungselementen (Wasser, Kohlensäure, Ammoniak und Salzen) unaufhörlich zu versehen, die Ernährung und das Wachstum, den Stoffumsatz in die Pflanze hinein und aus denselben heraus zu unterhalten. Licht und Elektricität, Luft und Raum, Klima und Witterung sind die Bedingungen, unter welchen die chemische Verwandtschaft in den Zellen in anderer Weise thätig wird und aus den dargebotenen Substanzen neue Verbindungen des organischen Lebens zustande bringt. Was für eine Bewandtnis die im organischen Leben vor sich gehende chemische Umänderung der Körper hat, ob eine eigentümliche „Lebenskraft“ hier dem chemischen Gesetz abändernd entgegentritt, oder ob sich nur durch den Zusammenfluß der verschiedenen natürlichen Bedingungen die chemische Thätigkeit selbst in organischer Weise gestaltend äußert (wie die Materialisten wollen) — dies ist noch wissenschaftliche Streitfrage und dürfte es ewig bleiben, so lange es noch Glauben und Zweifel unter den Menschen giebt.

Das tägliche Wunder der Stoffumwandlung aus unorganischen in organische Zusammensetzungen, der Gestaltung von Holz, Laub, Blüte und Frucht, von saueren, süßen, bitteren, würzigen, duftenden 2c. Pflanzenstoffen

während des Wachstums und während der Reife geht vor unsern Augen
vor sich; aber wir wissen noch heute nicht, was das Geheimnis des Wachs=
tums, der Reife, der mannigfachsten Substanzbildung im Organismus einer
Pflanze ist.

Wir werden uns ewig abmühen, den Schleier der Isis zu lüften und
hinter das Geheimnis des Lebens zu kommen; das Rätsel wird zu lösen
der menschlichen Erkenntnis dieses Erdenlebens wohl auf immer versagt
bleiben. Nur einstige Vollendung und Verklärung unseres Wesens zu
überirdischer Erkenntnis wird dahin führen, die wahre Natur der Dinge
und Erscheinungen des Lebens und Geistes zu verstehen und klare An=
schauung davon zu gewinnen.

Die ebenso kunstvoll schöne, als zweckmäßige Einrichtung der Pflanze
deutet auf einen vollkommenen Meister der Welt, der da wußte und vor=
kehrte, was zur Sicherung und Erhaltung jeder Gattung gehört. Schon
der Keim im Samenkorn ist gehörig verwahrt und zu langer Dauer und
Haltbarkeit, zu langer Bewahrung der Keimkraft eingerichtet. In dem
nahrhaften Kuchen der Samenlappen ist ihm, wie dem Hühnchen im Ei,
die allererste, zweckmäßigste Nahrung mit auf den Weg ins Leben gegeben.
Der ins Tageslicht hervortretende Keimling treibt gleichzeitig tiefdringende,
kräftig befestigende Wurzeln in den Schoß der Erde, um da zugleich Stütze
und Halt, zugleich mütterliche Nahrung zu suchen. Prächtig breiten sich
die niedlichen zarten Blattgebilde vor dem Sonnenlicht in der Luft aus und
bieten denselben große Ober= und Unterflächen zur Verrichtung des Aus=
und Einatmens, des Einsaugens und Ausdünstens von wässerigen und gas=
förmigen Stoffen. Nach den sinnigsten mathematischen Regeln steigt der
Stock auf und setzt Glied auf Glied, teilt sich in Äste und Zweige, bildet
die köstlichstgeformten, nach sinnreichen Verhältnissen angeordneten und zu=
sammengestellten Blätter mit Stielen, Rippen, Nervengeäder, mit Haaren,
Filz oder Borsten und Stacheln, — alles wunderbar symmetrisch, kunst=
voll und schön, wie es kein Künstler zu erfinden vermöchte.

In den Blattachseln bilden sich die Keime oder Anlagen nächstjähriger
Triebe in Gestalt wohlverwahrter, nach außen oft mit Dornen und Stacheln
geschützter, mit schützenden Deckschuppen eingehüllter Knospen, aus denen,
wenn der Lenz die Lebenskraft erweckt, zarte, wunderbar rasch sich bil=
dende Triebe mit Blättern und Blüten der mannigfachsten Form, Bildung,
Stellung, Farbe und Schönheit emporstreben. Von jedem neuen Trieb,
Ast und Zweig senken sich Gefäßröhren bis hinab in die Wurzel; jeder
Teil des Ganzen ist mit seinen Nähr= und Atemapparaten in Gestalt eines
oder einiger Blätter versehen. Wie wunderbar und herrlich ist sodann die
Einrichtung und Verrichtung jeder Blüte!

Anfangs stecken die jungen, noch zarten Blütenteile in einem sie wohl verwahrenden, engumschließenden Kelch; entfaltet sich die Blumenknospe und öffnet sich der Kelch, so tritt ein zarter, farbiger Kreis schöner Blumenblätter als Krone der Blume zu Tag, welche mit dem Zweck des Einhüllens und Schützens noch den des anmutigen Zaubers und des zu erregenden Wohlgefallens, der Entzückung durch ihren Duft, ja der Ernährung zahlloser Lebewesen mit ihrer Süßigkeit in besonderen Nektarien oder Honigbehältern verbindet. Im innersten Raum des Blumengebildes stehen die eigentlichen Befruchtungswerkzeuge, die der männlichen Keime in Gestalt von Staubgefäßen mit Stielen (Fäden) und mit Staubbeuteln, ganz in der Mitte die der weiblichen Fruchtanlagen in Gestalt des ein- oder vielfachen Fruchtknotens, inwendig mit Samenbläschen, oben mit Stempel oder Griffel und mit Narbe, als Öffnung zur Aufnahme des männlichen, befruchtenden Samenstaubs. Damit die Befruchtung sicher vor sich geht, ist die Stellung der Staubgefäße durch Zahl, Größenverhältnis und Art der Befestigung ebenso mannigfach, als zweckdienlich, und wo zur Abwechslung Blumen unvollständig eingerichtet und so beschaffen sind, daß der Vorgang des Befruchtens erschwert ist, wie bei zweihäusigen oder doch getrennten Blütengeschlechtern, oder bei Orchideeen, Asclepiadeeen u. dgl. ohne ordentlichen, losen Samenstaub u. s. f., da müssen die dem ausgeschwitzten Honigsaft in die Blüten nachgehenden Insekten durch ihre Rüssel und Beine unfreiwillig und unbewußt Befruchtungsdienste leisten. Ja es sind den Pflanzenteilen eigentümliche zur Befruchtung geeignete Bewegungen anerschaffen, wie den sich zur Narbe neigenden Staubgefäßen der Sumpfparnassie, oder den weiblichen untergetauchten Blüten der Vallisnieria spiralis auf ihrem schraubenartig gewundenen Stengel, aufwärts den in der Luft über Wasser befindlichen männlichen Staubblüten entgegen.

Und wie mancherlei sind dann die den Blüten entstammenden Fruchtgebilde! Wunderbar von Form und Gestalt, bald häutige, hornige Kapseln, Schalfrüchte, Schoten, Hülsen, Nüsse, bald saftige Beeren, Kürbisfrüchte, oder fleischige Apfel- und Steinobstfrüchte u. dgl., — alles wohl verwahrte Samen mit besonderen Samenhüllen vorstellend! Oft sind die Hüllen der Samen mit haarigen federigen Samenkronen, oder mit häutigen Samenflügeln zur besseren Verbreitung auf das Land umher versehen. Überall lassen sich die Zwecke nicht verkennen, wozu die Pflanzen so und nicht anders beschaffen sind, als sie sind.

## 106. Die Pflanze.

Aus einem kaum sichtbaren Stäubchen, der kleinen Keimspore, entsproßt ein Gebilde, das sich aufwärts dem Licht entgegen zu einem wunder-

baren Kunstwerk gestaltet, während es abwärts sich in den Schoß der Erde
festbettet. Und dies Wachsen, dies allmähliche Hervortreten in die Wirklich=
keit, in Raum und Zeit (als Moos, Pilz, Farn), und zwar nach zweck=
mäßiger, seinem Dasein und Beruf entsprechender Norm und in seiner
Art unerreichbarem, vollendetem Muster, vollzieht das kleine, zarte Gebilde
aus eigner Kraft und mit eignen Mitteln; nichts leistet ihm von außen
Hilfe, niemand bietet ihm zu seiner wunderbaren Arbeit die Hand. Ver=
lassen und von aller Welt übersehen ist es sich selbst genug, steht es auf
eigenen Füßen, arbeitet es ganz allein und doch — welche Schönheit und
Vollendung, welche Fülle von ineinander greifenden Teilen und Organen,
welche Eigentümlichkeit und bestimmte Artverschiedenheit gegenüber allen
Schwestergebilden, die da ebenfalls arbeiten, indem sie denselben Be=
dingungen des Bodens, der Luft und des Klimas unterworfen sind, und
doch wieder in ihrer Art sich gestalten, ihre besondere Form annehmen
und ihr eigenes Wesen mit besonderem Leben darstellen!

Ist hier Zufall thätig, der die Gebilde ihre Form annehmen läßt,
der die Stoffteile so aufeinanderbaut und verbindet, daß bestimmte Organe
entstehen, die zu bestimmten Zwecken thätig werden? — Geht das täg=
liche Wunder des Entstehens und Wachsens in der Natur nur infolge
starrer, unerbittlicher Naturgesetze, denen alles unterworfen ist, die da alles
hervorrufen und wieder vernichten (wie die Alten es nannten — durch das
Fatum) vor sich und hat es damit sein Bewenden? Oder ist das Leben,
das Erwachen und Entstehen der Individuen vom Pilz herauf bis zum
Menschen zu höherer Vollendung, zum Weiterschreiten auf dem betretenen
Weg bestimmt, liegt ein tieferer, den einzelnen Geschöpfen zu gut kommen=
der Schöpfungsplan zu Grunde? — Hier stehen wir vor einem ewigen
Geheimnis, einem durch Menschenweisheit unergründlichen Rätsel, einem
Rätsel, dessen Lösung wir vergeblich in den Sternen zu lesen suchen, auf
die wir vielmehr erst in einem besseren Jenseits hoffen dürfen. Nur in
der eigenen Brust, nicht in den gegenständlichen Wundern der Welt dürfen
wir nach dem richtigen Weg einer Antwort auf die ewige Frage suchen.
Nur hier haben wir das Organ für ein besseres Leben, einen vernünftigen,
unzerstörbaren, nicht aus Fleisch und Bein gemachten Geist, mit Bewußt=
sein, mit Glaube, Liebe und Hoffnung, der in jedem Menschen in seiner
Art und in seinem Grad lebt und wirkt, der den Propheten und Weisen
die Offenbarungen und Gedanken eines höheren Lebens, eines Himmelreichs
eingiebt und zu allen Zeiten in den Völkern der Erde sich thätig erwies.

Und wird dieser Geist, die Vernunft, die obige Frage nach dem Ur=
grund des Entstehens und Lebens der Wesen mit dem Zufall, oder mit
einem Gott beantworten? Es bedarf bei dem Unbefangenen, nicht von

Parteiung geleiteten Gemüt kaum der Antwort. Wie könnte der denkende, vernünftige Mensch tägliche Wunder eines Allmächtigen und Allweisen sehen, ohne von einem solchen, von dem sie ausgehen, überzeugt zu sein?

Die Pflanze geht nach ewiger Veranstaltung aus einem **Keim** hervor; ohne einen solchen kein Entstehen von Gewächsen! Selbst Schimmel, Rost, Brand und alle Arten von Pilzen an festen Gegenständen, in Flüssigkeiten, an organischen Geschöpfen, auf Pflanzen- und Tierkörpern, ja wie man nach Hallier jetzt entdeckt hat, die Kontagien und Miasmen menschlicher Krankheiten, sind diesem Gesetz unterworfen und entspringen unsichtbaren kleinen Keimzellen (Sporen).

Bei höher gebildeten Pflanzen bemerken wir eine weitere Veranstaltung zur Sicherung und Ernährung des künftigen Gebildes in dem **Samen.** Hier ist dem Keim noch ein einfacher oder doppelter Samenlappen, ein kräftig nährender Samenkuchen beigegeben und ist er samt diesem mit einer dauerhaften, zweckmäßigen Schale umhüllt. Und auch damit genügt es der Natur noch nicht; sie verbindet mit der eigentlichen Samenhaut noch eine weitere Fruchthülle, eine Kapsel, Beere, eine Stein-, Fleisch- und Haut- hülle in der Steinfrucht (drupa), ein Pergamentgehäuse, eine Fleisch- und Hauthülle in der Apfelfrucht (pomum) u. s. f. Und während sie darin für das künftige sichere Gedeihen und Wohlergehen der als Keim verborgenen jungen Pflanzen sorgt, bietet sie darin zugleich ganzen Geschlechtern von Tieren und besonders dem höchsten Erdenbewohner die schätzbarsten Nährstoffe und Labungen. Sollte das Zufall sein, oder Absicht im Schöpfungsplan?

Bei den höheren, holzigen, ausdauernden Pflanzen bilden sich noch in anderer Weise Pflanzenkeime, nämlich in den **Augen** oder **Knospen.** Wie vortrefflich sind sie nicht darin geborgen und verwahrt? Ganze Lagen von zähen, elastischen Häuten umgeben die zarten Keime der künftigen Blatt- oder Fruchtzweige und schützen sie, oft noch unter einem Überzug eines gummiharzigen Balsams, den Winter über vor Frost und Nässe. Nicht selten stehen den Knospen noch Dornen oder Stacheln zur Seite und schützen sie gegen lüsterne Feinde; immer sitzen die Knospen wohlgeborgen in Blattachseln, die Blätter stehen ihnen zu ihrer Ernährung und Sicherung zur Seite. Andere Knospen finden sich in zugleich nährende, zugleich schützende Zwiebelhüllen eingebettet, oder an nahrungsreichen Knollen unter der schützenden Erde angebracht. Ist hierin wieder Zufall oder Absicht zu erkennen?

Wenn dann der Samen im feuchten, warmen Schoß der Erde zum Leben erwacht und aufkeimt, das Flügelchen des Keims aufwärts zum Lichte strebt, das krumme, spitze Schnäblein abwärts in das Dunkel des

Bodens dringt, so nährt die Kost der als Keimblätter oder Samenlappen am jungen Gewächs stehenden ersten Blätter anfangs das Pflänzchen und läßt es bald weitere Stengelblätter nach oben, Wurzeln mit Saugzaserchen nach unten hervorbringen. Zellen ordnen sich zu Fasern und Gefäßen und es entsteht ein System solcher den Stengel hinab bis in die Wurzelspitzen laufender Ernährungsgebilde, durch welche allen oberen, nun sich bildenden Gewächsteilen der Stoff zum Aufbau aus dem Boden zugeführt wird. Wie wunderbar ist nun das Spiel des Saftauf= und Absteigens, der Ausgleichung des Zelleninhalts nach dem Gesetz der Diosmose, des Weiterdringens in den haarfeinen Zwischenräumen und Gefäßen nach dem Gesetz der Kapillarität, der Stoffumwandlung aus Kohlensäure, Ammoniak und Wasser, aus Salzlösungen und Kieselsäurelösung des Bodens in Holz, Blattgrün, Marksubstanz, Gummi, Zucker, Stärke, in stechende Grannen, Glasur u. s. f., der Ausscheidung freigewordenen Sauerstoffs und Wasserdunstes aus den Poren der Blatt= und Stengelflächen? Alles geht seinen sichern, ruhigen Gang und es bilden sich nach vorgeschriebenem Plan diejenigen Gebilde, welche zum Wesen der Art und zu ihrer Bestimmung gehören, und zwar in derjenigen Stellung, Form und Beschaffenheit, die der Art eigentümlich zuerteilt sind.

Hat hier Agassiz recht, der von Präformation oder Vorausbestimmung im Schöpfungsplan, oder Darwin, der von zufälliger Aus= und Abartung von einfachen Urformen ausgeht, indem er die Mannigfaltigkeit im Reich der Lebewesen erklären will? Der Mensch, besonders der Naturforscher, antwortet auf diese Frage je nach Stimmung und Organisation. Zuverlässiges giebt uns in der Natur nichts an die Hand, und ungelöst bleibt für immer dem dunkeln Menschenauge hienieden das große Schöpfungsrätsel, dunkel das Geheimnis der ersten Entstehung jedes organischen Wesens.

Wie schön und wunderbar ist nicht das **Blatt** eines Baumes, Strauchs oder einer Staude! Die Aufstellung bald mit schlankem, eignem Stiel, bald mit breiter, den Stengel umfassender Basis, mitunter mit futteralartiger, den zarten Stengel schützender Blattscheide! Dann das Blatt selbst mit Hauptrippe und Nebenrippen, mit seinem Nervengeäder und dazwischen mit Markzellen, alles ober= und unterseits mit seiner, poröser Oberhaut überzogen, so daß ein lungengleicher Atemflügel entsteht, der nach unten Gase aushaucht, von oben aus der Luft solche zugleich mit Tau= und Regenfeuchtigkeit einsaugt. Wie mannigfach ist nicht Befestigung, Stellung, Form und Zerteilung, Rand und Oberfläche, Bedeckung, Glanz u. s. f.? Sind nicht junge, zarte Blätter beim Aufsprossen meist mit schützendem Flaum, mit Filz, Seide oder Wolle förmlich bekleidet und bleiben es vielfach auch späterhin? Und wie manche Blätter führen zum Schutz gegen

das Abweiden durch naschhafte Tiere oder gegen Verletzung durch unwill=
kommene Berührungen scharfstechende Dornen und Stacheln, wie die an
Wegen stehenden nahrungsreichen, dem Vieh leckeren Disteln? Oder bren=
nende, schwerverletzende Borsten und Stacheln, wie Nesseln, exotische
Euphorbien, Kaktuspflanzen u. a. m.?

Und der Blätter bilden sich am Gewächs je nach Bedarf bei dem
einen nur einzelne, wenige, bei dem andern viele, ja unzählige. Wie inter=
essant und sonderbar ist nicht die Blattform an den Nadelhölzern, ihr Harz=
reichtum, ihre Ausdauer auch über Winter!

Die Nebenform der Ranken, einer bestimmten Ausartung von Blatt=
gebilden, bestimmt zu mechanischen, nicht mehr physiologischen Zwecken, be=
thätigt bei zahllosen, nicht dauerhaft und selbständig genug gebauten Pflanzen
ein treffliches Auskunftsmittel, das bei wieder andern durch zähe, schlanke,
elastische, sich windende Stengel angewandt ist. Hier sehen wir Kräuter
sich an Dornen und Sträuchern festranken, dort sich um Stangen, Stengel
und Stämme winden, dort Epheu u. dgl. an Stämmen und Wänden förm=
lich emporklettern, indem sie unzählige kleine Klammerwürzlein in die Fläche
festkrallen. Andere legen sich wieder träge über Sträucher, Hecken und
Zäune, oder über Felsblöcke und modernde Baumstämme hinweg, oder
kriechen auf dem Boden. Wer könnte die Mittel und Wege alle angeben,
welche die Pflanzen einzuschlagen wissen, um in ihrer Art des Seins be=
stehen, um ihren Lebenszweck erreichen zu können?

Haben wir es hierin wieder mit bloßem Zufall und starrer Not=
wendigkeit, oder haben wir es mit weiser, höheren Zwecken dienender
Natureinrichtung zu thun? —

Zweckmäßig und im höchsten Grade sinnreich und wahrhaft wunder=
voll ausgearbeitet ist besonders die Krone und Hauptzierde des Gewächses,
die **Blüte** oder **Blume.** Dieses Gebilde vereinigt zugleich die höchste
Prachtentfaltung und Kunst, Schönheit und Feinheit in Form und Farbe
mit der Nützlichkeit und höchsten Bedeutung für das ganze Leben der
Pflanze. In ihm feiert das Gewächs den Moment der glücklichsten Ent=
wicklung und in ihm legt es den Grund zur Fortdauer seines Geschlechts.
Mit ihm entzückt die Pflanze das Auge der empfindenden Mitgeschöpfe,
das Gemüt der für Poesie und Schönheit empfänglichen Menschheit. Die
Blüten des Gartens und der Auen sind der höchste und beste Schmuck,
womit sich die Natur in der besten Zeit des Jahres, in der Festzeit des
Lenzes, oder im lachenden Sonnenschein des blauen Sommerhimmels, kleidet.
Ihre Wohlgerüche hauchen dem Garten, dem Hain, den Fluren erst Geist
ein, füllen die Brust der Erdbewohner mit unaussprechlicher Lust und ent=
zücken sie mit Genuß. In ihren Nektargefäßen oder Blumenkelchen sammelt

sich das köstliche, süße Naß, dem Tausende von Geschöpfen nachgehen, das uns die menschenfreundlichen Bienen emsig einsammeln und zu Speise und kostbarem Wachs zubereiten. Alles ist an der Blume bewundernswürdig und im höchsten Grad zweckmäßig, durchaus zweckdienlich.

Schon die **Blumenknospe,** wie sinnig und geschmackvoll ist sie eingehüllt, zu Gruppen zusammengestellt und an dem Gewächs angebracht! Wie unermeßlich und unbeschreiblich die Mannigfaltigkeit ihrer Form, Farbe, Bedeckung und jeglicher sonstigen Beschaffenheit! Bald finden sich einzelne Knospen in Achseln zwischen Zweigen und Blättern, bald brechen sie unter den Wurzelblättern hervor, finden sie sich als Mittelpunkt und Abschluß einer Blätterrosette, an der Spitze oder an den Seiten eines Stengels oder Schaftes. Bald stehen sie in doldigen Gruppen beisammen, wie Kirsch= und andere Obstblüten, bald bilden sie wirkliche Schirme oder Dolden und zwar meist zusammengesetzter Art, bald Trauben, Dolden= trauben, Ähren und Ährentrauben, Rispen, Köpfe, Körbchen und tausend andere Blütenstandformen mehr, die sich sämtlich vor ihrer Hervorbildung zuvor in eignen Knospenhüllen beisammen eingeschlossen finden und denen wieder im einzelnen schützende Kelche oder Deckblätter und Hüllen bei= gegeben sind, die sich, wenn es Zeit ist, öffnen, um den wachsenden edleren Innenteilen Raum zur Entfaltung zu geben, die dann gleichsam das Gefäß bilden, in welchem die feineren, inneren Teile der Blüte aufgestellt sind.

Wie köstlich, prachtvoll und mannigfach sind nicht die Farben der zarten **Blumenkronblätter,** woraus die zweite, innere Blütenhülle ge= bildet ist! Bald ist solche ganz, bald vielblättrig, bald dieser, bald jener Form, bald einfacher, bald vollkommener, aber stets einzig in ihrer Art und mit unerreichbarer Kunst, mit höchstem Geschmack gebildet und zu= sammengesetzt. Wie schön ist der Blätterkreis der Rosen, die Lilienform, die Glocken=, Rad=, Stern=, Rachen= und Schmetterlingsform und tausend andere mehr, wie regelmäßig und stets richtig wiederkehrend bei allen Blumen der gleichen Art, wie unwandelbar, gesetzmäßig ihr Auftreten, ihre Erscheinung, ihre Beschaffenheit mit allen besondern Eigentümlichkeiten in Form, Farbe, Geschmack, Blütezeit und Abblühen! Wie erquickt nicht der unbegreiflich wirkende Duft der Lilie, des Maiblümchens, der Rose, der Nebenblüte, der Linde! Wie wundervoll sind die Blüten unserer heimischen Gewächse, wie vielmehr noch die der wärmeren und der heißen Zone, einer indischen, javanischen, brasilianischen Flora!

Wer könnte all' dies ansehen, ohne von freudigem Gefühl der Ge= wißheit eines gütigen, die Welt in seiner Hand haltenden, alles Schöne hervorzaubernden Gottes erfüllt zu werden, der alle Übel und Schrecken dieses Erdenlebens, alle Unvollkommenheiten, Leiden und den Tod an seinen armen, zu Grunde gegangenen Geschöpfen vergüten und sühnen wird, der auch hierzu die Macht hat und Liebe auch da bethätigen wird, wo er anscheinend seine Geschöpfe unerbittlichem Geschick zu Opfern werden läßt. Er, der die Fluren kleidet und seine Freude an der Entfaltung von Millionen wunderbaren Blumen hat, er wird auch die höheren Wesen seiner Welt nicht umsonst geschaffen haben, sie lieben und sich näher und näher stellen, sonst wäre er kein Gott der Liebe, sondern ein unerbittlich grausames, seine Kreaturen nur dazu schaffendes Wesen, um sie wieder vernichten zu können. Die Blume aber liebt er und läßt sie das höchste Glück ihrer Art genießen, ihr, die keine lebende, denkende Seele besitzt. Sie blüht, freut sich der Sonne und Luft, der Feuchtigkeit und tauigen Würze der Nacht; sie bringt Samen zur Erzeugung von ihresgleichen hervor. Dann stirbt sie und zerfällt wieder in die Elementarstoffe dieser Erdenwelt.

Ihr Dasein ist ein irdisches. Wird auch unser Los ein irdisches sein, das unserer geistigen Seele, von der wir glauben müssen, daß sie für ein höheres, freieres und vollkommeneres Dasein geschaffen sei, weil wir dies zu denken und zu fühlen, weil wir uns danach zu sehnen vermögen? Wird, wie ohne Zweifel unser Leib vergeht gleich der Blume, weil er irdischer Art ist, auch die zur Zeit ihn bewohnende Seele mit ihm untergehen? Dies ist die ewige Frage der seufzenden Menschheit; wer kann sie im Sinne des Materialisten beantworten, ohne im Tiefsten seiner Seele zu trauern, daß er erschaffen ist, daß ihm Empfindung und Bewußtsein nicht versagt ist, gleich der Blume? Darum Vertrauen! Die Wunder der Natur sind uns Bürge für eine höhere, über ihr stehende Welt überirdischer Art, deren Bürger wir schon hienieden sind, wenn wir auch gleichzeitig noch gleich dem Tiere irdische Wesen und als solche den Gesetzen der Verwesung unterworfen sind.

Das eigentliche Endziel jeder Blume ist die Frucht, der Samen. Zu dessen Erzeugung ist sie höchst zweckmäßig eingerichtet; es ist der nüchterne, prosaische Teil ihres Leibes, der zur Fruchtbildung bestimmt ist. Ganz in der Mitte findet sich der **Fruchtknoten**, im Innern mit einer, oder mehreren, oft vielen Samenbläschen oder hohlen Zellen besetzt, zu denen von oben durch die hohle Röhre des Stempels mit Endnarbe der Zugang für die Befruchtungszelle des männlichen Keims geöffnet ist, der als Blütenstaub aus den Beuteln der Staubgefäße ihnen während der völligen Blütezeit zugeführt wird. Indem nämlich die Blütenstäubchen oder Pollenkörner auf die feuchte Narbe des Stempels oben gelangen, wachsen sie alsbald den hohlen Stempel oder „Staubweg" entlang in Gestalt dünner, feiner Schläuche bis hinab in die offenen Samenbläschen, in deren Feuchtigkeit sie sich zurechtlegen, wie der Docht in dem Gefäß einer Öllampe, und nun entsteht, indem sich noch bei der Fruchtreife in dem Samenbläschen stärk=mehlige und eiweißreiche Kuchenlappen bilden, der vollkommene Samen.

Mannigfaltig und überall höchst sinnreich ist die Art und Stellung der **Staubgefäße**, ihre Zahl und Verteilung, um die Befruchtung der Stempel zu ermöglichen. Der Staubkeime sind unzählig viele, damit immer einige zum Ziel gelangen können. Öfter neigen sich die Staubfäden mit den sich öffnenden Beuteln zur Narbe herab, oder ragen sie genug dar=über hinaus, um herausfallenden Staub darauf gelangen zu lassen. Ist durch enge Stellung die Verwachsung der Staubbeutel bedingt, wie bei den Syngenesisten, allen Korbblütern, oder bei Veilchen u. a., so hilft der verhältnismäßig unvollkommenen Blumennatur anderes in der Natur nach, besonders auch dann, wenn durch Trennung und Verteilung der männ=lichen und weiblichen Blütenteile (der Staubgefäße und Stempel) in ver=schiedene Blumengebilde, ein weiter Weg von dem Staubbeutel zur Narbe verursacht ist, oder wenn, wie bei den Orchideeen, die geschlechtlichen Blüten=teile verwachsen und zur Bewegung unfähig sind. Alsdann befördern die des Honigsaugens wegen eindringenden Insekten den Staub an die rechte Stelle, wie denn auch der Gärtner durch Aufpinseln des Blütenstaubes auf die Blütenstempel sonst leicht versagende Blüten absichtlich zu be=fruchten vermag.

Auch zur leichteren Samenverbreitung hat die Natur ihren Pflanzengebilden geeignete Einrichtung gegeben. Viele Samen führen leichte federige oder haarschopfige Kronen, wie die der Disteln und andern Kom=positen, oder leichte, flockige Wolle, wie die der Baumwollenstaude, der Weiden und Pappeln, der Weidenröslein u. s. f. Bei andern werden die Samen beim Aufspringen der Fruchtbehälter von elastischen Samenträgern fortgeschnellt (wie bei Storchschnabelgewächsen, Springkraut). Anderen Früchten oder Samen wurden häutige Flügel beigegeben, so dem Tannen=samen, Eschen=, Ahorn= und Ulmenfrüchten, überhaupt sogenannten Flügel=früchten (samara), so daß sie der Wind auf angemessene Entfernung von dem Mutterstamm hinwegzuführen vermag. Andere, wie Grassamen oder gar Farn=, Moos= oder Pilzsporen, sind an und für sich so leicht, daß sie sich mit dem Wind ohne Schwierigkeit überallhin verbreiten.

Und im Wasser sind andere merkwürdige Einrichtungen dazu bestimmt, Früchte und Samen weiterzufördern, oder sie über Winter richtig unter=zubringen, worauf sie im folgenden Jahre zum Leben auferstehen können. Die spitzackigen, ankerhakigen „Teufelsköpfe“ der Wassernuß, die länglichen Früchte des Froschbisses, die Sporenkapseln der schwimmenden Salvinie u. a. sinken, schwerer als Wasser, anfangs unter und liegen eine Zeit lang im

Schlamm, bis die Frühlingssonne mit ihren belebenden Strahlen ihre Thätigkeit erweckt und sie Gase bildend und an Volumen wachsend an den Wasserspiegel dem Sonnenlicht und der Luft entgegensteigen. Die Wasserlinsen haben gar die Einrichtung, daß sie aus den glatten Scheiben ihres blattförmigen Stocks, nachdem sie den Winter über auf dem Schlamm unter Wasser unthätig gelegen und gemodert haben, im folgenden Jahre horizontale frische Seitensprossen hervortreten lassen und bald ganze Wasser= flächen umher bedecken. Und ist nicht das Spiel der Vallisnieria spiralis beim Akt der Befruchtung ein äußerst überraschendes, indem sich aus der Tiefe des Wassers auf spiralförmig gewundenen Stielen die weiblichen Blumen in die Höhe bewegen, um sich von dem über Wasser in der Luft befindlichen männlichen befruchtenden Staub beschütten zu lassen, worauf nach geschehener Befruchtung die weiblichen Blumen wieder untertauchen, um ihre Früchte unter Wasser zur Reife zu bringen und in den Schlamm ausfallende Samen zu liefern? — Ist in diesem merkwürdigen Pflanzen= leben, in diesem Verfahren und dieser Einrichtung der Pflanzenteile nicht höchste Weisheit und Absicht zu erkennen, und deutet nicht alles auf einen bestimmten Endzweck und höheren Zusammenhang?

Die Bestimmung der Pflanze, der Zweck ihres Daseins ist ohne Zweifel kein anderer, als derjenige der Ernährung eines höherstehenden Bereichs von Lebewesen, des Tierreichs. Dieses ist zunächst ganz auf die Produkte des Gewächsreichs angewiesen. Von ihm zehren die Tausende Geschlechter des niederen Tiergebiets als verhaßtes „Ungeziefer" und die Tausende von höheren Tieren bis zum Menschengeschlecht hinauf, sofern sie nicht auf das Verzehren anderer tierischer Mitgeschöpfe oder ihrer Er= zeugnisse angewiesen sind. Organisches kann nur von Organischem zehren. Aber wenn wir überall das Pflanzenreich das Tierreich nähren und in seinem Leben sonst noch bedingen sehen, so ist es noch vielmehr dem Menschenleben unentbehrlich. Wo nähme der Mensch sonst mehr Stoffe zu seinen Bauten und Geräten, Stoffe der Bekleidung, des Färbens, Hei= lens und zu aller möglichen sonstigen industriellen Verwendung her, als aus diesem Reich, wenn er sich auch sonst jedes Naturreich zu seinem Kultur= leben nutzbar, wenn er nach dem Wort der Schrift auch überhaupt sich die Welt unterthan macht?

Damit das Menschengeschlecht leben und sich fortbilden könne, dazu schuf ihm Gott Brot und Wein des täglichen Lebens und Futter für das Vieh. Wozu anders wären sonst die zahllosen, mit nährendem Mehl= und sonstigem Speisestoff angefüllten Körner, Samen und Früchte da, wenn nicht zur Ernährung von Mensch und Vieh, da ja zur bloßen Fort=

pflanzung und zum Weiterbestehen der Pflanzengattungen Knospen, Wurzel=
triebe, Zwiebeln, Knollen und andere Teile, oder umgekehrt, wozu wären
die Knollen der Kartoffeln, „des Brots der Armen", anders da, als zur
Nahrung für höhere Wesen, wenn ja in dem Samen der ungenießbaren
Beerenäpfel dieses Krauts die Bedingungen der Fortdauer mehr als ge=
nügend gegeben sind?

Wir sehen bei unbefangener Beurteilung und Würdigung der auf
Erden vorhandenen Gewächse überall die Beziehung auf den höchsten,
eigentlichen Erdenbürger, den Menschen. Für diesen hat Gott die Erde
allmählich und mit unergründlicher Weisheit zum passenden Wohnplatz
eingerichtet, und nachdem sie bis zum Leben des Menschengeschlechts vor=
bereitet war, wohnen diese Bewohner des Planeten nun überall behaglich
zwischen den Wäldern, Gärten und Fluren ihres Wohnplatzes, bauen ihre
Häuser und Städte, ihre Schiffe und Geräte von dem Holz der Bäume,
brennen die Stein= und Braunkohlen längst untergegangener, für sie auf=
gespeicherter Gewächse, essen das Brot, die Früchte und Gemüse ihrer
zartesten, edelsten Teile und trinken den Wein, oder das Bier, den Thee,
Kaffee und andere köstliche Getränke, welche ihnen der Zuckersaft oder der
sonstige Inhalt ihrer Blatt= oder Fruchtzellen bietet, bereiten köstliches Öl
aus den Oliven, oder aus den Raps=, den Lein=, den Mohnkörnern und
unzähligen Früchten mehr, bereiten heilende Arzeneien für Wiederherstellung
des erkrankten Körpers, mit einem Wort — machen sich alles zu nutz,
was nur da wächst und zu gebrauchen ist. Da dem so ist, wer könnte da
noch an Zweckmäßigkeit in der Schöpfung, an Absichtlichkeit jeder Ein=
richtung, an der Vorausbestimmung aller Dinge zweifeln, wer von „un=
heilvoller Zweckmäßigkeitslehre" sprechen, da sie in den Augen jedes Un=
befangenen keine Irrlehre, sondern Erkenntnis der Wahrheit ist? Daran
ändern auch Späße nichts, wie der, von dem Crüger in seiner Schule
der Physik spricht: „Wie gut ist es doch, daß da Löcher im Pelz sind,
wo die Katze ihre Augen hat!" Die Sache ist ernst und wahr und ver=
dient keinen Spott und keine fanatische Beurteilung, vielmehr reifliche, un=
befangene Erwägung. Sie ist des Beifalls und der freudigen Überzeugung
jedes unparteiischen, mit Sinn für Höheres und Heiliges ausgestatteten
Gemüts gewiß und wird trotz aller Anfechtungen in Ewigkeit auf Erden
bestehen, wie sie seit Jahrtausenden den Angriffen sophistischer Weltweisen
widerstanden hat. Wohl können wir hier, ähnlich wie der Dichter, sagen:

„Was kein Verstand des Verständigen sieht,
Das ‚siehet' in Einfalt ein kindlich Gemüt."

## 107. Die Befruchtung der Blüten unter Vermittlung der Insekten.

Sieh' her, wie lebet Strauch und Laub
Im jungen Sonnenschein!
Wie küssen sich die Blumen lieb,
Und locken: kleiner Honigdieb,
Komm', sammle Blumen-Liebeskost,
Denn dieser Lenz ist dein! M. Arndt.

Auf den Umstand der Blütenbefruchtung durch Insekten ist man noch nicht sehr lange aufmerksam geworden, obgleich man Jahrtausende lang den ganzen Vorgang so zu sagen offen vor Augen gehabt hatte und man ihn bei einiger Absicht leicht hätte bemerken können. Mit manchem andern ist es aber ganz ähnlich gegangen. Hat man doch z. B. seit dem Bestehen der Menschheit tagtäglich den Vorgang des Verbrennens vor Augen gehabt und bei jedem Atemzug denjenigen Stoff in die Lungen geschafft, der alles Verbrennen und Atmen bedingt und unterhält, und kennt man denselben doch erst seit noch nicht hundert Jahren! Haben doch seit Anbeginn die Dämpfe dem Menschen dieselbe Gewalt gezeigt, die sie jetzt auch noch hervorbringen, und hat man sie erst in diesem Jahrhundert so recht zu benutzen, mittelst eigner Dampfmaschinen zu großen Zwecken verwenden gelernt!

Die in der Überschrift genannte Entdeckung ist fast eben so neu, als die des Sauerstoffs und der Dampfmaschine. Sie wurde zuerst von Konrad Sprengel in seiner Schrift: „Das entdeckte Geheimnis der Natur im Bau und in der Befruchtung der Blumen" (Berlin, 1793) vor der naturwissenschaftlichen Welt ausgesprochen. Wie es mit den Entdeckungen überhaupt ist, so werden sie zumeist nicht ganz plötzlich gemacht, sondern kommen sie viel öfter nur allmählich zum Bewußtsein, zur allgemeinen Kenntnis, zur Anwendung und Benutzung, zur Aufnahme in die Wissenschaft. Es ist wie mit einem großen Strom, dessen eigentliche Quelle man nicht angeben kann, da er sich aus vielen Quellen und unzähligen Bächen erst allmählich bildet und zusammensetzt. Zuverlässig weiß man jetzt, daß Amerika lange vorher gefunden war, ehe es Kolumbus entdeckte; es soll das Schießpulver, die Buchdruckerkunst, der Kompaß, das Porzellan, Glas x. schon andern Völkern im fernen Asien bekannt gewesen sein, ehe man diese Dinge in Europa erfand, oder doch gebrauchen lernte und sie allgemein in Aufnahme kamen. So haben auch sicher schon die Gärtner der alten Völker ihre Gedanken wegen Beförderung der Fruchtbarkeit der Obstbäume und Fruchtsträucher durch die Bienen und andere Insekten gehabt, die sie die duftenden, honighaltenden Blüten emsig besuchen sahen,

17*

ohne mit Klarheit und Bestimmtheit den Thatbestand zu erkennen, der nun=
mehr in neueren Zeiten als naturwissenschaftliche Neuerung und Errungen=
schaft festgestellt ist.

Wenn die Welt der Insekten auf der einen Seite hauptsächlich der
Vegetation feindlich gegenübersteht und sich das Ungeziefer dadurch verhaßt
macht, daß es die Hoffnung der Menschen auf reiche Ernten vielmals
schmählich zu Schanden macht, indem seine jungen Bruten, die vom Land=
mann als Würmer bezeichneten Larven, entweder die Knospen und Sprossen,
oder die Blüten und Ähren, oder die Früchte bei ihrer Entwicklung zer=
stören und ihren Unterhalt davon beziehen, so ist diese üble, dem Men=
schen höchst nachteilige und verdrießliche Sache teilweise doch auch wieder
gutgemacht durch den das Pflanzenleben auf der andern Seite unterstützen=
den Umstand, daß Insekten die Verrichtung der Blütenteile, ihre gegen=
seitige Befruchtung vermitteln und befördern helfen und dadurch die viel=
fache, doppelte, fünffache, ja zehnfache Zahl der Früchte hervorbringen, in
manchen Fällen die Befruchtung überhaupt nur möglich machen. Das Ver=
hältnis des Ungezieferschadens wird hierdurch in den Augen des Billig=
denkenden wesentlich geändert und die Härte dieses Naturverhältnisses ge=
mildert, indem das Zerstören vieler Früchte durch die Insektenlarven nun=
mehr bloß in dem Licht einer Abschlagszahlung für geleisteten Dienst er=
scheint, worüber niemand ungehalten sein kann.

Die wesentliche Vorbedingung für das Zustandekommen der Befruch=
tung ist, wie z. B. Seubert in seinem Lehrbuche der gesamten Pflanzen=
kunde auseinandersetzt, daß der im Innern der Staubbeutel erzeugte Blüten=
staub auf die Narbe gelangt. Bei der großen Mehrheit der zwitterblütigen,
also zugleich mit Blütenstempeln nebst Fruchtknoten und mit Staubgefäßen
versehenen Pflanzen wird das Gelangen des Blütenstaubs auf die Narbe
(die obere Stempelöffnung) dadurch sehr erleichtert, daß die Staubgefäße
unmittelbar um die Stempel herumstehen, so daß der ausfallende Staub
auf die Narbe fällt, umsomehr als die Staubkörner meist in großer Menge
vorhanden sind und häufig durch das elastische Aufspringen der Beutel
weit verstreut werden. Bei manchen Blüten beugen sich die Staubgefäße
beim Öffnen der Beutel abwechselnd über die Narbe (wie bei der Garten=
raute, Parnassie u. a.) und entleeren in dieser Stellung ihren Inhalt auf
dieselbe. Endlich spielen die Insekten, welche die Blüten des Blumen=
staubs oder des Honigsafts wegen besuchen, mittelst ihrer Bewegungen eine
wichtige Rolle bei der Übertragung des Blütenstaubs auf die Narbe.

Diese Vermittlung der Insekten ist namentlich bei denjenigen Blüten
unerläßlich, wo besondere Organisationsverhältnisse das Gelangen des
Blütenstaubs auf die Narbe erschweren, wie unter andern bei den Orchideen

und Wachspflanzen (Asclepiadeen), bei denen der Blütenstaub in kompakten Massen zusammenhängt. Auch für alle diejenigen Pflanzen, deren Blüten getrennten Geschlechts sind, so daß also die männlichen und weiblichen Blütenteile sich weit auseinander befinden (die verschiedenen ein- und zwei-häusigen Pflanzen), ist die Einwirkung der Insekten höchst wichtig, ja mit-unter zur Befruchtung unbedingt erforderlich. Es gehören hieher fast alle Waldbäume und Sträucher, überhaupt die kätzchen- und zapfentragenden Holzgewächse, worunter nicht wenige, wie Nüsse und Kastanien, dem Men-schen wichtige Früchte tragen; von Kulturpflanzen sodann z. B. der Hanf und Hopfen, die Gurken und Kürbisse. Diese letzteren würden keine Früchte tragen, wenn nicht Bienen und andere Honigsaft liebende Insekten aus einer Blüte in die andere flögen und den Blütenstaub aus den männlichen auf die Narben in den weiblichen Blüten hinübertrügen.

Aber auch für die meisten zweigeschlechtigen oder Zwitterblüten, wie die der Obstbäume, der Beerensträucher, der Ölsamengewächse, die Schmetter-lingsblüten der Hülsenpflanzen u. s. f., ist zur vollkommenen Befruchtung aller Blüten die Vermittlung der sie besuchenden und mit den staubigen Füßen und Rüsseln bearbeitenden Insekten erforderlich. Fehlen z. B. wegen mangelnden Sonnenscheins während der Blütezeit diese Vermittler, so bleiben unzählige Blüten unbefruchtet und setzen nicht an. Dies ist vielfach der Grund, daß trotz reicher Blüten in manchen Jahren, wo es an der be-lebenden, die Insekten anregenden Sonne fehlt, die Obsternte gering aus-fällt, auch wenn der Ungezieferfraß eben nicht stark stattfindet, und man schreibt Mißernten dem „Regen in den Blüten" meist irrtümlich zu.

Unter allen Insekten sind in dieser Beziehung die H o n i g b i e n e n , sowie nicht minder eine Menge großer und kleiner wilder Bienenarten (wie der dicken H u m m e l n und der verschiedenen kleinen Sand-, Ballen-, Seiden-, Blatt- und anderer Bienen) für die Blüten der Fruchtbäume, der Beerensträucher und verschiedenen Kulturgewächse von hoher Wichtigkeit. Die Aufstellung von Bienenständen in Gärten ist daher weit entfernt, den Gewächsen derselben zu schaden und dem Gewinn des Menschen aus den-selben Abtrag zu thun, sondern ganz besonders geeignet, die Fruchtbarkeit der Blüten zu befördern und so die Obst- und Samenerträge zu erhöhen. Mögen in den Kirschen-, Pflaumen-, Zwetschen-, Birn- und Apfelblüten die Bienen sich nur recht herumtummeln, dies bewirkt nur reichere Ernte, weil dann weit mehr von den zahllosen Blüten tüchtig befruchtet werden, kräftig ansetzen und dann dem Baum erhalten bleiben. Die Stachel- und Johannisbeerblüten werden nach der Reihe einzeln alle von Hummeln und Bienen besucht, weil sie darin bequem zu reichlichem Honigsaft gelangen; darum pflegt davon auch nicht eine fehlzuschlagen.

Ähnlich ist es mit Honig leckenden Fliegen mancherlei Art, wie um die Blütezeit des Apfelbaumes mit den schlanken, schwarzhaarigen Markusschnaken, selbst mit grauen Schmeiß, mit Raupenfliegen, Schnepfen, Kot, Aasfliegen u. a. m. Der blühende Raps leidet nicht bloß durch die massenhaft auftretenden Glanz oder Rapskäfer, sondern verdankt diesem zudringlichen, sich in die Blüten einnistenden Käferchen zugleich die Befruchtung fast aller Blüten, und es fragt sich, ob sie in dem gewöhnlichen Fall für die Samenernte mehr Nachteil als Vorteil bringen. Ähnlich ist es mit vielen Ähreninsekten, wie mit den verschiedenen Getreidefliegen (Chlorops), den Getreidemücken (Cecidomyia tritici, secalina etc.), die sich oft in der Blütezeit in ungemeiner Menge auf den Ähren einfinden, ohne daß die Ernte schlecht ausfällt, obgleich sie bekanntlich als Larven teils in den Ähren, teils in den zarten Halmen innerhalb der Scheiden leben. Offenbar wird ihr auf der einen Seite verübter Schaden wieder durch reichlichere Befruchtung der Ähren in allen ihren einzelnen Blüten aufgewogen. So bemerkt z. B. Hagen in seinem Bericht über die in der Provinz Preußen von 1857—59 schädlich aufgetretenen Insekten, daß Cec. tritici, die Weizenmücke oder der sogenannte „rote Wirbel", um Königsberg in Masse auf den Weizenähren sitzend, als wenn dieser blühte, zu sehen gewesen sei, und daß dennoch eine gute Ernte erfolgt sei.

Andere in dieser Beziehung wichtige Insekten sind sodann noch sehr viele die Blüten besaugenden oder sich darauf versammelnden und einander aufsuchenden Käfer, wie die größeren, z. B. metallischen Goldkäfer (Cetonia), haarige Pinselkäfer (Trichius), Fallkäfer (Cryptocephalus), Gartenkäfer (Melolontha horticola, vom Aussehen kleiner Maikäfer), schmale, weichdeckige Blumenkäfer (Anthicus), Bienenkäfer, Schmalbackkäfer, Warzenkäfer (Malachius), Kronenkäfer u. a. m.

Besonders ersprießliche Dienste in Ansehung der Blütenbefruchtung leisten viele Schmetterlinge, indem sie ihre Rüssel aus Blume in Blume tauchen, entweder frei davor schwebend (wie Schwärmer), oder auch darauf sich niederlassend und darauf herumkriechend (wie Tagfalter, Eulen, Spanner, Zünsler und Motten). — Von Fliegen oder Zweiflüglern sind die Wollschweber (Bombylius), welche schwebend ihre langen Sauger tief in die Blumen senken, besonders für Veilchenarten sehr zur Befruchtung geschaffen. Andere Syngenesisten, die sogenannten zusammengesetzten Blumen (wie Scorzonere, Cichorie, Salat ꝛc.), verdanken bessere und durchgehendere Befruchtung kleinen darin herumkriechenden Staphylinen oder Ohrwurmkäferchen, den bereits genannten Glanzkäferchen und Flohkäfern (Mordella), Dolden besonders kleinen, auch ohrwurmartigen Blasenfüßen (Thrips physapus etc.), eben solchen auch die Getreideähren.

Es ist uns bisher noch zu wenig gelungen, der Natur alle Geheim=
nisse ihres Haushaltes abzulauschen; sonst werden wir manches, was uns
bisher nur im Lichte vertilgungswürdigen Ungeziefers erschien, segnen und
als notwendiges, selbst zum Vorteil des Menschen gereichendes Glied der
Schöpfungskette erkennen. Daß das, was man unter der Benennung
„schädliches Ungeziefer" von jeher zu verwünschen gewohnt war, eine un=
mittelbare Beförderung der Fruchternte bewirkt, ist nächst dem Umstand,
daß das Ungeziefer dem Übermaß der Produktion wehrt und der damit
verbundenen Kümmerlichkeit der einzelnen Früchte entgegenwirkt, gewiß
Grund genug, die Berechtigung und Nützlichkeit auch dieser Geschöpfe an=
zuerkennen. Daneben dürfen wir aber endlich nicht übersehen, daß alles
Geziefer und Geschmeiße, wenn auch Menschen und Vieh oft lästig und
unbequem, doch Bedingung für das Dasein unzähliger höherer Wesen ist,
die mit ihrem reichen, mannigfaltigen und bunten Leben die Erde ver=
schönern. Der Mensch muß sich eben derjenigen Geschöpfe, welche ihm zu
nahe treten, mit allen ihm zu Gebote stehenden Mitteln erwehren, ohne
aber wie jener Thor in der Fabel vom Eichbaum und Kürbis zu denken,
es könne die Welt besser eingerichtet sein, indem sie eben von allem wider=
wärtigen Geschmeiße verschont geblieben wäre. Der Mensch soll über die
Erde herrschen; aber was ihm und seinen Erzeugnissen zu nahe tritt, ist
darum nicht unnütz und überflüssig. Sicherlich hat es im Schöpfungsplan
und im Naturganzen immer die Bedeutung eines nicht unwichtigen Glieds,
und es ist von größtem Interesse, durch irgend eine Entdeckung, einen Zu=
fall oder glücklichen, aufmerkenden Gedanken, wie den von der Blüten=
befruchtung durch Insekten, über den inneren, weisen Zusammenhang der
Naturverhältnisse allmählich immer mehr Aufklärung zu erlangen.

## 108. Wohlgerüche.

Und Veilchen, Nelken und Majoran,
Sie stimmen all' ihr Loblied an;
Es ist keine Blume, so voll oder zart,
Sie preist ihren Schöpfer nach ihrer Art.
Hoffmann.

Eine wunderbare, nicht zu erklärende Wirkung ist die gewisser flüch=
tiger Stoffe oder Gase auf unsern Riechnerv. Wie jede Sinnenwahr=
nehmung überhaupt, so ist besonders auch diese eine für uns unbegreifliche
Thatsache, ein Rätsel im Reiche der Natur. Durch diesen Sinn ist uns
eine ganz eigentümliche Art von Wahrnehmung, diejenige solcher Stoffe
anerschaffen, deren Vorhandensein unserm Gesicht, überhaupt unsern andern
Sinnen entgehen würde. Sollte es nicht Zustände, Wesen und Dinge im
Universum geben, die zwar um uns sind und uns stets begleiten, für deren

Wahrnehmung uns aber die Sinneneinrichtung versagt ist? Wer könnte dies für unwahrscheinlich halten, wer den Mangel gewisser Sinnorgane bei den Tieren bedenkt? Wer bedenkt, daß manchen unglücklichen Menschen gleichfalls einzelne Sinnenwahrnehmungen durch individuelle Unvollkommenheit versagt sind? — Können uns nicht stets die abgeschiedenen Geister unserer Lieben umschweben, können nicht Engelscharen und Schutzgeister die irdische Schöpfung erfüllen, leiten und überwachen, ohne daß wir es ahnen und wahrnehmen, weil uns die Organe feinerer Erkenntnis und Wahrnehmung noch versagt sind? Kann nicht die Welt noch Tausende von Schönheiten und Wundern enthalten, für die uns das Schauen bei unserer plumpen, grob irdischen Organisation noch abgeht?

Wer vermöchte zu erklären, was das heißt, ein Stoff schmecke süß, sauer oder bitter? Wer angeben, wie es zugeht, daß wir im Reich der Töne Hoch und Tief, Mißklang und Wohllaut zu unterscheiden vermögen? Wer vermöchte die Rührung und das Wonnegefühl zu begreifen und zu erklären, welches uns bei der herrlichen Musik eines Mozartschen oder Weberschen Tonstücks durch Mark und Bein geht? Oder die himmlische Stimmung, in welche uns ein aus der Ferne herübertönendes feierliches Glockengeläute versetzt? — Ähnlich unerklärbar ist das Wesen der Eindrücke, welche die tausend verschiedenen Wohlgerüche auf uns machen, welche gewisse Erzeugnisse der organischen Welt hervorbringen. Jeder Geruch und Duft einer Blume, einer Frucht, eines Öls, eines Harzes oder sonstigen Stoffes ist wieder anders, ist einzig in seiner Art, und man hat kein anderes Mittel der Erklärung seiner Eigentümlichkeit, als indem man auf das Produkt hinweist, dem er entströmt. Man kann das Wesen und Merkmal eines Wohlgeruchs nicht in Worte fassen und erkennt ihn doch gleich wieder, auch ohne daß man den riechenden Gegenstand selbst gewahrt.

Viele Wohlgerüche machen den Eindruck des Milden, Lieblichen, andere den des Feurigen, Berauschenden, wieder andere den des Angreifenden, Betäubenden, wenn auch an sich anfangs Angenehmen, keineswegs Widrigen. Zu den milden, lieblichen Wohlgerüchen unserer Naturumgebung gehören diejenigen gewisser Frühlingsblumen in Feld und Wald. Wie lieblich ist nicht der Duft des im Gras verborgenen Märzveilchens, wie sanft und süß derjenige der Frühlingsprimel oder Schlüsselblume, wie fein und entzückend derjenige der Gartenprimel oder Aurikel! Und welchen wohlthuenden, erquickenden Duft hauchen nicht die lieblichen Glöckchen unserer Maiblumen im Versteck frisch ergrünter Maigebüsche aus, welches Wohlgefühl durchströmt uns, wenn wir den Duft eines ganzen Straußes dieser lieblichen Blümchen in vollen Zügen hinunterziehen! Ist nicht der Duft der unscheinbaren Gartenreseda äußerst lieblich und an-

genehm? Was gleicht an Feinheit, Süße und Lieblichkeit dem unvergleich=
lichen Duft der herrlichen Apfelblüten, oder dem der Blüten des Wein=
stocks? Ist letzterer nicht zugleich köstlicher fein und lieblich, und zugleich
stärkend und mit Kraft durchströmend, wie der edelste Wein selbst? —
Und bietet uns nicht der Garten noch andere unvergleichliche Blumengerüche
mehr in der herrlichen Gartennelke und dem Federröschen, in
der lieblich sanften Nachtviole, der Levkoye, dem Goldlack und
andern mehr? — Bei allen genannten Wohlgerüchen ist Lieblichkeit, Milde
und Zartheit das Merkmal; man kann sich nicht genug daran sättigen,
nicht genug thun, man verlangt nach mehr, nach vollerem Genuß eben
desselben Wohlgefühls. Diese Schönheiten und Genüsse sind eher anregend,
als sättigend, und eben dadurch kommen sie uns so lieblich vor.

Andere Wohlgerüche sind durchdringender, feuriger, wie man sagt
„brennender“, sie sind dadurch ergreifender, aber auch zuletzt ermüdender,
ohne gerade abzustoßen. Man wird recht eigentlich von ihnen gesättigt
und verlangt nicht nach mehr oder andern. Dieser Klasse gehören die
köstlichen Gewürze und Spezereien der wärmeren Länder an. Aber
auch unter den Gewächsen unserer Umgebung kennen wir dergleichen, frei=
lich bei vielen, weil sie eben einer wärmeren Heimat entstammen. Ist
nicht der Wohlgeruch unserer Gartencentifolie ein alles berauschender
und durchdringender? Wäre es nicht zu wenig behauptet, wenn man den
köstlichen Rosenduft, dieses Produkt des Orients, bloß anmutig, mild und
bezaubernd, bloß lieblich nennen würde? Ist er nicht vielmehr alles über=
bietend und ohnegleichen? — Und wie durchdringend ist der süße Balsam=
duft der weißen Gartenlilie, wie brennend und durchdringend sind
die Wohlgerüche der verschiedenen Lippenblüter, des Lavendels, des
Thymians, der Melisse, Pfefferminze, des Majorans,
der Monarde, des Rosmarins! Wird nicht durch den starken,
würzigen Duft unserer Linde eine ganze Umgebung erfüllt, und erquickt
ihr balsamischer Geruch nicht den ganzen Körper dessen, der ihn mit voller
Brust einatmet? Wie balsamisch, urkräftig durchdringt uns nicht der wohl=
thätige Duft der Holunderblüte! Welch' kräftig belebende und er=
frischende Wirkung übt nicht auf uns der köstliche Fliederduft, oder
der des nicht minder köstlichen Geisblatts! Und was ginge über den
ebenso feinen, als starken, überaus gewürzigen Vanillegeruch, den
außer der eigentlichen Vanille auch andere Orchisblumen ausströmen? Wer
könnte die Gerüche und Düfte eines Gewächshauses oder eines Tropen=
waldes alle bezeichnen und unterscheiden? Es sind derselben Tausende und
Abertausende, und jeder derselben ist in seiner Art eigen, neu und be=
zeichnend. Wie staunenerregend ist nicht auch hier, wie in Formen und

Farben, die Mannigfaltigkeit der Natur, wie reich und unbeschränkt die Schöpferkraft dessen, der all' diese Dinge mit ihren eigentümlichen Wirkungen auf unsern Sinn werden ließ, von denen jedes seine Besonderheit behaupten und seine eigentümliche Wirkung ausüben sollte.

Aber nicht alle Gerüche sind wohlthätig, so angenehm und köstlich sie uns auch beim ersten Eindruck vorkommen mögen. Gab ja das Gefährliche der starken Gerüche dem Dichter den Gedanken von „der Blumen Rache" ein, worin es heißt:

> „Welch' ein Rauschen, welch' ein Raunen!
> Wie des Mädchens Wangen glühen!
> Wie die Geister es anhauchen!
> Wie die Düfte wallend ziehen!"

und dessen Schluß lautet:

> „Eine welke Blume selber,
> Noch die Wange sanft gerötet,
> Ruht sie bei den welken Schwestern, —
> Blumenduft hat sie getötet!"        Freiligrath.

Die rosenrötlichen Blüten des Frühlings-Seidelbastes (Daphne Mezereum) senden uns einen anfangs lieblichen Duft zu, und doch ist es der Wohlgeruch einer Giftpflanze, der uns alsbald Kopfweh verursacht. Auch die beliebten, köstlich duftenden Hyacinthen, wie ähnlich die Narzissen, ferner besonders die Blüten des deutschen Jasminstrauches entzücken wohl zunächst unsere Geruchsnerven, erregen sehr bald aber Überdruß und nötigen uns, ihrem starken Geruch uns zu entziehen.

Die Welt ist uns durch den Geruchsinn in einer sehr wesentlichen Beziehung erschlossen. Würde nicht die Rose eine tote Blume für uns sein, wenn wir sie nur anschauen, in die Hand nehmen und befühlen könnten? Würden alle die zahllosen duftenden Blumen nicht ihres besten Schmucks, ihrer edelsten Eigenschaft verlustig gehen, wenn sie uns nur Form und Farbe darthun könnten, wenn sie gleichsam ihr besseres Wesen und Leben, ihr mehr geistiges Sein uns nicht bemerklich zu machen vermöchten? Mit größtem Recht vergleicht die Sprache der Poesie bloß körperliche Schönheit ohne geistige Gaben, ohne Lieblichkeit des Herzens und Gemüts, der prunkenden Tulpe ohne Duft und Wohlgeruch, und wird dagegen die Rose nur wegen ihres unvergleichlichen Geruchs, der sich mit Schönheit der Form und Zartheit der Farbe aufs glücklichste verbindet, als Königin der Blumen gepriesen. Wird nicht einer schönen Landschaft das wahre Siegel der Poesie erst durch die lauen, würzig duftenden Lüfte aufgedrückt, welche ihrer toten Schönheit gleichsam Atem einhauchen, welche sie mit Geist erfüllen und die Brust der Beschauer mit Wohlgefühl durchdringen? Wenn der Dichter von ihr sagt:

„Leiſe Bewegung
Bebt durch die Luft,
Reizende Regung,
Schläfernder Duft.“     Goethe.

Worin beſteht die wahre Weihe eines Frühlingstages anders, als in den Düften, welche dem Blütenmeer der Bäume und Blumensträucher entſtrömen und ebenſo das Jauchzen in der Menſchenbruſt, als den lauten Jubelſchlag der Nachtigall erregen?

„Wie ſtrömt's aus allen Blüten,
Herab von Strauch und Baum!
Und jede Blüt' ein Becher
Voll ſüßer Düfte Schaum.“     W. Müller.

Und ſo iſt denn die Einrichtung der Wohlgerüche in der Natur ein Liebeswerk, ein Segen, den der Schöpfer zur Freude, zum Genuß ſeiner Geſchöpfe ins Daſein gerufen hat.

Außerdem aber dient das Mittel der verſchiedenen Gerüche zu nützlichen und nötigen Zwecken. Wir ſollen durch ſie ſonſt nicht wahrnehmbare Stoffe erkennen und unterſcheiden. Iſt nicht der Sinn mancher Tiere, beſonders der Hunde, für dieſe Art der Wahrnehmung vorzugsweiſe ausgebildet, und leiſten ſie, von ihm geleitet, nicht Erſtaunliches und unmöglich Scheinendes? — Ebenſo Raubvögel, Inſekten und andere niedere Tiere, die nicht einmal ein äußerlich auffallendes Riechorgan zu beſitzen ſcheinen? Die Wohlgerüche ſind ſonach tauſend unſichtbare Fäden mehr, welche die auseinander befindlichen Dinge dieſer Erde miteinander verknüpfen, das Medium der Gerüche überhaupt ein überaus wunderbares und ſinnreiches Mittel, durch welches die Vorſehung die Geſchäfte ſich voneinander Kunde geben läßt, durch welches der Wechſelverkehr im organiſchen Leben der Natur vermittelt wird. Wer wüßte überhaupt irgend eine Seite oder Beziehung des Naturlebens herauszugreifen, wo ſich die gütige, weiſe Hand eines vollkommenen Schöpfers nicht unzweideutig kundgäbe? —

## 109. Die Blätter unſerer Laubbäume.

Mit gutem Grund haben ſich die Botaniker unſerer Zeit vorzugsweiſe dem Studium der niederen Pflanzen zugewendet, deren einfacher Bau eher hoffen läßt, die dem Leben der Pflanze zu Grunde liegenden Geſetze zu erkennen. Eine Vernachläſſigung der Anatomie der höher organiſierten Gewächſe dürfte aber dadurch noch nicht gerechtfertigt ſein. Die wichtigſten Fragen über die Ernährung und das Wachstum der vollkommeneren Pflanzen können nur dann mit einiger Ausſicht auf Erfolg in Betracht gezogen werden, wenn wir über den Bau aller Teile des Pflanzenkörpers, über Gestalt und Größe ihrer Elementarorgane im reinen sind, was kaum bei einer Phanerogame der Fall sein wird. Wenn der innere Bau nicht nur einiger, sondern womöglich aller Gewächse erforscht und die bei verwandten Pflanzen erhaltenen Resultate zusammengestellt werden, wird zweitens aus einer solchen Untersuchung manches Merkmal zur Unterscheidung schwieriger Arten gewonnen werden. Endlich wird aus derselben auch die Morpho= logie den größten Nutzen ziehen, da nur die Bildung eines Organs uns mit Sicherheit auf die Funktion desselben schließen und dadurch erkennen läßt, was in der äußeren Gestalt desselben wesentlich, was unwesentlich ist. Vor allem scheinen die Blätter geeignet, Gestalten organischer Körper auf einfache Gesetze zurückzuführen, da, soweit wir die Sache bis jetzt über= sehen, sowohl ihre Bedeutung für das Leben der Pflanzen leicht festzu= stellen ist, als auch ihre Gestalt bei dem Zurücktreten der einen Dimension gegen die beiden andern eher möglicherweise als die eines anderen Pflanzen= teils durch einen mathematischen Ausdruck widergegeben werden kann.

Nachdem ich mir die Untersuchung der Blätter unserer Laubbäume nach allen diesen Richtungen zur Aufgabe gemacht, sollen einige bis jetzt erlangte Resultate hier zusammengestellt werden, indem ich eine und die andere allgemeine Bemerkung, auf welche mich diese Untersuchungen ge= führt haben, an geeigneter Stelle einschalte. Zunächst sind es die kätzchen= tragenden Laubbäume und zwar aus den Familien der Kupuliferen, Be= tulineen, Salicineen und Urticeen folgende zwölf Species, deren Blätter ich genauer untersucht und auf welche sich das Gesagte vorzugsweise bezieht: Quercus pedunculata *Ehrh.*, Fagus sylvatica *L.*, Carpinus Betulus *L.*, Corylus Avellana *L.*, Alnus glutinosa *Gärtn.*, Alnus incana *D. C.*, Betula alba *L.*, Populus pyramidalis *Roz.*, Populus nigra *L.*, Populus tremula *L.*, Salix Caprea *L.* und Ulmus campestris *L.*

Gehen wir aus von der Stellung der Blätter am Zweige, so ist die= selbe zunächst abhängig von ihrer Entstehung unter dem Vegetationskegel der Endknospe. Wenn, wie bei unseren Laubbäumen, nirgends zwei oder mehrere Blätter in gleicher Höhe entstehen, erhalten wir eine spiralförmige Stellung. Bekannt ist das von E. Braun und C. Schimper aufgestellte Gesetz, daß auf der Spirallinie, welche die Anheftungspunkte der Blätter verbindet, dieselben so verteilt sind, daß auf eine gewisse Anzahl Win= dungen eine bestimmte Anzahl Blätter kommt und daß die Brüche, welche den beobachteten Fällen entsprechend den zwischen zwei Blättern liegenden Teil eines ganzen Umgangs ausdrücken, $\frac{1}{2}$, $\frac{1}{3}$, $\frac{2}{5}$, $\frac{3}{8}$ u. s. w. sind. Daß diese Brüche eine Reihe bilden, in welcher jeder durch Addition der Zähler und Nenner der zwei vorhergehenden erhalten werden kann, dürfte weniger auffallend erscheinen, wenn wir dieselben in Decimalbrüche verwandeln: $\frac{1}{2} = 0,5$; $\frac{1}{3} = 0,333\ldots$; $\frac{2}{5} = 0,4$; $\frac{3}{8} = 0,375$; $\frac{5}{13} = 0,384615$; $\frac{8}{21} = 0,380952$; $\frac{13}{34} = 0,382353$; $\frac{21}{55} = 0,381818$; $\frac{34}{89} = 0,382022$; $\frac{55}{144} = 0,381044$; $\frac{89}{233} = 0,381974$; $\frac{144}{377} = 0,381963$; $\frac{233}{610} = 0,381967$; $\frac{377}{987} = 0,381965$. Wir sehen dann, daß ihr Wert von zwei Seiten einer Grenze sich nähert, welche in Graden ausgedrückt den von den Gebrüdern Bravais aufgestellten Divergenzwinkel von 137° 30′ 28″ ergiebt. Offenbar liegt also dieser allen spiralförmigen Blattstellungen zu Grunde und die beobachteten einfacheren sind nur Abweichungen, welche in der $\frac{1}{3}$= und $\frac{1}{2}$=Stellung ihr Maximum erreichen. Es erklären sich diese Abweichungen leicht aus dem Zusammenhang der Gefäßbündel des Blattes und des Stammes. Die am Grunde eines Blattes entstehenden Gefäßbündel schieben sich zwischen diejenigen des Stammes ein und es wird dieses an der Stelle am leichtesten geschehen, wo das ausgetretene Gefäßbündel eines tiefer stehenden Blattes eine Lücke gelassen hat; die senkrechte Stellung beider übereinander ist die Folge davon. Je nachdem nun die Gefäßbündel des Blattes mehr oder weniger zwischen denen des Stammes herablaufen, wird bald ein näher, bald ein entfernter stehendes Blatt durch das neu entstandene in dem Gefäßbündelkreis repräsentiert werden. Denken wir uns von dem neu entstehenden Blatt eine senkrechte Linie herabgezogen, so werden von den auf einer normalen Spirale mit dem obigen Divergenzwinkel stehenden Blättern das nächst untere 137° 30′ 28″, das 2te 84° 59′ 4″, das 3te 52° 32′ 36″, das 4te 169° 58′ 8″, das 5te 32° 27′ 40″, das 6te 105° 2′ 47″, das 7te 117° 26′ 44″, das 8te 22° 16′ 19″, das 9te 157° 34′ 11″, das 10te 64° 55′ 7″, das 11te 72° 35′ 7″, das 12te 149° 54′ 25″, das 13te 20° 39′ 55″, das 14te 135° 6′ 31″ von diesen Senkrechten entfernt sein. Die Abweichung ist am geringsten beim 3ten, 5ten, 8ten, 13ten und wenn wir weiter gerechnet hätten dem 34sten und 55sten Blatte. Es darf uns demnach nicht Wunder nehmen, daß das neue Blatt am häufigsten sich über diese stellt.

Abweichungen von dem normalen Divergenzwinkel werden außerdem durch die Entwicklung und Richtung des Zweiges veranlaßt. Wenn eine Seite desselben sich stärker entwickelt, wird dadurch die Stellung der Blätter natürlich auch geändert. An wagrecht liegenden Zweigen haben die Blätter ein Bestreben, eine horizontale Lage einzunehmen, und oft kommt dadurch allein die $\frac{1}{2}$=Stellung zustande. Unter den von mir untersuchten Laubbäumen ist bei Quercus pedunculata und den Populus-Arten die $\frac{2}{5}$= Stellung am deutlichsten ausgeprägt und dem entsprechend zeigt nicht nur das Mark eine fünfeckige Gestalt, sondern auch die Spitzen der Zweige sind fünfkantig; auch Salix Caprea gehört hierher. Die $^1/_3$ = Stellung, jedoch nicht genau, zeigt Alnus glutinosa, die $^1/_2$ = Stellung Ulmus Campestris, Corylus Avellana und Carpinus Betulus. Bei Fagus sylvatica schwankt die Stellung zwischen $^1/_2$ und $^2/_5$, bei Betula alba zwischen $^1/_3$ und $^1/_2$.

Meistens sind die Blätter unserer Laubbäume so gestellt, daß sie die innere Seite nach oben, die äußere nach unten kehren; hat dabei auch der Zweig eine horizontale Lage, so liegen alle Blätter desselben in einer Ebene und, wie vorhin bemerkt, ist dann die $^1/_2$ = Stellung die gewöhnliche. Bei aufrecht stehenden Zweigen herrscht die $^2/_5$ = Stellung vor. Auch hier haben die Blätter gewöhnlich die obige Lage; nur bei Populus pyramidalis und nigra ist der von der Seite stark zusammengedrückte Blattstiel die Ursache, daß das Blatt in dieser Lage nicht verharren kann, sondern, indem der Blattstiel durch die Schwere des Blattes herabgebogen wird, sich vertikal stellt. Populus tremula hat zwar einen ähnlich gebildeten Blattstiel, während aber bei den beiden anderen Arten auch der Anfang der Mittelrippe nach unten stark erweitert ist, findet bei dieser, da wo der Blattstiel in die Mittelrippe übertritt, eine plötzliche Zusammenziehung statt. So ist das mit dem Blattstiel weniger fest verbundene Blatt nur halb genötigt, der Krümmung des letzteren zu folgen und es erklärt sich aus dem Schwanken zwischen der horizontalen und vertikalen Lage das bekannte Zittern ihrer Blätter. Allerdings trägt zu demselben auch die ungewöhnliche Länge des Blattstieles bei, welche der Länge des Blattes gleichkommt. Bei den beiden anderen Populus-Arten beträgt der Blattstiel etwas mehr als die Hälfte, bei den übrigen Laubbäumen höchstens $^1/_4$ der Länge des Blattes.

Gehen wir zur Gestalt der Blätter unserer Laubbäume über, so läßt man, wie schon der Ausdruck Blattfläche im Gegensatz zu dem Blattstiel andeutet, die Dicke gewöhnlich außer acht (es wird von derselben weiter unten die Rede sein). Wir haben es dann mit einer Figur zu thun, welche durch die Mittelrippe in zwei symmetrische Hälften geteilt wird. Die ungleichmäßige Ausbildung der beiden Blatthälften ist bei unseren Laubbäumen nirgends Regel, kommt aber häufig vor. So ist bei den horizontal und zweireihig stehenden Blättern, z. B. bei Corylus Avellana die dem Zweig zugekehrte Hälfte des Blattes gewöhnlich kleiner als die andere. Die Gestalt des Blattes wird also, von den Einschnitten des Blattrandes abgesehen, durch die Kurve gegeben sein, welche letzterer auf einer Seite des Blattes bildet. Würde man von dem Rande des Blattes Senkrechte fällen und deren Länge sowie den Abstand ihrer Fußpunkte von dem Blattgrunde bestimmen, so würde eine Anzahl solcher Bestimmungen hinreichen, die Gestalt des Blattes auszudrücken. Es hat natürlich keinen Sinn, an einem einzelnen Blatte die Bestimmungen vorzunehmen. Erst dann dürfte man versuchen, für die von dem Blattrande gebildete Kurve einen mathematischen Ausdruck zu gewinnen, wenn man zuvor durch Vergleichung einer großen Anzahl Blätter von den verschiedensten Standorten die Normalgestalt des Blattes einer Species festgestellt hätte. Indem ich von einer solchen Bestimmung hier absehe, will ich über die Gestalt der Blätter unserer Laubbäume nur einige vergleichende Bemerkungen machen, wie sie sich auch ohne genaue Messungen ergeben.

Die kleinsten Blätter hat Salix Caprea, die größten Corylus Avellana. Länge und Breite sind etwa gleich bei Alnus glutinosa, Populus pyramidalis und Populus tremula. Gering ist der Unterschied bei Corylus Avellana und Alnus incana. Bei Populus nigra und Betula alba ist das Verhältnis etwa wie 4 zu 3, bei Fagus sylvatica und Ulmus campestris wie 3 zu 2, während bei Quercus pedunculata, Carpinus Betulus und Salix Caprea die Länge ungefähr das Doppelte der Breite beträgt. Die größte Breite liegt bei Fagus sylvatica, Carpinus Betulus, Ulmus campestris, Salix Caprea und Populus tremula in der Mitte, bei Quercus pedunculata, Alnus glutinosa und Corylus Avellana etwas mehr nach oben, etwas mehr nach unten bei Alnus incana und Populus pyramidalis und nahe dem Grunde bei Populus nigra und Betula alba.

Mit der Ausbreitung der Blattfläche hängt die Verteilung der Rippen des Blattes eng zusammen. Zu der Annahme, die Gestalt des Blattes sei durch die Verteilung der Rippen bedingt, berechtigt uns indessen nichts; es ist vielmehr wahrscheinlicher, daß die Entwicklung der Rippen sich der Gestalt des Blattes anpaßt. Nennen wir die von der Mittelrippe ausgesandten Seitenrippen die Rippen erster Ordnung*), die von diesen auslaufenden die zweiter Ordnung u. s. w., so ist zunächst darauf aufmerksam zu machen, daß bei einigen Blättern zwischen den Rippen erster und zweiter Ordnung ein scharfer Unterschied besteht, so namentlich bei Carpinus Betulus, wo nur die Rippen erster Ordnung gegen die untere Blattfläche vorspringen. Was die Art der Verteilung betrifft, so scheint es Regel zu sein, daß bei gleicher Ausbildung beider Blatthälften die Rippen erster Ordnung gegenständig sind. Es tritt dies allerdings selten ein. Auf derjenigen Seite, wo die Blattfläche am Grunde stärker ausgebildet ist, rücken die Rippen erster Ordnung weiter herab; es findet dies aber um so weniger statt, je gleichmäßiger die Ausbildung der unteren Teile des Blattes

---

*) Ich gebrauche den Ausdruck „Rippen" statt der gewöhnlicheren „Nerven" oder „Adern", da diese Bezeichnung dem Wesen derselben mehr entspricht. Auch ist „Mittelrippe" allgemein gebräuchlich und das Kollektivum „Gerippe" wird beim Schiffsbau in ähnlichem Sinne angewendet.

auf beiden Seiten ist. Die Rippen niederer, häufig schon die zweiter Ordnung, vereinigen sich in ihren Enden, sogenannte Anastomosen bildend, und
es entstehen so immer kleinere geschlossene Zwischenräume. Nur bei den
Rippen letzter Ordnung findet dies nicht statt und es läßt sich deshalb
Zahl und Größe der Lücken nicht bestimmt angeben. Eine Vergleichung
der verschiedenen Blätter zeigt übrigens, daß sie bei allen etwa gleich
groß sind und unabhängig von der Größe des ausgebildeten Blattes.
Schwierig ist es, auch zu ermitteln, ein wie großer Teil der Blattfläche
von den Rippen und welcher von den dazwischen liegenden Gebilden eingenommen wird, da die letzten Ausläufer der Rippen nur unter dem
Mikroskope wahrzunehmen sind und selbst da kein scharf begrenztes Ende
zeigen. Man wird sich übrigens nicht weit von der Wahrheit entfernen,
wenn man annimmt, daß das Gerippe des Blattes etwa die Hälfte der
ganzen Blattfläche einnimmt.

Die Einschnitte des Randes hängen mit der Verteilung der Rippen
ebenfalls zusammen, so jedoch, daß auch hier eine Abhängigkeit der ersteren
von der letzteren anzunehmen nicht notwendig ist. Gewöhnlich endigt in
der Spitze jedes Zahnes eine Rippe, während die Winkel zwischen den
Zähnen das Zusammentreffen mehrerer Rippen in einem Punkte zeigen;
bei den Populus-Arten dagegen und bei Salix Caprea wird der Rand
der Zähne von Rippen gebildet, deren Windungen sich die im Blatte zunächst liegenden anpassen. Die Spitze tritt besonders stark hervor bei
Corylus Avellana, während bei Alnus glutinosa die Ränder des Blattes an
der Spitze einen einspringenden Winkel bilden. Nach Schacht ist daran das
frühzeitige Absterben des Endzahnes schuld. Am Grunde des Blattes bilden
die beiden Blattränder einen einspringenden Winkel nur bei Populus nigra.

Zu dem inneren Bau des Blattes übergehend, unterscheiden wir, abgesehen von dem Gerippe des Blattes, das die Zwischenräume der letzteren
ausfüllende Zellgewebe und die die obere, wie die untere Fläche des Blattes bekleidende Epidermis. Fassen wir zuerst den Bau der letztern ins
Auge. Sie wird meist von einer einzigen Lage tafelförmiger Zellen gebildet, welche an Gestalt und Größe mannigfach verschieden sind. Ihre
Seitenwände sind teils gestreckt, so daß die Zellen, von oben gesehen, als
geradlinige Figuren erscheinen, wie bei Quercus und Betula, teils mehr
oder weniger gebogen oder gewunden. Am meisten ist dies bei Fagus
sylvatica und Carpinus Betulus der Fall, wo die Zellen fast eine stern-
förmige Gestalt annehmen. Es ist leicht ersichtlich, daß dabei das ganze
Gewebe, bei gleicher Größe der Zellen, viel dichter erscheinen muß. So
läßt uns der erste Anblick die Zellen der oberen Epidermis bei Quercus
pedunculata für größer halten, als bei Fagus sylvatica, während das

Umgekehrte der Fall ist. Bei den Epidermiszellen von Ulmus campestris
ist der einspringende Winkel, welchen die Seitenwände zeigen, eigentümlich.
Natürlich ist es schwer, das Charakteristische der einzelnen Gestalten in
Worten wiederzugeben; für die Entstehung der Epidermis aber dürfte die
Bemerkung nicht überflüssig sein, daß alle Gestalten der Art sind, daß wir
uns je zwei oder mehrere Zellen zu einer von ähnlicher Form vereinigt
denken können. Die Dicke der Scheidewände der Epidermiszellen, also die
doppelte Dicke der Zellenwand, beträgt ungefähr 0,0025 Millimeter.*)
Etwas größer ist sie bei den Populus-Arten, namentlich bei der unteren
Epidermis von Populus tremula, wo sie bis auf 0,004 Millimeter steigt.
Der senkrechte Schnitt durch die Epidermiszellen zeigt sie fast immer von
rechtwinkliger Gestalt; nur bei Ulmus campestris sind die Zellen der
obern Epidermis nach dem Innern des Blattes hin polyhedrisch. In der
Regel also sind die Epidermiszellen tafelförmig und zwar beträgt ihre
Höhe 0,015—0,030 Millimeter. Im allgemeinen haben die größeren
Zellen auch eine größere Höhe; die obere Epidermis ist dem entsprechend
dicker als die untere. Bei den Zellen mit geraden Seitenwänden ist die
Höhe von der mittleren Breite weniger verschieden, als bei denen mit gewundenen. So sind die Epidermiszellen bei Betula alba fast so hoch als
breit, während bei Carpinus Betulus der mittlere Durchmesser die Höhe
dreimal übertrifft. Nach außen hin erscheint die Wand der Epidermiszellen durch Kuticularschichten verdickt. Diese Verdickung kommt auf der
Oberseite des Blattes von Alnus glutinosa dem inneren Durchmesser der
Zellen gleich. Von abweichender Gestalt sind die Epidermiszellen über den
Rippen des Blattes. Bei allen Blättern haben sie an diesen Stellen mehr
oder weniger die Form schmaler Rechtecke.

Die Zellen der unteren Epidermis weichen in ihrer Gestalt von denen
der oberen gewöhnlich nicht sehr ab. Fast immer sind sie kleiner, in Größe
und Gestalt weniger gleichmäßig und ihre Seitenwände mehr gebogen, so
daß die Epidermis der unteren Blattfläche das Bild eines engmaschigeren,
unregelmäßigeren Netzes bietet, als die der oberen.

Die absolute Größe der Epidermiszellen läßt sich wegen ihrer un-
regelmäßigen Gestalt nicht wohl direkt bestimmen. In der nachfolgenden
Tabelle ist der mittlere Durchmesser der Zellen in der Weise bestimmt
worden, daß aus der beobachteten Anzahl derselben auf einem Quadrat-

---

*) Die Größenangaben gründen sich auf genaue nach dem Mikroskop in der
Weise ausgeführte Zeichnungen, daß in ein Netz mit quadratförmigen Maschen von
13,5 Millimeter Seitenlänge die Bilder so eingezeichnet wurden, wie sie auf einem
in 400 Quadrate geteilten, in Glas geätzten Quadratmillimeter erscheinen. Der Maßstab der Zeichnung war also 270 : 1.

18

millimeter ihr mittlerer Flächeninhalt berechnet und der Durchmesser eines Kreises von gleichem Inhalt gesucht wurde.

| | Größe des beobachteten Blattes ⊔mm | Anzahl der Epidermiszellen auf 1 ⊔mm der | | Durchschnittlicher Flächeninhalt der Epidermiszellen | | Mittlerer Durchmesser der Epidermiszellen | |
|---|---|---|---|---|---|---|---|
| | | Oberseite | Unterseite | oben ⊡mm | unten ⊔mm | oben mm | unten mm |
| Quercus pedunculata | 3115 | 1600 | 2000 | 0,000625 | 0,000500 | 0,028 | 0,025 |
| Fagus sylvatica . . | 3750 | 1400 | 1400 | 0,000714 | 0,000714 | 0,030 | 0,030 |
| Carpinus Betulus . . | 3646 | 800 | 1300 | 0,001250 | 0,000769 | 0,040 | 0,031 |
| Corylus Avellana . . | 6962 | 2600 | 2000 | 0,000385 | 0,000500 | 0,022 | 0,025 |
| Alnus glutinosa . . | 5676 | 2000 | 3200 | 0,000500 | 0,000313 | 0,025 | 0,020 |
| Alnus incana . . . | 5095 | 2800 | 3600 | 0,000357 | 0,000277 | 0,021 | 0,019 |
| Betula alba . . . . | 2016 | 1800 | 2700 | 0,000555 | 0,000370 | 0,027 | 0,022 |
| Populus pyramidalis | 3000 | 2050 | 3600 | 0,000488 | 0,000277 | 0,025 | 0,019 |
| Populus nigra . . . | 3534 | 1260 | 1300 | 0,000776 | 0,000769 | 0,032 | 0,031 |
| Populus tremula . . | 2233 | 2800 | 3000 | 0,000357 | 0,000333 | 0,021 | 0,020 |
| Salix Caprea . . . | 1560 | 2100 | 3000 | 0,000476 | 0,000333 | 0,025 | 0,020 |
| Ulmus campestris . | 3096 | 1200 | 2700 | 0,000833 | 0,000370 | 0,033 | 0,022 |

Mit Ausnahme von Corylus Avellana sind die Epidermiszellen auf der Unterseite kleiner, als auf der Oberseite. Da aber bei Corylus Avellana die Seitenwände der unteren Epidermiszellen mehr hin und her gebogen sind, so erscheint das Gewebe auch hier, wie bei allen anderen Blättern auf der Unterseite engmaschiger. Bei Fagus sylvatica sind die Zellen auf beiden Seiten in Gestalt und Größe gleich; den größten Unterschied in der Größe beider zeigen Carpinus Betulus und Ulmus campestris. Die größten Epidermiszellen überhaupt finden wir bei Carpinus Betulus, die kleinsten bei Alnus incana. Zu allen Untersuchungen sind Blätter von mittlerer Größe gewählt. Es scheint übrigens die Größe der Epidermiszellen ziemlich konstant zu sein und von der größeren oder geringeren Entwicklung des Blattes wenig abhängig. So ergab die Untersuchung eines abnorm großen Eichblattes von 29700 Quadratmillimeter Oberfläche 1000 Epidermiszellen auf einem Quadratmillimeter der Oberseite von einem mittleren Durchmesser von 0,036 Millimeter. Es war demnach, während dieses Blatt eines von mittlerer Größe um das Zehnfache übertraf, der Durchmesser der Epidermiszellen nur um $^1/_3$ größer. Eine regelmäßige Anordnung der Epidermiszellen ist nicht wahrzunehmen. Bisweilen scheinen sie strahlenförmig um eine mittlere Zelle gruppiert; so, vielleicht nur zufällig, bei Corylus Avellana. Nur über den Rippen des Blattes sind sie in mehrere nebeneinander liegende Reihen geordnet.

Am meisten unterscheidet sich die untere Epidermis von der oberen durch das Vorhandensein von Spaltöffnungen. Wie bekannt werden die=

felben von je zwei nierenförmigen etwas mehr nach innen gelegenen Zellen gebildet, welche eine Lücke zwischen mehreren Epidermiszellen verschließen, während sie ihrerseits einen Spalt lassen, der, unter Wasser gesehen, weil Luft enthaltend, schwarz erscheint. Die beiden Schließzellen samt der Spalt= öffnung bilden eine Ellipse, welche wenig länger als breit ist. Nur bei Ulmus campestris übertrifft die Länge die Breite dreimal; bei allen übrigen ist das Verhältniß ungefähr wie drei zu zwei und zwar beträgt die Länge im Durchschnitt 0,025, die Breite 0,016 Millimeter. Am kleinsten sind die Spaltöffnungen bei Fagus sylvatica, am größten bei Betula alba, wie aus der nachfolgenden Tabelle zu ersehen ist. Die die Spaltöffnungen

| | Größe des beobachteten Blattes in □mm | Größe der Spaltöffnungen samt Schließzellen | | Anzahl der Spalt= öffnungen auf 1 □mm | Anzahl der Spaltöffnungen auf der ganzen Blattfläche |
|---|---|---|---|---|---|
| | | Länge mm | Breite mm | | |
| Quercus pedunculata . . | 3115 | 0,020 | 0,012 | 450 | 701100 |
| Fagus sylvatica . . . | 3750 | 0,015 | 0,010 | 110 | 206250 |
| Carpinus Betulus . . | 3646 | 0,027 | 0,020 | 220 | 401060 |
| Corylus Avellana . . | 6962 | 0,025 | 0,020 | 150 | 522150 |
| Alnus glutinosa . . . | 5676 | 0,020 | 0,014 | 200 | 567600 |
| Alnus incana . . . . | 5095 | 0,022 | 0,016 | 160 | 407680 |
| Betula alba . . . . | 2016 | 0,038 | 0,025 | 240 | 241920 |
| Populus pyramidalis . | 3000 | 0,030 | 0,020 | 220 | 330000 |
| Oberseite des Blattes | — | 0,030 | 0,020 | 40 | 60000 |
| Populus nigra . . . | 3534 | 0,025 | 0,020 | 120 | 212040 |
| Oberseite des Blattes | — | 0,030 | 0,020 | 40 | 70680 |
| Populus tremula . . . | 2233 | 0,023 | 0,017 | 170 | 189890 |
| Salix Caprea . . . . | 1560 | 0,016 | 0,012 | 300 | 234000 |
| Ulmus campestris . . | 3096 | 0,030 | 0,010 | 450 | 696600 |

zunächst umgebenden Epidermiszellen sind gewöhnlich kleiner und oft nur unvollkommen ausgebildet. In der Verteilung der Spaltöffnungen auf der Unterseite des Blattes ist bei unseren Laubbäumen keine Regelmäßigkeit wahrzunehmen. Im allgemeinen läßt sich nur sagen, daß sie innerhalb der von den Rippen gebildeten Lücken mehr nach der Mitte als nach dem Rande hin stehen; über den Rippen selbst fehlen sie ganz. Populus nigra und pyramidalis sind die einzigen, welche auch auf der Oberseite der Blätter Spaltöffnungen besitzen, wenn auch in geringer Zahl. Haben wir die durchschnittliche Zahl der Spaltöffnungen auf einem Quadratmillimeter durch Beobachtung ermittelt, so finden wir die ungefähre Anzahl derselben auf der unteren Blattfläche durch Multiplikation mit dem halben Inhalt derselben. Da nämlich zur Beobachtung nur die Teile der Epidermis gewählt wurden, welche die Gerüstlücken bedecken, auf den Rippen aber die Spaltöffnungen fehlen und das Gerippe des Blattes etwa denselben Raum einnimmt, wie die Lücken, so sind in der That nur auf der halben Fläche des Blattes die Spaltöffnungen in der beobachteten Menge verteilt.

Wir sehen aus obiger Tabelle, daß keineswegs die relative Zahl der Spaltöffnungen größer ist, wenn dieselben kleiner, sondern daß eher umgekehrt behauptet werden kann, daß die größeren Spaltöffnungen auch zahlreicher über ein gleich großes Stück des Blattes verteilt sind. So hat Fagus sylvatica gleichzeitig die kleinsten und wenigsten Spaltöffnungen; Betula alba aber und Ulmus campestris, welche die größten Spaltöffnungen besitzen, haben auch nächst Quercus pedunculata die zahlreichsten aufzuweisen. Eine Vergleichung obiger Tabelle mit der vorhergehenden zeigt, daß die Größe der Spaltöffnungen von der der Epidermiszellen unabhängig ist. Ebenso scheint eine Beziehung zwischen der Größe des Blattes und der Anzahl und Größe der Spaltöffnungen nicht zu bestehen. Eher ist eine solche zwischen der Gesamtoberfläche der Blätter eines Baumes, welche allerdings schwer zu bestimmen sein möchte, und der Anzahl der Spaltöffnungen zu vermuten. In der That finden wir, daß die dünnbelaubte Birke die größten und zahlreichsten, die Buche mit reicher Laubentwicklung die kleinsten und wenigsten Spaltöffnungen besitzt. Die Epidermiszellen sind bei den Blättern unserer Laubbäume nur mit farblosem Zellsaft gefüllt. Die Schließzellen der Spaltöffnungen und die sie zunächst umgebenden Zellen der Epidermis enthalten außerdem bisweilen kleine farblose Körnchen.

Als der Oberhaut angehörig sind auch die Haare zu betrachten, welche sich vorzugsweise auf der Unterseite der Blätter finden. Sie stehen ausschließlich auf den Rippen des Blattes, oder, genauer ausgedrückt, zwischen den in Reihen gestellten Epidermiszellen von rektangulärer Gestalt, welche den entstandenen oder sich bildenden Gefäßbündeln im Innern des Blattes entsprechen. Dabei sind sie oft ungleich verteilt. So finden sie sich bei Alnus glutinosa nur an der Mittelrippe und den Rippen erster Ordnung da, wo beide zusammenstoßen. Ganz kahl sind die Blätter der drei Populus-Arten. Bei Fagus sylvatica sind nur die Rippen erster Ordnung mit langen Haaren besetzt, das Blatt sonst kahl. Die Blätter von Salix Caprea scheinen auf der ganzen Unterseite zottig behaart; in der That stehen aber auch hier die Haare nur auf den Rippen. Von Alnus incana wird in manchen Floren unrichtig behauptet, die Blätter seien auf der Unterseite filzig. Die ganze Unterseite ist allerdings grau; Haare finden sich aber nur sparsam auf den Rippen des Blattes.

Das zweite Gebilde des Blattes, die Mittelrippe als Fortsetzung des Blattstieles und ihre Verzweigungen nennen wir mit einem Worte das

Gerippe des Blattes. Im wesentlichen zeigen der Blattstiel und die Rip=
pen denselben Bau, wie der Stamm und die Zweige unserer Laubbäume.
Wir finden in ihnen Gefäßbündel, an welchen sich Holzteil, Cambiumschicht
und Bastteil unterscheiden lassen, Markstrahlen und Rindenparenchym. Da
ferner die Gefäßbündel des Stammes in Zusammenhang stehen, wird es
notwendig sein, vor allem diesen Zusammenhang zu verfolgen. Wie be=
kannt haben die Gefäßbündel unserer Dicotyledonen die Gestalt von Cy=
linderausschnitten. Durch die Cambiumschicht, in welcher die Neubildung
von Holz= und Bastzellen und sekundären Markstrahlen erfolgt, werden sie
in einem größeren Holzteil, der nach innen liegt und in einen nach außen
liegenden kleineren Bastteil geschieden; im Blatte liegt der Holzteil nach
oben, der Bastteil nach unten. Durch die Gestalt der Gefäßbündel ist die
Möglichkeit gegeben, daß mehrere zu einem von ähnlicher Gestalt zusammen=
treten und umgekehrt einer sich in mehrere von gleicher Form spalten kann.
Solche Trennungen und Vereinigungen kommen wiederholt vor. Nehmen
wir dazu die Neigung des Gefäßbündels, sich durch seitliche Ausdehnung zu
einem geschlossenen Ringe umzubilden, der sich wiederum durch Einschnü=
rungen in zwei oder mehrere Ringe trennen kann, so wird es begreiflich,
wie dieselben sich allen Gestalten der Rippen, namentlich aber des Blatt=
stieles und selbst zufälligen oder abnormen Veränderungen des letzteren an=
passen. Da die Trennung eines Gefäßbündels in zwei oder mehrere durch
die Ausdehnung eines sekundären Markstrahls erfolgt, aus dem Querschnitt
allein aber nicht zu ersehen ist, ob die Trennung durch den Markstrahl
wie gewöhnlich nur eine vorübergehende oder eine bleibende ist, so ist es
in vielen Fällen schwer, die Anzahl der Gefäßbündel anzugeben. Am
ersten geben die getrennt bleibenden Bastbündel, wenn solche wahrzunehmen
sind, darüber Aufschluß. Die Beobachtungen über den Verlauf der Gefäß=
bündel des Blattes wurden von mir so angestellt, daß eine große Anzahl
Querschnitte gemacht wurden, zunächst durch den Zweig unterhalb der An=
heftungsstelle eines Blattes, dann, von unten nach oben fortschreitend, durch
den Blattstiel und die Mittelrippe.

Gemeinsam läßt sich von allen zwölf untersuchten Pflanzen sagen,
daß zunächst der Gefäßbündelring des Zweiges von seiner regelmäßigen,
teils kreisförmigen, teils polygonen Gestalt in der Art abweicht, daß er
an drei Stellen sich stärker ausdehnt und zwar wird diese Gestaltverände=
rung zuerst als eine Anschwellung des Markes bemerkbar. Es treten dann
an diesen drei Stellen Gefäßbündel aus, während der Kreis der übrigen
sich sogleich wieder schließt. An der Stelle, wo der mittlere Gefäßbündel
ausgetreten, bleibt eine stärkere Ausbiegung zurück, welche gegen den An=
heftungspunkt des Blattes hin sich erweitert und endlich als Gefäßbündel=

kreis der Axillarknospe abschnürt. Die Gefäßbündel der letzteren sind als
später entstanden durch ihre hellere Farbe leicht zu unterscheiden. Zeigt
der Durchschnitt des Gefäßbündelringes im Zweige ein regelmäßiges Fünfeck,
wie bei Quercus pedunculata, Salix Caprea und den Populus-Arten,
so findet der Austritt an drei Ecken desselben statt; zeigt er ein Dreieck,
wie bei Alnus glutinosa, so bleiben zwei Ecken desselben unverändert, die
dritte rückt hinaus und an den Seiten des so entstandenen gleichschenkligen
Dreiecks entstehen zwei Ausbiegungen und zwei neue Ecken, welche wieder
verschwinden, sobald die seitlichen Gefäßbündel sich dort abgetrennt haben.
Der kreisrunde Durchschnitt, wie ihn Fagus sylvatica, Carpinus Betulus,
Corylus Avellana und Ulmus campestris zeigen, nimmt bei Corylus zunächst eine eiförmige, bei Fagus eine dreieckige, bei Ulmus eine fast vier-
eckige Gestalt an; alle aber kehren zu der früheren Gestalt zurück, nachdem
die drei Gefäßbündel des Blattes und die der Axillarknospe sich abgetrennt
haben. Verfolgen wir die ersteren, so spaltet sich das mittlere oft unmittelbar nach der Trennung in zwei (bei Fagus sylvatica) oder drei Teile (bei
Carpinus Betulus) oder es zeigt anfangs zwei, dann fünf getrennte Bündel
(bei Populus pyramidalis und nigra), was eine Trennung und Wieder-
vereinigung in der Mitte voraussetzt. Gleichzeitig rücken die seitlich ausgetretenen Gefäßbündel dem mittleren näher, welcher Verlauf äußerlich
durch zwei querlaufende Wulste bezeichnet ist, die sich von der Mitte des
Stammes gegen den Anheftungspunkt des Blattes hinziehen. Auch sie
spalten sich bisweilen noch in zwei Teile (bei Populus); in allen Fällen
aber rücken sie mit den mittleren Gefäßbündeln zu einer mehr oder weniger halbmondförmigen Figur zusammen, ehe sie in den Blattstiel eintreten. Es versteht sich von selbst, daß der Zweig unter dem Anheftungspunkt des Blattes an Umfang bedeutend zunimmt. Namentlich entsteht
eine große Menge Parenchym zwischen dem zuerst ausgetretenen Gefäßbündel und denjenigen des Zweiges, respektive der Axillarknospe. Die
Grenze zwischen Blattstiel und Zweig ist durch zwei Einschnürungen der
Rinde angedeutet. Die Fläche selbst, welcher entlang beide beim Abfallen
des Blattes sich voneinander trennen, wird erst im Herbste bemerkbar, wo
eine Schicht Korkzellen von außen nach innen fortschreitend sich bildet und
das Rindenparenchym des Blattstiels von dem des Zweiges trennt. Die
Entstehung derselben ist besonders bei Populus nigra leicht zu verfolgen.
Durch diese Schicht treten diese Gefäßbündel in den Blattstiel hinaus und
sind nach dem Abfallen des Blattes sowohl am Zweig als an dem Blattstiel auf der Trennungsfläche als Narben mit unbewaffneten Augen zu
erkennen. Innerhalb des Blattstieles ist der Verlauf und die Gruppie-
rung der Gefäßbündel sehr verschieden. Bei Betula alba ist die Sache

am einfachsten. Die drei Gefäßbündel treten zu einem größeren Ring= ausschnitt zusammen, dessen konvexe Seite nach unten gekehrt ist und der gegen den Blattgrund hin eine hufeisenförmige Gestalt annimmt. Ähnlich ist der Verlauf bei Ulmus campestris; nur schließen sich hier die drei Gefäßbündel zu einem ovalen Ring zusammen, welcher erst gegen den Blattgrund hin sich wieder öffnet. Bei Salix Caprea geht jedes der drei in den Blattstiel eingetretenen Gefäßbündel zuerst in einen Ring über, ehe sie sich zu einem einzigen, an einer Seite eingedrückten, geschlossenen Ring vereinigen. Entsprechend dem fünfeckigen Querschnitt des Blattstiels bilden die Gefäßbündel bei Alnus glutinosa die vier Seiten eines an der fünften Seite offenen Fünfecks. Bei Carpinus Betulus bleiben die fünf in den Blattstiel eingetretenen Gefäßbündel durch den größeren Teil desselben ge= trennt: erst in der Nähe der Blattfläche vereinigen sie sich zu einem fünf= eckigen Ringe. Die sieben in den Blattstiel von Quercus pedunculata eintretenden Gefäßbündel bilden eine halbmondförmige Figur, in welcher die zwei seitlich ausgetretenen an den Ecken stehen, während von den fünf Gefäßbündeln, in welche sich das mittlere gespalten, drei auf die konvexe und zwei auf die konkave Seite treten. Erst im Blatte nimmt der Gefäß= bündelring eine halbkreisförmige Gestalt an. Bei Corylus Avellana treten die drei Gefäßbündel zunächst in Gestalt eines Hufeisens zusammen. Von den seitlichen trennen sich dann Teile ab, welche sich zu einem vierten Ge= fäßbündel vereinigen, das, die Lücke schließend, mit den drei anderen ein Kreuz bildet. Dieser vierte Gefäßbündel nimmt gegen den Blattrand hin die Gestalt eines Dreiecks an und spaltet sich dann wieder in zwei aus= einanderfahrende Streifen. Am eigentümlichsten ist der Verlauf der Ge= fäßbündel im Blattstiele von Populus nigra. Sein Querschnitt zeigt da, wo er den Zweig verläßt, die Gestalt eines Dreiecks, welches zuerst in ein Fünfeck, dann in ein Sechseck übergeht, das allmählich höher und schmäler wird, bis die erste die zweite Dimension um das Vierfache übertrifft. Dieser Gestaltveränderung entsprechend zeigt der Querschnitt die aus dem mittleren Gefäßbündel entstandenen fünf zuerst in Hufeisenform gruppiert, während die seitlichen in zwei gespalten sind. Dann schließen sich die ersteren zu einem Ring zusammen, der sich zu einem Oval verlängert und durch seitliche Einschnürungen in drei geschlossene Gefäßbündelkreise trennt. Zwischen dem ersten und zweiten derselben, von unten gezählt, entsteht ein größerer Zwischenraum, in welchen die seitlichen Gefäßbündel, gleichfalls einen Ring bildend, eintreten, so daß jetzt vier Gefäßbündelkreise über= einander liegen. Die zwei oberen spalten sich am Grunde des Blattes und senden ihre Gefäßbündel in den den Rand des Blattes zu beiden Seiten bildenden Wulst. Teile des folgenden Ringes treten in das erste

Paar der Rippen erster Ordnung ein, während das zweite Paar die Ge=
fäßbündel von dem untersten Ringe erhält, der sich dann wieder schließt.
Später öffnet er sich, um sich mit dem darüber liegenden Ringe zu ver=
einigen. Ähnlich ist der Verlauf bei Populus pyramidalis; es entstehen
indessen hier nur drei getrennte Gefäßbündelkreise.

Einfacher ist das Verhalten der Gefäßbündel im Blatte selbst. Beim
Eintritt in dasselbe oder kurz nachher in der Mittelrippe bilden sie, wie
wir sahen, einen nach unten konvexen, nach oben entweder, wie bei Ulmus
campestris und Betula alba, offenen oder, wie bei Salix Caprea und
Quercus pedunculata, geschlossenen Ring. Bei Alnus glutinosa schließt
sich der anfangs offene Ring erst etwa in der Mitte des Blattes. Wir
sehen hieraus, daß beide Fälle nicht wesentlich verschieden sind; der zweite
wird dann eintreten, wenn die Mittelrippe des Blattes gegen die untere
Blattfläche mehr hervortritt. Dabei ist immer die nach oben gekehrte Seite
des Gefäßbündelringes weniger konvex und es zeigt so derselbe zwei Ecken,
an welchen die Gefäßbündel der Rippen erster Ordnung heraustreten, wäh=
rend sie sich, wenn der Ring oben offen ist oder Hufeisenform hat, an den
freien Enden loslösen. Die Trennung findet in der oben erwähnten Weise
immer etwas unterhalb der Stelle statt, wo eine Seitenrippe die Mittel=
rippe verläßt. Die abgetrennten Gefäßbündel der Rippen erster Ordnung
zeigen im Querschnitt die Gestalt eines Kreisausschnittes und erweitern
sich durch seitliche Ausdehnung zu einer ähnlichen Hufeisenform wie die
Mittelrippe sie zeigt. Ganz in derselben Weise trennen sich die Gefäß=
bündel der Rippen zweiter Ordnung von denen der ersten u. s. w. Als
letzte Ausläufer der Gefäßbündel finden wir im Innern des Blattes ein=
zelne, horizontal verlaufende Spiralgefäße, besonders deutlich bei Salix
Caprea. Die Gefäßbündel der Blätter unserer Laubbäume bestehen, wie
die des Stammes, hauptsächlich aus Holzzellen, zwischen welchen einzelne
Gefäße liegen. Die Cambiumschicht liegt nach unten und dem entsprechend
unterscheidet man leicht einen älteren nach oben und einen jüngeren nach
unten gelegenen Teil; ersterer ist dunkler, letzterer heller gefärbt. Der
Bastteil ist nicht immer deutlich zu erkennen; nur die jüngsten im Ent=
stehen begriffenen Gefäßbündel zeigen zwei gleichstarke Partieen engerer
Zellen, die zusammen einen kreisförmigen oder ovalen Querschnitt haben
und von welchen die obere als Holz=, die untere als Bastteil anzusehen ist.

Außer den Gefäßbündeln gehören zu den Rippen des Blattes das
dieselben namentlich auf der oberen Seite begleitende farblose Parenchym
und genau genommen auch die Teile der Epidermis, welche ober= und
unterhalb der Gefäßbündel liegen und sich durch eine andere Gestalt und
Anordnung der Zellen auszeichnen. Äußerlich machen sich die Gefäßbündel

durch das Hervortreten der stärkeren Rippen auf der Unterseite bemerkbar. Bei Salix Caprea erstreckt sich dieses Hervortreten, verdeckt freilich durch die dichte Behaarung, auch auf die Rippen niederer Ordnung, während bei den Blättern der übrigen Laubbäume den schwächeren Rippen Vertiefungen in der unteren Blattfläche entsprechen. Eben solche Vertiefungen bemerken wir auf der Oberseite auch über der Mittelrippe und den Seitenrippen erster und zweiter Ordnung. Die letzten Verzweigungen der Rippen liegen, wie schon gesagt, im Innern des Blattparenchyms und sind, weil von letzterem oben und unten umschlossen, äußerlich nicht wahrzunehmen.

Das dritte Gebilde im Blatte ist das vorzugsweise mit dem Namen Blattparenchym belegte Zellgewebe, welches die von den Rippen gebildeten, beiderseits von der Epidermis verkleideten Lücken ausfüllt. Es besteht bei unseren Laubhölzern gewöhnlich aus dreierlei Zellgewebe. Erstens stehen senkrecht gegen die Fläche des Blattes langgestreckte chlorophyllführende Zellen unter der oberen Epidermis und bilden, keine Intercellularräume zwischen sich lassend, das sogenannte Pallisadengewebe. Darauf folgen ein oder mehrere Reihen würfelförmiger ebenfalls chlorophyllführender Zellen und drittens ein lockeres Gewebe aus farblosen, nur mit Zellsaft gefüllten Zellen zusammengesetzt, in welchem große mit Luft erfüllte Intercellular= räume über den Spaltöffnungen liegen. Diesem lockeren luftführenden Ge= webe verdankt die Unterseite der Blätter ihre mattere weißliche Farbe, so namentlich bei Alnus incana. Aus nachfolgender Übersicht ist die mittlere Ausdehnung der drei Gewebe zu ersehen und füge ich die Dicke der oberen und unteren Epidermis bei. Sie Summe der fünf Dimensionen ergiebt die Dicke des Blattes, abgesehen natürlich von den Rippen.

| | Durchmesser | | | | |
|---|---|---|---|---|---|
| | der oberen Epidermis mm | des Pallisaden- gewebes mm | des würfel- förmigen Gewebes mm | des lockeren Gewebes mm | der unteren Epidermis mm | des ganzen Blattes mm |
| Quercus pedunculata . | 0,020 | 0,080 | | 0,065 | 0,015 | 0,180 |
| Fagus sylvatica . . . | 0,012 | 0,050 | | 0,046 | 0,012 | 0,120 |
| Carpinus Betulus . . | 0,015 | 0,030 | — | 0,030 | 0,010 | 0,085 |
| Corylus Avellana . . | 0,025 | 0,090 | | 0,045 | 0,015 | 0,175 |
| Alnus glutinosa . . . | 0,035 | 0,065 | — | 0,060 | 0,020 | 0,180 |
| Betula alba . . . . | 0,025 | 0,030 | — | 0,043 | 0,012 | 0,110 |
| Populus pyramidalis . | 0,016 | 0,060 | 0,030 | 0,054 | 0,015 | 0,175 |
| Populus nigra . . . | 0,016 | 0,070 | 0,040 | 0,025 | 0,014 | 0,165 |
| Salix Caprea . . . . | 0,022 | 0,060 | 0,020 | — | 0,013 | 0,115 |
| Ulmus campestris . . | 0,030 | 0,050 | | 0,025 | 0,015 | 0,120 |

Wir sehen, daß Carpinus Betulus die dünnsten, Quercus pedunculata und Alnus glutinosa die dicksten Blätter haben. Das Pallisadengewebe besteht in der Regel aus zwei Schichten Zellen von durchschnittlich 0,03 Millimeter Länge und 0,01 Millimeter Dicke. Bei Ulmus lassen sich dieselben durch Druck voneinander trennen, wodurch die Beobachtung ihrer Gestalt und Größe erleichtert wird. Von den von mir gezeichneten Zellen enthielt jede 8—10 Körnchen Chlorophyll. Bei Salix Caprea fehlt das lockere Gewebe ganz, d. h. das ganze Innere des Blattes ist mit einem dichten Gewebe chlorophyllführender Zellen, von denen die oberen länglich, die unteren rundlich sind, erfüllt und keine Intercellularräume sind zu bemerken. Ich werde weiter unten darauf aufmerksam machen, daß diese Abweichung vielleicht mit der starken Behaarung zusammenhängt. Da Populus nigra und pyramidalis oben und unten Spaltöffnungen besitzen, sollte man einen ähnlichen Bau des Blattparenchyms unter der oberen und unteren Epidermis erwarten. Es findet sich aber nur auf der unteren Seite ein Gewebe farbloser Zellen mit großen Intercellularräumen, während unter der oberen Epidermis wie gewöhnlich chlorophyllführende längliche Zellen pallisadenartig zusammengestellt sind. Sie lassen indessen an einigen Stellen Lücken, welche den oberen Spaltöffnungen entsprechen. Wie sich der Bau des fertig gebildeten Blattes nur begreifen läßt, wenn man seine Entwicklungsgeschichte kennt, gewährt auf der anderen Seite die Untersuchung einer Anzahl Blätter wichtige Fingerzeige für die Art und Weise, wie wir uns das Wachstum des Blattes denken müssen. Meine Ansicht darüber darlegend werde ich mich in dem Folgendem nicht immer auf die zwölf oben genannten Laubbäume beschränken.

Das Blatt entsteht als eine kleine Erhöhung unter dem Vegetationskegel der Zweigspitze und besteht im Anfang wie dieser selbst aus zartwandigem Parenchym. Es ist vielfach darüber gestritten worden, ob die Spitze oder der Grund des Blattes zuerst zur Ausbildung gelangen. Soweit meine Untersuchungen reichen, scheint es mir bei den Blättern unserer Laubbäume unzweifelhaft, daß weder das eine noch das andere stattfindet, sondern das ganze Blatt in allen seinen Teilen gleichzeitig angelegt wird: nur die unteren Teile des Blattstiels sind vielleicht als später entstanden davon auszunehmen. Es hat mich namentlich die Beobachtung der Entwicklung des Blattes von Hedera helix zu dieser Überzeugung geführt und ich schalte die dabei erhaltenen Resultate hier ein. Es wurden die Blätter eines in der Entwicklung begriffenen Zweiges, von unten nach oben fortschreitend, gemessen und bei jedem die Anzahl der Epidermiszellen und Spaltöffnungen auf einem Quadratmillimeter der Unterseite bestimmt.

In der folgenden Tabelle sind die erhaltenen Zahlen zusammengestellt; die Zahlen der drei letzten Kolumnen sind durch Multiplikation erhalten.

| | Größe des Blattes ☐mm | Anzahl der | | Anzahl der | |
|---|---|---|---|---|---|
| | | Zellen | Spaltöffnungen auf 1 ☐mm | Zellen | Spaltöffnungen auf der ganzen Unterseite |
| Erstes Blatt . . . | 1806 | 2000 | 180 | 3612000 | 324000 |
| Zweites Blatt . . | 957 | 2800 | 280 | 2680000 | 268000 |
| Drittes Blatt . . | 352 | 3600 | 330 | 1267200 | 116160 |
| Viertes Blatt . . | 362 | 4000 | 385 | 1448000 | 139370 |
| Fünftes Blatt . . | 127 | 8000 | 440 | 1016000 | 55880 |
| Sechstes Blatt . . | 43 | 12000 | ? | 516000 | ? |

Das erste war ein vollständig ausgewachsenes Blatt; das dritte Blatt etwas verkümmert, woraus leicht erklärlich, daß die bei demselben erhaltenen Zahlen sich dem regelmäßigen Ansteigen der übrigen nicht anpassen. Bei dem sechsten Blatte waren die Spaltöffnungen im Entstehen begriffen und ihre Zahl deshalb nicht zu bestimmen. Das folgende siebente Blatt hatte 10 Quadratmillimeter Flächeninhalt. Bei ihm waren auch die Epidermiszellen noch nicht ausgebildet und das sie vertretende Epithelium mit langen einzelligen Haaren besetzt. Die untersuchten Teile der Epidermis waren der Mitte der Blätter entnommen, nachdem mehrere Versuche dargethan, daß die Größe der Zellen auf der ganzen Unterseite desselben Blattes dieselbe ist. Es geht aus obigen Zahlen hervor, daß das Blatt sowohl durch Neubildung als auch durch Ausdehnung der gebildeten Zellen und zwar an allen Punkten gleichzeitig wächst. Während die Größe der Zellen um das Sechsfache, nimmt ihre absolute Zahl um das Siebenfache zu. Anfangs hat die Ausdehnung, später die Neubildung der Zellen den größten Anteil an dem Wachstum des Blattes. Daß die Neubildung der Zellen durch Teilung erfolgt, habe ich bereits oben angedeutet. Sie gewinnen also nach ihrem Entstehen an Ausdehnung, erreichen aber nur eine gewisse Größe. Wird sie überschritten, so entstehen innerhalb der alten zwei neue Zellen. Auch die Spaltöffnungen, welche ebenfalls durch Teilung einer Epidermiszelle entstehen, nehmen nach ihrer Bildung noch etwas an Größe zu. Kurz nach dem Entstehen sind sie im fünften Blatte 0,020 Millimeter lang, während sie im dritten Blatte eine Größe von 0,025 Millimeter haben, welche im zweiten und ersten Blatte nicht mehr zugenommen hat. Aus dem Vorhergehenden folgt, daß wenigstens nach der Bildung der Epidermis kein Teil des Blattes neu entsteht. Die Zellen dieses Teiles müßten dann nämlich, weil jünger, auch kleiner sein, wovon mir kein Fall bekannt ist. Als Beweis für die gleichzeitige Entwicklung aller Teile des Blattes kann ferner gelten, daß die jüngsten Blätter bald nach ihrem Entstehen die Gestalt des ausgebildeten Blattes zeigen, so namentlich die jüngsten Blätter des Epheu die zwei stärkeren oberen Einschnitte.

Eine andere noch unerledigte Streitfrage ist die, ob die Gefäßbündel des Blattes in dem Blatte entstehen und später erst mit denen des Stammes in Verbindung treten oder ob die des Stammes in das Blatt hineinwachsen. Auch hier wird die Wahrheit in der Mitte liegen. Vor allem halte man fest, daß das Blatt und derjenige Teil des Stammes, mit welchem es zunächst in Verbindung steht, gleichzeitig gebildet werden; denn nur unter dem Vegetationskegel der Stammknospe entstehen neue Blätter. Da nun auf der einen Seite ein Fortwachsen der Gefäßbündel in die Länge und in einen anderen Pflanzenteil hinein nirgends zu beobachten ist, auf der anderen Seite neue Gefäßbündel immer nur in Berührung mit schon vorhandenen entstehen, so bleibt nur die Annahme, daß die am Grunde des eben entstandenen Blattes zuerst auftretenden Gefäßbündel mit denen des Zweiges im Zusammenhang und gleichzeitig sich bilden und daß die Gefäßbündel der Seitenrippen in einem ähnlichen Verhältnisse zu denen der Mittelrippe stehen. Letztere sind also nicht sowohl Teile der ersteren als vielmehr eigene Gebilde, welche an ihren unteren Enden mit jenen zusammenhängen. Wahrscheinlich ist dieser Zusammenhang weniger eine Bedingung der Bildung neuer Gefäßbündel, als notwendig zur Erfüllung der den Gefäßbündeln im pflanzlichen Organismus zugeteilten Aufgabe. — Wenn ich ein Fortwachsen der Gefäßbündel in die Länge leugne, so schließt dieses nicht aus, daß durch Ausdehnung der Holzzellen und Gefäße des jungen Gefäßbündels seine Länge bis auf einen gewissen Grad zunehmen kann; die in neugebildeten Teilen der Pflanzen auftretenden Gefäßbündel sind aber trotz ihres Zusammenhanges mit denen der älteren Teile nicht als aus diesen entstanden anzusehen. Wären die Gefäßbündel aller Rippen des Blattes in der That nur durch Teilung aus denjenigen entstanden, welche der Blattstiel enthält, wie wäre es zu erklären, daß ihr Umfang den der letzteren vielmal übertrifft, besonders da das einzelne Gefäßbündel, wenn wir es von unten nach oben verfolgen, keineswegs, bevor sich Teile von ihm abzutrennen scheinen, an Dicke zunimmt, sondern schwächer wird. Daß wir da, wo die Gefäßbündel des Blattes mit denen der Achse oder die der Seitenrippen mit denen der Mittelrippe zusammenhängen, beide nicht zu unterscheiden vermögen, darf uns nicht wundern, da die Gefäßbündel aus einer unbestimmten Anzahl Zellen von beschränkter Länge bestehen, welche bald durch sekundäre Markstrahlen in Gruppen sich spalten, bald sich wieder vereinigen. Selbst ein aus dem Zweige in das Blatt fortlaufendes Gefäß, wenn es sich loslösen oder in seinem Lauf mit Sicherheit verfolgen ließe, wäre kein Beweis für das Übertreten eines Gefäßbündels der Achse in den Blattstiel, da es ja wie überhaupt die Gefäße als offene Röhren durch Aneinanderstoßen langer Zellen und Resorption der Scheidewände entstehen, durch Vereinigung zweier früher getrennten Gefäße sich könnte gebildet haben. Nach diesem allen gehören die Gefäßbündel des Blattes demselben eigentümlich an, erstrecken sich aber abwärts durch den Blattstiel noch ein Stück in den Zweig, wo sie sich zwischen die Gefäßbündel des letzteren einschieben· Ein Wachstum in die Dicke kommt dagegen auch dem ausgebildeten Gefäßbündel unserer Laubbäume zu, und es kann so die Entwicklung der Blätter auf die Gestalt des Zweiges in beschränkter Weise von Einfluß sein. So sahen wir, daß bei Quercus pedunculata und den Populus-Arten die Spitzen der Zweige, entsprechend der $2/5$-Stellung der Blätter fünfeckig sind und das Mark diese Gestalt noch deutlicher zeigt. An älteren Zweigen dagegen verschwinden diese Ecken und namentlich wird nach der Bildung eines zweiten Jahresringes von der ursprünglichen Blattstellung nichts mehr zu bemerken sein. Es hat somit keinen Sinn, von der Bildung des Holzes durch die bis in den Stamm herabreichenden Gefäßbündel zu sprechen. Indirekt ist allerdings durch die Entwicklung der Blätter die Bildung des Holzes bedingt. Nicht nur, daß ein ganzer Baum mehr Holz bilden wird, wenn seine Blätter sich üppiger entwickeln, sondern es werden auch auf einer Seite, wo durch äußere Verhältnisse die Laubbildung beschränkt ist, die Jahresringe schmäler werden, weil dann auf dieser Seite der aufsteigende Saftstrom sich langsamer bewegt.

Den Anfang der Bildung der Gefäßbündel haben wir im Innern des Blattparenchyms zu suchen. Er besteht in dem Auftreten eines Cambiumbündels, dessen Zellen sich zum Teil zu Spiralgefäßen ausbilden, während der größere Teil oberhalb in Holz-, unterhalb in Bastzellen übergeht. Das entstandene Gefäßbündel nimmt vorzugsweise nach unten an Ausdehnung zu und indem es die zunächst liegenden Teile des Blattes auseinander drängt, entstehen sowohl in dem Blattparenchym als den beiden Epidermen Zwischenräume, welche durch farbloses Parenchym, respektive durch längliche Epidermiszellen ausgefüllt werden. Auch für die Größe der Lücken in dem Gerippe des Blattes scheint eine Grenze zu bestehen, welche nicht überschritten wird, so daß die übermäßige Größe einer Lücke Veranlassung zur Entstehung neuer Gefäßbündel und Rippen wird.

Daß die Blätter vorzugsweise Atmungsorgane sind, dürfte wohl ein für allemal feststehen. Die in den Intercellularräumen des lockeren Blattparenchyms enthaltene Luft steht durch die Saltöffnungen mit der äußeren Luft in Verbindung. Durch das Anschwellen der zwei die Spaltöffnungen bildenden Schließzellen wird letztere geöffnet, durch das Schlaffwerden geschlossen; sie wird also bei feuchter Luft offen stehen, bei trockener sich schließen. Bei der horizontalen Stellung der Blätter unserer Laubbäume würden die Spaltöffnungen durch Staub und atmosphärische Niederschläge bald verstopft sein. So erklären wir uns, warum sie auf der Oberseite fehlen. Nur Populus nigra und pyramidalis haben Spaltöffnungen auf der Oberseite; in der That stehen aber auch bei ihnen die Blätter fast senkrecht. Ich habe oben diese Lage aus der Gestalt des Blattstieles zu erklären versucht und wir sehen so einen merkwürdigen Zusammenhang zwischen dem Bau des Blattstieles und dem der Epidermis. Während die Kutikularschichten der Epidermiszellen den Inhalt derselben vor Verdunstung schützen, findet innerhalb des Blattes durch die dünnen Wände des lockeren Zellgewebes ein Austausch zwischen den Bestandteilen der Luft und denen des Zellsaftes statt. Letzterer nimmt Kohlensäure auf und giebt Sauerstoff ab. Wasser wird durch die Blätter ebensowohl aufgenommen als abgegeben; in der Regel findet jedoch nur das Letztere statt und die dadurch bewirkte Verdickung des Zellsaftes bedingt das Eindringen des aufsteigenden Saftes aus dem Stamme in die Blätter. Es scheint mir, als ob die Haare in vielen Fällen die Funktion der Spaltöffnungen, respektive des unter denselben liegenden lockeren Zellgewebes übernehmen könnten. So finden wir gewöhnlich die jüngsten Blätter vor Ausbildung der Spaltöffnungen mit sehr dünnwandigen langen Haaren bedeckt, welche später resorbiert. Die Verdunstung durch die Wände derselben würde also die zur Bildung des jungen Blattes notwendige starke Saftzuströmung hervorrufen, bis später den Spaltöffnungen diese Thätigkeit zufällt. Auf der Unterseite der Blätter treten, wie wir oben gesehen, die Haare nur da auf, wo die Spaltöffnungen fehlen, nämlich über den Blattrippen. Bei Salix Caprea ist die Behaarung der Unterseite des Blattes ungewöhnlich stark und es hängt vielleicht damit zusammen, daß zwar Spaltöffnungen in großer Zahl vorhanden sind, denselben entsprechende Intercellularräume, sogenannte Atmungshöhlen aber fehlen.

Schwieriger ist die Frage zu beantworten, wie die Veränderung des in den Stamm aufgestiegenen und in die Blätter eingetretenen Saftes den Pflanzen zu gut kommt, mit andern Worten, ob auch ein rückkehrender Saftstrom aus dem Blatt in den Stamm existiert und welchen Weg derselbe nimmt. Bei Pflanzen, welche sich nur durch ihre Blätter ernähren, müssen wir denselben unbedingt annehmen; aber auch bei unseren Waldbäumen ist es undenkbar, daß die ganze Masse des Stammes sich nur aus dem durch die Wurzel aufgenommenen kohlensäurehaltigen Wasser bildet. Ehe man über die Bewegung des Saftes in dem Stamme im reinen ist, ist an eine sichere Beantwortung dieser Frage nicht zu denken. Soviel dürfte bis jetzt feststehen, daß das Aufsteigen des durch die Wurzel aufgenommenen Wassers nur durch Endosmose zu erklären ist und daß nur die mit Saft erfüllten dünnwandigen Zellen die Leiter dieser Bewegung sein können, namentlich also in den Gefäßbündeln nur die Zellen der Cambiumschicht (vasa propria), keineswegs die dickwandigen Holz- und Bastzellen und am wenigsten die nach ihrer Ausbildung immer mit Luft erfüllten Gefäße. Dagegen steht noch nichts fest über die Existenz eines abwärts gerichteten Saftstromes. Wahrscheinlich erfolgt die Bewegung der Säfte der Pflanze nach mehr als zwei Richtungen und wenn ein Zurücktreten des Saftes aus den Blättern in den Stamm und aus den höheren Teilen des Stammes in die tieferen stattfindet, geschieht dies auf verschiedenen Wegen. Lassen wir die jetzt gebräuchlichste Annahme gelten, daß der aufsteigende Saftstrom in dem Cambium der Gefäßbündel, der absteigende in dem Parenchym der Rinde, der sogenannten grünen Rindenschicht zu suchen sei, so wird auch der in das Blatt tretende Saft zunächst durch das Cambium der Gefäßbündel des Blattstieles und der Rippen seinen Weg nehmen und es entsteht jetzt die Frage: wird er zunächst den unteren oder den oberen Schichten des Blattes sich zuwenden? Daß beiden verschiedene Funktionen zukommen, beweist ihre verschiedene Struktur, beweist der Umstand, daß wenn die obere Epidermis Spaltöffnungen besitzt, wie bei Populus nigra und pyramidalis, die durch dieselben aufgenommene Luft nicht direkt verwendet, sondern durch besondere, das dichte Pallisadengewebe durchsetzende Kanäle den unteren Schichten zugeführt wird. Auch die stärkere Behaarung der Rippen auf der Unterseite, wenn anders meine Vermutung über die Thätigkeit der Haare richtig ist, spricht dafür, daß zunächst auf der Unterseite des Blattes eine möglichste Verdickung des Zellsaftes hervorgerufen und hierdurch der in das Blatt eintretende Saft zunächst dahin geleitet werden soll. Nachdem derselbe dort Stoffe an die Luft abgegeben, respektive von ihr aufgenommen hat, scheidet er unter dem Einfluß des Lichtes Chlorophyll aus und kehrt, dadurch wieder verdünnt, in den Zweig zurück. Am wahrscheinlichsten ist es, daß diese Rückkehr durch das farblose Parenchym stattfindet, welches den oberen Teil der Rippen des Blattes bildet und teils zwischen, teils über den Gefäßbündeln liegt. Wenigstens ist dieses Parenchym das einzige gleichartige Gewebe, welches zusammenhängend über das ganze Blatt verbreitet ist. Daß das Chlorophyll der Blätter kein aufgespeicherter Nahrungsstoff, sondern ein Sekret ist, dafür spricht, daß der größte Teil desselben beim Abfallen der Blätter unbenutzt verloren geht.

Die Leitung des Saftes in ihrem Cambiumteil ist nicht der einzige Zweck, welchen die Gefäßbündel des Blattes erfüllen. Vielleicht ebenso wichtig ist, daß sie dem Blatte den nötigen Halt verleihen. Wenn es nicht besser wäre, von einem Vergleich mit dem tierischen Organismus überhaupt abzusehen, würde man sie richtiger mit den Knochen als mit den Adern desselben zusammenstellen. Der Ausdruck „Gerippe des Blattes" ist damit gerechtfertigt, wie man ja wohl das Holz das Skelett des Baumes genannt hat.

Stellen wir uns zum Schluß die Frage, ob eine Abhängigkeit der Gestalt des Blattes von seinem Bau, von der Art und Weise seines Entstehens oder von dem Zwecke, welchen es im pflanzlichen Organismus erfüllt, nachzuweisen ist, so müssen wir diese Frage in allen drei Richtungen vernemen. Es besteht bei den Blättern unserer Laubbäume, was ihren Bau und ihre Funktion betrifft, eine große Übereinstimmung und wir vermögen nicht einzusehen, warum z. B. die Gestalten der Blätter der Eiche und Birke verschieden sind. Wenn Beziehungen zwischen der Größe des Blattes und dem Bau der Spaltöffnungen, seiner Dicke und der Gestalt der Epidermiszellen, seiner Gestalt und der Verteilung der Gefäßbündel bestehen, so berechtigen uns dieselben immer nur zu dem Schlusse, daß den Elementarorganen eine solche Bildungsfähigkeit innewohnt, daß sie sich allen Gestalten der Pflanzen und den Funktionen ihrer Organe anzupassen vermögen. Die Gestalt des Blattes erscheint demnach als etwas Absolutes, als eine jeder Pflanze zugeteilte eigentümliche Eigenschaft, deren Notwendigkeit zu begreifen uns wohl immer versagt bleiben wird.

## 110. Erklärung volkstümlicher deutscher Pflanzennamen.

Noch vor 50—60 Jahren war man der Meinung, daß eine Pflanze nur durch eine lateinische Diagnose kurz und sicher charakterisiert werden könne; jetzt haben wir durch Bischoffs Arbeiten eine deutsche botanische Terminologie, die an Kürze und Präcision, und was noch mehr sagen will, an Bildungsfähigkeit der lateinischen nichts nachsteht. Aber noch fehlt es uns an einer wissenschaftlich durchgeführten und allgemein angenommenen deutschen Nomenklatur. Durch die frühere Zerrissenheit Deutschlands in viele Teile und Teilchen, durch die Jahrhunderte andauernde Trennung der deutschen Volksstämme sind für manche Pflanzen 50 und noch mehr Namen entstanden, die zwar den deutschen Sprachschatz ungemein bereichert, aber auch den Übelstand herbeigeführt haben, den Matthias Höfer in seinem Buche „Die Volkssprache in Österreich" mit den Worten bezeichnet, „daß zwischen ihnen (den Österreichern) und den auswärtigen Schriftstellern eine

solche Verschiedenheit der Benennungen herrscht, daß wenn nicht Ritter
Linné in die Mitte tritt, wir uns nicht ohne die größte Mühe verstehen."
Die großen Verdienste, welche sich der unsterbliche Linné durch seine Nomenklatur um die wissenschaftliche Botanik erworben hat, sind allgemein
bekannt; soll denn aber die deutsche Jugend Griechisch und Lateinisch lernen,
um die botanischen Namen für deutsche Pflanzen zu verstehen, und sollen
denn alle, welche diese alten Sprachen nicht gelernt haben, diesen für die
formale Geistesbildung wie für das Leben höchst wichtigen Unterrichtsgegen-
stand entbehren? Namen wie Ampelodesmos, Tetragonolobus, Arrhena-
therum, Rhynchospora, Dichostylis können zwar den Schülern angelernt
werden, aber sie bleiben ihnen, weil unverstanden, fremd, und werden nur
zu leicht wieder vergessen, wozu noch der weit verbreitete Irrtum kommt,
daß nach oberflächlicher Anschauung einer Pflanze mit Einprägung des
botanischen Namens dieselbe gekannt und die Sache abgemacht sei. Ganz
anders klingen dem deutschen Ohre Namen wie Dreiblatt, Einbeere, Fingerhut, Sauerklee, Ohnblatt, und selbst solche, deren Urbedeutung dem Schüler
fremd ist, wie Klette, Melde, Nelke, Eiche, haben mehr Ansprechendes für
ihn, als die langen aus dem Griechischen entlehnten Namen, die hinsichtlich
ihrer Zusammensetzung zum Teil selbst dem Philologen ein Greuel sind:
sie werden leichter gelernt und besser behalten, da sie aus dem Eindruck,
welchen die unmittelbare Naturanschauung gab, oder von einer in die Augen
fallenden Eigenschaft, oder auch von der Benutzung der Pflanze hergenommen sind. In dem Mangel einer deutschen Nomenklatur liegt auch
der Grund, warum trotzdem, daß in unseren Schulen viel Pflanzenkunde
getrieben wird, doch im allgemeinen sehr wenig davon im praktischen Leben
sich zeigt.

Das nun geeinte deutsche Volk hat aber ein Recht darauf, von der
Wissenschaft eine nicht bloß den Gelehrten, sondern auch den Gebildeten
verständliche deutsche Nomenklatur zu fordern, sowie der Wissenschaft die
unabweisbare Pflicht obliegt, demselben eine solche zu geben. Bei dem
überreichen Vorrat deutscher Pflanzenbenennungen kann die Ausführung
dieser Forderung keine Schwierigkeit haben. . . . . . . Um das Interesse,
welches Sprachforscher diesem Gegenstande schon seit längerer Zeit zugewendet haben, auch bei den Botanikern anzuregen, habe ich in der vorliegenden Arbeit die vom Volke gebrauchten Benennungen berücksichtigt und
deren Erklärung versucht.

# Keimblattlose. (Acotyledones.)

### Schwämme. (Fungi.)

In dieser Abteilung des Pflanzenreiches finden sich verhältnismäßig nur sehr wenige volkstümliche Namen, was nicht befremden kann, da die meisten hierher gehörenden Gewächse wegen ihrer geringen Größe und Unansehnlichkeit nicht beachtet wurden. So kennt die Volkssprache für die vielen Arten der Gattung Uredo *Pers.* nur die Namen Brand, Flugbrand (U. segetum *Pers.*) an den Spitzen der Cerealien: Weizen, Hafer und Gerste, und Schmierbrand (U. caries *De C.*) im Fruchtknoten des Weizens, Benennungen, welche keiner Erklärung bedürfen. Mit dem Namen Schimmel werden die kleinen Pilze aus den Gattungen Byssus, Sporotrichum, Acremonium, Verticillium etc. der Botaniker bezeichnet: Kopfschimmel, Sporenschimmel, Knollenschimmel, Knotenschimmel, Pinsel-, Trauben-, Eisschimmel sind nur in Büchern gebräuchlich; dagegen kennt das Volk allgemein die Bezeichnung Meltau für Pilze aus dem Genus Erysibe *Hedw.*, so besonders die auf Hopfen (E. macularis), auf Erbsen (E. communis *Lk.*). Von den Staubpilzen ist der Bovist (Lycoperdon Bovista) jedermann bekannt, wovon auch die vielen in verschiedenen Gegenden gebräuchlichen Namen, wie Fist, Pufffist, Pfaffffist, Wolfs-, Hunds-, Krafist, Stauber, Staubschwamm, Trudenbeutel, Rabeney; englisch: Bullfist, holländisch: Wolfsveest — herkommen. Die erste Hälfte des Wortes bo oder buff kommt unstreitig von puffen = aufschnellen, fist ahmt den zischenden Laut nach, welchen die eingeschlossene Luft beim Darauftreten verursacht. Der lateinische Name ist von Dillenius (1687—1747) aus dem deutschen Bovist gebildet.

Der Brätling (Agaricus volumus *Fr.*) hat seinen Namen von braten, weil er gebraten eine angenehme Speise giebt. Adelung meint, es scheint der Agaricus deliciosus zu sein, was aber seiner eigenen Angabe „er giebt eine weiße süße Milch" widerspricht, da der A. deliciosus safranfarbige Milch hat.

Reizker (Agaricus deliciosus), auch Reiske, um Königsberg Ritzke, in Thüringen Reische, sind Benennungen, welche sich auf den reizenden Geschmack beziehen. In der Oberlausitz kommt auch der Name Rehling oder, wie Franke schreibt, Rheling vor, in Bayern heißt er Hirschling; beide Namen sind auf Reh und Hirsch zurückzuführen, da sie diesen Tieren zur Nahrung dienen. Nemnich erklärt Hirschling für synonym mit Herbstling, weil der Herbst in Bayern Hirscht heißt. ?

Pfefferling, Pfifferling (schwedisch: Papperling) heißen beim Volke alle mit brennender Milch versehene, also für den Gebrauch wenig taugliche Schwämme, wie Agaricus piperatus *L.*, A. pyrogalus *Bull.* (A. fuliginosus β *Fries*). Die Redensart: ich gebe nicht einen Pfifferling dafür, ist von diesem Pilze entlehnt.

Für den häufig vorkommenden Agaricus campestris *L.*, den Champignon, von neueren Botanikern auch Tafel- und Feld-Blätterschwamm genannt, kommen in der Lausitz die Namen Treuschling und Heiderling vor. Treuschling ist abzuleiten von Drüsche, was einen verlassenen Acker bedeutet; Heiderling ist ein Ding, hier ein Pilz, der auf der Heide wächst.

Steinpilz oder Herrenpilz (Boletus edulis *Bull.*) sind Namen, welche keiner Erklärung bedürfen. In der Lausitz hat dieser Pilz vorzugsweise den Namen Pilz, Plural Pilze oder Pülze. Kuhpilz heißt er, weil er von Kühen auf der Weide gern gefressen wird.

Ziegenlippe (Boletus subtomentosus *L.*) ist ein Pilz mit rissiger Haut, durch welche das gelbe Fleisch sichtbar wird, wie an den Lippen der Ziegen.

Ziegenbart (Sparassis crispa *Fr.*) heißt dieser Strunkschwamm, weil seine gekräuselten blaßgelben Ästchen mit dem Barte einer Ziege Ähnlichkeit haben. In der Oberlausitz wird er auch Hendelschwamm (Händelschwamm) genannt.

Ein sehr altes Wort ist Morchel, oberdeutsch Morche, in der Lausitz, in Österreich, Bayern Maurach und Maurache, im Schwedischen Murkla genannt, ist vielleicht mit Mohr verwandt, weil sie schwarz ist, oder mit Moor, weil sie auf feuchtem, schwarzem Boden wächst.

Hexenei (Phallus impudicus *L.*) hat das Volk diesen Pilz genannt, weil er im unentwickelten Zustande einem Ei ähnlich ist und man ihn zu Zaubereien anwandte. Darauf beziehen sich auch die Namen Teufels- und Schelmenei. Im späteren Zustande ist er der Spitzmorchel ähnlich, daher er auch Gichtmorchel genannt wird, weil er als ein gutes Mittel gegen die Gicht galt und noch gilt. Adelung meint, daß er von der reizenden Kraft den Namen Gichtschwamm erhalten habe, da Gicht überhaupt einen starken Anfall oder Trieb bedeute. ?

Der Name Judasohr für den Holunderschwamm (Exidia auricula Judae *Fr.*) stammt von einer alten Sage, nach welcher der Verräter Judas sich an einem Holunderstamm erhängt haben soll und von der Ähnlichkeit dieses Pilzes mit einem Menschenohre.

Trüffel (Tuber), auch Erdnuß, engl. truff' und truffle, kommt von dem niederdeutschen Druffel, was etwas Traubenförmiges, eine kleine Traube bedeutet, weil die Trüffeln meist so vorkommen.

### Laubmoose und Farn. (Musci et Filicees)

Von den Flechten ist auch nicht e i n e vom Volke besonders benannt
worden und, wie es scheint, hat man sie nicht einmal von den Moosen
zu trennen gewußt, worauf einige Namen, wie „isländisches Moos" deut=
lich hinweisen. Auch für die eigentlichen Moose finden sich nur wenige
alte volkstümliche Namen; die meisten derselben sind von neueren Bota=
nikern gebildet worden. Als Arzenei= und Zaubermittel stand das Gold=,
haar, goldenes Frauenhaar, Widerthon (Polytrichum commune)
in großem Ansehen. Es mußte jedoch bei abnehmendem Monde gegraben
werden, wenn es helfen sollte, daß man nicht verzaubert werde. Von dem
Namen Widerthon erklärt sich das Wider von selbst; was aber t h o n in
dieser Zusammensetzung bedeuten mag, ist nicht zu ermitteln. Adelung ver=
mutet, daß es eine Umwandlung von tod sei, also Widertod, was in der
Volkssprache auch vorkommt. Bei Abthon, rotes Frauenhaar (Asplenium
Trichomanes), meint Adelung, daß es aus Adiantum verstümmelt sei.

Den Namen F r a u e n h a a r führen auch einige Farnarten; rotes Frauen=
haar ist Asplenium Trichomanes, schwarzes Fr. Asplenium Adiantum
nigrum. Frauenhaar heißen diese Pflanzen von den feinen Fiederchen des
Wedels; rotes und schwarzes Fr. von der Farbe der Laubstiele.

Das Wort F a r r n, wie es die neueren Botaniker gewöhnlich schreiben,
ist sehr alt. Im Althochdeutschen heißt es Farn, mhd. Vern, ags. Fearn,
engl. Fern. Grimm (Wörterbuch 1834) sagt: tiefes Dunkel ruht auf der
Wurzel, es wäre kühn, ohne weitere Vermittelung das Skr. parna = frons,
praesertim frons delapsa und das Latein. frons, frondis hinzunehmen. —
Die Annahme, daß F a r r n mit f a h r e n verwandt sei, und daß diese
Pflanzen den Namen von der außerordentlich schnellen Entwickelung er=
halten hätten, muß nach dem angeführten Ausspruche unseres Altmeisters
Grimm aufgegeben werden, obwohl ältere Botaniker z. B. Gemeinhardt
(1724) Waldfahren (bei Filix ramosa major) schreiben.

M o n d r a u t e (Botrychium lunaria L.) heißt diese Pflanze von den
halbmondförmigen Fiederblättchen und von der Ähnlichkeit mit der Garten=
raute (Ruta graveolens L.). In Franken wird sie nach der Zeit ihrer
Entwickelung Mayenkraut genannt. In Österreich führt sie die Namen
Ankehrkraut und St. Petersschlüssel. Höfer (I. 36.) sagt: in unseren Bergen
glauben die Leute, daß es den Kühen gute Milch verschaffe, weswegen es
auch, nach Art altberühmter Kräuter, mit einem Spruch abgepflückt wird:

Grüß dich Gott, Ankehrkraut,
Ich brock dich ab und trag dich nach Haus,
Wirf bei meinem Kuhel fingerdick auf.

Früher wurde die Mondraute St. Walpurgiskraut genannt, weil sie als Zaubermittel gebraucht wurde und die heilige Walpurgis als Beschützerin gegen Bezauberung galt.

Engelsüß (Polypodium vulgare), dänisch engelsöd, schon bei Bock und Lonicer Engelsüß oder Dropfwurz, Tropfwurz, war ein berühmtes Heilmittel bei Schlaganfällen und nach dem Volksglauben von Engeln den Menschen gegeben. Süß bezieht sich auf den Geschmack des Wurzelstockes.

Die bei den jetzt schreibenden Botanikern gebräuchlichen Namen: Trauben=, Tüpfel=, Schild=, Streifen=, Saumfarn sind neu und dem Volk unbekannt.

### Bärlappe. (Lycopodiaceae.)

Die am besten gekannte Art ist das Schlangenmoos (Lycopodium clavatum), daher mögen auch die vielen deutschen Namen für dieselbe Pflanze kommen, denn sie heißt auch: gemeines Kolbenmoos, keilförmiges Kolbenmoos, Gürtelkraut, Gürtelmoos, Johannesgürtel, Gürtelklau, Haarschar, Haarscheuer, Erdmoos, Wolfsklau, Teufelsklau, Jungfernkraut, Drudenkraut, Truttenfuß, Druidenfuß, Weinkraut, Weingrün, Köhlerkraut, Seilkraut, Löwenfuß, Krähenfuß, Kruttenfuß, Neunheil, Neungleich, Zigeunerkraut, Dehnkraut, Katzenleiterlein, Sautanne, Erdschwefel, Streupulvermoos, Waldgürtel. Bei uns sind die Namen: Schlangenmoos und Gürtelkraut am gewöhnlichsten, dabei zugleich am bezeichnendsten, da sie sich auf die oft 1—2 m langen, hingestreckten Stengel beziehen. Der für die Gattung Lycopodium gebräuchliche allgemeine Name Bärlapp bezieht sich darauf, daß sich wohl Bären in demselben fangen (einlappen) konnten.

### Schachtelhalme. (Equisetaceae.)

Der Name „Schachtelhalm" wird nach E. H. F. Meyer in Norddeutschland für Equisetum hyemale gebraucht; im übrigen Deutschland ist er volkstümlich für die anderen Arten. Der Acker=Schachtelhalm (E. arvense) führt auch den Namen Kannenkraut, Ackerkannenkraut, Schaftheu, in Österreich Zinnkraut und Zinnheu, Fegkraut, Roßschwanz, Katzenwedel, Katzenschwanz; der Fruchtschaft heißt in der Oberlausitz auch Nacktmännel. Sämtliche Namen beziehen sich entweder auf den Gebrauch zum Scheuern von Zinn oder anderen Metallen, oder auf die Gestalt.

## Einsamenlappige. (Monocotyledones.)

### Najaden. (Najadeae.)

Laichkraut (Potamogeton), wovon bei uns am meisten die Art P. natans bekannt ist, hat seinen Namen vom Laich der Fische, welche den=

selben gern an diesen Pflanzen absetzen. Der sonst noch gebräuchliche Name Saamkraut bezieht sich ebenfalls darauf. Adelung schreibt Samenkraut, was aber nicht gebräuchlich ist.

Zinken und Hornblatt sind Übertragungen von Ceratophyllum; nach E. Meyer nennt man die Gattung im Elsaß Igellock. Hornblatt kommt als Hornblad auch im Holländischen, Dänischen und Schwedischen vor. In der Lausitz ist der Name Wasserhorn der bekannteste.

Wassergarbe und Teichfenchel bezeichnet bei uns das Myriophyllum spicatum; der Name kommt von der Ähnlichkeit mit der Garbe oder dem Fenchel.

## Aronartige. (Aroideae.)

Das gefleckte Arum, gemeines Arum (Arum maculatum), auch Aron, Aronswurzel, Aronsstab, kleine Natterwurz, kleines Schlangenkraut, Kalbsfuß, Zehrwurzel, Fieberwurz, Magenwurz, deutscher Ingwer, Pfaffenblut, Pfaffen- und Pfefferpint, Eselsohren sind lauter Namen, welche sich auf die Gestalt und die Eigenschaften der Pflanze beziehen. Aron hat hier keinen Bezug auf den Hohenpriester Aaron, sondern ist der griechische, zuerst von Theophrast gebrauchte Name.

Schlangenkraut (Calla palustris), anderwärts auch Wasserdrachenwurz und Wassernatterwurz — Namen, welche sich auf den früheren Gebrauch gegen Schlangenbiß beziehen; roter Wasserpfeffer ist die Pflanze genannt worden, weil sie rote Beeren hat, welche brennend schmecken. Nach E. Meyer ist in Preußen der Name Schweinkraut üblich.

Kalmus (Acorus Calamus), im Holländischen, Dänischen und Schwedischen gleichlautend, ist kein deutsches Wort, sondern aus Calamus zusammengezogen. Nemnich führt noch auf: wohlriechende Schwertlilie, Ackermann, Ackerwurz, Magenwurz, Schwertheu, Teichlilie.

Igelkolben, Igelskopf (Sparganium) sind Namen, welche von den kugeligen Blütenköpfchen und den zugespitzten Spreublättchen herkommen.

## Cypergräser. (Cyperoideae.)

Segge (Carex) fehlt bei Adelung, ist niederdeutsch und höchst wahrscheinlich das Wort Secke, welches einen flachen, hohlen Draht bezeichnet. Ebenso oft wird Rietgras für Carex gebraucht. Riet ist ebenfalls niederdeutsch und bedeutet ursprünglich ein saures Gras, auch Rohr, Schilf, dann aber auch den Boden, auf welchem es wächst, das Riet, Rieth. In Niedersachsen kommt auch Reit, Reet, engl. reed, vor.

Für Scirpus hat man allgemein den Namen Binsen, so für Scirpus lacustris Seebinsen, Teichbinsen, Pferdebinsen, Sc. palustris Sumpfbinsen. Bock (Tragus) sagt im „New Kreuterbuch" 1551: im Westerreich nennt man Binßen, Symßen, ein Wort, welches in allen Wörterbüchern und Gloſſarien fehlt. Friſch im Vokabularium von 1482 und Schwenckfelt (1600) ſchreiben Semde, was in Schleſien jetzt noch gebräuchlich und in Oberſchleſien verſtümmelt Sande, Plur. Sanden, geſprochen wird. In der Oberlauſitz braucht man Senden zur Bezeichnung von Juncus conglomeratus, für Juncus articulatus ſagt man Glieder-Senden. Das Volk gebraucht den Namen Binſen für Scirpus und für Juncus, zwei Pflanzengattungen, die wohl äußerlich einige Ähnlichkeit haben, botaniſch aber ſehr verſchieden ſind. Ahd. heißt Binſe pinuz, pinoz und pines, woraus die entſtellte Form Binſe geworden iſt. (Grimm.) Notker ſagt: der binez gezeichnet immortalitatem. Binſen (engl. bents) iſt mit binden verwandt und jedenfalls nach dem Gebrauche der Halme zum Binden und Flechten benannt worden.

Die Namen Knopfgras für Schoenus, Wollgras für Eriophorum ſind von Eigenſchaften dieſer Pflanzengattungen entlehnt; für Cyperus, Cypergras, findet ſich auch bei Gemeinhardt (Catalogus plantarum) kein deutſcher Name; Graßmann empfiehlt den deutſchen Namen Ruſch.

### Gräſer. (Gramineae.)

In die älteſten Zeiten zurück reichen die Benennungen für die Gaben der Ceres, das Getreide. Getreide, in der Volksſprache Traid, iſt mit Tracht verwandt, was getragen oder gebracht wird. Das Volk ſagt: er trait = er trägt.

Weizen, Waizen, Waitz (Triticum), gotiſch hvaiteis und waits, bei Ulfilas waítis, bei Kero, Otfried weizze und weizzi, niederſ. weten, angelſ. hwaet, engl. wheat, dän. hvede, ſchwed. hvete — iſt mit weiß verwandt und ſoll eine Frucht bezeichnen, welche weißes Mehl giebt.

Roggen (Secale), bei Adelung Rocken, iſt ein ſehr altes Wort. Bei den älteſten oberdeutſchen Schriftſtellern heißt er roggo, holländ. rog, roghe, däniſch rugen, ſchwediſch rög, wendiſch roch, lit. ruggü, im Deutſchen auch vorzugsweiſe Korn. Offenbar iſt es mit Rogen, welches ſonſt im weiteren Sinne Frucht bedeutete, verwandt; Fiſchrogen = Frucht der Fiſche.

Gerſte (Hordeum), niederſ. Garſte, angelſ. Gerſt, holländ. Gheerſte, iſt ebenfalls ein ſehr alter Name. In einem Berliner Gloſſar der Bucolica aus dem 11. Jahrhundert lautet es gersta (hordea). Der Name ſtammt aus der altindiſchen Wurzel hars, lat. horreo emporſtarren, was ſich auf die Grannen bezieht. (Kuhn, Zeitſchrift 11., 385.)

Hafer (Avena), Haber, althochdeutſch habaro, holländ. haver, dän. havre, ſchwed. hafra und in den meiſten europäiſchen Sprachen gleichlautend, nach Grimm mit dem Namen des Bockes ſich berührend. Hafr heißt im Altnordischen Ziegenbock, im Mittelhochdeutschen habermalch = Haberbart für Bocksbart, Tragopogon; Hafer wäre also Futter des Ziegenbocks.

Quecke (Triticum repens), auch Queckengras, Queken, in der Oberlausitz auch Puhr (wendisch), in der Gegend um Muskau Pyr. Quecke kommt von dem alten Worte quick, lebendig, so in Quecksilber, lebendiges Silber, verquicken mit Quecksilber (argentum vivum) verbinden. Der Name bezieht sich auf die große Lebensfähigkeit dieses Grases, welche unseren Landwirten nur zu gut bekannt ist und soweit geht, daß die Wurzel desselben, wenn sie auch durch den Darmkanal eines Rindes gegangen ist, dennoch aus der Erde wieder neue Halme treibt.

Lischgras (Phleum pratense), Wiesen-Lieschgras, in England Timothy-grass von Timothy Hanson, der es zuerst kultiviert hat. Im Niedersächsischen heißt Lische Korb, im Wendischen lischka Löffel, mittellatein. lisca, franz. laiche; Liese bedeutet eine hohle spitze Röhre, Lase ein Hohlgefäß, demnach würde der Name dieses Grases etwas Hohles bezeichnen.

Schmele (Aira) ist nicht bloß in Norddeutschland, sondern auch in Bayern und Österrreich verbreitet, heißt hier auch Schmelchen. Frisch hat Schmäle und dies leitet auf die wahre Abstammung von schmal; also ein schmales, dünnes, feines Gras. Auch Schmellengras kommt vor. Ant. Birlinger in der Zeitschrift für deutsche Mythologie und Sittenkunde (IV. Bd. 2. Heft S. 414) sagt: der Teufel wird oft an Schmellengras (Aira caespitosa) gebannt, das hat er gern, weil er von da ins Vieh und und von da in einen Menschen gelangen kann.

Zwenke (Brachypodium sylvaticum) kommt vom holländ. zwenken = schwenken, weil diese lang- und dünnhalmige Grasart mit den Blüten und Früchten hin- und herschwenkt.

Dieselbe Bedeutung möchte Trespe (Bromus), mittelhochd. tresp, haben, wenn es von dem altnord. drepa, schlagen, abgeleitet werden könnte; es wäre dann auch ganz übereinstimmend mit Schwingel (Festuca) von schwingen, hin und her sich bewegen.

Schwaden (Glyceria fluitans), auch Schwadengras, kommt von dem angels. swaet = süß. Schwadengrütze sind die gestampften Samen. Die Namen Manna, Mannagras, deutsches Manna, brandenburgisches und polnisches Manna beziehen sich, wie der griechische Name glyceria, auf den süßen Geschmack dieses Grases, der neuere Name Flutgras auf die langen, oft im Wasser schwimmenden Halme.

Zittergras (Briza) ist nach den an langen dünnen Stielchen hangenden und daher in bewegter Luft zitternden Ährchen, die Art Br. media,

Hasengras, von den Hasen, welche es zu ihrer Nahrung benutzen, benannt worden.

Mäusegerste (Hordeum murinum) hat eine Menge anderer deutscher Namen und heißt in verschiedenen Gegenden taube Gerste, Taubkorn, Katzenkorn, Wildkorn, Löthe, Löthegras, Jungfernhaar, im Holländischen Muurgerst, in der Lausitz fast ausschließlich taube Gerste, Mäuse- oder Mausgerste. Die Benennung ist höchst wahrscheinlich aus Mauergerste entstanden, da diese Art meist nur an Mauern wächst.

Lolch (Lolium) ist kein deutsches Wort; der Stamm liegt in dem lateinischen lolium. Lolium temulentum hieß in der Lausitz (Frank, Hortus Lusatiae 1594) Tobkraut, wofür man jetzt meistens Taumellolch hört.

### Spargellilien. (Asparageae.)

Das deutsche Wort Spargel kommt aus dem griechischen ἀσπάραγος und dies von dem Verbum σπαργάω, schwellen, treiben, keimen wollen, von dem üppigen Wachstum dieser Pflanze. Spargel würde also einen üppigen Schößling bedeuten.

Maiblümchen (Convallaria majalis), in der Oberlausitz allgemein Schauke, aus dem wendischen Czauki, ein Name, der weder in der Niederlausitz, noch in dem benachbarten Schlesien bekannt ist, wo die Pflanze Springauf heißt. Der alte Name war, wie er auch bei Frank vorkommt, Lilium convallium album, weiße Meyenblümlein, Zaucken. M. Opitz, der Schlesier, dagegen (1597—1639) singt: Springauf, Lilien, Narcissen füllet euren Körben ein. Niesekraut heißt sie, weil die getrockneten Blumen Niesen erregen.

Majanthemum bifolium heißt in der Volkssprache Zweiblatt, auch Einblatt und klein Mayenblümlein; nach dem Vorgange von Mertens und Koch nennen diese Pflanze neuere Botaniker Schattenblume, weil sie, wie es in Mertens' und Kochs Flora heißt, auf beschattetem Waldboden wächst; sie findet sich jedoch auch auf sonnigen Stellen, weshalb der Name Zweiblatt (Meyer will Einblatt) vorzuziehen sein dürfte. Sonst führt sie auch die Namen Katzeneyer, Parnassergras und Vogelwein. Der letztgenannte Name und auch Parnassergras fehlen bei Adelung.

Einbeere (Paris quadrifolia), vierblättrige Einbeere heißt sie, weil sie nur eine Beere trägt, und vierblättrige E., weil sie am Ende des Stengels 4 Blätter hat. Sonst hieß sie auch Augenkraut, denn man gebrauchte den Saft gegen Augenentzündung; auch Sternkraut, Wolfsbeer und Sauauge kommen vor.

Lilienartige. (Liliaceae.)

Anthericum ramosum, jetzt ästige Zaunblume und Graslilie in Büchern, wird in der Lausitz Erdspinnenkraut genannt, jedenfalls von den dünnen abstehenden Ästen.

Türkenbund und Goldwurz sind bei uns gebräuchliche Namen für Lilium Martagon. Sie sind von der Farbe der Blume und von der gelben Farbe der Zwiebel entlehnt.

Zapfenkraut (Uvularia) erklärt Lonicer mit den Worten: es hat diesen Namen, dieweil es zu den Halszäpflein dienlich ist.

Gelbe Vogelmilch, gelbe Sternblume (Gagea lutea), früher Ornithogalum luteum. Vogelmilch ist aus dem griechischen Namen in das Deutsche übertragen; Sternblume bezieht sich auf die 6 sternförmig stehenden Zipfel der Blumenhülle.

Lauch (Allium) ist ein sehr alter Name, der sich schon im 9. Jahrhundert als louch, dann als asclouch für Allium ascalonicum und im 10. Jahrhundert als snitilouch für A. Schoenoprasum Schnittlauch findet. Louch oder Lauch stammt vielleicht von dem angels. lûcan, schließen, und es würde dann Lauch eine Pflanze mit geschlossenen d. h. hohlen oder röhrenförmigen Blättern bezeichnen.

Zwiebel (A. Cepa) ist ursprünglich nicht deutsch. Sie kam zu uns aus Italien, wo sie Cipolla heißt; daraus ist das niederländische Zipolle, das schweizerische Zibel, das spanische Cebolla, das polnische Cebula und das deutsche Zwiebel entstanden. In der Mark und in Pommern heißen die Zwiebeln Bollen; nach Schmeller kommt dieser Name auch in Wien und im Althochd. als bolla, mittelhochd. bolle, mit Ball verwandt und einen runden Körper bedeutend, vor. So sagt man in Süddeutschland Paternoster-Bollen statt Paternoster-Kügelchen.

Schalotte, im Hennebergischen Schlotten, ist aus Ascalotte und dieses aus Ascalonicum (sc. Allium) entstanden.

Porré kommt von dem lateinischen Artnamen Porrum, womit Plinius eine Lauchart bezeichnet.

Hundslauch (B. vineale) bedeutet eine schlechte Lauchart; nach Lonicer, weil er in den Hundstagen zu finden ist. Allermannsharnisch, lange Siegwurz (Allium Victorialis) sind Namen, die sich auf die dieser Pflanze zugeschriebene Kraft, unverwundbar zu machen und zum Siege zu verhelfen, beziehen. „Wer dieses Kraut bei sich trägt, dem kann nichts schaden und wenn er spielt, muß er allezeit gewinnen, und im Raufen überwindet er alle seine Gegner." (Altmünster.)

Märzbecher, Märzenbecher (Leucojum vernum) nennt man in der Oberlausitz die mit dem neuern Namen Knotenblume bezeichnete Pflanze. In anderen Gegenden heißt sie: Frühlingsglöckchen, weißes Veilchen, Märzglöckchen, Märzblümchen, Schneeveilchen u. s. w. In dem alphabetischen Verzeichnis mehrerer in der Oberlausitz üblicher, zum Teil eigentümlicher Wörter und Redensarten im Gregorius-Programm des Görlitzer Gymnasiums vom verstorbenen Rektor, Professor Dr. Anton, 1837, heißt es: Märzbecher heißt eine Art im März blühender Narcissen, weil ihre hohle Röhre einem Becher ähnlich ist. Narcissus pseudo-Narcissus. Diese aber ist eine ganz andere Pflanze mit gelber Blüte und heißt allgemein gelbe Narcisse. Was in der Oberlausitz Märzbecher genannt wird, ist Leucojum vernum.

Zeitlose, Herbstzeitlose (Colchicum autumnale), althochd. zitlosa, soll sich auf die Eigentümlichkeit der Pflanze, im Herbst zu blühen und die Frucht im Frühling zu reifen, beziehen, und ein Gewächs bezeichnen, welches die Zeit nicht beachtet oder einhält.

### Schwertlilien. (Irideae.)

Schwertel ist der allgemeine Name für die Gattung Iris. Der Name kommt schon als svertala im Althochdeutschen vor und bezieht sich auf die schwertförmigen Blätter. Statt Schwertel sagt man auch Schwertlilie. Wasserschwertel ist Iris Pseud-Acorus, Wiesenschwertel Iris sibirica.

### Froschbißartige. (Hydrocharideae.)

Froschbiß (Hydrocharis morsus ranae) von den am Grunde herzförmig ausgeschnittenen (wie ausgebissenen) Blättern und von dem Standorte in Froschteichen benannt. Sie führt auch den Namen Nixblume, Krötenbiß, holländ. Vorschenbeet.

Wasserscheer, bei Garcke Krebsschere, Wassersäge (Stratiotes aloides), von den stachelig gesägten Blättern. Bei uns führt sie außer der Benennung Wasserscheer auch noch die Namen Wasser-Aloe und (im hortus Lusatiae 1594) Hechtkraut, was aber jetzt nicht mehr vorkommt.

### Orchideeen. (Orchideae.)

In dieser Familie, welche die neueren Botaniker in sehr viele Gattungen geteilt haben, finden sich nur wenige volkstümliche Benennungen; die meisten Namen sind Übersetzungen der botanischen, griechischen oder lateinischen Namen, so Weichkraut (Malaxis), Nacktdrüse (Gymnadenia), Breitkölbchen (Platanthera), Kleingriffel (Microstylis) u. s. w., die aber nur in Büchern vorkommen. Für Orchis Morio ist bei uns Knabenkraut-

weiblein und Kuckucksblume, für O. mascula Knabenkrautmänn=
lein, für O. latifolia Händleinwurz, für O. maculata geflecktes
Knabenkraut gebräuchlich. Knabenkraut bezieht sich auf die rundlichen
Wurzelknollen, Weiblein soll die kleinere Art, Männlein die größere be=
zeichnen.

Breitkölbchen für Platanthera bifolia steht nur in Büchern, das
Volk nennt diese Pflanze weiße Kuckucksblume, auch wohl Fuchshödlein.

Stendel, bei Konrad Geßner im Namenbuch aller Erdgewächse:
Ständelkraut, ist bei uns Gymnadenia viridis und hat seinen Namen von
den steif aufrecht stehenden Stengeln, ist also von stehen abgeleitet.

Neottia nidus avis *Rich.* führt bei uns den in ganz Deutschland
bekannten Namen Vogelnest, auch Wurmkraut, Wurmwurz, von der wie
ein Vogelnest gestalteten Wurzel. Dodonäus (1517—1586) sagt: die
Pflanze heißt deutsch Margendreher, brabantisch Vogelnest, franz. nid
d'oiseau. Margendreher ist abzuleiten von mar = conterere, vernichten
(Würmer), kommt jedoch nicht mehr vor.

Herumdrat ist Spiranthes autumnalis *Rich.* von der spiralförmig
gedrehten Blütentraube genannt worden.

Epipactis latifolia *All.*, Zimbel, Zimbelblume, von der Ähnlich=
lichkeit der entwickelten Blumen mit der Zimbel, einem beckenförmigen musi=
kalischen Instrumente.

Der alte Name Ragwurz für Orchis fehlt bei Adelung.

Zweiblatt ist der frühere allgemeine Name für Listera ovata, be=
nannt nach den zwei fast gegenständigen eiförmigen Blättern am Stengel.
Die Botaniker der Jetztzeit nennen die Pflanze breitblättrige Listere.

## Zweisamenlappige. (Dicotyledones.)

### Osterluzeiartige. (Aristolochiae.)

Haselwurz (Asarum europaeum), schon in den ältesten Zeiten so
genannt, weil sie besonders an den Wurzeln der Haseln oder Haselnuß=
sträucher wächst.

### Ampferartige. (Polygoneae.)

Natterwurz, Schlangenwurz (Polygonum Bistorta). Der
Name stammt aus der Zeit, in welcher man glaubte, daß die Natur (Gott)
durch Formen und Farben die Heilmittel den Menschen kenntlich gemacht
habe, was man die signaturam nannte; Natterwurz hat eine schlangen=
förmig oder wurmartig gewundene Wurzel, also half sie gegen Schlangen=
oder Natternbiß, Pflanzen mit gelben Blumen wie das Schöllkraut heilten
Gelbsucht u. s. w. In der Niederlausitz und in einigen Gegenden der

Oberlausitz kennt man diese Pflanze unter dem Namen Grünkraut. E. G. Anton im Gregorius-Programm des Görlitzer Gymnasiums von 1825 erklärt Grünkraut: „allerhand grüne Kräuter untereinander etwa zu einer Suppe, nicht aber wie in anderen Gegenden Kohl;" Grünkraut ist aber unser Polygonum Bistorta.

Wasserpfeffer (Pol. Hydropiper) hat seinen Namen von dem scharfen, brennenden Geschmack. Bei Kasp. Bauhin heißt er daher Persicaria urens.

Flöhkraut (Pol. Persicaria), weil die reifen Früchtchen und Samen bei Berührung wie Flöhe umherspringen.

Wegetritt, früher Wegdritt (Gemeinhardt), Wegegras, Tennegras (Pol. aviculare), wächst auf hart getretenen Wegen und auf wenig besuchten Straßen aus dem Steinpflaster, woher sich die alten Namen schreiben. Nach Lonicer wurde es früher auch Blutkraut genannt, weil es Blutflüsse stopfet, wie er sagt.

Heidekorn (Pol. Fagopyrum), von Heiden; es soll von den Sarazenen aus Afrika nach Europa gebracht worden sein. Der Name Buchweizen ist noch mehr verbreitet und findet sich auch fast unverändert im Holländischen, Dänischen, Schwedischen, Englischen (the buckwheat), während die Franzosen Sarrasin, die Italiener Grano saraceno, die Spanier Trigo saraceno ó arabe, die Portugiesen Trigo saraceno, also Benennungen dafür haben, die sich auf die Sarazenen beziehen.

Ampfer kommt schon im Althochdeutschen als amphero, amphere vor. Nach Adelung bezeichnet dieser Name nur die sauern Arten vom holländischen amper, sauer; wir sagen jedoch allgemein Sauerampfer für Rumex acetosa, was E. Meyer sehr treffend ein grammatisches Hyperoxyd nennt. Im Hennebergischen heißt Rumex acetosa Sauerranzen und Sauersenf, R. crispus Ströpfelkraut (Reinwald, Idiotikon). Letzterer wird in der Oberlausitz außer krauser Ampfer auch Ochsenzunge, Butterampfer, krause Mengelwurz und Grindwurz nach dem Gebrauche in der Arzeneikunde benannt. Der Name Schafampfer für R. acetosella bezieht sich darauf, daß die Schafe ihn auf Brachfeldern, wo er häufig wächst, abweiden.

## Melden. (Atriplices.)

Melde, im Althochdeutschen malta, melda, melde, auch in späterer Zeit Milte, Molte, bezeichnet verschiedene Pflanzen aus der Gattung Chenopodium, jetzt Gänsefuß. Der Name ist mit Mehl übereinstimmend und soll Pflanzen bedeuten, deren Blätter und Blüten wie mit Mehl bestäubt sind. Gänsefuß kommt von den ausgeschnittenen Blättern, welche Ähnlichkeit mit Gänsefüßen haben.

Guter Heinrich (Chenopodium bonus Henricus), bei den älteren Botanikern nur Bonus Henricus, stammt nach Grimm (Mythologie S. 1164) aus den Vorstellungen von dämonischen Wesen, von Elben und Kobolden, die gern Heinrich oder Heinz hießen und denen man die Heilkräfte der Pflanze zuschrieb. Im hortus Lusatiae findet sich bei „guter Heinrich" noch der nicht mehr gebräuchliche Name Schmerbel, abgeleitet von dem Althochd. smiriwa, schmieren, welches sich auf die schmierige, bestäubte Oberfläche der Pflanze bezieht.

Chenopodium rubrum, roter Gänsefuß, weil er zuletzt rot wird, heißt auch Schweinetod, Sautod, weil er den Schweinen ein tödliches Gift ist. Lonicer S. 201.

Ch. Polyspermum, Fischmelde, weil die Fische sie gern als Nahrung annehmen, Ch. vulvaria, Stinkmelde und Bocksmelde, sind Namen, die sich auf den unangenehmen Geruch dieser Art beziehen. Mauzenkraut kommt von Mauze = vulva, weil die Pflanze als ein Specificum gegen Uterinleiden angesehen wurde.

Mit Knauel bezeichnet man zwei Arten von Scleranthus, welche bei uns vorkommen. Der Name soll die wie ein Knaul durcheinander gewirrten ästigen Stengel und Zweige bezeichnen. Scleranthus perennis heißt auch Johannisblut, weil sich an den Wurzeln dieser Pflanze in Gestalt kleiner blutroter Körner die polnische Schildlaus (Coccus polonicus), welche früher anstatt der Cochenille zum Färben benutzt wurde, findet.

Bruchkraut (Herniaria) hat seinen Namen von dem Gebrauch gegen Bruchschäden.

### Wegeriche. (Plantagines.)

Wegerich (Plantago) kommt von Weg, weil die Pflanze auf Wegen wächst; rich bedeutet ein Ding, ein Subjekt. Wegebreit ist ein anderer Name für Plantago, der sich auf die auf Wegen ausgebreiteten Blätter bezieht. Pl. media wird in den Lausitzen von der Gestalt der Blätter Schafzunge genannt.

### Primelartige. (Primulaceae.)

Himmelsschlüssel (Primula) führt diesen Namen schon zu Anfange des 12. Jahrhunderts, heißt bei der heil. Hildegard Himelsschluzela; abgekürzt sagt man auch Schlüsselblume. Diese früh erscheinende Blume schließt gleichsam den Himmel der Blumenwelt auf.

Pfennigkraut (Lysimachia nummularia) hat den Namen von den rundlichen Blättern.

Gauchheil (Anagallis) ist ein sehr alter Name, der von Gauch = Narr herkommt. Die Pflanzen (A. arvensis war das Männlein mit

roter, A. coerulea das Weiblein mit blauer Blüte) wurden gegen Geistes=
krankheiten, Tollwut (Reinecke Fuchs T. II. Kap. 24), gegen Blödsinn, wie
bei den Griechen Helleborus gebraucht, daher auch die Namen Gecken=
heil und Verstandkraut.

Wasserschlauch (Utricularia) hat an der Wurzel Bläschen oder
Schläuche, durch welche er sich gegen die Blütezeit an die Oberfläche des
Wassers erhebt.

Fettkraut (Pinguicula) ist diese Gattung von den fettigen Blättern
genannt worden.

Schirmkraut und Sternblümlein (Trientalis) beziehen sich auf
die (meist) in 7 Teile gespaltene Blumenkrone.

### Larvenblütige. (Rhinanthaceae.)

Klaffer (Rhinanthus Crista Galli), in Österreich Klast, in Bayern
Klaff, ist von klaffen und klappen (oberdeutsch) abzuleiten, was ein ge=
wisses Geräusch verursachen bedeutet und von dem Ton herkommt,
den die getrockneten Früchte dieser Gattung geben. In Österreich sagt
man vom Klast: Er spricht zu dem Bauer: vertilg' mich, sonst vertilg
ich dich. Der mehr in Büchern als vom Volke gebrauchte Name Hahnen=
kamm, im hortus Lusatiae Hanenkamp, bezieht sich auf die Gestalt der
Blume.

Augentrost (Euphrasia) war seit den ältesten Zeiten ein Augen=
heilmittel; Lonicer sagt, es heiße dieses Kraut so, „dieweil es den Augen
gut und heylsam ist". Mit dem hochdeutschen Namen stimmen überein
das holländische Oogentroost, das dänische öientröst und das schwedische
ögentröst.

Läusekraut (Pedicularis palustris, sylvatica) wird wegen seiner
Schärfe von keiner Art Vieh gefressen; die Landleute aber bedienen sich
einer Abkochung desselben zu Waschungen, um namentlich Rinder und
Pferde von Ungeziefer zu reinigen.

Kuhweizen (Melampyrum) ist zwar der Name für die ganze Gat=
tung, jedenfalls aber übertragen von der gemeinsten Art M. pratense,
welches vom Rindvieh sehr gern gefressen wird; früher hieß sie triticum
vaccinum. Wachtelweizen, welchen Namen diese Gattung auch noch
führt, stammt von M. arvense, welches in Feldern wächst, wo sich die
Wachteln aufhalten.

Gottesgnade (Gratiola officinalis). Adelung giebt an, daß der
Storchschnabel (Geranium Robertianum) in einigen Gegenden so genannt
werde, weil er für ein gutes Wundkraut gehalten worden, dagegen fehlt
bei ihm Gottesgnade für Gratiola. Das Kraut dieser Pflanze wirkt

drastisch-purgierend und wurde bei hartnäckigen Unterleibskrankheiten, nach
Höfer (III. 295) auch in der Bleich- und Wassersucht, sowie bei hartnäckigen Fiebern gebraucht, daher Gottes Gnade genannt. Bei Öttel und
Lonicer heißt sie auch wilder Aurin, ein Name, der bei uns nicht mehr
gekannt ist und von dem alten aur = ferus, sylvestris herkommt.

Viticeen. (Vitices.)

Eisenhart, Eisenkraut, Eiserich (Verbena offic.) hat wahrscheinlich den Namen von dem alten Aberglauben, daß sie gegen Eisen
schützen oder unverletzlich gegen Eisen machen soll. Im Altertum stand
diese Pflanze in hohem Ansehen; die Ärzte nannten alle heilsamen Kräuter
verbenae und nach Plinius (25. 9., 59) wurde keine Pflanze so hoch geschätzt wie die verbenaca. „Dies ist die Pflanze, mit welcher unsere Ge-
sandten zu den Feinden gehen, mit welcher der Tisch des Jupiter abge-
stäubt wird, unsere Häuser gereinigt und vor Unglück geschützt werden."
— Die Gallier losten und weissagten damit, die Magier priesen sie bis
zum Unsinn. In Deutschland wurden die Wurzeln am St. Gregoritag
früh um 1 Uhr gegraben und dienten zum Schätzeaufsuchen u. s. w. Auf-
fällig ist es, daß sie bei uns so oft in der Nähe der Kirchen vorkommt,
so in Deutsch-Ossig, Hermsdorf, Kunnersdorf rc.

Lippenblütige. (Labiatae.)

Wolfsfuß (Lycopus) hat den Namen von der Gestalt der Blätter.

Minze (Menta, Mentha, auch Minta bei Plinius) wird oft Münze
geschrieben; da es aber offenbar von Minta bei Plinius herkommt, oder
wenn man lieber will aus dem griechischen μίνθη = μίνθα herstammt, so
ist Münze unrichtig, obwohl es Lonicer schon Münz und bei Calamintha
Bergmünz, item Katzenmünz, Steinmünz schreibt.

Dost (Origanum) ist sehr alt; Graff hat dost, dosto, thosto, tosto
und tosta, im Dänischen und Norwegischen heißt es Tost. Dost und
Dosten bedeutet etwas, was sich buschig ausbreitet, also im allgemeinen
ein Büschel oder Strauß. Nach Köne kommt es von dem westfälischen
daus oder dose, d. i. grünes Kraut. [?] Bei Simrock (1678) heißt es:
Dost, Harthau und weiße Haid, thun dem Teufel viel Leid. Sonst führt
es noch die Namen Wohlgemut und wilder Majoran.

Quendel, beim Volke Quenel (Thymus serpyllum) ist aus dem
lateinischen Cunila, woraus im Mittelalter Quenula, Quenila, Kenele,
niederdeutsch Kölle, holländ. Keul entstanden sind. Bei uns ist außerdem noch der Name wilder Thymian, von dem latein. Thymus gebräuchlich.

Brunelle (Prunella vulgaris), gem. Brunelle oder Braunelle, nach Kaspar Bauhin so genannt, weil diese Pflanze als Mittel gegen die Bräune diente. Nach Höfer I. 110 war die Brunelle auch als gutes Wundkraut ꝛc. berühmt. Sie hieß Mundfäulkraut, Zapfen, auch St. Antonikraut, weil sie wider das St. Antoniusfeuer oder den Rotlauf gebraucht wurde. Bei Lonicer heißt es: Braunellen mag also genannt sein, von seiner Eigenschaft, dieweil es zu der Entzündung der Zungen, die man Bräune nennt, gebraucht wird. Heißt auch Gottheyl, von seiner heilsamen Krafft wegen, denn es ist ein heilsam Wundkraut.

Gundelrebe, Gundermann (Glechoma hederacea), schon in den älteren Glossarien Gundereba, kommt nach Schmeller vom alten Worte gund = tabes = Feuchtigkeit, aber noch wahrscheinlicher von cunila. Bock im Idioticon prussicum (1759) sagt bei Hedera terrestris (so hieß die Gundelrebe früher), es werde in Preußen Udram genannt, heiße aber anderwärts Gundreb oder Gundelreb.

Herzgespann (Leonurus Cardiaca), auch Herzgesperr, hat den Namen von dem früheren Gebrauch gegen Cardialgie bei Kindern, auch überhaupt gegen Herzklopfen, Magenbeschwerden, Verschleimung der Lungen u. s. w.

Betonie, gemeine (Betonica officinalis), ist überall verbreitet, obwohl der Name lateinisch ist. Nach Plinius (25, 8, 48) kommt der Name von den Bettonen in Spanien. Er sagt: die Vettonen in Spanien haben eine Pflanze entdeckt, die in Gallien vettonica, in Italien serratula, in Griechenland Kestros und Psychotrophos genannt und für eine vortreffliche Arzenei gehalten wird. Die deutschen Namen Batenige, Patenige und Bathengel sind Verstümmelungen von Betonie.

Andorn, gemeiner, weißer (Marrubium vulgare); außerdem auch brauner Wasserandorn (Stachys palustris), kleiner Feld-Andorn (St. arvensis), Acker-Andorn (Galeopsis Ladanum), schwarzer Andorn (Ballota nigra). Grimm bemerkt bei Andorn, weil man das deutsche Wort auf so viele Kräuter anwende, so sei es desto älter. Adelung meint, daß der Name von dem stacheligen Kelche und Samengehäuse herrühre, da man die Stacheln gar wohl Dornen nennen könne, zumal mit dem mildernden an, welches hier eine bloße Ähnlichkeit bedeuten könne. Die beste Auskunft giebt uns Tabernämontanus († 1590), indem er (S. 927) sagt: das Wasser, darin Andorn gesotten, heilt alle böse Grindschüppen, Flechten und Mäler, darum die junge Kinder, welche den Andorn und megerei haben, sollen darin gebadet werden. Megerei ist macies = Magerkeit; unter andorn verstand man anfangende Dürre oder Auszehrung, das Wort ist also mit dorren verwandt und wäre richtiger Andorrn zu schreiben.

Hierher gehören noch einige deutsche Namen, welche durch Verstümme=
lung der alten lateinischen Benennungen entstanden sind. Ziest ist das
alte Sideritis, Günsel (Ajuga) ist aus dem früheren Namen Consolida
geworden. Benennungen wie Hohlzahn (Galeopsis), Taubnessel (Lamium),
Wirbelborste (Clinopodium) und Helmkraut (Scutellaria) bedürfen keiner
Erklärung.

### Nachtschattenartige. (Solaneae.)

Der Name Nachtschatten ist sehr alt; bei den älteren Botanikern
heißt Solanum Nachtschatt, im Althochdeutschen naht-scato, holländ. nagt-
schade, engl. nigtshade. Eine Erklärung ist schwierig. Vielleicht kommt
der Name von den schwarzen Beeren des schwarzen Nachtschattens. Der
rote Nachtschatten ist unter dem Namen Bittersüß allgemein bekannt. Bei
Lonicer heißt er auch: Je länger je lieber, Amara dulcis, weil er im
Munde gekäuet immer süßer wird, auch Hyndschkraut wurde er genannt,
„weil die Hirten dem Rindvieh das Kraut für (gegen) den Hyndsch
(Keuchen und schweren Atem), so die Medici Asthma heißen, an den
Hals hingen.“

Wolfskirsche, Tollkirsche für Atropa Belladonna, Stechapfel
für Datura Stramonium, Königskerze für Verbascum sind leicht zu deu=
ten, was aber Bilse, Bilsenkraut (im Althochd. bilisa) bedeuten mag, ist
schwerer anzugeben. Wachter will es von βέλος (Bolz), sagitta, ableiten,
weil die Hispanier ihre Pfeile mit dem Safte dieser Pflanze bestrichen.

### Rauhblättrige. (Boragineae.)

Ochsenzunge (Anchusa) ist Übersetzung des alten Namens Bu=
glossum und bezieht sich auf die Gestalt der Blätter wie bei Hundszunge
(Cynoglossum officinale). Anchusa arvensis *M. Bieberstein* heißt bei
uns und in Schlesien Liebäugel, von den himmelblauen Blumen.

Mausohr (Myosotis) bezieht sich auf die Gestalt der Blätter; für
M. palustris ist der alte, schon von Konr. Gesner gebrauchte Name „Ver=
gißmeinnicht“ gewöhnlich.

Lungenkraut (Pulmonaria) heißt es, weil es als Heilmittel bei
(leichten) Hals= und Brustentzündungen verordnet wurde.

Natterkopf, wilde Ochsenzunge (Echium vulgare), in Schlesien
Frauenkrieg, ist nach den stechenden Borsten benannt worden; in Österreich
heißt die Pflanze Saurüssel, weil sie verwundet.

Für Symphytum officinale werden bei uns folgende deutsche Namen
gebraucht: Schwarzwurz, Beinwell und Wallwurz. Schwarzwurz
bezieht sich auf die Farbe der Wurzel, Beinwell auf den Gebrauch bei
Knochenbrüchen (Bein = Knochen, well = wohl, gut, nützlich), Wallwurz

ift durch Schweden (Wallört) und durch die Niederlande (Wallwortel) ver=
breitet und hat dieselbe Bedeutung.

Ackersteinsame (Lithospermum arvense) ift nach den steinharten
Samen benannt worden; Bauernschminke und Schminkwurzel beziehen sich
auf den von Linné angegebenen Gebrauch, nach welchem sich die schwe=
dischen Bauernmädchen mit der rotfärbenden Wurzel schminken, was sie
wohl dort so wenig als bei uns nötig haben dürften. Steinsame von
dem Gebrauche gegen Steinkrankheiten abzuleiten, ift unrichtig; die frühere
Benutzung schreibt sich vielmehr von dem Namen her.

## Windenartige. (Convolvuli.)

Die Namen Ackerwinde (Convolvulus arvensis) und Zaunwinde
(C. sepium) bezeichnen Pflanzen mit windendem Stengel.

## Enzianartige. (Gentianeae.)

Enzian ift aus dem lateinischen gentiana entstanden. Bei den
älteren Botanikern hieß es Gentiane, in der Schweiz sagt man Jenzene.
Deutsche Namen sind: Bitterwurz, Modelgeer und Sperenstich, früher auch
in der Lausitz gebräuchlich.

Lungenblümel ift bei uns die Gentiana Pneumonanthe, welcher
man besonders heilsame Kräfte bei Bruft= und Lungenkrankheiten zuschrieb.

Tausenguldenkraut (Erythraea Centaurium) war schon bei den
Griechen (κενταύριον μικρόν Dioscorides) als Heilkraut berühmt. Der
deutsche Name soll den hohen Wert derselben anzeigen. Lonicer sagt: es
ift gut, getrunken für den Ritten oder Fieber — daher auch Fieberkraut
genannt.

Bitterklee (Menyanthes trifoliata) und Fieberklee sind Namen,
welche sich auf den Geschmack und die Anwendung dieser Pflanze beziehen.
E. Meyer hat Viberklee für Menyanthes vorgeschlagen, was auch Wimmer
angenommen hat. Zottenblume ift neueren Ursprungs und nach E. Meyers
Vermutung von Planer erfunden.

Ehrenpreis für Veronica ift sehr alt und führt den Gattungsnamen
von der Art Ver. officinalis, welche früher als Heilmittel in sehr hohem
Ansehen stand, woher der Name Veronica d. i. Vera unica, scil. herba,
und die deutschen Namen Ehrenpreis, Grundheil, Heil aller Welt,
Heil aller Schaden und europäischer Thee kommen. Eine ältere Be=
nennung ift Ehrenpreismännlein und für V. Serpyllifolia Ehrenpreisweib=
lein, kommen aber kaum mehr vor.

Bachbungen (Ver. beccabunga) ift im Dänischen, Holländischen
und Schwedischen, ja sogar in den romanischen Sprachen, im Französischen,

Italienischen und Portugiesischen gleichlautend. Bunge bedeutet eine Pauke, Trommel, dann auch ahd. bungo = Zwiebel (Graff) und es wäre demnach der Name von den angeschwollenen Samenkapseln und von Bach herzuleiten.

### Hundstodgewächse. (Apocyneae.)

Schwalbenwurz, Schwalbenkraut (Cynanchum Vincetoxicum). Schwalbenwurz ist die Pflanze von dem mit langen Fasern versehenen Wurzelstocke genannt worden. Erst später ist Schwalbenkraut daraus entstanden. Die Gattung Cyanchum, Hundswürger, enthält giftige Arten, welche Hunden den Tod bringen.

Singrün (Vinca) ist aus der alten verstärkenden Partikel sin = sehr, auch dauernd, anhaltend, und grün zusammengesetzt, ist also nicht Sinngrün zu schreiben.

### Heidekrautartige. (Ericineae.)

Porst (Ledum palustre) soll nach E. Meyer aus dem Wendischen herstammen, da der Name ebenso weit verbreitet ist, wie die Wenden in Deutschland vorgedrungen sind und weil sie in Schweden einen ganz anderen Namen (sqvatram) führt. Im Wendischen heißt Porst Finger oder Fußzehe, was aber wohl schwerlich der Stamm für unsern Porst sein dürfte; vielleicht wäre es von porskam, keu, en, niesen, abzuleiten, da die Pflanze einen starken, Niesen erregenden Geruch hat. Schmeller (282) giebt bei Borst, Borsten, ahd. porst, mhd. borst, die Bedeutung: schlechtes borstenfarbiges Moorgras oder Heu an, was den Namen unserer Pflanze wohl am besten erklärt. Bei uns heißt sie Gränze und Saugränze, in Schlesien Granze, Namen, deren Abstammung unsicher ist.

Vaccinium Myrtillus, bei uns Blaubeere und Heidelbeere, in der Mark Beesingen, in Niedersachsen Bickbeere, vielleicht mit Bickel, Pickel verwandt.

Preißelbeere, Preiselbeere (V. Vitis idaea), vielleicht mit sprießen verwandt, da nach Schmeller auch Spreißeln vorkommt. Auch könnte es mit Breusch, wie in der Schweiz die Erica genannt wird, verwandt sein. Breusch ist aber ganz übereinstimmend mit dem alten Worte Preis = pectus = Brust, und da die Blätter dieser Pflanze von dem Volke als Mittel gegen Brusthusten gebraucht wurden und auch jetzt noch gebraucht werden, so würde Preißeln und Preiselbeere eine Pflanze anzeigen, welche als Brustmittel gebraucht wird.

Trunkelbeere, Rauschbeere (V. uliginosum) ist nach der ihr zugeschriebenen berauschenden Eigenschaft und die Moosbeere (V. Oxycoccos) nach dem Standorte benannt.

### Glockenartige. (Campanulaceae.)

Rapunzel (Phyteuma) kommt schon in den alten Kräuterbüchern vor und ist aus dem lateinischen Rapunculus und dieses wieder aus dem altlateinischen rapum, Rübe, entstanden.

Glocke, Glockenblume (Campanula) heißt die Gattung von der Gestalt der Blumen.

### Zungenblütige. (Cichoraceae.)

Wegwarte, schwed. Wägwärda, in der Schweiz Wegluge, Wegweiß bei Lonicer, sind Namen für Cichorium Intybus, welche sich auf den Standort dieser Pflanze an Wegen beziehen, oder, wie Lonicer sagt, seinen Namen daher hat, „dieweil es in allen Straßen oder Wegen gemein wächst". In älteren Glossarien und Kräuterbüchern kommt für Cichorium auch der Name Hintläufte, Hindläuft vor, den man in der Lausitz und in Schlesien zuweilen noch hört. Das schweizerische Wegluge ist eine Zusammensetzung von Weg und lugen = sehen.

Bocksbart (Tragopogon) von den abgeblühten haarigen Blumen, welche einem Bocksbarte ähnlich sind.

Warzenkraut (Lapsana) in Schlesien, anderwärts Milchen (engl. nipplewort) sind Namen, welche sich auf den früheren Gebrauch dieser Pflanze gegen Krankheiten der Brüste beziehen. Die Art L. communis wird bei uns und in Schlesien auch Rainkohl genannt.

Löwenzahn (Taraxacum officinale *Roth.*), auch Maiblume, Butterblume und Pfaffenröhrlein in der Lausitz, hat in Deutschland nach Nemnich 53, nach Schkuhr 33 Namen, welche sich zum Teil von der Farbe der Blume (Eierblume), zum Teil von den Blütenstielen (Pfaffenröhrlein, Pfaffenstiel), zum Teil von den gezähnten Blattzipfeln (Löwenzahn), zum Teil auch von dem arzeneilichen Gebrauch herschreiben).

Lattich ist aus dem lateinischen Lactuca (Plinius) gebildet, was sich auf den Milchsaft dieser Pflanze bezieht. Angebaut wird Lactuca sativa *L.*, der Gartensalat; Salat von sal bezieht sich auf den gesalzenen, zur Speise benutzten Lattich; wildwachsend findet sich bei uns L. Scariola, der wilde Lattich. Die Ableitung von latus, breit, weit, groß, weil der Lattich große, breite Blätter hat, wäre demnach zu verwerfen.

Gänsedistel und Saudistel (Sonchus), auch Milchdistel (S. oleraceus), sind Benennungen, welche sich auf den Gebrauch als Futter für Gänse und Schweine und auf den Milchsaft der Pflanze beziehen.

Für Hierarium Pilosella hat man bei uns die Namen gelbes Mausöhrlein und Nagelkraut; beide Namen sind von der Gestalt der Blätter abgeleitet; für H. murorum ist gelbes Lungenkraut, von Taberna=

montan (Kräuterb. 504), wo sie Pulmonaria Gallica mas genannt wird, und, wiewohl seltener, der Name Buchkohl bei uns gebräuchlich.

## Distelgewächse. (Cynarocephalae.)

Klette (Lappa), althochd. chletta fem., chletto masc., Kletta, niedersächs. Klive, fränk. Cliba, ist mit kleben verwandt und bezieht sich auf die an Gegenständen anhängenden Blütenköpfchen.

Eberwurz (Carlina acaulis), früher Aberraute, dän. Abred, ist aus dem lateinischen abrotanum und dieses aus dem griech. άβρότονον. Stabwurz, von άβροτος, göttlich, gebildet, wegen der Heilkräfte dieser Pflanze; also Aberraute, Aberwurz, wie das Volk sagt.

Dreidistel (Carlina vulgaris) ist aus dem bei Tabernämontan vorkommenden Drewdistel von dräuen, drohen, von dem stacheligen Hüllkelch, entstanden.

Distel (Carduus) ist ein sehr altes, schon im Angelsächs. als thistel und im Althochd. als distil vorkommendes Wort. Nach Wachter steht es mit dem angelsächs. thydan = pungere, figere, stechen, durchbohren, in Verbindung, woraus thydsel, dann thystel geworden ist.

Krebsdistel (Onopordon Acanthium) wurde früher als Heilmittel gegen den Gesichtskrebs gebraucht, woher sie den Namen hat.

Flockenblume für Centaurea ist eine neuere Benennung, welche sich auf die vielfach zerteilten Randblümchen bezieht.

## Röhrenblütler. (Corymbiferae.)

Für Eupatorium cannabinum sind bei uns die Namen Alpkraut, Wasserdoste, Hirschklee und Kunigundenkraut gebräuchlich. Bei Frank im hortus Lusatiae steht neben Kunigundskraut noch der Name Wasser-Wundkraut, der aber nicht mehr vorkommt. Alpkraut bezieht sich auf den Arzeneigebrauch, der bei dieser Pflanze ein sehr ausgedehnter war. Man brauchte die Wurzel und das Kraut innerlich und äußerlich und radix et herba Eupatorii sive St. Cunigundae fehlte in keiner Apotheke.

Zweizahn (Bidens) hat den Namen von den zweizähnigen Früchten.

Huflattich (Tussilago), holländ. hoefblad, schwed. hasthof, so auch im Deutschen Roßhuf, Eselshuf, weil sie hufförmige, dem Lattich ähnliche Blätter hat.

Pestwurz (Petasites) wurde früher für ein vorzügliches Mittel gegen die Pest gehalten. Außer diesem Namen führt sie noch den Namen Neunkraft (plattdeutsch Regenstärke) und Neunkraut.

Rainfarn, bei Öttel: Rheinfarn, auch Josephsstab und Kevierblume, ist Tanacetum vulgare. Der erste Name ist aus Rainfahn, althochdeutsch reine-fano und schwedisch noch jetzt renfana, verstümmelt oder von farn übertragen. Es bedeutet demnach eine Pflanze, die an Rainen wächst und fahnenartige Blätter hat. Lonicer hat schon Reynfarn und Rheinfarn; Frank schreibt Reynfarn, Gemeinhardt — Rheinfahren.

Beifuß (Artemisia vulgaris), althochd. pipôz, mhochd. bibôz, später Beifuß. Um 1497 hieß es in Schwaben Peypos, einige Jahre später Peifos. Der Name Beifuß (Neben- oder Hilfsfuß) schreibt sich von dem alten Aberglauben her, daß der nicht müde werde, welcher die Pflanze beim Gehen in den Schuhen bei sich trägt (Lonicer S. 344). In einem Heilmittelbuch von 1400 (Cod. gissensis 992 bl. 128) heißt es: bibes ist ein crut, wer fer welle goun, der sol es tragen, so wird er nit müd sere uf dem Weg, der tüfel mag im och nit geschaden und wa es in dem Hus lit, es vertreibt den Zober.

Wermut (Arthemisia Absinthium) kommt im Althochdeutschen (wormota) und im Angelsächs. (vermod) vor; unser Landvolk sagt Wermte. Es wurde schon von den griechischen Ärzten als Wurmmittel gebraucht. Der deutsche Name Wermut hat seinen Stamm in dem lateinischen vermis, Wurm. Tabernämontan erklärt: Wermut wird er von etlichen geheißen, darumb, daß er den Riesenden allen Mut durch seine Bitterkeit hinweg- nehme, und sagt weiter: andere halten davor, er habe den namen von seiner erwermenden Krafft empfangen, dannenhero ihn die Sachsen Wermpte nennen. Etliche nennen ihn Weromut, umb seiner trefflichen und viel- fältigen Tugend wegen, damit er allen Unmut hinwegtreibe.

Katzenpfötchen (Antennaria dioica *Gärtn.*) hat den Namen von den Blütenkörbchen, welche Ähnlichkeit mit Katzenfüßen haben. Ruhrkraut bezieht sich auf den Arzeneigebrauch dieser Pflanze und Engelblümchen auf die Schönheit der Blumen.

## Strahlblütige. (Radiatae.)

Dürrwurz (Conyza squarrosa) kann nicht vom Gebrauche dieser Pflanze, etwa gegen Auszehrung, hergeleitet werden; der Name bezieht sich auf die holzige Wurzel.

Wohlverlei (Arnica) ist eine von alters her berühmte Arznei- pflanze, welche in vielen innerlichen Krankheiten und bei äußerlichen Ver- letzungen angewandt wurde. Fast alle ihre Namen wie Fallkraut, Stich- kraut, Stichwurzel, Bruchkraut, Lungenkraut, Verfangskraut, beziehen sich auf den Gebrauch derselben; andere sollen ihren hohen Wert anzeigen, wie z. B. Engelkrankwurz, Engelkraut, noch andere wie große Johannisblume beziehen sich auf die Blütezeit.

Alant (Inula) ist ein sehr alter, aber schwer zu deutender Name. Nach Graßmann ist er mit dem griech. ἐλένιον und der lateinischen Form ala verwandt.

Dürrwurz, blaue Dürrwurz, Berufkraut (Erigeron acre). Von dieser Pflanze brauchte man in frühern Zeiten das Kraut gegen Dürrsucht und das sogenannte Beschreien oder Berufen kleiner Kinder. Unsere Landleute suchen durch ein „Gott behüt's" oder „unberufen" ihr ausgesprochenes Lob (wie die Römer durch ihr praefiscine) unschädlich zu machen.

Aschenpflanze (Cineraria) hat ihren Namen von den behaarten Blättern, die wie mit Asche bestreut aussehen.

Für Senecio sagen wir jetzt allgemein Kreuzkraut; weniger gebräuchlich ist der im 16. und 17. Jahrhunderte vorkommende Name Kreuzwurz. Beide Benennungen beziehen sich auf die frühere Anwendung mehrer Arten in der Arzeneikunde, sowohl innerlich als äußerlich, namentlich als erweichendes und zerteilendes Mittel, so von S. vulgaris gemeines Kreuzkraut und S. saracenicus, heidnisch Wundkraut. Ein anderer alter Name Baldgreis, hergeleitet von der schnell vorübergehenden Blüte, an deren Stelle man die an den Früchtchen befindliche weiße Haarkrone (Pappus) bemerkt. In der Lausitz kennt das Volk den Namen Baldgreis nicht, doch muß er wohl in dem benachbarten Schlesien vorkommen, da Wimmer ihn bei Kreuzkraut aufführt.

Das Gänseblümchen (Bellis perennis) hat den Namen von dem Standorte, wo auch die Gänse sich aufzuhalten pflegen. Weniger häufig kommt Maßlieben, soviel wie Mat oder Matten = Wiesen liebend, und Tausendschön für die kultivierte gefüllte Varietät vor.

Der ganz deutsch gewordene Name Kamille (Matricaria Chamomilla) kommt von dem Mittellateinischen Chamomilla und dieses von dem bei Plinius vorkommenden chamaemelon, welches wieder aus dem Griechischen übertragen ist. Der Name Hermelin ist Verstümmelung, wie das wetterauische Koimelle und das hennebergische Kühmelle, was gleichbedeutend mit Kühmelde wäre. In der Niederlausitz nennt das Volk die Pflanze allgemein Hermelkraut und die getrockneten Blumen — Hermelthee. Tabernämontan sagt: Kamillen ist Chamomelum der Alten, die den Namen daher empfangen hat, dieweil sie reucht, wie ein lieblicher wohlriechender Apffel.

Wucherblume für Chrysanthemum Leucanthemum ist neuern Ursprungs und dem Volke noch unbekannt. Der bei uns gebräuchliche Volksname ist St. Johannisblume, von der Blütezeit, und große Gänseblume, früher Bellis major sylvestris bei Joh. Bauhin, von der Ähnlichkeit mit dem Gänseblümchen.

Schafgarbe (Achillea Millefolium) findet sich erst nach Otto Brun=
fels († 1534) vor; Schwenkfelt schreibt Schäfcarvi, Gemeinhardt: Schaff=
garbe. Im Altdeutschen haben wir Garwa, holländisch Gerwe oder Ge-
rewe, dänisch Karve, englisch Car'away, was aber Kümmel, Karbe be=
zeichnet. In den ältern Glossarien werden die Namen für Achillea und
Carum genau auseinander gehalten: Achillea ist Garwa, Garbe; Carum
= Carvi, Karve oder Cumi; bei uns nennt man den Kümmel (Carum)
teils Karbe, teils Garbe, spricht aber richtiger Schafgarbe. Nach Graß=
mann stammt Garbe aus dem Angelsächsischen, wo gearve (fem.) die
Achillea Millefolium, gearva (masc.) das Kleid, Umwurf und gearva
(adverb.) fertig, vollendet, schön bedeutet, und es soll die Pflanze durch
den Eindruck, welchen sie durch die zahlreichen und zierlichen Blätter als
eine schöne und vollständig ausgerüstete gemacht hat, zu diesem Namen ge=
kommen sein. (Deutsche Pflanzennamen S. 134.)

### Kardenartige. (Dipsaceae.)

Karden (Dipsacus) und bei Öttel (D. sylvestris) wilde Karten=
distel, jedenfalls nach Frank oder Lonicer, welche beide Karten schreiben,
kommt von dem lateinischen carduus, Distel, von der Ähnlichkeit der Pflanze
mit einer Distel.

Teufels=Abbiß (Scabiosa succisa) hat den Namen von der ab=
gebissenen Wurzel, daher morsus diaboli der Offizinen.[*] Für Acker=
Scabiose (Sc. arvensis) kommt in der Lausitz noch der Name Apostem=
kraut und nach Frank Grindkraut vor. Lonicer hat die Namen Pastemen,
Apostemen auch, und sagt, daß diese Pflanze so genannt werde, weil sie
zu den Pastemen in Getränken gebraucht wird und die Apostemen zeitigt.
Apostemen kommt aus dem Griechischen, apostema = ein Geschwür, die
Pflanze hat also den Namen von dem Gebrauch der Arzenei. Grindkraut
wurde sie genannt, weil man sie gegen solche Ausschläge in Salben ge=
brauchte.

### Rötengewächse. (Rubiaceae.)

Labkraut (Galium) hat den Namen von der Eigenschaft, die Milch
zum Gerinnen zu bringen, wie der Kälbermagen oder Lab. Dieselbe Be=
ziehung hat auch der in einigen Gegenden Deutschlands gebräuchliche Name
Butterstiel.

---

[*] Lonicer nennt sie Abbiß, Teuffels Biß, denn man sagt, daß der Teuffel die
Nutzung oder besondere Krafft dieser Wurtzeln den Menschen mißgünne und stümpffe
oder beiße sie derowegen in der Erde ab, daß sie ihre rechte Krafft nicht haben möge,
darumb heißet sie auch Teuffels=Abbiß.

Galium verum, gelbes Labkraut, führt auch den Namen Frauen-Bettstroh, Liebfrauen-Bettstroh und G. Aparine Klebkraut, weil es an Körpern, die mit ihm in Berührung kommen, hangen oder kleben bleibt.

Waldmeister, Sternleberkraut, Herzensfreude (Asperula odorata). Der Name Waldmeister bedeutet nicht eine hervorragende Pflanze des Waldes, sondern soviel wie Waldmeier, was mit dem in vielen Gegenden gebräuchlichen Waldmegerkraut übereinstimmt. Sternleberkraut kommt von dem frühern von J. Bauhin gebrauchten Namen: Hepatica stellata officinarum und Herzensfreude von dem schönen Aussehen und dem lieblichen Geruch.

### Geisblattgewächse. (Caprifoliaceae.)

Für Viburnum Opulus hat Nemnich nicht weniger als 46 deutsche Namen. Bei uns ist Schneeball, wilder Schneeball und Wasserholder am gewöhnlichsten. Nach den Münchener Glossen aus dem 11. Jahrhundert hieß viburna = sumerlattan, nach dem Berliner Glossar der bucolica sumermaton. (Haupt III. 1.) Mit Schneeball bezeichnet man besonders die in Gärten kultivierte Abart, deren Afterdolden kugelig werden und einem Schneeballe ähnlich sind. Wasserholder bezeichnet den Standort und die Ähnlichkeit mit Holunder (Sambucus), der auch Holder, so Samb. racemosa Traubenholder genannt wird. Der auch nicht ungewöhnliche Name Kalinkenbaum (die Früchte Kalinkenbeeren) kommt aus dem Slavischen Kalina, wie Wenden, Polen, Böhmen und Russen ihn nennen. Ein alter Name ist auch Schwelken, der mit dem Holländischen Schwelkenhont, dem Dänischen Qvalke und dem Gotländischen Qvalkebär übereinstimmt und mit schwellen verwandt ist, da die Blüten bei der Kultur zu den obenerwähnten ballartigen Bildungen anschwellen.

Holunder (Sambucus nigra), schwarzer Holunder, althochdeutsch holunter, kommt von hol = hohl, was sich auf die hohle Röhre bezieht, wenn das Mark herausgestoßen ist, und von tar, der, was soviel wie Baum oder Strauch ist.

Sambucus Ebulus wird bei uns mit Acker-Holunder und Attich benannt. Attich kommt schon bei Fuchs (Kräuterbuch), bei Frank (Ebulus, Sambucus pumila) und in anderen alten Kräuterbüchern vor. Im Althochd. heißt er Atuh, im Mittelhochd. atich. Die Abstammung ist im Griechischen zu suchen, wo ἀκταία und ἀκτέα den Holunderbaum bezeichnet, welches wieder von ἀκτή = zerbrochen stammt.

Mistel, auch umgestaltet Mispel (Viscum album), schwedisch ebenfalls Mistel, hat den Namen von misten, da auch den Alten schon die Fortpflanzung dieses auf Bäumen wachsenden Strauches, welcher nur durch solche Samen entsteht, die durch den Darmkanal der Misteldrossel gegangen sind, bekannt war. Plautus sagt schon: Turdus ipse sibi malum cacat, was wir in dem deutschen Sprichworte: Jeder Mensch ist seines Glückes Schmied — haben. Theophrast (de caucis plant. 2, 17) spricht eben= falls davon.

Hartriegel und Rotbeinholz sind bei uns die Namen für Cornus sanguinea. Die erste Benennung bezieht sich auf das harte, zu Riegeln brauchbare Holz und Rotbeinholz auf die, besonders im Winter, roten Äste und Zweige; Bein (Knochen) auf die Härte.

Epheu (Hedera Helix), althochd. ëbah, holländ. eppe, früher auch wohl ep-heu, wie im Elsaß epphau und eppheu jetzt noch gesprochen, dürfte vom Bacchus=Kultus in das Deutsche übergegangen sein. Jupiter begrüßte bekanntlich den Bachus nach dem Gigantenkriege mit ἰναι, ἰνα, ἰνίς, was man an seinen Festen bei seiner Statue, deren Haupt mit Epheu (oder Weinlaub) bekränzt war, häufig wiederholte.

## Doldengewächse. (Umbelliferae.)

Wassernabel (Hydrocotyle) hat den Namen von den schildförmigen Blättern.

Sanikel (Sanicula). Lonicer sagt: a sanando d. i. von seiner heil= samen Krafft.

Astrantia major heißt in der Lausitz: schwarze Meisterwurz, über= tragen von Imperatoria Ostruthium, welches schlechtweg Meisterwurz ge= nannt wird. In der Schweiz führt Astrantia die Namen Asttränze, Stränze, Strenze, nach Schmeller mit Strenzen, einer Art Korb, verwandt.

Kerbel, bei Gemeinhardt Chaerefolium Körbel, bei Frank Cere= folium, Cherephyllum, Körfflkraut, ist zunächst Name für Scandix Cere= folium, Gartenkerbel, auch Kerbelkraut genannt. Die deutsche Benennung kommt nicht von kerben, was man auf die fiederspaltigen Blätter beziehen könnte, sondern von dem lateinischen cerefolium oder eigentlich von dem griechischen chaerephyllon = sich des Blattes erfreuend, von dem gewürz= haften Geschmack der Blätter so benannt. Dann heißt bei uns Anthriscus sylvestris *Hoffm.* wilder Kerbel, Kälberkropf und Kälberkern. Kälber= kropf (fehlt bei Grimm) und Kälberkern beziehen sich darauf, daß die Pflanze, wenn sie noch jung ist, von Kälbern (und überhaupt vom Rind= vieh, auch Pferden, Eseln und Ziegen) gern gefressen wird, woher auch die in einigen Gegenden Deutschlands vorkommenden Namen Kuhpeterlein und Eselspeterlein herkommen mögen.

Taumelkerbel (Chaerophyllum temulum) hat den Namen von der berauschenden, Taumel erregenden Kraft aller Teile dieser Pflanze.

Schierling für Cicuta virosa ist sehr alt, lautet keltisch scerilinh, angelf. scearn, altnord. skarn = stercus und ebenso im Dänischen skarn = Kot und schwedisch skarn = Auswurf, auch Wodendung und Wodeskern. Kuhn in der Zeitschrift für vergleichende Sprachforschung, X. Bd. 4. H., meint, daß die Pflanze irgend einem verlorenen Mythus von Wodan ihren Namen verdanke und daß es vielleicht gelingt, noch eine Volksüberlieferung über den Ursprung des Namens aufzufinden. Wachter sagt: Fortasse a scheuren purgare. Huc me ducit Horatius Epist. 2. Quae poterunt unquam satis expurgare cicutae.

Sicheldolde (Falcaria Rivini *Host*) ist neu und von den gesägten Blättern der Pflanze entnommen.

Giersch, niedersächs. Gersch und Gerisch, holländ. Gerardskruit, dän. Gerhardi-Urt, engl. Herb-Gerard (Aegopodium Podagraria) ist wohl aus Gerard (früher herba sancti Gerardi) entstanden. Nach Graßmann (S. 101) ist die Wurzel dieses Wortes im Sanskrit zu suchen.

Bibernell (Pimpinella), von welchem Genus die Arten Saxifraga, kleine Bibernell und magna die große, bei uns wachsen, wird von einigen aus dem latein. bipennula abgeleitet, wogegen aber die schon im Althochdeutschen vorkommenden Formen bibinella und bibinelle sprechen. Nach E. Meyer kommt im Königsberger Glossar aus dem 14. Jahrhundert Bevernelle und Bevenille vor und es nimmt dieser gelehrte Botaniker an, daß es vielleicht von beben, niederdeutsch bevern, mit der bei Pflanzennamen vorkommenden Endung elle herkomme.

Für Sium latifolium sind in der Lausitz die Namen Wassereppich und Wassermerk gebräuchlich. Der Name Eppich gehört aber zu Apium, welches Frank neben Eppich auch Eppe nennt. Er ist sehr alt, althochd. lautet er epfi, mittelhochd. epfich, bei Lonicer Epff und Eppe, Wasserepff, und offenbar mit dem latein. apium verwandt, wenn nicht aus demselben entstanden. Es würde demnach Eppich eine Pflanze bezeichnen, welche die Bienen besuchen. Im Mittelalter bezeichnete man mit Eppich jedoch auch den Epheu.

Wassermerk (Sium latifolium) hat den Namen von dem Standorte am und im Wasser und von dem markigen Stengel; Merk, nach E. Meyer schon im 14. Jahrhundert gewöhnlich, heißt bei den Botanikern teils Merk, teils Mörk, teils auch Mart.

Gleiße (Aethusa), führt den Namen von den unterseits glänzenden oder gleißenden Blättern, also die Glänzende zum Unterschiede von der nicht glänzenden Petersilie, unter welcher sie oft wächst und mit der sie im jüngeren Zustande große Ähnlichkeit hat. Sie wird auch noch Hundspetersilie, d. h. schlechte, weil unangenehm riechende Petersilie, und kleiner Wutscherling d. i. kleiner Wutschierling genannt.

Sesel ist nicht deutsch, sondern das bei Dioskorides 3,53 vorkommende Seseli, welches bei Plinius 8,32 Seselis heißt und dem Volke ganz unbekannt. Ebenso verhält es sich mit dem Namen Silge, welcher aus Selinum oder Selinon entstanden ist.

Bärwurzel (Meum athamanticum *Juss.*) bei Frank Beerwurz, ist von Bär abzuleiten und kommt von dem starken Faserschopf, mit welchem die vielköpfige Wurzel versehen ist, wodurch sie ein zottiges, dem Bärenfelle ähnliches Ansehen erhält.

Unter Garten-Angelika, wahre Brust- oder Engelwurz, auch Erzengelwurz versteht das Volk die Archangelica officinalis *Hoffm.*, welche nicht in der Lausitz vorkommt, und nur zuweilen in Dorfgärten zu sehen ist, weshalb sie auch bei Frank unter Angelica sativa aufgeführt ist, hat ihre schönen Namen von den ausgezeichneten Heilkräften gegen Schwäche der Verdauungsorgane und Krankheiten der Lungen, gegen die Pest, diente auch dem Aberglauben wider böse Geister und Hexen, und war das beste Mittel gegen den Hexenschuß, daher Lonicer von ihr sagt: sie ist eine besonders köstliche und herrliche Pflanze, darumb sie auch also genannt wird.

Angelica sylvestris ist die wilde Angelik, Brust- oder Engelwurz.

Meisterwurz (Imperatoria), bei Gemeinhardt Magistrantia Meisterwurzel, ebenso bei Lonicer, welcher von ihr sagt, daß sie zu vielen Gebrechen dienlich sei, also sie bemeistert.

Haarstrang (Peucedanum), schon im Althochdeutschen harstranc, hat wie die Bärwurzel den Namen von dem schopfigen Wurzelkopf. Das Peuced. Oreoselinum heißt bei unsern Landleuten Vielgut (zu vielem gut), weil sie gegen vielerlei Krankheiten angewandt wurde.

Pastinak, Pasternack (bei Lonicer Pastenachen und Pasteney) sind deutsch gemachte Namen von dem latein. Pastinaca. In Österreich sagt man dafür: der Gänskreß, weil er häufig, klein gehackt, den jungen Gänsen als Futter vorgelegt wird.

Bärenklau (Heracleum), weil die Blätter Ähnlichkeit mit einer Bärentatze haben. In Preußen heißt die Pflanze Bartsch, von dem polnischen barszcz, welchen Namen in Polen auch ein aus der Pflanze mit Sauerteig bereitetes, bierähnliches Getränk führt. (Nemnich.)

Dill (Anethum) ist sehr alt und lautet nach Graff im Althochd. tilli, tilla, dille und in den Münchener und Weihenstephaner Glossen aus dem 11. und 12. Jahrhundert*) bei aneti-dilli, im Mittelhochd. tille,

---

*) Haupt, Zeitschr. der deutschen Altertümer. 3. Bd. 1. H.

dürfte wohl den Namen von Dille oder Tille, eine hohle Röhre (z. B. auf der Gießkanne) haben. Mit Martinius den Ursprung in dem griech. ϑαλια = umbella zu suchen, oder mit Frisch anzunehmen, daß es die Endung des Wortes Anthyllis sei, welches früher für eine Art des Dills gehalten wurde, sieht zwar sehr gelehrt aus, das Richtige aber liegt hier wohl näher. Ob es (nach Graßmann) mit teilen verwandt ist, und den Namen von der Zerteilung der Blätter oder der Dolden erhalten hat, mag wegen des Althochd. tilli und tilla (aber auch dille) dahin gestellt bleiben. Auf obige Ableitung weisen auch hin das dänische dil und dild, das holländ. dille, das schwed. dill, das engl. the dill und das angels. dil und dile. Nach Adelung heißt Anethum die Dille, oberdeutsch das Dill, im Hochdeutschen und in Niedersachsen der Dill.

Möhre oder richtiger Möre (Daucus) ist sehr alt und kommt von dem niederdeutschen mör = mürbe. Die wilde Möhre (D. Carota) heißt bei uns auch Vogelnest, von der nach dem Blühen vogelnestartig zusammen= gezogenen Dolde. Die eßbaren Wurzeln werden hier auch Karotten genannt.

### Ranunkelartige. (Ranunculaceae.)

Hahnenfuß ist der allgemeine Name für die verschiedenen Arten der Gattung Ranunculus. Die meisten derselben haben gespaltene, einem Hühnerfuße ähnliche Blätter, daher die Benennung. Lonicer hat den Na= men Bubenkraut, weil (wie er sagt) „die Landstreicher oder Buben die Haut an ihrem Leibe (damit) aufsetzen, als wenn sie breßhaftig weren"

Speerkraut ist Ranunculus Lingua, von den speerartigen Blättern benamt; Froschpfeffer und Gift=Hahnenfuß R. sceleratus; Stachel=Hahnen= fuß oder Acker=Hahnenfuß (R. arvensis) heißt so, weil die Früchte stachelig sind, und Feigwarzenkraut oder Scharbockskraut (R. Ficaria) sind Namen, die sich auf den frühern Gebrauch gegen Feigwarzen und Skorbut beziehen, wie diese Pflanze überhaupt häufig angewandt wurde, so daß sie einige Zeit in den Offizinen unter dem Namen herba millemorbia geführt wurde. Bei uns heißt sie auch Schmirgel, Schmergel, von den glänzenden Blät= tern, doch hört man auch manchmal den scharfen Hahnenfuß so nennen.

Wiesenraute (Thalictrum) ist nach ihrem Standorte und nach den der Gartenraute ähnlichen Blättern benannt worden.

Der Name Windblume ist Übersetzung des alten griech. Namens Anemone, den Theophrast zuerst gebrauchte und nicht ins Volk gedrungen; dieses nennt die Anemone nemorosa Waldhähnchen, die gelbe Goldhähnchen und gelbes Waldhähnchen, und fast noch öfter hört man weiße und gelbe Anemone und Osterblume, wie ja der Name Anemone in der nicht=botanischen Schriftsprache, namentlich bei unsern Dichtern, ganz allgemein gebräuchlich ist.

Mit Leberblume, Leberblümchen, Leberkraut und Edelleber=
kraut benennt man die Anemone Hepatica, weil man diese Pflanze gegen
Unterleibskrankheiten und besonders Leberleiden unter dem offizinellen Na=
men Hepaticae nobilis herba anwandte.

Küchenschelle (Pulsatilla) haben Sprachforscher auf Küche bezogen
und erklärt, sie heiße so, weil sie durch ihre giftigen Eigenschaften die
Küche oder das Gekochte verderbe; Küche aber ist das Diminutiv von Kuh,
daher bedeutet das Wort soviel wie Kuhschelle von der Ähnlichkeit der
Blume mit einer Kuhglocke. In der Schweiz heißt die Pulsatilla Kühschelle.

Christophskraut, bei Frank Christoffelskraut, Christophoriana,
auch Schwarzwurz. Christophskraut bezieht sich auf den Märtyrer
St. Christophorus, zu dem man seine Zuflucht in Zeiten der Pest nahm;
die schwarze Wurzel dieser Pflanze wurde in den Apotheken geführt und
auch gegen die Pest angewandt.

Dotterblume und Butterblume, auch Schmergeln, sind Namen
für Caltha palustris. Die beiden ersten Namen beziehen sich auf die
Farbe der Blumen, der letzte ist durch Verwechselung mit dem Scharbocks=
kraut entstanden.

Aglei, Akelei (Aquilegia) stammt nicht aus dem Lateinischen, son=
dern der lateinische Name ist aus dem Deutschen gebildet. Adelung ver=
mutet, daß er mit den Wörtern Agen = Granne und Ahle = Pfriemen
zusammenhänge, die beide etwas Spitzes (acus) bezeichnen. Der lateinische
Name findet sich nach E. Meyer zuerst als Acoleia bei der heil. Hildegard
(† 1180) in der Physica 2, 140.

Rittersporn (Delphinium) hat den Namen von dem Sporn, in
welchen das obere Kelchblatt der Blume verlängert ist und in welches die
beiden oberen gespornten Blumenblätter eingesenkt sind.

Sturmhut, blauer Sturmhut, Aconitum Napellus, ist nach den
Blumen benannt, die Ähnlichkeit mit einer Sturmhaube haben; er heißt
bei uns auch blau Eisenhütlein, anderwärts Kappenblume und
Narrenkappe.

Mäuseschwanz, Mäuseschwänzchen, Mäusezahl (statt Mäusezagel)
ist das kleine Pflänzchen, welches Linné Myosurus minimus genannt hat,
nach dem Fruchtboden, welcher sich nach und nach immer mehr verlängert
und dem Schwanze einer Maus ähnlich ist.

### Mohnartige. (Papaveraceae.)

Den Namen Erdrauch, welcher ganz allgemein für Fumaria officinalis gebraucht wird, hat man für „aus Erdraute verderbt" erklären
wollen und zur Begründung dieser Ansicht angegeben, daß diese Pflanze

im Geschmack mit der Raute übereinstimme und auch in einigen Gegenden
Erdraute genannt werde. Es ist jedoch gerade umgekehrt, der Name Erd=
raute ist Verstümmelung von Erdrauch. Dieser Name ist sehr alt und
findet sich als Fumaria und fumus terrae neben Taubenkropff und Katzen=
körbel bei den deutschen Botanikern des 16. Jahrhunderts. Frank hat
zwar am Ende dieses Jahrhunderts (1594) bei Erdtrauch — Feldraute,
was aber nur beweist, daß die Umwandlung von Rauch in Raute schon
erfolgt war. Unsere Pflanze hat glanzlose, wie mit einem Hauch oder
Rauch überzogene Blätter, von denen sie den Namen hat.

Hohlwurz für Corydalis bulbosa ist ebenfalls ein sehr alter und
verbreiteter Pflanzenname, welcher von den dicken hohlen Wurzelknollen
herkommt. Die neueren Namen Lerchensporn und Lerchenhelm sind bei
uns nicht volkstümlich.

Schellkraut, oft auch Schöllkraut geschrieben, richtiger aber, wie
Wimmer und Öttel schreiben: Schellkraut, Schellwurz (Chelidonium), und
ganz richtig bei den alten Botanikern (wie z. B. bei Frank): Schelwurz
und Schelkraut. Der Name ist aus dem bei Theophrast und bei Diosko=
rides vorkommenden χελιδόνιον, abgeleitet von χελιδών = Schwalbe, ent=
standen, heißt also Schwalbenkraut, wie auch diese Pflanze in einigen Ge=
genden Deutschlands neben Schwalbenwurz genannt wird, mit welchen
Namen auch die dänische Benennung Svaleurt und die schwedische Svalört
übereinstimmen. Aus Schelkraut hat man auch Schielkraut gemacht, über
dessen Ursprung Nemnich folgendes anführt: Gegen Ende des 17. Jahr=
hunderts habe ein italienischer Charlatan, Namens Borri, das destillierte
Schellkrautwasser in großen Ruf als eine Universalmedizin gegen alle Zu=
fälle der Augen gebracht, daher habe man der Pflanze in Deutschland den
Namen Augenkraut und Schielkraut gegeben. Die Geschichte von Borri
hat ihre Richtigkeit, nur verdient er nicht den Namen eines Charlatans.
Daß aber der Name Schielkraut vom Gebrauche gegen Augenkrankheiten
gekommen sei, muß bezweifelt werden; es ist eben einfach durch Umwand=
lung des e in ie entstanden. Über den Namen Schwalbenkraut oder cheli-
donion sagt Dioskorides (de materia med. 2, 211), sie solle deshalb so
heißen, weil sie bei der Ankunft der Schwalben aus der Erde hervorbricht
und bei deren Wegzug dahinwelkt. Manche behaupten sogar, wenn eine
junge Schwalbe blind geworden, so werde sie von der Mutter durch dieses
Kraut wieder zum Sehen gebracht. Ohne Zweifel hatte Borri sein Augen=
mittel aus Dioskorides.

Mohn (Papaver), bei Kasp. Gemeinhardt Mahn, so Papaver sativum Garten=Mahn, bei Lonicer Garten=Magsamen, Ölmagen, in dem
Berliner Glossar der Bucolica und Georgica aus dem 11. Jahrhundert

bei papavera — Seltmagen und damit übereinstimmend das dorische μάκων (μήκων Mohn, μῆκος Länge), auch in allen slavischen Sprachen Mak — lauter Namen aus einer und derselben Wurzel, die für die deutschen Namen aus dem Sanskrit mah = groß — sein dürfte, im Latein. als magnus, im Griech. μῆκος auch μάκρος, Länge, wiederkehrt, und es würde demnach unser Mohn (Mahn, Mag) eine große oder lange Pflanze bezeichnen.

Kreuzblütige. (Cruciferae.)

Mondviole und Mondveilchen, mit der früheren Benennung Viola lunaria übereinstimmend, wird die Lunaria rediviva nach den runden Schötchen und dem Geruch genannt.

Hungerblümchen heißt die Draba verna, weil ihr häufiges Auftreten in den ersten Frühlingstagen ein unfruchtbares Jahr, ein Hungerjahr, anzeigen soll.

Leindotter, Flachsdotter (Camelina) ist eine gelb blühende Pflanze unter dem Lein.

Meerrettich (Cochlearia Armoracia) führt bei uns noch den Namen Kreen aus dem wendischen krjen. Seinen Hauptnamen hat er von dem ursprünglichen Standorte an der Meeresküste.

Steinkraut (Alyssum) bezieht sich auf den steinigen Standort desselben. A. incanum heißt bei uns auch weiße Wegkresse und weißer Bauernsenf.

Stinkkresse (Lepidium ruderale) hat den Namen von dem knoblauchartigen Geruch.

Acker-Levkoje (Conringia Thaliana). Der Name Levkoje ist von dem alten Namen Turritis Levcoji folio entlehnt.

Turmkraut (Turritis) ist von dem turmähnlichen Emporschießen des Stengels benannt worden.

Brunnenkresse, Bornkresse, Wasserkresse (Nasturtium officinale R. Br.). Brunnen-, Born- und Wasser- bezeichnen den Standort; Kresse ist ein sehr altes Wort, welches als kresso, kressa im Althochdeutschen vorkommt und im Schwed. krasse lautet. Die Meinungen über die Ableitung dieses Namens gehen sehr auseinander. Graßmann sucht die Wurzel desselben in dem altindischen gras, in den Mund nehmen, verzehren; Köne meint, es sei mit Karde verwandt und von dem krauenden, kratzenden Geschmack benannt worden, von kar-kra krauen, kratzen. Andere (wie Diez) leiten den Namen von dem lateinischen cresco, ich wachse, mittellat. cresso = Kresse ab, welche Meinung deshalb viel für sich hat, da die Kresse (Lepidium sativum) außerordentlich schnell keimt und wächst.

Das kar findet sich, beiläufig gesagt, auch in dem Griechischen κάρδαμον
= Lepidium sativum.

Sophienkraut (Sisymbrium Sophia) war früher ein berühmtes
Wundmittel, welches Sophia chirurgorum (Weisheit der Wundärzte) ge=
nannt wurde. In der Lausitz kommt für diese Pflanze auch noch der
Name Wurmſame vor.

St. Barbenkraut (Erysimum Barbarea) hat den Namen von der
heil. Barbara (ca. 300 n. Chr.); es heißt auch Winterkreſſe nach dem
früheren botaniſchen Namen Nasturtium hyemale.

Knoblauchkraut (Erysimum Alliaria). Eine neuere Benennung hat
Wimmer in dem Namen Läuchel für Alliaria gegeben, die ſich durch ihre
Kürze empfiehlt. Der alte, ſehr verbreitete Name kommt von dem knob=
lauchartigen Geruch der Pflanze, welcher beſonders ſtark hervortritt, wenn
man die Blätter zwiſchen den Fingern reibt.

Den Kohl (Brassica) haben wir aus Italien; der deutſche Name
kommt aus dem lateiniſchen caulis und côlis = Stengel; es würde Kohl
alſo zunächſt den Stengelkohl bedeuten und ſich auf den Strauchkohl (Brassica oleracea fruticosa), den man für die Stammart hält, beziehen. Die
Namen Kopfkohl, Blattkohl, Bröckelkohl bezeichnen Abarten.

Senf (Sinapis) iſt der griechiſche Name σίναπι, den auch Plinius
unverändert Sinapi hat. Der latein. Name sinapis kommt erſt bei Pal=
ladius vor (ca. 200 p. Chr.).

Rettich (Raphanus sativus) iſt aus dem lateiniſchen radix ent=
ſtanden und bedeutet alſo eine Pflanze, deren Wurzel (radix) das Wich=
tigſte an derſelben iſt.

Hederich (Raphanus Raphanistrum) von Hede = Heide, alſo
Heiderich, eine Pflanze, welche auf der Heide, auf unangebauten Feldern
wächſt. Früher wurde ſie Heydenrettich und wilder Senf genannt.

Zahnwurz und Zahnkraut iſt die Dentaria genannt worden, weil
die Wurzel derſelben mit zahnförmigen Schuppen beſetzt iſt.

### Ahorne. (Acerineae.)

Ahorn (Acer) kommt ſchon im 12. Jahrhundert als achorn, ſpäter
immer als Ahorn vor. Der Urſprung des Namens iſt dunkel; ob er mit
acer, acris, acrus oder mit acuo, acus verwandt iſt, muß ich Sprach=
gelehrten zu beſtimmen überlaſſen.

Der Feld=Ahorn führt noch den Namen Maßholder, auch Maßolder,
Maßern; er hat ſeinen Namen von dem gefleckten (gemaſertem) Holze.

### Hartheuartige. (Hypericineae.)

Hartheu und Johanniskraut, auch Johannisblut, sind die gewöhnlichsten Namen für Hypericum. Früher wurde die Pflanze auch Jageteufelkraut und Teufelsfluchtkraut genannt, weil sie in den Zeiten des Aberglaubens zur Vertreibung von Hexen, Gespenstern und bösen Geistern benutzt wurde. Den Namen Hartheu, der schon im Althochdeutschen (hartho) vorkommt, hat die Pflanze (H. perforatum *L.*) daher, weil sie, mit dem Grase zusammen abgemäht, durch ihre festen Stengel ein hartes Heu giebt. Johanniskraut, Johannisblut, bezieht sich auf den Täufer Johannes. Die gelben Blüten, und besonders die noch nicht vollständig entwickelten Blumen, geben zwischen den Fingern zerdrückt einen roten Saft von sich, der das Blut des Täufers Johannes bedeuten soll.

### Storchschnabelartige. (Geraniaceae.)

Die Namen Storchschnabel für Geranium und Reiherschnabel für die neuere abgetrennte Gattung Erodium oder Herodium (Ger. cicutarium) sind von der Gestalt der Früchte entstanden. Geranium Robertianum heißt schon in den alten Kräuterbüchern Ruprechtskraut nach einem Heiligen Rupertus, unter dessen Namen man sie als Herba Ruperti und Gratiae dei gegen viele Krankheiten anwandte. Daß der Name sehr alt ist, sieht man aus der Übereinstimmung des Deutschen mit dem Holländischen, Schwedischen, Englischen und auch mit dem Französischen, Italienischen und Spanischen.

### Malvenartige. (Malvaceae.)

Die gemeinste Malvenart ist bei uns Malva rotundifolia *L.* oder M. vulgaris *Fries*, die vom Volke Gänsepappel, Hasenpappel und Käsepappel genannt wird. Pappel zeigt etwas Weiches an (z. B. pappelweich, pappig, wie Pappe), was mit Bappeln, gemein Bappel und Gänßbappel bei Lonicer noch besser bezeichnet wird; das näher bestimmende Gänse- und Hasen- bezieht sich auf den Standort, Käse aber auf die Gestalt der Früchte.

Malva Alcea, Siegmarswurz, führt bei uns, wie noch hier und da, den Namen Fellriß, welchen die Pflanze von der ihr zugeschriebenen Kraft erhalten hat, das Fell oder die Haut, die sich über die Augen gezogen hat, zum Reißen zu bringen oder den Star zu heilen. Man schrieb dieser Malve früher überhaupt große Heilkräfte zu und der Name Siegmarswurz, sowie der Artname Alcea (von ἀλκή, Stärke oder ἀλκέειν, helfen, heilen) beziehen sich darauf. Siegmann und Siegmar heißt Sieger.

### Sauerdorne. (Berberideae.)

Berberis vulgaris wird Berberize, Berbisbeeren, Sauerdorn, Versich und Erbsel genannt. Berberize ist der in das Deutsche um=
gewandelte lateinische, aus dem Arabischen stammende Name. Sauerdorn
bezieht sich auf die Dornen des Strauches und den sauern Geschmack der
Blätter und Früchte. Versich*) halte ich für eine Verstümmelung oder
Umwandelung von Berbis, wie man diesen Strauch kurzweg auch in eini=
gen Gegenden nennt, und Erbsel bezieht sich jedenfalls auf die Beeren,
welche jedoch keine kugelige, sondern eine mehr cylindrische Form haben.

### Linden. (Tiliaceae.)

Der Name Linde für Tilia ist sehr alt. In den Münchener und
Weihenstephaner Glossen**) steht bei tilia — linda (arbor) und in dem
Berliner Glossar aus dem 11. Jahrhundert linta; im Dänischen, Schwedi=
schen lautet es lind, im Holländischen linde. Nach Adelung ist das Wort
mit linde, gelinde verwandt, da das Holz weich und gelinde ist. Diese
Ableitung stimmt mit der von Lonicer überein, der auch sagt, daß Linde
von der Lindigkeit komme. J. Ihre meint, daß sie von dem uralten Ge=
brauch, den Bast zu Stricken u. s. w. zu verwenden, den Namen habe, da
im Schwedischen und Dänischen linda eine Binde heißt und auch winden,
wickeln bedeutet; es wäre demnach der Baum von dem Baste benannt
worden.

### Veilchengewächse. (Violaceae.)

Der Name Veilchen kommt aus dem lateinischen viola = Viole,
welches jedoch weniger häufig als das Diminutiv Veilchen, in Bayern
Veihelein und Veigelein, gebraucht wird. Unter den Arten der Gattung
Viola hat nur das dreifarbige Veilchen (Viola tricolor) einen hier zu er=
klärenden Namen, nämlich Freysamkraut. Unter Freysam (bei Lonicer
Freyßam) versteht man eine Kinderkrankheit, den Milchschorf, gegen welchen
man das Kraut als Theeaufguß anwandte. Eine andere Benennung dieser
Pflanze „Dreyfaltigkeitsblume" schreibt sich von dem alten Namen
herba Trinitatis her; woher aber der Name Stiefmütterchen, der auch im
Dänischen stivmoder und im Schwedischen styfmorsvioler lautet, kommen
mag, dürfte mit Sicherheit schwer zu ermitteln sein. Vielleicht hat die
Pflanze von den schön gefärbten aber geruchlosen Blumen den Namen er=
halten.

---

*) Versing bei Bock, Kräuterb. 778.
**) Haupt, Zeitschr. d. deutschen Altert. 3. 1.

### Nelkenartige. (Caryophylleae.)

Nelke, althochd. neilichin, mittelhochd. neilkin, bei Lonicer Neglin, bei Frank unter Caryophylli — Negleinblumen, später erst Nelke (Dianthus), ist nach den unten in einen Nagel ausgezogenen Blumenblättern benannt worden.

Seifenkraut (Saponaria officinalis) hat den Namen von der seifen= artigen Substanz der Wurzel, die beim Kochen eine schaumhaltige Flüssig= keit zum Waschen giebt.

Der Name Wiederstoß für Cucubalus Behen *L.* oder Silene in-flata *Smith* kommt von dem früheren Gebrauche der Pflanze als Wund= mittel und müßte eigentlich Widerstoß geschrieben werden. Außer dieser Benennung kommt bei uns auch Spißpettel, von Spett, einer Art Gabel, beim Aufladen des Getreides gebraucht, mit spalten verwandt, vor. Die Pflanze hat gespaltene Blumenblätter, welche Veranlassung zu dieser Benennung gegeben haben.

Raden, Kornraden (Agrostemma Githago). Raden ist mit roden, reuten (jäten) verwandt und bezeichnet also eine Pflanze, die man aus= rodet. Nach Nemnich braucht man in einigen Gegenden auch raden als Zeitwort und sagt: der Roggen ist geradet, d. i. die Raden sind ausge= zogen worden.

Hornkraut (Cerastium) hat den Namen von den hornartigen, durch= scheinenden Kapseln, welche die Arten dieser Gattung auszeichnen.

Spark (Spergula), Ackerspark oder Knörig (Sp. arvensis) sind Na= men, welche sich auf die sparrig abstehenden Blütenästchen und auf den gegliederten knotigen Stengel beziehen, weshalb die Pflanze auch Knöterich· woraus Knörich und Knörig entstanden, heißt.

Spurre (Holosteum) hat dieselbe Bedeutung wie Spark und soll eine Pflanze anzeigen, deren Blütenstiele, besonders nach der Blütezeit, sich sperren oder sparrig abstehen.

### Dickblättrige. (Crassulaceae.)

Mauerpfeffer (Sedum acre) hat einen beißenden, pfefferartigen Geschmack und wächst auf Mauern. Bei Lonicer heißt er Hünerbeer oder Hünerträublein, bei uns zuweilen auch Katzenträublein, wohl weil er an sonnigen Stellen wächst, wo die Katzen sich gern aufhalten.

Fette Henne, fettes Wundkraut (S. Telephium) wird so wegen seiner dicken, fetten Blätter und wegen des Gebrauches als Wunden=Heil= mittel genannt. Ein anderer, bei uns gebräuchlicher Name, nämlich Donner= kraut, ist von der folgenden auf diese Pflanze übertragen.

Hauslaub\*), Hauswurz, Donderbar und Donnerbartkraut (Semper-
vivum tectorum). Hauslaub und Hauswurz erklären sich von selbst, wenn
man den gewöhnlichen Standort auf Dächern berücksichtigt. Donderbar
(auch schon bei Lonicer) und Donnerbartkraut ist ein und dasselbe und
hängt mit dem alten Namen barba Jovis zusammen. Donner bezieht sich
auf den Glauben der Alten, daß die Pflanze die Kraft habe, den Blitz
abzuleiten, weshalb auch Karl der Große die Anpflanzung auf den Dächern
befohlen haben soll. In dem benachbarten Böhmen muß dieser Glaube
noch sehr gewöhnlich sein, denn man trifft in demselben Dörfer an, wo sie
auf keiner Hausfirste fehlt.

### Steinbrechartige. (Saxifrageae.)

Steinbrech ist ein sehr alter deutscher Name, der im Dänischen,
Holländischen (steenbrek) und Schwedischen (stenbräcka) gleichlautend vorkommt, während Engländer, Franzosen und Italiener die aus dem lateinischen Worte Saxifraga abgeleiteten Benennungen haben. Der deutsche
(und auch der lateinische) Name bedeutet eine Pflanze, welche den Stein
oder die Steinkrankheit beseitigt, zu welchem Zwecke früher die Wurzelknollen und das Kraut gebraucht wurden. Lonicer sagt: Steinbrech, weißer
und hoher, Saxifraga, dieweil sie der Art sind, den Stein zu brechen und
auszuführen.

Golden Milzkraut (Chrysosplenium) hielt man früher für ein
auflösendes und gelind stärkendes Mittel bei Krankheiten der Milz und
Leber. Golden soll sich weniger auf die gelbe Blüte als vielmehr auf den
hohen Wert dieses Pflänzchens beziehen.

Bisamkraut (Adoxa moschatellina) hat den Namen von dem
moschusartigen Geruch.

### Nachtkerzen. (Onagrariae.)

Weidenröslein, Weidrichröslein, Unholdenkraut und Feuerkraut sind
Namen für Epilobium angustifolium. Weiden- und Weidrich- beziehen
sich auf die Blätter, welche denen der Weiden ähnlich sind; Röslein hat
Beziehung auf die roten Blumen, ebenso der Name Feuerkraut. Letzteres
ist sehr bezeichnend für die blühenden Pflanzen, wenn sie, wie gewöhnlich,
auf Waldschlägen, namentlich an Berglehnen in großer Menge beisammen
stehen. Unholdenkraut heißt diese schöne Pflanze, weil der heil. Antonius
mit derselben böse Geister oder Unholden vertrieben haben soll.

---

\*) H. v. Braunschweig Destillierung 1505: in tütscher Zunge huswurz oder
Dunderbar, darum das es gepflanzt wird uff die Hüser für den Dunder. S. Grimm.

Nachtkerze (Oenothera biennis) kann keinen alten deutschen Namen haben, da sie erst 1614 aus Virginien nach Europa gekommen ist. Sie fehlt daher im hortus Lusatiae (1594); Gemeinhardt (1724) führt sie unter dem Namen Onagra Rivini auf. Den Namen hat sie von den gelben, in der Nacht oder im Dunkeln leuchtenden Blumen. Rapunzel und Weinblumen sind ungewöhnlichere Benennungen für diese Pflanze.

Hexenkraut heißen die Arten der Gattung Circaea nach einem alten Glauben, daß man durch Zauberei sich verrirrt habe, wenn man diese Pflanzen im dichten Walde antrifft.

## Rosenartige. (Rosaceae.)

Odermennig (Agrimonia) kommt schon im 13. und 14. Jahrhundert als odermenie, adarmenie, adermeng vor. Aber, Atter, Otter = Schlange, meni oder menig bedeutet viel, groß, eine Menge, also würde Odermennig eine Pflanze sein, welche gegen Schlangengift viel hilft.

Wiesenknopf für Sanguisorba ist ein neuerer Name, welcher sich auf den kopf- oder knopfförmigen Blütenstand bezieht. Dasselbe gilt für Becherblümchen (Poterium), welches den Namen von der Gestalt der Blumen hat.

Sinau (Alchemilla), bei Hieron. Braunschweig sinnow und nach E. Meyer in einem alten Helmstedter Glossar sindauwe, herzuleiten von sin, sint = immer und au oder owe = Wasser, eine Pflanze, welche immer Wasser führt, weil sich die Regen- oder Tautropfen auf den jungen, tutenförmig zusammengelegten Blättern sammeln.

Fingerkraut und Fünffingerkraut heißen im allgemeinen die Arten der Gattung Potentilla, früher Pentaphyllum, weil viele derselben fünfzählige Blätter haben. Im besonderen hat man ein kriechendes, ein weißes, ein kleines (P. verna), ein Stein-Fünffingerkraut. Gänserich und Gänsekraut ist Potentilla anserina nach dem Standorte auf Dorfangern genannt worden, wo gewöhnlich die Gänse zu sitzen pflegen.

Für Tormentilla erecta *L.* braucht das Volk außer Tormentille auch die Namen Steinwurz von dem früheren Gebrauche gegen Stein, und Blutwurz, weil sie gegen passive Blutungen gebraucht wurde, wozu sie sich durch ihre abstringierende Kraft ganz vorzüglich eignet. Lonicer hat unter anderen Namen dieser Pflanze die recht bezeichnende Benennung Birkwurz gegeben, weil sie gern in Birkenwäldern wächst.

Benediktenkraut, Benediktenwurz (Geum urbanum) kommt von dem früheren Namen herba benedicta, ein gesegnetes Kraut, von den ausgezeichneten Heilkräften, welche diese Pflanze, besonders die Wurzel, besitzt. Nelkenwurz, auch Nägleinwurz, heißt sie von dem Geruch nach Gewürznelken.

Brombeere (Rubus fruticosus) ist ein sehr alter Name, der im Holländ. braamen, im Dän. brambär und brombär, im Schwed. brombär, althd. pramo, mhd. brame, im Deutschen auch Brome und Brame lautet, mit Bremse und Pfriemen verwandt und also etwas Stechendes anzeigend, ein Strauch mit Stacheln.

Himbeere (R. idaeus) ist wahrscheinlich aus Hünkbeere, wie man diesen Strauch auch in einigen Gegenden nennt und was soviel heißt wie Honigbeere, entstanden. Einige schreiben Hindbeere und leiten es von Hinde, Hindinn ab, weil das Hirschgeschlecht nach den Beeren lüstern sein soll. (S. Adelung.)

Apfelbaum (Pyrus Malus). Der Name Apfel ist sehr alt; man findet ihn mit wenigen Abänderungen in den meisten europäischen Sprachen. Bei den Franken und Alemannen hieß er aphul, aphol, Apfel, bei den Angelsachsen äpl, äpple, epel, bei den Holländern appel u. s. w. Die Abstammung von abala im Sanskrit hat Oberdieck im Programm des Gymnasiums zu St. Maria Magdalena von 1866 S. 13 ff. gründlich erörtert. Bemerken möchte ich noch, daß Ihre das Wort von dem keltischen eppilew = Frucht bringen ableitet, wonach Apfel im allgemeinen Frucht bedeuten würde.

Birne (Pyrus communis) ist wohl ebenso alt, und lautet in allen deutschen Mundarten und selbst in den romanischen Sprachen, wie im Französischen poir, im Italienischen pera, im Spanischen peras, gleich. Wachter hält das keltische ber = süß für das Stammwort, nach Oberdieck (S. 7) hängt es mit bairan ($\varphi\varepsilon\varrho\omega$ = baira = ahd. piru) zusammen, bedeutet also Tragbaum, Bärbaum.

Weißdorn, Hagedorn und Mehlfäßchen sind bei uns Namen für Crataegus Oxyacantha; für die Art Crataegus monogyna *Jacq.* hat das Volk keinen besonderen deutschen Namen. Weißdorn ist der dornige Strauch nach den weißen Blüten, Hagedorn nach dem Gebrauche, von demselben einen Hag = Zaun zu machen, und Mehlfäßchen nach den mehlig schmeckenden, von oben eingedrückten Früchten genannt worden.

Mispel ist nicht deutsch, sondern das lateinische Wort mespilus, welches wieder aus dem griechischen $\mu\varepsilon\sigma\pi\iota\lambda o\nu$ bei Dioskorides gebildet ist.

Eberesche, Abresche, Ebsche und Vogelbeeren (Sorbus Aucuparia). Der Name Eber- oder Aber-Esche bedeutet soviel wie falsche oder unechte Esche von dem alten Worte aber = after, z. B. Aberglaube, afterreden rc. Vogelbeerbaum heißt sie, weil die Vögel, namentlich Krammetsvögel, die Beeren gern fressen.

Die Pflaume (Prunus domestica) stammt aus Asien. In Italien kannte man zu Catos Zeit nur die getrockneten oder gedörrten Früchte, welche man aus Asien erhielt. Nach Christ sind erst im 17. Jahrhundert durch Württemberger Pflaumenkerne aus Morea in die Neckargegend ge= kommen. In der Lausitz kannte man sie 1594 noch nicht; 1628 führte man in den Apotheken schon aqua Prunorum rubeorum Roßpflaumen= wasser von Pruna magna, rubra, rotunda C. B. und 1724 führt sie Gemeinhardt unter Prunus sativa vulgaris *Tournef.* als ungarische Pflau= men auf mit der Bemerkung: Abunde in hortis tantum non omnibus. Die Namen Plumme im Niederdeutschen, plum im Englischen, plommen im Schwedischen, dagegen in Westfalen prume, in Holland pruim, franz. prune lassen sich sämtlich auf das latein. prunus oder prunum (die Frucht) zurückführen. Im nördlichen Deutschland ist jetzt Pflaume, seltener Zwetsche, im südlichen Teile von Deutschland Quetschen, Zwetsche, Zwetschke im Ge= brauch, ohne Zweifel von der getrockneten, zusammengedrückten Frucht benannt.

Kirsche (Pr. Cerasus). Gewöhnlich giebt man an, daß sie von Cerasum, einer Stadt in Pontus, den Namen habe. Nach Plinius (15. 25) kam der erste Kirschbaum durch Lucius Lucullus im Jahre 680 nach Roms Erbauung aus dem Pontus nach Italien, von wo aus er nach Deutsch= land verpflanzt wurde. Die deutschen Namen Kyrse, Krese (oberdeutsch), Karse (niederdeutsch) stammen alle von cerasus. Da jedoch der Name schon in den orientalischen Sprachen (armenisch Keras) sich findet, so könnte die Stadt Cerasum den Namen von der Kirsche haben. Nach E. Meyer kommt der Name aus dem arabischen Kirahija von Karasa = kalt sein, her.

Für Prunus Padus oder unsere Traubenkirsche, Ahl=, Ohl= und Hohlkirsche führt Schkuhr in seinem botan. Handbuche nicht weniger als 42, Nemnich 61 deutsche Namen auf. Traubenkirsche heißt der Strauch (Baum) nach den traubenförmigen Blüten; die Namen Ahlkirsche, Ohl= kirsche u. s. w. sind Verstümmelungen oder Umdeutungen von Alpkirsche oder Alpkirschbaum, wie er auch in Österreich neben Elexe noch genannt wird. Alp aber bezieht sich auf den alten Aberglauben, daß dieser Baum den Alp, die Unholden, böse Geister ꝛc. vertreibe und den Zaubereien widerstehe. Im Innviertel steckt man jetzt noch am Georgitag ein Elexen= reis an die Fenster; blüht oder knospet es, so ist es ein besonders gutes Zeichen; auch dient ein Zweig als Wünschelrute.

Geißbart und Wiesenbart sind die gewöhnlichen Namen für Spiraea Ulmaria, hergenommen von den Blüten, deren Doldentrauben einem Ziegen= oder Geißbarte ähnlich sind und vom Standorte auf (feuch= ten) Wiesen und dem wedelartigen Blütenstande. Auch Spiraea Aruncus heißt in der Oberlausitz Geißbart, dabei jedoch auch Johanniswedel.

Der rote Steinbrech (Spir. Filipendula) hat den Namen von den inwendig rötlichen Wurzelknollen, welche man gegen Steinkrankheiten anwandte.

Hülsenfrüchtler. (Leguminosae.)

Besenkraut und gemeiner Pfriemen ist Spartium scoparium *L.* oder Sarothamnus scoparius *Wim.* Besenkraut kommt von der Benutzung zu Besen. Pfriemen, bei den Schuhmachern der Pfriem, bedeutet etwas Stechendes, Spitziges, es wäre demnach eine stechende Pflanze, was aber nicht der Fall ist, da sie weder Stacheln noch Dornen hat. Diese Abweichung des Namens von der Eigenschaft kommt von der Zusammenstellung mit dem Stachelpfriemen (Genista germanica), welcher Dornen hat.

Ginster, bei Lonicer: „Ginst oder Genist, bei einigen auch auf deutsch Pfrimmen," ist ein alter deutscher Name, der im Althochdeutschen geneste lautet und es dürfte das lateinische genista nicht der Stamm des deutschen Ginst sein, wie von vielen angenommen wird. Ginster ist aus Genist entstanden; Genist bezieht sich auf die vielen rutenförmigen Ästchen dieses Gewächses.

Hauhechel (Ononis spinosa), stachlichte Hauhechel, Stallkraut und Weiberkrieg. Hauhechel heißt diese dornige Pflanze, weil sie beim Hauen oder Mähen des Getreides der Sense Widerstand leistet; der Name Stallkraut (auch Harnkraut) kommt von dem Gebrauch, den man von der Wurzel gegen schweres Stallen der Pferde machte. Der Name Weiberkrieg ist dunkel, ebenso die Form Weixen bei Nemnich.

Klee für Trifolium ist ein alter deutscher Name, der im Holländischen klaver, im Engl. clover, in Niedersachsen klever lautet; er ist mit Klaue verwandt und bezieht sich auf die dreizähligen Blätter, welche Ähnlichkeit mit einer dreizehigen Vogelklaue haben. Frisch will es von kley = fettes Land ableiten, weil er gern in fettem Boden wächst. ? Nach Grimm (Wörterb.) ist der Ursprung dunkel und das Wort vielleicht mit kleben verwandt.

Unter die eigentümlichen Artnamen gehören: Miezelklee oder Miezchen für Tr. arvense. Miezchen, ein Schmeichelname für eine kleine Katze, ist der Pflanze von den langzottigen Ähren oder genauer von den Kelchen, welche die kleinen Blumenkronen ganz bedecken, gegeben worden. In Schlesien sagt man für Miezel — Kätzelkraut; bei uns führt diese Art noch die Namen Hasenklee, Hasenpfötchen und Ackerklee. Hopfenklee hat man Tr. agrarium nach den Blütenköpfchen, welche Ähnlichkeit mit den Kätzchen des Hopfens haben, benannt.

Sichelklee (Medicago falcata) hat seinen Namen von den sichelförmig gebogenen Hülsen; die Arten M. lupulina und M. minima, der

Hopfen-Schneckenklee und der kleinste Schneckenklee, sind ebenfalls nach den gewundenen Hülsen benannt worden.

Hornklee, gehörnter Schotenklee (Lotus corniculatus) hat Hülsen, die in zwei sich zusammendrehende, am untern Teile verbundene und wie Hörner eines Tieres aussehende Klappen aufspringen. Ungewöhnlich ist der noch bei Öttel (1799) aufgeführte, von der Form der Blume her= genommene Name „Unser Frauenschuchlein".

Tragant (Astragalus) ist aus Tragacantha, wie man einen in Kleinasien, Syrien ꝛc. wachsenden Strauch, welcher das Tragantgummi ausschwitzt, genannt hat, entstanden. Davon ist die wörtliche Übersetzung Bocksdorn und aus diesem ist Bockshorn geworden, womit man den bei uns wachsenden Astragalus glyciphyllos bezeichnet. Wolfsschoten heißt er wegen der bei vielen Arten vorkommenden haarigwolligen Hülsen.

Von den Lathyrus-Arten nennt das Volk bei uns Lathyrus tube-rosus Erdeicheln, Erdnüsse und Erdmäuse nach den haselnußgroßen Wurzelknollen, und L. pratensis gelbe Wiesenwicke, Honig= oder Zuckerwicke. Der Name Platterbse findet sich nur in Büchern.

Der Name Wicke stammt aus dem Lateinischen. Varro de r. r. I., 31., 4. 5 sagt: Die Wicke hat den Namen vicia von vincire, binden, denn sie hat Wickelranken wie der Weinstock, mit welchen sie an Lupinen und anderen Pflanzen emporkriecht, und sich dabei festbindet. Der griech. Namen βίκιον bei Galen (das Diminutiv von βίκος) ist wohl erst aus dem lateinischen vicia entstanden. Im Glossarium Pezronii steht schon bei viciam — uuicha; der deutsche Name ist demnach sehr alt. Adelung sagt: „Die rundliche Gestalt scheint den Grund zu ihrer Benennung gegeben zu haben und wäre demnach mit Feige und Feigbohne verwandt." ? Die Artnamen Futter=, Zaun=, Vogel=, Hecken= und Erbsen=Wicke bedürfen keiner Erklärung.

Erbse (Pisum) ist aus der alten Form erweiss, erbeiss durch Erbiss und Erbs entstanden; das alte arauuiz = cicerculae (Gloss. Pezr.) ist Lathyrus bei Plinius und Columella, doch heißt die Erbse in Bayern und Österreich auch arbeiss, arbis und arbes. Erbse hat gleiche Wurzel mit dem lateinischen ervum, Erve. Arbeiß, Arbes ist das keltische ar = Acker und bes = Beere.

Vogelfuß (Ornithopus) hat den Namen von den gebogenen und gegliederten Hülsen, welche an einem gemeinschaftlichen Stiele sitzend einem Vogelfuße gleichen.

Kronenwicke, bunte Peltschen ist Coronilla varia. Kronenwicke heißt sie nach den kronenartigen Dolden und dem wickenähnlichen Ansehen; Peltschen ist aus pelecinus, ein Unkraut, entstanden. Konr. Gesner im

Catalog. plantar. sagt: Pelecinus, securidaca, hedysarum, degeneratione quadam lenti innascitur. Die älteren Botaniker haben diese Pflanze unter Hedisarum (Hedysarum).

Die Bohne (Phaseolus vulgaris) ist zwar keine in Deutschland einheimische Pflanze, führt aber schon im Angels. die Namen bien und bean mit dem griechischen πύανος Bohne übereinstimmend. Bei uns heißen die Pflanzen und auch die Hülsen und Samen fast allgemein Bohnen, oft aber werden auch die grünen, zum Essen benutzten Hülsen Fasolen genannt, welche Benennung in der Niederlausitz unbekannt ist. In manchen Gegenden sagt man Fisolen, Faseolen, Faseln, nach Rheinwalds Henneberg. Idiotikon in Suhl und im Römhild. Fasölchen, sämtlich von dem latein. Phaseolus, wahrscheinlich durch Gärtner umgebildet. Der Name Schminkbohne, weil man das Mehl derselben früher zu weißer Schminke benutzte, kommt zwar bei uns auch vor, wird aber seltener gehört.*)

### Wegdorne. (Rhamni.)

Kreuzdorn, Wegdorn (Rhamnus cathartica) führt nach Nemnich 36 deutsche Namen, unter denen die beiden genannten bei uns gebräuchlich sind. Kreuzdorn heißt dieser ansehnliche Strauch von den gegenständigen Ästen, welche in dornige Spitzen ausgehen; der Name Wegdorn mag vielleicht früher entsprechend gewesen sein, jetzt findet man den Kreuzdorn nicht mehr an Wegen.

Faulbaum (Rh. frangula) hat nach Nemnich 47 deutsche Namen, welche sich zum Teil auf seine Eigenschaften, zum Teil auf seine Benutzung beziehen; bei uns sind nur außer Faulbaum noch die Namen Pulverholz und Schießbeeren gebräuchlich. Faulbaum heißt er, weil das frische Holz einen höchst unangenehmen Geruch hat; Pulverholz und Schießbeeren beziehen sich auf die Benutzung des Holzes zur Schießpulverbereitung. Bei Lonicer heißt er Arbor foetida, „von wegen seines stinkenden und faulen Geruchs willen".

### Wolfsmilchartige. (Euphorbiaceae.)

Die verschiedenen Artnamen der großen Gattung Wolfsmilch (Euphorbia), als runde, kleine, süße, Cypressen- und Acker-Wolfsmilch bedürfen kleiner Erklärung. Der Gattungsname zeigt Pflanzen an, welche bei der geringsten Verletzung eine sehr scharfe Milch von sich geben.

---

*) Sommer im Dictionarium Saxonico-Latino-Anglicum sagt: bean faba, bien idem, biencoddas siliquae, folliculi fabarum. Angli imitantur Saxones in bean, Belgae Germanos in boon, Sueci in böna.

Bingelkraut (Mercurialis), dänisch bingelurt, hat den Namen von den zweiknotigen Früchten, die man mit Glocken verglich, von Binge, einem bergmännischen Namen, der eine kesselförmige Vertiefung bezeichnet.

## Nesseln. (Urticeae.)

In Gloss. Pezr. ist urtica = nezila, auch netl und nytle kommt im Angelsächs. vor, bei C. Gesner urtica Herculea die groß neßlen; die Form nytle weist ganz besonders auf die Verwandtschaft mit νύσσω, νύττω = ferio = ich steche, hin; Nessel ist also eine stechende Pflanze.

Glaskraut (Parietaria erecta) ist nach dem Gebrauche zum Reinigen von Gläsern benannt worden; die Namen Mauer- und Wandkraut bezeichnen den Standort derselben. In der Oberlausitz wurde es früher mehr als jetzt „Wild Tag- und Nachtkraut" genannt.

Hopfen (Humulus Lupulus) ist nicht mit hüpfen verwandt, also nicht eine Pflanze, welche über die Zäune gleichsam hüpft, sondern von heben abzuleiten, und so genannt, weil sie sich mit den Wickelranken in die Höhe hebt. Wachter im Gloss. german. sagt bei hopf: non ab hüpfen salire, et multo minus a Lat. lupus; sed ab heben levare, quia perticae alligatus vi insita scandit in altum.

Spitzklette (Xanthium) hat den Namen von der Ähnlichkeit mit der Klette und von den zähnig-eingeschnittenen Blättern. Man zählte früher diese Pflanze zu den Kletten und unterschied Lappa major, Bardana, große Kletten, und Lappa minor, Xanthium, kleine Kletten oder Bettlerläuse, nach den weiblichen Blüten benannt, die mit einem hakig-stacheligen Hüllkelche eingeschlossen sind. Bei uns ist nur die gemeine Spitzklette einheimisch, die dornige findet man nur zuweilen in der Nähe von Tuchfabriken, wo sie aus Samen, der mit der Wolle eingeführt wurde, entstanden ist.

Der Hanf stammt aus Ostindien und Persien, wo er noch jetzt cannab heißt. Alle Namen, wie das niedersächs. Hemp oder Hennep, das holländ. und dän. Hamp, das schwed. Hampa, althochd. hanaf, das engl. hemp, das latein. cannabis, das slav. conopi, lassen sich auf den Stamm canna, Rohr, zurückführen. Unter Femmel, Fimmel, früher Cannabis sativa foemina, versteht das Volk den kleinen schwächeren, die Hanf-weiblein, während der größere, stärkere kurzweg Hanf genannt wird. Diese Namen sind jedoch falsch und aus dem Irrtum entstanden, daß die männliche Pflanze größer sein müsse als die weibliche. Bei dem Hanfe ist es gerade umgekehrt: der männliche Hanf ist schwächer, der weibliche, frucht-tragende größer und stärker.

Ulme (Ulmus), Ulmbaum, auch Ilme, Ilmenbaum, im Angelsächs. und Engl elm, im Schwed. ulm, im Dän. alm, ist mit dem latein. ulmus übereinstimmend. Der Name Rüster, welcher besonders im nördlichen Deutschland vorkommt, ist mit Gerüst, rüsten verwandt und soll einen Baum anzeigen, den man zum Rüsten (Rüstbaum) anwandte.

## Weidenartige. (Salicineae.)

Die Weide (Salix), im Gloss. Pezr. wida, engl. withy, kommt von dem alten Worte withan, binden, winden, weil die Ruten derselben zum Anbinden dienten. In Österreich heißt sie Fälwa und Fälber, Felber, von falwe = falb.

Pappel (Populus) ist nicht der deutsche Name für den Baum, den wir jetzt so nennen, sondern aus dem lat. populus entstanden. Das deutsche Wort bezeichnet Malven, wie Käsepappel, Rosenpappel. Im Altdeutschen hieß dieser Baum alpari, albari (9. Jahrhundert), albare und albar (im 12. Jahrh.)*) von dem italienischen albaro, bei Lonicer für Populus alba auch schon Pappelbaum, weiß Pappelweiden, dagegen für Populus nigra Aspen, Poppelweiden, ital. oppo.

Erle oder Ellerbaum bei Lonicer, oder Erlinbaum bei C. Geßner (Alnus), im Gloss. Pezr. alnus = elira durch Umstellung von erila, angels. alr, aelr, aellre, in einigen Gegenden auch Else aus dem Slavischen, so böhm. olse; die Wurzel ist jedenfalls al, wie der Baum auch im Schwedischen heißt, womit das gotische alan, wachsen, übereinstimmt, und es würde demnach einen Baum bezeichnen, welcher gut wächst.

Von der Birke (Betula), die im Althochd. piricha, im Mittelhochd. birche und birke, angels. byrc, birce, im Niedersä. barke, im Holländ. berke heißt, sagt Grimm: „Die Wurzel liegt ganz im Dunkel." Die niedersächs. Form barke deutet auf Rinde (Borke) hin, von welcher der Baum, weil dieselbe sich durch ihre weiße Farbe von der der anderen Bäume auszeichnet, den Namen haben könnte.

## Becherfrüchtler. (Cupuliferae.)

Buche (Fagus), ein echter, schöner deutscher Baum, im Althochd. puocha, in den Münchener Glossen (11. Jahrh.) fagus = pocha und pvcha. In der Regel sind die Namen, je älter sie sind, um so schwerer zu deuten. Hier hilft uns Maaler (82) mit dem Verbum buchen = spicare, Ähren, Frucht treiben; buochen oder spillen, so der Samen in die

---

*) Münchener und Weihenstephaner Glossen in Haupts Zeitschr. d. d. Altert. 3. Bd. 1. H. populus = albare (albar).

Ähere gat. Buche würde also soviel sein, wie ein Baum, der Frucht, Speise bringt. (S. Grimm bei Buche und buchen.) Damit stimmte auch fagus von φαγεῖν = comedere = essen überein.

Die Eiche (Quercus robur) war bekanntlich der heilige Baum der germanischen Volksstämme; sie hieß bei den Angelsachsen ac, aec, alt= nordisch eik, bei den Schweden heißt sie eek, holländ. eik, Namen, welche sich auf das gotische Verbum ogon = timere, metuere, fürchten, Ehrfurcht haben, zurückführen lassen; demnach wäre Eiche ein Baum, den man ver= ehrte, ein geheiligter Baum. Ob das griech. ἅγιος = sanctus gleiche Wurzel mit ogan hat, muß Sprachgelehrten zur Entscheidung überlassen bleiben.

Haselnuß hieß früher besser Haselstaude, so bei C. Geßner und Frank, oder kurzweg Hasel, im Gloss. Pezr. corylus = hasal. Hasel ist galerus, eine Mütze, wie sie z. B. die Priester trugen; die Benennung Hasel ist demnach von der cupula oder der Umhüllung der Nuß her= genommen und auf den Strauch übertragen worden.

Hainbuche ist Carpinus betulus, nach dem Hain, in welchem sie wächst, und ihrer Ähnlichkeit mit der Buche genannt worden. Den Na= men Weißbuche führt sie zur Unterscheidung von der Rotbuche; Hanbuche ist Umänderung von Hainbuche, Hagbuche kommt von Hag, d. i. ein le= bendiger Zaun.

### Zapfenbäume. (Coniferae.)

Die Lärche oder der Lärchenbaum (Larix europaea De Cand.) ist kein deutscher Baum, sondern stammt aus den Gebirgen des südlichen und mittleren Europas und Asiens, hat daher auch keinen volkstümlichen Namen. Lärche ist aus dem lat. larix gebildet.

Kiefer (Pinus sylvestris). Lonicer sagt: der Baum hat viel Na= men, denn er wird Hartzbaum, Kynholtz, Küfferholtz, Fohrenholtz, Feuren genannt. Bei uns heißt dieser Baum Kiefer, in der Mark Fichte, wo doch die eigentliche Fichte (P. Abies) fast ganz fehlt, in Oberdeutschland ist Föhre und Kienföhre gebräuchlich. Der ursprüngliche Name ist wohl Kien, Kynholz; woraus Kienföhre (Kiefer) und Föhre geworden sind. Die letzte Benennung Föhre ist mit πῦρ, phrygisch φῦρ, Feuer, niederdeutsch Für verwandt und es würde Före, Föhre einen Baum bezeichnen, der leicht brennt.

Fichte (Pinus Abies L.), auch Rottanne. Der Stamm von Fichte liegt in pix, Pech, daher auch Pechbaum (arbor picinus).

Tanne, im Gloss. Pezr. abies = tanna von tan = ignis, weil das Holz leicht Feuer fängt, woraus wieder Feuer=baum und Föhre ge= macht worden ist.

Eibe (Taxus) ist ein sehr altes Wort, welches schon im Angelsächs. iv, im Althochd. iwa, mittelhochd. iwe und im Engl. yew und Dän. ibe vorkommt. Das angelsächs. iv ist zugleich Name für Epheu und da beide Gewächse immer grün bleiben, so würde nach der Übereinstimmung mit dem Schwedischen (ide-gran) die Eibe von dem grünen Blätterschmuck den Namen haben. (S. Grimm und Graßmann.) Bei uns sind außer Eibe, Eibenbaum und Ibenbaum auch die Benennungen Taxus und wilder Taxus gebräuchlich.

Wacholder, bei Frank Wacholterbeerstaude, althochd. Wecholter, Wech- holder, niederd. Wachelter (Juniperus), ist zusammengesetzt aus wach, wel- ches in der allgemeinsten und ältesten Bedeutung lebendig, munter heißt, und aus der oder ter = Baum, Strauch; das ol dazwischen ist Ab- leitendung. Ganz übereinstimmend mit Wacholder oder Wachholder ist der Name Queckholder von quech, quik = lebendig. Im Wachterschen Glos- sarium german. ist aus dem Gloss. Pez. citiert: juniperum uuechalter poum. Vox corrupta saniore quecholder; wech also gleich quek. Der Name Jachandel oder Juchantel ist Verstümmelung von Wacholder, ist aber unter dem Landvolke sehr gewöhnlich.

# Anhang.

## Biographieen und Bilder aus dem Mineralreiche.

„In das ew'ge Dunkel nieder
Steigt der Knappe, der Gebieter
Einer unterird'schen Welt.
Er, der stillen Nacht Gefährte,
Atmet tief im Schoß der Erde,
Die kein Himmelslicht erhellt.
Neu erzeugt mit jedem Morgen
Geht die Sonne ihren Lauf.
Ungestört ertönt der Berge
Uralt Zauberwort: Glück auf!"

Th. Körner.

### 1. Der Diamant.

Kernform ein regelmäßiges Achtflach; kommt fast nur in Krystallen oder in zugerundeten Körnern einzeln vor. Oberfläche meist glatt, ist aber auch überzogen von einer rauhen, rissigen oder schuppigen Rinde, noch ohne Glanz. Bruch muschelig. Durchsichtig bis durchscheinend. Strahlen-zerstreuung sehr stark, daher geschliffen von ausgezeichnetem Farbenspiel. Farblos und wasserhell, auch gefärbt; graulich=, bläulich=, rötlich=, gelblich= weiß; asch=, perl=, rauch=, bläulich=, rötlich=, gelblichweiß; asch=, perl=, rauch=, bläulich=, grünlich=, gelblichgrau; berg=, spargel=, zeisiggrün; schwefel=, citron=, wein=, pomeranzengelb; gelblich=, nelken=, rötlichbraun; kirsch= und rosenrot; schwärzlichbraun. Diamantglanz. Durch Reiben negativ elektrisch, nach Einwirkung des Sonnenlichtes stark phosphoreszierend. Verbrennt nur in der höchsten Hitze des Brennspiegels bei Zutritt der Luft ohne Rückstand. In Sauerstoffgas verbrennt er und liefert Kohlensäure. Findet sich ge-wöhnlich im Sande der Ebenen, Flüsse und Bäche, im aufgeschwemmten Lande in Ostindien, Brasilien, im Ural u. a. O.

Der Diamant gilt als der kostbarste Mineralkörper und wird ge-schliffen als Schmuckstein verwendet. Durchsichtigkeit, Farbe, Reinheit,

Schnitt und Größe bedingen seinen Wert. Am höchsten im Preise stehen die farblosen Diamanten, nach ihnen kommen die rosenroten, dann die gelben, grünen und blauen; die grauen, bräunlichen und schwarzen sind am wenigsten geachtet. Ebenso werden auch nur die vollkommen reinen Diamanten am teuersten bezahlt, während man diejenigen Steine, welche trübe Stellen, Wolken, Federn, Adern u. s. w. zeigen, zu verhältnismäßig bedeutend billigern Preisen abgiebt. Der Wert der Diamanten wird nach Karat*) berechnet. Roh kostet das Karat vielleicht 120 Mark. Bis zu einer gewissen Gewichtsgrenze hin (8—10 Karat) wird der Preis der Diamanten im allgemeinen derartig berechnet, daß die Karatzahl aufs Quadrat erhoben und die erhaltene Summe mit dem Preise des einkaratigen Steins multipliziert wird. Demnach stellte sich z. B. der Preis eines Diamanten von 4 Karat auf $4 \times 4 \times 120 = 1920$ Mark. Rohe Diamanten, die zum Schleifen taugen, gelten 40—48 Mark das Karat, während diejenigen, welche man nicht zu solchem Zwecke verwenden kann, und von denen 12 bis 15 Stück auf das Karat gehen, 40—60 Mark kosten.

Den Diamanten werden oft weiße Saphire, Hyacinthe und Topase, selbst Bergkrystalle untergeschoben. Neuerer Zeit werden auch künstliche Diamanten, zu deren Bereitung die Kieselerde von Rhode=Island geholt wird, in Paris aus Straß täuschend nachgemacht, doch fehlt ihnen die Härte.

Der größte aller Diamanten soll sich im königlichen Schatze zu Lissabon befinden; es wird angegeben, daß er roh sei, die Form eines Eies besitze und 1680 Karat wiege. Sein Wert soll auf 57 Mill. Pfd. Sterling geschätzt worden sein.

Der Raja von Mattum auf Borneo besitzt einen Diamanten von 367 Karat. Der kaiserliche Schatz in St. Petersburg ist reich an Diamanten**), und unter andern zeichnet sich besonders derjenige aus, welcher sich an der Spitze des kaiserlichen Scepters befindet. Sein Gewicht beträgt 194³/₄ Karat. Der französische Schatz hat zwei große Diamanten, den Pitt oder Regent (136³/₄ Karat) und den Sancy (106 Karat). Eines großen Rufes erfreut sich ferner der Diamant im Schatze der englischen Krone***), der ein Gewicht von 280 Karat besitzt und die Form eines in der Mitte durchschnittenen Eies zeigt. Derselbe führt den Namen Koh=i=noor (Berg des Lichts). Der größte Diamant im grünen Gewölbe zu Dresden wiegt 48¹/₂ Karat und hat einen Wert von 600 000 Mark. Außer der Benutzung der Diamanten zu Schmucksteinen finden dieselben noch Anwendung

---

*) 72 Karat = 1²/₃ Neulot.

**) Die Krone von Peter dem Großen enthält 881 Diamanten, die der Katharina II. 2536.

***) In der Krone der Königin Viktoria befinden sich 497 Diamanten.

zum Glasschneiden, zu Grabstichelspitzen für den Kupferstecher und pulveri=
siert*) (Diamantpulver, Diamantbort) als Schleifpulver, namentlich für das
Schleifen, Gravieren oder Bohren des Diamanten selbst wie auch zum
Schleifen anderer Edelsteine. Die Alten wendeten den Diamant in der
Heilkunde in Form von Pulver an und schrieben ihm großartige Erfolge
auf den Geist zu, namentlich sollte er Hoheitssinn, Stolz und Edelmut
bewirken.

## 2. Der Speckstein.

S p e c k s t e i n (Seifenstein, spanische oder Brianconer Kreide) tritt in
derben, traubigen, nierenförmigen Massen auf. Bruch splitterig ins Un=
ebene. Sehr fett anzufühlen. Nicht an der feuchten Lippe hängend. Spec.
Gew. = 2,7. Bestandteile Kieselsäure, Talkerde und Eisenoxydul. Farbe
weiß ins Gelbe, Grüne, Rote und Graue. Findet sich auf Gängen und
Lagern: in der Oberpfalz, im Erzgebirge, in Cornwall (Seifenstein), bei
Åbo in Finnland u. a. O. Man benutzt den Speckstein, der, in einem ver=
schlossenen Tiegel bei einer Pfirsichrotglühhitze erhitzt, so hart wird, daß er
am Stahl Funken giebt, um verschiedene Gegenstände (Tiegel, Pfeifenköpfe,
Schreibzeuge, Kameeen u. s. w.) daraus zu schneiden und zu drehen, ferner
zum Polieren des Gipses, Serpentins, Marmors u. s. w., als Zusatz zu
Schminken und Pastellfarben, zum Glätten von Papieren und Tapeten,
zum Zeichnen für Glaser und Kleidermacher, zum Bestreichen von Schrau=
ben und Maschinenteilen, in Pulverform mit Baryt= oder Zinkweiß als
Leimfarbe, in Cornwall als Zusatz von Porzellan u. s. w. Dem Speck=
stein kann man übrigens auch künstlich verschiedene Färbung geben und
zwar entweder mit Farben, die sich in Bernsteinfirniß oder in Terpentin=
geist auflösen. Gold, nachdem es in Königswasser aufgelöst worden ist,
giebt demselben z. B. eine purpurrote, salzsaures Silber eine schwarze Farbe
u. s. w. Setzt man den mit diesen Auflösungen gefärbten Speckstein einer
lebhaften Flamme aus, so nimmt er metallischen Gold= und Silberglanz
an. Die Politur wird mittelst Smirgel, Tripel oder Zinnasche ausgeführt.

## 3. Der Meerschaum.

Hauptbestandteile Kieselerde, Talkerde und Wasser. Derb, in knolligen
Massen; Farbe weiß, ins Gelbliche und Rötliche. Mager anzufühlen. Un=
durchsichtig. Bruch eben, erdig, selten flachmuschelig. Hängt stark an der

---

*) Der Diamant zersplittert leicht unter Hammerschlägen und diese Diamant=
splitter lassen sich ebenfalls ohne große Schwierigkeit in einem Stahlmörser mittelst
eines stählernen Stempels zu feinem Pulver zerreiben.

Zunge. Findet sich auf Lagern in Livadien, Natolien, Portugal, Spanien, Frankreich u. a. O. Die einzige wichtige Benutzung dieses Minerals ist zu den bekannten Pfeifenköpfen und Cigarrenspitzen. In der Türkei sollen dieselben in folgender Weise angefertigt werden: das frisch gegrabene Mineral wird in einer Grube mit Wasser übergossen und zu einem Brei angerührt, den man einige Zeit ruhig stehen läßt. Diese Masse wird sodann, nachdem sie hier in Gärung übergegangen ist, in messingene Formen gepreßt und in diesen nach einigen Tagen ausgebohrt. Die auf solche Weise geformten Köpfe oder Spitzen werden endlich getrocknet, in einem Ofen hart gebrannt, dann wird ihnen durch Sieden in Milch, Leinöl oder Wachs die nötige Appretur gegeben, worauf sie endlich, nachdem sie erkaltet sind, mit Schachtelhalm poliert und mit Leder abgerieben werden. In Wien und andern Städten wird die Verarbeitung des Meerschaumes in der Weise betrieben, daß aus den feuchten Meerschaumklötzen zunächst mittelst einer Handsäge oder eines Messers die Umrisse des Pfeifenkopfes ausgeschnitten werden. Darnach werden durch Drehbank, Bohrer und andern Schneideinstrumenten die Pfeifenköpfe weiter ausgearbeitet. Die fertigen Köpfe läßt man austrocknen, schleift sie mit Schachtelhalm ab, legt sie dann, je nach der größern oder geringern Weichheit der Masse 10 bis 40 Minuten in geschmolzenes Nierentalg oder in weißes, geschmolzenes Wachs und poliert sie schließlich mit feinem Bimsstein, Kreide, Tripel oder andern feinen Poliermitteln. In diesem Zustande lassen sie sich nun schon zum Rauchen brauchen, allein ein zweites 20—30 Minuten langes Eintauchen in nicht zu heißem Wachs, Abwischen mit einem Flanell und abermaliges Polieren bewirkt, daß sie sich schneller und besser anrauchen. Meerschaumköpfe, welche nur in Talg zugerichtet wurden, nennt man T a l g - köpfe, diejenigen, welche nur in Wachs erhitzt wurden, Wachsköpfe und solche, die zuerst in Talg und dann in Wachs behandelt wurden, nennt man T a l g - W a c h s k ö p f e. Aus den beim Schneiden und Drehen des Meerschaums abfallenden Spänen wird ein künstlicher Meerschaum hergestellt, aus dem ebenfalls Cigarrenspitzen und Pfeifenköpfe gefertigt werden. Derselbe ist jedoch nicht so mild und fein wie der echte Meerschaum, auch selten von wolkigem, sondern durchaus von gleichförmigem Ansehen und endlich leicht zerbrechlich.

#### 4. Der Kalkstein.

Du hast den Kalkstein schon oft gesehen, bist auf dem Kalkberge spazieren gegangen, der den hellgrünen Buchenwald und die mancherlei lieblichen Blumen trägt. Die sonderbare Fliegenblume und der goldene Frauen-

schuh wachsen auf ihm, Bohnen und Erbsen gedeihen üppig auf den Fel=
dern an seinen Abhängen! Zwischen den grünen Rasenplätzen und lieb=
lichen Büschen, zwischen blühenden Blumen und weichem Moos heraus,
schauen dich die weißen Kalksteine gar sonderbar an. Sie ähneln an
Farbe und oft auch an Gestalt den Knochen, die an der Sonne bleichen.
Es will dich bedünken, als sei rings um dich ein Totenfeld, und der ganze
Berg ein großer Leichenhügel. Jeder einzelne Stein kommt dir vor als
ein Wesen ohne Leben, tot von ewigen Zeiten her und tot auch für alle
Zukunft! Und doch wirkt der liebe Gott, der Allgegenwärtige, auch in ihm,
doch hat er auch ihn mit Kräften gefüllt. Auch er hat seine Erlebnisse!

Geduldig und ruhig liegen die Steine beisammen und bilden den
Berg, ohne Widerrede lassen sie sich von den Steinbrechern herausreißen,
behauen und fortfahren, fügsam lassen sie sich zusammensetzen zum neuen
Haus. Sie zeigen sich so stumpf und teilnahmlos gegen alles, was um
sie her vorgeht, daß man im Sprichwort von einem Menschen, der gegen
niemand Liebe hat, zu sagen pflegt: „Er hat ein Herz wie Stein!" ―
Doch täuscht hier der Schein gar sehr. Der Kalkstein vermag außer=
ordentlich leidenschaftlich zu lieben, obschon er seine Freunde und Geliebten
unsern neugierigen Augen sorgsam verbirgt. Welches sind seine auser=
wählten Gefährten? Er, der unbeweglich liegende feste Stein, erkor sich
einen lustigen, leichten Gesellen zu seinem Genossen: „das flüssige Wasser."

Das Wasser hat ein vielbewegtes Leben. Es sprudelt empor aus
dem Quell, im Bache rieselt es fort zum Fluß, im Flusse rauscht es zum
Strome und aus diesem flutet es hinein ins unendliche Meer. Hier braust
es am Ufer hinauf und hinab, läßt die Schiffe tanzen und spielt mit den
unzähligen Fischen. Vom warmen Sonnenstrahl gelockt, steigt es verdunstend
wieder nach oben, zieht als Nebel und Wolke über Berg und Thal, rieselt
als Schneeflocke und Regen wieder hernieder, tränkt Blumen und Schmetter=
linge und Vögelein, die Kuh auf der Weide und das durstende Kind, und
eilet ebenso schnell wieder hinauf zu den Wolken, als es aus ihnen her=
niederfiel; nirgends wird ihm Ruhe gegönnt, nirgends Rast, und selbst
wenn der Winter sich seiner einmal annimmt, und es gefrieren läßt zu
festem Eis, ― so währt es doch nicht lange, die Sonne zehrt von ihm
oben, die warme Erde unten, der Schnee zerläuft und die Fluten zer=
sprengen die Eisdecke der Ströme, die Schollen treiben in wildem Tanze
wieder zum Meere. Keine Ruhestätte würde das Wasser finden, wenn
nicht sein treuer Freund, der Kalkstein sich seiner annähme. Er nimmt es
auf nach seiner unendlichen Irrfahrt, vereinigt es mit sich zum festen, har=
ten Stein. Nun ruhen beide zufrieden und still und bilden den Berg und
tragen den Wald und die Blumen. Die Vöglein singen auf ihnen und

die Kinder spielen daselbst. Ein Kalkfelsen, der vier Millionen Centner
wiegt, würde ungefähr drei Millionen Centner Kalk und eine Million
Centner Wasser enthalten. Aber du kannst den Stein zerschlagen und
findest kein Wasser in ihm; es ist nicht eine besondere Höhlung vorhanden
wie ein Kämmerchen, in der das Wasser für sich gesondert sich befände,
nein, jedes kleinste, feinste Teilchen des Kalks hat sich mit einem ebenso
feinen Teilchen Wasser vereinigt! Selbst das stärkste Vergrößerungsglas,
unter dem ein Körnchen so groß erscheint wie ein Felsblock, es zeigt noch
nicht das Wasser und den Kalk, jedes besonders, sondern beide als ein
einziges Wesen. Woher weiß man denn aber, daß es sich also befindet,
da man doch nichts darin sieht? Wir würden auch nimmermehr von der
Freundschaft der beiden etwas wissen, wenn nicht ein böser Feind derselben
uns ihr Geheimnis verriete. Dieser Feind ist das Feuer. Es verfolgt
unablässig das Wasser und nötigt es zu schneller Flucht, wo es dasselbe
findet. Selbst in dem Versteck im Kalkstein, wo es keines Menschen Auge
gewahrt, findet es dasselbe aus und kämpft mit ihm so lange, bis das
Wasser entweicht. Du hast den Kalksteinbruch gesehen, in welchem die
fleißigen Männer die Steinstücke losbrechen und zerschlagen und dann in
Karren laden. Wir wollen ihnen folgen und aufmerken, was sie mit den=
selben weiter beginnen. Vor einem sonderbaren Gebäude halten sie mit
den Gefangenen still. Es ist ein Kalkofen. Hier laden sie die Steine ab
und setzen sie in dem Ofen zusammen, lassen unten einen hohlen Raum
und zwischen den Steinen schmale Lücken. Nun schüren sie ein mächtiges
Feuer an, das mehrere Tage lang brennt. Die Flammen lecken zwischen
den Steinen hindurch. Die Kalksteine werden glühendheiß. Da kann das
Wasser nicht mehr bleiben, es muß heraus! Als leichter Dampf steigt es,
vermischt mit dem schwarzen Rauch des Feuers hinaus aus dem Schorn=
stein des Ofens, fliegt zu den Wolken hinauf und beginnt wieder seine
Reise ohne Ende. Wenn das Wasser völlig verjagt ist, läßt auch der
Kalkbrenner das Feuer verglühen. Die Steine werden wieder kalt. Einsam
ohne Freund und ohne Gesellschaft liegt der gebrannte Kalk da, jetzt voll
unendlichem Verlangen nach seinem verjagten Gefährten. Wir müssen vor=
sichtig mit ihm umgehen, denn er ist sehr unzufrieden gestimmt, es fehlt
ihm sein Freund „das Wasser“. Solche Unzufriedene spielen leicht dem=
jenigen einen schlimmen Streich, der sich ihnen unvorsichtig naht. Der
Löwe, dem seine Jungen geraubt sind, zerreißt wütend den Wanderer, der
ihm begegnet, selbst die Kuh, die sonst so sanft ist, stößt wild um sich,
wenn man ihr das Kälbchen genommen; auch der Kalkstein ist höchst un=
leidlich gegen andere, wenn ihm sein treuer Freund, das Wasser, gewaltsam
entführt ist. Wollten wir ihn länger in der Hand behalten, besonders

wenn dieselbe etwas feucht ist, wollten wir ihn an die Lippen bringen, — wir würden bald an dem brennenden Schmerz, den er erzeugt, seine Heftigkeit erkennen. Ätzkalk nennt man ihn wegen dieses scharfen Schmerzes, den er hervorbringt. „Wasser, Wasser!" verlangt er mit einer Leidenschaft wie kaum ein verschmachtender Wüstenreisender! Jede Spur von Wasser, die in seine Nähe kommt, zieht er an sich und vereinigt sie mit sich. Der kluge Mensch benutzt diese Heftigkeit da, wo es ihm darauf ankommt, kleine Mengen von Wasser zu entfernen, die er auf andere Weise nicht zu beseitigen vermag. So macht es dem Spiritusbrenner sehr große Schwierigkeiten, das Wasser von dem Spiritus vollständig zu trennen, denn Spiritus und Wasser sind selbst zwei gute Freunde, die sich ungern verlassen. Doch der Kalk ist noch viel leidenschaftlicher, viel heftiger in seiner Liebe zu dem Wasser als der Spiritus. Der Spiritusfabrikant benutzt dies und füllt ein Gefäß mit kleinzerschlagenem Ätzkalk. In dieses leitet er den Spiritus, dem noch kleine Mengen Wasser beigemischt sind. Der Kalk veranlaßt den verlornen und nun wiedergefundenen Freund, das Wasser, den Spiritus zu verlassen und sich mit ihm zu verbinden. Der so gereinigte, wasserfreie Spiritus rieselt aus dem Gefäße, wie es der Fabrikant sich wünscht.

Wir tröpfeln auf ein Stück gebrannten Kalk, das 50 g wiegt, allmählich Wasser. Es dampft auf, erhitzt sich und zerspringt in äußerst feines Pulver, in Kalkstaub. Sobald der ganze Stein zerfallen ist, hören wir auf, Wasser zuzutröpfeln. Das schneeweiße Pulver, das wir jetzt statt des Steines vor uns haben, erscheint vollständig trocken, doch wiegen wir es, so zeigt es sich jetzt 66 g schwer. Die 16 g, die es nun mehr wiegt, kommen von dem Wasser, das der Kalkstein aufnahm. Der Tischler benutzt dieses Pulver zu einem guten Kitt, vermengt es mit Quark und verbindet mit dieser Mischung die Bretter fester als mit gewöhnlichem Leim.

Ganz ähnlich zerfällt der gebrannte Kalkstein, wenn er an der Luft längere Zeit frei liegen bleibt. Er zieht dann unablässig die zarten Wasserteile, die sich in derselben befinden, an sich und verbindet sich mit ihnen. Der Landmann fährt diesen Staubkalk auf gewisse Felder und reizt dadurch den Boden zu größerer Fruchtbarkeit.

Gewöhnlich bringt man auf den gebrannten Kalk das Wasser nicht tropfenweis, sondern gleich in Menge. Er nimmt dann zischend und sprudelnd den geliebten Freund auf und das Wasser dampft und kocht dabei, als sei Feuer in dem Gefäß. Es entsteht ein weißer Brei, den der Maurer benutzt, das Haus zu weißen, oder den er mit Sand vermischt, um die Steine zu einer Wand zu verbinden und diese außen mit Mörtel zu versehen.

Noch manchen andern Freund besitzt der Kalk, mit welchem er sich gern vereint, doch keiner ist ihm lieber als das Wasser, nach keinem sehnt er sich so heftig, als nach ihm, bei keinem gerät er so in Glut, wenn er sich mit ihm verbindet. So hat der scheinbar tote, teilnahmlose Stein auch sein Leben, hat seine Freunde und Feinde, seine Liebe und seinen Haß, seine Trennungsstunden und sein Wiederfinden.

## 5. Kreide und Muschelkalk.

Die Schulstube ist frisch geweißt worden und an der Wand ist ein schönes Bild unter Glas und Rahmen aufgehangen. Es ist ein Steindruck, eine Lithographie. Auf dem Tische des Lehrers liegt ein Stückchen Kreide. Das alles scheint so verschieden und gehört doch zusammen!

Was so ein Stückchen Kreide für ein grundgelehrtes Ding ist. Da fährt es nur eben über die schwarze Schultafel hin, und der weiße Strich, den es nach sich zieht, wie ein Komet seinen Schweif, wird jetzt zu einer Landkarte und gleich darauf wieder zu einem Rechenexempel. In der mathematischen Stunde malt es lauter närrische Figuren, die schneller auf den schwarzen Brettern festsitzen, als in den Köpfen mancher Schüler — und in der Schreiblektion marschiert das ganze A B C in Reih und Glied auf, ein Buchstabe immer schöner als der andere. Beim Unterricht in der Naturgeschichte scheint die kleine Kreide eine zweite Arche Noah zu sein, denn allerlei Vieh geht aus ihr hervor und selbst, wenn die Schule vorbei ist, erwischt wohl noch ein mutwilliger Knabe ein Krümchen Kreide, welches von dem großen Stücke absprang, gerade als der Lehrer den Punkt hinters 3 setzte, und malt noch damit dies und jenes an die Thür des Nachbars oder gar auf dessen Rücken. Trotzdem aber, daß die Kreide es oft den armen Schelmen auf den Bänken sauer genug zu machen weiß, ist sie selbst gar keine Freundin von sauern Sachen und wenn man sie zerpulvert und etwas Essig oder gar Schwefelsäure darauf schüttet, so braust sie schäumend auf, schier wie ein Puterhahn, wenn einer ihm mit roter Weste zu nahe kommt — oder wie der gebrannte Kalk, wenn er Wasser merkt. In der Kreide wohnt eine schwache Säure, die Kohlensäure. Sobald nun eine stärkere Säure über sie kommt, entflieht die bisherige Bewohnerin mit unwilligem Brausen und sucht sich anderwärts ein Unterkommen, etwa im grünen Blättchen eines Baumes oder Krautes.

Die Kreide findet sich nicht in jedem Lande und in den meisten Orten hat sie nur der Kaufmann in seinem Kasten und man erhält sie für Geld von ihm. Aber auf der Insel Rügen und an den Küsten Englands bildet sie ganze Berge turmeshoch, und es nehmen sich die blendend weißen Felsen

gar schön aus, wenn sie, mit grünen Baumkronen geziert, sich in dem
blauen Meere spiegeln, das an ihrem Fuße brandet. Besonders rühmen
die Reisenden gar sehr eine Kreidefelsengruppe, die „Stubbenkammer", auf
der Insel Rügen. Hier hätten wir eine Ähnlichkeit zwischen der Kreide
und dem Kalkstein, welcher, nachdem er gebrannt und gelöscht ward,
zum Überstreichen der Stubendecke diente. Beide bilden Berge. Da
fällt uns gelegentlich die Frage ein: wie denn überhaupt die Berge ent=
stehen und ob die Steine nicht auch so wachsen können, etwa wie die
Bäume, so daß vielleicht aus einem Kreidestückchen allmählich ein Kreide=
felsen sich bildete, wenn es sich nur an geeigneter Stelle befände? Wir
wenden uns deshalb an einen Geologen. Das ist ein Mann, der sich da=
mit beschäftigt, zu erforschen, wie die Gesteine, Berge und Thäler sich ge=
bildet haben und er erzählt uns von der Kreide und dem Kalkstein etwa
folgendes:

Vor uralten Zeiten, als noch keine Kinder und keine Schulmeister,
noch keine Kreidefelsen und Kalkgebirge auf Erden waren, umspülte das
große Meer den ganzen Weltkreis. Die Erde nahm ein salziges Bad.
Natürlich konnten damals nur solche lebendige Wesen auf ihr bestehen, die
im Ocean ihre Heimat hatten und sich um frische Luft und Sonnenschein
nichts kümmerten. Die unermeßliche See war die große Schule, in welche
die Erde ihre Tausende von Kindern schickte, große und kleine bunt durch=
einander, wie auf einem Spielplatze. Die allerkleinsten waren die In=
fusionstierchen, ein einzelnes von ihnen war so winzig, daß ihrer Hundert
erst die Größe eines Sandkornes hatten. Dabei aber schwirrten sie wie
lebendiger Staub in solchen unzählbaren Mengen in den Wellen umher,
daß sie das Meer große Strecken weit färbten, hier weißlich, dort grünlich
und an andern Stellen wieder blutrot, je nachdem die verschiedenen Arten
selbst aussahen.

Zum zweiten waren in dem großen Weltmeere, damals schon wie jetzt,
unzählbare Muscheln und Schnecken. Diese Muscheln besonders waren die
sittsamen Kindlein, die am liebsten in der freien Zeit auf den Bänken
sitzen bleiben mögen und dabei den Mund nicht aufthun zum Plaudern —
nur zum Essen.

Die Schüler der dritten Klasse waren Millionen Fische, welche, jede
Art auf ihre eigene Weise den unbegrenzten Raum benutzten und sich munter
in bunten Spielen herumtummelten. Unten auf dem Grunde hatten sich
die einen eingewühlt und spielten Verstecken, während die andern zwischen
den Meerespflanzen, die an den Felsenriffen in dichten Büscheln wuchsen,
nach ihnen suchten. Droben zogen Heere von schnellen Schwimmern und
exerzierten: rechtsum! linksum! und einige der mutwilligsten machten die

Reiter und schnellten sich über das Wasser hinaus in die Luft. Plötzlich rauschte das Meer und einer aus der obersten Klasse, ein Großer, schnaubte daher: ein fürchterliches Krokodil, so groß wie heutzutage der Walfisch, mit einem entsetzlich weiten Rachen und Zähnen, scharf wie Messer. Da galt es schnell auszuweichen und hurtig sein, denn diese unbändigen Seeeidechsen verstanden keinen Spaß. Sie spielten nur „Räuber und Gensdarmen" und wer nicht mitspielen mochte und nicht glücklich genug war, beizeiten aus dem Wege zu kommen, den schnappten sie in ihren unersättlich großen Magen. Sie waren rohe Gesellen, welche die Kleinen mißhandelten, sobald kein Stärkerer sie schützte. Glücklicherweise gerieten sie untereinander selbst oft genug in Zank und Streit, denn es waren ihrer viele und sehr verschiedene Arten, immer eine schrecklicher und größer als die andere; manche mit harten Schuppenpanzern wie Ritter und Küraffiere, manche mit langen Hälsen wie die Schlangen, andere sogar mit Flügeln, gerade wie auf alten Bildern die Drachen der Märchen gemalt sind. Diese letzteren konnten aus den Fluten eine Spazierfahrt in die Luft vornehmen und dünkten sich mit ihren fledermausähnlichen Flatterhäuten die Könige der Luft.

Von allen diesen und noch mancherlei andern Geschöpfen, die außerdem im Meere lebten, waren aber die kleinsten gerade die fleißigsten. Die Muscheltiere, welche still und schweigend zu Tausenden an den Felsen und Sandbänken saßen und ihre Schalen Tag und Nacht auf- und zuklappten, — sie verschluckten manches Infusionstier, welches die Wellen ihnen in den offenen Mund hineinwarfen und wurden davon groß und dick. Zwar kam auch zu ihnen, trotz ihres stillen Wesens, ein hungriger Krebs herangekrochen, zog diese und jene mit seinen Scheren aus der Schale und verspeiste sie, — die übrigen aber bekamen unzählbar viele Eier. Aus denselben entstanden wieder kleine Muscheln, welche sich auf die Schalen ihrer Eltern setzten und gleich jenen wuchsen und starke Gehäuse erhielten. Die alten Muscheltiere starben. Jene Schwärme kleiner Infusionstierchen fielen über ihre Leichen her und rächten an ihnen den Tod so mancher ihrer Kameraden, welche von den toten Muscheltieren bei Lebzeiten gefressen worden waren. Später wurden die Infusorien freilich ebenfalls wieder von den Kindern der Muscheln aufgezehrt. Die Schalen der alten blieben übrig, Thon und Sandgeröll füllte den Raum zwischen ihnen aus und dieses wechselseitige Verspeisen zwischen Infusorien und Muscheltieren, dieses Sterben und Geborenwerden dauerte Jahrhunderte, Jahrtausende hindurch. Aus den unzählbar vielen Muschelüberresten und kleinen zarten Schalen der Infusionstierchen, gemengt mit Korallenstücken, Seeigeln und Fischgerippen entstanden Muschelbänke, turmeshoch und meilenlang.

Für die ganze Schule der Meerestiere kam endlich ein großer Tag der Versetzung. Die gefräßigen Riesen wurden vernichtet, sie taugten nicht mehr für künftige Zeiten. Artigere Geschlechter sollten ihnen folgen. Die Erde hob sich stellenweise aus dem Meere, die Wasser zogen sich zurück. Die riesigen Muschelbänke wurden mit emporgehoben und zum Teil mit Lehm und Thon bedeckt. Auf ihnen grünt's und blüht's, auf ihnen rieseln Bäche und weiden Hirsche und Rehe, Schafe und Ziegen. Doch wenn der Mensch ins Innere der alten Muschelbank, die er Kalkgebirge und Kreidefelsen nennt, hineingräbt, so findet er in schönster Ordnung die Schichten der Tiersüberreste aus der Vorzeit liegen: Korallenstöcke und Seeigel, Gehäuse von Meeresschnecken und Schalen vieler Muschelarten. Ja, in einer feinen Sorte dieses Kalkgesteines, im „lithographischen Schiefer", trifft man nicht selten ganz schön erhaltene Fischgerippe sowie Zähne und Knochen jener unersättlichen Eidechsenarten des frühern Meeres. Dieser zartkörnige Kalkschiefer ist es eben, welchen der Lithograph benutzt, um Bilder mit ihm anzufertigen, wie eines davon an der Wand der Schule unter Glas und Rahmen hängt. Die Kalksteinplatte ist dazu glatt geschliffen und auf ihr mit einem Stoffe, welcher von der Schwefelsäure nicht angegriffen wird, das Bild gezeichnet und dann wird das Ganze mit der genannten Säure übergossen. Der Kalkstein braust auf, wie es die Kreide gleichfalls thut, Kohlensäure wohnt auch in ihm und entweicht, wenn eine stärkere Säure sie vertreibt. Der Stein wird dabei zerfressen und die Zeichnung bleibt etwas erhaben stehen. Nun wird die Platte mit Gummischleim getränkt, der keine Druckerschwärze annimmt, dann mit Druckerschwärze angeschwärzt, welche nur an den erhabenen Stellen der Zeichnung haftet, während die unbezeichneten Stellen weiß bleiben; das angefeuchtete Papier wird darauf gepreßt und das Bild ist fertig.

Derselbe Kalk, welchen die Muscheltiere aus dem Meerwasser zogen, um ihre Schalen und Gehäuse daraus zu bauen, dient nun dem Maurer, um das Haus damit aufzuführen und es dann anzuweißen. Die weiße Decke in der Stube, das Stückchen Kreide in der Hand des Lehrers und alle angezeichneten Figuren an der schwarzen Wandtafel der Schule sind Überreste jener Meerestiere. Oft zeigt das Vergrößerungsglas noch in dem kleinen Kreidepünktchen die zarten Schalen der Infusorien und Millionen derselben bilden das blendend weiße Gewölbe des Gotteshauses. Sie predigen hier den versammelten Gläubigen von des Leibes Auferstehung und Verklärung und wer ihre leise Sprache versteht, findet selbst in einem Kreidepünktchen Stoff zu Trost und Gottvertrauen.

## 6. Die Porzellanerde.

Die Porzellanerde ist ein Zersetzungsprodukt der Feldspate. Sie besteht aus erdigen, staubartigen Teilchen, hat einen unebenen bis erdigen Bruch, ist zerreiblich, undurchsichtig. Farbe weiß, ins Gelbliche, Bläuliche und Rötliche. Ein wenig an der Zunge hängend. Strich weiß; spec. Gew. = 2,21; Bestandteile: 63 T. Kieselerde, 28 T. Thonerde, 8 T. Talkerde, 1 T. Kali. Man findet dieses Mineral auf lagerähnlichen Räumen im Granit, Porphyr, Gneiß und Glimmerschiefer: in Bayern, Frankreich, bei Schneeberg und Meißen in Sachsen, in China, Italien und den meisten andern Ländern, denn nur wenigen Ländern fehlt dasselbe ganz.

Die Porzellanerde bildet den Hauptbestandteil zu dem schönsten und feinsten aller Erzeugnisse der Töpferei, dem Porzellan.*) Bevor sie zu den bekannten Geräten, wie Thee- und Kaffeeservice, Büsten, Vasen, Schalen, Tabakspfeifenköpfen, Nippesfiguren und verschiedenen Kunstgegenständen, wie auch zu praktischen, namentlich chemischen Zwecken, z. B. Schalen, Tiegeln, Reibschalen u. s. w. verarbeitet werden kann, muß dieselbe erst sorgfältig geschlämmt, dann getrocknet, zerstoßen und gesiebt werden. Hierauf wird sie, da sie für sich allein unschmelzbar ist, mit gut gereinigtem und fein pulverisiertem Feldspat, Quarz, Gips und Kalk nach bestimmten Verhältnissen**) gemengt und in einen steifen Teig verwandelt. Dieser Teig wird, nachdem er längere Zeit an einem mäßig feuchten Ort eine, der Fäulnis ähnliche Gärung durchgemacht hat, wodurch seine Bildsamkeit erhöht wird, und man ihn weiter auf steinernen Tafeln durchgeschnitten, durchgeknetet und geschlagen hat, um alle gröbern, ihn verunreinigenden Teilchen zu entfernen, um selbst die eigeschlossene Luft aus ihm auszutreiben, unter dem Namen Porzellanpaste den Drehern und Formern übergeben. Das Formen der runden Porzellanware geschieht auf der Töpferscheibe. Figuren, Büsten, Verzierungen u. s. w. werden in gipserne Formen ausgedrückt, dann mit hölzernen oder elfenbeinernen Werkzeugen und zuletzt mit Pinsel und Schwamm kunstmäßig ausgearbeitet. Die gefertigte Ware wird sodann im Schatten lufttrocken gemacht, geputzt, mit Schachtelhalm geglättet und wenn Zieraten angebracht werden sollen, diese

---

*) Die Verfertigung des Porzellans ist 1709 durch den Apothekergehilfen Böttcher, welcher Gold zu machen versuchte, entdeckt worden.

**) Die Masse, aus welcher zu Sèvres Tischgeräte gefertigt werden, besteht aus 64 T. Kaolin, 10 T. geschlämmtem Quarz, 6 T. Kreide und 10 T. feinem, aus Quarz und Feldspat gemengtem Sande, den man aus dem Kaolin ausgeschlämmt hat. In Berlin werden 23 Prozent Feldspat mit geschlemmtem Kaolin gemengt, in Wien nimmt man 5—6 T. Kaolin, 1 T. Quarz, 1/3 T. Gips, 1 T. Feldspat.

durch einen mit Wasser verdünnten Porzellanteig, den sogenannten Schlicker, angesetzt, dann in Kapseln gethan und in eigenen Öfen, Vorglühöfen ge= nannt, geglüht. Hierdurch gewinnt dieselbe an Festigkeit und wird auch empfänglich zur Annahme der Glasur.

Dasjenige Porzellan, welches blau, grün oder schwarz gemalt werden soll\*), erhält die betreffenden Farben, welche feuerbeständig sein müssen, sogleich nach dem Glühen; andere Farben, als die genannten, werden hin= gegen erst nach der Glasur und dem Hauptbrande aufgetragen. Das ge= glühte Porzellan bekommt nun, gleichviel, ob es blau, grün oder schwarz oder gar nicht gefärbt war, die Glasur. Die Glasurmasse besteht meisten= teils aus Quarz und Feldspat oder aus Gips, Kieselerde, Porzellanscherben und etwas Kaolin oder aus fein gepulverten Scherben von geglühtem Por= zellan und Quarz, welchem fein geschlämmter, reiner, kohlensaurer Kalk als Flußmittel zugesetzt ist. Diese Materialien werden trocken zusammengemengt, abgerieben und geschlämmt und dann mit Wasser zu einem dünnen Brei angerührt, in welchen man die Ware taucht oder ihn mittelst eines Pinsels auf dieselbe aufträgt. Man stellt dieselbe hierauf, um sie vor Aschenflug und Rauch, was besonders bei Steinkohlenfeuer nötig wird, zu schützen, in Kapseln, die aus feuerfestem Thon gefertigt sind, und setzt sie dann in einem Porzellanofen einer Hitze aus, die nach und nach bis zur Weißglut gesteigert wird. Hier wird die Porzellanware nun zur halben und die Glasur zur vollkommenen Verglasung gebracht, weiter aber schmilzt die Glasur auch an die Masse an und vereinigt sich aufs innigste mit ihr. Ist der Brand beendigt, so setzt man den Ofen zu und läßt ihn allmäh= lich verkühlen. Die gebrannten Gegenstände werden nun aus dem Ofen genommen und in gute Ware, Ausschuß und Povel sortiert. Das unter der Glasur gemalte, wie das weiße Porzellan, ist nun verkäufliche Ware, letzteres aber kann auch noch nachträglich auf der Glasur bemalt, oder ver= goldet, versilbert, platiniert, bronziert u. s. w. werden. Die Farben zur Porzellanmalerei können nur aus dem Mineralreich genommen werden, da sie eine bedeutende Hitze aushalten müssen, ohne daß sie sich dabei ver= ändern oder gar verflüchtigen dürfen.\*\*) Dieselben müssen fein gepulvert und mit einem Flußmittel\*\*\*) durch nasses Reiben auf einem Reibstein

---

\*) Blau wird durch gerösteten Kobalt, Grün durch Chromoxyd, Schwarz durch Uranoxyd dargestellt.

\*\*) Zu Weiß verwendet man Zinnoxyd, zu Purpurrot Goldpurpur, zu Karmin Goldpurpur mit Chlorsilber, zu Rot Eisenoxyd, zu Braun Eisen= und Manganoxyd, zu Blau Kobaltoxyd, zu Gelb Antimonsäure mit Bleiglas u. s. w.

\*\*\*) Als Flußmittel dienen Quarz, gelbes Bleioxyd und salpetersaures Wismut= oxyd oder Sand, Boraxglas, Salpeter und Kreide.

innig vermengt und zum Gebrauch mit gereinigtem Terpentinöl angemacht sein. Das Malen geschieht mittelst eines Pinsels. Nach dem Malen werden die betreffenden Gegenstände einer Hitze ausgesetzt, bei welcher der Fluß schmilzt, so daß die Farben nicht nur Glanz und Lebhaftigkeit erhalten, sondern sich auch fest mit der glasigen Unterlage vereinigen. Gold, Silber, Platin werden aufgelöst mit einem Flußmittel (Wismutoxyd) gemengt, mit Terpentinöl aufgetragen und dann eingebrannt. Sie haben, wenn sie aus dem Ofen kommen, eine matte, braune oder graue Farbe und erhalten den metallischen Glanz erst durch das Polieren mit Achat oder Blutstein. Man bereitet übrigens auch ein unglasiertes Porzellan, das sogenannte Statuenporzellan oder Biskuit. Dasselbe wird als Material zu Statuen, Schreibtafeln, Schmelztiegeln u. s. w. verwendet.

Ausgezeichnetes Porzellan liefern die Porzellanfabriken zu Berlin, Meißen, Paris, Wien, Sèvres, Worcester, Petersburg u. s. w. Weltberühmt seit den ältesten Zeiten ist das chinesische Porzellan.

## 7. Das Kochsalz.

Das Kochsalz krystallisiert am häufigsten in Würfeln und Achtflächnern, einzeln oder in Gruppen. Die Oberfläche der Krystalle ist glatt oder auch durch aufgesetzte kleine Krystalle rauh und uneben. Der Bruch ist muschelig; der Strich weiß. Härte = 2; spec. Gewicht = 2,1—2,2; Farbe weiß, durch verschiedene Beimengungen ins Graue (durch Thon), Gelbe, Grüne, Rote (durch Eisenoxyd) und Blaue gehend; durchsichtig bis durchscheinend; Geschmack rein salzig; in kaltem und warmem Wasser gleich löslich, in feuchter Luft zerfließend. In der Rotglühhitze schmilzt das Salz, in der Weißglühhitze dagegen verflüchtigt dasselbe. Das Kochsalz findet sich im festen Zustande als Stein- und Steppen- oder Wüstensalz und gelöst als Quell- oder Solsalz.

### Das Steinsalz,

welches als ein Verdunstungsrückstand früherer Meere angesehen werden kann, tritt in mehr oder weniger mächtigen Lagern im Muschelkalk und begleitet von Gips und Thon, wie auch im jüngern Sandstein auf. Ausgiebige Lager giebt es in Baden, Württemberg, Staßfurt (seit 1839 im Betriebe und besonders wichtig durch die über dem Steinsalzlager sich vorfindenden Kali- oder Abraumsalze), Segeberg in Holstein, Sperenberg bei Berlin (seit 1871), Inowraclaw in der Provinz Posen, in der Schweiz, in Hannover, in der Provinz Sachsen, in Polen, bei Wieliczka*) (seit 1253 bekannt, hat eine Mächtigkeit bis zu 400 Meter. Die Baue in dem ge= nannten Salzwerke würden, aneinandergelegt, eine Länge von 86 deutschen Meilen haben. Es finden über 1200 Arbeiter in diesem Werke Beschäfti= gung und giebt dasselbe jährlich etwa 1 Million Centner Ausbeute an Salz), in Ungarn, Rußland, Spanien (bei Cordona in Katalonien tritt ein Salzfelsen zu Tage, der 180 Meter hoch ist, und eine Stunde im Um= fange hat), England, Amerika, Asien, Afrika.

Meist wird das Steinsalz steinbruchähnlich gewonnen und in großen Stücken, oft zu mehreren Centnern schwer, ausgebracht. Hierauf wird das= selbe fein gemahlen und — wenn es rein ist, unter dem bekannten Namen Speise= oder Kochsalz in den Handel gebracht, ist es unrein, so wird es wohl auch im Berge schon durch hineingeleitetes Wasser ausgelaugt, die gesättigte Lösung, die sogenannte Sole, alsdann durch einen tiefern Stollen abgeleitet und in Röhren oder Rinnen an den Ort geführt, wo sie endlich versotten wird (siehe Quellsalz). Oft auch vermengt man das weniger reine Steinsalz mit Stoffen, die es zum Gebrauch als Speisesalz unge= eignet machen und verwendet es alsdann zu landwirtschaftlichen und ge= werblichen Zwecken.**) Aus reinem Steinsalz werden übrigens auch Perlen, Ohrgehänge, Dosen, Salzfässer u. s. w. gefertigt, welche, um ihr Zerschmelzen an feuchter Luft zu verhindern, mit Olivenöl eingerieben werden.

### Das Steppen=, Wüsten= oder Erdsalz

wird durch Auslaugen des Bodens, aus dem es in seinen Krystallnadeln ausblüht, gewonnen oder es wird unmittelbar von demselben durch Ab= kehren aufgesammelt (Kehrsalz). Das durch erdige Teile verunreinigte Steppensalz wird für das Vieh verwendet.

Man findet das genannte Salz in einigen dürren Steppen Rußlands, an der untern Wolga, am kaspischen und schwarzen Meere, in Peru, Chili, Afrika u. s. w.

### Das Kochsalz (Quellsalz, Solsalz)

gewinnt man in der Weise, daß das in verschiedenen Gegenden der Erde zu Tage tretende salzhaltige Quellwasser (die Sole***) verdampft wird, wo=

---

*) Das grobkörnige Knistersalz von Wieliczka enthält in kleinen Höhlungen ein= gepreßt Wasserstoff. Wirft man von diesem Salz kleine Stücke in ein Gefäß mit Wasser, so entsteht ein starkes Knistern, was von dem entweichenden Wasserstoff herrührt.

**) Vieh= und Düngesalz enthalten 1/2 % Eisenoxyd (Rötel) und 1/2 bis 1 % Pulver von Wermut oder 1/4 % Holzkohle. Das für gewerbliche Zwecke bestimmte Salz wird mit 5—11 % Glaubersalz und 1/2 % Holzkohle vermischt.

***) Jedenfalls mögen solche Salzquellen ihren Salzgehalt daher gewinnen, daß das atmosphärische Wasser, indem es in die Tiefe der Erde dringt, dort auf Steinsalz= lager trifft, von dem es mehr oder minder große Mengen auflöst.

nach das Salz in fester Gestalt zurückbleibt. Da jedoch selten eine Sole
so reich an Salz ist, daß sie unmittelbar versotten werden könnte, und
große Ersparung von Brennmaterial bei allen Siedearbeiten in der Regel
als Hauptgrundsatz gilt, so sucht man die Sole durch mancherlei Mittel
zu verstärken, was gewöhnlich durch Beförderung starker und rascher Ver=
dunstung des Wassers durch die sogenannte Gradierung erreicht wird.
Zu diesem Behufe werden 1—2 m breite, gegen 10 m hohe und wohl
gegen 30—60 m lange Wände (Gradierwände) aus Schwarz= und Weiß=
dornreisig aufgeführt. Auf dieselben wird die Sole durch Pumpwerke ge=
hoben und heruntertröpfeln gelassen, wodurch sie dem Winde und der Sonne
eine möglichst große Oberfläche bietet, und damit ein schnelleres Verdunsten
der Wasserteile verursacht. Unter den Gradierwänden, die, was noch zu
erwähnen ist, mit ihrer langen Seite der Sonne oder dem herrschenden
Luftzuge zugekehrt sind, befinden sich große Behälter (Sol= oder Gradier=
kästen, Sümpfe), in welchen sich die gradierte Sole sammelt. Zuweilen
ist diese schon nach einem Falle siedbar, häufig aber muß sie auch zwei=
oder mehrmal ihren Weg durch das Dornengestrüpp nehmen. Durch das
Gradieren wird aber nicht allein der Wassergehalt der Sole vermindert
und dieselbe zum Versieden geeigneter gemacht, es setzen sich auch an den
Verästelungen des Dornengesträuchs die in ihr enthaltenen erdigen Teile,
besonders schwefel= und kohlensaurer Kalk (auch eine Kleinigkeit Kochsalz)
an. Dieselben bilden daselbst den sogenannten Dornstein, der, wenn er
im Laufe der Zeit zu stark geworden ist, von den Orten seiner Entstehung
abgelöst, gemahlen und als Düngemittel benutzt wird.

Weiter wendet man zur Salzgewinnung aus der Quellsole auch die
Dachgradierung, wo die Sole von einer schiefen dachähnlichen Fläche,
die aus treppenförmig übereinander angebrachten Brettern zusammengesetzt
ist, abwärts fließt, wie die Sonnengradierung, wo man die Sole, wie
es bei der Darstellung des festen Salzes aus dem Meerwasser geschieht,
durch Aussetzung derselben der Sonnenhitze zu verstärken sucht, an.

Die durch die Gradierung nun bedeutend verstärkte Sole wird von
den eben erwähnten Gradierkästen in mehrere, aus starkem Eisenblech oder
Gußeisen gefertigte Siedepfannen übergeleitet, wo sie über Feuer unter
stetem Umrühren versotten wird, durch welche Arbeit sie schließlich fast ihre
letzte Beimengung an Wasser verliert. Die organischen Beimengungen, wie
auch der ihr beigemengte Gips (schwefelsaurer Kalk) und das Glaubersalz
(schwefelsaures Natron) scheiden sich hierbei als Schaum auf der Oberfläche
aus und werden abgeschöpft. Bald bildet sich wiederholt eine Salzhaut,
die aus kleinen Salzkrystallen besteht und schließlich zu Boden fällt. Mit
langen Krücken wird dieser Niederschlag aus den Siedepfannen gezogen,

in kegelförmige, aus Weidenruten gefertigte Körbe geschüttet und diese aufs
gehängt, damit das Wasser und die leicht zerfließenden Salze ablaufen
können. Das in diesen Körben endlich zurückbleibende Salz wird von hier
aus nach Trockenkammern oder Darrstuben geschafft, um dort mittelst künsts
licher Hitze getrocknet zu werden. Auf dem Boden der Pfannen setzt sich
übrigens auch eine feste Kruste, der sogenannte Pfannenstein ab. Der=
selbe besteht vorzugsweise aus Glaubersalz, kohlensaurem Kalk, kohlensaurer
Bittererde, Gips u. s. w. und wird zur Gewinnung des Glaubersalzes, des
Salmiaks, wie als Düng= und Viehsalz verwendet. Die dicke Flüssigkeit,
die bei dem Siedegeschäft, nachdem das Kochsalz sich ausgeschieden, unkry=
stallisiert zurückbleibt, wird Mutterlauge genannt. Dieselbe findet ihre
Verwendung zu Bädern, als Viehsalz und — wenn sie Glaubersalz ent=
hält, ebenfalls zur Darstellung des genannten Salzes. Sind der Mutter=
lauge salzsaurer Kalk und Bittererde beigemengt, so kann dieselbe auch zur
Darstellung von Salmiak und Salzsäure dienen.

Gutes Salz muß weiß, durchsichtig, krystallinisch, fest, dicht und trocken
sein, sich leicht und farblos auflösen, ohne einen erdigen Rückstand zu lassen.

Die Lüneburger Sole führt    auf 100 kg Wasser 25 kg Salz.
Die Reichenhaller Gnadenquelle „    „    „    23 „    „
Die Hallenser Quellen führen „    „    „    21 „    „
Die Schönebecker „    „    „    „    13 „    „

Das Kochsalz, in der Sprache der Wissenschaft auch Chlornatrium
genannt (es besteht aus einer Zusammensetzung von 60 Teilen Chlor und
40 Teilen Natrium) ist ein für Menschen, Tiere und Pflanzen gleich un=
entbehrliches Mineral und es ist darum für sie als ein hohes Glück an=
zusehen, daß dasselbe in der Natur eine so ungemein weite Verbreitung
hat. Die Pflanzen beziehen ihren Bedarf an Salz aus dem Erdboden
oder aus dem Wasser des auf sie niederträufelnden Regens; die Tiere
finden das nötige Salz in den Pflanzen, von denen sie sich nähren, im
Fleische anderer Tiere, die ihnen zur Speise dienen oder es wird ihnen
von Menschen gereicht; die Menschen wiederum holen sich dasselbe aus
dem Reiche der Pflanzen und Tiere, vor allen Dingen aber aus dem
Mineralreiche. Das Salz dient Menschen und Tieren eigentlich nicht als
Nahrungsmittel, sondern vielmehr als ein zur Erhaltung des Lebens und
der Gesundheit ganz unentbehrliches Beförderungsmittel der Verdauung
der Speisen im Magen.*) In der Medizin findet dasselbe Verwendung
als gelinde wirkendes Abführmittel, als Vorbeugungsmittel bei Blutflüssen

---

*) Man hat berechnet, daß ein erwachsener Mensch jährlich 7½ Kilogramm Salz
verbraucht.

der Atmungswerkzeuge und des Magens innerlich, sowie als Reizmittel, wenn es Bädern zugesetzt wird.

Weiter erlangt das Salz eine besondere Wichtigkeit für die Menschen, weil es die Eigenschaft besitzt, tierische und pflanzliche Stoffe vor Fäulnis zu bewahren. Hierauf gründet sich die Kunst des Einpökelns von Fleisch und Fischen, die Verwendung des Salzes zur Aufbewahrung von grünem Gemüse, von Butter, von tierischen Körpern, welche von schleimiger oder gallertartiger Beschaffenheit sind, wie seine Benutzung zur Sicherung feuchten Heues vor Stockung, zur Konservierung von Eisenbahnschwellen und Schiffsbauholz u. s. w. Weiter findet das Salz in wirtschaftlicher Beziehung Anwendung als Beimengung unter das Futter*) für die Wiederkäuer**), als Dungmittel, ferner als Mittel um das Wachstum des Mooses auf Wiesen zu unterdrücken, als Mittel zur Vertilgung der schädlichen Erdschnecken und Regenwürmer in den Gärten u. s. w.

## 8. Das Gold.

Das Gold gilt für das edelste Metall wegen seiner schönen Farbe, seines schönen Glanzes, und weil es sich mit Leichtigkeit zu jeder Form verarbeiten läßt. Mag es ferner jahrelang in der Luft, im Wasser, im Schmutze aller Art liegen, es ändert sich nicht, verliert weder die Farbe, noch den Glanz, noch den Wert. Ein einziges Pfund Gold gilt etwa 1200 Mark und ist also ungefähr 14mal so teuer als ein Pfund Silber. Daß die Seltenheit seinen Preis erhöht, läßt sich leicht begreifen; allein es würde doch, wenn es noch so gemein würde, immer wegen der genannten Eigenschaften einen hohen Wert behalten. Es ist sehr schwer, etwas über 19mal so schwer als das Wasser. Reines Gold ist weicher als Silber, aber härter als Zinn, und läßt sich, ohne einen Ton zu geben, mit dem Messer schneiden. Damit es härter wird und zu Münzen, zu Schmuck ꝛc. benutzt werden kann, wird es gewöhnlich mit anderen Metallen, insbesondere mit Kupfer oder Silber, versetzt oder legiert. Auch durch Hämmern wird es etwas härter, aber nie sehr elastisch. Von allen festen Körpern ist es das dehnbarste. Man schlägt es zu so dünnen Blättchen, daß 8000 zusammen erst die Dicke eines Centimeters haben.

---

*) Man mischt den Haustieren entweder das Salz unter das Futter oder legt es ihnen, wie es auch in Wildparken, Tiergärten, für das Edelwild geschieht, in Form von größern Steinen, den sogenannten „Lecksteinen" vor.

**) Ein belgischer Arzt, Dr. de Saire, versichert, daß durch Beimengung von Salz unter das Futter des Rindviehes, der Schafe u. s. w., deren Wachstum beschleunigt, Milch, Butter und Fleisch schmackhafter gemacht, Wolle verfeinert wird.

So kann man ein Zehnmarkstück so ausdehnen, daß sich ein Reiter samt dem Pferde damit übergolden ließe.

In unserm deutschen Vaterlande hat man auch Gold aus dem Flußsande gewaschen. Es war aber niemals sehr viel darin, und in manchen Gegenden gehörte schon viel dazu, wenn einer den ganzen Tag über für einen Groschen Gold herauswaschen wollte. Damals war aber alles noch so wohlfeil, daß von einem Groschen eine ganze Familie einen ganzen Tag erhalten werden konnte. Jetzt aber ist das anders, und da ist es sicherer, sein Brot auf eine andere Art im Schweiße seines Angesichts zu essen.

In manchen Gegenden von Afrika, in Südamerika, Kalifornien und Australien ist das freilich anders. Dort findet man nicht nur Körnlein Goldes, sondern auch Klümpchen, und manchmal große Klumpen. Ich möchte aber deswegen doch nicht dort sein, wo so viel Gold und Silber gegraben wird. Denn wenn ich mich auch vor den Schlangen, vor den wilden Tieren und Menschen nicht fürchte, so ist es doch da, wo am meisten Gold gefunden wird, öfters so teuer, daß man für ein solches Stück Brot, das bei uns drei Pfennig kostet, wohl dreißig bezahlen muß; und das haben auch die armen Bergleute erfahren, die vor Jahren einmal wegen des hohen Lohnes, den sie dort haben sollten, nach Amerika gingen. Sie konnten ihren Frauen und Kindern gar kein Geld nach Hause schicken, wie sie gehofft hatten, und konnten sich für das viele Gold, das sie dort bekamen, kaum satt an Brot essen. Auch sind die Leute dort faul und verschwenderisch und sonst sehr schlimm, so daß sie bei all ihrem Golde meistens viel weniger glücklich sind als wir, und öfters auch noch ärmer. So wurde doch auch der reiche König von Spanien, Philipp II., der fast alle Jahre ganze Schiffe, mit Gold und Silber beladen, aus Südamerika, das damals sein war, bekommen hatte, am Ende so arm, daß er durch Geistliche von Haus zu Haus Beisteuern für sich sammeln ließ. Denn es kommt doch überhaupt nicht auf die vielen Einnahmen, sondern auf Gottes Segen und auf Fleiß und Sparsamkeit an, wenn man als ehrlicher Mann leben und auskommen will. Ich meinesteils muß wohl sagen, daß mir ein gutes Gewissen viel tausendmal lieber ist als alle Berge in der Welt, und wenn sie von Gold wären.

Bei uns glaubt manchmal auch einer, wenn er beim Pflügen oder sonstwo ein Stücklein Schwefelkies oder Kupferkies findet, er habe Gold gefunden. Ein solcher Fund ist aber meistens keinen Pfennig wert, obgleich der Stein fast ebenso gelb aussieht und fast so glänzt wie Gold. Denn es ist nicht alles Gold, was glänzt.

Da das Gold so vielen Menschen das Wünschenswerteste auf der ganzen Erde schien und oft höher als Gesundheit und Gottseligkeit geschätzt wurde, so fehlte es nicht an Versuchen, sich dasselbe auf thörichten oder gottlosen Wegen zu verschaffen. Die einen glaubten, wenn man nur die rechten Erdarten in einem Tiegel zusammenschmelze und allerlei Zauber= formeln dabei ausspreche, so werde Gold in dem Tiegel entstehen. Allein diese Thoren verloren Zeit, Geld und Frömmigkeit; ihr Hab und Gut flog oft als Rauch zum Schornsteine hinaus. Andere wollten gemünztes Gold in Töpfen aus der Erde graben. Mit Hilfe eines Schatzgräbers und einer Wünschelrute hoffte man, den Geistern unter der Erde ihre ver= borgenen Schätze abzugewinnen. Doch Mühe und Kosten und die gottlose Beschwörung der Geister sind allemal vergeblich gewesen. Durch Zauberei wird kein Mensch reich, und der Betrug führt nie zu einem guten Ende. Arbeit und Sparsamkeit füllen das Haus, und Morgenstunde hat Gold im Munde.

## 9. Das Silber.

Das Silber bleibt in trockner wie in feuchter Luft, selbst dann noch, wenn es stark erhitzt wird, unverändert und wird darum zu den edlen Metallen gezählt. Es kommt nicht so häufig vor als die meisten andern Metalle, z. B. Blei, Kupfer, Eisen u. s. w. und ist auch seine Gewinnung aus den silberhaltigen Erzen keine ganz wohlfeile. Die Kernform des ge= dachten Metalles ist ein Würfel, es zeigt sich draht= oder haarförmig, gestrickt, baumförmig, gezähnt, in Platten oder Blättchen, in stumpfeckigen Stücken und Körnern. Das Silber besitzt einen hellen Klang, ist im höchsten Grade dehnbar und schmilzt bei einer Temperatur von ca. 1000° C. Es findet sich auf Erzgängen in ältern Gebirgen, im Thonschiefer, Gneiß u. s. w. Im Erzgebirge (Freiberg, Schneeberg), im Harz (Goslar, Andreasberg), Chemnitz in Ungarn, Schlangenberg in Sibirien, Kongsberg in Norwegen, Mexiko, Peru, Chile u. s. w.

Um das reine Silber aus seinen Erzen darzustellen, kommen meist folgende Verfahren zur Anwendung. Soll das Silbermetall aus einem bleihaltigen Erze gezogen werden, so wird dasselbe vorher zerkleinert (ge= pocht), dann geröstet, auch mit reinen Zuschlägen von Blei zusammenge= schmolzen und endlich einem Flammenofen zur Schmelzung übergeben. Dieser Ofen besitzt einen flachen, halbschüsselförmigen Herd, auf den fort= gehend die Luft eines Gebläses wirkt. Das Blei verwandelt sich hierbei in ein Oxyd, welches schmilzt und als Bleiglätte in einer Rinne abfließt oder sich auch in den mit porösem Thon= und Kalkwasser ausgestampften Herd hineinzieht, während das Silber, welches keiner Oxydation sich unter= wirft, rein zurückbleibt. Damit diese Ausscheidung des Bleies vollständig erfolgen kann, wird die Glätte stets von der Oberfläche der geschmolzenen Masse entfernt, damit diese immer wieder mit der Luft in Berührung kommt und dadurch von neuem die Bildung von Oxyd veranlaßt wird. Die Arbeit ist beendet, wenn die Oberfläche des geschmolzenen Silbers sich nicht mehr mit Bleioxyd überzieht, sondern glänzend bleibt. Der Eintritt dieses Zeitpunktes giebt sich durch eine regenbogenfarbig spielende Haut zu erkennen, was man das Blicken des Silbers oder den Silberblick nennt. Die Silbermasse wird, um sie abzukühlen, nach dem Erstarren zu= erst mit heißem, dann mit kaltem Wasser besprengt, und hierauf mit dem Silberspieß aus dem Herd gehoben. Das Blicksilber, welches man auf die angegebene Weise erhält, ist selten mehr als 14lötig (d. h. es enthält noch zwei Teile fremdartige Beimengungen, da man unter 16lötigem Silber das reine Metall versteht). Dasselbe erfordert daher, um es gehörig rein darzustellen, ein abermaliges Umschmelzen, das sogenannte Feinbrennen, welches auf porösen, aus Asche verfertigten Schalen, den sogenannten Ka= pellen, welche die noch im Silber vorhandene Glätte förmlich einsaugen, vorgenommen wird. Hierbei wird das Silber so lange in glühendem Fluß erhalten, bis es weder mehr dampft, noch Regenbogenfarben zeigt. Jetzt erhält es den Namen Brandsilber.

Silberhaltige Kupfererze werden, wenn aus ihnen metallisches Silber dargestellt werden soll, vorerst geröstet und dann zu Schwarzkupfer ver= schmolzen. Dieses Schwarzkupfer wird mit einer ziemlichen Menge von Blei zusammengeschmolzen und die ganze Masse hierauf zu großen Metall= kuchen geformt, welche zwischen Kohlen geschichtet, auf einem Herd aufge= stellt werden. Versetzt man nun die Kohlen in Brand, so reicht die Hitze wohl hin, das leichtflüssige Blei in Fluß zu bringen, nicht aber das Kupfer. Das Silber in dem Schwarzkupfer hat sich inzwischen durch Schmelzen mit dem Blei verbunden und beide Metalle fließen durch einen Spalt des Herdes in den untergesetzten Tiegel, während das Kupfer in Gestalt von zusammengeschrumpften porösen Stücken zurückbleibt. Das silberhaltige Blei wird nun in derselben Weise behandelt, wie dies oben geschildert wurde.

Sind Silbererze vorhanden, welche Schwefel enthalten, so werden dieselben erst auf Stampfwerken zerkleinert (gepocht), und hierauf, um die meisten der flüchtigen Bestandteile (Schwefel, Wasser u. s. w.) zu entfernen, gelind erwärmt (geröstet). Das nun geröstete Erz wird mit Wasser, Eisen und Quecksilber in verschlossenen Fässern lange Zeit bewegt. Da= bei entsteht ein Silber=Amalgam, woraus schließlich beim Erhitzen das Quecksilber durch Verdampfen entfernt wird und das reine Silber als Rückstand bleibt.

Außerdem giebt es noch andere Verfahren zur Darstellung gediegenen
Silbers, welche aber so zusammengesetzter Natur sind, daß sie hier füglich
übergangen werden müssen.

Das Silber findet seine hauptsächlichste Verwendung bei Herstellung
von Münzen, Kunst= und Luxusgegenständen, chirurgischen und physikalischen
Instrumenten. (Da. dasselbe für sich allein ziemlich weich ist, so wird es
mit einer entsprechenden Menge Kupfer versetzt oder legiert.) Weiter wird
das Silber verwendet zur Anfertigung von Kunstwerken und Luxusgegen=
ständen, zur Versilberung von Metallwaren, was jetzt meist nur noch durch
Hilfe des galvanischen Stromes geschieht.

Die Versilberungsflüssigkeit, in welche der Gegenstand, der sich mit
einer Silberhaut bedecken soll, gethan wird, ist eine Auflösung von Chlor=
silber mit dem höchst giftigen Cyankalium.

Silber in Salpetersäure aufgelöst, giebt das salpetersaure Silber=
oxyd, welches durch Abdampfen zu wasserhellen Tafeln krystallisiert. Wer=
den diese Tafeln geschmolzen und in Formen gegossen, so gewinnt man den
Höllenstein, der in der Medizin als Ätzmittel äußerlich bei Geschwüren,
bei der häutigen Bräune, bei Augenübeln u. s. w. Verwendung hat. Weiter
benutzt man den Höllenstein auch zum Schwarzfärben der Haare, des Elfen=
beins, der Knochen, als unauslöschliche Tinte zum Zeichnen der Wäsche u. s. w.

Wird zu einer Lösung von Höllenstein so lange Salzsäure zugesetzt,
bis ein weißer Niederschlag entsteht, so hat man in demselben das Chlor=
silber. Dasselbe verliert unter dem Einfluß des Lichtes seine weiße
Farbe und nimmt erst eine bläuliche, später eine schwärzliche Farbe an.
(Das Licht trennt das Chlor vom Silber — ersteres entweicht, letzteres
bleibt in äußerst feiner Zerteilung als schwarze Farbe zurück.) Auf diese
Veränderung hin, die das Chlorsilber unter der Einwirkung des Lichts
erfährt, beruht seine Verwendung bei Herstellung von Lichtbildern oder
Photographieen (zur Darstellung feinerer Bilder sind in neuerer Zeit je=
doch noch andere Hilfsmittel aufgefunden worden).

Tröpfelt man zu einer Auflösung von Höllenstein Salmiakgeist, so
erhält man einen grauschwarzen Niederschlag, der bei einem Zusatz von
Ammoniak das äußerst gefährliche, durch Stoß, Reibung, ja selbst im
Sonnenlicht schon explodierende, Knallsilber giebt, welches bei Ver=
fertigung der bekannten Knallerbsen, Knallfidibusse in Anwendung kommt.


## 10. Das Quecksilber.

Wer in der heißen Zone lebt, wo zu Zeiten im Sommer mittags
zwölf Uhr die Sonnenstrahlen so senkrecht herabfallen, daß weder ein

hoher Turm noch ein Menſch einen Schatten wirft, und im Winter das
Waſſer weder zu Eis noch zu Schnee erstarrt: dem mag es wunderbar
vorkommen, wenn man ihm erzählt, daß es Länder giebt, wo das Waſſer
im Winter ſo ſteinhart wird, daß man aus dieſem ſteinharten Waſſer
Pferdekrippen zimmert und dieſe auf die Straßen vor die Gaſthöfe ſtellt,
wie es doch in Petersburg geſchieht. Aber was ſagſt du dazu, daß es
bei uns ein Metall giebt, das du wie Waſſer in ein Glas füllen, ja in
Tropfen wieder herauslaufen laſſen kannſt, das aber in Ländern, die kälter
ſind als das unſere, auch feſt wie das Waſſer wird, alſo daß es ſich hämmern und zu Bechern verarbeiten läßt? Dieſes Metall heißt Queckſilber.
Bei uns erſtarrt es nie, ſondern bleibt ſtets flüſſig, und fülteſt du einen
Teich mit ihm aus, ſo könnteſt du mit einem ſchweren eiſernen Kahne auf
demſelben ſpazieren fahren. Wollteſt du aber einen Kahn von Silber
nehmen, ſo würde es demſelben ergehen wie einem Stück Zucker, das du
ins Waſſer wirfſt; er würde ſich in dem Queckſilberteiche auflöſen und du
würdeſt ängſtlich nach Hilfe rufen. Vor dem Naßwerden brauchteſt du
dich freilich nicht zu fürchten, auch nicht vor dem Unterſinken; denn du
könnteſt in dieſem flüſſigen Steinteiche ſchwimmen, ohne es gelernt zu
haben; aber verſchlucken dürfteſt du nicht ein Tröpflein aus dem Teiche;
es wäre ſonſt um dein Leben geſchehen; jeder Tropfen iſt Gift. Stellſt
du ein Gefäß voll Queckſilber aufs Feuer, ſo wird das Queckſilber in
Dämpfen in die Luft ſteigen, wie ja das Waſſer auf dem Feuer auch in
Dämpfen in die Höhe geht. Wenn du aber einen kalten Deckel auf den
Waſſertopf legſt, damit kein Staub hineinfällt, ſo werden die Waſſerdämpfe
an demſelben wieder zu Tropfen, was du gewiß ſchon geſehen haſt. So
werden auch die Queckſilberdämpfe wieder zu Tropfen, wenn man ſie erkalten läßt.

Zur Wäſche kann man das Queckſilber freilich nicht gebrauchen; denn
es macht nicht naß; aber dafür leiſtet es eine Menge anderer Dienſte.
Wie ſchon geſagt, löſt es das Silber in ſich auf und iſt demſelben ein
lieber Freund, den es gern aufſucht. Das S i l b e r iſt nämlich ein edles
Metall und liegt, wie alles Edle, nicht gleich ſo zu Tage, ſondern ſteckt verborgen in ganz unanſehnlichen Steinen, gemengt mit anderen Stoffen,
z. B. mit Kupfer und Schwefel. Der Bergmann kennt dieſe Steine gar
wohl und läßt ſich durch ihr Ausſehen nicht irre machen. Er zerpocht ſie,
röſtet ſie und treibt dadurch den Schwefel fort, der ſich vor dem Feuer
fürchtet, wie vor einem Feinde, und davon eilt, ſobald er warm wird.
Wollte nun der Bergmann aus dem zurückgebliebenen Geſtein das Silber
mit den Fingern herausleſen, ſo würde er vergeblich danach ſuchen, denn
es ſteckt in ſo kleinen Ritzen in dem Kupferſteine, daß es nicht zu ſehen iſt.

Er zermahlt vielmehr das Gestein noch zu Mehl, thut dieses Erzmehl in ein Faß, das sich wie ein Mühlstein dreht, und bringt nun den Freund des Silbers, das Quecksilber, auch in das Faß. Lustig dreht sich dann das Quecksilber in lauter kleinen Tropfen herum. Ohne sich um das Kupfer zu kümmern, ergreift es ein Spitzchen Silber nach dem andern und schwenkt sich in dem drehenden Tanzboden, bald oben, bald unten, bald langsam, bald rasch, so lange herum, bis sämtliches Silber mit ihm tanzt. Da erst hat die Lust ein Ende. In einen Klumpen vereinigt liegen unsere Tänzer erschöpft da und werden nun in einem Gefäß dem Feuer ausgesetzt, als ob sie jetzt auch zusammen warm werden sollten. Aber da schlägt die Scheidestunde; denn die Hitze treibt das arme Quecksilber als Dampf hinweg. Während so das Silber verlassen und allein zurückbleibt, muß das Quecksilber durch Röhren steigen, die in kaltem Wasser liegen, muß sich hier abkühlen und dann von neuem wieder Silber in seinem Verstecke aufsuchen. Sein Leben ist ein beständiges Finden und Verlieren.

Auch zum Golde fühlt sich das Quecksilber hingezogen. Selbst ein edles Metall, hält es sich am liebsten zu dem Edlen, bleibt auch, wie die edlen Metalle, immer hübsch blank und rein, während sich das unedle Kupfer zum Ärgernis der Köchinnen am Wasser und an Säuren leicht verunreinigt. Gehst du zum Goldschmied, so kannst du sehen, wie es selbst Freundschaft stiftet zwischen dem Silber und dem Golde, so innig und fest, daß das Silber ganz Gold geworden scheint. Beim Spiegelmacher kettet es sogar das Glas und das Zinn freundschaftlich aneinander, gewiß darum, weil es ein Feind des Schmutzes ist, und will, daß du in dem Spiegel nachsiehst, ob nicht irgend ein Fleck dein Gesicht verunreinigt.

Der Maler läßt es als schöne rote Farbe prangen. Er mischt nämlich auf eine künstliche Weise einen Teil Schwefel unter 6 Teile Quecksilber und erhält, wenn er es recht macht, jene schöne, scharlachrote Farbe, die man Zinnober nennt.

Selbst in die Büchsen der Apotheker läßt es sich schicken und wandert von da in die Krankenhäuser, um den Tod zu vertreiben, wenn es geht.

In dünne gläserne Röhren eingesperrt, hast du es gewiß schon oftmals in der Stube am Fenster auf einem schmalen, langen Brette hängen sehen. Da ist es gar ein Wetterprophet und prophezeit dir, ohne daß es hinaussieht, was draußen für Wetter eintreten wird, und sagt dir, ob du einen Sonnenschirm oder einen Regenschirm auf deinen Spaziergang mitnehmen sollst. Dem Schiffer auf dem Meere kündigt es einen bevorstehenden Sturm an, damit er seine Einrichtung danach treffe; den Gebirgsreisenden und kühnen Luftschiffern aber sagt es sogar, wie hoch sie über dem Meere sind.

Auch weiß es besser als du, wie warm es ist, und während es als Wetterprophet oft ein Schalk ist und statt Regen Sonnenschein ankündigt, womit es dann den Wäscherinnen einen Streich spielt, so täuscht es als Wärmemesser niemals. In eine kleine, oben und unten verschlossene Glasröhre eingesperrt, steigt es gradweise höher, je wärmer die Luft wird, und fällt, wenn die Wärme wieder nachläßt. Ohne diesen empfindlichen Wärmemesser würden wir nicht wissen, wie warm oder wie kalt es in anderen Ländern ist, und der Ofenheizer eines Treibhauses würde immer in Angst sein, ob er seinen Blumen auch wohl die rechte Luftwärme gäbe.

Siehe, so wird ein Gift in der Hand des verständigen Menschen sein treuer, gehorsamer Diener. Du begreifst nun wohl, warum sich der Mensch auch in die dunkeln Tiefen der Erde hinabläßt und dort im Schweiße seines Angesichts Tag und Nacht arbeitet, um diesen dienstbaren Geist aus seinem Verstecke an das Tageslicht zu beschwören.

## 11. Kupfer und Zinn.

Kocht des Kupfers Brei,
Schnell das Zinn herbei,
Daß die zähe Glockenspeise
Fließe nach der rechten Weise!

Schiller.

Kupfer und Zinn sind wir gewohnt ebenso zusammen zu denken und zu nennen, wie Silber und Gold, sie gleichen den Abgesandten und Stellvertretern dieser höheren Mächte, denen sie mit ihrem Glanz und Schimmer nacheifern, obwohl sie ihre Pracht nicht erreichen. Der gelbe helle Sonnenglanz des Goldes ist im Kupfer zum Morgenrot geworden — Abglanz des Sonnenlichtes, in den Dünsten der Morgenatmosphäre gebrochen; der weiße Silberglanz ist im Zinn etwas bläulicher geworden, bleibt aber nach dem Silber doch das schönste Weiß von allen Metallen. Wenn die Reichen und Vornehmen sich goldner Pokale und silberner Schüsseln freuen, so hat der Ärmere seine Lust an den hellgescheuerten kupfernen Kesseln, messingenen Kellen, zinnernen Tellern und Löffeln, und eine reinliche, nette, mit solchem Metall wohlversehene Haushaltung gewährt einen noch herzerfreuenderen Anblick, als wenn goldbetreßte Lakaien ihre Löffel und Gabeln aus sammetenen Etuis aus- und einpacken, mag auch die Pracht der Gold- und Silbergeräte immerhin größer sein.

Kupfer und Zinn sind keine edlen Metalle mehr, denn sie bleiben im Feuer nicht beständig, da ein Teil der geschmolzenen Masse verkaltet; und im Wasser oder an der Luft, noch leichter in Säuren, werden sie vom Rost angefressen. Das Kupfer steht in dieser Hinsicht weit unter dem lauteren feuerbeständigen Golde, ja selbst unter dem Zinne und Eisen, dessen Rost nicht schädlich ist, — daß es nicht bloß leicht rostet, sondern in Verbindung

mit Säuren den allbekannten giftigen Grünspan erzeugt. Das Zinn hin=
gegen steht darin dem Silber nahe, daß es schwer vom Roste, der nur
wenig in seine Oberfläche eindringt, angegriffen werden kann. Darum ver=
zinnen wir die kupfernen Gefäße und schützen uns dadurch vor dem gifti=
gen Kupferoxyd. Auf der andern Seite hat wieder das Kupfer das mit
den edlen Metallen gemein, daß es auch gediegen gefunden wird, weshalb
es seit den ältesten Zeiten den Menschen freundlich entgegenkam, um gleich
dem Golde und Silber zu allerlei Gefäßen und Gerätschaften, zu Münzen
und Werkzeugen sich formen zu lassen. An plastischer Kraft übertrifft es
alle unedlen Metalle; es vereinigt mit höchster Dehnbarkeit die größte
Härte. Darum schmilzt man es mit Gold und Silber zusammen, um
diese dauerhafter zu machen; wenn man vier Teile Silber mit einem Teil
Kupfer legiert, wird die größte Härte erreicht, und eine solche Komposition
giebt einen schöneren Klang, als selbst das reinste Silber. Darum darf
auch das Kupfer weder in den Glocken noch in den Klaviersaiten fehlen,
und wenn die Feierklänge des sonntäglichen Geläutes oder das Morgen=
und Abendglöcklein des Werktages das Herz zur Andacht stimmt, so dürfen
wir dankbar auch auf das Kupfer blicken, das die Glocke so klangreich
macht. Doch auch das Zinn hat seinen Teil daran, denn die Glockenspeise
besteht aus einem Teil englischem Zinn und fünf Teilen Kupfer oder auch
aus zehn Teilen Kupfer, einem Teil Zinn und einem Teil Nickelmetall.

Das Zinn, dem Kupfer gegenüber, ist die weichere oder sanftere Na=
tur; in Verbindung aber mit dem Kupfer wird es selber elastischer und
klangreicher und es gilt auch hier das Wort des Dichters:

„Wo Starkes sich mit Mildem paaren,
Da giebt es einen guten Klang."

Wunderbares Ineinanderspielen verwandter Materien und Kräfte!
Mit gewissen Teilen Zink verbunden erscheint das Kupfer als Rotmessing
oder Tomback; etwas mehr Zink genommen, giebt es das fast goldgelbe
Messing, und wird eine aus Nickel und Zinn bestehende Hälfte mit einer
Hälfte Kupfer verbunden, so kommt das um den Silberglanz buhlende Neu=
silber zum Vorschein. Mischt man zu 96 Teilen gutem Zinn 4 Teile
Kupfer und Spießglanz, so erhält man das sogenannte „Nürnberger Zinn",
ausgezeichnet durch seine Härte und seinen Glanz. Werden 85 Teile Kupfer
mit 15 Teilen Zinn verbunden, so entsteht die bekannte Bronze, aus
welcher die Statuen, die unsere öffentlichen Plätze zieren, und die Kanonen,
die das Vaterland schirmen, gegossen werden und die von den Alten dem
Silber gleich geschätzt wurde. Je nachdem das Kupfer vorherrschen soll,
kann man hinaufsteigen, bis zu 97 Teilen Kupfer und 3 Teilen Zinn, und
selbst in dieser geringen Quantität ist das Zinn noch stark genug, das

Kupferrot in jenes grünliche Braun umzuwandeln, das wir eben Bronze-
farbe nennen.

Das Kupfer ist so hingebend, liebt und wird von aller Welt, nämlich den verschiedensten Metallen und Erden, geliebt, daß es die alten
Naturkundigen mit dem Namen Venus bezeichnet und ihm das Zeichen
der Göttin der Liebe, den Spiegel (♀) gegeben haben. Für die Gegenwart der edlen Metalle ist es so empfänglich, daß schon die kleinste Bei-
mischung von Gold oder Silber ihm größere Geschmeidigkeit und schönere
Färbung giebt, weshalb auch das japanische, das ungarische und russische
Kopekenkupfer in so gutem Rufe stehen, weil ihnen ein Geringes von edlen
Metallen beigemischt ist. Das Zinn ist fast ebenso hingebend und schmieg-
sam, es kommt wie das Kupfer mit Sauerstoff, Chlor, Fluor, Jod, Arsen,
Antimon, Schwefel ꝛc. in den verschiedensten Verbindungen vor, erhält
durch den Zusatz von ein wenig Quecksilber ein glanzvolles Weiß und wird
durch einen Zusatz von Blei geschickter zum Guß. Doch stellt es sich dem
schwereren unedleren Blei in seiner Reinheit als Silber gegenüber, und
um seine Reinheit zu schützen, haben die Gesetze festgestellt, bis wie weit
das Zinn legiert werden darf.

Das Kupfer ist das farbenreichste Metall. Schon das einfache Erz,
je nachdem es schwächer oder stärker mit Sauerstoff gesättigt (oxydiert) ist,
spielt vom Kupferrot in die Kupferschwärze; das mit Säuren verbundene
Kupfer liefert prachtvolle blaue und smaragdgrüne Farben. Das schwefel-
saure Kupferoxyd liefert jene schönen blauen Krystalle, die unter dem Namen des blauen oder Kupfervitriols bekannt sind; das bekannte Hellgrün,
das unter dem Namen „Schweinfurter Grün“ in den Handel kommt, ist
arsenitsaures Kupferoxyd, das aber seiner giftigen Eigenschaften wegen nur
an Fensterläden und Außenwänden gebraucht, nicht aber zu Tapeten genommen werden sollte. Auch das Zinn spielt in der Färberei eine große
Rolle; durch Auflösung desselben in Salzsäure erhält man z. B. das Chlor-
zinn, das die Farben erhöht und befestigt und deshalb in der Kattun-
druckerei sehr wichtig ist.

Beide, Kupfer und Zinn, wie vielfach greifen sie ins praktische Leben
ein! Was verfertigen die Kupferschmiede nicht alles aus Kupferblech! Pfannen, Kessel, Blasen, Badewannen, Becken, Töpfe, Theemaschinen, Dampf-
geräte, Schiffsbeschläge, Dachrinnen und Dachplatten und Kupferplatten für
die Kupferstecher! Aber man vergleiche damit die Menge der Schüsseln,
Teller, Lampen, Leuchter, Kannen, Näpfe, Löffel, Dosen aus Zinn, und
den ausgedehnten Gebrauch des zwar eisernen „Weißblechs“, das aber doch
erst seinen Glanz und seine Brauchbarkeit empfangen hat durchs Zinn, das
freundlich sich mit ihm verbindet.

Selbst darin wetteifern noch Kupfer und Zinn miteinander, daß sie zu den dünnsten, feinsten Blättchen sich auswalzen lassen und in dieser Gestalt manches Gaukelspiel treiben, um das Echte nachzuäffen. Zinn und Zink zu gleichen Teilen werden zur Bereitung des falschen Blattsilbers gebraucht, und geschlagenes Messing oder Rotkupfer giebt das Flittergold und Rauschgold. Nicht minder freundlich blickt das Zinn als Stanniol auf den silberglänzenden Hauben der Champagnerflaschen uns an.

Mag sich das Kupfer rühmen, daß es häufig in gediegenen Massen gefunden wird, wie am Kupferminenfluß in Nordamerika und auf der Kupferinsel bei Kamtschatka, daß es mitunter dem Golde gleich in Körnern auf der Oberfläche der Erde lagert, wie in Texas: — so kann das Zinn sich gleichfalls rühmen, daß wenn es auch in gediegenen Stücken selten sei, doch das Zinnerz als Zinnoxyd (bloß mit Sauerstoff verbunden) dem reinen Zustande sehr nahe komme und übrigens auch nahe genug der Erdoberfläche sich halte, um seine Gewinnung den Menschen leicht zu machen oder sie auf tieferliegende Plätze hinzuweisen. In der Grafschaft Cornwall erscheint das Zinn schon in den sogenannten „Seiffen“, im aufgeschwemmten Lande, welches den Abhang der Hügel in der Nähe reicher Zinnerz-Bergwerke bedeckt, und im Schuttland der Thäler. Von der Insel Banka, südlich vom Äquator bis in die ganze langgestreckte Halbinsel hinauf zu 14° n. Br. zieht sich ein reicher Zinngürtel im angeschwemmten Lande hin, und man hat sich noch gar nicht auf tiefer dringenden Bergbau verlegt, da man schon durch bloßes Waschen sehr viel Zinnerz gewinnt.

## 12. Das Eisen.

Das Eisen, welches sich im gediegenen Zustande höchst selten und meist nur als Meteoreisen findet, zeigt einen hakigen, zuweilen etwas krystallinischen Bruch, zu Stangen ausgedehnt ein faseriges Gefüge. Die Kernform desselben ist ein regelmäßiges Oktaeder. Spec. Gew. 7,7 — 7,9; Härte = 5 — 6; ungemein zähe und dehnbar. Farbe graulichweiß, stahlgrau. Metallglanz. Von dem Magnet wird es angezogen, hat auch die Fähigkeit selbst Magnetismus, jedoch nicht auf die Dauer, anzunehmen. Bei Einwirkung der atmosphärischen Luft und der Feuchtigkeit überzieht sich die Oberfläche desselben mit einer braunroten oder ockergelben Farbe, „sie rostet,“ d. h. sie nimmt Sauerstoff und Wasser auf und oxydiert sich. Durch den Rost wird das Eisen zerstört, da dasselbe mit der Zeit in die innersten Teile desselben eindringt.[*]

---

*) Als Mittel zur Entfernung des Rostes von Eisen und Stahlwaren empfiehlt sich das Putzen derselben mit Putzpapier (Bimssteinpapier), oder einer Mischung von

Wird Eisen erhitzt, so verbindet sich dasselbe ebenfalls, jedoch in einer geringern Menge, als es bei dem Rosten der Fall ist, mit Sauerstoff und es sondert sich eine blättrige, schwarze Schicht ab, welche sich beim Schmieden abblättert und den sogenannten Hammerschlag oder die Eisenasche giebt. Das Eisen findet unter allen Metallen die ausgedehnteste Anwendung. Ein Hauptgrund hierzu dürfte vorzugsweise wohl auch darin zu suchen sein, daß dasselbe gleichsam als ein dreifaches Metall oder in drei voneinander ganz verschiedenen Zuständen der Metallität benutzt werden kann, und zwar 1. als Roh= oder Gußeisen, 2. als Schmiede= oder Stabeisen und 3. als Stahl.

### 1. Das Roh= oder Gußeisen,

welches unmittelbar durch das Schmelzen aus den verschiedenen Eisenerzen (siehe nachstehend) gewonnen wird, enthält neben etwas Phosphor, Schwefel und andern metallischen Beimengungen 3—5 % Kohlenstoff, hat ein blättriges oder körniges Gefüge, ein spec. Gew. von 7,1, läßt sich weder schmieden noch schweißen, wohl aber bei einem Temperaturgrade von 1700° C. schmelzen.

Arten des Gußeisens sind:

a) Schwarzes oder übergares Gußeisen. Dasselbe enthält bis zu 5 % Kohlenstoff und ist daher wenig zur Verarbeitung geeignet. Es zeigt sich schwärzlichgrau, kleinkörnig und mit Graphitblättchen durchwachsen.

b) Graues oder gares Gußeisen. Diese zweite Art des Gußeisens enthält einen geringern Prozentsatz Kohlenstoff als das schwarze Gußeisen, besitzt ein feinkörniges Gefüge, ist sehr weich, läßt sich leicht drehen, feilen und bohren, aber nicht gut hämmern. Zum Formen ist es äußerst verwendbar. Durch rasches Abkühlen nach dem Schmelzen läßt es sich in weißes oder rohes Gußeisen verwandeln.

c) Weißes oder rohes Gußeisen. Dasselbe ist von blättrigem Gefüge, strahligem Bruch und zeigt spiegelnde Flächen (daher auch die Bezeichnung Spiegeleisen, die man demselben giebt). Seiner Leichtschmelzbarkeit wegen (es schmilzt schon bei 1050° C.) ist dasselbe gut zum Formen und Frischen zu gebrauchen.

### 2. Das Stab= oder Schmiedeeisen

ist das reinste, nur etwa ½ % Kohlenstoff führende Eisen. Bruch hakig. Durch Strecken oder Hämmern ist das Gefüge desselben zu einem sehnigen oder adrigen geworden. Stabeisen ist starkglänzend, von lichter, grauer

Zinnsalz und Hirschhorn, wie der Abwaschung mit verdünnter Salzsäure. Um Rostbildung überhaupt zu verhüten, werden eiserne Gegenstände mit Firnis, Steinkohlen- oder Holztheer bestrichen oder sie erhalten einen Glas=, Email= oder Zinnüberzug.

Farbe. Weiter ist dasselbe biegsam, hämmerbar, schweißbar, läßt sich zu Draht ziehen, besitzt ein spec. Gew. von 7,6 und schmilzt bei einer Temperatur von 1500 — 1600° C.

Eine geringe Beimengung von Schwefel zu Stabeisen macht dasselbe rotbrüchig (d. h. in der Rotglühhitze berstet dasselbe unter dem Hammer), enthält es Phosphor, so wird es kaltbrüchig (d. h. in der Kälte wird es spröde und leicht zerbrechlich). Eisen, welches bei allen Temperaturgraden mürbe und von geringer Festigkeit bleibt, heißt faulbrüchig, welche Eigenschaft gewöhnlich durch eine Beimengung von Silicium oder Calcium veranlaßt wird.

Schmiedeeisen kann im gewöhnlichen Ofenfeuer nicht geschmolzen werden. Beim Erhitzen macht es folgende Stufen des Glühens durch: Bei ungefähr 300° läuft es an, bei 400° beginnt es rot zu glühen, bei 550° glüht es dunkelrot, bei 650 — 800° kirschrot, bei 880° dunkelorange, bei 960° hellrot, bei 1040° kommt es in ein starkes, und bei 1200° in ein blendendes Weißglühen, in welchem Zustande es schweißbar und schmiedebar, d. h. so weich wird, daß es mit Leichtigkeit unter Walzen oder mit dem Hammer bearbeitet und in jede beliebige Form gebracht werden kann, wie sich auch alsdann getrennte Stücke zu einem Ganzen vereinigen oder zusammenschweißen lassen.

### 3. Der Stahl

ist eine Verbindung des Eisens mit einer geringen Menge, etwa 1½ bis 2½ % Kohlenstoff. Derselbe hat ein feinkörniges Gefüge, ist härter als Schmiedeeisen, aber nicht so hart als Gußeisen, im höchsten Grade elastisch, besitzt ein spec. Gew. von 7,5 — 7,8, schmilzt bei einer Temperatur von 13 — 1400° C., rostet weniger leicht als Stabeisen, aber wiederum leichter als Gußeisen und wird schwer, dann aber dauernd magnetisch.

Das Eisen findet, wie schon gesagt, eine ungemein reiche Anwendung. Dasselbe liefert fast zu sämtlichen Gegenständen, die in der Landwirtschaft, im Gewerbe, im Maschinenwesen, in der Hauswirtschaft, im Verkehr u. s. w. gebraucht und ganz unentbehrlich sind, das notwendige Rohmaterial.

Aus dem nicht schmied- und schweißbaren Guß- und Roheisen wird Stabeisen und Stahl bereitet, außerdem aber findet dasselbe Verwendung zu allen nur möglichen Maschinen, von der kleinen Kaffeemühle an bis zur gewaltigen Dampfmaschine; es dient zur Herstellung der Radwerke in den Fabriken, von Dampfschiffen, Säulen, Monumenten, Zäunen, Grabkreuzen, Bijouterie-Gegenständen, selbst zur Straßenpflasterung*) u. s. w.

---

*) In Warschau ist ein solches, aus Gußeisen hergestelltes Straßenpflaster. Die Länge der Gußstücke, der Längsrichtung der Straßenbreite nach, beträgt 0,60 m, die Breite, der Straßenbreite nach, 1,05 m.

Das Schmiedeeisen wieder wird verwendet zu allerlei Eisenblechwaren, zur Anfertigung von Draht, Kesseln, Wagenachsen, Radwellen, Schlössern und Schlüsseln, Brücken, Nägeln, Hufeisen u. s. w. Der Stahl endlich giebt das Material für alle hauenden, stechenden, sägenden, bohrenden u. s. w. Werkzeuge, für Uhr= und Schreibfedern, Ketten, Panzerplatten für Schiffe u. s. w.*) Weiter findet das Eisen Anwendung in der Medizin bei Krankheiten des Blutes. Eisenrost dient als Gegenmittel bei Vergiftung durch arsenige Säure.

Wie groß der Verbrauch des genannten Metalls ist, an welches in der That der Fortschritt im Gewerbebetriebe wie im geistigen Entwicklungs= gange der Menschen geknüpft ist, mag aus folgender Übersicht der Roh= eisen=Produktion in einzelnen Ländern Europas erkannt werden:

| | | |
|---|---|---|
| Deutschland | produziert | 6 193 470 Ctr. |
| Portugal und Spanien | „ | 260 400 „ |
| Frankreich | „ | 3 606 055 „ |
| Holland und Belgien | „ | 250 000 „ |
| Ungarn | „ | 270 000 „ |
| Schweden | „ | 1 605 000 „ |
| Norwegen | „ | 130 000 „ |
| Polen | „ | 100 000 „ |
| Sardinien | „ | 150 000 „ |
| Rußland | „ | 4 613 375 „ |
| Großbritannien | „ | 18 000 000 „ |

Das Eisen kommt, wie schon bemerkt, in der Natur nur höchst selten im gediegenen Zustande und zwar dann entweder als tellurisches (ur= sprünglich auf der Erde vorhandenes) in kleinen Blättchen oder Körnern z. B. in den Platinasandablagerungen des Ural, oder als Meteoreisen (aus dem Himmelsraum auf die Erdoberfläche gefallenes) und dann in großen, zuweilen noch glühendheißen Klumpen von zackiger, zelliger und poröser Zusammensetzung vor. Das Meteoreisen indes ist auch nicht voll= ständig reines Eisen, sondern es enthält noch verschiedene andere Bei= mengungen, namentlich aber Nickel. Zu den merkwürdigsten zur Erde gekommenen Meteormassen gehören die südlich von Krasnojarsk am Jenisei von einem Gewicht von 840 kg, die von Zacatecas in Mexiko von 1000 kg, die von Durango von 20 000 kg, die bei Bahia in Brasilien von 7000 kg u. s. w.

---

*) Interessant ist es, welche Steigerung der Wert des sonst billigen Eisens durch seine Verarbeitung erfährt. Ein Stück Eisen, welches roh 3 Mark kostet, gilt, zu Hufeisen verarbeitet, 9 Mark, zu gußeisernen Zieraten 135 Mark, zu Nadeln 225 Mark, zu Federmesserklingen 2100 Mark, zu Stahlschnallen 2700 Mark, zu Stahlschmuck 6000 Mark und zu Uhrfedern 150 000 Mark.

Für die Industrie hat das Meteoreisen keine Bedeutung, nur für die unkultivierten Völker, die es nicht verstehen, Eisen aus seinen Erzen hervorzuholen, sind diese Wanderer aus dem Weltenraume von Wichtigkeit. So z. B. stellen sich die Eskimos, wie einige Indianer- und Negerstämme aus demselben ihre Pfeilspitzen, Messer, Hassagais u. s. w. her. Eisen findet sich übrigens auch in vielen Pflanzen, als Absatz in Quellen, in den verschiedensten Erdarten, selbst im Blute der Menschen, wo es von besonderer Wichtigkeit ist.*)

Alle im großen zu verschmelzenden Eisenerze müssen Verbindungen von Eisen mit Sauerstoff sein. Zu den wichtigsten Eisenerzen zählen:

1) Der Magneteisenstein,

2) der Eisenglanz oder das Roteisenerz,

3) der Eisenspat oder Spateisenstein,

4) der Braun- und Gelbeisenstein,

5) der Raseneisenstein.

Bei Herstellung des reinen Eisens aus den genannten Erzen werden dieselben zunächst entweder mittelst Poch- und Walzwerke zerkleinert (gepocht) oder man setzt sie längere Zeit den Einflüssen der Witterung im Freien aus, wodurch einmal ihr Gefüge und ihre Festigkeit gelockert wird, ferner aber auch zum Teil schon manche für die nachmalige Verwendung schädliche Beimengungen, wie z. B. Schwefel und Arsen aus ihnen weggeführt werden. Hierauf folgt die Röstung der Erze, durch welche die vorhin erwähnten Beimengungen vollends verflüchtigt oder verbrannt werden und das Eisen sich später um desto reiner darstellt. Das Rösten geschieht entweder im Freien in Haufen, zwischen Mauern (Stadeln) oder in Öfen, indem man abwechselnd Schichten von Eisenerzen und Brennmaterial aufeinander legt, worauf das letztere angezündet wird. Die Darstellung des reinen Eisens aus den Eisenerzen beruht einzig darauf, daß aus demselben der Sauerstoff entfernt wird. Diese Aufgabe wird nun durch das dem Rösten der Erze sich anschließende Schmelzen gelöst. In der Glut des Schmelzofens wird nämlich der Kohlenstoff des Brennmaterials frei, derselbe entzieht den geschmolzenen Eisenerzen ihren Sauerstoff und entweicht in Form von Kohlenoxydgas in die Luft. Erze, welche strengflüssig sind oder welche Beimengungen mit sich führen, die den Schmelzprozeß erschweren würden, erhalten noch mancherlei Zusätze (Zuschläge oder Flußmittel), wodurch jene Übelstände gehoben werden. Zu den wichtigsten

---

*) Eisen ist ein notwendiges Erfordernis des tierischen und selbstverständlich des menschlichen Blutes. Sobald der naturgemäße Gehalt an den Verbindungen dieses Metalls im Menschenkörper fehlt, treten Bleichsucht und andere Krankheiten auf.

Zuschlägen, die nach Beschaffenheit und Gehalt der Erze denselben bei=
gegeben werden, gehören Quarz, Kalkstein, Mergel, Thon, zerkleinerter
Thonschiefer, Flußspat, Granat, Basalt, Hornblende, Bitterspat u. s. w.

Die Schmelzung der Erze, als dessen erstes Ergebnis stets das Guß=
oder Roheisen hervorgeht, wird in eigenen Eisenschmelzöfen, meistens in
den sogenannten Hochöfen vorgenommen. Diese Öfen sind aus feuer=
festem Material aufgeführt, haben oft eine Höhe bis zu 20 m und bestehen
in der Regel aus zwei Teilen, dem obern, dem Schachte, dessen obere
Mündung die Gicht heißt, durch welche das Brennmaterial, wie die Erze
und ihre Zuschläge in den Ofen gebracht werden (Beschickung) und dem
untern Teil, dem Gestelle, in dem das Schmelzen der Erze erfolgt und
das geschmolzene Metall sich sammelt. Das Gestell hängt unten mit einem
Raume, der sich außerhalb des Schachtes befindet, dem Vorherd, zu=
sammen und dieser ist von außen durch den Wall= oder Dammstein, über
welchen die Schlacke ihren Abfluß nimmt oder abgezogen wird, geschlossen,
aber so, daß noch ein Spalt, die sogenannte Abstichöffnung, welche wäh=
rend des Schmelzens verstopft bleibt und nur alle 12—24 Stunden ge=
öffnet wird, um das flüssige Metall abfließen zu lassen, übrig bleibt.
Weiter wird während des Schmelzprozesses ein Gebläse (Blasebalg, Kolben=
oder Cylindergebläse) in Thätigkeit gesetzt, welches fortgehend Luft in den
Ofen führt, um die Verbrennung des Brennmaterials zu befördern und
damit eine möglichst beschleunigte Schmelzung der Erze und ihrer Zuschläge
herbeizuführen.*) Soll die Schmelzarbeit beginnen, so wird der zuvor
sorgfältig durchwärmte Ofen von der Gicht aus mit Kohlen und einigen
leicht schmelzbaren Stoffen, am besten Hammerschlag, Hochofenschlacke, Koch=
salz u. s. w. beschickt und später erst, wenn diese Stoffe niedergebrannt und
niedergeschmolzen sind, werden die Erze und die erforderlichen Zuschläge,
zwischen denen immer abwechselnd Lagen von Brennmaterial kommen, in
denselben eingetragen. In dem Grade nun, wie durch die Verbrennung
der Kohle und der Schmelzung der Erze die obern Kohlen= und Erd=
schichten niedersinken, füllt man den Schacht immer wieder aufs neue mit
Erzen und Brennmaterial an. Hat sich nun endlich der untere Teil des
Gestells, der Herd, mit flüssigem Roheisen gefüllt, so wird das Abstichloch
geöffnet, durch welches meist das flüssige Metall innerhalb einer aus Sand
gebildeten Rinne abfließt und von hier entweder in besondere Sandformen
tritt oder vor dem Ofen zu unförmlichen Kuchen sich ausbreitet (Scheiben=
eisen), wo es dann erstarrt. Bei Öfen mit andern Einrichtungen wird

---

*) In neuerer Zeit hat man die aus der Gicht strömende Luft benutzt, um die
Gebläseluft zu erwärmen, wodurch Brennmaterial gespart wird.

wohl auch das glühend flüssige Eisen mit eisernen Gießkellen, die mit Lehm überzogen sind, geschöpft und demnächst in Sandformen gegossen. Die auf dem Roheisen befindliche Schlacke, die aus den Beimengungen, welche die Eisenerze enthalten, sich erzeugt und die zur Darstellung eines guten Eisens insofern notwendig ist, als durch sie einmal der Sauerstoff der Gebläseluft von dem Flusse abgehalten und dieser somit vor Oxydation geschützt wird, ferner aber auch gewisse, für das Eisen schädliche Beimengungen (Arsen, Schwefel) entfernt werden (aus welchem Grunde auch Erzen, welche nur geringe Bestandteile zur Schlackenbildung erhalten, Zusätze von Mineralien z. B. Kalk gegeben werden, die imstande sind, eine leichtflüssige Schlacke zu erzeugen), fließt entweder über den Wallstein ab oder sie wird durch Begießen mit Wasser zum Erstarren gebracht, sodann mit eisernen Krücken abgehoben und, da sie oft noch Eisenkörner enthält, in die Pochwerke gegeben, damit dieselben dort aus ihr ausgepreßt werden. Die Schlacke selbst, die ein blaues oder grünes Aussehen hat, wird vielfach zu Bausteinen, namentlich bei Wasserbauten, verwendet. Von Vorteil für die Haltbarkeit des Ofens wie auch als Ersparnis von Brennmaterial ist es, wenn die Schmelzarbeit auf längere Dauer ununterbrochen fortgesetzt wird. Muß der Betrieb aus irgend einer Ursache ausgesetzt werden, so stellt man das Gebläse außer Thätigkeit, verkürzt die Erzbeschickung nach und nach und stürzt zuletzt nur noch Brennmaterial und leichtflüssige Schlacke durch die Gicht in den Ofen. Auf diese Weise mindert sich die Hitze des Ofens allmählich, bis derselbe gänzlich abgekühlt ist. Die gesamte Zeit, innerhalb welcher die Schmelzarbeit sich vollzieht und die nach Umständen bis auf 20 Jahre ausgedehnt werden kann, wird in der Hüttensprache eine Schmelzcampagne oder Hüttenreise genannt. Ein Hochofen kann in einer Woche 170—2400 Centner Roheisen liefern.

Das nach oben geschilderter Weise erhaltene Guß= oder Roheisen wird, wenn es zu feinern Gußwaren verarbeitet werden soll, nochmals in Tiegeln oder in besonders dazu eingerichteten Öfen (Schacht= oder Kugelöfen oder Flammenöfen) umgeschmolzen (raffiniert). Die Anfertigung von Formen zur Eisengießerei, zu denen Sand, Lehm oder Thon verwendet wird, ist Gegenstand einer besonderen Kunst, der Formerei. Das Stabeisen wird in manchen Fällen schon durch Schmelzprozesse aus guten Eisenerzen gewonnen, gebräuchlicher aber ist es, dasselbe aus dem Gußeisen darzustellen. Die Arbeit der Umwandlung von Gußeisen in Stabeisen, welche Frischarbeit oder das Verfrischen genannt wird, beruht darauf, daß dem erstgenannten Eisen der Kohlengehalt, wie auch noch etwaige andere fremde Bestandteile durch Zuführung von Sauerstoff (Oxydation) entzogen wird. Hierzu wird das Roheisen zuerst in einem starken Feuer unter der

Mitwirkung eines kräftigen Gebläses geschmolzen. Die weitere Arbeit des Frischens ist nun die, die atmosphärische Luft auf eine möglichst große und stets erneute Oberfläche des geschmolzenen Eisens, welche durch ununterbrochenes Umrühren der Eisenmasse geschaffen wird, wirken zu lassen. Mittelst kleiner Brechstangen wird die teigartige Eisenmasse (180—200 kg), nachdem dieselbe durch hakenförmig gebogene Werkzeuge aufgebrochen und gleichsam über den ganzen Herd des Ofens, der in der Hüttensprache den Namen Puddelofen führt, ausgebreitet worden war, ununterbrochen durchgearbeitet, zerteilt und geknetet. Hierbei entweicht die Kohle aus dem Eisen als Kohlenoxydgas mit blauer Flamme. Die Masse wird unter der oben geschilderten Arbeit nach und nach immer steifer und zuletzt förmlich sandartig. Ist sie in diesen Zustand getreten, so wird ihr eine schnelle und starke Hitze gegeben, wodurch das Zusammenschweißen der getrennten Eisenteilchen herbeigeführt wird. Sobald dies erfolgt ist, wird die ganze Eisenmasse, nachdem man sie in größere oder kleinere Klumpen abgeteilt hat, von einem schweren eisernen, meist durch Wasser- oder Dampfkraft bewegten Hammer durchgearbeitet. Hierbei wird aus derselben die Schlacke ausgepreßt und zugleich den einzelnen Eisenstücken eine regelmäßige Gestalt gegeben. Weiterhin werden diese Stücke noch wiederholt in Schweißöfen geglüht und endlich zwischen Walzwerke gebracht, wo sie solche Formen erhalten, wie ihre fernere Verwendung dies bedingt. Der Stahl ist eine Verbindung von reinem Eisen mit einer gewissen Menge von Kohlenstoff und kann aus Roheisen, indem demselben der überschüssige Gehalt an Kohlenstoff entzogen, oder aber aus Stabeisen, indem dieser Eisengattung eine vorgeschriebene Menge Kohlenstoff zugeführt wird, hergestellt werden. Bei der Bereitung des Stahls aus Roheisen wird letzteres unter der Einwirkung eines Gebläses schnell niedergeschmolzen, wodurch es von einer Menge von Kohlenstoff befreit wird und darauf unter dem Hammer zu dünnen Platten gestreckt. Der so erhaltene Rohstahl wird weiter, um ihm die erforderliche Härte zu geben, geglüht und darauf schnell in kaltem Wasser oder unter einem kalten Luftstrom abgekühlt (abgelöscht).*) Hierauf wird derselbe in Stücke zerschlagen, diese auf ihre Güte, namentlich auf Härte und Weichheit untersucht und diejenigen zunächst von weiterer Verarbeitung ausgeschlossen, welche Eisenadern enthalten oder aus stahlartigem Eisen bestehen. Die tauglichen Stücke werden schichtenweise übereinander gelegt, so daß harte und weiche abwechseln und sodann mit Draht zu einzelnen Bündeln verbunden. Diese Bündel werden nun in scharfer Weiß-

---

*) Je stärker der Stahl glüht und je kälter das Wasser ist, mit dem er abgekühlt wird, desto härter wird derselbe.

glühhitze geschweißt und dann ausgeschmiedet. Die geschilderte Arbeit, welche übrigens öfter wiederholt werden muß, führt den Namen Gerben und der durch dieselbe gewonnene Stahl wird Gerbstahl genannt. Die Bereitung des Stahls aus Stabeisen beruht auf der Eigentümlichkeit des letztgenannten Eisens, wenn dasselbe in einem geschlossenen Raume eine Zeit lang mit kohlenstoffhaltigen Substanzen geglüht wird, von diesen Substanzen eine gewisse Menge Kohlenstoff aufzunehmen. Der auf diese Weise erzeugte Stahl wird Cement-, Blasen- oder Brennstahl genannt. Das Stabeisen wird hier in dünnen Stangen schichtweise mit Kohlenpulver in Kästen von Thon oder Sandsteinplatten gelegt, diese in einem Ofen mit großem Herde und verschlossenem Gewölbe bis zur Glühhitze erhitzt und in derselben 5—10 Tage und länger erhalten. Der Cementstahl ist feinkörniger und leichter schmelzbar als der Gerbstahl. Eine dritte neuere Weise Stahl darzustellen ist die, daß man einen Strom von Kohlenwasserstoff bei hoher Temperatur über Stabeisen streichen läßt. Das Stabeisen nimmt wegen seiner größern Verwandtschaft zu dem Kohlenstoff denselben von dem Kohlenwasserstoff, wodurch sich ein schöner und gleichförmiger Stahl bilden soll. Gußstahl erhält man, indem man Roh- oder Cementstahl, der mit Glaspulver bedeckt ist, in feuerfesten Tiegeln bei Abschluß der Luft in besonders dazu eingerichteten Öfen schmilzt. Stärkere Eisenmassen, sowie fertige schmiedeeiserne Gegenstände lassen sich auch bloß an ihrer Oberfläche verstählen, wenn man dieselben glühend macht und einige Zeit in geschmolzenes Gußeisen taucht oder mit einer Masse von fein geraspelten Hornspänen, Chinarinde, Kochsalz, Kalisalpeter, schwarze Seife und Blutlaugensalz bestreicht und darauf in kaltem Wasser abkühlt. Um kleinere Gegenstände, die aus Stabeisen gefertigt sind, auf ihrer Oberfläche zu verstählen, werden dieselben in Büchsen von Eisenblech mit Holzkohlenpulver oder in einer Umhüllung von Knochen, Ochsenhörnern, Pferdehufe oder Lederschnitzel geglüht, worauf sie ins Wasser geworfen werden, um ihre Härtung herbeizuführen. Zur Verstählung von ganz dünnen Stahlgegenständen (Sägeblättern, Federn, Gewehrschloßteilen u. s. w.) bedient man sich in jüngster Zeit auch des Fischthrans (Leberthrans), Rindstalges, Bienenwachses, zu welcher Mischung, nachdem dieselbe geschmolzen, noch Fichtenharz gefügt wird. Sollen z. B. Sägeblätter gestählt werden, so erhitzt man dieselben und taucht sie in die genannte Härtemischung. Sobald ein Sägeblatt abgekühlt ist, wird es mit Leder abgewischt, über ein helles Coaksfeuer gelegt, bis der dem Blatte noch anhaftende Fettüberzug sich entzündet und mit heller Flamme brennt. Durch diese Arbeit, das sogenannte Abbrennen, wird die Sprödigkeit des Blattes gemildert und in demselben die nötige Elasticität erzeugt. Man ist übrigens imstande dem

Stahl, je nachdem derselbe Verwendung haben soll, nach Belieben ver=
schiedene Härtegrade zu geben. Dies geschieht durch das sogenannte An=
lassen. Wenn nämlich der Stahl am Feuer erhitzt wird, so nimmt er
nacheinander die verschiedensten Farben an. Zuerst zeigt er sich gelb, dann
orange, weiterhin purpurrot, dann violett, dann blau und endlich schwarz=
grau.*) Jede der obengenannten Farben entspricht aber einem ganz be=
stimmten Härte= und Elasticitätsgrade des Stahls und zwar derartig, daß
die gelbe Farbe das Kennzeichen des härtesten und sprödesten Stahls, die
blaue Farbe aber das Kennzeichen des weichsten und elastischsten Stahls
ist. Da es oft schwierig ist, ein Stahlstück in seiner ganzen Länge zu er=
hitzen und ihm damit durchgehend irgend eine bestimmte Farbe zu geben,
so wendet man die sogenannten Metallbäder an, d. h. man bereitet nach
vorgeschriebenen Verhältnissen zusammengesetzte Legierungen aus Wismut,
Blei und Zinn, gießt diese in eiserne Pfannen, legt die anzulassenden Gegen=
stände, wenn die Legierung erkaltet ist, auf dieselbe und erhitzt die Pfannen
von unten, bis die erwähnte Metallkomposition zu schmelzen beginnt, wor=
auf man die Stücke, die nun die beabsichtigte Farbe angenommen haben,
sofort wegnimmt und in Wasser ablöscht.

Manche Stahlarten besitzen die Eigenschaft, wenn man ihre Oberfläche
mit verdünntem Scheidewasser ätzt, hellere und dunklere Adern zu zeigen.
Dies ist die sogenannte Damascierung, die sich am ausgezeichnetsten
beim Damascenerstahl ausspricht und bei demselben darin seinen Grund
haben soll, daß dieser ein Gußstahl von größerem Kohlenstoffgehalt ist, in
welchem sich, durch eine zweckmäßige Abkühlung nach dem Schmelzen,
Krystallisationen zweier voneinander abgesonderter Verbindungen von Eisen
und Kohlenstoff bilden. In Europa ahmt man den Damascenerstahl durch
das Zusammenschweißen von Stahlplatten mit umwundenem Eisendraht
täuschend nach.

### 13. Meteorsteine.

Am 14. Juli 1847 des Morgens, als der östliche unbewölkte Hori=
zont in schöner Morgenröte erglühte, während den westlichen eine dunkle
Wolkenwand bedeckte, wurden die Bewohner von Braunau in Böhmen
durch zwei aufeinander folgende heftige Explosionen von Kanonenschuß=
stärke, und zwar in dem Zeitraume, der zum Abfeuern einer Doppelflinte
nötig ist, aus dem Schlafe geweckt und in Schrecken gesetzt. Es war durch

---

*) Die Ursache davon giebt das Oxydationshäutchen, welches sich bei der Er=
hitzung bildet und welches anfänglich äußerst dünn ist und ein gelbes Aussehen hat,
in dem Grade aber wie sich dasselbe in der Hitze verdickt, auch dunklere Farben=
töne zeigt.

das ganze Braunauer Ländchen ein mehrere Minuten dauerndes Sausen und Brausen hörbar. Die Menschen eilten an die Fenster und ins Freie.

Es bildete sich bei sonst ziemlich wolkenfreiem Himmel, an dem noch einige Sterne glänzten, eine kleine schwarze Wolke, die sich während ihres Hin- und Hertreibens zu einem horizontalen Streifen geformt hatte. Diese Wolke sah man mit einem Male in ein feuriges Erglühen versetzt, nach allen Richtungen Blitze zucken, gleichzeitig zwei Feuerstreifen aus ihr nach der Erde fahren, worauf die beschriebenen Kanonenschläge erfolgten. Gleich darauf sah man an dem Punkte der feurigen eine aschgraue Wolke von rosenartigem Umrisse längere Zeit stehen, die, nach Nordost und Südwest sich teilend, in Streifen auslief und endlich verschwand, wobei deutlich wahrzunehmen war, in wie großer Bewegung sich die Luft in jenem Punkte befand.

Die meisten Menschen waren der Meinung, es müsse der Blitz an mehreren Orten eingeschlagen haben, aber bald verbreitete sich die Nachricht, daß auf einem Ackerraume bei Hauptmannsdorf ein Meteorsteinfall geschehen sei. Ein Mann wollte es gesehen haben. Man fand diese Nachricht insofern bestätigt, als man an dem bezeichneten Punkte ein 1 m tiefes Loch in der Erde und in der Tiefe desselben eine heiße Masse vorfand, die beim Nachgraben, 6 Stunden nach dem Niederfallen, noch so heiß war, daß sie nicht berührt werden konnte. Sie wog 42¼ Pfund österr. und wurde an das kaiserliche Museum zu Wien abgeliefert. Die äußere Form derselben ist die eines unregelmäßig verschobenen, mit lauter Konkavitäten bedeckten Vierecks. Die Konkavitäten haben meist eine regelmäßig sechseckige Form. Die ganze Masse ist äußerlich eisengrau angelaufen und nur in der Tiefe einiger der Konkavitäten mit einem gelbbraunen Überzuge versehen, auf welchem kleine glimmerartig metallisch glänzende Blättchen sitzen. Auf dem Bruche zeigt die Masse deutlich krystallinisches Gefüge und Metallglanz. Ihr specifisches Gewicht beträgt 7,7142; es ist Meteoreisen. Dasselbe ist härter, als die besten Stahlmeisel, erglüht im Schmiedefeuer rasch und läßt sich dann leicht hämmern.

## 14. Der Bernstein.

Der Name „Bernstein" soll von dem Worte „bärnen" oder „bernen" herkommen, das soviel als „brennen" bedeutet; an die Flammen gehalten fängt allerdings der Bernstein an zu brennen. Der wissenschaftliche Name ist succinum electricum. Die Griechen nannten ihn electron wegen seiner Ähnlichkeit mit einer Metallmischung von 4 Teilen Gold und 1 Teil Silber; Thales kannte bereits die Eigenschaft des Bernsteins, daß er gerieben leichte

Körper anzieht und wieder abstößt, welche Eigenschaft zur Entdeckung jener Kraft führte, die wir nun „Elektricität" nennen. Unsere germanischen Altvordern nannten den wunderbaren Stoff „Glassum" oder „Gläsum", welches Wort vielleicht mit Glas zusammenhängt. Die Franzosen nannten ihn anfangs ambre jaune (gelbe Ambra), weil diese wohlriechende, zum Räuchern vortrefflich geeignete Substanz mit der grünen Ambra, die vom Pottfisch kommt, wetteifern konnte; jetzt nennen sie ihn nach dem lateinischen Namen succinum »succin«, die Engländer aber yellow mineral resin, „gelbes Mineralharz".

In diesen verschiedenen Namen sind schon die Haupt=Eigenschaften des merkwürdigen „Steins" zusammengedrängt, — eines Steins, der kein Stein ist, der einem Baumharz gleicht und doch nicht mehr bloßes Harz ist, der zuweilen weiß und farblos, zuweilen honiggelb, braun und rötlich, trüb oder durchsichtig ist wie Glas, aber ganz verschieden vom Glase mit dem Messer sich bröckeln und schaben läßt, der, wenn man ihn reibt und erhitzt, einen angenehmen Geruch und negative Elektricität entwickelt, wie das Harz auch.

Bei 115° R. Hitze wird der Bernstein weich, schmilzt aber erst bei 270°; angezündet verbrennt er mit heller Flamme und angenehmem Geruch. Lange hielt man ihn für das Harz einer vorweltlichen Fichtenart, die man pinus succinifer, bernsteintragende Fichte nannte; genauere Untersuchungen haben aber gezeigt, daß noch andere fichten= und cypressenartige Bäume der Vorwelt zur Erzeugung des Bernsteins beigetragen haben. — Die Tiere, meist Insekten, welche im Bernstein eingeschlossen sind, haben viel Ähnlichkeit mit den jetzt lebenden Arten, woraus man schließt, daß das Alter des Bernsteins nicht sehr hoch sei. Manche Mücke oder Fliege ist mit ihren Flügeln so schön ausgespannt, als wären sie noch im Fliegen begriffen; das flüssig herabtröpfelnde Harz muß sie also noch im Fluge überrascht haben.

Man hat Bernsteinstücke in den Braunkohlenlagern Grönlands, in Frankreich, den Niederlanden, auf Sicilien, in Hinterindien — auf den verschiedensten Punkten der Erdoberfläche gefunden; bei Hermsdorf im Riesengebirge 375 m, bei Tannenhausen 405 m über dem Meere. Am ausgiebigsten und häufigsten ward schon seit vielen Jahrhunderten das kostbare Fossil am Ostseestrande gesammelt. Dort liegt der Bernstein meist in kleinen Körnern im lockeren Sande, wird durch die Meereswogen aufgewühlt und mit Seetang ans Ufer geworfen. Bei ruhigem Wetter sieht man die hellen Stücklein auch am Meeresboden liegen, fährt auf Booten in die See, bricht mit spitzen Stangen sie los und zieht sie mit Netzen heraus. Aber auch weiter im Innern des Landes gräbt man nach Bern-

stein und gewinnt ihn auf völlig bergmännische Weise durch Schachte und
Stollen. Übrigens die Küstengegend zwischen Königsberg und Memel der
Hauptfundort; an der Westküste Kurlands nach Norden zu wird der Bern=
stein immer seltener. Nach den neuesten Berichten wird von der russisch=
polangschen Strandgrenze bis Libau noch ziemlich viel gefunden, so daß
früher die Strandbauern von Polangen, Heiligen=Au, Papensee, Nieder=
bartau und Perkuhnen für die Berechtigung zur Bernsteinfischerei eine Ab=
gabe von 60 Kopeken Silber auf jeden erwachsenen Mann zahlten.

Im Jahre 1803 wurde auf dem Gute Schlappachen zwischen Gum=
binnen und Insterburg ein großes schönes Stück gefunden von 34 cm Länge,
19 cm Breite und 14 cm Dicke, im Gewicht 7 Kilo schwer und im Wert
30 000 Mark. Es befindet sich zu Berlin in der königlichen Mineralien=
sammlung. Ein solcher Fund ist aber auch eine große Seltenheit.

### 15. Kohle, Salpeter und Schwefel.

Weit draußen vor der Stadt und weit entfernt vom Dorfe liegt ein
einsames sonderbares Haus. Rund um dasselbe sind Stakete und hohe
Mauern und an der Straße, die zu dem verschlossenen Thore führt, steht
eine Stange mit einer weißen Tafel. Auf dieser steht geschrieben: „Nie=
mand darf hier hierein!" Es nahen sich beladene Wagen. Sie halten an
dem Thore. Es öffnet sich. Die Wagen fahren hinein und werden innen
abgeladen. Hier in dem Innern des geheimnisvollen Hauses liegen drei
Dinge vertraulich beisammen. Drei Haufen sind von ihnen aufgeschüttet:
ein gelber, ein schwarzer und ein weißer. Die drei Dinge sind zum ersten=
mal vereinigt, und was ist wohl natürlicher, als daß sie sich gegenseitig
fragen: „Lieber Freund, woher des Weges?" — Wenn sie sprechen könn=
ten, so würden sie gar sonderbare Schicksale zu berichten haben. Der
schwarze Haufen, der uns am wenigsten gefällt, er würde sagen: „Ich war
früher ein schöner, grüner Strauch im frischen Walde. Nach allen Seiten
streckten sich meine glänzenden runden Blätter, eine braune Rinde mit
weißen Flecken war mein Kleid. Blumen blühten rings um mich, Vögel
sangen und bauten auf mir ihre Nestlein, Häschen ruhten, in meinem
Schatten. Im Sommer trank ich Sonnenschein und Regen, im Winter
hatte ich ein Kleid von silberweißem Schnee, der hing wie Zucker rings
um meine Ästchen. Da kam eines Tages ein schlimmer Mann mit einer
scharfen Axt zum Walde. Er hieb mich um, zerstückte mich und brachte
mich in ein enges eisernes Gefäß. O, welche Gluten durchdrangen hier
mein weißes schönes Holz. Flammen schlugen um mich und erst nach
langer Qual zog man mich wieder hervor. Doch wie sah ich jetzt aus!

Schwarz wie die finstere Nacht! Kein Mädchen mochte mich in den Händen tragen. Nur mutwillige Knaben nahmen wohl ein Stück von mir und malten sich damit einen großen Schnurrbart!"

Wir haben längst schon gemerkt, daß es die Kohle war, die also sprach. Der zweite Haufen ist gelber Schwefel. Sein früheres Leben war ein ganz verschiedenes. Tief unten in der dunkeln Erde lag er seit Jahrtausenden. Kein Fünkchen Sonnenlicht drang jemals zu ihm. Er hatte sich verbunden mit mancherlei Gesteinen. Hier bildete er mit Eisen den gelben, festen Schwefelkies, dort mit Kupfer den Kupferkies und an einem dritten Orte erschien er mit dem weißen flüssigen Quecksilber als schöner roter Zinnoberstein. Auch er ward durch den Menschen aus seiner Heimat fortgeführt. Der Bergmann, mit dem Grubenlichte am Kopfe und dem schwarzen Leder, steigt in den tiefen, tiefen Schacht, den er gegraben. Wasser tröpfelt an den Seiten hinab. Mit spitzer Eisenhaue reißt er die Steine aus der Erde Tiefen. Die Erze mit dem Schwefel werden hinaufgezogen an das Tageslicht. Hier werden sie zerschlagen und in thönernen Röhren einem starken Feuer ausgesetzt. Da wird's dem Schwefel unbehaglich im heißen Ofen. Er zieht entweder als leichte Luft heraus und setzt sich in andern Röhren, die man vor jene ersten gelegt hat, als gelbes Pulver an, oder zerfließt in diesen und wird in Formen aufgefangen, aus denen man ihn nach dem Erkalten als Stangenschwefel nimmt. Mitunter wird dem Schwefel die Zeit in seiner finstern Heimat zu lang und er kommt selbst hervor. An manchen Stellen der Erde sind Berge, hoch aufgetürmt. Auf ihrer Spitze öffnet sich ein tiefer Schlund, ein finsteres Loch. Aus diesem steigt jahraus, jahrein, ein schwarzer Rauch und kühne Männer, die in die Öffnung hineinzuschauen wagten, sahen tief unten geschmolzene Massen, wie die geschmolznen Erze im Hochofen. Dort heraus steigt als ein giftiger Dampf der Schwefel und setzt sich in den Rissen des Berges an. An andern Orten vereinigt er sich auch mit den Wassern, die aus der Erde Tiefen dringen und oben Quellen bilden. Er verleiht dem Wasser dann entweder ein milchweißes Ansehen, oder auch einen widerlichen Geruch nach faulen Eiern. Zu solchen Schwefelquellen reisen die kranken Menschen, trinken von dem Schwefelwasser oder baden sich darin. Sehr viele solcher schwefelreichen Gegenden finden sich besonders auf der Insel Sicilien. Der meiste Schwefel (jährlich mehr als anderthalb Millionen Centner) kommt von dort her zu uns. So gelangte das Kind der Erdentiefe in die Gesellschaft des Kindes des grünen Waldes. Woher stammt nun der dritte Gesell, der weiß und hell wie Salz aussieht? Es ist kein giftiger Stoff, er schmeckt dem Salze ähnlich, doch ist's kein Kochsalz, sondern Salpeter. Er findet sich zwar auch von Natur schon fertig in weit entfernten Ländern.

Dort gräbt man ihn an manchen Stellen aus der Erde, an andern zeigt er sich in Höhlen als ein weißer Überzug am Eingange derselben. Sehr vieler Salpeter möchte sich jedoch fast schämen, wenn man ihn nach seiner Heimat fragte. In sogenannten Salpeter-Plantagen fährt man Schutt und Mist in lange Haufen und begießt dieselben täglich mit Jauche. Nach zwei bis drei Jahren zeigt sich auf den Haufen der Salpeter als weißer Überzug. Diesen sammelt man, löst ihn in Wasser auf und dampft dieses wieder ab. Im Gefäß bleibt dann der reine, silberhelle Salpeter zurück.

Zu welchem Zwecke hat man nun diese drei verschiedenen Dinge hier versammelt? Man will sie zu einem Ganzen vereinigen: „Schießpulver" will man aus ihnen machen. Das Haus ist eine Pulvermühle. Ein Bächlein fließt vorbei und treibt ein großes Rad. Eine lange Walze wird durch dasselbe im Hause umgetrieben. Diese hebt durch viele Zapfen, welche sich an ihr befinden, eine Reihe Stampfen. Mit ihren untern Enden, die mit Erz beschlagen sind, fallen sie in Holztröglein, und pochen unaufhörlich. In diese Tröge bringt man zuerst die Kohle und befeuchtet sie mit Wasser. Nach einer halben Stunde ist sie zu einem zarten Brei zerstoßen. Schwefel und Salpeter bringt man dann zur Kohle, macht sie ebenfalls mit Wasser naß und stampft das Ganze zu einem gleichförmigen Brei. Dieser Pulverteig wird nachher in dünnen Scheiben stark gepreßt, halbtrocken in Sieben durch schwere Holzscheiben in feine Körnchen zerklopft und nach der verschiedenen Größe derselben durch Siebe voneinander gesondert. Die Pulverkörnchen bringt man dann in Tonnen, die sich fortwährend drehen. Hier laufen metallene Kugeln mit hin und her und polieren die Körnchen, so daß sie glänzend grau als fertiges Schießpulver daraus hervorgehen, das nun noch vollständig getrocknet wird. Eine äußerst gefährliche Beschäftigung ist es aber, dieses Pulver zu bereiten. Ein einziges Sandkörnchen, das unter die Stampfen gerät, ist schon hinreichend, einen Funken zu erzeugen und dann wehe allen, die in dem Hause sind! Das Pulver zischt auf, — ein ungeheurer Knall geschieht, ein Feuermeer umschlingt in einem Augenblick das Ganze. — Die Mauern bersten, Dach und Balken, Geräte und Menschen fliegen zerrissen durch die Luft! Eine große Wolke von Dampf umhüllt die schauerliche Scene der Zerstörung und nachdem sie sich verzogen, ist nichts mehr von der Pulvermühle zu sehen. Nur ein Haufen Trümmer und verbrannte Leichen bezeichnen die Stelle, an der sie stand. Es bedarf auch nicht einmal des Sandkorns, um eine Entzündung zu bewirken. Die Kohlen sind so feuriger Natur, daß sie sich mitunter schon erhitzen, wenn sie im Haufen aufeinander liegen. Wegen der großen Gefahr, die fortwährend unheimlich über der Pulvermühle schwebt, baute man sie so weit hinweg von allen andern Wohnungen

der Menschen und erlaubt es keinem, sie zu besuchen, der nicht darin be=
schäftigt ist. Auch die Häuschen, in denen man das fertige Schießpulver
aufbewahrt, sind stets entfernt von allen andern. Man pflegt gewöhnlich
durch Blitzableiter den Blitz von ihnen abzulenken und durch Schildwachen,
die bei ihnen aufgestellt sind, dem Anzünden durch unvorsichtige oder bös=
willige Menschen vorzubeugen. Trotzdem ist aber schon durch größere
Pulvermassen, die Feuer fingen, großes Unglück geschehen, ja ganze Städte
sind schon auf diese Weise gräßlich zerstört worden und Tausende von
Menschen dadurch ums Leben gekommen.

So furchtbar sich aber auch das Schießpulver zeigt, wenn es aus der
Kanone die Kugel schleudert und im Kriege unzählbare Menschenleben for=
dert, Festungen zertrümmert und das Glück so vieler Familien begräbt,
so wird es doch in der Hand verständiger und guter Leute ein gewaltiges,
vielleicht das kräftigste von allen Mitteln, um Hindernisse wegzuräumen.
In einem Augenblicke zersprengt das Pulver den riesenhaften Felsen und
seine Trümmer stürzen ringsumher, während viele Menschen mehrere Mo=
nate lang hätten arbeiten müssen, um ihn zu beseitigen. Das Pulver hilft
dem Steinbrecher und dem Bergmann bei ihrer sauern Arbeit. Es löst
die Steine im Nu vom Felsen, so wie sie es wünschen. Es ist der treue
Freund des Menschen, der nach fernen Ländern zieht, um dort sein Haus
sich aufzurichten und sein Feld zu bauen. Wölfe und Bären bewohnten
bisher als Herren den wilden Wald, Löwen und Tiger pflegten hier zu
jagen. Sie nahen brüllend und heulend dem Haus des Menschen, um
ihn dafür zu strafen, daß er sich kühn in ihr Gebiet gewagt. Der Mensch
ist ein schwaches Geschöpf diesen Tieren gegenüber. Ein einziger Schlag
der Löwentatze, ein Biß des Tigers vermag ihn zu töten. Da hilft ihm
ein wenig Pulver. Der bedrängte Mensch schüttet es in seine Büchse,
einen Pfropfen und eine Kugel oben drauf. Nicht weit vor ihm legt der
Löwe sich schon zum Sprunge bereit. Er ahnet nicht, welch treuer Freund
dem Menschen zur Seite steht. Ein leiser Druck des Fingers genügt und
die Kugel schwirrt mit der Schnelle des Gedankens in des Löwen Stirn.
Zerschmettert sinkt der Tiere König, besiegt durch ein wenig Pulver. So
furchtbar die Zerstörungen auch sind, welche durch das Schießpulver ange=
richtet werden, wenn es in die Hände leichtsinniger, unvorsichtiger oder
böser Menschen gerät, so segensreich zeigt es sich, wenn Verstand und Liebe
es zum Heile anderer benutzen.

## 16. Die Steinkohle.

Der Diamant ist der allerkostbarste Stein der Welt; denn er ist
so rein und weiß wie das Sonnenlicht selber, dazu härter als der härteste

Stahl, und wenn man ihn zum Brillant schleift, ist er wie das Tau=
tröpflein, in welchem die Sonne sich spiegelt, selber eine Sonne im kleinen.
Darum setzen Könige und Fürsten diesen Edelstein als den schönsten Schmuck
in ihre Kronen, und er ist unter den Menschen so hoch geachtet, daß man
für einen Diamanten, der nur ein Lot wiegt, viel des besten Goldes mit
Freuden giebt. Aber er ist auch höchst selten, der adelige Herr, und macht
sich gar nicht gemein unter den Menschenkindern. Hingegen hat er einen
Bruder, dem man es gar nicht ansieht, daß er gleichen Geschlechtes mit
dem im reinsten Lichte funkelnden Edelsteine ist, einen Bruder, der ihm
gleicht wie die Nacht dem Tage, — denn er ist schwarz und rußig, und
eine zarte Hand mag ihn nicht gern berühren — einen Bruder, der aller=
orten mit dem Menschen verkehrt, in allen Weltteilen und Ländern sich
findet und zu vielen tausend Centnern alljährlich aus der Erde gegraben
wird. Dieser Bruder des Diamants ist die Steinkohle.

Wie aber der Diamant in seinem Grund und Wesen nichts anderes
ist als Kohle, nur in der geheimnisvollen Werkstatt der Natur zum hellen
Krystall gebildet, so ist andererseits die Steinkohle nicht minder ein Edel=
stein, noch viel kostbarer als der Diamant; denn wenn sie auch nicht die
Krone der Könige schmückt, so ist sie doch der Schatz des arbeitenden
Volkes. An ihr hängt Wohl und Wehe ganzer Menschengeschlechter; an
sie knüpft sich die Hoffnung der Armen, welche das teure Holz nicht kaufen,
aber doch noch an einem Kohlenfeuer sich wärmen können. Ein mächtiges
Land der Erde, Großbritannien, ist durch die Steinkohle groß und mächtig;
die Steinkohle, im Bunde mit dem Eisen, ist für das thatkräftige Volk
ein gewaltiges Rüstzeug geworden, mit dem es gekämpft hat um die Herr=
schaft des Meeres und diese Herrschaft noch fort und fort behauptet. Jetzt,
wo die Menschen so manche ihrer reichsten Wälder mit frevelndem Über=
mute vernichtet haben, wo der Bau von Eisenbahnen und Fabriken so viele
Millionen von Bäumen verschlingt, die nicht so schnell wieder wachsen
können, als die Hand des Menschen sie abhaut: da erscheint die Stein=
kohle wie ein rettender Engel, der zu dem über den Holzmangel betroffenen
Menschen spricht: „Seht, der gute Schöpfer hieß schon vor Jahrtausenden
mich werden im dunkeln Schoße der Erde, auf daß ihr nun mit meinem
Reichtume eure Armut bedecken möget."

Vor tausend und abertausend Jahren, ehe noch ein menschlicher Fuß
auf der Oberfläche der Erde wandelte, versenkte die göttliche Vorsehung
bereits die Schätze, welche nun das Menschengeschlecht begierig aus dem
Schoße der Erde wühlt. In jener Urzeit, wo das feuchte Erdreich noch
gleicherweise von der inneren Glut unseres Planeten wie von den Sonnen=
strahlen erhitzt wurde, war eine Pflanzenwelt hervorgerufen, die in ihrer

Üppigkeit und Größe bei weitem alles übertraf, was jetzt die Flora uns zeigt. Doch in den Revolutionen des Erdballs wurde jenes Riesengeschlecht von Pflanzen dem Untergange geweiht; und auch dann noch, als schon die jetzige Gestalt der Dinge immer mehr Raum gewann, mochte noch mancher baumreiche Wald verschüttet werden, und aus dem Moder untergegangener Geschlechter manch neues hervorblühen. So entstanden mächtige Pflanzen= lager; der Druck von oben und die Wärme von unten wirkten zusammen, diese Holzmassen zu verkohlen. Was damals im großen geschah, geschieht noch heute im kleinen mit versunkenen Baumstämmen oder mit verwittertem Moose. Schaue das winzige Torfmoos, wie es sich ausbreitet auf dem feuchten Moorgrunde; alljährlich stirbt ein Teil desselben ab, um das junge, nachwachsende Geschlecht zu befruchten, und so wächst eine Moosdecke auf der andern empor, während die unteren Schichten zu brauner Erdmasse sich zusammenballen und endlich jenen kohlehaltigen, brennbaren Stoff bil= den, den wir „Torf“ nennen. Je älter der Torf wird, desto schwärzer wird er, und wegen des Druckes der immer neu sich bildenden Schichten auch desto dichter. Nach mehreren Jahrtausenden ist aus dem Torfe die festere, steinartige Braunkohle geworden, und abermals nach Jahrtausen= den hat diese sich in die noch festere und schwärzere Steinkohle ver= wandelt.

Die Adern der Steinkohlen gleichen den Ästen eines großen Baumes, sind aber meistens nur einen Meter mächtig, zuweilen jedoch auch 15 m stark. Das Kohlengebirge steigt ebensowohl zu bedeutender Höhe hinauf, als zu großer Tiefe hinab. In Amerika, bei Santa Fe de Bogota, finden sich Steinkohlenlager, welche 2500 m über dem Meeresspiegel liegen; in England gräbt man an einigen Orten die Kohle 100 m tief unter dem Meeresspiegel, schließt aber aus dem Hinabbiegen dieser Lager, daß ihre Tiefe noch viel bedeutender ist. Wieviel Reichtum ruht da noch in der Erde. Wieviel Wälder stecken schon in einem einzigen Steinkohlenlager! Wie lange sind schon die englischen Kohlenbergwerke ausgebeutet! Aber je weiter man gräbt, desto unerschöpflicher scheint der Vorrat zu werden. Auch Österreich hat reiche Kohlenlager, namentlich in Böhmen, Preußen aber besonders im Saarbrückener Gebiet, dessen Kohlen an Güte den englischen nahe kommen. Denn die Beschaffenheit der Steinkohle ist sehr verschieden, je nachdem Schwefel und andere Mineralien ihr beigemischt sind oder der Kohlenstoff möglichst rein vorhanden ist.

Die Glanzkohle ist die beste; diese ist von sehr festem Kerne, hat metallischen Glanz und würfligen Bruch. Sie besitzt eine solche Härte, daß man sie schleifen und polieren kann wie den Diamant selber. Zwölf Pfund vom härtesten Buchenholz geben kaum soviel Hitze wie sieben Pfund

der guten Steinkohle. Im Feuer fließt sie zu einer Art von Kuchen zusammen und läßt wenig Asche und Schlacke zurück, während die minder
gute Schieferkohle mit einer lodernden Flamme leicht wegbrennt und
viel Asche und Schlacke hinterläßt. Um den flammenden Wasserstoff
und den übelriechenden Schwefel ganz aus der Steinkohle zu entfernen,
verkohlt man sie noch einmal, d. h. man verbrennt sie ohne Zutritt der
Luft, wie das Holz im Meilerhaufen zu Kohle verbrannt wird. So gewinnt man die Kochkohlen (Coaks), die im kleinsten Raume den meisten
Wärmestoff bergen. Was bei dem Holz- und Braunkohlenfeuer nicht
schmelzen will, das muß der Glut dieser reinen Steinkohle weichen. Und
weil sie dazu so wenig Raum einnimmt, ist die Kochkohle der liebste Gast
auf den Dampfschiffen und Lokomotiven der Eisenbahn. Sie ist es, die
den Schiffen und Wagen Flügel giebt, indem sie das Wasser in Dampf
verwandelt; sie hilft aber auch die Steinkohlen selber aus dunkler Tiefe
gewinnen.

Doch nicht genug, daß der Mensch die Steinkohle bratet und kocht;
er weiß auch den rußigen, schmutzigen Staub zu benutzen, der eine Menge
von Öl und Leuchtgas in sich birgt. Diesen flüchtigen, rohen Gesellen
fängt man auf und zwingt ihn, das abzuliefern, was er in alle Lüfte mit
fortzuführen gedachte, und es fließt dann aus den eisernen Röhren, worin
man ihn gefangen hielt, der dicke, schwere Teer, und es strömt auch das
leichtluftige Gas heraus, das in reiner, heller Flamme die Nächte auf
Erden erleuchtet. In den Sälen, auf Flur und Treppen der Paläste, wie
in den Straßenlaternen und im niederen Zimmer des Metallarbeiters, erglänzen die Gasflammen und machen die Nacht zum Tage. So gleichen
die schwarzen Diamanten noch mehr der Sonne als die weißen, denn sie
geben zugleich Licht und Wärme.

Wie aber die Menschen oft ihre besten Freunde verkennen und sie
wegen ihres unscheinbaren Äußern gering achten, so ist es auch der Steinkohle ergangen. Wie es noch heute manchem ehrlichen Deutschen gar nicht
in den Sinn will, seinen Ofen mit der schmutzigen Steinkohle zu heizen,
so haben auch die Engländer anfangs ihren besten Freund gar schnöde behandelt; ja, sie wollten ihm als einem unsauberen Gaste Thür und Thor
verschließen. Erst im Jahre 1830 wurden die lästigen, auf der Steinkohle
ruhenden Abgaben aufgehoben, und erst von da an konnte der nützliche
Brennstoff seinen vollen Segen entfalten.

Man erstaunt, wenn man die Menge der Steinkohlen erwägt, die England alljährlich erzeugt; im Jahre 1875 betrug die Ausbeute 100 000 000
Tonnen, fast das Doppelte von dem, was Belgien, die Vereinigten Staaten
von Nordamerika, Frankreich, Preußen und Österreich zusammengenommen

erzeugen. Von allen Ländern der Erde ist England das am meisten mit Steinkohlen gesegnete Land. Überall ist den Kohlenwerken das Meer nahe, und so kann Großbritannien die größten Massen leicht ausführen und zu dem billigsten Preise dem In= und Auslande liefern.

## 17. Das Petroleum.

Unter den verschiedenen Beleuchtungsstoffen ist das Petroleum der= jenige, welcher die weiteste Verbreitung und die größte Bedeutung zu ge= winnen scheint.

Wohl schüttelten viele Leute die Köpfe bei der ersten Nachricht, daß in Amerika an manchen Orten das Öl aus der Erde gepumpt werde wie hier zu Lande das Wasser, oder daß es dort Teiche und Flüsse gebe, von deren Oberfläche man das Öl abschöpfe, gerade wie wir das Fett mit dem Löffel von der Brühe wegnehmen. Aber die Nachrichten waren keineswegs un= wahr oder übertrieben, und gar bald kam jedermann dahinter, daß das neue Öl heller brennt als das alte, und doch weit wohlfeiler und rein= licher ist.

Am reichsten fließen die Ölquellen seit einiger Zeit in Oil=Spring, einer Gegend in Pennsylvanien. Die ersten Versuche, welche die Ölbohrer machten, fielen so glücklich aus, daß die meisten Bauern Pennsylvaniens die Hacke liegen und den Pflug stehen ließen, um Öl zu bohren. Es ent= standen in der erwähnten Gegend Tausende von Brunnen, aber die Unter= nehmungen waren wie ein Lotteriespiel. Unter hundert Männern, welche für schwere Summen von Landeigentümern das Recht gekauft hatten, Bohr= löcher von 10 Centimeter im Durchmesser in die Tiefe zu führen, hatten 80—90 das Geld weggeworfen und Arbeit und Mühe als Zugabe zum Verluste gelegt; nur 10—15 fanden Öl, allerdings in so ungeheurer Menge, daß mancher durch eine einzige Quelle binnen wenigen Monaten zu einem Millionär wurde. In das Riesenmäßige stieg der Ertrag, als im Sommer 1861 ein Bohrer tiefer als bisher ging und dadurch einen immer fließen= den Brunnen gewann, welcher täglich etwa 1000 Faß Öl gab. Gleiche Versuche an anderen Orten hatten gleichen Erfolg. Im Winter 1861 auf 1862 wurden täglich 15 000 Faß gefördert; es fehlte an Geräten, das Öl aufzunehmen, und der Preis sank an Ort und Stelle auf 50 Pfennig für das Faß, das ungefähr 150 Liter hält.

Das Petroleum ist jedenfalls dadurch entstanden, daß im Innern der Erde befindliche Steinkohlenlager sich in ihre Bestandteile zersetzt haben. Es sind so die öligen Stoffe durch Hitze herausgetrieben und in weit= gehenden Steinschichten gesammelt worden. Das Petroleum bildet eine bald hell=, bald dunkelbraune, ziemlich dickflüssige Masse, welche auf dem Wasser schwimmt und einen durchdringenden Geruch hat. Das ausströmende Öl ist ungemein flüchtig und leicht entzündlich. Kaum hatte der erste fließende Brunnen bei Oil=Spring einige Tage seinen Reichtum ausgespieen, so wollte ein neuer Arbeiter, welcher die Natur des Petroleums nicht kannte, an einem Schwefelhölzchen seine Cigarre anbrennen. Als das helle Feuer das in der Luft befindliche Gas berührte, verwandelte sich dieselbe auf eine weite Strecke hin in ein Feuermeer, in welchem 22 Arbeiter auf die gräßlichste Weise umkamen; der Brunnen selbst aber wurde zum feurigen Strome, der nicht eher aufhörte zu brennen, bis das Öl erschöpft war. Solche Unglücksfälle sind mehr als einmal vorgekommen. Das Petroleum, welches wir in unseren Lampen brennen, ist raffiniert und darum nicht so feuergefährlich. Weil jedoch Vorsicht zu allen Dingen nütze ist, so möchte anzuraten sein, die Lampen mit Petroleum am Tage und nicht des Abends bei einem hellbrennenden Lichte zu füllen.

## 18. Schiefertafel und Schieferstift.

Mancherlei aus dem Reich der Steine hat eine Rolle im Menschen= leben gespielt und ist deshalb viel gepriesen worden. Man stellt mit Recht die Steinkohlen so hochwichtig dar, da ja durch sie die tausend und aber tausend Dampfmaschinen erst Leben erhalten, man rühmt das Eisen, da durch seine Verwendung Gewerbe und Handel gehoben, Wohl und Wehe der Völker entschieden worden sind. Edelsteine prangen in der Krone der Könige und schmücken strahlend ihre Scepter, sie werden in den Liedern der Dichter gefeiert. Den Tafelschiefer aber erwähnt man kaum, und doch hat jeder als Kind sich manche liebe Stunde mit ihm beschäftigt, manches Wohl und manches Weh mit ihm gemeinschaftlich durchlebt. In seinem anspruchslosen Gewande, matt schwarzgrau, hilft er doch jedem beim ersten Versuchen im Schreiben und Rechnen, sowie der Maler auf ihm seine ersten Gemälde, der Baumeister seine frühesten Pläne zu Gebäuden ent= warf. Er ist ein nicht unwesentliches Mittel, daß jene Künste und Wissen= schaften allgemeine Ausbreitung erlangten und die Bildung ganzer Völker= schaften dadurch gehoben ward. So anspruchslos als er selbst ist, sind auch die Männer, welche ihn von Ort zu Ort zum Verkaufe tragen. Eine blaue Bluse umhüllt ihre kräftigen Gestalten, ein schwarzer Filzhut schützt ihr gebräuntes Antlitz gegen Sonnenglut und Regenschauer. Auf ihrem hölzernen Traggestell, dem sogenannten Reff, wandern Schiefertafeln und Schieferstifte durchs weite Land. In größeren Kisten und Kasten verpackt, reisen letztere auch wohl im Lastwagen mit Rossen bespannt, oder vom Dampfwagen gezogen. Begleiten wir sie nach ihrer Heimat.

Ein ansehnliches Waldgebirge erhebt sich vor uns, gewundene Thäler schlingen sich um die riesigen Berge. In eines dieser Thäler wandern wir auf vielbetretenem Pfade. Zur Linken schäumt ein dunkelfarbiger Gieß=bach. Das schwarze Gestein seines Grundes verleiht seinem klaren Wasser jenes düstere Aussehen. Desto schärfer heben sich die blendendweißen Wellenkämme ab, welche die größeren Steingerölle umsäumen. Die gut erhaltene Straße ist mit Vogelbeerbäumen eingefaßt, die eben ihre scharlach=roten Fruchttrauben tragen. Jetzt hebt sich der Weg bedeutend bergauf und schneidet eine Furche schräg in die Seite des einen Bergzuges. Sträucher von Felsenbirnen und rotbeerigem Traubenholunder klammern sich an die dichtbemoosten Blöcke des steilen Abhanges. Die feuchten Nebel, welche allnächtlich aus dem brausenden Bache emporsteigen, speisen sie und ver=leihen ihnen eine angenehme Frische. Das Gestein, aus dem der Berg besteht, tritt je mehr und mehr unbedeckt zu Tage, je weiter wir den Weg verfolgen. Jetzt vernehmen wir Klopfen und Picken, dazwischen Schurren von Steingeröll und Stimmen von Menschen. Noch eine Biegung des Weges um einen buschigen Vorsprung, — und wir stehen vor einem Stein=bruch. Wie Blätter eines riesenhaften Buches starren die steilen Lagen des schwärzlichen Schiefergesteines empor. Hoch auf dem Gipfel tragen sie uralte Tannen, mit Flechten behangen. Ein gutes Stück der Bergseite ist schon durch die Hauen der fleißigen Arbeiter im Laufe vieler Jahre bloßgelegt worden, Lage nach Lage wird losgeschält, mit breitschneidigen Hämmern aus dem gröbsten behauen und in Stöße zusammengelegt. Män=ner mit Karren nehmen die Ladung in Empfang und bringen die Schiefer=stücken nach dem nahen Dorfe. Dort ist alles in geschäftiger Thätigkeit. Mit meißelartigen Werkzeugen werden die dünnen Tafeln glatt geschabt und ihr Rand genau in Gevierte geschnitten, während andere Arbeiter die rauhen Flächen mit Wasser benetzen und mit einem feinen Sandstein ab=reiben. Mit Kohlenpulver und Öl wird ihnen endlich dann die letzte Glätte und Politur gegeben, die sie nötig haben, um den schreiblustigen Schülern angenehm zu sein. Dieselben Tannenbäume, welche Rücken und Seiten der Schieferberge bedecken, liefern die Rahmen zu den neugefertigten Tafeln. Das Tannenholz spaltet leicht, läßt sich bequem bearbeiten und nimmt sich bei seiner weißen Färbung wundernett neben dem ernsten Grauschwarz des Schieferstücks aus. Etwas beschwerlicher ist die Darstellung der Griffel. Nur an verhältnismäßig wenigen Stellen nimmt das Schiefergestein jene stengelige Schichtung an, die nötig ist, um es zu Stiften zu spalten. Tiefergehende Gruben sind anzulegen, um es in brauchbarem Zustande zu Tage zu fördern. Ans Tageslicht gebracht, wird es wiederholt mit Wasser begossen und mit Reisern bedeckt, um es gegen die austrocknende Luft und

Sonne zu schützen. Kommt der Winter herbei, so müssen die noch nicht verarbeiteten Mengen im Keller gegen Frost verwahrt werden. Die Arbeiter trennen dann mit zugeschärften Hämmern die Stücken voneinander und spalten sie in Stifte, welche dann vollends zurecht geschabt und zugespitzt werden. Beim Austrocknen erhalten sie dann erst die gehörige Härte. So wandern sie, in Bündel geschnürt, durch die Länder, um in der Hand der fleißigen Schüler zu Pulver zerrieben — Buchstaben, Ziffern und Figuren zu bilden.

Besonders ist es der Thüringer Wald, der aus dem Schoß seiner Berge Tafeln und Stifte dem deutschen Lande sendet und durch die Anfertigung derselben zahlreichen seiner Bewohner Beschäftigung giebt.

Wie die Schiefertafeln gemacht werden, das ist ziemlich einfach zu erklären; wie der Berg aus Schiefer aber selbst entstanden ist, das weiß mit Gewißheit niemand, nur Vermutungen sind es, die man darüber aufstellt. Man stützt diese Mutmaßungen auf die Bestandteile des Tafelschiefers und auf die äußere Gestalt, welche er bei seinem Vorkommen zeigt. Hauptsächlich besteht nämlich das Schiefergestein aus Thon- und Talkerde, welche innig mit geringen Mengen von Kieselerde und Eisenoxyd verbunden sind. Außerdem ist noch etwas Kali, der Hauptbestandteil der Pottasche, und Wasser in ihm enthalten, und seine schwarze Färbung verdankt er besonders der beigemengten Kohle. Schreibt der Schieferstift auf der Tafel rote Striche, so ist an dieser Stelle desselben etwas mehr Eisenoxyd (eine Verbindung von Eisen und Sauerstoff) vorhanden; ritzt er in die Tafel, so ist ein Kieselteilchen gewöhnlich daran schuld. Meistens sind aber alle jene Bestandteile so fein zerteilt und so innig miteinander verbunden, daß weder das bloße Auge, noch das Vergrößerungsglas etwas davon bemerken kann. Nur der untersuchende Chemiker vermag sie nachzuweisen, sie zu trennen, und dann abzuwägen, wieviel von jeder Sorte da ist. Die regelmäßigen Blätterschichten haben zu der Vermutung geführt, daß die Schieferfelsen durch das Wasser gebildet sein mögen. In den frühesten Zeiten der Erdenbildung, noch früher, ehe die mächtigen Steinkohlenflöze sich erzeugten, überflutete der Ocean die Länder, welche jetzt, über ihn erhaben, unsern Erdteil bilden. Seine Wellen umspülten vielleicht jahrtausendelang die Thon- und Kieselfelsen, welche durch die Glut des Erdinnern geschmolzen, sich über ihn erhoben hatten. Die abgeriebenen Teilchen setzten sich in ruhigeren Buchten als zäher Schlamm zu Boden. Meerespflanzen lieferten wahrscheinlich die Kohlenteilchen und das Kali, das Eisen wurde mutmaßlich vom Wasser, in dem es aufgelöst enthalten war, mit abgesetzt. So entstanden wagerechte Schichten, blätterige Lagen. Aus größeren Erdentiefen drängten aber neue geschmolzene Gesteine nach, feurige Riesen, welche beauftragt waren, auf ihren Schultern den Erdteil aus der salzigen Flut empor zu heben. Jene ursprünglich wagerechten Schichten wurden dabei schräg emporgehoben, ja stellenweis fast senkrecht aufgerichtet. Zugleich mochte vielleicht die Glut der unten wirkenden feuerflüssigen Massen auf das noch weichere Schiefergestein verändernd einwirken, so daß seine Bestandteile sich inniger verbanden, die Form von Pflanzenresten, welche etwa in ihm enthalten waren, unkenntlich gemacht, und seine Festigkeit vermehrt wurde.

Vielleicht ordneten sich auch die abgelagerten Schlammteilchen während der langen Zeit zu kryftalähnlichen Blättchen. Dabei nahmen sie etwas von dem Wasser auf, das fortwährend von der Oberfläche der Erde in die Tiefe sickert. Es verbanden sich mit dem Thon auch manche von den Bestandteilen, die jenes Tagwasser ihm zuführte. Dadurch streckten sich aber die Schiefer etwas und brauchten mehr Raum. Wenn jedes Blättchen auch nur ein ganz klein wenig Raum m e h r bedarf, so beträgt dies bei einem Gesteinlager, das mehrere Meilen lang ist, schon ansehnlich viel. So meinen nun nicht wenige Naturbeobachter, daß die Thonschieferschichten sich dabei in mächtigen Falten emporgedrängt und die Schiefergebirge gebildet haben. Wurde die Faltung durch die nachdrängenden Schichten zu stark, so zerrissen die obersten Stellen und es bildeten sich zerklüftete Thäler, in denen Regen und Luft weitere Veränderungen herbeiführten.

Sei dem nun, wie es wolle, — interessant ist's doch, wie schon lange vorher, ehe nur ein Menschenkind auf Erden war, ja ehe selbst das trockene Land für selbiges bereitet worden, die Schiefertafeln und die Stifte dazu sich zurecht legten, um nach Jahrtausenden hervorgeholt und bei Erzeugung von Zeichen für des Kindes Gedanken — abermals zu Staub zerrieben zu werden.

## 19. Das Leben im Gestein.

Schon Jahrtausende holt der Mensch aus dem Schoße der Erde die Waffen und Rüstungen zum Kriege, wie die Marmorblöcke und Sandsteine zu Denkmälern des Friedens, das Salz zum Würzen der Speisen, wie das Feuermaterial zum Schmelzen der Erze; schon Jahrtausende steigt der Mensch in die Fluten des Meeres und gräbt sich in die Felsen der Erde, um die verborgenen Schätze an das Licht des Tages zu fördern. Dampfmaschinen und Wasserräder, Wind und Feuer hat er zu Gehilfen mit hinabgenommen in die Tiefe; aber so viele Jahre die unterirdischen Schatzkammern auch schon ausgebeutet werden, ihr Reichtum ist unabsehbar, der Segen der Erde unerschöpflich. Das starre Gestein erzählt auch die Majestät Gottes und die Wunder in der Erde sind ebenso mannigfaltig als auf ihr.

Unbegreifliche Naturgewalten formten in dunklen Werkstätten die Krystalle, formten das Salz zum Würfel, den Quarz zur sechsseitigen Pyramide, stumpften an dem einen Krystallkörper die Ecken ab, an einem andern die Kanten, und konnten sie ungestört wirken, dann setzten sie mit einer Genauigkeit die Flächen zusammen, als hätten sie Zirkel und Winkelmaß gebraucht, glätteten mit einer Sauberkeit jede Seite, als sei eine Schleifmaschine dabei thätig gewesen, verliehen dem Ganzen einen Glanz, den der geschickteste Künstler nicht nachzuahmen vermag. In millionenmal millionen Exemplaren wiederholt schon ein einziger Krystallkörper diese Wunder des Steinreichs, und was die thätigste Phantasie an Formen hätte ausdenken können, auch das haben jene Kräfte unbewußt nach dem Willen des Weltenmeisters vollbracht. Von der einfachen Form des Würfels mit seinen sechs Flächen stellen sie alle nur möglichen Krystallformen dar und schließen noch zur Erhaltung derselben nie ruhende Kräfte ein. Der Stein, über den unser Fuß dahin geht, er hat auch sein Leben. Zwar pulsiert in ihm kein Herz und kreist in ihm kein Nahrungsstoff, aber in jedem Augenblicke kettet eine geheimnisvolle Kraft ein Atom desselben an das andere, daß er nicht in Staub zerfällt, in jedem Augenblicke strebt wieder eine andere Kraft dieser entgegen, damit sie nicht das Übergewicht bekommt. Wie die Zieh- und Fliehkräfte in dem großen Weltenraume die Himmelskörper in ihrem Gleise erhalten, so kämpfen verwandte Kräfte unaufhörlich in leisen, unmerklichen Schwingungen auch in dem starren Steine, mag er es zur Krystallform gebracht haben oder nicht, um ihm seine Gestalt zu erhalten.

Aber nicht nur hartes Gestein ist in der Erde verborgen, es liegt auch eine ganze Tier- und Pflanzenwelt in ihr vergraben, und der geöffnete Mund der Erde erzählt von einer untergegangenen Schöpfung, die kein Auge gesehen, auf daß wir uns beugen vor der Macht dessen, der Berge emporrichtete und Thäler versenkte, der die Feuerflammen zu seinen Dienern und die Winde zu seinen Boten machte. Da liegen in hartem Gestein eingebettet: schwimmende und fliegende Eidechsen von abenteuerlicher Gestalt, kletternde und grabende Faultiere von Schrecken erregender Größe, riesige Elefanten mit gewaltigen Stoßzähnen, Bären und Hyänen, Flußpferde und Seefische. Selbst auf hohen Bergen, wo jetzt der Hirt das Rind und die Ziege weidet und der Jäger das scheue Wild jagt, findet man unter dem duftenden Grase die Überreste von Seetieren, die einst über diesem Boden in den Fluten ihr Wesen trieben. Reiche Ernte hat da der Tod unter großen und kleinen Tieren gehalten. Ist doch mancher Leichenstein der untergegangenen Tierleiber so mit dem Fette derselben getränkt, daß er brennt wie ein Docht, wenn man ihn ins Feuer hält; findet man doch bei genauer Untersuchung, daß zwei Drittel eines Kreidestücks aus den kleinen Schalen untergegangener Geschöpfe bestehen. Das Meer ist der Totengräber gewesen, und staunend sieht der Mensch die Knochenleiber in diesen ersten Friedhöfen, wo unter dem heißen Kampfe aller Elemente die ältesten Leichen bestattet wurden. Auch Waldungen von üppigem Wuchse und undurchdringlichem Dickicht senkte das entfesselte Meer ein, als sollten jenen Friedhöfen auch die Trauerweiden und Totenesschen nicht fehlen. Als Steinkohlen graben wir jetzt diese eingesenkten Wälder wieder aus. In den feinschlammigen Zwischenschichten derselben findet man noch die Blätter zart und zierlich abgedrückt und die versteinerten Stämme oft noch senkrecht emporstehen. So üppig aber auch der Wuchs jener Wälder gewesen sein mag, so einförmig und öde standen doch viele von ihnen da. Farnkraut, Schachtelhalm und Bärlapp sind nicht selten die einzigen Pflanzen gewesen, die dicht gedrängt emporgeschossen waren. Keine duftende Blüte schmückte das dunkle Grün, keine wohlschmeckenden Früchte zierten die Zweige, kein liederreicher Sänger nistete in ihrem Schatten. Nur gespensterhafte Tiere sind in ihnen mit ihren Schreckensgestalten aufgefunden worden. So liegt eine ganze Urwelt vergraben im Schoße der Erde und zeigt uns mitten unter dem starren Gestein ein längst vergangenes Leben. Als aber die allmächtige Hand dem langen Kampfe aller Elemente Grenze und Ziel setzte und die Meßschnur spannte über Berg und Thal, über Meer und Land, da entsproß ein neues junges Leben der stummen Erde und blickte zum erquickenden Strahl der belebenden Sonne. In dem gezweigten Baume säuselt der Wind in Harfentönen ein neues Schöpfungslied, und edlere Formen weckte der Werderuf des Unerforschlichen von neuem zum Dasein.

## 20. Bildung der Erdoberfläche.

Wenn man mit einem Male das Meer ablassen könnte, würde es auf seinem Grunde nicht viel anders aussehen, als auf vielen Stellen unserer Erdoberfläche. Wir würden da große, lange Sandflächen und Berge von Kalk und Gips sehen, die sich in dem Meerwasser gebildet haben, alle untermischt mit häufigen Muscheln und anderen Seetierüberresten. Denn wenn man unsere meisten Berge ansieht, bemerkt man gar leicht, daß sie in einem großen Meere und unter einem großen Meere gebildet sind. Denn viele von ihnen sind ganz erfüllt von Muschel- und Seetierüberresten, und auf manchen Bergen von Neuholland, die sehr hoch sind und jetzt viele Meilen weit vom Meere landeinwärts liegen, sieht man noch jetzt Korallenbäumchen aufrecht stehen, und der ganze Boden sieht so aus, als wenn er plötzlich wäre vom Meere verlassen worden, von dem er einmal jahrhundertelang bedeckt gewesen war. Aber man braucht nicht so weit zu reisen, um etwas Ähnliches zu sehen. Auch in und auf unseren Kalk= bergen findet man Korallenarten und Muscheln, die nur im Meere gelebt haben und gewachsen sein können. Man sieht es manchen unserer Sand= gegenden an, daß da einmal lange Zeit hindurch Wasser darüber geflutet haben muß; und das Salz, das manche unserer Berge und Ebenen in sich führen, muß auch noch aus jener Zeit herrühren, wo ein salziges Meer da stand.

Manche Naturforscher glauben, das Meer sei nach und nach kleiner geworden und nehme jetzt noch ab. Denn einige Städte an der Ostsee und am Mittelmeere sollen wirklich nach alten Aussagen und Zeugnissen ehedem näher am Meere gelegen haben, als jetzt, z. B. Danzig. Aber andere und ebenso gründliche Naturforscher haben bewiesen, daß dies nur an manchen Meeren und an manchen Orten so erscheine, und daß das Meer seit Jahrtausenden weder um ein Merkliches angewachsen sei, noch abgenommen habe.

Es muß also jene große Veränderung, wodurch viele unserer Länder und Berge vom Meere verlassen und zu festem Lande wurden, auf ein= mal gekommen sein. Doch ist das nicht die einzige Veränderung, die mit unserm Erdboden vorgegangen sein muß. Im Württembergischen, in Thü= ringen, in Braunschweig und an anderen Orten Deutschlands, ferner in Frankreich und sogar in dem kalten Sibirien hat man Knochen ausgegraben, die von Elefanten, Nashörnern und anderen solchen Tieren waren, die nur in sehr heißen Ländern leben können; dabei auch an den nämlichen Orten Palmen, Bambusröhre und andere Gewächse aus warmen Ländern. Diese Tiere und Pflanzen, die oft miteinander, wie noch in ihrem jetzigen Vater= lande vorkommen, müssen einmal in jenen jetzt so kalten Ländern gelebt haben. Es muß also da einmal viel wärmer gewesen sein, als es jetzt ist.

Die Knochen oder andere Überreste von Tieren der Vorwelt, die man in allen Teilen der Erde, am häufigsten aber in den nördlichen Gegenden, gefunden hat, gehören fast alle zu den jetzt lebenden Tiergeschlechtern, nur sind sie zum Teil größer, als die jetzigen, oder weichen auch in der Ge= stalt von ihnen ab. So hat man die meisten Gattungen der Säugetiere gefunden, doch wenig Überreste von Affen. Sehr verschieden von den jetzt lebenden Säugetieren waren: das Mammutstier, eine große Elefantenart mit langen Mähnen; das Riesenelen, das centnerschwere Geweihe hatte. Noch verschiedener von dem gegenwärtigen Tiergeschlechte war das Ohio= tier (hat seinen Namen vom Ohioflusse in Nordamerika, wo man es fand); es war so hoch, aber länger als unsere größten Elephanten, hatte große Stoßzähne, aber auch zackige Backenzähne, wie die fleischfressenden Tiere und war mit langen Haaren bedeckt. Das Riesenfaultier muß auch ein gar besonderes Tier gewesen sein. Es war von der Schnauze bis zum Rücken vier Meter lang und zwei Meter hoch; sein Kopf gleicht dem unserer Faultiere. Dabei hatte es auch, wie diese, keine Vorder- und Eck-zähne, sondern nur Backenzähne, aber furchtbar lange und scharfe Klauen, daher man es auch Großklauentier heißt.

Überreste von Vögeln der Vorwelt hat man im ganzen noch wenig gefunden; in größerer Menge aber die Amphibien, und darunter Eidechsen von acht Meter Länge (in den Niederlanden bei Mastricht), ferner Kroko-dile, so groß wie die noch jetzt lebenden im Nil und Ganges. — Fische gab es in der Vorwelt von allen jetzt lebenden Arten, doch hat man auch Haifische aufgefunden, die von ungeheurer Größe gewesen sein müssen, denn ihre Zähne waren zehn Centimeter lang und zwölf Centimeter breit, der Fisch also wohl zweiundzwanzig Meter lang. — Der Überreste von In-sekten sind wenig, in desto größerer Menge aber die der Würmer.

An manchen Orten, z. B. in Sibirien hat man solche Tiere der Vor-welt noch mit Haut und Haaren und Fleisch gefunden, welches für Hunde und Wölfe noch genießbar war. Es muß also die große Veränderung, wodurch es nach den Polen unserer Erde hin so kalt wurde, wie es jetzt ist, noch nicht viele Jahrtausende her und plötzlich geschehen sein; denn nur in einem so kalten Lande wie Sibirien konnte sich das Fleisch solcher Tiere der Vorwelt so ungestört erhalten.

Wie es nun damit zugegangen und wodurch eine solche Veränderung entstanden sei, das wissen die Gelehrten selber nicht, wie sie denn über-haupt gar vieles nicht wissen. Die heilige Schrift aber und die Sagen vieler Völker in Europa, Asien und Amerika erzählen uns von einer großen Flut, von der Sündflut, die über den ganzen Erdboden kam und seine höchsten Berge bedeckte, und wobei fast alle auf der Erde lebenden Wesen untergingen. Und an eine solche Flut, nach deren Verlauf die Erdober-fläche ihre jetzige Gestalt und ihr jetziges Klima erhielt, muß man glauben, wenn man nicht allen Zeugnissen der Natur geradezu ins Angesicht wider-sprechen will. Ein Teil des damaligen festen Landes scheint, wie es noch jetzt bei einzelnen Inseln geschieht, im Meere versunken zu sein, und ein Teil des Meeresgrundes ist dabei zum trockenen Lande geworden.

Zwar führen nicht alle Berge solche Muscheln und Seegewächse oder Salz bei sich, woraus man schließen könnte, daß sie ehemals Meeresgrund gewesen wären, aber alle, auch die, bei denen das nicht der Fall ist, sind offenbar, bis auf die wenigen aus vulkanischem Feuer erzeugten, aus dem Wasser und im Wasser gebildet. Und das sagt uns auch die heilige Schrift, der freilich heutzutage manche Gelehrte immer gern widersprechen wollen, die aber, sobald man nur die Natur recht genau ansieht, auch in solchen Dingen immer Recht behält und auch ewige Wahrheit bleiben wird.

Die Gebirge, welche keine Muscheln, keine Steinkohlen und keine Salze enthalten und zugleich die höchsten Berge der Erde bilden, nennt man Urgebirge. Sie bestehen entweder aus Thonschiefer, woraus unsere Schiefertafeln gemacht werden, oder aus Glimmer oder Katzengold, einem Schiefer, der viel glänzende dünne Blättchen bildet, oder aus Granit, womit unsere Straßen gepflastert werden. Die Urgebirge haben die meisten Erze: Gold, Silber, Blei, Zinn, Kupfer und Eisen in sich. Man findet diese meistens im sogenannten Gängen, welche man mit ehemaligen Spalten in den Gebirgen vergleichen kann, die sich von oben herein durch die hineingeschlossenen Erdmassen ausgefüllt haben.

Die Gebirge, welche hauptsächlich aus Kalk, aus Sandstein und Gips bestehen und viel Muscheln, Steinkohlen und Salz in sich führen, nennt man Flözgebirge. Diese Steinmassen liegen in großen Lagen übereinander, die man Schichten nennt, und die dem Gebirge das Aussehen geben, das etwa eine Mauer hat, in der recht große Quaderplatten von verschiedener Form eine über die andere gelegt sind. Solche Lagen nennt der Bergmann Flöze, und überhaupt bedeuten Flözen oder Flößen ein Ansetzen durchs Wasser, was offenbar jene Gebirge hervorgebracht hat. Diese Gebirge enthalten zwar nicht soviel Erze, als die Urgebirge, aber an manchen Orten einen sehr kupferreichen Schiefer, auch etwas Blei und Galmei und sehr viel Eisen.

Den losen Sand, Lehm und Töpferthon, die in unseren Ebenen liegen und woraus auch die Hügel bestehen, die man da sieht, nennt man aufgeschwemmtes Land. Da findet man außer dem Lehm und Töpferthon und außer Braunkohlen nicht viel Besonderes. Über allen diesen Gebirgsarten liegt dann die Damm- und Gartenerde.

## 21. Das Innere der Erde.

Tief ist der Mensch freilich noch nicht in die feste Erdrinde eingedrungen, die er bewohnt. Denn obgleich die tiefsten Bergschächte in Tirol und Böhmen über 1500 Ellen, und also 7mal so tief, als der große Turm in Straßburg hoch ist, hinunter in die Erde gehen, so ist das doch wie gar nichts zu rechnen gegen die Dicke unsers Erdkörpers von seiner Erdoberfläche bis zu seinem Mittelpunkte. Denn diese Dicke beträgt über 10 Millionen Ellen, oder 47 000mal die Höhe des Straßburger Münsterturmes. Dagegen ist die Höhe, auf welche der Mensch hier auf seiner lieben Erdoberfläche, aus seinen Thälern und Ebenen hinaufgestiegen ist,

schon ungleich beträchtlicher, obgleich wir auf unserer Erde keine so gar
hohen Berge haben, wie auf dem Planeten Venus, wo es nach den
Messungen der Astronomen welche giebt, die 5mal so hoch sind, wie unsere
höchsten; so ist doch schon der schöne Ortlerberg in Tirol über 3900 Meter,
mithin über 27mal so hoch, als der Turm in Straßburg; und der Chim-
borasso in Amerika ist noch um etliche tausend Ellen höher.

Wenn man nun alles das, was die Menschen bei ihrem Hinunter-
graben in die Tiefe — was freilich wegen des immer hereindringenden
Wassers und wegen der da unten sehr verdorbenen Luft sehr schwer ist
— zusammennimmt, und dann mit dem vergleicht, was die Naturforscher
beim Hinaufsteigen auf die höchsten Berge gefunden haben, so hat man
alles beisammen, was wir über den Bau des festen Erdkörpers bis jetzt
wissen. Dies besteht ungefähr in Folgendem:

Tief unter der Erdoberfläche, auf der wir wohnen, scheint es große
Höhlen zu geben, die wohl meistens mit Wasser ausgefüllt sein mögen.
Denn bei großen Erdbeben, wie sie zuweilen in Asien und auch bei uns
in Europa und in Amerika zugleich waren, hat sich die Erschütterung öfters
fast zu nämlicher Zeit über eine Strecke von mehreren tausend Meilen,
z. B. im Jahre 1755 von Lissabon bis hinüber nach Amerika verbreitet.
Das ließe sich wohl nicht erklären, wenn man das Innere der Erde von
der Oberfläche hinein als eine ganz solide Masse ohne alle Höhlungen annehmen wollte, leichter aber, wenn man sich in der Tiefe Höhlen denkt,
die mit Wasser angefüllt und untereinander im Zusammenhange sind, wodurch sich dann die Erschütterung von einer zur andern fortpflanzen muß.
Manche solcher Höhlen sind auch leer und so weit nach oben gelegen, daß
man zuweilen gar hineinsteigen und ihr Inwendiges betrachten kann. Da
sind nun freilich die Höhlen bei Muggendorf im Bayernlande oder das
Nebelloch im Württemberger Lande noch lange nicht die größten, denn in
Norwegen giebt es eine Höhle, die Höhle zu Friedrichshall, die, wenn man
die Zeit berechnet, die es braucht, ehe man einen hineingeworfenen Stein
unten auffallen hört, viel tiefer zu sein scheint, als der höchste Berg hoch
ist (über 13 333 m). Auch noch eine andere Höhle giebt es in jenem
Lande, die Dolstenhöhle genannt, deren eigentliche Tiefe noch kein Mensch
erforscht hat, die aber schon da, wo man in sie hineingedrungen ist, tief
unter das Meer, das man dort über sich brausen hört, hineingeht. In
dem Gebirge Cintra in Estremadura ist auch eine Höhle, die mit ihren
zusammenhängenden Gewölben über drei Meilen weit fortläuft.

In der Tiefe der Erde muß aber auch, wenigstens an manchen Orten,
Feuer oder sonst eine Ursache sein, welche große Wärme um sich her verbreitet. Denn wenn man in manche Bergschächte in England, die zum

Teil unter den Meeresgrund hinabreichen, und auch in einige Bergschächte des sächsischen Erzgebirges hinuntersteigt, findet man da nicht bloß die gewöhnliche Wärme, die die Keller im Winter haben, und die nur daher kommt, daß die Kälte der Luft dahin nicht so eindringen kann, sondern eine andere, selbständige Wärme, die immer zunimmt, je tiefer man hinabkommt, und die ihre Ursache tief unter der Oberfläche haben muß. Die Erde selbst muß von innen heraus, außer dem, was die Sonne thut, Wärme verbreiten können, daher grünt und wächst das Gras in Finnmarken tief unter dem Schnee fort.

Die feurigen und geschmolzenen Massen, welche die feuerspeienden Berge auswerfen, müssen auch aus einer sehr großen Tiefe heraufkommen, und wahrscheinlich wohl ebendaher, wo jene von unten heraufdringende Wärme herkommt. Der berühmte Reisende A. v. Humboldt hat in einen, gerade damals ganz ruhigen Schlund eines feuerspeienden Berges hinuntergesehen. Da sah er in einer ungeheueren Tiefe, unten in einer weiten Höhlung, drei unterirdische Bergspitzen, aus denen oben Feuer und Rauch herausdrang. Auch im Ätna sieht man, wenn er ganz ruhig ist, in der Tiefe unten das Feuer beständig aufwallen, die Lavamasse wie ein siedendes Wasser immer heraufkochen und wieder niedersinken. Aber der eigentliche Ort, von wo diese geschmolzenen Massen heraufdringen, muß von der Stelle, die man dort sehen kann, wohl noch meilenweit entfernt liegen. Denn ehe der Vesuv oder Ätna zu speien anfangen, wird oft meilenweit davon das Meer unten an seinem Grunde ganz siedwarm, so daß die dort liegenden eisernen Schiffsanker ganz heiß werden, und die Fische vom Grunde heraufkommen in die Nähe des Ufers, so daß sie dann in gar großer Menge gefangen werden.

Daß der eigentliche Herd der Vulkane gar tief und weit entfernt sein müße, zeigen noch die öfters über 30 Meilen weit gehenden Erdbeben, die bei solchen Ausbrüchen stattfinden. Überhaupt sind alle die Erscheinungen, die bei großen vulkanischen Ausbrüchen vorkommen, gar gewaltig und merkwürdig. Die Luft wird oft, wie bei denen auf Island, auf 30 Meilen weit umher so finster, daß man bei Tage Licht anzünden muß; auf das unterirdische Brüllen und auf das Beben der Erde folgen dann berghohe Rauch= und Feuersäulen. Dabei scheint auch der Himmel in der Gegend des feuerspeienden Berges in Feuer zu stehen, Blitze fahren aus den Wolken hinunter nach dem brennenden Schlunde, und Blitze fahren aus diesem hinauf, öfters so gewaltig, daß sie bei den Ausbrüchen des Katlegiaa auf Island Felsen durchbohrten und in einem etliche Meilen weit entfernten Bauernhofe die Pferde im Stalle töteten. Regengüsse stürzen nieder und machen die ausgeworfene Asche zu einem Schlammstrome, welcher im Jahre 79 nach) Christo in der Nähe des Vesuvs zwei Städte begrub, die man erst im vorigen Jahrhunderte wieder zum Teil ausgegraben hat.

Die geschmolzene Materie, die nach oder bei solchen Ausbrüchen aus den Bergen herausfließt, nennt man Lava; sie ist öfters, wie z. B. 1783 auf Island in einer solchen Masse ausgeflossen, daß sie, wenn man sie zusammennehmen könnte, ganze hohe Berge geben würde. Manche Vulkane, die anfangs fast auf ebenem Boden ihre Öffnungen hatten, haben sich auch aus jenen geschmolzenen und ungeschmolzenen Materien nach und nach einen hohen Berg aufgebaut. Zuweilen ist auch die herausfließende Masse ein weicher, wäßriger, heißer Schlamm, der erst nach und nach hart wird. Ein Teil der Quellen, besonders die heißen, mögen auch wohl aus großer Tiefe heraufkommen in der Gestalt von Dämpfen, die aber, wo es kälter wird, zu Wasser werden. Das Meer verdeckt uns freilich mit seinem Gewässer, das an manchen Orten wohl ebenso tief sein mag, als die höchsten Berge hoch sind, fast ¾ von unserer Erdoberfläche. Aber unten im Meeresgrunde ist wieder dieselbe Abwechselung von Höhen und Tiefen, von ganzen Bergzügen und Thälern wie auf dem festen Lande. Man sieht dieses, wo sich diese unter dem Wasser gelegenen Berge bis hinan an die Oberfläche des Wassers erheben, mit bloßen Augen, oder die Schiffsleute fühlen es und bemerken es mit ihren Ankern. Und da z. B. der große feuerspeiende Berg Avatscha in Kamtschatka im Jahre 1737 einen Ausbruch machte, da trat das Meer meilenweit vom Ufer zurück, und die auf die Höhen geflüchteten Bewohner der Küste sahen mit Schrecken in seine grause Tiefe, in seine Berge und Thäler, die nun aufgedeckt da lagen, hinein. Aber gleich darauf kam das Meer wieder und trat nun mit solcher Gewalt über das Ufer hinüber, daß es bis zu 60 m Höhe hinaufstieg und viele ziemlich weit landeinwärts stehende Häuser und Bäume wegriß.

## 22. Das Erdbeben.

Eine Naturerscheinung, groß und furchtbar, den Menschen mit Schrecken und Entsetzen erfüllend, ist das Erdbeben. Wie gräßlich, wenn der Boden unter den Füßen der Menschen wankt, wenn er in jedem Augenblicke zerreißen und sich ihm zum Grabe öffnen kann, dessen Schrecken er vielleicht noch empfindet, wenn es ihn schon aufgenommen hat; wenn das schützende Dach seiner Hütte, in der er friedlich zu leben hoffte, herabzustürzen und ihn zu zermalmen droht. Wohl muß da der Mensch erkennen, wie ohnmächtig er sei gegen die Gewalt der Natur, aber auch tief empfinden, wie allein das Vertrauen auf den Allmächtigen ihn trösten könne, der diese Gewalten lenkt mit seiner starken Hand, und dessen ewige Weisheit auch

da waltet, wo sie uns unergründlich und verborgen ist. Die Ursache und
Veranlassung dieser gewaltigen Naturerscheinung vermochte des Menschen
Geist zu ergründen, doch nicht ihren Zweck zu erforschen; das ist ihm zu
hoch, er kann es nicht begreifen. Der Glaube aber blickt ruhig empor zum
Himmel, auch wenn die Erde wanket; er preiset auch da anbetend, tief
anbetend Gottes Güte und Liebe, wo sie ihm in erschreckender Gestalt
erscheint.

Der Grund des Erdbebens ist unterirdisches Feuer. Es ist ja eine
bekannte Erscheinung, daß manche Stoffe, besonders mit Feuchtigkeit verbunden, von selbst in Hitze geraten und sich zuletzt entzünden. Feuchtes
Heu, fest zusammengepackt, gerät in Brand, ebenso entzünden sich Eisen-
teile, wenn sie mit Schwefel und wässerigen Teilen vermischt sind, von
selbst. Von diesen eben genannten Stoffen, Eisenteilen und Schwefel, giebt
es unter der Erde ungeheure große Schichten, welche, sobald Wasser hinzu-
tritt, sich entzünden. Steinkohlenlager, die sich ebenfalls reichlich unter
der Erde befinden, geben dem Feuer Nahrung genug, und so entsteht ein
ungeheurer Brand. Durch das Verbrennen dieser Stoffe werden aber
starke Dämpfe entwickelt, die irgendwo einen Ausgang suchen. Denn die
Dämpfe sind sehr elastisch, d. h. sie lassen sich sehr zusammenpressen, aber
nur bis auf einen gewissen Grad, dann dehnen sie sich mit außerordent-
licher Gewalt aus, und je mehr sie zusammengepreßt waren, mit desto
ungeheurer Kraft zersprengen sie alles, was sie beschränken will. Auf
diese Eigenschaft der Dämpfe gründen sich ja auch die allbekannten Dampfmaschinen, die jetzt auf vielfache Weise angewendet werden, um die schwersten
Lasten fortzubewegen. Man läßt nämlich durch ein großes Feuer Wasser
sich in Dämpfe auflösen, schließt diese Dämpfe ein, bis sie sich so angehäuft haben, daß sie sich nicht weiter zusammendrücken lassen, und wendet
sie dann an. — Haben nun die unter der Erde eingeschlossenen Dämpfe
eine solche Kraft erreicht, die ihnen die Zusammenpressung verliehen hat,
so sprengen sie mit Gewalt die Oberfläche der Erde, damit sie einen Aus-
weg gewinnen. Während sie noch kämpfen, sich aus ihrem Kerker zu befreien, ertönt ein unterirdischer Donner oder ein heftiges Geklirr; der Erdboden wird erschüttert, er zittert, schwankt, bewegt sich wie Wellen im
Meere auf und nieder, es erfolgen die heftigsten Stöße; hier und da stürzt
er ein, da es unter ihm hohl geworden ist; Hügel sinken in den Abgrund,
und an anderen Stellen heben sich neue Berge empor; Seeen verschwinden
und werden ausgefüllt, und an deren Stelle bilden sich neue Gewässer;
dicker Schwefeldampf steigt aus der geborstenen Erde hervor, und Feuerflammen scheinen von der Erde ausgespieen zu werden. Oft erheben sich
auch heftige Gewitter, welche die Schrecken noch erhöhen. So tobt es

fort unter und über der Erde, bis die unterirdischen Mächte irgendwo einen Ausgang gefunden haben. Eine ähnliche Verwandtnis hat es mit den feuerspeienden Bergen.

Um einigermaßen einen Begriff von dieser Erscheinung zu geben, ist im Folgenden das Erdbeben beschrieben, welches im Jahre 1755 Lissabon verwüstete.

Wie in London, so blühte der Handel vor dem Erdbeben in Lissabon. Auf sieben Hügeln prangte die Stadt, und wunderschön war sie vom Tajo= strome anzuschauen. Von der Stadt aus sah man den glänzenden Wasser= spiegel, auf dem die Segel seefahrender Nationen im Winde flatterten. Jenseit des Tajo breitete sich ein lachendes Landschaftsgemälde aus; in den gesegneten Fluren lagen glückliche Städte und wohlhabende Dörfer. Lissabon selbst war von einer altertümlichen Mauer umringt, auf der sich siebenundzwanzig Türme erhoben. Von einem der höchsten Berge leuchtete eine Riesenburg, nach arabischer Weise erbaut, ins Thal hernieder. Außer der prachtvollen Kathedralkirche zählte die Stadt noch vierzig andere Kirchen; Mönchs= und Nonnenklöster, Kapellen waren in verschiedenen Gegenden verteilt. Die Lage des königlichen Palastes war überaus schön, denn aus seinen Fenstern übersah man die vor Anker liegende zahlreiche Flotte und die in dem mächtigen Hafen aus allen Weltgegenden ankommenden oder dahin segelnden Schiffe.

Aber Lissabons Herrlichkeit sollte untergehen und in seinem alten Glanze nicht wieder auferstehen. Der erste November des Jahres 1755 war für die Hauptstadt ein Tag der Verwüstung und des Entsetzens. Tausende, die sich am Morgen des Lebens noch freuten, waren erschlagen, verbrannt, ertrunken, ehe der Abend graute; die prächtigsten Paläste lagen in Trümmern umhergestreut.

Dies Erdbeben zeigte sich in einer ungeheuren Ausbreitung und wurde in Europa, Asien und Amerika verspürt. Aber am härtesten sollte Lissabon von ihm heimgesucht werden. Am Morgen des jammervollen Tages kün= digte es kein Zeichen in der Natur an, wie schrecklich der Abend enden werde. Der Himmel war heiter, die Sonne glänzte, es regte sich kein Lüftchen, und dem verderblichen Sturme ging eine sichere Ruhe vorher. In andachtsvollen Gebeten war die Volksmenge um die Altäre nieder= gesunken; eine heilige Feier durchdrang am Feste Allerheiligen die Seelen der Gläubigen, als sich etwa halb 10 Uhr in den Straßen ein donner= ähnliches Rollen vernehmen ließ. Darauf folgte ein Stoß und ein Schwan= ken und Wogen des Erdbodens. Mehr bedurfte es nicht, um Kirchen, Paläste und Hütten in Schutthaufen zu verwandeln. Für Tausende waren die eingestürzten Wohnungen ein Grab geworden, wo sie unter Balken und Mauerwerk verschüttet lagen.

Den Tumult, das Gedränge, das laute Geschrei und Wehklagen, was die Tempel erfüllte, die das Erdbeben noch verschont hatte, den raschen Übergang von der stillen Andacht zu dem Todesschrecken kann ich euch nicht beschreiben. Der erste Erdstoß warf das Haus der Inquisition um, in dem viele Unschuldige gerichtet wurden, als ob Gott diese Stätte ungerechter Grausamkeit vertilgen wollte. Der königliche Palast mit allen seinen Kostbarkeiten war verschwunden. Mit einem Schlage wurden alle Bewohner in dem prächtigen Jesuiterkollegium getötet, als das Gebäude einstürzte.

Tausende hatten sich auf den öffentlichen Plätzen versammelt und hofften da Rettung zu finden; aber sie fanden sie nicht. Ein Hagel von Ziegeln, Balken und großen Werkstücken fiel auf sie nieder, zerschlug und zerquetschte sie. Kinder, Greise und Kranke wurden in ihren Wohnungen verschüttet; man konnte den Schutt nicht wegräumen, um zu ihnen zu kommen. Hinterher fand man sie unversehrt, an der Qual des Hungertodes verschmachtet. Noch andere eilten dem Tajo zu, um auf Kähnen und Fahrzeugen das Leben zu retten; aber auch diese letzte Hoffnung ging ihnen verloren. Der Strom war, durch ein unbegreifliches Wunder, zu einer Höhe von zwölf Meter gestiegen. Die noch verschonten Häuser und die Ruinen wurden überschwemmt. Wie viele kamen in den Wogen um! Ein Damm, auf dem hundert Menschen standen, versank mit ihnen. Ebenso plötzlich, als die Flut entstand, verschwand sie auch wieder. Die Schiffe standen auf schlammigem Boden. Boote waren verschlungen; Felsen, die man sonst nie sah, ragten in die Höhe. Die See türmte sich auf, Wellen spritzten weißen Schaum in die Luft. Es schien, als ob der Boden, auf dem die Stadt stand, verschlungen werden sollte. Jetzt zeigte sich ein neuer Feind mit gräßlicher Zerstörungswut. Es entstand ein Orkan, der finstere Staubwolken in die Luft trieb und das Licht des Tages verdunkelte. „Sollte das jüngste Gericht angehen?" so fragten viele mit leichenblassem Gesichte, die dem Tode entronnen waren — sie zitterten.

Ein zweiter Erdstoß folgte, der mehrere Minuten anhielt. Häuser wankten wie die Bäume im Sturmwinde, mehrere fielen zusammen. Ein dritter Stoß war so erschütternd, daß man sich nicht auf den Beinen halten konnte, man mußte sich niederwerfen oder knieen. Hier, wie an die Erde gebunden, mußte man es abwarten, was die kommende Minute über Leben und Tod, über gesunde oder zerschlagene Glieder entscheiden werde. Der Sturm war der Vorbote einer Feuersbrunst, die er anwehte und schnell weiter verbreitete. Ehe die Nacht anbrach, standen die Trümmer der zerstörten Stadt in Flammen, um den übrig gebliebenen Rest in Asche zu verwandeln. Wer konnte löschen? Wer wollte retten, was noch zu retten war? Niemand. Das Leben stand im höchsten Preise; für Irdisches wagte man es nicht. Acht Tage wütete die alles verzehrende Flamme, und statt der turmreichen, mächtigen Stadt sah man Aschenhaufen, schwarz angelaufene, rußige Steinmassen.

Tausende seufzen nach Brot, um den quälenden Hunger zu stillen. Zahllose Thränen flossen um die vermißten Eltern, die entrissenen Kinder, Wohlthäter und Freunde. Ein anhaltender Regen und eine Kälte vergrößerten das Ungemach aller derer, die ohne Obdach unter freiem Himmel seufzten. Viele, die mit dem Leben davon gekommen waren, starben bald nachher an den Folgen des Hungers, der Erkältung, des Schrecks und der Angst. An 30—40 000 Menschen waren bei dem Erdbeben umgekommen.

Von **J. C. Seidel** sind im Verlage der **Schulbuchhandlung** von
F. G. L. Greßler in Langensalza ferner erschienen und durch alle Buch=
handlungen zu beziehen:

### Das Leben der Tiere in Charakterbildern und abgerundeten Gemälden.

Ein naturhistorisches Lesebuch für Schule und Haus, sowie reichhaltiges Material
zur Ergänzung und Belebung des naturgeschichtlichen Unterrichts. Mit zahlreichen
Abbildungen. VIII. 472 S. gr. 8. (1886.) . . . . . . . . . 3 *M* 30 *₰*
Geschmackvoll in Leinen gebunden . . . . . . . . . . 4 *M* 30 *₰*

**Anz. f. d. pädag. Litt.** 1886. Nr. 7. Die abgerundeten 164 Gemälde, welche den besten
Quellen (Brehm, v. Tschudi, A. v. Humboldt, Lenz, Masius, Grube, Lüben, Reichenbach u. a) ent=
lehnt sind, bieten zugleich reichen Stoff für den Lehrer zur Vorbereitung auf seinen Unterricht.

**Lübens pädagog. Jahresbericht** Bd. 39. Ein Buch wie das vorliegende
kann auf vollen Beifall zahlreicher Leser rechnen und in vorzüglicher Weise zur
Verbreitung naturwissenschaftlicher Wahrheiten wirken. Das kann umsomehr geschehen, wenn das
Buch so lebendig und frisch geschrieben ist, wie es die meisten Artikel des vorliegenden sind. . .

### Die Pflege der Poesie in der Volksschule. Volkstümliche und klassische

Gedichte für den Gebrauch in Volks= und Mittelschulen erläutert und methodisch
behandelt, nebst kurzen Biographieen der Dichter. Mit 9 in den Text gedruckten
Bildnissen. XII. 508 S. gr. 8. . . . . . . . . . . . . 5 *M*
Geschmackvoll in Leinen gebunden . . . . . . . . . . 6 *M* 50 *₰*

**Thüringische Schulzeitung** 1887. Nr. 35. . . . . . Der Gang der Behandlung ist
folgender: Vorbereitung, Darbietung des Stoffes, Erläuterung, Charakterzeichnungen, Grund=
gedanke, Gliederung und Aufgaben (mündliche und schriftliche). Den Gedichten der Unterstufe liegt
naturgemäß eine einfachere Disposition zu Grunde. Die Erläuterung und Gliederung des Inhalts,
sowie die Entwicklung des Hauptgedankens ist dem Verfasser meist recht gut gelungen. Die Er=
läuterungen sind in der richtigen Grenze gehalten: weit von der Sache abführende breite Beleh=
rungen sind vermieden; die geschichtlichen, geographischen, naturgeschichtlichen Notizen sind nur auf
solche beschränkt, die zum Verständnis der Dichtung unbedingt erforderlich sind. Lobenswert ist
ferner, daß der Verfasser von der Anknüpfung grammatischer Belehrungen und Übungen ganz abge=
sehen hat. Mit Recht bezeichnet man das grammatische Zerlegen der Gedichte als ein unästhetisches
Zerzausen, bei dem aller poetische Duft verloren geht und das Interesse der Kinder ertötet wird.
Das Buch kann als ein brauchbares bezeichnet werden.

### Die Behandlung deutscher Lesestücke auf der Unterstufe. 30 der schönsten

und beliebtesten Gedichte, Erzählungen, Fabeln und Märchen für die Unterstufe
ausgewählt, nach den Jahreszeiten geordnet, erläutert und methodisch behandelt.
VI. 113 S. 8. . . . . . . . . . . . . . . . . . . . . 90 *₰*

**Schulblatt für Thüringen und Franken** 1885. Auswahl und Behandlung des Stoffes
sind gleich gut. Wir sagen nicht zu viel, wenn wir behaupten, daß es noch viele Elementarlehrer
giebt, die sich noch nicht klar darüber sind, wie die deutschen Lesestücke auf der Unterstufe der Volks=
schule zweckmäßig zu behandeln sind; aus vorstehendem Büchlein können sie es lernen. Dasselbe
sei also allen Elementarlehrern warm empfohlen.

### Der Rechenunterricht im ersten Schuljahr. Der Zahlenraum von 1—10

in ausgeführten Lektionen. IV. 71 S. 8. . . . . . . . 75 *₰*

**Preußische Lehrerzeitung** (Pädag. Litteraturblatt 1888. Nr. 9). . . . . . . . Das
Buch behandelt den Stoff in mustergültiger Weise. Die Veranschaulichung der einzelnen Zahlen,
die Verwertung des gewonnenen Stoffes in praktischen Aufgaben sind vorzüglich. Somit stehe
ich nicht an, das Buch als einen sicheren und bewährten Führer auf einem Gebiete des
Rechenunterrichts, das erfahrungsmäßig zu den schwersten gehört, zu bezeichnen. Möge es von
recht vielen jüngeren Kollegen fleißig studiert und beachtet werden; die guten Erfolge werden dann
bei unsern Kleinen nicht ausbleiben.

Druck von Julius Beltz in Langensalza.

www.ingramcontent.com/pod-product-compliance
Lightning Source LLC
Chambersburg PA
CBHW031426180326
41458CB00002B/469